“十二五”职业教育国家规划教材修订版

国家职业教育专业教学资源库配套教材

YUANYI ZHIWU BINGCHONGHAI FANGZHI

U0247663

园艺植物病虫害防治

（第三版）

主　编　侯慧锋

副主编　王海荣　胡志凤　吴庆丽

参　编　马国胜　王　宁　田　野　费显伟　黄艳飞　秦　刚

高等教育出版社·北京

内容提要

本书是"十二五"职业教育国家规划教材修订版,国家职业教育专业教学资源库配套教材。

本书以国家职业技能鉴定标准为依据,以工作过程为参照系,以工作任务引领专业知识,系统地介绍了园艺植物病害识别与诊断、昆虫识别与分类、病虫害发生规律及预测预报、病虫害综合治理、安全科学使用农药、常见园艺植物病虫害,苗期与根部病虫害的识别诊断与防治措施。

为给学生提供个性化实践和探究式学习的机会,本书相关模块安排了模拟农业生产实际或工作过程的开放性实训项目。每模块前列有"知识目标"和"能力目标",模块后有"项目小结"和"巩固与拓展",为学生复习、测验、巩固、提高和教师参考提供更多的途径。

本书可作为高等职业教育、职教本科、继续教育、五年制高职、中职学校园艺专业和植物保护专业的教学用书,也可作为农民科技培训的教材,还可供园艺生产、植物保护、农药经营从业人员参考。

图书在版编目(CIP)数据

园艺植物病虫害防治/侯慧锋主编.--3 版.--北京:高等教育出版社,2020.9(2023.2重印)

ISBN 978-7-04-054501-2

Ⅰ.①园… Ⅱ.①侯… Ⅲ.①园林植物-病虫害防治-高等职业教育-教材 Ⅳ.①S436.8

中国版本图书馆 CIP 数据核字(2020)第 115056 号

策划编辑	张庆波	责任编辑	张庆波	封面设计	王 洋	版式设计　于　婕
插图绘制	于 博	责任校对	窦丽娜	责任印制	高 峰	

出版发行	高等教育出版社	网　址	http://www.hep.edu.cn
社　址	北京市西城区德外大街 4 号		http://www.hep.com.cn
邮政编码	100120	网上订购	http://www.hepmall.com.cn
印　刷	人卫印务(北京)有限公司		http://www.hepmall.com
开　本	787mm×1092mm　1/16		http://www.hepmall.cn
印　张	27.75	版　次	2005 年 4 月第 1 版
字　数	680 千字		2020 年 9 月第 3 版
购书热线	010-58581118	印　次	2023 年 2 月第 3 次印刷
咨询电话	400-810-0598	定　价	57.00 元

本书如有缺页、倒页、脱页等质量问题,请到所购图书销售部门联系调换

第三版前言

《园艺植物病虫害防治》自 2005 年出版以来,得到了各方面的认可和好评。2006 年被评为普通高等教育"十一五"国家级规划教材,2014 年被评为"十二五"职业教育国家规划教材。教材第一版所附光盘 2007 年被国家新闻出版总署评为"百种'三农'优秀音像制品和电子出版物"。

按照《国家职业教育改革实施方案》精神,增加了新时期教学内容和课程改革的成果,力求符合高职教育人才培养需要。

1. 按照农作物植保员国家职业技能标准,编写了病虫害预测预报、田间调查与数据整理、制订综合防治计划和农药(械)使用等内容。

2. 依据园艺植物病虫害的诊断与识别、认识发生规律、预测预报、综合防治、安全科学用药和无公害防治的工作过程安排教学内容。以园艺植物种类为主要体系,以病虫害为害部位为辅助体系。教学时可以根据各地园艺植物种类和病虫害的具体情况,将内容剪裁、拼接成不同类型的模块,选择性组织教与学。

3. 为了培养学生的创新精神和实践能力,给学生提供个性化实践学习和探究式学习的机会,本教材在相关章节后提供了模拟农业生产实际或工作过程的自主性、开放性、综合性、设计性实训项目,各校可结合实际的生产项目及学生情况,选择实训内容的数量及难度。

4. 本教材增加了大量的数字化资源,结合园艺技术国家资源库建设,可以通过扫描二维码及时获得这些资源。与教材配套建设在线开放课程,已在智慧职教网站上线。

本教材编写人员有:辽宁农业职业技术学院侯慧锋、费显伟、王海荣、田野、王宁,黑龙江生物科技职业学院胡志凤,苏州农业职业技术学院马国胜,成都农业科技职业学院吴庆丽、黄艳飞、秦刚。具体分工如下:

(1) 文字编写:侯慧锋编写第二章、第七章第三、五节,第八章;费显伟编写第一章、第四章,第五章,第七章第一、二、四、六节,提供彩色照片;王海荣编写第三章;胡志凤编写第六章;马国胜编写第九章。

(2) 视频和动画录制:侯慧锋录制第二章、第四章、第五章和第八章;王海荣录制第三章和第九章;王宁录制第七章;田野录制第五章;费显伟录制第一章和第六章。

(3) PPT 资源制作:侯慧锋制作第四章和第七章;王海荣负责第二章和第五章;吴庆丽、秦刚和黄艳飞负责第一章和第八章;胡志凤负责第六章;费显伟负责第三章,马国胜编写第九章。

教材参考、借鉴和引用了有关文献资料和网上资料,谨向各位专家学者表示诚挚的谢意。

由于编者水平有限,经验不足,疏漏之处在所难免,敬请专家和读者批评指正,以便改进。

编 者

2020 年 6 月

高职高专教育是我国高等教育的重要组成部分。经济发展、科技进步、教育国际化趋势对高职高专教育提出了更新、更高的要求。根据教育部《关于加强高职高专教育教材建设的若干意见》的有关精神，吸收《新世纪高职高专教育人才培养模式和教学内容体系改革与建设项目计划》的成果，按照培养技能型、应用型人才的要求，本着基础知识"必需、够用"、加强实训的原则，我们编写了《园艺植物病虫害防治》教材。

　　园艺植物涉及的植物种类繁多，病虫害种类也多种多样，而讲授的课时有限，为精简内容，与实践教学紧密衔接，我们博采相关院校教学改革之长，总结多年教学实践的经验，在教材的结构和内容方面进行了重新构思和编写。本书按园艺植物种类，将全书分为七章，第一至三章介绍园艺植物病害、昆虫和病虫害综合治理基础知识，第四章介绍园艺植物苗期和根部病虫害，第五至七章介绍蔬菜、果树和观赏植物病虫害的发生特点及其综合治理方法。为了便于学习者掌握主要内容，在每节的前面有学习目标，章后有适当的复习思考题。本书在内容方面力图使用简练的表达方式，利用有限的篇幅系统介绍园艺植物病虫害防治的最新研究进展和发展趋势，以及岗位必需知识和技能，同时增加适当数量的图表，以加强读者的直观印象。此外，对于重点病虫害采取详细阐述、一般病虫害列表比较的方法，以便学生在有限的时间内掌握更多的知识和技能，同时给教师根据学习者需要补充详细内容留有充分的空间。

　　本教材由辽宁农业职业技术学院、广西农业职业技术学院、黑龙江农业职业技术学院和苏州农业职业技术学院的有关专业教师合作编写。费显伟（辽宁农业职业技术学院）编写前言、第一章、第二章第一节，张立今（辽宁农业职业技术学院）编写第二章第二、三、四、五节，王润珍（辽宁农业职业技术学院）编写第三章、第四章，李宏波（黑龙江农业职业技术学院）编写第五章，何明明（辽宁农业职业技术学院）编写第六章第一、二、五、七节，黄宏英（广西农业职业技术学院）编写第六章第三、四、六、八、九节，马国胜（苏州农业职业技术学院）编写第七章，曹忠莲在筛选、修改插图等方面做了大量工作。初稿完成后由费显伟统稿，沈阳农业大学梁景颐教授、刘志恒教授审稿。在此教材出版之际，谨对为本教材编写提供各种支持和帮助的各位表示最衷心的感谢！

　　编写《园艺植物病虫害防治》教材，对作者来说是一次尝试。我国疆域辽阔，自然条件差异很大，园艺植物及其病虫害种类繁多，很难照顾周全，加之编者水平有限，编写时间仓促，教材中难免有疏漏、不足甚至错误，敬请读者批评指正。

费显伟

2005 年 1 月

目录

模块一　植物病害诊断及预测

知识目标
- 列举植物病害的症状类型,知道植物病害的危害性。
- 列举生物与非生物病原的种类,比较它们的形态特征及病害特点。
- 描述植物病害的侵染过程、越冬场所和传播方式。

能力目标
- 区别植物病害的病状与病征,判断病原类型,识别常见病害。
- 选择、制作培养基,初步鉴定植物病害的病原物。
- 运用病原物分离、培养与接种技术,诊断植物病害。

素养目标
　　养成善于动脑、勤于思考、不懂就问的习惯,植物病害诊断是个积累的过程,没有平时的积累,就养不成热爱专业的素养。

　　园艺植物发生病害时,可能造成重大经济损失,甚至带来灾害性后果。及时准确地诊断病害,提出合适的防治措施控制病害,是减少病害损失的前提。

任务一　植物病害症状识别

　　植物发生病害后,植株内外的不正常的表现称为植物病害的症状。植物病害的症状由两类不同性质的特征——病状和病征组成。

一、病状识别

　　病状是发病植物在病变过程中的不正常表现,其特征比较稳定且具有特异性。常见病状可归纳为变色、坏死、腐烂、萎蔫、畸形 5 大类型(表 1.1.1)。

表 1.1.1　植物病害常见病状类型

病状类型	表现形式		发生原因及特点
变色	植物被侵染后其细胞色素发生变化而引起的表观变色,其细胞未死亡	褪绿	叶绿素减少,使整个植株或叶片均匀褪色而呈浅绿色
		黄化	整株或部分叶片的叶绿素很少或不能形成,形成较多叶黄素,色泽变黄
		白化	整株或叶片不能形成叶绿素和其他色素,表现白色,多是遗传原因造成
		红叶	叶片的花青素积累过多而表现红色或紫红色
		银叶	叶表皮与叶肉细胞间产生空隙,叶色呈均匀银白色
		花叶	叶片色泽浓淡不均,呈嵌镶状,变色部分轮廓清晰,形状不规则
		斑驳	变色同花叶,但变色斑较大,轮廓不清晰;发生在花朵上称碎色,发生在果实上称花脸
		明脉	叶肉绿色,叶的主脉与支脉褪绿呈明显半透明状
		沿脉变色	沿叶脉两侧一定宽度色泽变浅、变深或变黄色
		条纹、线纹、条点	多为单子叶植物的脉间花叶;与叶脉平行呈长条形变色称条纹,短条形变色称线纹,虚线状变色称条点
		环斑、环纹	在植物表面形成单环或同心环状变色称环斑,不形成全环状变色称环纹
坏死	植物因受害其细胞和组织死亡后,仍保持原有细胞和组织的外形轮廓	病斑（斑点）	根据颜色可分为褐斑、灰斑、黑斑、白斑和紫斑等,根据形状可分为角斑、圆斑、梭形斑、条斑和不规则形斑等,根据大小可分为大斑和小斑,根据表面花纹可分为轮纹斑、环斑和网斑
		蚀纹	叶的表皮组织出现的类似环斑、环纹或不规则线纹状坏死纹
		穿孔	叶片的局部组织坏死后脱落
		枯焦	早期发生的斑点迅速扩大或愈合成片,最后使局部或全部组织或器官死亡
		叶枯	叶片较大面积的枯死、变褐
		叶烧	叶尖和叶缘大面积枯死、变褐

续表

病状类型	表现形式		发生原因及特点
坏死	植物受害后其细胞和组织死亡,仍保持原有细胞和组织的外形轮廓	日烧	由于太阳辐射而引起植株局部死亡、变褐
		疮痂	病斑上增生木栓层,表面粗糙或病斑死后生长不平衡而发生龟裂
		溃疡	木本植物的枝干皮层坏死,病部凹陷,周围木栓化组织增生,使木质部外露
		梢枯	木本植物茎的顶部坏死,多发生在枝条上
		顶尖坏死	草本植物茎的顶部坏死
		立枯	植株幼苗的茎基部组织坏死,上部表现萎蔫以至于死亡后立而不倒
		猝倒	植株幼苗的茎基部组织坏死,上部表现萎蔫以至于死亡后迅速倒伏
腐烂	植物患病组织较大面积地分解和破坏,细胞死亡	干腐	组织解体较慢,水分能及时蒸发使病部组织干缩
		湿腐	组织解体较快,水分未能及时蒸发使病部保持潮湿状态
		软腐	中胶层受到破坏,组织的细胞离析后又发生细胞的消解
萎蔫	植物根、茎维管束组织受害或因水分供应不足而发生的枝、叶凋萎现象	生理性萎蔫	植物因失水量大于吸水量而引起的枝、叶萎垂,吸水量增加时可恢复
		青枯	植物因根、茎维管束组织受害而发生的全株或局部迅速失水死亡,但仍保持绿色
		枯萎	植物因根、茎维管束组织受害而发生的凋萎现象,重者枯死
		黄萎	植物因根、茎维管束组织受害而发生的凋萎现象,叶片变黄,重者枯死
畸形	植物不同组织、器官发生增生性或抑制性病变	增生　徒长	植株局部细胞体积增大,生长较正常的植株生长高大
		发根	根系分支明显增多,形如发状
		丛枝	整株茎节缩短,枝条过度分支呈扫帚状,俗称疯枝
		瘤瘿	发病组织局部细胞增生,形成不定形的畸形肿大

续表

病状类型	表现形式			发生原因及特点
畸形	植物不同组织、器官发生增生性或抑制性病变	减生	矮缩	节间生长发育受阻使植株不成比例地变小、变矮
			矮化	植株各器官生长发育受阻,生长成比例地受抑制,整株矮缩而株型保持不变
		变态	卷叶	叶片两侧沿主脉平行方向向上或向下卷曲,叶片较厚,硬而脆
			缩叶	叶片沿主脉垂直方向向上或向下卷曲
			皱缩	叶脉生长受抑制,叶肉仍然正常生长,使叶片凹凸不平
			蕨叶	叶片发育不均衡,细长、狭小,形似蕨类植物叶形
			花变叶	花的各部分变形、变色,花瓣变为绿色,呈叶片状
			缩果	果面凹凸不平
			袋果	果实变长呈袋状,膨大中空,果肉肥厚呈海绵状

二、病征识别

病征由生长在植物病部的病原物群体或器官构成。病征是否出现及其明显程度受环境条件影响很大,但一经表现即相当稳定。常见病征可分为6种类型(表1.1.2)。

想 一 想

花叶和斑驳、叶枯和叶烧、湿腐和软腐的主要区别分别是什么？

表 1.1.2　植物病害常见病征类型

病征类型	表现形式	特点	病原
霉状物	霜霉	生于叶片背面病斑内或茎、叶病组织上,下部较稀疏,上部密集交叉的白色至紫灰色霉状物	霜霉菌
	绵霉	在高湿条件下于病部产生的白色、疏松、棉絮状霉状物	茄绵疫病菌
	霉层	除霜霉和绵霉外的霉状物,按色泽不同分别称为灰霉、青霉、绿霉、黑霉和赤霉等	灰霉病菌、青霉病菌
粉状物	锈粉	病部表皮下形成隆起病斑。病斑破裂后散出铁锈状或灰白色粉末	锈菌、白锈菌
	白粉	植物表面长出灰白色绒状霉层后产生的大量白色粉末状物	白粉菌
	黑粉	在植物被破坏的组织或肿瘤内部产生的大量黑色粉末状物	黑粉菌

续表

病征类型	表现形式	特点	病原
点状物 	黑色或 褐色小点	植物表皮下产生的大小、色泽和排列各不相同的点状结构,突破或不突破表皮,多为黑色或褐色,也有其他颜色	菌物的繁殖体
核状物和线状物 	菌核、菌索	在植物体表或茎秆内髓腔中产生的似鼠粪、菜籽或植物根系状物,多为黑褐色	紫纹羽病菌、菌核病菌
伞状物和马蹄状物 	伞状或马蹄状	植物发病的根或枝干上长出的伞状或马蹄状结构,常有多种颜色	桃木腐病菌
溢脓 	脓状物	植物病部溢出的含有细菌菌体的脓状黏液,多呈露珠状,或散布为菌液层,白色或黄色,干燥时形成菌膜或菌胶粒	桃细菌性穿孔病菌

三、症状变化及其在病害诊断中的作用

植物病害会因为植物的品种、生育期、发病部位和环境条件的不同而表现出不同的症状类型,其中一种常见的症状称为该病害的典型症状。多数病害的症状表现相对稳定。根据典型症状的特点区分植物病害种类,分析发生的原因,是诊断植物病害的常用方法。

植物病害的症状表现具有复杂性。有的病害在一种植物上可以同时或先后表现两种或两种以上不同类型的症状,这种情况称为综合征。当两种或多种病害同时在一株植物上发生时,出现多种不同类型症状的现象称为并发症。有时会发生彼此干扰只出现一种症状或轻微症状的颉颃现象,也可能发生互相促进加重症状的协生现象。有些病原物侵染植物后在较长时间内不表现明显症状的现象称为潜伏侵染。植物病害症状出现后,由于环境条件改变或使用农药治疗后,症状逐渐减退直至消失的现象称为隐症现象。

植物病害的症状对于病害诊断有着重要意义。由于植物病害症状表现的复杂性,对新的病害或不常见的病害不能单凭症状进行诊断,需要对该病害的发生过程进行全面调查,进一步鉴定病原物或明确发病原因,才能正确诊断病害。

资　料　卡

1845年,马铃薯晚疫病在爱尔兰大流行,使以马铃薯为食的800多万居民中,数十万人死于饥饿和营养不良,100多万人背井离乡逃往美洲。19世纪70—80年代,葡萄霜霉病在欧洲大流行,导致重大经济损失。1904年,传入美国的板栗疫病,席卷美国东部天然果树林,致使美国的栗树所剩无几。

任务工单 1-1　植物病害症状识别

一、目的要求

区别并描述植物病害的症状类型及特点,认识植物病害症状的复杂性、多样性及其在病害诊断中的作用,了解植物病害对农业生产的危害性。

二、材料和用具

具有植物病害病状类型、病征类型及其表现形式的田间发病植物、新鲜标本、浸渍标本、盒装标本、照片、光盘和多媒体课件等。

生物显微镜、多媒体教学设备、放大镜、镊子和挑针等。

三、内容和方法

在田间观察植物发病现场和在实训室内观察各类病害标本、图片或幻灯片,区分植物病害的病状及病征类型,注意相关特征。

1. 病状类型

(1)变色　类型、部位及分布形式,变色细胞和组织的成活及其畸形状况。

(2)坏死　发生部位,病部细胞和组织的成活状况,病部的大小、颜色、形状和表面有无轮纹等特点。

(3)腐烂　发生的部位、颜色、程度及其危害状况。

(4)萎蔫　发生的类型和部位,茎部维管束组织褐变情况。

(5)畸形　发生的组织、器官及其表现形式。

2. 病征类型

(1)霉状物　观察植物疫病、霜霉病、青霉病和灰霉病等霉层的颜色和状态。

(2)粉状物　观察植物锈病、白锈病、白粉病和黑粉病等粉状物的颜色、质地和着生状况。

(3)点状物　观察苹果树腐烂病、瓜类炭疽病、芹菜斑枯病和茄子褐纹病等病部点状物的大小、颜色、着生(埋生、半埋生或表生)及排列状况等。

(4)线状物和核状物　观察植物菌核病和紫纹羽病等菌核或菌索的大小、形状、质地和颜色以及菌核萌发状况。

(5)溢脓　观察白菜软腐病和桃李细菌性穿孔病等溢脓情况和出现位置。

四、作业

观察并扼要描述 10 种受害植物的病害症状,并将结果填入下表。

植物病害症状观察记录表

受害植物	病害名称	为害部位	病状描述	病征描述

五、思考题

1. 植物病害是否都能见到病状和病征?为什么?

2. 植物病害对农业生产的危害表现在哪些方面?

任务工单 1-2　植物病害标本的采集、制作与保存

一、目的要求

正确选取、采集、记录和整理具有典型症状的植物病害材料,制作和保存干燥和浸渍的植物病害标本。熟悉当地常见植物病害种类的症状和特点以及为害情况。

二、材料、用具和药品

采集标本的用具:采集箱、标本夹、吸水纸、捆夹绳、枝剪、手锯、小刀、手铲、镊子、放大镜、塑料袋、小纸袋、标本签、铅笔、采集记录本和数码相机等。

制作标本的用具及药品:剪刀、标签、标本瓶、玻璃瓶、玻璃条、塑料绳、水浴锅(或简单的加热装置)、大烧杯、量杯或量筒、醋酸铜、硫酸铜、明胶和石蜡等。

三、内容和方法

(一)标本采集

1. 采集要求

(1)病状典型　每种标本上的病害种类要单一;不仅要采集某一发病部位的典型病状,还应采集不同时期、不同部位和各种变异的病状。

(2)病征完整　尽量采集带有病征的标本,一些病害可在植物生长的不同时期或枯枝落叶上分别采集,以便对病害做进一步鉴定。

(3)标本完整　标本完整可以保证鉴定的准确性和标本制作的质量。采集时应注意标本完整,避免损坏。对不认识的发病植物,应注意分别采集枝、叶、花和果等部分。每种标本采集的数量不能太少,叶斑病类标本一般应在 10 份以上。用数码相机真实记录和准确反映病害的症状特点和现场环境。

2. 采集记录

每份标本都要附有完整的采集记录:寄主名称、品种及生育期,病害名称、受害部位、症状与危害情况,采集地点、栽培环境、采集日期、采集人姓名和标本编号等项目(记录项目可参考“植物病害标本采集记录表”)。标本应挂有标签,标签上的编号必须与同一份标本在记录本上的编

号相符。填写采集记录本和标签必须用水笔,以避免日久或遇水时褪色。

植物病害标本采集记录表

寄主名称:　　　　　品种:　　　　生育期:	
病害名称:　　　　　受害部位:根□ 茎□ 叶□ 花□ 果实□ 其他□ 　　　　　　　　　　发生情况:普遍□ 不普遍□ 轻□ 中□ 重□	
症状与为害情况:·	
生态环境:坡地□　平地□　砂土□　壤土□　黏土□	
备注:	
采集地点:　　　　　　　　　　　采集日期:　　　年　月　日 采集人:　　　　　标本编号:	

3. 携带整理

(1) 临时保存　在田间采集茎或叶片类标本,先将每一种标本装入一个小采集袋内,再分别放入大采集袋内;不易损坏的标本,如木质化的枝条和枝干等,可以暂时放在采集箱中。

(2) 防止混杂　病征是霉状物或粉状物等容易混淆污染的标本,要分别用纸夹(包)好,以免相互混杂而影响对病原的鉴定和病害的诊断。

(3) 避免变形　叶片较薄、容易迅速失水、干燥卷缩的标本,应随采随压或用湿布包好,以免叶片干缩卷曲;腐烂类或多汁的病果,可先用标本纸分别包好,然后放在采集箱中,避免因相互挤压而变形或玷污。

(4) 及时整理　在田间采集的标本需每天及时进行整理和取舍。选择叶片或果实完整、带有典型病状和病征的标本时,应尽量使标本形状舒展自然;整理比较柔嫩的植物标本时,应多加注意,以免破损。

(二) 干制标本的制作与保存

干制法适用于一般植物的茎、叶、花及去掉果肉的果皮,制成的标本通常称为蜡叶标本,可以长期保存。

1. 压制

适于压制的标本应随采随压或整理后立即压制,以保持标本原形。对含水量大、叶片较厚、不易失水的甘蓝、白菜和马铃薯等的叶片标本,应经过 $1 \sim 2$ d 自然散失一些水分,在叶片将要卷曲但还未卷曲时再进行压制。茎或枝条过粗或叶片过多的标本,应先将枝条劈去一半或去掉部分叶片再进行压制,以免标本因受压不均匀或叶片重叠过多而变形。有些需全株采集的标本过长,可将其折成“N”或“V”字形后进行压制。

将需要压制的标本分层放在标本夹中,一层标本,一层吸水纸。一般每层放吸水纸 $3 \sim 4$ 张,多汁或较厚的标本可多加几张,以利吸收标本中的水分。每个标本夹的总厚度以 10 cm 左右为宜,夹好标本后用绳扎紧。压制标本时,应附有用铅笔记录的寄主和编号的临时标签。

2. 干燥

干制标本干燥越快,标本保持原色的效果越好。为使其尽快干燥并避免发霉变质,标本夹应放在阳光充足、通风干燥处自然干燥,同时要勤换标本纸,一般是前 $3 \sim 4$ d 每天至少更换 1 次干燥的标本纸,以后视标本的干燥情况每 2~3 d 更换 1 次,直到标本彻底干燥为止。在换纸时,要特别注意不要混用已经污染了的纸张,同时要注意保留临时标签。在第 1 次换纸时,趁标本变软,应及时加以整理,使其保持一定的形态。对于完全干燥的标本,要小心移动,以防破碎。

除了自然干燥外,必要时也可进行人工加温快速干燥。将标本放在烘箱或土炕上,温度可提高到 35~50 ℃,但换纸要更加频繁,至少 2 h 换 1 次;对于某些容易变黑的叶片标本(如梨叶)可平放在有阳光照射的热沙中,使其迅速干燥,以达到保持原色的目的;此外,多汁或大型不好压制的标本,还可装挂在通风良好处风干或晒干。

3. 保存

(1)纸套保存　用胶版印刷纸(或牛皮纸和报纸)叠成 15 cm×33 cm 的纸套,将标本装入纸套内,并在纸套上贴好标签(图 1.1.1)。

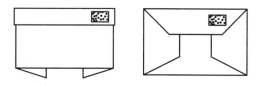

图 1.1.1　植物病害标本纸套折叠方法

(2)玻面标本盒保存　教学及示范用病害标本,用玻面标本盒保存比较方便。玻面标本盒的规格不一,一般适宜大小为 28 cm×20 cm×3 cm。标本和标签贴在标本盒底部,在标本盒侧面注明病害的种类和编号,以便于存放和查找。通常一个标本室内的标本盒应统一规格、整齐、美观且便于整理。

干制标本装入标本纸套和玻面标本盒后,可按寄主或病原种类分别在标本室和标本柜中长期保存。标本室和标本柜应保持干燥以防生霉,同时可将樟脑放于标本纸套和标本盒中并定期更换,以防虫蛀。

(三)浸渍法与浸渍标本的保存

1. 浸渍法

浸渍法适用于保存多汁的病害标本,如果实、块根或担子菌的子实体等。采用浸渍法易保持标本原来的形态和色泽,但保存的时间有限,且需占用比较大的空间,一般用于制作教学和示范标本。浸渍液种类很多,有防腐的,也有防腐兼保持标本原色的。

(1)防腐浸渍法　将不要求保色的标本洗净后直接浸入普通防腐浸渍液中。防腐浸渍液仅能防腐但无保色作用,配方是甲醛 50 mL,95%乙醇 300 mL,加水至 2 000 mL。

(2)保持绿色标本的浸渍液及浸泡法

① 醋酸铜保(绿)色浸渍法:将结晶醋酸铜逐渐加到 50%的醋酸溶液中至溶液饱和为止(每 1 000 mL 醋酸溶液加结晶醋酸铜约 15 g),将该溶液(称原液)加水稀释 3~4 倍后使用。原液稀释倍数因标本的颜色深浅而不同,浅色标本用较稀的稀释液,深色标本用较浓的稀释液。将稀释后的溶液加热至沸腾,投入标本,标本的绿色最初会褪去,经 3~4 min 至绿色恢复后将标本取出,用清水漂净,保存于 5%的福尔马林中或压制成干燥标本亦可。

醋酸铜浸渍液反复使用多次后,保色能力会逐渐减弱,重复使用时需补加适量的醋酸铜。另外,用此法保存的标本颜色稍带蓝色,与新鲜植物的绿色略有不同。

② 硫酸铜保(绿)色浸渍法：将洗净标本在 5% 的硫酸铜浸渍液中浸 6~24 h,取出后用清水漂洗 3~4 h,然后密封保存于亚硫酸浸渍液中,并每年更换 1 次亚硫酸浸渍液。

亚硫酸浸渍液的配法有两种：一种是用含有 5%~6% 的 SO_2 的亚硫酸溶液 45 mL 加水 1 000 mL;另一种是将浓硫酸 20 mL 稀释于 1 000 mL 水中,然后加 16 g 亚硫酸钠。配成的亚硫酸浸渍液在密封条件下可以贮藏。

（3）保存黄色和橘红色标本的浸渍液　将含有 5%~6% 的 SO_2 的亚硫酸配成 4%~10% 的溶液,可保存含有叶黄素和胡萝卜素的果实标本,如杏、梨、柿、黄苹果、柑橘和红辣椒等。亚硫酸有漂白作用,浓度过高会使果皮褪色,浓度过低防腐、保色能力不足,保存各种标本的亚硫酸浸渍液的适宜浓度要通过反复试验确定。使用较低浓度时,可加少量乙醇以增加防腐能力。可在亚硫酸浸渍液中加少许甘油,以防止标本开裂。

（4）保存红色标本的浸渍液　保存红色标本的 Hesler 浸渍液配方是：氯化锌 50 g,甲醛 25 mL,甘油 25 mL,水 1 000 mL。将氯化锌溶于热水中,加入甲醛,如有沉淀,用其澄清液。此溶液适用于因含有花青素而显红色的标本,如苹果和番茄等。

2. 浸渍标本的保存

制成的浸渍标本应存放于标本瓶中或试管中,为了防止标本下沉和上浮,可将标本绑在玻璃条上,然后再放入标本瓶,贴好标签保存。配制浸渍液所用药品多数具有挥发性或易被氧化,浸渍标本最好置于暗处。

浸渍标本的瓶口一般需要密封,方法如下：

（1）临时封口法　用蜂蜡和松香各 1 份,分别熔化后混合,加少量凡士林油调成胶状,涂于瓶盖边缘,将瓶盖压紧封口;或用明胶 4 份在水中浸 3~4 h,滤去多余水分后加热熔化,再加石蜡 1 份,继续熔化后即成为胶状物,趁热封闭瓶口。

（2）永久封口法　酪胶和熟石灰各 1 份混合,加水调成糊状物后封口,干燥后因酪酸钙硬化而密封;也可用明胶 28 g 在水中浸 3~4 h,滤去水分后加热熔化,再加重铬酸钾 0.324 g 和适量的熟石膏调成糊状即可封口。

四、作业

1. 采集并制作 10 种以上植物病害标本并做记录。

2. 制作合格干制标本 3 份、浸渍标本 1 份。

3. 列举在植物病害标本采集过程中认识的植物病害种类、症状特点及其危害性。

五、思考题

1. 为什么要尽量采集症状典型和带有病征的植物病害标本？

2. 哪些植物标本适合制成干制标本？哪些植物标本适合制成浸渍标本？为什么？

3. 植物病害标本是否必须压制或浸渍保存？

任务二　植物病害发生的原因

一、植物病害

植物在生长发育和贮藏运输过程中,受到外界不良环境因素的影响或有害生物的侵染,正常的生理机能受到破坏或干扰,经济价值受到影响的现象称为植物病害。

植物发生病害,必须经过生理、组织或形态上不断变化并持续发展的过程。风、雹、昆虫以及高等动物等对植物造成的机械损伤,没有发生从生理到形态上逐渐变化的过程,所以不是植物病害。

想一想

当地园艺植物经常发生哪些病害?什么时期发生?对植物产量、植物品质、经济和社会带来哪些影响?

韭菜在弱光下栽培成为幼嫩的韭黄,菰草感染黑粉菌后幼茎形成肉质肥嫩的茭白。植物本身的正常生理机制受到干扰而造成了异常后果,从生物学观点理解是植物病害;但由于其经济价值提高了,从经济学观点理解则不认为是植物病害。

二、植物病害的病原

在植物病害发生过程中起直接作用、决定病害特点与性质的因素称为病原,引起植物病害的生物因子称为生物性病原。由生物性病原引起的病害能互相传染,有侵染过程,称为侵染性病害。引起侵染性病害的生物性病原简称病原物,包括原生动物界的根肿菌、假菌界的卵菌和真菌界的多种真菌,细菌界的细菌和植原体,非细胞形态病毒界的病毒和类病毒,动物界的线虫以及植物界的寄生性植物(图1.2.1),这些病原物在形态上有很大的差异。

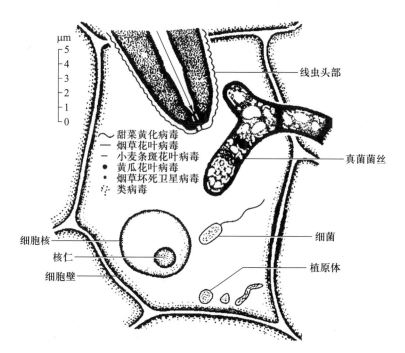

图 1.2.1　几类植物病原物与植物细胞大小的比较

生物性病原

由不适宜的物理、化学等非生物因素直接或间接引起的植物病害,称生理性病害。因不传染,也称非侵染性病害。

三、病害三角

植物病害需要有病原物、寄主植物和一定的环境条件三者配合才能发生,三者相互依存、缺一不可。任何一方的变化均会影响另外两方,这三者之间的关系称为"病害三角"或"病害三要素"(图1.2.2)。

不适宜的环境条件不仅是非侵染性病害的病原,同时又是侵染性病害的重要诱因。非侵染性病害降低寄主植物的抗病性,促进侵染性病害的发生。植物发生侵染性病害后,可促进非侵染性病害发生。二者相互促进,往往导致病害加重。

图 1.2.2　植物病害三角关系

想 一 想

为什么植物病害的出现往往从不适宜的环境条件开始?

资 料 卡

1933 年,林克(Link)提出病害三角学说:感病的寄主植物、具有致病性的病原物和有利于发病的环境条件构成病害三角形的三个边,三角形的高度或面积代表病害严重度,各边的长度影响三角形的面积。

1976 年,鲁宾逊(Robinson)提出植物病害四面体学说:农业生态系内除了寄主植物、病原物和环境条件外,还应加上人类干预这个重要因素。

任务三　植物生物性病原及其病害识别

一、植物病原菌物

菌物是一类具有细胞核、无叶绿素、不能进行光合作用并且营异养的有机体。菌物营养体通常是丝状分支的菌丝体,无根茎叶的分化,通过产生各种类型的孢子进行有性生殖或无性生殖。

资 料 卡

菌物估计有 10 万种之多。我们吃的馒头、面包、酱油、醋、腐乳和豆酱,以及喝的美酒等,都少不了酵母、曲霉和根霉等菌物的作用。菌菇、木耳和银耳等食用菌,产生青霉素的青霉,可作中药材的茯苓、虫草和灵芝等,生产赤霉素的镰刀菌等,都是菌物。在数量庞大的菌物中,有些菌物给人类带来巨大的经济损失,如引起食品、衣物、纸张和器皿等发霉变质的霉菌,引起皮肤癣病的癣菌,产生毒素引发肝癌的黄曲霉,引起园艺植物 80% 以上病害的病原菌物等。为了进一步发挥菌物的作用,控制它的破坏性,我们必须更好地熟悉它、研究它。

1. 菌物的形态

（1）营养体　菌物的营养体是指菌物营养生长阶段所形成的结构。菌物典型的营养体是细小的丝状体，单根丝状体称为菌丝，许多菌丝集聚在一起，称为菌丝体。菌丝呈管状、无色或有色，多数直径为 $5\sim6~\mu m$。高等菌物的菌丝有隔膜，称为有隔菌丝；低等菌物的菌丝一般无隔膜，称为无隔菌丝。

菌物除典型的菌丝体外，有的营养体是多核、无细胞壁、形态多变的原生质团。低等类别的营养体为具有细胞壁的单细胞，有的营养体产生芽孢子相互连接呈链状，与菌丝相似。

菌物的营养体具有吸收、输送和储存养分的功能。菌丝的每一部分都潜有生长的能力，在适宜条件下，其顶端部分可以无限生长并不断产生分支。

菌物在长期演化过程中，为适应外界环境条件的变化，其菌丝形成了具有多种特殊功能的变态结构。有些寄生菌物的菌丝在寄主植物表面或细胞间生长，从菌丝上产生吸收养分的特殊结构——吸器，伸入寄主细胞内吸收养分和水分。吸器的形状可因菌物种类而各不相同（图 1.3.1）。菌丝还可形成附着胞、菌环、匍匐菌丝和假根等变态类型。

此外，有些菌物为了适应外界的不良环境条件，其菌丝体生长到一定阶段可以变成疏松或紧密的组织体，形成菌核、子座和菌索等变态结构。菌核是由菌丝紧密交织而成的休眠结构，同时也是营养物质的贮藏体。菌核通常呈圆形、鼠粪形或不规则形，多

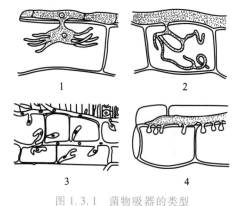

图 1.3.1　菌物吸器的类型
1. 白粉菌　2. 霜霉菌　3. 锈菌　4. 白锈菌

呈黑褐色或黑色，一般较坚硬，大小各异。当环境适宜时，菌核萌发产生菌丝体或形成产生孢子的结构。完全由菌丝形成的菌核称为真菌核，由菌丝与寄主组织形成的菌核称为假菌核。子座是菌物的休眠结构，又是产孢结构。子座是由菌丝在寄主表面或表皮下交织形成的垫状、柱状、头状或棍棒状等的结构，有时可与寄主组织结合共同组成。子座成熟后，在其内部或上面形成产生孢子的结构。菌丝束和菌索是由菌丝体平行交织构成的束状或绳索状结构，具有营养输导作用。菌索结构较菌丝束复杂，外形与高等植物的根相似，顶端有生长点，又称根状菌索，对不良环境有很强的抵抗力，有时能沿寄主根部表面或地表延伸，起蔓延和侵入作用。

（2）繁殖体　菌物营养生长到一定时期所产生的繁殖器官称为繁殖体。孢子是菌物繁殖的基本单位，相当于高等植物的种子。菌物产生孢子的结构称为子实体，子实体和孢子的形式多样，其形态是菌物分类的重要依据之一。

菌物不经过两性细胞或性器官的结合，从营养体上直接产生孢子的繁殖方式称无性生殖，所产生的孢子称无性孢子（图 1.3.2）。菌物通过性细胞或性器官结合产生孢子的繁殖方式称有性生殖，所产生的孢子称有性孢子（图 1.3.3）。有性生殖的过程可分为质配、核配和减数分裂 3 个阶段。常见的无性孢子有 6 种类型，有性孢子有 5 种类型（表 1.3.1）。

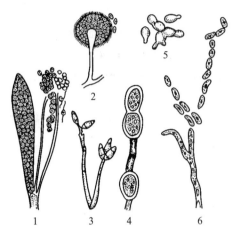

图 1.3.2　菌物无性孢子的类型

1. 游动孢子囊和游动孢子　2. 孢子囊和
孢囊孢子　3. 分生孢子梗和分生孢子
4. 厚垣孢子　5. 芽孢子　6. 节孢子

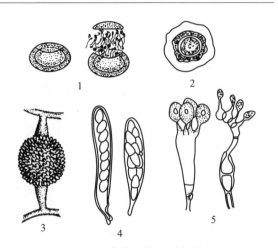

图 1.3.3　菌物有性孢子的类型

1. 休眠孢子囊及其萌发释放游动孢子
2. 卵孢子　3. 接合孢子　4. 子囊孢子　5. 担孢子

表 1.3.1　菌物的无性孢子和有性孢子

孢子的类型		孢子的形成与形态特点
无性孢子	游动孢子	菌丝或孢囊梗顶端膨大形成囊状物——孢子囊;孢子囊成熟后破裂,释放出无细胞壁、具 1~2 根鞭毛、可以在水中游动的孢子;产生游动孢子的孢子囊又称游动孢子囊
	孢囊孢子	形成特点同游动孢子,与游动孢子的区别是具有细胞壁、无鞭毛
	分生孢子	产生在由菌丝分化形成的分生孢子梗、分生孢子盘上或分生孢子器内,形态各异
	厚垣孢子	由菌丝顶端或中间细胞原生质浓缩、细胞壁增厚,最后脱离菌丝而形成的一种孢子,可长期休眠,寿命较长
	芽孢子	单细胞营养体以芽殖方式生成,可脱离母细胞或与母细胞相连接,继续发生芽体,形成假菌丝
	节孢子	由菌丝分支顶端的细胞不断增加隔膜,以断裂的方式形成;因大量产生于植物体表且呈粉末状,又称粉孢子
有性孢子	厚壁休眠孢子（休眠孢子囊）	由两个同型游动配子结合所形成的合子发育而成
	卵孢子	由两个异型配子囊——雄器和藏卵器结合而形成,一般埋藏在病组织内,可以抵抗不良的环境条件
	接合孢子	由两个异性同型配子囊结合而成的表面光滑或有纹饰的孢子
	子囊孢子	由两个异型配子囊——雄器和产囊体相结合形成的孢子,着生在子囊内;子囊多着生在子囊盘或子囊壳内
	担孢子	经过有性结合产生在担子上的有性孢子;担子多着生在担子果上

2. 菌物的生活史

菌物的孢子经过萌发、生长和发育,最后又产生同一种孢子的过程,称为菌物的生活史(图1.3.4)。

(1) 典型生活史　菌物的典型生活史包括有性阶段和无性阶段。无性阶段是菌丝体产生无性孢子,无性孢子萌发形成芽管,芽管继续生长成新的菌丝体的过程。多数菌物无性生殖能力很强,在一个生长季节内可以进行多次无性生殖,产生大量的无性孢子。无性孢子一般无休眠期,对低温、高温和干燥等抵抗力弱,但繁殖快、数量大,对植物病害的传播和蔓延作用大。

有性阶段多出现在植物发病后期或经过休眠以后有性孢子一般 1 年只产生 1 次,细胞壁较厚或有休眠期,可以渡过不良环境,是许多植物病害的主要初侵染源。

(2) 不完全生活史　不完全生活史是指菌物只有无性阶段而无有性阶段的生活史。

(3) 不典型生活史　不典型生活史是指在菌物的整个生活史中,只有无性生殖阶段,极少进行有性生殖;或以

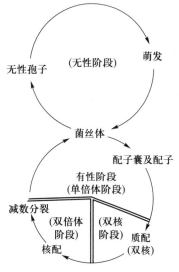

图 1.3.4　菌物的生活史

有性生殖为主,很少产生无性孢子;或不形成任何孢子,其生活过程全由菌丝来完成。

在菌物生活史中,有些菌物可产生几种不同类型的孢子,这种现象称为菌物的多型性。如在典型的锈菌生活史中可以产生 5 种不同类型的孢子。有些菌物在一种寄主植物上就可完成生活史,称单主寄生;有的菌物需要在两种或两种以上不同的寄主植物上才能完成其生活史,称为转主寄生。

3. 菌物的分类与命名

随着分子生物学技术的发展,人们对生物的认识更加深入。第 9 版的《真菌词典》(2001)接受了 1989 年 Cavalier-Smith 提出的八界系统,将原来的真菌界划分为 3 个界:将无细胞壁的黏菌和根肿菌划归为原生动物界,将细胞壁主要成分为纤维素、营养体为 $2n$ 的卵菌划归为假菌界,其他则划归为真菌界。根据营养体、无性生殖和有性生殖的特征,真菌界又分为 4 个门,同时,将原来的半知菌置于本界,作为无性态真菌进行阐述(表 1.3.2)。

植物病原
菌物的类型

表 1.3.2　植物病原菌物界和门的主要特征

界	界的特征	门	有性生殖	无性生殖
原生动物界	以吞噬方式获取营养	根肿菌门 (Plasmodiophoromycota)	合子发育形成 厚壁休眠孢子囊 (休眠孢子囊)	游动孢子
假菌界	繁殖时产生具有茸鞭式 鞭毛的游动孢子;细胞壁 成分一般为纤维素	卵菌门(Oomycota)	卵孢子	游动孢子

续表

界	界的特征	门	有性生殖	无性生殖
真菌界	繁殖时一般不产生游动孢子,即使产生,也没有茸鞭式鞭毛;细胞壁成分为几丁质	壶菌门(Chytridiomycota)	休眠孢子囊	游动孢子
		接合菌门(Zygomycota)	接合孢子	孢囊孢子
		子囊菌门(Ascomycota)	子囊孢子	分生孢子
		担子菌门(Basidiomycota)	担孢子	少有分生孢子
		半知菌类(有丝分裂孢子真菌)(Mitosporic fungi)	无(或未发现)	分生孢子

　　生物的主要分类单元是域(总界)、界、门(-mycota)、亚门(-mycotina)、纲(-mycetes)、目(-ales)、科(-aceae)、属、种,必要时在两个分类单元之间还可增加一级,如亚目、亚科、亚属、亚种等。大部分分类单元的学名都有固定的字尾,属和种的学名则没有统一的字尾。菌物种的命名采用双名法,每种生物的名称均由两个拉丁词构成,第1个词是属名,第2个词是种名。属名的首字母要大写,种名则一律小写。学名之后加注定名人的名字(通常是姓,可以缩写),如果更改原学名,应将原定名人放在学名后的括号内,在括号后再注明更改人的姓名。

　　4. 植物病原菌物的主要类群

　　(1) 根肿菌门　根肿菌门的菌物通常寄生于高等植物的根或茎的细胞内,往往引起寄主细胞膨大和组织增生,如受害根部膨大,故称为根肿菌。根肿菌的营养体为无细胞壁的原生质团。有性生殖形成大量散生或成堆的厚壁休眠孢子(图1.3.5);无性生殖形成薄壁的游动孢子囊,产生前端具有两根长短不等的尾鞭的游动孢子。根肿菌门仅含1纲1目1科,其中,根肿菌属(Plasmodiophora)可为害甘蓝等十字花科的植物引起根肿病,粉痂菌属(Spongospora)主要为害马铃薯的块茎和根部引起粉痂病。

卵菌门特点

　　(2) 卵菌门　卵菌门菌物的共同特征是有性生殖以雄器和藏卵器交配形成卵孢子,因此通常称为卵菌。其无性生殖产生游动孢子囊并释放具鞭毛的游动孢子。卵菌大多为水生菌物,少数是两栖或接近陆生。卵菌的营养体是发达的无隔菌丝体,少数为单细胞。卵菌门只含1纲——卵菌纲,其中,寄生于园艺植物并引起严重病害的是腐霉目和霜霉目的菌物(表1.3.3,图1.3.6)。

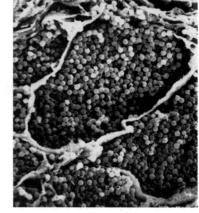

图1.3.5　芸薹根肿菌的休眠孢子

表 1.3.3　卵菌门常见园艺植物病害病原及其所致病害的特点

目		属		所致病害的特点	代表病害
名称	形态特点	名称	形态特点		
腐霉目	孢子囊长在营养菌丝上或孢囊梗,形态与菌丝无明显差别,孢囊梗无限伸长	腐霉属(*Pythium*)	孢囊梗呈菌丝状;孢子囊呈球状或姜瓣状,成熟后一般不脱落,萌发时产生泡囊	根腐、猝倒、腐烂	瓜果腐烂病、多种植物猝倒病
		疫霉属(*Phytophthora*)	孢囊梗分化不显著或显著;孢子囊球形、卵形或梨形,成熟后脱落,萌发时产生游动孢子或直接产生芽管		黄瓜、番茄、辣椒、马铃薯和芍药等疫病;柑橘脚腐病
霜霉目	孢囊梗从寄主气孔伸出,与菌丝区别明显,常具有特征性的各种分支	霜霉属(*Peronospora*)	孢囊梗顶部对称二叉状锐角分支,末端尖细	病部产生白色或灰黑色霜霉状物	十字花科蔬菜、葱和菠菜霜霉病
		假霜霉属(*Pseudoperonospora*)	孢囊梗主干单轴分支,以后又生 2~3 回不对称二叉状锐角分支,末端尖细		葡萄霜霉病
		单轴霉属(*Plasmopara*)	孢囊梗单轴分支,分支呈直角,末端平钝		黄瓜霜霉病
		白锈菌属(*Albugo*)	孢囊梗不分支,呈短棍棒状,密集在寄主表皮下呈栅栏状,顶端串生孢子囊	白色疱状突起,表皮破裂散出白色锈粉	十字花科蔬菜白锈病

(3) 接合菌门　接合菌门菌物有性生殖以孢子囊配合的方式产生接合孢子,无性生殖是在孢子囊中形成孢囊孢子。接合菌为陆生,营养体为无隔菌丝体。接合菌中毛霉目的根霉属(*Rhizopus*)和笋霉属(*Choanephora*)菌物可引起园艺植物病害。

根霉属(图 1.3.7)菌丝发达,分布在基质表面和基质内,具有匍匐丝和假根。孢囊梗从匍匐丝上长出,与假根对生,顶端形成孢子囊,囊内产生孢囊孢子。根霉属在植物的成熟期和贮藏期引起瓜果和薯类的软腐病等,如桃软腐病、南瓜软腐病和百合鳞茎软腐病等。

笋霉属可形成大型孢子囊和小型孢子囊,造成瓜类和茄子等的花腐或瓜果腐烂,如瓜类和果类花腐病等。

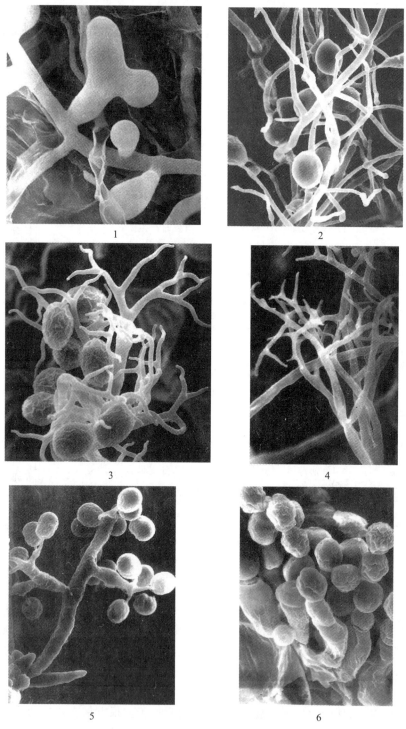

图 1.3.6　卵菌门主要属

1. 腐霉属　2. 疫霉属　3. 霜霉属　4. 假霜霉属　5. 单轴霉属　6. 白锈菌属

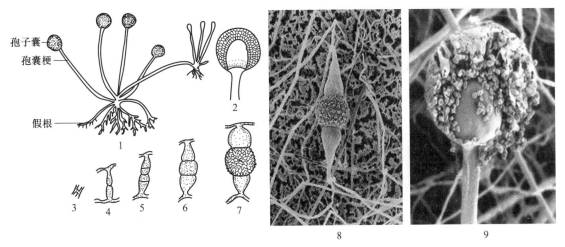

图 1.3.7　根霉属

1. 根霉属示意图　2. 放大的孢子囊　3~7. 接合孢子的形成　8. 接合孢子的电镜照片　9. 孢子囊的电镜照片

子囊菌门特点

　　（4）子囊菌门　子囊菌门菌物有性生殖形成子囊和子囊孢子,故称为子囊菌。子囊多呈棍棒形或圆桶形,少数呈卵形或近球形(图 1.3.8)。1 个典型的子囊内含有 8 个子囊孢子。子囊少数裸生,多数产生在由菌丝形成的子囊果内。子囊果有 4 种类型:子囊果完全封闭且没有固定孔口的称闭囊壳(图 1.3.9);子囊果有固定的孔口、呈容器状且为单层壁的称子囊壳(图 1.3.10);子囊果在子座内溶解形成有孔口的空腔,且在空腔内发育形成具有双囊壁的子囊,这种含有子囊的子座称为子囊座(图 1.3.11,图 1.3.12);子囊果呈开口的盘状或杯状、顶部平行排列子囊和侧丝形成子实层的称子囊盘(图 1.3.13)。寄生植物的子囊菌形成子囊果后,往往在病组织表面形成小黑粒或小黑点状的病征。子囊菌进行无性生殖时产生各式各样的分生孢子、芽孢子、粉孢子和厚垣孢子。许多子囊菌的无性生殖能力很强,在自然界经常看到的是它们的无性阶段。

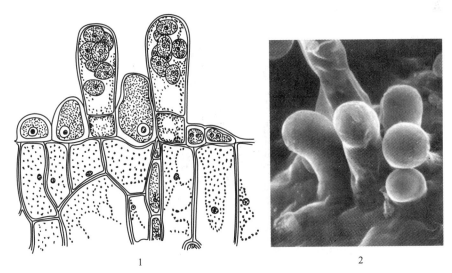

图 1.3.8　外囊菌属

1. 在寄主角质层下形成的产囊细胞和子囊　2. 寄主表面子囊层的电镜照片

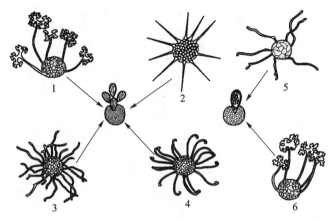

图 1.3.9　白粉菌主要属的特征

1. 叉丝壳属　2. 球针壳属　3. 白粉菌属　4. 钩丝壳属　5. 单丝壳属　6. 叉丝单囊壳属

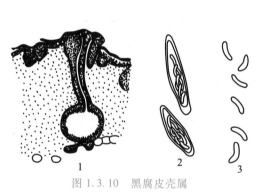

图 1.3.10　黑腐皮壳属

1. 着生于子座组织内的子囊壳　2. 子囊　3. 子囊孢子

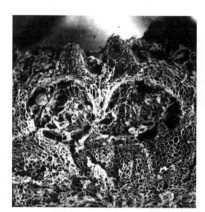

图 1.3.11　球座菌属的电镜照片

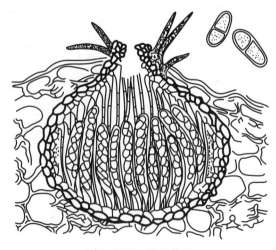

图 1.3.12　黑星菌属

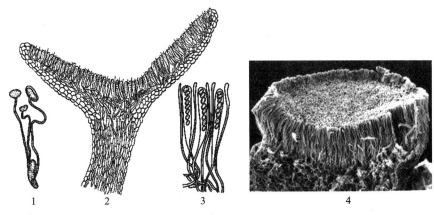

图 1.3.13　核盘菌属
1. 菌核萌发形成子囊盘　2. 子囊盘剖面　3. 子囊、子囊孢子及侧丝　4. 子囊盘的电镜照片

子囊菌的营养体大多是发达的有隔菌丝体，少数（如酵母菌）为单细胞。许多子囊菌的菌丝体可以形成子座和菌核等结构。很多子囊菌与园艺植物病害关系密切（表 1.3.4）。

表 1.3.4　子囊菌门常见园艺植物病害病原及其所致病害的特点

纲		目		属		所致病害的特点	代表病害
名称	形态特点	名称	形态特点	名称	形态特点		
半子囊菌纲	无子囊果，子囊裸生	外囊菌目	子囊以柄细胞方式形成	外囊菌属（Taphrina）	子囊呈栅栏状，平行排列在寄主表面	皱缩、丛枝、肥肿	桃缩叶病，李囊果病
核菌纲	子囊果是闭囊壳或子囊壳，子囊单层壁，有规则地排列于子囊果内形成子实层	白粉菌目	子囊果是闭囊壳；菌丝体外生，以吸器深入寄主组织中	叉丝壳属（Microsphaera）	闭囊壳内含多个子囊；附属丝二叉状分支	病部表面通常有一层明显的白色粉状物，后期可出现许多黑色的小颗粒	栗树、榛树和栎树白粉病
				球针壳属（Phyllactinia）	闭囊壳内含多个子囊；附属丝基部膨大呈球状，端部呈针状		梨树、柿树和核桃白粉病
				白粉菌属（Erysiphe）	闭囊壳内含多个子囊；附属丝呈菌丝状，不分支		萝卜、菜豆和瓜类白粉病
				钩丝壳属（Uncinula）	闭囊壳内含多个子囊；附属丝顶端弯曲呈钩状		葡萄、桑树和槐树白粉病
				单丝壳属（Sphaerotheca）	闭囊壳内含 1 个子囊；附属丝呈菌丝状，不分支		瓜类、豆类和蔷薇白粉病
				叉丝单囊壳属（Podosphaera）	闭囊壳内含 1 个子囊；附属丝二叉状分支		苹果和山楂白粉病

续表

纲		目		属		所致病害的特点	代表病害
名称	形态特点	名称	形态特点	名称	形态特点		
核菌纲	子囊果是闭囊壳或子囊壳,子囊单层壁,有规则地排列于子囊果内形成子实层	球壳目	子囊果是子囊壳	小丛壳属（Glomerella）	子囊壳小,壁薄,多埋生于子座内	病斑、腐烂、小黑点	瓜类、番茄、苹果、葡萄和柑橘炭疽病
				黑腐皮壳属（Valsa）	子囊壳具长颈,成群埋生于寄主组织中的子座基部	树皮腐烂、小黑点	苹果树和梨树腐烂病
				内座壳属（Endothia）	子座肉质,橘黄色或橘红色;子囊壳埋生于子座内,有长颈穿过子座外露	树皮腐烂、溃烂	栗干枯病
				间座壳属（Diaporthe）	子座黑色;子囊壳埋生于子座内,以长颈伸出子座	枯枝、流胶、腐烂	茄褐纹病,柑橘树脂病
腔菌纲	子囊果是子囊座,子囊双层壁,着生于子囊腔内	多腔菌目	每个子囊腔内含有1个子囊	痂囊腔菌属（Elsinoe）	子囊座生在寄主组织内;子囊孢子具有3个横隔膜	增生、木栓化、病斑表面粗糙或突起	葡萄黑痘病,柑橘疮痂病
		座囊菌目	每个子囊腔内含有多个子囊,子囊间无拟侧丝	球座菌属（Guignardia）	子囊座小;生于寄主表皮下;子囊孢子单胞	腐烂、干枯、斑点	葡萄黑腐病、房枯病
				球腔菌属（Mycosphaerella）	子囊座散生在寄主组织内;子囊孢子有隔膜	裂蔓	瓜类蔓枯病
		格孢腔菌目	每个子囊腔内含有多个子囊,子囊间有拟侧丝	黑星菌属（Venturia）	子囊座孔口周围有黑色、多隔的刚毛;子囊孢子双胞	黑色霉层、疮痂、龟裂	苹果和梨黑星病
				格孢腔菌属（Pleospora）	子囊座球形或瓶形,光滑无刚毛;子囊孢子卵圆形,多细胞,呈砖格状	病斑	葱、蒜和辣椒的黑斑病、叶枯病

续表

纲		目		属		所致病害的特点	代表病害
名称	形态特点	名称	形态特点	名称	形态特点		
盘菌纲	子囊果是子囊盘,子囊单层壁	星裂盘菌目	子囊盘在子座内发育,子座多生在植物组织内,成熟的子实层通过子座组织的裂缝外露,子囊顶端加厚	散斑壳属(*Lophodermium*)	子囊孢子单细胞,周围有胶质鞘	病斑	松和杉苗落针病
		柔膜菌目	子囊盘不在子座内发育,子座多生在植物表面,子实层成熟前即外露,子囊顶端不加厚	核盘菌属(*Sclerotinia*)	子囊盘盘状或杯状,在菌核上产生	腐烂	十字花科蔬菜菌核病
				链核盘菌属(*Monilinia*)	子囊盘盘状或杯状,在假菌核上产生	腐烂	苹果、梨和桃褐腐病

担子菌门特点

（5）担子菌门　担子菌门是菌物中最高等的类群,其基本特征是有性生殖形成担子,每个担子上一般外生 4 个担孢子,故称为担子菌。大多数担子菌在自然条件下没有无性生殖,少数种类通过芽殖、菌丝断裂以及产生分生孢子或节孢子进行无性生殖。

多数担子菌的营养体是发达的有隔菌丝体,生活史中可以产生 3 种类型的菌丝:初生菌丝是单核有隔菌丝,由担孢子萌发产生,初期无隔多核,不久产生分隔将细胞核隔开而形成;次生菌丝是双核有隔菌丝,由初生菌丝通过受精作用或体细胞融合双核化而形成,这种双核菌丝占担子菌生活史中的大部分时期,主要起营养作用,可形成菌核和菌索等结构;三生菌丝是由次生菌丝特化而成,可形成各种复杂的担子果和担子及担孢子。

低等担子菌有性生殖形成的担子裸生,不产生担子果。如黑粉菌是由 2 个单核孢子或孢子产生的菌丝结合而形成双核菌丝;锈菌则产生特殊的生殖结构——性孢子器,通过性孢子与受精丝配合而形成双核菌丝。以后双核菌丝产生冬孢子,再由冬孢子萌发形成担子和担孢子。

高等担子菌的担子着生在高度组织化的各种类型的子实体内,这种子实体称为担子果。担子果的发育类型有 3 种:子实层始终暴露在外的为裸果型;子实层最初是封闭的、在担孢子

想　一　想

平菇、木耳、灵芝和马勃分别是哪种类型的担子果?

成熟前开裂露出子实层的为半被果型;子实层包被在子实体内,担孢子成熟时也不开裂,只有在担子果分解或遭受外力损伤时担孢子才释放出来的为被果型。根据担子果的有无及其发育类型等,可将担子菌门分为 3 个纲,其中,冬孢菌纲和担子菌纲与园艺植物病害关系密切(表 1.3.5,图 1.3.14)。

表 1.3.5　担子菌门常见园艺植物病害病原及其所致病害的特点

纲		目		属		所致病害的特点	代表病害
名称	形态特点	名称	形态特点	名称	形态特点		
冬孢菌纲	通过受精作用进行交配,不形成担子果;担子自冬孢子上产生	锈菌目	冬孢子萌发形成先菌丝,先菌丝产生隔膜特化为担子,担子有 4 个细胞,每个细胞上产生 1 个小梗,小梗上着生担孢子,担孢子释放时可以强力弹射	胶锈菌属(Gymnosporangium)	冬孢子椭圆形,少数纺锤形,双胞,有长柄,浅黄色至暗褐色;冬孢子柄遇水膨胀呈胶状	病部产生铁锈状物	梨锈病
				柄锈菌属(Puccinia)	冬孢子有柄,双胞,深褐色,单主或转主寄生		葱和美人蕉锈病
				单胞锈菌属(Uromyces)	冬孢子单胞,有柄,深褐色,顶端较厚		玫瑰和月季锈病
				多胞锈菌属(Phragmidium)	冬孢子 3 至多细胞,表面光滑或有瘤状突起;冬孢子柄基部膨大		菜豆和蚕豆锈病
				层锈菌属(Phakopsora)	冬孢子单胞,无柄,椭圆形,在表皮下不整齐地排列成数层		枣树和葡萄锈病
				栅锈菌属(Melampsora)	冬孢子单胞,无柄,棱柱形或椭圆形,在表皮下排列成整齐的一层		垂柳锈病
黑粉菌纲	菌丝分隔较为简单,通常没有桶孔隔膜,即使有也没有桶孔覆垫	黑粉菌目	产生大量黑色粉状冬孢子,冬孢子由次生菌丝的中间细胞形成;担孢子直接着生在先菌丝的侧面或顶部,没有小梗,成熟后不能弹出	黑粉菌属(Ustilago)	冬孢子萌发产生有隔担子,分为 4 个细胞,每个细胞侧生或顶生担孢子;冬孢子堆外没有菌丝构成的假膜包被	病部产生黑色粉状物	茭白黑粉病
				条黑粉菌属(Urocystis)	冬孢子萌发产生无隔担子,顶端簇生担孢子;冬孢子聚集成团,孢子团外有明显的不孕细胞		葱类黑粉病

续表

纲		目		属		所致病害的特点	代表病害
名称	形态特点	名称	形态特点	名称	形态特点		
担子菌纲	常形成肉眼可见的担子果,菌丝为典型的桶孔隔膜菌丝,有桶孔覆垫	木耳目	担子果裸果型;担子圆柱形,有隔	卷担菌属 (Helicobasidium)	担子圆桶形,常卷曲,有隔膜;小梗单面侧生	病部产生紫色绒状菌丝层	苹果、梨和桑等紫纹羽病

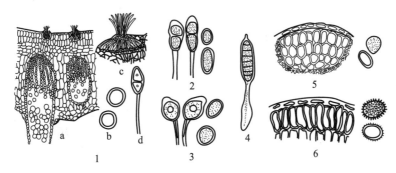

图 1.3.14　引起园艺植物锈病的重要病原属
1. 胶锈菌属(a. 锈孢子器　b. 锈孢子　c. 性孢子器　d. 冬孢子)
2. 柄锈菌属　3. 单胞锈菌属　4. 多胞锈菌属　5. 层锈菌属　6. 栅锈菌属

半知菌类特点

（6）半知菌类　半知菌类菌物的典型生活史包括有性阶段和无性阶段。许多菌物在自然条件下尚未发现有性阶段,只认识无性阶段,由于只了解其生活史的一半,因此把这类菌物称为半知菌。半知菌分类并不反映彼此的亲缘关系,一旦发现它们的有性阶段,将根据其有性阶段的特征使之归入相应的类群。它们大多属于子囊菌,少数属于担子菌。一些已知有性阶段的"半知菌"人们习惯上仍称之为半知菌,主要是因为它们的无性阶段发达且具有重要的经济意义,其有性阶段少见或不重要。这些菌物通常有两个学名,其半知菌的学名更为大家所熟知。

半知菌多数为发达的有隔菌丝体,少数为单细胞(酵母类)或假菌丝体。从菌丝体上形成分化程度不同的分生孢子梗,梗上产生分生孢子;分生孢子梗散生或形成束丝;分生孢子座聚生。有的半知菌形成盘状或球状有孔口的子实体,称分生孢子盘或分生孢子器。一些半知菌是引起园艺植物病害的重要病原菌(表 1.3.6,图 1.3.15 至图 1.3.20)。

表 1.3.6　半知菌类常见园艺植物病害病原及其所致病害的特点

纲		目		属		所致病害的特点	代表病害
名称	形态特点	名称	形态特点	名称	形态特点		
丝孢纲	分生孢子不产生在分生孢子盘或分生孢子器内	无孢目	不产生分生孢子	丝核菌属（*Rhizoctonia*）	产生菌核，菌核间有丝状体相连；菌丝多为近直角分支，分支处有缢缩	根茎腐烂、立枯	多种园艺植物立枯病
				小菌核属（*Sclerotium*）	产生菌核，菌核间无丝状体相连	茎基部和根部腐烂、猝倒	多种园艺植物白绢病
		丝孢目	分生孢子产生在分生孢子梗上或直接生于菌丝上	葡萄孢属（*Botrytis*）	分生孢子梗呈树状分支，顶端明显膨大呈球状，其上分生许多小梗；分生孢子单胞，着生于小梗上，聚生成葡萄穗状	腐烂、病斑	多种园艺植物灰霉病
				粉孢属（*Oidium*）	分生孢子梗短小，不分支；分生孢子单胞，串生	寄主体表形成白色粉状物	多种园艺植物白粉病
				青霉属（*Penicillium*）	分生孢子梗顶端呈帚状分支，分支顶端形成瓶状小梗，其上串生分生孢子；分生孢子单胞	腐烂、霉状物	柑橘绿霉病、青霉病
				黑星孢属（*Fusicladium*）	分生孢子梗短，暗褐色，有明显孢痕；典型分生孢子双胞	叶斑、溃疡、霉状物	苹果和梨黑星病
				轮枝孢属（*Verticillium*）	分生孢子梗直立，分支，轮生、对生或互生；分生孢子单胞	黄萎、枯死，维管束变色	茄子黄萎病
				尾孢属（*Cercospora*）	分生孢子梗黑褐色，丛生，不分支，有时呈屈膝状；分生孢子线形、鞭形或蠕虫形，多胞	病斑	柿角斑病
				链格孢属（*Alternaria*）	分生孢子梗淡褐色至褐色；分生孢子单生或串生，褐色，卵圆形或倒棍棒形，有纵横隔膜，顶端常具喙状细胞	叶斑、腐烂、霉状物	梨和白菜黑斑病，茄和番茄早疫病
				褐孢霉属（*Fulvia*）	分生孢子梗和分生孢子黑褐色；分生孢子单胞或双胞，形状和大小变化大	病斑、霉层	番茄和茄子叶霉病
		瘤座菌目	分生孢子坐垫状	镰孢属（*Fusarium*）	分生孢子多胞，镰刀形，一般 2~5 分隔；有时形成小型分生孢子，单胞，无色，椭圆形	萎蔫、腐烂	瓜类、番茄、香蕉、香石竹和大丽菊枯萎病

续表

纲		目		属		所致病害的特点	代表病害
名称	形态特点	名称	形态特点	名称	形态特点		
腔孢纲	分生孢子产生在分生孢子盘或分生孢子器内	黑盘孢目	分生孢子产生在分生孢子盘上	炭疽菌属（Colletotrichum）	分生孢子盘生于寄主表皮下，有时生有褐色刚毛；分生孢子梗无色至褐色；分生孢子无色；单胞，长椭圆形或弯月形	病斑、腐烂、小黑点	多种园艺植物炭疽病
				痂圆孢属（Sphaceloma）	分生孢子梗极短，产生在子座上；分生孢子极小，单胞，无色，椭圆形	畸形、疮痂、病斑	葡萄黑痘病，柑橘疮痂病
				盘二孢属（Marssonina）	分生孢子无色，双胞，分隔处缢缩，上胞较大而圆，下胞较小而尖	叶斑	苹果褐斑病
		球壳孢目	分生孢子产生在分生孢子器内	叶点菌属（Phyllosticta）	分生孢子器埋生，有孔口；分生孢子梗短；分生孢子小，单胞，无色，近卵圆形	病斑	苹果和凤仙花斑点病
				茎点菌属（Phoma）	分生孢子器埋生或半埋生；分生孢子梗短；分生孢子小，卵形，无色，单胞	叶斑、茎枯、根腐	柑橘黑斑病，甘蓝黑胫病
				大茎点菌属（Macrophoma）	形态与茎点菌属相似，但分生孢子较大	叶斑、枝干溃疡、果腐	苹果和梨轮纹病
				拟茎点菌属（Phomopsis）	产生卵圆形和钩形两种分生孢子	腐烂、流胶、干枯、小黑点	茄褐纹病，柑橘树脂病
				壳囊孢属（Cytospora）	分生孢子器集生在子座内；分生孢子小，腊肠状	腐烂	梨和苹果树腐烂病
				壳针孢属（Septoria）	分生孢子无色，线形，多隔膜	病斑	芹菜斑枯病

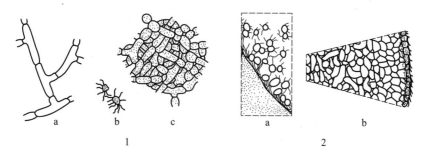

图 1.3.15　无孢目常见病原属的菌丝和菌核
1. 丝核菌属（a. 具缢缩直角分支的菌丝　b. 菌核　c. 菌丝纠结的菌组织）　2. 小菌核属（a. 菌核　b. 菌核剖面）

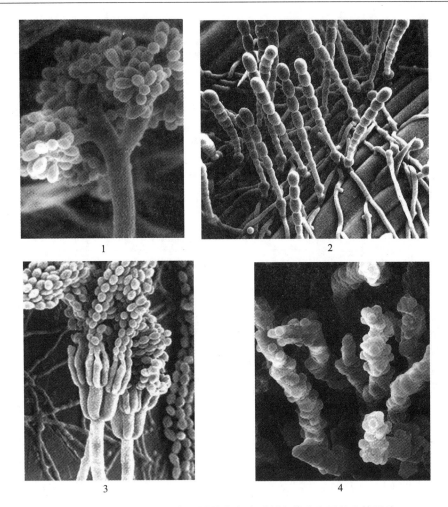

图 1.3.16　丝孢目重要病原属的分生孢子梗和分生孢子的电镜照片
1. 葡萄孢属　2. 粉孢属　3. 青霉属　4. 黑星孢属的分生孢子梗

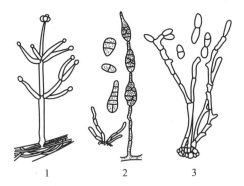

图 1.3.17　丝孢目重要病原属的分生孢子梗和分生孢子
1. 轮枝孢属　2. 链格孢属　3. 褐孢霉属

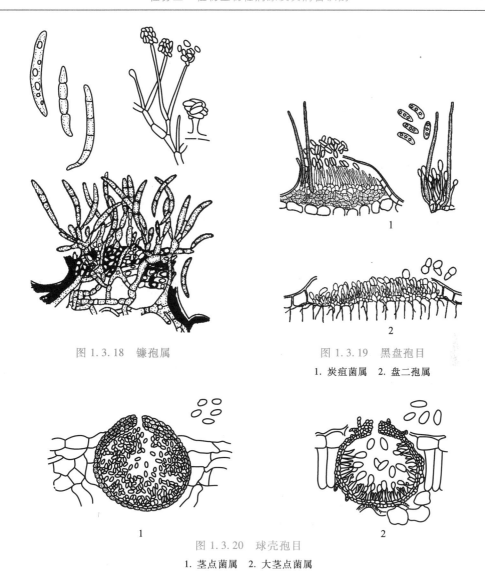

图 1.3.18　镰孢属

图 1.3.19　黑盘孢目

1. 炭疽菌属　2. 盘二孢属

图 1.3.20　球壳孢目

1. 茎点菌属　2. 大茎点菌属

二、植物病原原核生物

原核生物是一类细胞核 DNA 无核膜包裹、一般由细胞膜和细胞壁或只有细胞膜包围的单细胞微生物。植物病原原核生物包括有细胞壁的细菌和放线菌以及无细胞壁但有细胞膜的植原体和螺原体。

资　料　卡

原核生物是人、畜疾病的重要病原,也是植物病害的重要病原,还可以引起食物和其他农产品腐败和变质。

大多数原核生物对人类是有益的,有的能够分解土壤中的动植物残体,有的可以固氮,有的还可以用来生产有机酸、乙醇、味精、抗生素、胰岛素和沼气等。细

> 菌通常与酵母菌和霉菌一起被用于发酵食物,如干酪、泡菜、酱油、醋、酒和酸奶等。还有许多原核生物成为防治其他植物病虫害的理想资源。另外,人们还利用处理或杀死过的病原原核生物制成各种预防和治疗疾病的疫苗。

1. 植物病原原核生物的一般性状

植物病原细菌的一般形态为球状、杆状或螺旋状,多为单生,也有双生、串生和聚生的。细菌大多是杆状菌,大小为(0.5~0.8) μm×(1~5) μm,少数是球状菌。细菌大多有鞭毛,着生在菌体一端或两端的称为极鞭,着生在菌体四周的称为周鞭(图1.3.21)。细菌鞭毛的有无、着生位置和数目是细菌分类的重要依据。

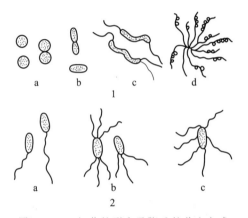

图 1.3.21　细菌的形态及鞭毛的着生方式
1. 细菌形态(a. 球菌　b. 杆菌　c. 螺旋菌　d. 链丝菌)
2. 鞭毛着生方式(a. 单极鞭毛　b. 极生多鞭毛　c.周生鞭毛)

细菌个体微小,通常要经过染色才能在光学显微镜下观察到。有些染色反应对细菌有鉴别作用,其中最重要的是革兰染色(彩版1.5)。革兰阳性菌能耐高浓度的盐,不易被蛋白酶分解,但对碱性染料和除垢剂(如肥皂)较敏感。细菌对抗生素的反应也不同,青霉素对革兰阳性菌的作用比较大,链霉素则对阳性菌和阴性菌都有一定的作用。细菌对营养的要求也不同,革兰阳性菌一般需要较复杂的营养物质。通过电子显微镜观察发现,革兰阴性菌的细胞壁是粗糙的。革兰染色反应也反映了细菌的组成和结构等本质上的差别,是细菌分类上的一个重要性状。

细菌依靠细胞膜的渗透作用直接吸收寄主体内的营养,同时分泌各种酶使不溶性物质转为可溶性物质以供其吸收利用。细菌以裂殖方式进行繁殖,其突出的特点是繁殖速率极快,在适宜的环境条件下,每20~30 min就可以裂殖1次。

植物病原细菌可以在普通培养基上生长。生长的最适温度为26~30 ℃,能耐低温,对高温较敏感,通常在48~53 ℃处理10 min多数细菌即死亡。植物病原细菌绝大多数为好气性,少数为兼性厌气性。一般在中性偏碱的环境中生长良好。

植原体的大小、形态变化很大,大小一般为80~800 nm,形态表现多型性,有圆形、椭圆形、哑铃形、梨形和线条形等,还有些特殊的形态,如分支形和螺旋形等。

2. 植物病原原核生物的主要类群

1990 年,Woese 等依据 16S rRNA 序列上的差别,提出将细胞生物分为细菌域、古菌域和真核生物域。2004 年出版的《伯杰氏系统细菌学手册》第 2 版中,将以前的原核生物分为古细菌域和细菌域,取消了"界"的分类阶元,其中细菌域直接分为 24 个门。植物病原原核生物共有 23 个属,均包含在细菌域的 3 个门中(表 1.3.7)。

表 1.3.7　细菌域常见园艺植物病害病原及其所致病害的特点

门	纲、亚纲	目、亚目	科	属				代表病害
				名称	鞭毛	菌落特征	引起症状	
普罗特斯门	α-普罗特斯纲	根瘤菌目	根瘤菌科	土壤杆菌属 (*Agrobacterium*)	1~4 根周鞭	圆形、隆起、光滑,灰白至白色	肿瘤、畸形	多种植物根癌病
	β-普罗特斯纲	伯克氏菌目	伯克氏菌科	伯克氏菌属 (*Burkholderia*)	2~4 根极鞭	光滑、湿润、隆起	腐烂	洋葱鳞茎外层鳞片腐烂
			劳尔氏菌科	劳尔氏菌属 (*Ralstonia*)	1 根极鞭或周鞭或无	光滑、易流动,乳白色	萎蔫、维管束变褐色	茄科植物青枯病
			丛毛单胞菌科	食酸菌属 (*Acidovorax*)	1 根极鞭,少数 2 或 3 根极鞭	圆形、突起、光滑,暗淡黄色	坏死、腐烂	西瓜细菌性果斑病
	γ-普罗特斯纲	黄单胞杆菌目	黄单胞杆菌科	黄单胞杆菌属 (*Xanthomonas*)	极生单鞭毛	隆起、黏稠,蜜黄色,产生非水溶性色素	坏死、腐烂、萎蔫、疮痂	辣椒细菌性疮痂病,甘蓝黑腐病,柑橘溃疡病,桃细菌性穿孔病
				木质部小菌属 (*Xylella*)	无	菌落小,边缘整齐或呈微波纹状	叶片枯焦脱落,枝条枯死、生长缓慢,结果少而小	葡萄皮尔氏病
		假单胞杆菌目	假单胞杆菌科	假单胞杆菌属 (*Pseudomonas*)	极生 1~4 根或多根鞭毛	圆形、隆起,灰白色或浅黄色	叶斑、腐烂、萎蔫	黄瓜细菌性角斑病,番茄细菌性斑点病
		肠杆菌目	肠杆菌科	欧文氏杆菌属 (*Erwinia*)	周生多根鞭毛	圆形、隆起,灰白色	萎蔫、叶斑	梨火疫病
				果胶杆菌属 (*Pectobacterium*)	周鞭	圆形、隆起,灰白色	腐烂	白菜软腐病
				韧皮部杆菌属(待定属) (*Liberobacter*)			黄化、萎蔫	柑橘黄龙病

续表

门	纲、亚纲	目、亚目	科	属				代表病害
				名称	鞭毛	菌落特征	引起症状	
厚壁菌门	柔膜菌纲	无胆甾原体目	无胆甾原体科	植原体属(待定属)(*Phytoplasma*)			黄化、花变叶、丛枝、矮缩	板栗和泡桐丛枝病,枣疯病,梨衰退病,葡萄黄叶病,桑萎缩病
		虫原体目	螺原体科	螺原体属(*Spiroplasma*)		煎蛋状	矮化、丛枝、小叶、畸形	柑橘僵化病,辣椒脆根病
放线菌门	放线菌纲	微球菌亚目 放线菌目	微球菌科	棒形杆菌属(*Clavibacter*)	1~2根极鞭或无	圆形、光滑、凸起,黄色或灰白色	花叶、环腐、萎蔫、维管束变褐色	马铃薯环腐病,番茄细菌溃疡病
		链霉菌亚目	链霉菌科	链霉菌属(*Streptomyces*)		初期表面光滑,后期呈颗粒状、粉状或绒状	疮痂	马铃薯疮痂病

3. 原核生物病害的特点

植物病原细菌一般在植物病株或残体上越冬,主要通过雨水飞溅、流水(灌溉水)、昆虫、线虫、风和带病原细菌的种苗、接穗、插条、球根或土壤等进行传播(图 1.3.22)。细菌不能直接侵入植物,只能通过气孔、水孔、皮孔和蜜腺等自然孔口或伤口侵入,伤口包括风雨、冰雹、冻害和昆虫所致自然伤口以及耕作、施肥、嫁接、收获和运输形成的人为伤口。植物和寄生维管束的韧皮部杆菌属细菌往往借助昆虫介体(叶蝉)或嫁接或菟丝子才能传播。

一般细菌病害症状多为坏死、腐烂、萎蔫或畸形,变色症状较少;同时,病斑初期多有半透明水渍状或油渍状晕圈出现,后期空气潮湿时有菌脓溢出。植原体病害症状多为病株矮化、丛生、小叶或黄化。

议 一 议

为什么高温、多雨、湿度大时,特别是暴风雨过后有利于细菌病害的发生和流行?

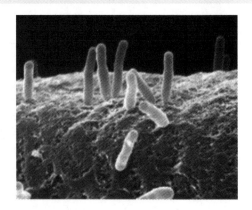

图 1.3.22　端部附着在根毛上的根癌菌的电镜照片

三、植物病毒

病毒是一种不具有细胞结构、由核酸和蛋白质或脂蛋白外壳组成的具有侵染活性的细胞内寄生病原物,又称分子寄生物。

1. 病毒的一般性状

(1)植物病毒的形态与大小　植物病毒粒体很小。多数植物病毒粒体为球状、杆状和线条状,少数为弹状、杆菌状和双联体状;还有些病毒呈丝线状、柔软不定形。球状病毒也称多面体病毒或20面体病毒,直径大多为20~35 nm,少数可达70~80 nm。杆状病毒多为(20~80) nm×(100~250) nm,两端平齐,少数两端钝圆。线状病毒多为(11~13) nm ×(700~750) nm,个别可以达到2 000 nm以上。

(2)植物病毒的结构　植物病毒粒体由核酸和蛋白质衣壳组成。一般杆状和线条状的植物病毒,中间是螺旋状核酸链,外面是由许多蛋白质亚基组成的衣壳。核酸和蛋白质亚基均呈螺旋状排列,因此,杆状和线条状病毒的粒体是空心的(图1.3.23)。球状病毒大都是近似正20面体,蛋白质亚基镶嵌在粒体表面,粒体中心是空的。

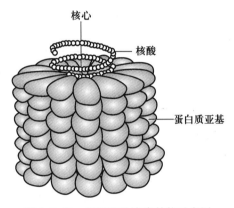

图1.3.23　烟草花叶病毒结构示意图

(3)植物病毒的成分　植物病毒的主要成分是核酸和蛋白质,一般核酸占5%~40%,蛋白质占60%~95%,还有水分和矿物质元素等。核酸是病毒的遗传物质,主导病毒的感染、增殖、遗传和变异。失去蛋白质衣壳的裸露核酸仍具有传染性,核酸若被破坏,病毒则失去活性。蛋白质衣壳具有保护核酸免受核酸酶或紫外线破坏的作用。

(4)植物病毒的复制增殖　病毒缺少生活细胞所具备的细胞器,不能像菌物那样具有复杂的繁殖器官,也不能像细菌那样以裂殖方式进行繁殖。病毒的核酸基因组小而简单,绝大多数植物病毒都缺乏独立的酶系统,不能合成自身繁殖所必需的原料和能量,只能在活细胞内利用寄主的合成系统、原料和能量,分别合成核酸和蛋白质,再装配成子代病毒粒体,这种特殊的繁殖方式称为复制增殖。

(5)植物病毒的变异　植物病毒在复制增殖过程中自然突变率较高,同时,X射线、γ粒子、高温、亚硝酸和羟胺等均可诱发突变,引起变异,只有少数病毒能生存下来,成为不同于原病毒的新株系。病毒经过生物、化学和物理等因素的作用形成新株系后,可在粒体形状、蛋白质衣壳中氨基酸的成分、传播特性、致病力、寄主范围和致病症状的严重程度等方面发生改变,这些性状变异了的病毒增加了选育抗病毒品种和防治病毒病害的困难。

(6)植物病毒在活体外的稳定性　植物病毒在活体外的稳定性是病毒的重要生物学性状,是病毒分类和鉴定的依据之一。

① 钝化温度:又称失毒温度,是指病毒在植物体外某一温度下处理10 min即失去侵染力的最低温度。番茄斑萎病毒的钝化温度最低,只有45 ℃;烟草花叶病毒钝化温度最高,可达93 ℃左右;而大多数植物病毒的钝化温度则为55~70 ℃。

② 稀释终点：又称稀释限点,是指病毒在植物病株的汁液中保持侵染力的最大稀释限度。如烟草花叶病毒的稀释限点为 10^{-7},黄瓜花叶病毒的稀释限点为 10^{-6} 等。

③ 体外存活期：又称体外保毒期,是指在植物病株汁液中的病毒在室温(20~22 ℃)下保持侵染力的最长时间。多数病毒的体外存活期为数天到数月。

2. 植物病毒的分类与命名

(1) 植物病毒的分类　2005 年,国际病毒分类委员会(ICTV)根据构成病毒基因组的核酸类型(DNA 或 RNA)、核酸是单链还是双链、病毒粒体是否存在脂蛋白包膜、病毒形态和核酸分段状况(即多分体现象)等,将 1 569 种植物病毒分属于 18 个科、81 个属,其中,DNA 病毒分为 3 科、12 属、240 种,RNA 病毒分为 15 科、69 属、1 329 种。

根据核酸的类型和链数,又可将植物病毒分为单链 DNA(ssDNA)病毒、双链 DNA(dsDNA)病毒、反转录(ssRNA)病毒、双链 RNA(dsRNA)病毒、负链 RNA(−ssRNA)病毒和正链 RNA(+ssRNA)病毒 6 大类群。重要的园艺植物病毒多属于双链 DNA 和正链 RNA(表 1.3.8)。

表 1.3.8　重要园艺植物病毒及其主要性状

目	科	属	代表种	形态和大小/nm	钝化温度,稀释限点和体外存活期	传播方式	症状表现	寄主范围
ssDNA	联体病毒科	菜豆金色花叶病毒属	菜豆金色花叶病毒(BGMV)	双生颗粒状,(18~20)×30	50~55 ℃,10^{-2},72 d	昆虫、机械、嫁接	黄化、曲叶、花叶、明脉、叶脉增厚、矮化	锦葵科和豆科中的蝶形亚科
+ssRNA	雀麦花叶病毒科	黄瓜花叶病毒属	黄瓜花叶病毒(CMV)	球状,直径约 29	55~70 ℃,10^{-6}~10^{-5},1~10 d	蚜虫、汁液接触、部分可种传	花叶(基本症状)、蕨叶(番茄)、坏死斑	1 000 多种单子叶和双子叶植物
	豇豆花叶病毒科	线虫传多面体病毒属	烟草环斑病毒(TRSV)	球状,直径约 28	50~65 ℃,10^{-4},6~10 d	线虫、种子、机械	斑点、斑驳、坏死、褪绿环斑、矮化、生长点坏死	烟草、黄瓜、菜豆、苹果、李属、葡萄和天竺葵等 300 多种植物
	马铃薯 Y 病毒科	马铃薯 Y 病毒属	马铃薯 Y 病毒(PVY)	线状,11×684(或 730)	50~62 ℃,10^{-6}~10^{-2},2~6 d	蚜虫、机械、种子	花叶、皱缩、坏死条斑、明脉、斑驳、脉带、卷叶、坏死	茄科、藜科和豆科的 60 多种植物
	芜菁花叶病毒科	南方菜豆花叶病毒属	南方菜豆花叶病毒(SBMV)	球状,29.4~32.8	90~95 ℃,10^{-6}~10^{-2},20~165 d	甲虫、种子	褪绿斑驳、花叶	豆科植物,菜豆和豇豆
		烟草花叶病毒属	烟草花叶病毒(TMV)	直杆状,18~300	93 ℃左右,10^{-7}~10^{-4},几个月以上	汁液接触	花叶、明脉、疱斑、畸形	烟草、番茄和辣椒等

　　类病毒是一类没有蛋白质外壳仅有单链 RNA 分子的寄生物,是目前已知最小的植物病原物。类病毒可以通过农具和嫁接刀具等机械接种传播。在自然界中,多数类病毒靠营养繁殖传播,有些可经种子或花粉传播。类病毒侵染后一般引起类似病毒感染的矮化、斑驳、叶变形和坏死以及开花和成熟延迟等症状,可引起马铃薯纺锤块茎病、苹果锈果病、椰子死亡病、柑橘裂皮病和桃潜花叶病等严重病害。

　　(2)植物病毒命名　植物病毒种的标准名称,是以最先发现的该病毒所侵染的寄主植物的英文俗名+症状而命名。名称第 1 个词的首字母大写,后面的词,除专有词汇(如地名等)外,首字母一般不大写;为了书写方便,常使用缩写。如烟草花叶病毒全称为 Tobacco mosaic virus,缩写为 TMV;黄瓜花叶病毒全称为 Cucumber mosaic virus,缩写为 CMV。

　　植物病毒的属名为专用国际名词,常由模式种的寄主名称(英文或拉丁文)的缩写+主要特征描述(英文或拉丁文)的缩写+virus 拼组而成。如烟草花叶病毒属的学名为 *Tobamovirus*;黄瓜花叶病毒属为 *Cucumovirus*。科和目的名词分别以 viridae 和 virales 为结尾。凡经 ICTV 批准的确定种名称均用斜体书写或打印,暂定种或属名未定的病毒名称暂用正体。

　　类病毒(viroid)的命名规则与病毒相似,为避免缩写名与病毒混淆,规定类病毒的缩写为 Vd。如苹果锈果类病毒为 Apple scar skin viroid,缩写为 ASSVd。

　　3. 植物病毒的传播和侵染

　　植物病毒是严格的细胞内专性寄生物,既不能主动离开寄主植物活细胞,也不能主动侵入寄主细胞或从植物的自然孔口侵入,除花粉传染的病毒外,植物病毒只能依靠介体或非介体传播,从传毒介体或机械损伤所造成的、不足以使细胞死亡的微伤口侵入。植物病毒的传播和侵染可分为下列几种类型:

　　(1)昆虫和螨类介体传播　大部分植物病毒是通过昆虫传播的,主要是通过刺吸式口器的昆虫传播,如蚜虫、叶蝉、飞虱和粉虱等。少数咀嚼式口器的甲虫和蝗虫等也可传播病毒,有些螨类也是病毒的传播介体。

　　(2)线虫和菌物传播　线虫和菌物传播过去称土壤传播,现已明确除了 TMV 可在土壤中存活较久外,土壤本身并不传毒,主要是土壤中的某些线虫或菌物传播病毒。

　　(3)种子和其他繁殖材料传播　大多数植物病毒是不通过种子传播的,只有豆科、葫芦科和菊科等植物上的某些病毒可以通过种子传播。有些植物的种子是由于带有病株残体或病毒的颗粒而传播病毒。感染病毒的块茎、球茎、鳞茎、块根、插条、砧木和接穗等无性繁殖材料都可以传播病毒。极少数植物病毒可通过病株花粉的授粉过程将病毒传播给健株。

　　(4)嫁接传播　病毒均可通过嫁接传播。

　　(5)汁液传播(机械传播)　汁液传播是病株的汁液通过机械损伤造成的微伤口进入健株体内的传播方式。在人工移苗、整枝、修剪和打杈等农事操作过程中,手和工具沾染了病毒

想 一 想
怎样根据植物病毒病害的不同传播方式制订防治措施?

汁液可以传播病毒;大风使健株与邻近病株相互摩擦,造成微小伤口,病毒随着汁液进入健株也属于这种传播方式。

　　病毒通过各种方式侵入寄主植物体后,在植物体内的分布因病毒种类和寄主植物而不同。

一般在植物旺盛生长的茎尖和根尖分生组织中很少含有病毒。利用病毒在植物体内分布的这个特点,将茎端进行组织培养,可以得到无病毒的植株。

4. 植物病毒病害的症状

(1) 外部症状　绝大多数病毒侵入寄主植物后可以引起植物叶片不同程度的斑驳、花叶或黄化。同时,寄主植物伴随有不同程度的矮化、丛枝、卷叶、皱叶和蕨叶等症状以及产量的降低。少数病毒还能在叶片或茎秆上造成局部坏死或肿瘤等增生症状;寄主植物还可以表现隐症、协生和颉颃现象或潜伏侵染等多种复杂的症状类型。

(2) 内部症状　某些植物被病毒侵染后在细胞组织中会形成内含体,在光学显微镜下可以见到的内含体有不定形内含体(X-体)和结晶状内含体。

四、植物病原线虫

线虫是一类低等的无脊椎动物,其中,寄生在植物上的线虫称为植物病原线虫或植物寄生线虫,简称植物线虫。植物受线虫为害后表现的症状与一般病害的症状相似,同时,植物寄生线虫对植物的破坏作用主要是通过分泌有毒物质和夺取营养的方式完成,与昆虫取食植物差别较大。因此,习惯上把植物寄生线虫作为病原物来研究。由线虫对植物造成的危害也称为植物线虫病害。

资　料　卡

植物寄生线虫在世界范围内普遍发生,每年造成巨大的经济损失。据FAO估计,每年全世界因线虫为害给蔬菜、花生、烟草和某些果树造成的损失超过产量的20%。美国线虫学家Sasser认为,每年美国由于线虫为害造成的农产品损失达58亿美元,全世界的损失将超过1 000亿美元。我国已报道的植物寄生线虫有260多个属,5 700多个种,给农业生产造成了较严重的损失。

1. 植物病原线虫的一般性状

(1) 形态和结构　植物线虫绝大多数雌雄同形,呈蠕虫状,长0.2~1.0 mm,也有长达3 mm的,宽0.015~0.035 mm。少数植物线虫是雌雄异形,雄虫为线形,雌虫幼虫期为线形,成熟后膨大呈梨形、球形或柠檬形(图1.3.24)。

线虫无色、不分节,虫体结构较简单,从外向内可分为体壁和体腔两部分,从前到后可分为头、颈、腹、尾4个体段。体壁几乎是透明的。

植物寄生线虫的口腔内都有口针,是线虫侵入寄主植物体内并获取营养的工具。口腔下是很细的食管,食管中部膨大形成中食管球。食管的后端是唾液腺,可分泌消化液。线虫的生殖系统非常发达,1条线虫在一生中可产卵500~3 000个。

(2) 生活史　植物线虫的生活史包括卵、幼虫

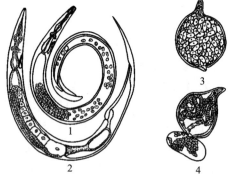

图1.3.24　线虫虫体形态特征图
1. 雄虫　2. 雌虫　3. 胞囊线虫成熟雌虫体(胞囊)
4. 根结线虫雌成虫和卵

和成虫3个阶段。植物线虫一般为两性交配生殖,也可以进行孤雌生殖。卵通常为椭圆形。幼虫有4个龄期,1龄幼虫在卵内发育并完成第1次蜕皮。2龄幼虫从卵内孵出,开始侵染寄主,称为侵染幼虫。2龄幼虫再经过3次蜕皮发育为成虫。在适宜条件下,线虫完成1代一般只需3~4周,多数线虫1年可以完成多代,少数线虫1年只完成1代。

(3)生态特性　植物寄生线虫除休眠状态的幼虫、卵和胞囊以外,都需要在适当的水中或表面有水膜的土壤颗粒上进行正常活动和存活,也可在寄主植物的活细胞和组织内寄生。活动状态的线虫长时间暴露在干燥的空气中会很快死亡。线虫发育最适温度一般为15~30 ℃,在45~50 ℃的热水中10 min即可被杀死。线虫在寒冷、干燥或缺乏寄主时能以休眠或滞育的方式在植物体外长期存活,多数线虫的存活期可以达到1年以上。

寄主根部的分泌物对线虫有一定的吸引力,或者能刺激线虫卵孵化。线虫在土壤中的活动性不大,在整个生长季节内,线虫在土壤中主动扩展的范围很少超出0.3~1.0 mm。线虫一般是通过人为的传带、种苗的调运、风和灌溉水以及耕作农具的携带等进行远距离传播。

植物寄生线虫在土壤中有许多天敌,有寄生线虫的原生动物,有吞食线虫的肉食性线虫,有些土壤菌物菌丝体可以在线虫体内寄生。

(4)侵染特点　线虫寄生植物的方式有外寄生和内寄生。外寄生是线虫的虫体大部分留在植物体外,仅头部穿刺到寄主植物的细胞和组织内取食;内寄生是线虫的整个虫体都进入植物组织内。

植物寄生线虫通过头部的感觉器官接受植物根分泌物的刺激,并且朝根的方向运动,一旦与寄主组织接触,即以口针穿刺植物组织并侵入。线虫主要从植物表面的自然孔口(气孔和皮孔)侵入和在根尖的幼嫩部分直接穿刺侵入,也可从伤口和裂口侵入植物组织内。

(5)致病作用　线虫吸食营养是靠其口针刺入细胞内,首先注入唾液腺的分泌液,消化一部分细胞内含物,再将液化的内含物吸入口针,并经过食管进入肠内。在取食过程中,线虫除分泌唾液外,有时还分泌毒素或激素类物质,造成细胞的死亡或过度生长。此外,线虫所造成的伤口常常成为某些病原菌物或细菌的侵染入口,从而给植物带来更为严重的损失;线虫还可传播病毒病。

2. 植物病原线虫的主要类群

(1)分类　线虫的种类和数量很多,全世界估计有50多万种,在动物界中是仅次于昆虫的一个庞大类群。线虫门属动物界,根据其侧尾腺口的有无,分为侧尾腺口纲和无侧尾腺口纲。

(2)主要类群　目前,世界上有记载的植物线虫有260多属,5 700多种。其中,侵染园艺植物的重要病原线虫多数属于侧尾腺口纲垫刃目和无侧尾腺口纲矛线目(表1.3.9)。

五、寄生性(种子)植物

少数植物由于根系或叶片退化,或者缺乏足够的叶绿素,必须从其他植物上获取营养物质而营寄生生活,称之为寄生性植物,又称寄生性种子植物。

1. 寄生性植物的一般性状

(1)寄生性植物的寄生性　全寄生植物是指寄生性植物从寄主植物上获取它自身生活需要的所有营养物质,包括水分、无机盐和有机物质。例如,菟丝子和列当等。这些植物叶片退化,叶绿素消失,茎上产生吸盘或根系蜕变为吸根,其吸盘或吸根中的导管和筛管分别与寄主植物的导管和筛管相连,并不断从中吸取各种营养物质。它们的茎比较发达,对寄主植物损害比较严重,常导致植株提早枯死。另一些寄生植物本身具有叶绿素,能够通过光合作用来合成有机物质,但由于缺乏根系而需要从寄主植物中吸取水分和无机盐,其导管与寄主植物的导管相连。如槲寄生和桑寄生等。它们与寄主植物的寄生关系主要是水分和无机盐的依赖关系,故称为半寄生。

表 1.3.9　园艺植物重要病原线虫及其所致病害的特点

所属纲目	属名	形态特征	重要种类	寄主范围	所致病害的特点
侧尾腺口纲垫刃目	茎线虫属 (Ditylenchus)	雌、雄虫体均为蠕虫型;雌虫单卵巢,卵母细胞 1~2 行排列;雌虫和雄虫尾呈长锥状,末端尖锐,侧线 4 条,交合伞不包至尾尖	鳞球茎茎线虫 (D. dipsaci)	300 种以上植物	为害茎、块茎、球茎、鳞茎或叶片;引起坏死、腐烂、矮化、变色、畸形或肿瘤
			马铃薯茎线虫 (D. destructor)	马铃薯、甘薯	薯块表皮龟裂,内部干腐、空心;茎蔓、块根发育不良、短小或畸形,严重者枯死
	根结线虫属 (Meloidogyne)	雌雄异形;雌虫成熟后膨大呈梨形,卵成熟后全部排出体外的胶质卵囊中;雄虫蠕虫型,尾短,无交合伞,交合刺粗壮	南方根结线虫 (M. incognita),爪哇根结线虫 (M. javanica)	多种单子叶和双子叶园艺植物	根部形成根瘤,须根少,严重时整个根系肿胀成鸡爪状;植株生长衰退
	滑刃线虫属 (Aphelenchoides)	雌、雄虫体均为蠕虫型;滑刃型食管,卵巢单,前伸或回折 1 次或多次;侧区通常具 2~4 条侧线;阴门位于虫体后部 1/3 处	草莓滑刃线虫 (A. fragariae),菊花叶线虫 (A. ritzemabosi)	草莓、菊花	为害植物的叶、芽、花、茎和鳞茎,引起叶片皱缩、枯斑,花畸形、死芽、茎枯、茎腐和全株畸形等
无侧尾腺口纲矛线目	剑线虫属 (Xiphinema)	矛线型食管,食管前体部较细,后部较宽呈柱状;口针的导环靠后,有口针基部突缘	标准剑线虫 (X. inder),美洲剑线虫 (X. americanum)	多种单子叶和双子叶园艺植物	根尖肿大、坏死、木栓化;标准剑线虫传播葡萄扇叶病毒,美洲剑线虫传播烟草环斑病毒和番茄环斑病毒
	长针线虫属 (Longidorus)	矛线型食管,食管前体部较细,后部较宽呈柱状;口针的导环靠前,无口针突缘	长针线虫 (Longidorus spp.)	多种单子叶和双子叶园艺植物	根部寄生,引起根尖肿大、扭曲和卷曲等畸形;有些种类传播植物病毒

（2）寄生性植物的致病性 寄生性植物对寄主植物的致病作用主要表现为对营养物质的争夺。一般全寄生植物致病能力强，可引起寄主植物黄化和生长衰弱，严重时造成寄主植物

比 一 比
全寄生植物与半寄生植物的主要区别有哪些？

大片死亡，对产量影响极大；半寄生植物寄生初期对寄主植物生长无明显影响，当寄生植物群体较大时会造成寄主生长不良和早衰，有时也会造成寄主死亡。有些寄生性植物还能将病毒从病株传导到健株上。

（3）寄生性植物的繁殖与传播 寄生性种子植物靠种子繁殖，一种为被动传播方式，其种子主要依靠风力或鸟类传播，有时则与寄主的种子一起通过调运传播；另一种为主动传播方式，当寄生植物的种子成熟时，其果实吸水膨胀开裂，将种子弹射出去。

2. 重要的寄生性植物

寄生性植物包括寄生性种子植物和寄生性藻类两大类，寄生性种子植物属于被子植物门中的菟丝子科菟丝子属（*Cuscuta*），列当科列当属（*Orobanche*），桑寄生科桑寄生属（*Loranthus*）和槲寄生属（*Viscum*）（表 1.3.10）。

表 1.3.10 为害园艺植物的寄生性植物及其所致病害的特点

属名	形态特征	发生规律	致病特点	主要种类	寄主范围
菟丝子属	无根；叶片退化为鳞片状，无叶绿素；茎多为黄色丝状体，呈旋卷状缠绕寄主；花淡黄色，聚成头状花序；果实为扁球形蒴果，内有 1~4 粒卵圆形、稍扁、黄褐色至深褐色种子	种子萌发长出旋卷的幼茎缠绕寄主，在与寄主植物接触部位产生吸盘侵入到寄主维管束吸取水分和养分；寄生关系建立后，吸盘下部茎逐渐萎缩并与土壤分离，上部茎不断缠绕寄主，蔓延为害；种子成熟后落入土壤或混入作物种子中	寄主植物生长严重受阻，减产甚至绝收；传播病毒	中国菟丝子（*C. chinensis*）	豆科、菊科、茄科、百合科和伞形花科等草本植物
				南方菟丝子（*C. australis*）	
				田野菟丝子（*C. campestris*）	
				日本菟丝子（*C. japonicus*）	多种果树和林木
列当属	茎肉质；叶片鳞片状，无叶绿素；根为吸根，以短须状次生吸器与寄主根部的维管束相连；花两性，穗状花序；果实为球状蒴果，成熟时纵裂，散出卵圆形、深褐色、表面有网状花纹的种子	种子萌发产生幼根接触寄主植物根部后生出吸盘，与寄主维管束相连吸取水分和养分；茎在根外发育并向上长出花茎，种子成熟落入土壤或混杂在种子中	寄主植物生长不良、严重减产	埃及列当（*O. aegyptica*）	哈密瓜、西瓜、甜瓜、黄瓜、烟草和番茄等
				向日葵列当（*O. cumana*）	向日葵、烟草和番茄等

续表

属名	形态特征	发生规律	致病特点	主要种类	寄主范围
桑寄生属	常绿小灌木,少数为落叶性;枝条褐色,圆筒状,有匍匐茎;叶为柳叶形,少数退化为鳞片状;花两性,多为总状花序;浆果,种胚和胚乳裸生,包在木质化的果皮中	种子萌发产生胚根与寄主植物接触后形成吸盘,产生初生吸根侵入寄主活的皮层组织,形成假根和次生吸根与寄主导管相连,吸取水分和无机盐;初生吸根和假根可不断产生新枝条,同时长出匍匐茎,沿枝干背光面延伸,并产生吸根侵入寄主树皮;种子成熟被鸟啄食后吐出或经消化管排出黏附于树皮上	受害植株生长衰弱,落叶早,次年放叶迟,严重时枝条枯死	桑寄生 (*L. parasitica*)	多种果树和林木
				樟寄生 (*L. yadoriki*)	
槲寄生属	绿色小灌木;叶革质,对生,有些全部退化;茎圆柱形,多分支,节间明显,无匍匐茎;花极小,单性,雌雄异株;果实为浆果			槲寄生 (*V. album*),东方槲寄生 (*V. orientale*)	

任务工单 1–3　植物病原菌物形态观察和临时玻片制备

一、目的要求

认识植物病原菌物营养体及其变态的类型,辨别病原菌物有性繁殖体、无性繁殖体及其产生的各种类型孢子,学会显微绘图和制作临时玻片。

二、材料、用具和药品

植物病原菌物所致病害的新鲜材料、PDA 培养物、玻片标本、多媒体教学课件和挂图等。

显微镜、载玻片、盖玻片、擦镜纸、吸水纸、通草、解剖刀、刀片、挑针、镊子、蒸馏水、乳酚油(棉蓝)、计算机及多媒体教学设备等。

临时玻片
标本的制作

三、内容和方法

1. 菌物的营养体

(1) 典型的营养体——菌丝

① 制作在植物表面生长繁茂的霉状物或粉状物制片宜用挑取法。先在洁净的载玻片中央加一滴蒸馏水或乳酚油,用挑针从病组织或纯培养的菌落上挑取少量瓜果腐霉病菌或根霉菌、立枯丝核菌或链格孢菌的菌丝体,放入蒸馏水或乳酚油中,盖上盖玻片,制成临时玻片镜检。观察菌丝形态、有无隔膜、颜色有无差别、分支处有无缢缩。

② 制作病部病原体稀少、难以辨认霉层的病害标本制片可用刮取法。用两侧具刃的三角刮针(或刀片)在浮载剂中略加湿润,在病部顺同一个方向刮取 2~3 次,使病原物黏于其上,然后将病原物蘸在载玻片的浮载剂中镜检。

(2) 营养体的变态

① 吸器:观察寄生植物表皮细胞的病原菌物可用撕取法。取感染白菜霜霉病或小麦白粉病的病叶,用刀片割破叶片表皮再用小镊子轻轻撕下,放在浮载剂中制片镜检吸器的形状和在细胞内的位置。

　② 假根：挑取甘薯软腐病菌平板培养物制片镜检，观察在孢囊梗基部的假根的形态和颜色。

　③ 菌核：观察瓜类菌核病、十字花科蔬菜菌核病的菌核标本。比较菌核的大小、形状和颜色，镜检菌核切片，比较菌核外部和内部组织菌丝细胞的颜色、形状、大小及排列情况。

　④ 菌索：观察苹果或甘薯紫纹羽病菌的根状菌索。

　⑤ 子座：在示范镜下观察麦角病菌头状子座的切片，注意其内部结构与菌核的区别。

2. 菌物的繁殖体

（1）无性孢子

　① 游动孢子囊和游动孢子：挑取少量十字花科蔬菜白锈病疱斑内白色粉末，置于载玻片上水滴中避光保湿培养 3~4 h，镜检孢子囊萌发产生的游动孢子在水中的游动情况。

　② 孢子囊和孢囊孢子：挑取根霉菌培养物制片，镜检孢囊梗顶端黑色圆形的孢子囊及其破裂后散出的孢囊孢子的形态特征。

　③ 分生孢子：用挑取、刮取或切片的方法观察交链孢菌、青霉菌和炭疽病菌等分生孢子的着生部位、形态大小、颜色和分隔等。

　手持刀片将实验材料切成薄片的制作方法称为徒手切片法。切片前准备一个盛有清水的培养皿，选取病状典型、病征明显的病组织材料，先在病征明显处切取小块病组织放在小木块上。用食指轻压住，随着手指慢慢地后退，用刀片将病组织小块切成很薄的丝或片，用毛笔轻扫于培养皿的水中，再用接种针挑取薄而合适的材料制片。也可用食指和中指夹住实验材料，材料要伸出食指外 2~3 mm，将刀口向内对着材料，并使刀片与材料切口基本保持平行，刀口由外向内、从左向右移动均匀地拉切，连续切下数片后，将刀片放在培养皿的水中晃动，切片即漂浮于水中。不便直接切片的细小、柔软或较薄材料，可夹在通草、接骨木和向日葵的茎髓或新鲜胡萝卜和马铃薯中间对其拉切。

　④ 厚垣孢子：挑取瓜类枯萎病菌（或其他镰孢霉菌）的培养物制片镜检，在菌丝或孢子中细胞膨大、细胞壁加厚的孢子即厚垣孢子，观察其形状和颜色。

（2）有性孢子

　① 卵孢子：挑取疫霉的培养物（连同培养基）制片镜检，观察藏卵器、雄器和卵孢子的形态和色泽；或取谷子白发病病穗制片镜检，观察卵孢子形态。

　② 接合孢子：观察接合孢子玻片标本，注意观察其形状、颜色和表面纹饰。

　③ 子囊孢子：采用挑、刮或切片的方法制作临时玻片或直接观察永久玻片，镜检桃缩叶病菌、瓜类白粉病菌、槐树白粉病菌、苹果树腐烂病菌和十字花科蔬菜菌核病的子囊盘，观察子囊果的类型，子囊的形态和子囊孢子的数目、形态和颜色。

　④ 担孢子：挑取梨胶锈菌冬孢子萌发材料，观察担子的形态和隔膜、小梗着生部位和数目、担孢子形态、颜色和数目。

四、作业

1. 绘无隔菌丝、有隔菌丝图。

2. 绘根霉菌（无性阶段）形态图。

3. 绘两种分生孢子形态图。

五、思考题

1. 菌物营养体及其变态的作用是什么？

2. 在显微观察时选择制片方法的依据是什么？

任务工单 1-4　植物病原菌物主要类群及其病害识别

一、目的要求

依据形态特征对植物菌物病害重要属进行分类,知道园艺植物菌物病害的重要属所致病害症状特点。

二、材料、用具和药品

植物病原菌物所致病害或标本、病原菌永久玻片、多媒体教学课件和挂图。

显微镜、载玻片、盖玻片、擦镜纸、吸水纸、解剖刀、刀片、挑针、镊子、蒸馏水、乳酚油(棉蓝)、计算机及多媒体教学设备等。

三、内容和方法

识别菌物病害时,要仔细观察病害症状并对菌物的子实体进行镜检。如果病部没有子实体,可进行保湿培养后再做镜检。对于一般常见病害,通过观察症状、镜检子实体、查阅资料即可初步确认。

1. 原生动物界根肿菌门

根肿菌属：观察十字花科蔬菜根肿病液浸标本的症状,注意根肿的特点。取甘蓝根肿菌切片,镜检切片中的病原菌。在寄主细胞内堆集在一起的鱼子状颗粒即病菌的休眠孢子。观察休眠孢子的分布位置、形态及有无细胞壁。

2. 假菌界卵菌门

(1)腐霉属　观察瓜果腐霉引起幼苗的猝倒病和果实绵腐病,注意受害部位和症状特点。将生长旺盛的小块菌丝体移至清水中,20 ℃培养 24～48 h。用针挑取在清水中培养过的菌丝,观察菌丝顶端形成的游动孢子囊,注意区分菌丝、孢囊梗和孢子囊,观察泡囊、游动孢子、藏卵器和雄器的形态特征。

(2)疫霉属　观察辣椒疫病或番茄晚疫病病斑的位置、大小、形态和颜色,病叶背面的灰白色的霉层。挑取少许霉状物,在显微镜下检查孢囊梗分支特点及孢子囊的形态。

(3)霜霉属　观察十字花科蔬菜、黄瓜和葡萄霜霉病标本,注意为害部位及症状特点,镜检比较孢囊梗分支特点、分支末端的特征和孢子囊形态。

(4)白锈菌属　取十字花科白锈病标本,注意受害部位,症状特点;切取白锈病病叶制片镜检,注意孢囊梗着生的位置、形态和排列特点。

3. 真菌界接合菌门

根霉属：观察甘薯软腐病症状特征。用挑针挑取霉层制片镜检,观察孢子囊、孢囊孢子、孢囊梗及囊轴、假根及其匍匐枝的形态。

4. 真菌界子囊菌门

(1)外囊菌属　观察桃缩叶病、李囊果病标本,注意植物组织膨肿变形状态及病部表面的灰白色霉层。切片镜检裸生的子囊及其内部的子囊孢子。

(2)白粉菌属　取瓜类白粉病、桃白粉病、梨白粉病、桑(槐树)白粉病、葡萄白粉病、苹果白粉病和栗树(栎树)白粉病标本,观察病部白色粉状物和小黑点,镜检闭囊壳的形态,注意附属丝的形状和长短,然后用解剖针轻压盖片,挤压闭囊壳使之慢慢破裂,注意观察其内子囊的数目、形态及子囊孢子。

（3）黑腐皮壳属　取苹果树腐烂病菌永久玻片镜检,注意子囊壳的形态和着生位置,子囊及子囊孢子的形态及排列。观察苹果树腐烂病症状,注意发病部位、病斑颜色及气味、小黑点大小及疏密程度等特点,注意病斑上所生黑色小点为病菌子座,子座内生分生孢子器,为该菌的无性阶段。

（4）核盘菌属　观察十字花科蔬菜菌核病病害标本的症状特征,注意菌核的形态、色泽及着生位置。取十字花科蔬菜菌核病菌子囊盘切片,置显微镜下观察子囊盘、子囊、子囊孢子的形态特征。

5. 真菌界担子菌亚门

（1）单胞锈菌属　观察菜豆锈病在叶、茎、荚上的症状,制片镜检病原菌,注意冬孢子和夏孢子的形态以及颜色变化。

（2）胶锈菌属　观察梨（苹果）锈病症状以及在转主寄主桧柏上冬孢子角形态。徒手切片或取永久玻片镜检,观察性孢子器、性孢子、受精丝和锈孢子器、锈孢子的形态特征。挑取桧柏上吸水膨大了的冬孢子堆（角）镜检,观察冬孢子的萌芽、担子和担孢子的形态特征。

（3）层锈菌属　观察枣树和葡萄锈病的症状,徒手切片镜检或观察永久玻片中冬孢子堆的排列方式。

（4）栅锈菌属　观察垂柳锈病的症状,取永久玻片镜检冬孢子的形态特点。

6. 真菌界半知菌类

（1）葡萄孢属　观察园艺植物灰霉病症状,镜检分生孢子梗及分生孢子着生情况。

（2）粉孢属　观察园艺植物白粉病症状,挑取少许粉状物制片镜检,注意分生孢子梗的形态及分生孢子的排列方式。

（3）青霉属　观察柑橘和苹果等青霉病症状。挑取发生果腐病水果表面白色菌丝附近的青色霉层制片,观察青霉菌分生孢子梗及孢子,注意观察分生孢子梗的分支和顶端产孢细胞的形态特征。

（4）黑星孢属　观察梨（黄瓜）黑星病症状,镜检分生孢子梗的颜色、分支情况及分生孢子形态和颜色。

（5）轮枝孢属　观察茄子黄萎病症状,注意维管束变色。用刀片将人工培养的茄子黄萎病菌菌丝块切成薄片,侧置于载玻片上,置于低倍镜下镜检。观察分生孢子梗及其分节、分支、着生分生孢子和形成分生孢子球的情况。

（6）链格孢属　观察茄科蔬菜早疫病病叶上的褐色同心轮纹病斑及黑色霉状物。选择有褐色同心轮纹的病斑,徒手切片镜检,观察分生孢子梗和分生孢子的形态和颜色,注意分生孢子顶端有无喙状细胞。

（7）镰孢属　观察黄瓜枯萎病的症状特点,挑取培养物制片观察大型分生孢子、小型分生孢子和分生孢子座的特点。

（8）炭疽菌属　观察苹果炭疽病和辣椒炭疽病的症状。比较其症状类型、病斑特点及病征。做徒手切片镜检分生孢子盘,注意其形状、刚毛、分隔与颜色,分生孢子梗的形状和分布,分生孢子的颜色、形状和分隔情况。

（9）大茎点菌属　观察苹果和梨轮纹病的枝干及果实症状,取切片镜检病原菌的分生孢子器、分生孢子梗和分生孢子。

（10）拟茎点菌属　观察茄子褐纹病和芦笋茎枯病症状特点。取茄褐纹病材料永久玻片或徒手切片,镜检分生孢子器内产生的两种分生孢子形状,注意观察线形分生孢子。

（11）壳针孢属　观察番茄斑枯病或芹菜斑枯病症状特点。取带小黑点的病叶作徒手切片,镜检分生孢子器的形状和分生孢子形状,注意观察分生孢子分隔情况。

四、作业

1. 绘根肿菌属休眠孢子囊图。

2. 绘腐霉属、疫霉属、霜霉属和白锈菌属的孢囊梗、孢子囊图。

3. 绘根霉属的孢子囊、孢囊梗、孢囊孢子、假根和匍匐枝图。

4. 绘外囊菌属、两种白粉病菌、黑腐皮壳属和核盘菌属形态图,标出所绘白粉病菌属于哪个属。

5. 绘单胞锈菌属冬孢子和夏孢子以及胶锈菌属病菌的生活史图。

6. 绘葡萄孢属、粉孢属、青霉属、黑星孢属、链格孢属、镰孢属分生孢子梗和分生孢子形态图。

7. 绘炭疽菌属、壳针孢属分生孢子盘或分生孢子器及分生孢子形态图。

五、思考题

1. 霜霉病症状有何特点?为什么霜霉病多在低温多湿的条件下会严重发生?

2. 白粉病为害植物的特点如何?分类的主要依据有哪些?

3. 为什么一旦条件适宜多数半知菌门所致病害容易蔓延成灾?

4. 如何区别分生孢子器和子囊壳?

任务工单 1-5　植物病原原核生物及其病害识别

一、目的要求

根据植物病原原核生物所致病害的症状特点辨别植物原核生物病害,学会简易识别植物细菌病害。

二、材料、用具和药品

相关病原原核生物引起病害的新鲜材料、标本、照片或光盘和多媒体课件等。

显微镜、多媒体教学设备、酒精灯、接种环、无菌水、吸水纸、盖玻片、载玻片、洗瓶、擦镜纸、染色液(苯酚品红或草酸铵结晶紫)、香柏油和二甲苯等。

三、内容和方法

1. 植物病原原核生物引起植物病害症状的识别

常见植物病原原核生物的不同属所引起的病害症状不同,植物原核生物病害的症状常作为鉴定属的辅助性状。

（1）坏死、斑点、叶枯、穿孔和溃疡　观察黄单胞杆菌属引起的核果类细菌性穿孔病和柑橘溃疡病,假单胞杆菌属引起的黄瓜细菌性角斑病和番茄细菌性斑点病,注意观察病状与病征,病斑初期呈半透明水渍状,边缘常有褪绿黄色晕圈等特征。

（2）腐烂　观察果胶杆菌属引起的白菜软腐病症状特征,辨识特殊的臭味。

（3）萎蔫　观察劳尔氏菌属引起的茄科植物青枯病和棒形杆菌属引起的马铃薯环腐病的症状特征,注意观察纵剖茄科植物茎和横切马铃薯薯块的维管束变色情况。

（4）瘤肿或畸形　观察土壤杆菌属引起的多种植物根癌病和苹果发根病症状。观察植原体属引起的泡桐丛枝病、枣疯病和桑萎缩病,注意观察黄化、丛枝、花色变绿、花瓣变成叶形等症状。

2. 菌脓与喷菌现象观察

（1）菌脓　潮湿环境时,观察从核果类细菌性穿孔病、柑橘溃疡病、茄科植物青枯病病部的气孔、水孔、皮孔及伤口处溢出的黏稠状污白色、黄白色或黄色菌脓,干燥后呈胶粒状或胶膜状。菌脓的有无是识别细菌病害的依据之一,切取一段病叶或病枝插在湿沙中,经保温保湿后,上方切口处有菌脓产生时,可初步识别为细菌病害。

（2）喷菌现象　取黄瓜细菌性角斑病、茄子青枯病或马铃薯环腐病的新鲜标本,在病、健交界处剪取 4 mm×4 mm 的小块病组织,平放在载玻片上,加一滴蒸馏水,盖好盖玻片后立即在低倍镜下观察,在切口处有大量细菌呈烟雾状逸出时,可初步识别为细菌病害。在田间也可用此法制片,用放大镜或肉眼对光观察,也能看到烟雾状细菌逸出。按同样方法用健康组织镜检对照。

3. 培养性状观察

观察培养皿中培养的桃细菌性穿孔病菌、茄科植物青枯病菌或白菜软腐病菌等,注意观察菌落颜色、大小、质地与植物病原菌物菌落的区别。

4. 细菌染色

（1）涂片　取洁净的载玻片,加一滴无菌水,从发病部位或培养菌落上挑取适量细菌置于载玻片上水滴中,均匀涂布成薄层后,自然晾干。

（2）固定　将涂片在酒精灯火焰上缓慢通过 2~3 次进行固定。

（3）染色　滴苯酚品红或草酸铵结晶紫染液于涂片上,染色 1 min。

（4）水洗　斜置载玻片,用洗瓶自其上方轻轻冲去多余染液,注意不可洗去涂抹的菌液部分。

（5）吸干　用滤纸吸去水分,晾干或用微火烘干。

（6）镜检　将制片依次用低倍镜、高倍镜找到观察部位,再用油浸物镜观察细菌形态。观察前先在细菌涂面上滴少许香柏油,再慢慢将镜头下放,使油镜头浸入油滴中,并由一侧注视,使镜头与玻片接触。观察时用微调螺旋慢慢将油镜向上提至观察物像清晰为止。操作不熟练时,不可轻易在观察时将镜头直接下放,以免压碎玻片、损坏镜头。

镜检完毕,用镜头纸蘸二甲苯轻擦镜头,除净附油。注意勿使二甲苯渗入镜头内部,防止损坏镜头。

四、作业

1. 记录不同原核生物引起植物病害的症状类型及特点。

2. 记录植物细菌病害菌逸、细菌培养性状和染色的观察结果。

五、思考题

1. 细菌染色过程中"涂片"和"固定"的作用是什么?

2. 当发现茄科和葫芦科植物出现萎蔫症状时,怎样判断是细菌病害还是菌物病害?

任务工单1-6　植物病原病毒、植物病原线虫和寄生性植物及其病害识别

一、目的要求

熟悉植物病原病毒、植物病原线虫和寄生性植物及其所致病害的症状类型及其形态特点,为诊断植物病毒、线虫和寄生性植物所致病害奠定基础。

二、材料、用具和药品

植物病毒病害的不同病状类型、烟草花叶病毒病、起绒草(甘薯)茎线虫、花生根结线虫、菊花叶线虫、菟丝子和槲寄生(冬青)等病害的新鲜材料或标本、病原菌玻片标本、照片、光盘和多媒体课件等。

体视显微镜、多媒体教学设备、放大镜、酒精灯、解剖刀、刀片、镊子、挑针、载玻片和盖玻片等。

三、内容和方法

1. 植物病原病毒病害

(1)病状类型及其特点

① 褪色或变色:观察病毒引起的花叶、黄化和斑驳症状的颜色、厚薄、皱缩症状,注意区分斑驳与花叶症状。

② 组织坏死:观察病毒引起的叶片枯斑以及茎和果实上的条纹或条斑症状。

③ 畸形:观察病毒病害病株与健株的形态差别,注意区分矮化与矮缩症状。

(2)内含体的观察　取烟草花叶病的病叶,用刀片在叶片褪色部分的叶背叶脉上切一小口,用镊子轻轻撕下一小块表皮镜检。在表皮毛的基部细胞中可见到病毒的晶状内含体,多数为六角形,注意其位置、大小及折光性。不同属的植物病毒往往产生不同类型、不同形状的内含体,可作为诊断病毒病害的参考。

2. 植物病原线虫

(1)根结线虫属　观察蔬菜根结线虫为害症状,镜检雌虫虫体形态。

(2)滑刃线虫属　观察菊花叶枯线虫为害症状,镜检雌、雄虫虫体形态。

(3)剑线虫属　在示范镜下观察线虫头部及口针的形态特征。

3. 寄生性植物

(1)菟丝子属　观察寄生在植物上的菟丝子,注意观察茎的颜色,叶片、花和果实的颜色与形状,吸根的形状,菟丝子与寄主植物的导管和筛管连接的结构。

(2)列当属　观察为害瓜类的埃及列当或向日葵列当,注意观察形态特征及其与寄主的寄生关系。

(3)槲寄生属　观察槲寄生(冬青)的形态,注意观察其与菟丝子及列当的不同。

四、作业

1. 记录所示植物病毒病害的病状类型及特点。

2. 绘病毒内含体形态图。

3. 绘观察到的植物病原线虫形态图。

五、思考题

1. 症状与内含体在诊断植物病毒病害中的作用如何？
2. 植物病原线虫为害植物可引起哪些症状？为什么把植物寄生线虫当作病原生物看待？
3. 寄生性种子植物和一般种子植物的主要区别有哪些？

任务四　植物非生物性病原及其病害识别

在植物生长发育过程中,环境中不适宜的物理因素、化学因素和空气污染、农药毒害以及植物自身的生理缺陷或遗传性疾病等,都会导致非生物性病原引起的病害。

非生物性病原

一、营养失调

营养失调包括营养缺乏、各种营养间的比例失调或营养过量,可以诱使植物表现出各种病状(表1.4.1)。造成植物营养元素缺乏的原因有多种,一是土壤中缺乏营养元素;二是土壤中营养元素的比例不当,元素间的颉颃作用影响植物吸收;三是土壤的物理性质不适,如温度过低、水分过少、pH过高或过低等。在大量施用化肥、农药的地块,在连续频繁的保护地栽培等情况下,土壤中大量元素与微量元素的不平衡日益突出,在这种土壤环境中生长的作物往往会表现出营养失调症状。土壤中某些营养元素含量过高对植物生长发育也不利,甚至可以造成严重伤害。

表 1.4.1　营养元素缺乏或过量症状查对表

营养元素缺乏症状			元素种类	营养元素过量症状
部位	表现形式	发生条件		表现形式
症状发生在老组织	新叶淡绿色,老叶黄化枯焦,茎短而细;植株早衰,成熟提早,产量降低	高度淋溶或低温下的高有机质土壤	氮(N)	茎叶暗绿色,徒长,延迟成熟;抗病力下降
	新叶暗绿色,常呈红色或紫色,茎短而细;生育期延迟	—	磷(P)	植株变矮,叶变肥厚;成熟提早,产量降低
	叶杂色或脉间失绿,叶尖及边缘先焦枯并出现坏死斑点;症状随生育期延长加重,早衰	高度淋溶的酸性土壤	钾(K)	引起镁缺乏症
	脉间失绿,叶小簇生,坏死斑点大而普遍出现于叶脉间,最后出现于叶脉,叶厚,茎短,植株矮小;生育期延迟	—	锌(Zn)	褐色斑点;表现铁、锰缺乏症
	叶杂色,有时呈红色,脉间明显失绿,出现清晰网状脉纹,茎细	pH>6 的土壤中	镁(Mg)	—

续表

营养元素缺乏症状			元素种类	营养元素过量症状
部位	表现形式	发生条件		表现形式
症状发生在幼嫩组织	新叶边缘先变褐或干枯,初呈钩状,不易伸展,严重时茎生长点死亡;节间缩短,矮小、组织柔软;根系不发达,根尖停止伸长	酸性、高度淋溶的沙土	钙(Ca)	表现锰、铁、硼、锌缺乏症
	新叶基部浅绿色,叶扭曲、粗、脆、易碎,茎尖生长点受抑甚至死亡;节间缩短,花器发育不正常,花蕾脱落,果实发育不良;生育期延迟	高度淋溶的酸性和含游离钙的有机质土壤	硼(B)	抑制种子萌发,引起幼苗死亡;叶片变黄、枯焦,植株矮化
	生长点变黄、变弱、细长,新叶黄化,失绿均匀;生育期延迟	酸性、易淋溶、有机质含量低的沙土	硫(S)	—
	新叶边缘缺绿或脉间失绿,缺绿组织易碎、向上弯曲,甚至凋萎	酸性、高度淋溶的沙土、含高钾或钙土壤	锰(Mn)	叶先端生褐色或紫褐色小斑;表现铁、钼缺乏症
	新叶萎蔫、褪绿、畸形及叶尖枯死,植株纤细;双子叶植物叶片卷曲,植株凋萎,叶片易折断,叶尖呈黄绿色;果树发生顶枯、树皮开裂、流胶	—	铜(Cu)	根伸长停止;表现铁缺乏症
	先是脉间失绿,后叶片逐渐变白,叶脉变黄,致叶片死亡	钙质土壤	铁(Fe)	表现锰缺乏症
	叶片褪绿黄化,出现橙色斑点,严重时叶缘萎蔫、枯焦坏死;阔叶植物叶缘向上卷曲呈杯状	酸性和高度淋溶的碱性土壤	钼(Mo)	—

二、环境污染

环境污染主要是指空气、水源、土壤和酸雨的污染等,这些污染物对不同植物的危害程度不同,引起的症状也不同(表 1.4.2)。

表 1.4.2　环境污染物种类、来源、敏感植物及引起主要症状

污染物种类	污染来源	敏感植物	主要症状
臭氧(O_3)	空气中的光化学反应或风暴中心等	烟草、菜豆、石竹、菊花、矮牵牛、丁香、柑橘和松等	叶面产生褪绿及坏死斑,有时植株矮化,提前落叶
二氧化硫(SO_2)	煤和石油的燃烧、天然气工业和矿石冶炼等	豆科植物、辣椒、菠菜、南瓜、胡萝卜、苹果、葡萄、桃和松等	生长受抑,低浓度导致叶缘及叶脉间产生褪绿的坏死斑点,高浓度使脉间漂白
氢氟酸(HF)	铝工业、磷肥制造、钢铁厂和制砖业等	唐菖蒲、郁金香、石竹、杜鹃、桃、蚕豆和黄瓜等	双子叶植物的叶缘或单子叶植物的叶尖产生枯焦斑,病、健交界处产生红棕色条纹

续表

污染物种类	污染来源	敏感植物	主要症状
过氧酰基硝酸盐（PAN）	空气中的光化学反应和内燃机的废气等	多种植物对其敏感,特别是菠菜、番茄、大丽花和矮牵牛等	叶漂白,叶背呈铜褐色
氮化物（NO_2,NO）	内燃机废气、天然气、石油或煤燃烧等	菜豆、番茄、马铃薯、杜鹃、水杉、黑杉和白榆等	幼嫩叶片的叶缘变红褐色或亮黄褐色,低浓度时只抑制植物的生长而无症状表现
氯化物（Cl_2,HCl）	精炼油厂、玻璃工业和塑胶焚化等	月季、郁金香、百日草、紫罗兰和菊花等	主要为害新叶,在叶脉间产生边缘不明显的褪绿斑,严重时,全叶变白,枯卷,脱落
乙烯（CH_2CH_2）	汽车废气、煤、油燃烧以及后熟的果实等	石竹、东方百合、兰花、月季和金盏菊等	偏上性生长,叶片早衰,植株矮化,花、果减少

三、药害

在植物上施用化学农药时,选用种类不当、施用方法不合理、使用时期不适宜、施用浓度过高等都可对植物造成伤害。

四、肥害

化肥施用不适时或施用方法不当,常常会导致肥害。脱水型肥害是因一次性施用化肥过多,或施肥后因土壤水分不足导致肥料溶液浓度过大,引起作物细胞内水分反渗透,造成作物的脱水,多表现萎蔫,似霜冻或开水烫状,轻者影响生长发育,重者全株死亡。熏伤型肥害是在气温较高时施用氨水、碳酸氢铵等肥料,产生大量氨气对作物造成的伤害,轻者使植株下部叶尖发黄、影响生长发育,重者全株枯死。烧种型肥害是施用种肥量过多,或用过磷酸钙、易挥发的碳酸氢铵以及尿素、石灰氮等化肥拌种出现的烧种,可导致缺苗。另外,在进行叶面施肥时,使用的浓度过大,也会造成叶片烧伤。

五、水分供应失调

植物在长期水分供应不足的情况下,营养生长受到抑制,各种器官的体积减小、质量减少和品质变劣,导致植株矮小细弱。缺水严重时,可引起植株萎蔫、叶缘焦枯等,造成落叶、落花和落果,甚至整株凋萎枯死。

土壤水分过多,会影响土温的升高和土壤的通气性,使植物根系活力减弱,甚至受到毒害,引起烂根,植株生长缓慢,下部叶片变黄、下垂,落花、落果,严重时导致植株枯死。水分供应不均或变化剧烈时,可引起根菜类、甘蓝及番茄果实开裂,或使黄瓜形成畸形瓜、番茄发生脐

想 一 想
园艺植物在干旱或先旱后涝的情况下有哪些不正常的表现？

腐病等。

六、气温过高或过低

高温可使光合作用迅速减弱、呼吸作用增强、糖类积累减少、生长减慢,有时使植物矮化和提早成熟。温度过高常使植物的茎、叶、果等组织产生灼伤。保护地栽培通风散热不及时也常造成高温伤害。高温干旱常使辣椒大量落叶、落花和落果。

低温对植物危害也很大。0 ℃以上的低温所致植物病害称冷害。一些喜温植物以及热带、亚热带和保护地栽培的植物易受冷害,当气温低于10 ℃时,就会出现变色、坏死和表面斑点等常见冷害症状,木本植物则出现芽枯、顶枯。植物开花期遇到较长时间的低温也会影响结实。0 ℃以下的低温所致植物病害称冻害,主要是幼茎或幼叶出现水渍状暗褐色的病斑,之后组织逐渐死亡,严重时整株植物变黑、枯干、死亡。土温过低往往导致幼苗根系生长不良,引起瓜类等作物幼苗"沤根",更容易遭受根际病原物的侵染。

查 一 查
当地生产上采取哪些措施防止园艺植物受高温、低温和剧烈变温的危害?

剧烈变温对植物的影响往往比单纯的高温和低温的影响更大。如昼夜温差过大,可以使木本植物枝干发生灼伤或冻裂,这种症状常见于树干的向阳面。

七、光照不适

光照不足通常导致植物徒长,影响叶绿素的合成和光合作用,使植株黄化、植物组织脆弱,容易发生倒伏和受到病原物的侵染。光照过强常与高温和干旱结合,引起日灼病和叶烧病。

光照长短不适宜,还可以延迟或提早长日照植物或短日照植物的开花和结实,甚至导致植物不能开花结实,给生产造成严重损失。

非侵染性病害常常造成植株生长衰弱和抗病力降低,也是诱发侵染性病害的原因。侵染性病害是植株遭受病原物的侵染,降低了抗逆力,当环境发生剧烈变化时,容易发生非侵染性病害。

任务五　植物病害的发生发展及预测

一、影响植物病害的发生发展的因素

植物病害的发生是寄主植物与病原在一定环境条件下相互作用的复杂过程,病原物、寄主植物和环境条件是构成植物病害并影响其发生发展的基本因素。

1. 病原物

（1）病原物的寄生性　　根据营养方式,自然界的生物可以分为自养生物和异养生物。异养生物从其他生物的尸体或其分解产物中取得营养物质称为腐生。异养生物从活的寄主组织或细胞中取得营养物质称为寄生。在植物体内外营寄生生活的异养生物大都是植物的病原物。病原物从寄主植物活体内获取营养物质而生存的能力称为病原物的寄生性。按照它们从寄主活体获得营养能力的大小,可以把病原物分为以下两种类型。

① 专性寄生物:其寄生能力最强,只能从活的寄主细胞和组织中获得营养,所以也称为活

体寄生物。这类病原物的生活严格依赖寄主,寄主植物的细胞和组织死亡后,病原物也停止生长和发育。专性寄生物包括:所有的植物病毒、植原体、寄生性种子植物,大部分植物病原线虫和霜霉菌、白粉菌和锈菌等部分真菌。它们对营养的要求比较复杂,一般不能在普通的人工培养基上生长。

② 兼性寄生物:是一类兼有寄生和腐生习性的病原物,又称为半活体寄生物,可分为强寄生物和弱寄生物两类。强寄生物的寄生性次于专性寄生物,寄生性很强,以营寄生生活为主,但在某种条件下,也可以营腐生生活。当寄主处于生长阶段,营寄生生活,当寄主进入衰亡或休眠阶段,则转营腐生生活。强寄生物虽然可以在人工培养基上勉强生长,但难以完成生活史,如外子囊菌和植原体等。弱寄生物是寄生性较弱的病原物,又称为死体寄生物,只能侵染生活力弱的活体寄主或处于休眠状态的寄主组织或器官。在一定的条件下,可在块根、块茎和果实等贮藏器官上营寄生生活。弱寄生物易于人工培养,可以在人工培养基上完成生活史,如灰葡萄孢菌、丝核菌、镰孢霉菌和青霉菌等。

（2）病原物的致病性　致病性是指病原物所具有的破坏寄主和引起病害的能力。致病性表现在对寄主体内养分和水分的大量掠夺与消耗,同时分泌各种酶、毒素、有机酸和生长刺激素等,直接或间接地破坏植物细胞和组织,使寄主植物发生病变。

病原物的寄生性是指病原物对寄主的依赖程度。病原物的致病性是指病原物对寄主破坏性的大小。一般寄生性强的病原物对寄主破坏性较小,一些强寄生物常常是从寄主的活组织中吸取养料,并不立即引起寄主细胞的迅速死亡,受害部分通常表现褪色、畸形等病状。寄生性弱的病原物反而对寄主的破坏性较大,如一些弱寄生菌主要为害植物的死组织或受伤组织,或为害生长衰弱、生活力降低的植株,常分泌酶或毒素杀死寄主细胞和组织,然后从死组织中吸取养料,病部通常表现腐烂、溃疡、斑点等坏死型的病状。

2. 寄主植物

寄主植物在病害发生过程中为病原物提供必要的营养物质及生存场所,简称为寄主。植物对外界环境中有害因素都有一定的抵抗和忍耐能力,当植物的抵抗能力超过某一因素的侵害能力时,病害就不能发生。

抗病性是寄主植物抵御病原物的侵染及侵染后所造成的损害的能力,是植物与其病原物在长期共同进化过程中相互适应和选择的结果,是由植物的遗传特性决定的。不同植物对病原物表现出不同程度的抗病能力,可划分为以下类型:

（1）免疫　在适合发病的条件下,寄主植物不被病原物为害、不表现可见症状的现象。

（2）抗病　寄主植物对病原物侵染的反应表现为发病较轻。发病很轻的现象称为高抗。

（3）耐病　寄主植物对病原物侵染的反应表现为发病较重,但产量和质量不受严重损害的性能。这是植物忍受病害的性能,对此有人称为耐害性。

（4）感病　寄主植物受病原物侵染后发病较重、产量损失较大称为感病,发病很重的现象称为严重感病。

（5）避病　寄主植物感病期与病原物侵染期错开,或者缩短寄主感病部分暴露在病原物下的时间,从而避免或减少了受侵染的机会,这称为避病。

3. 环境条件

环境条件是指直接或间接影响寄主及病原的一切生物和非生物条件。环境条件一方面直接影响病原物,促进或抑制其生长发育,另一方面影响寄主的生活状态及其抗病性,当环境条件有利于病原物而不利于寄主时,病害才能发生和发展。

二、病害的侵染过程

病害的侵染过程是指从病原物与寄主接触、侵入到寄主发病的过程。侵染是一个连续性的过程,一般将侵染过程分为侵入前期、侵入期、潜育期和发病期4个时期。

病害的侵染过程

1. 侵入前期

侵入前期指病原物到达寄主植物表面或附近,受到寄主分泌物的影响,向寄主运动并产生侵入结构的时期。

侵入前期,病原物的活动主要有两种方式:

(1)被动活动　病原物从休眠场所依靠各种自然动力(气流、水流及介体)或人为传带,被动地传播到植物感病部位或其周围。

(2)主动活动　土壤中的某些病原真菌、细菌和线虫受植物根部分泌物的影响,主动向种子周围或根部移动积聚。

2. 侵入期

侵入期指病原物从侵入到与寄主建立寄生关系的时期。

(1)病原物的侵入途径　病原物的侵入途径因其种类不同而异,主要有伤口侵入、自然孔口侵入和直接侵入3种途径。

病原物的
侵入途径

① 伤口侵入:植物表面的碰伤、擦伤、雹伤、剪锯伤和嫁接伤等机械伤,冻伤、日烧、虫伤、病伤等自然伤,叶痕、果柄痕、枯芽、裂果等生长伤都可能成为病原物的侵入途径。各类病原物均有伤口侵入的类型,但病毒和类病毒等只能从不导致细胞死亡的微小伤口侵入,或者通过昆虫刺吸所致的伤口侵入。

② 自然孔口侵入:园艺植物上的自然孔口往往是多种病原物的侵入门户,如气孔、皮孔、水孔、芽眼、柱头和蜜腺等。真菌、细菌中有相当一部分是从自然孔口侵入的,病毒、类病毒、原核生物的植原体等则一般不能从自然孔口侵入。在各种自然孔口中,气孔和皮孔是最重要的。

③ 直接侵入:直接侵入是指病原物直接突破植物的保护组织——角质层、蜡层、表皮及表皮细胞而侵入寄主。许多病原真菌、线虫及寄生性种子植物具有这种能力。真菌直接侵入的典型过程如下:到达侵入部位的孢子在适宜条件下萌发产生芽管,芽管顶端膨大形成附着胞,并分泌黏液将其固定在植物的表面,然后从附着胞下方生出较细的侵染丝,以其很强的机械压力穿透植物的角质层,然后通过酶的作用软化细胞壁而进入细胞内。侵染丝进入寄主后,即开始变粗恢复成原来的菌丝状(图1.5.1)。

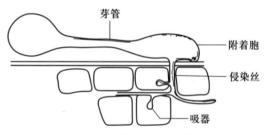

图 1.5.1　真菌孢子的直接侵入

(2)病原物侵入所需时间和数量　病原物侵入所需时间一般是很短的,植物病毒和一部分病原细菌接触寄主即可侵入。病原真菌需经萌发、产生芽管等过程,所需时间大多在几小时之内。

侵入所需的个体数量在不同病原物间差异很大。有些真菌、细菌、线虫等都可以借助单个接种体侵染,而有些病原物则需要一定数量的个体才能成功侵染。

(3)病原物侵入与环境条件的关系 在影响病原物侵入的各种环境条件中,湿度最重要,它影响萌发和侵入的速度,温度影响孢子能否萌发和侵入,光照等对病原物的侵入也有一定影响。

① 湿度:对于绝大多数通过气流传播的真菌,湿度越高对其侵入越有利,在水滴中萌发率越高。只有白粉菌的分生孢子可在湿度较低的条件下萌发,在水滴中萌发反而不好;细菌从自然孔口或伤口侵入大都需要自由水存在。湿度影响寄主植物的抗侵入能力,如湿度过高时:愈伤组织形成较慢,有利于伤口侵入;气孔开张度大,水孔泌水多而持久,有利于自然孔口侵入;角质层比较柔软,有利于病原物的直接侵入。在适宜于病害发生的季节里,湿度可能会有较大的变化,往往成为病原物能否侵入的限制因素。

② 温度:病原物和寄主植物的生长发育都对温度有一定的要求。在适温的范围内,高温能增加病原物侵入的速度,但也利于寄主伤口的愈合和生长发育,提高寄主的抗侵入能力。温度过高或过低,对病原物或寄主都不利。在适宜于病害发生的季节里,温度一般不会有太大的变化,很难成为侵入的限制因素。

③ 光照:光照可以决定气孔的关闭,因而可影响病菌从气孔的侵入。

资 料 卡

各类植物的霜霉病菌在高湿、适温条件下发展快,往往造成病害的大面积发生。湿度与孢子的形成也有一定的关系,许多病原真菌,只有在湿度高的条件下才能在病组织上产生孢子。真菌进行繁殖时,高湿度能促进其孢子的产生,在实验室中,对未产生子实体的病组织,常用保湿的方法促其产生子实体。

3. 潜育期

潜育期指从病原物与寄主建立寄生关系到寄主开始表现明显症状的时期。植物病害潜育期的长短不一,短的只有几天,长的可达一年,有些果树和树木的病害,在病原物侵入后要经过几年才发病。潜育期的长短与病害流行有密切关系。潜育期短,在一个生长季节中重复侵染的次数就会增加,病害就容易大发生。

潜育期是病原物和寄主植物斗争最激烈的时期。病原物要从植物体内取得营养和水分,进一步繁殖和扩展,而寄主植物则要调动各种抗病因素积极抵抗病原物对其营养和水分的掠夺。病害潜育期因病害类型、温度、寄主植物特性、病原物的致病性不同而有差异,一般寄主植物生长健壮,抗病力增强,潜育期相应延长。在环境条件中,温度对潜育期的影响最大,温度越接近病原物要求的最适温度,潜育期越短,反之则延长。

4. 发病期

发病期指从寄主出现症状到寄主生长期结束,甚至植物死亡为止的一段时期。发病期是病原物大量繁殖、扩大为害的时期。许多病害症状不仅表现在病原物侵入和蔓延的部位,有时还可以影响到其他部位,甚至引起整株植株的死亡。在湿度较大的条件下,大多数病原真菌和细菌引起的病害的扩展速度较快,并在病部产生大量的繁殖体或营养体,造成病害大面积流行。

三、病害的侵染循环

病害循环是指侵染性病害从一个生长季节开始发生到下一个生长季节再度发生的过程。它包括病原物的越冬和(或)越夏、病原物的传播以及病原物的初侵染和再侵染等环节,切断其中任何一个环节,都能达到防治病害的目的。

1. 病原物的越冬和越夏

病原物的越冬和越夏是指病原物在一定场所度过寄主休眠阶段保存自己的过程。不同病原物的越冬、越夏场所和方式各异。

病原物的越冬
和越夏

(1)田间病株　病原物可在多年生、二年生或一年生的寄主植物上越冬和越夏。如病菌可在寄主枝干的病斑内或潜伏在芽鳞内越冬,有些植物病毒可在栽培或野生的中间寄主上越冬和越夏。对许多园艺植物病害来说,保护地的病株也是病原物的越冬场所。

(2)种子和其他繁殖材料　其他繁殖材料是指除种子以外的各种繁殖材料,如块根、块茎、鳞茎和苗木等。它们携带病原物的方式各有区别,有的病原物在作物收割时混杂在种子间,有的附着在种子表面,有的以菌丝体潜伏在种皮内或以分生孢子器附着在种子表面越冬,有的能侵入块根、块茎和鳞茎,也有的可在苗木上越冬或越夏。

带有病原物的种子和各种繁殖材料,在播种和移栽后即可在田间形成发病中心,如远距离调运,则病害得以远距离传播。

想 一 想
播种前进行种苗处理在园艺植物病害防治上有何重要意义?

(3)病株残体　病株残体包括寄主植物的枯枝、烂皮、落叶、落花、落果和死根等植株残体。病株残体对病原物既可起到一定的保护作用、增强其对恶劣环境的抵抗力,也可提供营养条件、作为形成繁殖体的能源。当病株残体分解和腐烂的时候,其中的病原物往往也逐渐死亡和消失。

(4)土壤和粪肥　各种病原物常以休眠体的形式保存于土壤内,也可以腐生的方式在土壤中存活。土壤寄居菌是在土壤中随病株残体生存的病原物,当病株残体腐败分解后它们则不能单独在土壤中存活。多数强寄生的真菌和细菌属于这一类;土壤习居菌对土壤适应性强,可独立地在土壤中长期存活并繁殖。

病菌的休眠孢子可以直接散落于粪肥中,也可以随病株残体混入肥料,如作物秸秆、谷糠场土、枯枝落叶、野生杂草等残体都是堆肥、垫圈和沤肥的好材料。因此,病菌经常随各种病残体混入肥料越冬或越夏。未经充分腐熟的有机肥可成为多种病害的侵染来源。有的病株残体作为饲料,当病原休眠体随秸秆经过牲畜的消化管后,仍能保持其生活力,从而增加了病菌在肥料中越冬的数量。

(5)昆虫及其他传播介体　昆虫及其他介体是病毒和细菌等病原物的传播介体,也是这些病原物的越冬场所之一。

2. 病原物的传播

(1)主动传播　病原物依靠本身的运动或扩展蔓延进行传播。如真菌的游动孢子和细菌均可借鞭毛在水中游动,线虫在土壤中蠕动,真菌外生菌丝或

病原物的传播

菌索在土壤中生长蔓延,某些真菌孢子主动向空间弹射等,这些都属于主动传播的类型。这些传播方式有利于病原物主动接触寄主,但由于传播距离较短,仅对病菌的传播起一定的辅助作用。

（2）被动传播　病原物依赖自然因素和人为因素进行传播。被动传播是病原物传播的主要形式,在自然因素中,以风、雨、流水、昆虫和其他动物传播的作用最大,在人为因素中,以种子和种苗的调运、农事操作和农业机械的传播最为重要。

① 气流传播:气流传播是病原物中最常发生的一种传播方式。真菌孢子数量多、体积小、质量轻,最适合气流传播。气流传播一般距离较远,覆盖面积大,常易引起病害流行。附着在土壤或病组织内的细菌、病毒、线虫和寄生植物的极小种子也可随风传播。

② 雨水或流水传播:在各类病原物中,细菌和带有胶体物质的真菌以及产生游动孢子的真菌,主要靠雨滴飞溅、雨露流淌、灌溉水及雨水的流动传播,这种传播方式称为"风雨传播"或"流水传播"。

③ 昆虫和其他动物传播:多数植物病毒、类病毒、植原体等都可借助昆虫传播,其中以蚜虫、叶蝉、飞虱和木虱等昆虫传播为多。某些真菌和细菌也靠昆虫传播。鸟类可以传播寄生性植物。

④ 人为因素传播:人类的经济活动和农事操作(施肥、灌溉、播种、移栽、修剪、嫁接、整枝和脱粒等)常导致病原物的传播。如调运带病的种子、苗木、农产品及包装材料等,可造成病害的远距离传播,引起病区的扩大和新病区的形成。由于人类活动的内容、范围很广,受自然条件或地理因素的限制很小,因此人为因素传播病害的危害性最大。

3. 初侵染和再侵染

病原物越冬或越夏后所引起的首次寄主发病过程称为初侵染。受到初侵染的植株上产生的病原物,在同一生长季节经传播引起寄主再次发病的过程称为再侵染。有些病害在一个生长季节内只有初侵染。有些病害在一个生长季节内可以发生多次再侵染,在田间逐步扩展蔓

> **想 一 想**
> 对只有初侵染的病害和再侵染的病害,采取减少或消灭初侵染来源的措施,其中哪类措施可获得较好的防治效果?为什么?

延,由少数中心病株发展到点片发生,进一步扩展蔓延导致普遍流行。

四、病害的流行

植物病害流行是植物侵染性病害在植物群体中顺利侵染和大量发生的现象。植物群体的发病规律是预测病害发生时期和发病程度、指导病害防治的依据。

1. 病害流行的基本因素

（1）感病寄主植物大面积集中种植　种植感病品种是病害发生和流行的先决条件,病害在感病品种上潜育期短、病原形成繁殖体量大、病害循环周转率快(对于多循环病害),只要环

> **议 一 议**
> 为什么生产上特别强调品种的搭配和品种的布局?

境条件适宜,病害就容易流行。在农业规模经营和保护地栽培中,往往在特定的地区大面积种植单一作物甚至单一品种,特别有利于病害的传播和病原物增殖,常导致病害大流行。

虽然人类已能选育高度抗病的品种,但是现在所利用的主要是长期选择的遗传基础狭窄的

抗病品种,易因病原物群体致病性变化而"丧失"抗病性,沦为感病品种,孕育着病害流行的危险。

（2）致病性强的病原物大量存在　当病原物致病性强、数量大时才能造成广泛的侵染。只有初侵染而无再侵染的病害,其流行程度主要取决于越冬菌源的数量;有多次再侵染的病害,其流行程度取决于再侵染的次数和病原的繁殖量。另外,致病性强的病原物产生大量繁殖体后,必须借助有效介体和动力在短期内传播和扩散到寄主体上,才能引起病害的流行。

（3）有利于发病的环境条件　同一环境因素既影响寄主植物同时又影响病原物。当环境条件特别是气象、土壤和耕作栽培条件有利于病原物的侵染、繁殖、传播和越冬时,则不利于寄主的抗病性。生物介体传播的病害则还需介体数量大或繁殖快。这些有利于发病的环境条件都会促进病害的发生。

2. 病害流行的主导因素

病害流行是植物群体、病原群体、环境条件和人类活动等多因素相互作用的结果,这些因素的强度或数量都各自在一定幅度内变化,从而导致病害流行程度的变化。在一定时间范围内对病害流行程度起主要作用的因素,称为该病害流行的主导因素。

一般当植物品种和耕作栽培技术无重大变化时,造成年度间病害流行程度变化的主导因素往往是气象因素。如引起多数叶片、果实病害年份变化的主导因素经常是湿度及降雨情况;北方许多枝干病害,尤其是苹果树腐烂病的流行,常与冻害有密切关系。如在较长时间（若干年）中病害流行发生阶段性变化,即在若干年由重到轻,在其后若干年又逐年严重,则主导因素多半在于品种更替或耕作制度的改变。确定了主导因素,才能正确地分析病害流行,进行预测和设计防治方案。

3. 病害流行的类型

（1）单循环病害　指在病害循环中只有初侵染而没有再侵染,或者虽有再侵染但作用很小的病害。这类病害多为种子或土壤传播的全株性或系统性病害,如瓜类枯萎病和茄子黄萎病以及多种果树病毒病害等。病原物越冬率较高,自然传播距离较近,传播效能较小。病原物可产生抗逆性强的休眠体越冬,越冬率较高,较稳定。此类病害在一个生长季中菌量增长幅度虽然不大,但能够逐年积累,稳定增长,在若干年后将导致较大的病害流行,因而也称为"积年流行病害"。

防治单循环病害,消灭初始菌源很重要,除选用抗病品种外,田园卫生、土壤消毒、种子清毒、拔除病株等措施都有良好防效。即使当年发病很少,也应采取措施抑制菌量的逐年积累。

（2）多循环病害　指在一个生长季中病原物能够连续繁殖多代,可以发生多次再侵染的病害。这类病害多为气流、雨水或昆虫传播的叶部病害,如黄瓜霜霉病、辣椒疫病、苹果斑点落叶病、桃细菌性穿孔病等。绝大多数是局部侵染的,寄主的感病时期长,病害的潜育期短。病原物的增殖率高,但其寿命不长,对环境条件敏感,在不利条件下会迅速死亡。病原物越冬率低而不稳定,越冬后存活的菌量（初始菌量）不高。多循环病害在有利的环境条件下增长率很高,病害数量增幅大,具有明显的由少到多、由点到面的发展过程,可以在一个生长季内完成菌量积累,造成病害的严重流行,因而又称为"单年流行病害"。由于各年度气象条件或其他条件的变化,不同年份流行程度波动较大。

防治多循环病害主要是种植抗病品种,采用药剂防治和农业防治措施,降低病害的增长率。

4. 病害流行的时间变化

植物病害的流行是一个发生、发展和衰退的过程。

(1)季节变化　病害流行的季节变化指在1年或1个生长季节内,病害从开始发生到严重发生或流行,再到逐渐衰退的过程。在1年或1个生长季中连续定期调查田间发病情况,取得病情(发病率或病情指数)随病害流行时间而变化的数据,再以时间为横坐标,以病情为纵坐标,即可绘出病害的季节流行曲线。曲线的起点为病害始发期,斜率反映了流行速率,曲线的最高点表明病害流行程度。

在1个生长季中只有1个发病高峰的病害,若最后发病达到或接近饱和(100%),寄主群体亦不再生长,如黄瓜霜霉病等,则其流行曲线为最常见的S形曲线,其流行过程可划分为始发期、盛发期和衰退期(图1.5.2)。

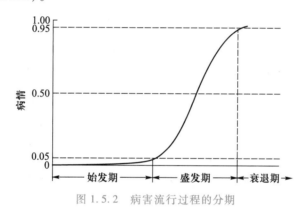

图1.5.2　病害流行过程的分期

① 始发期:又称指数增长期,指从田间开始发病到发病数量(发病率或病情指数)达到0.05(5%)为止的时期。始发期病情增长慢,持续时间长,病情增长绝对数量很小,但增长速率最大。如初发病时病情为0.000 1(0.01%),增长到0.05(5%)时,病害数量则增加了500倍。始发期病情不易觉察,是病菌数量积累的关键时期,也是预测和防治的关键时期。

② 盛发期:指田间发病数量由0.05(5%)发展到0.95(95%)的时期。在盛发期,植物发病部位已相当多,病原物只有落在未发病的部位才能有效地侵染,所以病情增长受到自我抑制。随着发病部位逐渐增多,这种自我抑制作用也逐渐增大,病情增长渐趋停止。盛发期病情增长绝对数量最大,但增长速率较小;病情增长快,持续时间短;病情表现明显,是为害的关键时期。

③ 衰退期:又称流行末期,指田间发病数量达到0.95(95%)以后的时期。衰退期由于寄主植株发病已近饱和、寄主植株抗性增强或环境条件影响等,病情增长趋于停止,流行曲线趋于水平。有时由于寄主植株仍在生长,发病率反而下降,更明显地表现出流行的衰退。

不同的多循环病害或同一病害在不同的发病条件下,可有不同类型的季节流行曲线。如果发病后期因寄主植株抗病性增强,或气象条件不利于病害继续发展,但寄主植株仍继续生长,以至于新生枝叶发病轻,流行曲线呈单峰曲线(马鞍形),如大白菜白斑病等。有些病害在一个生长季节中由于环境变化或寄主植株阶段抗病性变化而出现两个或两个以上的高峰,形成双峰或多峰曲线(图1.5.3)。

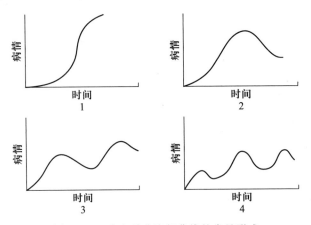

图1.5.3　病害季节流行曲线的常见形式

1.S形曲线　2.单峰曲线　3.双峰曲线　4.多峰曲线

(2)年份变化　一种病害在同一地区的流行程度和损失情况因年份而异,称为病害流行的年份变化。根据病害的流行程度和损失情况可划分为大流行、中度流行、轻度流行和不流行等类型。一种植物病害在某一区域的大流行,一般是流行的主导因素发生剧烈变化所致。

5. 病害流行的空间变化

(1)气传病害　气传病害的空间变化主要受气流和风的影响。本地初侵染源在发病初期田间会出现明显的发病中心。再侵染由发病中心向外扩展,距离和方向取决于风向和风速。空间流行过程是一个由点、片到面的传播过程。病害在田间的分布呈核心分布,但在初始菌量大、再侵染不重要时也会呈随机或均匀分布。外地初侵染源在发病初期呈随机分布或均匀分布,以后逐渐传播,普遍发病。

(2)土传病害　土传病害自然传播距离较小,主要受田间耕作和灌溉等农事活动以及线虫等生物介体活动的影响,一般传播距离较短,有发病中心或发病带。

(3)虫传病害　虫传病害的传播距离和效能主要取决于传病昆虫介体的种群数量、活动习性与能力以及病原物与介体昆虫间的相互关系。一般距离初次侵染源越近,发病越严重,以后扩展、蔓延,普遍发病。

五、病害发生预测

1. 病害预测的依据

寄主植物、病原物和环境条件是构成植物病害并影响其发生发展的基本因素。菌量、气象条件、栽培条件和寄主植物的生育状况等成为预测病害流行的重要依据。

(1)根据菌量预测　单循环病害的侵染概率较为稳定,受环境条件影响较小,主要根据越冬菌量预测发病数量。多循环病害有时也可以利用菌量作为预测因子。

① 越冬菌量调查预测法:对一些在种子(苗木或其他繁殖材料)、土壤和病株残体上越冬的病害,如菜豆花叶病毒病和茄子黄萎病等,可以调查种子、土壤或病残体的病菌数量,用以预测次

年田间发病率。

②孢子捕捉预测法：对一些病原孢子由气流传播、发病季节性较强、容易流行成灾的菌物病害，如梨黑星病和马铃薯晚疫病等，可进行田间孢子捕捉，即在调查方位上挂一涂有凡士林的载玻片，定期镜检孢子数量。根据孢子出现的时期及其数量变化，预测病害发生的时期和发生的程度。这种方法简单易行，适合多点、大范围的连续监测。缺点是捕捉效率稍低，在雨季容易受到雨水冲刷而影响数据的准确性。为提高捕捉效率和数据准确性，目前已有旋转式孢子捕捉器、风向式孢子捕捉器和定时孢子捕捉器等可供选用。

另外，还可采用透明胶粘贴法直接检查田间病斑的孢子量。方法是用透明胶带在病斑正反面分别粘贴2~3次后镜检孢子数量。透明胶带粘贴法适用于大面积的普查，用于定点检测时可能损害叶片的产孢能力而对连续检测结果产生影响。

③根据介体昆虫的数量和带菌率预测：对于以昆虫介体传播的病害，介体昆虫的数量和带菌率等也是重要的预测依据。

（2）根据气象条件预测　气传病害和多循环病害的流行受气象条件影响很大，在寄主植物与病原菌条件具备时，适宜的气象条件往往是病害流行的主导因子。有些单循环病害的流行程度取决于初侵染期间的气象条件，可以利用气象条件预测。

气象指标预测法是根据某些影响病害流行的主要气象因素与病害流行的关系来预测病害的发生情况的方法。例如，英国和荷兰利用"标蒙法"预测马铃薯晚疫病的侵染时期。该法指出，若相对湿度连续48 h高于75%，气温不低于16 ℃，则14~21 d后田间将出现晚疫病的中心病株。又如葡萄霜霉病，以气温在11~20 ℃，并有6 h以上的叶面结露时间，就可预测为葡萄霜霉病的初侵染时间。苹果和梨的锈病是单循环病害，每年只有1次侵染，菌源为果园附近桧柏上的冬孢子角。在北京地区，每年4月下旬至5月中旬若出现大于15 mm的降雨，且其后连续2 d相对湿度大于40%，则6月份将发生大量苹果和梨的锈病。

（3）根据菌量与气象条件预测　许多病害的流行程度主要根据越冬菌量和气象条件（主要是发病期的降水情况）来预测。多峰型病害将前期发病数量作为菌量来预测后期的流行程度。

病情调查预测法是通过田间普查或定点调查，在掌握发病始期及数量的基础上，结合气象（主要是降雨）预报，预测病害当年的流行程度。如梨黑星病在河北的流行与病梢的出现时期及多少有关，调查病梢的出现期，可以预测该病的流行始期，调查病梢的多少，结合降雨预报，可以预测当年的流行程度。

（4）根据菌量、气象条件、栽培条件和寄主植物的生育状况预测　对有些病害的预测除应考虑菌量和气象因素外，还要考虑栽培条件以及寄主植物的生育期和长相长势。

观测圃预测法是针对本地区为害严重的某些病害，在观测圃内种植一定数量感病寄主和当地普遍栽培的作物品种。观测圃内的感病品种容易发病，由此可以较早地掌握病害开始发生的时期和条件，有利于及时指导大田普查。观测圃内的当地普遍栽培的品种，可以了解大田的正常病情，了解病情发展的快慢，推断病害可能发生为害的程度，作为指导防治的依据。

2. 病害预测的方法

（1）综合分析预测法　综合分析预测法是一种经验推理方法，多用于中、长期预测。根据历史资料总结出一定的规律，与当前的品种、菌量、气象因素和栽培管理等方面的资料进行综合分析，依据主要预测因子的状态和变化趋势估计病害的发生期和流行程度。

（2）数理统计预测法　数理统计预测法是一种运用统计学方法对多年多点的历史资料进行整理，建立数学模型预测病害的方法。主要用多元回归和判别分析等多变量统计方法来选取测报因子，建立预测经验公式，其中多元回归分析应用最多。

任务六　植物病害诊断

植物病害诊断是判断植物发病原因、确定病原类型和病害种类的过程，目的是为病害防治提供科学依据。一般常见植物病害根据其症状特点即可判断，但在多数情况下，必须按照规定的程序和要求，通过田间调查和病原鉴定等工作明确致病因素，才能做出正确诊断。

一、田间诊断

田间诊断一般先根据植物受害发展变化的过程、症状特点和病征有无，区别是虫害、伤害还是病害。若确定是病害，再进一步通过观察病害分布情况以及调查病害发生时间，对可能影响病害发生的气候、地形、地势、土质、肥水、农药和栽培管理条件等进行综合分析，根据经验或查阅有关文献对病害做出初步判断，找出病害发生的原因，诊断是侵染性病害还是非侵染性病害。

二、症状观察

植物发生病害，应从症状等表型特征来判断病因，确定病害种类。对具有典型症状的植物病害，在田间即可做出正确诊断。对有些症状不够典型、无法直接判断的病害，应做进一步诊断。

三、病原鉴定

由于不同的病原可以产生相似的症状，而相同的病原也可导致不同的症状，同时，植物的种类和环境条件也会影响症状的表现，因此，对有些病害需要进行病原物鉴定才能确诊。先通过显微镜观察、人工接种、营养诊断和治疗试验等确定病原物类型，在排除非生物性病原的可能性之后，再进行生物性病原的鉴定。生物性病原鉴定是将病原物种类与已知种类的形态特征、生物学特性和生理生化反应等进行详细比较，以确定其科学名称或其在分类学上的地位。

四、确定病害的病原物

对不熟悉的或新的病害，应通过柯赫氏法则（Koch's postulates）的 4 个步骤完成诊断与鉴定。柯赫氏法则又称柯赫氏证病律，是确定侵染性病害病原物的操作程序。程序如下：

① 在某种植物病害上常伴有一种病原微生物存在。

② 该微生物可在离体的或人工培养基上分离纯化而得到纯培养。

③ 将纯培养接种到相同品种的健株上，可诱发出与原来相同症状的病害。

④ 从接种发病的植物上能再分离到其纯培养，性状与接种物相同。

进行上述 4 步鉴定工作得到确实的证据，就可以确认该微生物即为这种植物病害的病原物。但有些病原物，如病毒、类菌原体、霜霉菌、白粉菌和一些锈菌等，目前还不能在人工培养基上培养，可以采用其他实验方法来加以证明。所有侵染性病害的诊断与病原物的鉴定都必须按照柯赫氏法则来验证。

　　柯赫氏法则同样也适用于非侵染性病害的诊断,只是以某种怀疑因素来代替病原物的作用。例如,当判断是缺乏某种元素引起植物病害时,可以补施某种元素来缓解或消除其症状,即可确认是某元素的作用。

任务工单1-7　植物病害的田间诊断

一、目的要求

　　学会田间病害诊断和鉴定的一般方法,诊断植物病害,鉴定病原类型,了解各类植物病害的发生情况及病害诊断的复杂性。

二、材料、用具和药品

　　田间各类侵染性病害与非侵染性病害现场、记录本、相关参考书籍等。各类植物病害的新鲜标本、显微镜、载玻片、盖玻片、培养皿、解剖针、放大镜、刀片等常规用具。

三、内容和方法

　　1. 常见病害诊断

　　对常见病害和症状特征明显的病害,一般先识别寄主植物,详细观察病害的症状特征,再对照相关文献资料,仔细核对寄主名称和症状特征,确定所见病害的性质、名称、病原物及其分类地位。对不典型或不熟悉的症状,应先区别是伤害还是病害,再进一步对发病现场系统、认真地进行调查和观察。

　　2. 侵染性病害与非侵染性病害的区分

　　调查病害的田间分布、病变过程、症状表现等情况,分析发病原因,区分是侵染性病害还是非侵染性病害(表1.6.1)。

表 1.6.1　植物侵染性病害和非侵染性病害的主要区别

比较项目	侵染性病害	非侵染性病害
田间分布	病害发生一般在田间,先呈零星分布,有中心病株,后逐渐扩大,田间多有发病中心和扩展趋势	一般分布比较均匀,往往是大面积成片发生,田间病株发病较均匀,无从点到面扩展的过程
病变过程	有病变过程,具传染性	无病变过程,无传染性
病状	病状类型复杂多样	除高温灼伤和药害等个别原因引起局部病变外,常表现全株性发病,多为变色、枯死、落花、落果、畸形和生长不良等
病征	除病毒、类病毒、植原体、类立克次氏体等引起的病害无病征外,其他病害既有病状又有病征,在植物表面或内部能检测到病原物	病株上无任何病征,组织内也分离不到病原物;注意患病后期由于抗病性降低,病部可能会有腐生菌类出现
症状可逆性	栽培等条件改善后,病态植株难以恢复正常	发病初期消除致病因素或采取挽救措施,可使病态植株恢复正常
病原	由菌物、细菌、病毒、线虫和寄生性植物等引起	由有害物质或营养、温度、水分等失调引起

3. 非侵染性病害的诊断

对初步判断为非侵染性的病害,用放大镜仔细检查病部表面,或将表面消毒的病组织经保湿、保温培养后检查有无病征(注意排除病部可能产生的腐生菌类)。结合地形、地势、土质、施肥、耕作、灌溉和风向等特殊环境条件,了解发病前后一段时间内气象因子的变化和相关的农事操作,必要时分析园艺植物所含的营养元素及土壤酸碱度、有毒物质等,还可进行营养诊断和治疗试验,以明确病原、诊断非侵染性病害。

4. 侵染性病害的诊断与鉴定

(1)菌物病害　真菌病害的鉴定主要是根据症状特征和病原真菌的形态特征。经过观察症状,若发现发病部位有霉、粉、锈和粒状物等病征,则可初步诊断为菌物病害。

不同的菌物可以引起相似的症状,病害诊断应以病原菌物的鉴定为依据。对不容易产生病征的菌物病害,可取植物的发病部位用清水洗净后,置保湿器皿内在20~23℃培养1~2昼夜,促使菌物孢子产生,然后再对其进行镜检作出鉴定。如果遇到腐生菌和次生菌的干扰,所观察的菌物无法确定是否是病原菌时,必须进一步使用人工诱发试验的手段。

(2)原核生物病害　细菌病害症状主要表现为斑点、条斑、溃疡、腐烂、萎蔫和畸形等。多数细菌病害的病斑初期呈半透明水渍状,边缘常有褪绿的黄晕圈,气候潮湿时,从病部的气孔、水孔、皮孔及伤口处溢出黏稠状菌脓,干后呈胶粒状或胶膜状。植物细菌病害诊断往往还需要检查病组织中是否有细菌存在,最简单的方法是切片镜检有无喷菌现象,对新的或疑难的细菌病害,必须进行分离培养、革兰氏染色、生理生化测定和接种试验等才能确定病原。

植原体所致病害的病状为矮缩、丛枝或扁枝、枯萎、小叶、黄化、扭曲、花色变绿、花瓣变成叶形等,多数为黄化型系统性病害,表现的症状与植物病毒病害相似,可采用电子显微镜检查病株组织或带毒媒介昆虫的唾液腺组织有无植原体存在,或对受病组织施用四环素做治疗试验。

(3)病毒病害　病毒病害只有病状没有病征,常具有花叶、黄化、条纹、坏死斑纹、环斑、皱叶、卷叶、小叶、全株矮化和畸形等特异性病状,在田间比较容易识别。但有时病毒病害常与一些非侵染性病害相混淆,因此,应根据病害在田间的分布,发病与地势、土壤、施肥等的关系,发病与传毒昆虫的关系,症状特征及其变化,是否有由点到面的传染现象等进行初步判断。

诊断病毒病害的常用方法有:镜检内含体和汁液摩擦、嫁接传染或昆虫传毒等接种试验,或用指示植物,或鉴别寄主确定是病毒病后再进行电镜观察、寄主范围、物理特性、血清反应等试验,以确定病毒的种类。

(4)线虫病害　线虫多数引起植物地下部发病,通常引起虫瘿、叶瘿、根结瘿瘤、茎叶畸形、扭曲、叶尖干枯、须根丛生及植株生长衰弱、矮化、黄化等似营养缺乏症状。在植物根表、根内、根际土壤、茎或籽粒(虫瘿)中可见到有线虫寄生,或者发现有口针的线虫存在。有些线虫不产生虫瘿和根结,从病部也难发现虫体,需要采用漏斗分离法或叶片染色法检查,根据线虫的形态特征、寄主范围等确定分类地位。必要时可用虫瘿、病株种子、病田土壤等进行人工接种。

(5)寄生性植物　在患病植株上或其根际可以看到寄生性植物,其与寄主植物形态有显著的差别。

四、作业

1. 填写田间植物病害诊断和鉴定记录表。

田间常见植物病害诊断和鉴定记录表

日期：　　年　月　日

地点	寄主作物（品种）	病害名称	诊断依据（病害症状）

2. 记录田间无法诊断的植物病害，注明发病地块、为害情况、症状特点及不能明确诊断的原因。

五、思考题

1. 植物病害的诊断步骤有哪些？诊断中应注意哪些问题？

2. 怎样简便、有效地区别田间的病毒病害和非侵染性病害？

任务工单 1-8　培养基的制备与灭菌

一、目的要求

知道培养基的用途，能根据不同微生物和不同培养目的选择培养基类型。学会常用培养基的配制、分装、无菌操作方法。了解高压蒸汽灭菌和干热灭菌的基本原理及应用范围，学会高压蒸汽灭菌和干热灭菌的操作步骤与方法。

二、材料、用具和药品

培养基的制作

马铃薯、蔗糖（葡萄糖）、琼脂、可溶性淀粉、牛肉膏、蛋白胨、1 mol/L NaOH 溶液、1 mol/L HCl 溶液、K_2HPO_4、KNO_3、$MgSO_4 \cdot 7H_2O$ 和 $FeSO_4 \cdot 7H_2O$ 等。

无菌室、超净工作台或接种箱、恒温箱、烘箱或红外线干燥箱、紫外线灭菌灯、电炉、铝锅、天平、烧杯、量筒、培养皿、高压灭菌锅、pH 试纸（pH 5.5~9.0）、试管、锥形瓶、铁丝试管筐、试管架、漏斗及漏斗架、玻璃棒、纱布、棉花、牛皮纸、绳和记号笔等。

三、内容和方法

（一）配制培养基

1. 配方

病原菌的种类繁多，需要根据病原菌对营养的要求配制不同的培养基。常用的马铃薯葡萄糖琼脂（PDA）培养基主要用于植物病原菌物的分离和培养，有时也用于植物病原细菌；牛肉膏蛋白胨（NA）培养基主要用于细菌的分离和培养。它们的配方如下

马铃薯葡萄糖琼脂(PDA)培养基	
马铃薯	200 g
葡萄糖	20 g
琼脂	17~20 g
水	1 000 mL

牛肉膏蛋白胨(NA)培养基	
牛肉浸膏	3~5 g
蛋白胨	5~10 g
葡萄糖	2.5 g
琼脂	17~20 g
水	1 000 mL

2. 配制流程

（1）称量原料　按配方比例准确称量各种原料，马铃薯称量前需洗净去皮。

（2）熔化原料　制备 PDA 培养基的马铃薯要切成小块，加水煮沸约 0.5 h 后，用纱布滤去马铃薯残渣，在马铃薯滤液中加入琼脂，继续加热使琼脂完全熔化。注意熔化琼脂的过程中要控制火力的大小并不断搅拌，以免溢出或烧焦；待琼脂完全熔化后应补充加热过程中蒸发的水分，以保持溶液的浓度。制备 NA 培养基时，先将琼脂加水煮至熔化后，再将其他原料溶于水中。

（3）调节 pH　PDA 培养基略带酸性，培养菌物一般不需调节 pH。培养细菌一般需调节pH 至 7.2~7.4，可用 1 mol/L NaOH 溶液或 1 mol/L HCl 溶液进行调节。调节时应逐滴加入 NaOH 溶液或 HCl 溶液，防止局部过酸或过碱而破坏培养基成分。

（4）过滤分装　趁热用 4 层纱布过滤培养基，分装至锥形瓶时，培养基的高度以瓶高的 1/3 较为合适；分装至试管时，培养基的高度不应超过试管高度的 1/5；一般做斜面培养基的试管约装 5 mL。注意培养基不可玷污锥形瓶口和试管口（图 1.6.1）。

（5）加棉塞　培养基分装完毕后，需要用棉塞堵住管口或瓶口。堵棉塞的主要目的是过滤空气、避免污染。棉塞应采用普通新鲜、干燥的棉花制作，不要用脱脂棉。制作棉塞时，要根据棉塞大小，选适量棉花铺成中间稍厚、边缘稍薄的近正方形，将一角向里折，略成五边形，然后从一侧向另一侧卷紧，卷到中间时，将尖端的棉花回折一下，继续向前卷，并多卷几次，使边缘的棉花起到不使棉卷松开的缚线功能，即成外形如未开伞的蘑菇状棉塞（图 1.6.2）。也可将棉花铺展成适当厚度：揪取手掌心大小一块，铺在左手拇指与食指圈成的圆孔中，用右手食指插入棉花中部，同时左手食指与拇指稍稍紧握，将尾端棉花往回折叠一下，即成一个长棒形的棉塞。

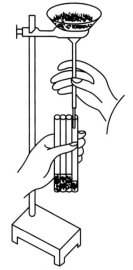

图 1.6.1　培养基分装

棉塞做成后，应迅速塞入管口或瓶口中，棉塞应紧贴内壁不留缝隙，若棉塞过紧则妨碍空气流通，不易拔出；若过松则微生物会从缝隙处进入试管，导致培养基被污染。塞好后，以手提棉塞、管或瓶不下落为合适。棉塞的 2/3 应在管内或瓶内，上端露出少许棉花便于拔取（图 1.6.2）。

（6）包扎　加塞后，将试管约每 10 支 1 捆扎好，在棉塞部分外包一层牛皮纸，以防止灭菌时冷凝水润湿棉塞，其外再用一道线绳扎好。

（7）标记　在牛皮纸上用铅笔或记号笔注明培养基名称、配制日期、组别、制作人等。

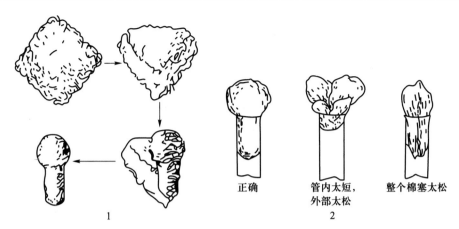

图 1.6.2 棉塞

1. 制作过程 2. 制作标准

(二) 灭菌

1. 常用灭菌方法

在植物病害试验过程中,为了避免杂菌污染、获得纯培养,必须对所用器材和培养基进行灭菌。灭菌是用物理或化学方法杀死物体内外的所有微生物(表 1.6.2)。

表 1.6.2 常用灭菌方法及其适用范围

灭菌方式	方法	操作	适用范围
干热灭菌	灼烧法	利用火焰把微生物直接烧死	接种针、接种环、涂布器、试管口和载玻片等
	干热法	将待灭菌的物品放入烘箱中,加热到 160~176 ℃保持 1~2 h;为避免温度突然下降引起玻璃器皿碎裂,须待玻璃器皿自然降温冷却到 60 ℃以下时才可开门取出	玻璃器皿、金属和木质的器具等
湿热灭菌	高压蒸汽法	将待灭菌的物品放入加压蒸汽灭菌锅中,在 0.1 MPa 蒸汽压力下,121 ℃灭菌 20~30 min	培养基、玻璃器皿、棉塞、牛皮纸和工作服等
	间歇灭菌法	将待灭菌的物品放在锅内,100 ℃热蒸汽灭菌 15~30 min,待其冷却,取出放于 25~30 ℃温箱中培养 24 h;翌日重复上述步骤,连续 3 d	

2. 灭菌前的准备工作

玻璃器皿等在灭菌前必须经过正确包裹和加棉塞,以保证玻璃器皿灭菌后不被外界杂菌所污染。平皿用纸包扎或装在金属平皿筒内;锥形瓶在棉塞与瓶口外再包以厚纸,用棉绳以活结扎紧,以防灭菌后瓶口被外部杂菌所污染;吸管用纸条斜着从吸管尖端包起,逐步向上卷,头端的纸卷捏扁并拧几下,再将包好的吸管集中灭菌。

3. 高压蒸汽灭菌

为了得到某种病原物的纯培养,配好的培养基必须经过灭菌才能使用。一般培养基多采用高压蒸汽灭菌,手提式高压蒸汽灭菌锅操作方法和注意事项如下:

高压蒸汽灭菌

(1)加水　打开灭菌锅盖,取出内层灭菌桶,向外层锅内加入适量的水,使水面与三角搁架相平为宜。

(2)装料　放回内层灭菌桶,装入待灭菌物品。注意不要装得太挤,以免妨碍蒸汽流通而影响灭菌效果。

(3)加盖　关闭灭菌器盖,并将盖上的排气软管插入内层灭菌桶的排气槽内。再同时旋紧相对的两个螺栓,使螺栓松紧一致,勿使漏气。

(4)加热、排气与升压　用电炉或煤气加热,并同时打开排气阀。待水沸腾后,水蒸气和空气一起从排气孔排出,当有大量蒸汽排出时,维持 5 min,使锅内冷空气完全排净,关上排气阀,让锅内的温度随蒸汽压力增加而逐渐上升。

(5)保压和降压　当锅内压力上升至所需指标时,开始计时,并维持所需压力。一般用 0.1 MPa、121.5 ℃,试管内培养基灭菌 20 min,锥形瓶内培养基灭菌 30 min。待达到灭菌所需时间后停止加热,让灭菌锅内温度自然下降,当压力表的压力降至 0 时打开排气阀,旋松螺栓,打开盖子取出灭菌物品。如果压力未降到 0 时打开排气阀,就会因锅内压力突然下降,使容器内的培养基由于内外压力不平衡而冲出瓶口或试管口,造成棉塞沾染培养基而发生污染。

(6)检定保存　培养基经灭菌后,必须放入 25~30 ℃ 温箱培养 48 h,经检查无杂菌生长,即可保存待用。

(三)倒平板和摆斜面

培养基灭菌后,制作斜面培养基和平板培养基须趁培养基未凝固时进行。

1. 制作斜面培养基

为防止斜面上冷凝水太多,应待灭菌的试管培养基竖置冷至 50 ℃ 左右时,将试管口端搁在厚度约 1 cm 的木条或其他器具上,使管内培养基自然倾斜,斜面的长度以不超过试管总长的 1/2 为宜,待凝固后即成斜面培养基(图 1.6.3)。

2. 制作平板培养基

倒平板须待盛有培养基的锥形瓶或试管温度下降到 50 ℃ 左右(触摸刚刚不烫手)时进行。若温度过高,则皿盖上的冷凝水太多,易形成水珠落入培养基,造成污染。若温度低于 50 ℃,则培养基易于凝固,无法制作平板。

先点燃酒精灯,右手托起锥形瓶瓶底,左手掌边缘松动锥形瓶棉塞后用小指和环指拔出夹住(若锥形瓶内的培养基一次可用完,则棉塞不必夹在手指中)。为防止瓶口沾染微生物污染培养基,将瓶口在酒精灯上稍加灼烧。用左手拇指和食指在酒精灯火焰附近打开培养皿上盖,右手迅速倒入 10~12 mL 的培养基,盖好皿盖,置于桌上,轻轻旋转培养皿,使培养基均匀分布,冷凝后即成平板(图 1.6.4)。

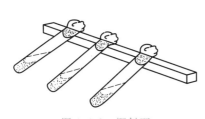

图1.6.3 摆斜面

图1.6.4 倒平板

将平板培养基置于室温2~3 d,或28 ℃培养24 h,检查无菌落及皿盖无冷凝水后即可使用。

四、作业

1. 按要求数量制备斜面培养基,记录制备培养基的一般程序。

2. 在250~300 mL锥形瓶中,每瓶装100 mL左右培养基,灭菌后备用。

3. 制备锥形瓶装的无菌水备用。

五、思考题

1. 培养基配好后,为什么必须立即灭菌?怎样检查培养基灭菌是否彻底?

2. 高压蒸汽灭菌时应注意哪些事项?

3. 为什么有时在0.1 MPa、121 ℃灭菌30 min后的培养基上仍然会长出杂菌来?

任务工单1-9 植物病原物的分离培养与纯化

病原菌的分离
纯化

一、目的要求

掌握植物病原菌物、细菌和线虫分离培养的基本原理,学会消毒、倒平板、组织分离、稀释分离和平板划线分离的基本操作方法。

二、材料、用具和药品

新鲜的发病菌物、细菌病害分离材料、PDA和牛肉膏蛋白胨的斜面与平板培养基、无菌室、超净工作台或无菌操作箱(接种箱)、恒温箱、紫外线灭菌灯、酒精灯、火柴、吸管、剪刀、镊子、接种环、接种针、甲醛、70%乙醇、0.1%升汞、无菌水和记号笔等。

感染根结线虫病的植物病根、感染孢囊线虫的病土、感染甘薯茎线虫的病薯块等。解剖镜、漏斗分离装置、漂浮分离装置、浅盘分离装置、纱布或铜纱、平皿、小烧杯、小玻管、旋盖玻璃瓶、40目和325目网筛、线虫滤纸、餐巾纸、挑针、竹针、毛针、毛笔和线虫固定液等。

三、内容和方法

分离是将病原物从发病组织上与其他微生物分开。培养是将分离的病原物移到可以让其正常生长的营养基质(培养基)上,从而获得其纯培养。

(一) 分离前的准备工作

1. 工作环境和分离用具的清洁和消毒

(1) 常用消毒方法 在分离培养过程中,消毒是不可缺少的环节。消毒是指采用物理或化学方法杀死物体表面或环境中的部分病原物(表1.6.3)。

表 1.6.3　常用消毒方法及其适用范围

方法	操作	适用范围
湿热法	常压蒸汽	不宜用高压蒸汽灭菌的培养基
	煮沸	玻璃器皿
辐射法	用 30 W、253.7 nm 波长的紫外灯照射20~30 min	无菌室、无菌箱、衣物等空气及物体表面
化学药品法	70%乙醇、2%煤酚皂液(来苏水)、5%苯酚液等喷雾	无菌室、无菌箱
	0.25%新洁尔灭、0.5%次氯酸钙(漂白粉)擦拭	玻璃器皿、金属和木质器具等
	70%乙醇、0.1%新洁尔灭、0.1%升汞浸泡、擦拭	手(不可用升汞)、分离材料

（2）清洁和消毒工作环境　为避免污染,分离工作要求在无菌条件下进行,无菌室、超净工作台或无菌操作箱(接种箱)是不可缺少的设施。分离前,用紫外灯照射无菌室内 20 ~ 30 min,以杀死室内空气中的大多数细菌。对于无菌操作箱,可在分离前用化学消毒剂清除箱内的微生物。

若分离工作只能在普通房间进行时,则必须对房间进行彻底清洁,并关闭门窗,避免空气流动,经过喷雾或在地上多洒些水,除去空气及地面灰尘后进行操作,也可获得较好的结果。工作前擦净桌面,最好铺上湿毛巾或纱布,将所需用的物品按次序放在湿毛巾或纱布上,尽量避免工作过程中临时取物带来杂菌。工作人员要注意自身清洁,工作前用肥皂洗手,分离前还要用70%乙醇擦拭双手。

（3）消毒分离用具　凡是和分离材料接触的器皿(刀、剪、镊、针、培养皿等)和材料(培养基、水等)都要保持无菌。将分离用具浸于 70%乙醇中,使用时在灯焰上烧去乙醇灭菌,如此 2 ~ 3 次(刀、剪、镊等不宜烧时过长,以防退火),再次使用时必须重复灭菌。

2. 选择分离材料

分离材料应尽量新鲜,以减少污染的概率。最好从发病组织边缘、靠近健康组织处分离,这部分病原菌的生活力强,容易分离成功,而且可减少腐生菌混入的机会。

（二）病原菌物和细菌的分离和培养

1. 组织分离法

植物病原菌物的分离一般采用组织分离法。

（1）叶斑病类病原菌的分离　取新鲜病叶的典型病斑,在病、健交界处剪取边长 4~5 mm 的病组织数块。先置于 70%乙醇中浸 3~5 s,再将病组织移入 0.1%升汞溶液消毒 1~2 min(时间因分离材料不同而异,0.5~30 min 不等),然后再把病组织转移到无菌水中连续漂洗 3 次,以免残留的升汞影响分离病菌的生长。也可用现配的 10%次氯酸钙(漂白粉)溶液消毒 3~5 min,时间长短依病组织不同而异。若发病组织幼嫩,使用表面消毒剂时可能会杀死其中的病原菌,因而消毒时间应尽量缩短,或不用药剂消毒,而以无菌水直接冲洗 8~9 次也可。最后将病组织直接移至平板培养基或其他适宜的培养基上培养。

（2）果实、块茎、枝干等较大组织内病菌的分离　用病部蘸取 95% 乙醇,或用脱脂棉蘸 70% 乙醇涂拭病部表面,通过火焰烧去表面乙醇,重复进行 2~3 次。然后用经过灯焰灭菌的解剖刀在病、健交界处切开,挑取豆粒大小的病组织放到平板培养基或其他适宜的培养基上培养,每皿放 3~4 块。

（3）标记　在培养皿上标注分离日期、材料和分离人姓名。

（4）培养　将已经接种的培养皿倒置于 25 ℃温箱中培养,一般 3~4 d 后观察待分离菌的生长结果。若病组织小块上均长出较为一致的菌落,则可初步确定为要分离的目标菌。

（5）纯化　在无菌条件下,用接种针(铲)自菌落边缘挑取小块移入斜面培养基上,在 26~28 ℃培养 3~4 d 后,菌落生长一致、镜检是单一微生物,即纯菌种,可置于冰箱中保存。如有杂菌生长,需经再次分离获纯培养后,方可移入斜面保存。

2. 稀释分离法

稀释分离法主要用于在病组织上产生大量孢子的病原菌物以及病原细菌的分离。病原菌物是先将待分离的孢子进行梯度稀释后,再进行分离培养;病原细菌要将消毒后的病组织放在灭菌培养皿中,用灭菌的玻璃棒研碎或灭菌的剪刀剪碎,倒入适量的无菌水浸泡 30~60 min,让细菌释放到灭菌水中成为细菌悬浮液,再进行稀释分离。

（1）涂布平板法

① 梯度稀释菌悬液:将待分离病原菌配制成菌悬液,再用无菌水做倍比稀释。方法:用 1 mL 无菌吸管吸取 1 mL 菌悬液注入盛有 9 mL 无菌水的试管中,吹吸 3 次,使之充分混匀。然后再用一支 1 mL 无菌吸管从此试管中吸取 1 mL 注入另一盛有 9 mL 无菌水的试管中,以此类推,制成 10^{-1}、10^{-2}、10^{-3}、10^{-4} 等稀释度的菌悬液。一般稀释 3~6 个梯度,具体根据待分离的病原菌在样品中的数量而定(图 1.6.5)。

② 涂布:分别用无菌吸管从最后 3 种稀释度的试管中吸取 0.1 mL 菌悬液对号放入平板上,用无菌涂布棒在培养基表面涂布均匀(图 1.6.6)。

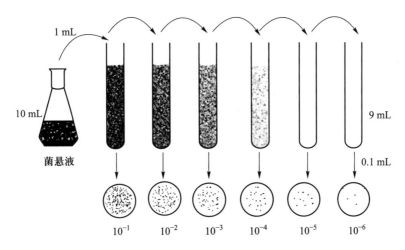

图 1.6.5　配制梯度稀释菌悬液示意图

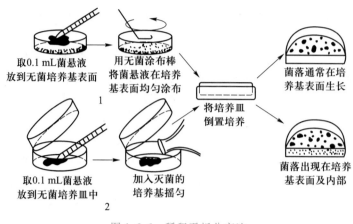

图 1.6.6 稀释平板分离法
1. 涂布平板法 2. 倾注平板法

③ 标记：在培养皿底面标记菌悬液稀释度、分离日期和分离人姓名。

④ 培养：将培养基平板倒置于 28 ℃恒温箱中培养，一般细菌需培养 1~2 d，菌物需培养 3~5 d。

⑤ 纯化：观察菌落生长情况，将培养后长出的单个菌落分别移入斜面培养基上，纯化步骤同组织分离法。

（2）倾注平板法 倾注平板法又称混合平板法。倒平板、培养和纯化步骤及其无菌操作要求与涂布平板法相同。不同点是先取菌悬液移入无菌培养皿中，再将熔化后冷却至 45 ℃左右的培养基倾注到培养皿中，边倒入边沿桌面顺时针方向轻轻摇匀，使培养基与菌悬液混合均匀，待其冷凝成平板后培养。

3. 划线分离法

分离病原细菌常用划线分离法，菌悬液配制同稀释分离法。

（1）取菌 将接种环在酒精灯火焰上烧灼灭菌，稍冷却后蘸取一环菌悬液。

（2）划线 划线的方法有很多，常见的连续、分区、平行、放射、方格等形式比较容易出现单个菌落（图 1.6.7）。当接种环在培养基表面上往后移动时，接种环上的菌液逐渐稀释，最后在所划的线上分散着单个细胞，经培养，每一个细胞长成一个菌落。

① 连续划线法：适用于含菌量较少的菌悬液。在酒精灯火焰附近，左手将培养皿盖打开一条接种环能进入操作的缝隙，右手将蘸有菌悬液的接种环迅速伸入平板内，与平板面成 30°~40°划线，线条尽量平行密集，充分利用平板表面积。注意勿使前后两条线重叠，接种环不要嵌入培养基内划破培养基。

② 分区划线法：适用于含菌量较多的菌悬液。左手持培养基在酒精灯火焰左前上方，使平板面向火焰，右手将蘸有菌悬液的接种环在平板的一侧表面密集而不重叠地来回划线，面积约占整个平板的 1/5。旋转平板，接种环用火焰灭菌，冷却，从第 1 次划线的末端重复 2~3 根线后，进行第 2 次划线（约占 1/4 面积）。第 3 次划线可不烧灼接种环，方法同第 1 区，划满整个平皿。划线完毕，将平板扣入皿盖，将接种环用火焰灭菌后放回。

（3）标记、培养 同涂布平板法。

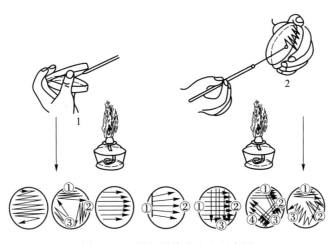

图 1.6.7　平板划线分离法示意图
1. 连续划线法　　2. 分区划线法

（4）纯化　仔细挑取细菌的单菌落移至试管斜面，用无菌水把单菌落细菌稀释成悬浮液做第 2 次划线分离。如两次划线分离所得菌落形态特征都一致，并与典型菌落特征相符，即表明已获得纯培养，最好要经过连续 3 次单菌落的分离，以确保纯化。

（三）植物病原线虫的分离

植物寄生线虫的个体很小，大部分只为害根部，有些还是根内寄生的，少数可为害地上茎、叶、花、果和种子。除极少数个体较大的线虫可从植物组织中直接挑取外，绝大多数需要利用其趋水性、大小、密度等与其他杂质的差异，采用过筛、离心、漂浮等措施将线虫从植物组织或土壤中分离出来。

1. 分离虫体较大的线虫——直接解剖分离法

将患病植物组织表面洗净，剪成 1～2 cm 小段，放在有水的培养皿中，在解剖镜下用镊子和解剖针小心地将组织挑开，待寄生线虫离开组织进入水中后，用挑针挑取或用吸管吸取线虫。

2. 分离能游动的活线虫

（1）漏斗分离法　漏斗分离法又称贝曼漏斗分离法，在置于架上的漏斗下面接一段乳胶管，乳胶管上装一个止水夹。将切碎的患病植物材料或土样用双层纱布包好，放在盛满清水的漏斗中。线虫的趋水性、钻孔性和自身的体重，会使其离开植物组织在水中蠕动，最后沉降到漏斗末端的乳胶管中。24 h 后打开止水夹，用小瓶或离心管接取约 5 mL 的水样，静置 20 min 左右或 1 500 r/min 离心 3 min，倾去离心管内上层清液后，即获得浓度较高的线虫悬浮液。

（2）浅盘分离法　其分离装置由两个口径不同的浅盘组成，口径小的浅盘底部用粗筛网（10 目）取代，称为筛盘，口径大的是正常浅盘。分离时取两层纱布或一层面巾纸平铺于筛盘筛网上，将待分离线虫的植物材料或土样放置其上，从两只浅盘之间的缝隙中注水，至淹没供分离的材料为止；在室温（20～25 ℃）下浸泡 12～24 h 后，收集浅盘中的线虫悬浮液，连续通过 25 目和 400 目的套筛，将 400 目筛上的含线虫的残留物冲洗到培养皿中镜检。

3. 分离没有活动能力的线虫——漂浮器(图 1.6.8)分离法

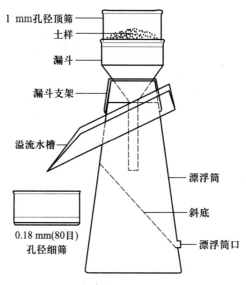

图 1.6.8　胞囊漂浮器构造示意图

　　先将污染的土壤风干,用 6 mm 筛除去杂物。分离时,先向漂浮筒内注入 70% 体积的水,将 100 g 风干的土样放在顶筛中,用强水流冲洗入漂浮筒内,以满而不外流为宜。静置 2 min,缓慢加清水于漂浮筒内,使漂浮筒水面的漂浮物溢出,经由溢流水槽流到承接的 80 目细筛中,再用细水流冲洗一会儿,使漂浮物全部流入细筛。将细筛中的胞囊等漂浮物用水洗入烧杯或锥形瓶中,再倒入铺有滤纸的漏斗中,在解剖镜下用毛笔收集滤纸上的胞囊。

　　四、作业

　　1. 用所提供的新鲜病害材料进行菌物和细菌病原菌的分离和纯化,观察并记录分离物的培养性状。

　　2. 提交分离到的纯菌种 1 支。

　　3. 绘分离到的植物病原线虫形态图,并注明分类特征。

　　五、思考题

　　1. 为什么要分离并纯化植物病原物?

　　2. 不同类型病原物的常用分离方法有几种?怎样分离?

　　3. 植物病原菌物与细菌在分离培养技术方面有何不同?

　　4. 分离植物病原物时为什么要选择新鲜病材料,并且在病、健交界处取样?

　　5. 平板划线分离法为什么每次都要将接种环重新灭菌?

　　6. 培养病原物时为什么要将培养皿倒置?

　　7. 试分析分离植物病原菌物和细菌成功和失败的原因。

任务工单 1-10　植物病害的人工接种

一、目的要求

了解植物病害人工接种在确定病原物、研究病害发生规律、测定品种抗病性和药剂防病效果时的作用,能根据植物病害的传染方式和侵染途径设计人工接种方法,学会植物侵染性病害常用的接种操作方法。

二、材料、用具和药品

相关病原菌及健康无病的种子、苗木、植株、果实等材料。

恒温恒湿箱、小喷雾器、显微镜、接种针、解剖刀、接种环、酒精灯、70%乙醇、0.1%升汞、灭菌培养皿(吸管)、无菌水和标签等。

三、内容和方法

接种方法是根据病菌在自然条件下侵入的方式和途径而设计的。除病毒病害和植原体病害有昆虫、嫁接和汁液接种等特殊接种方式外,菌物病害和细菌病害都采用伤口或无伤接种。

1. 接种方法

(1)种传病害　可采用拌种法和浸种法对其接种。拌种法是将病菌的悬浮液或孢子粉拌在经过消毒处理的植物种子上,然后播种诱发病害。浸种法是用孢子或细菌悬浮液浸种后播种。

(2)粪肥和土传病害

① 土壤接种法:将人工培养的病菌或将带菌的植物粉碎,在播种前或播种时拌入已消毒的盆栽土中或施于土壤中,然后播种经过消毒处理(可用 0.1%升汞进行表面消毒 3 min 并用无菌水洗 3 次)的种子;也可先开沟,沟底洒一层病残体或菌悬液,将种子播在病残体上,再盖土。对于茄科植物青枯病菌可以采用土壤灌根的方法接种。

② 蘸根接种法:将健康幼苗的根部稍加损伤后,在菌悬液中浸 1~2 min,然后移入已消毒的土壤中栽植,并定时观察检查。此法常用于枯萎病等接种。

(3)气流和雨水传病害　对于大部分细菌病害和真菌叶部病都可采用喷雾接种法。将接种用的病菌配成一定浓度的悬浮液,用喷雾器喷洒在待接种的植物体上,同时将喷无菌水的植株作为对照,在一定的温度下保湿 24 h,诱发病害。

(4)伤口侵入病害　除了植物病毒常用的摩擦接种属于伤口接种之外,许多由伤口侵入的植物弱寄生菌物和细菌造成的病害常用创伤接种法。

① 多数从伤口侵入的病害接种:可采用针刺法。先配制孢子或细菌悬浮液,再用 70%乙醇或 0.1%升汞将接种部位消毒,并用无菌水洗 2~3 次。首先做对照,用消毒的解剖针在接种部位刺成几个小孔,用消毒毛笔或脱脂棉蘸无菌水涂在刺孔部位,或用小喷雾器将无菌水喷在伤口部位。然后接种菌悬液,处理方法同上。接种后一般要保温 24~48 h,可放在保湿箱中或用塑料纸包扎。

② 梨褐腐病接种:取白梨用酒精灯火焰进行表面消毒后,用炽热的解剖刀在其上切成小手指粗的孔穴 3~5 个。取经分离纯化的梨褐腐病菌菌落填抹在已切好的孔穴中,再覆以饱含无菌水的脱脂棉或纱布,放在密封的容器中,底部装少量水,置于 25 ℃的恒温恒湿箱中,以未

接菌者作为对照,3 d 后调查发病情况。该方法主要用于菌物引起的果实、块根、块茎腐烂等病害。

③ 白菜软腐病接种:先将白菜软腐病菌配制菌悬液,再取切成适当大小的白菜帮两块,经水洗稍干后,用 10% 漂白粉溶液进行表面消毒,分放在两个灭过菌的上下铺有吸水纸的培养皿中,玻璃棒用酒精灯火焰灭菌冷却后,在白菜帮上打 3 排不穿透的孔穴。然后,用无菌注射器吸取无菌水滴于白菜帮的第 1 排内孔作为对照,再用该注射器吸菌悬液滴于第 2、3 排孔内。注意不要滴过多无菌水和菌悬液,以免流出孔穴,另一培养皿的菜帮以同法处理作为重复。盖好皿盖,置于 26~28 ℃ 的恒温恒湿箱中,24 h 后检查发病情况。

2. 接种的观察与记录

为了及时正确地分析总结接种的结果,必须认真观察并做详尽的记录,如记录接种时间、接种植物和品种、接种方法和部位、接种用的病菌名称、来源、繁殖和培养方法(培养基、培养温度、培养时间)、接种体浓度、接种后的管理、发病情况和病害症状特点等。

四、作业

1. 选择 1~2 种方法进行接种,并每天做观察记录。

2. 以 1 种病害接种结果为题材,提交接种实验报告一份(试按实验的目的意义、材料和方法、结果与分析以及讨论的格式写作)。

五、思考题

1. 植物接种常用的方法有哪些?举例说明如何根据病害特点选择接种方法。

2. 接种植物病害时为什么要设对照?为什么要保湿?

项 目 小 结

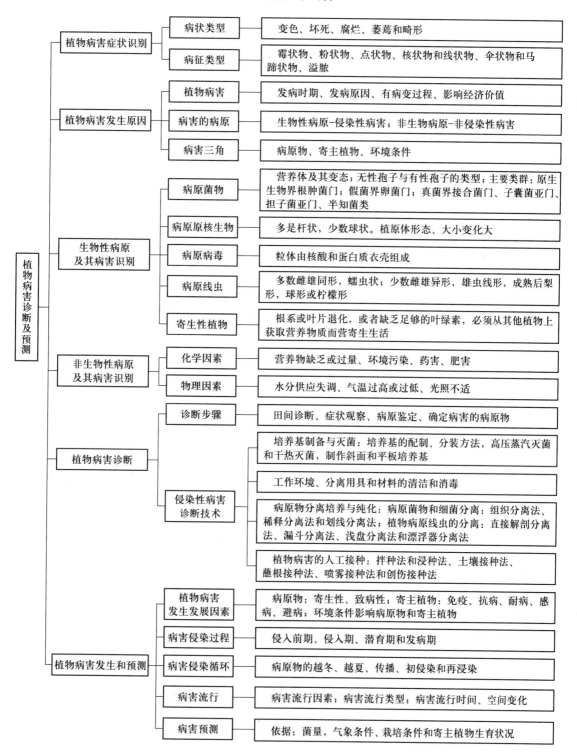

巩固与拓展

1. 植物病害的病状和病征分哪些类型？各有何特点？了解症状表现的复杂性对植物病害的识别有何意义？

2. 在菌物的生活史中，无性繁殖和有性繁殖可以产生哪些类型的孢子？它们在植物菌物病害发生过程中的主要作用是什么？

3. 列出与植物病害有关菌物重要属的特征和所致病害的症状特点。

4. 原核生物与真核生物有何本质区别？原核生物包括哪些类群？

5. 植物病毒在形态、化学组分及生物学特性方面与细胞生物有何区别？

6. 植物病毒有哪些传播途径？针对不同传播途径可采用哪些防控措施？

7. 为什么对一些植物病毒病害单靠症状表现很难做出正确的诊断？

8. 举例说明植物寄生线虫的致病特点及将线虫列为植物病原物的原因。

9. 植物病原线虫对生态环境有何要求？有哪些传播途径？针对不同的传播途径在防治上应采取哪些相应的防治措施？

10. 植物非侵染性病害有何特点？由温度不适引起的非侵染性病害可通过哪些途径解决？

11. 引起植物非侵染性病害的病因主要有哪些？举例说明如何初步诊断这类病害。

12. 如果某地蔬菜上发生了一种病害，应怎样对其进行诊断？怎样在田间快速区分侵染性病害和非侵染性病害？

13. 如何诊断植物菌物病害、细菌病害、病毒病害和线虫病害？

14. 植物为什么会发病？病原物的寄生性、致病性和寄主植物的抗病性分化如何影响植物病害的发生发展？

15. 病原物在侵入前期和潜育期有哪些活动？环境条件对病原物的活动有何影响？

16. 病原物侵入寄主植物的途径有哪些？影响菌物从寄主植物表皮直接侵入的因素有哪些？

17. 怎样根据病原物越冬(越夏)方式和场所设计冬季(或夏季)病虫害防治方案？

18. 举例说明植物病原菌物、原核生物、病毒和线虫的传播途径，并比较它们的异同。

19. 试从病原物、寄主植物、环境条件、栽培管理方面分析一种植物病害的流行因素，提出防治措施。

20. 单循环病害与多循环病害的流行特点和防治策略有何不同？

21. 呈 S 形季节流行曲线的植物病害预测、防治和为害的关键时期是什么？为什么？

22. 气流传播和昆虫介体传播病害在传播和分布上各有何特点？

23. 举例说明什么是发病中心。发病中心在病害流行中的作用有哪些？

24. 人类农事活动对植物病害的发生和流行有何影响？防治植物病害时为什么强调预防为主？

25. 中国科学院院士我国著名的真菌学家庄文颖说："我希望年轻人首先要爱科学，有了足够的热爱才能发挥自身的才能。其次要实事求是，要认真做学问，耐得住寂寞，勇于拼搏，全身心地投入，并掌握科学的研究方法。我也支持年轻人走出国门看一看，但最终还是要立足于本国，自立自强。"庄院士这样说的也是这样做的，请你查阅相关资料，了解一下庄院士的相关事迹，给你带来哪些启发？

模块二　园艺昆虫识别及预测

知识目标
- 描述昆虫外部形态的基本构造及功能。
- 说明昆虫繁殖与发育过程中的特性及习性。
- 指出园艺昆虫主要目科代表种类及分类特征。
- 说明气候、生物和土壤因子对昆虫的影响。

能力目标
- 识别常见目科的园艺昆虫，并区分昆虫和螨类。
- 应用有效积温法则推算昆虫在某地发生的世代数及时间。
- 采集、制作和保存昆虫标本。
- 运用求同、比较、分析、归纳等方法鉴别昆虫。

昆虫种类繁多、数量大、繁殖力强、分布广，其中对人类有益的成为资源昆虫，极少数对人类有害的成为害虫，多数昆虫未被发现或鲜为人知。昆虫作为生物群落和食物网中的成员，对维持自然界生态平衡起着十分重要的作用。

任务一　昆虫的形态识别

昆虫在动物界中属于节肢动物门中的昆虫纲。

一、成虫

昆虫成虫体躯明显地分为头、胸、腹3个体段。头部有口器和1对触角，通常还有复眼和单眼；胸部有3对胸足，一般还有2对翅；腹部

> **议一议**
>
> 色彩斑斓的蝴蝶，访花酿蜜的蜜蜂，引吭高歌的知了，令人讨厌的苍蝇和蚊子，吐丝的蜘蛛，蜇人的蝎子，还有虾、蟹、马陆和蜈蚣等，这些是不是昆虫？为什么？

包含大部分内脏,末端生有外生殖器,有时还有 1 对尾须(图 2.1.1)。

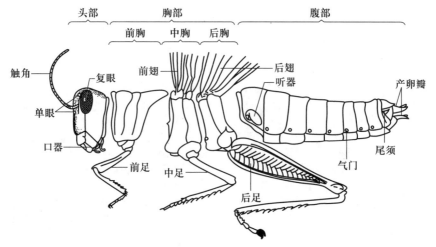

图 2.1.1　昆虫(蝗虫)体躯侧面图

资　料　卡

　　昆虫在地球上的历史至少已经有 3.5 亿年了,昆虫与周围环境中的动、植物已经建立了悠久的生存关系,在维持自然生态系统的相对稳定平衡中起重要作用。人类的出现,特别是种植业、养殖业的发展,使人类与昆虫间形成了非常复杂而密切的关系。农业害虫和卫生害虫给人类带来了灾难与威胁,传粉昆虫、资源昆虫、天敌昆虫、药用昆虫、腐生昆虫和食用昆虫等为人类创造了巨大财富。全世界的昆虫可能有 1 000 万种以上,现在已被人类认知的昆虫大约有 100 万种,还有 90% 的昆虫种类我们不认识,期待着有志者去发现、命名、描述并利用它们。

(一) 头部

昆虫的头部生有口器、触角、复眼及单眼等取食和感觉器官,是感觉和取食的中心。

1. 头部的构造

昆虫的头部一般呈圆形或椭圆形,在头壳形成过程中,由于体壁内陷,表面形成许多沟缝,将头壳划分为若干小区,这些小区都有一定的位置和名称,是昆虫分类的重要依据(图 2.1.2)。

2. 头部的附器

(1) 触角　除少数种类外,昆虫头部都具有 1 对触角,位于额的两侧,其上生有许多感觉器官,具有触觉和嗅觉的功能,以利于昆虫觅食、求偶和避敌等活动。触角的基本构造分为 3 节:基部第 1 节称柄节,通常短而粗;第 2 节称梗节,较小;第 3 节称鞭节,鞭节又分许多亚节,较长。多数昆虫的鞭节因种类和性别不同而外形变化很大,常作为识别昆虫种类的主要依据(图 2.1.3)。

(2) 单眼和复眼　昆虫的眼一般分为复眼和单眼。复眼在头顶上方左右两侧,由许多小眼集合而成,是昆虫的主要视觉器官;单眼通常有 3 个,呈三角形排列于头顶与复眼之间(图 2.1.4)。

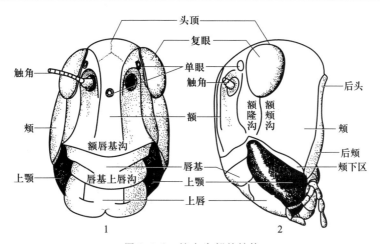

图 2.1.2　蝗虫头部的结构

1. 正面　2. 侧面

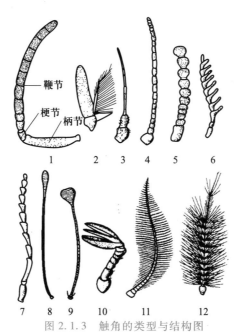

图 2.1.3　触角的类型与结构图

1. 膝状(触角的基本构造)　2. 具芒状　3. 刚毛状　4. 丝状　5. 念珠状　6. 栉齿状

7. 锯齿状　8. 球杆状　9. 锤状　10. 鳃片状　11. 羽毛状　12. 环毛状

（3）口器　由于种类、食性和取食方式不同,昆虫的口器在外形和构造上有各种不同的特化,形成各种不同的口器类型。咀嚼式口器是昆虫最基本的口器类型(图 2.1.5),其他口器类型

昆虫的口器

均是由咀嚼式口器演化而成(表2.1.1)。

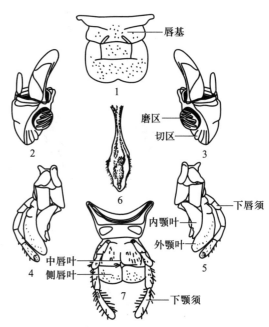

图 2.1.4　蝉的复眼和单眼

图 2.1.5　蝗虫的咀嚼式口器
1. 上唇　2,3. 上颚　4,5. 下颚　6. 舌　7. 下唇

表 2.1.1　常见昆虫口器的结构特征及为害特点

口器类型	结构及功能					为害特点(代表昆虫)
	上唇	上颚	下颚	下唇	舌	
咀嚼式口器	单片状,位于口器上方,外硬内软,具味觉功能	1 对,位于上唇下方,坚硬带齿,能切磨食物	1 对,位于上颚后方,有 1 对具味觉功能的下颚须,辅助上颚取食	片状,位于口器底部,生有 1 对下唇须,具味觉和托持食物功能	柔软袋状,位于口腔中央,具味觉功能,帮助运送和吞咽食物	适于取食固体食物,能把植物叶片咬成缺刻或穿孔,啃叶肉,留叶脉,将叶全部吃光,花蕾残缺不全(蛴螬)、潜食叶肉(美洲斑潜蝇幼虫)、吐丝缀叶(樟巢螟)、卷叶(各种卷叶虫),在果实(桃小食心虫)或枝干内钻蛀为害(天牛幼虫),咬断幼苗根部(小地老虎)
刺吸式口器	三角形小片,贴于口器基部	上颚和下颚均延长呈针状,两下颚口针互相嵌合,包在喙内,形成食物道和唾液道	延伸成分节的喙,保护口针	柔软袋状,位于口针基部		适于吸取植物汁液,常使植物呈现褐色斑点、卷曲、皱缩、枯萎、畸形和虫瘿症状,多数还可传播病害(蚜虫、飞虱、叶蝉和介壳虫)

续表

口器类型	结构及功能					为害特点(代表昆虫)
	上唇	上颚	下颚	下唇	舌	
虹吸式口器	退化	退化	延长并嵌合成管状卷曲的喙,内形成食物道	退化	退化	除部分夜蛾为害果实外,一般不造成危害(蛾类、蝶类成虫)
锉吸式口器	短小,与下唇组成喙	右上颚退化,左上颚和1对下颚特化成口针		下唇与上唇组成喙,内藏有上、下颚口针和舌,下唇与舌构成唾液道		先以左上颚锉破植物表皮,后以喙吸取汁液(蓟马)

（二）胸部

昆虫的胸部由3个体节组成,依次称为前胸、中胸和后胸。每个胸节各有1对胸足,分别称为前足、中足和后足。多数昆虫的中胸和后胸还各有1对翅,分别称为前翅和后翅。足和翅是昆虫的主要运动器官,所以胸部是昆虫的运动中心。

1. 胸足

昆虫的胸足由基节、转节、腿节、胫节、跗节和前跗节组成,由于各种昆虫的生活环境和生活方式不同,足的构造和功能有很大变化,因而可以分成许多类型(图2.1.6)。

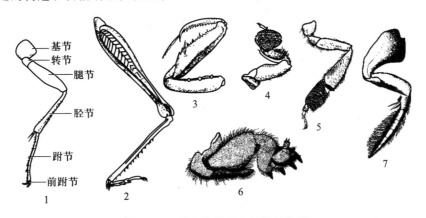

图 2.1.6　昆虫足的基本构造及类型

1. 足的基本构造(步行虫的步行足)　2. 跳跃足(蝗虫的后足)　3. 捕捉足(螳螂的前足)
4. 抱握足(雄龙虱的前足)　5. 携粉足(蜜蜂的后足)　6. 开掘足　7. 游泳足(龙虱的后足)

2. 翅

昆虫的翅一般呈三角形,展开时,前面的边称前缘,后面的边称后缘或内缘,外面的边称外缘。前缘与后缘间与身体相连的角称肩角,前缘与外缘所成的角称顶角,外缘与后缘所成的角称臀角。多数昆虫的翅为膜质,具有很多起骨架作用的翅脉。由于翅的折叠可将翅面划分为臀前区和臀区,有的昆虫在臀区的后面还有1个轭区,翅的基部则称为腋区(图2.1.7)。翅的主要功能是飞行,各种昆虫为适应特殊的生活环境,其翅的功能有所不同,因而在形态上也发生了种种变异(表2.1.2)。

昆虫翅的类型

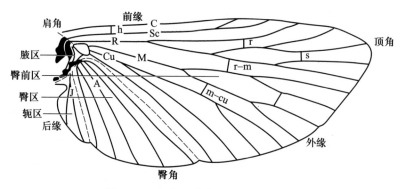

图 2.1.7　翅的基本构造与模式脉相图

C. 前缘脉　Sc. 亚前缘脉　R. 径脉　M. 中脉　Cu. 肘脉　A. 臀脉　J. 轭脉
h. 肩横脉　r. 径横脉　s. 分横脉　r-m. 径中横脉　m-cu. 中肘横脉

表 2.1.2　昆虫翅的类型及特点

翅的类型	质地与特点	代表昆虫
膜翅	膜质,透明,翅脉明显	蚜虫、蜂类、蝇类
鳞翅	膜质,翅面上覆有鳞片	蝶类、蛾类
覆翅	革质,较厚,翅脉仍保留	蝗虫、蝼蛄、蟋蟀
缨翅	膜质,狭长,边缘上着生很多细长的缨毛	蓟马
鞘翅	角质,坚硬,翅脉消失或不明显	金龟子、叶甲、天牛
半鞘翅	基部为革质,端部为膜质	蝽象
平衡棒	后翅退化成很小的棍棒状,飞翔时用以平衡身体	蚊、蝇、雄性介壳虫

（三）腹部

腹部是昆虫的第 3 体段。腹部前面与胸部紧密相连,通常由 9~11 节组成,节与节之间以节间膜相连。腹部末端有外生殖器和尾须。腹腔内有消化系统、生殖系统和呼吸器官。腹部是昆虫新陈代谢和生殖的中心。

二、卵

昆虫的卵是一个大型细胞,细胞壁即为卵壳,表面常饰有花纹和突起。卵的大小因种而异,最小的只有 0.02 mm 左右,最大的有 10 mm,一般为 0.5~2.0 mm。卵的形态变化很大,通常是长卵形或肾形,还有球形、半球形、扁圆形、纺锤形和桶形等,有的具有或长或短的细柄（图 2.1.8）。

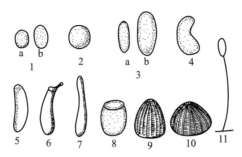

图 2.1.8　昆虫卵的形态

1. 椭圆形(a. 大黑鳃金龟　b. 蝼蛄)　2. 球形(甘薯天蛾)　3. 长椭圆形(a. 棉蚜　b. 豆芫菁)
4. 肾形(棉蓟马)　5. 长卵形(蝗虫)　6. 袋形(三点盲蝽)　7. 长茄形(飞虱)
8. 桶形(蝽象)　9. 馒头形(棉铃虫)　10. 半球形(小地老虎)　11. 有柄形(草蛉)

　　各种昆虫都有一定的产卵方式和产卵场所。有的单粒散产,如菜粉蝶;有的集聚成块,如斜纹夜蛾;有的产在暴露的地方,如棉铃虫;有的产在植物组织内,如盲蝽和叶蝉;有的产在其他昆虫的卵、幼虫或蛹体内,如各种寄生蜂;有的卵以卵鞘或雌成虫腹末的茸毛覆盖,如螳螂、多种毒蛾和夜蛾。

三、幼虫

　　不完全变态昆虫的幼虫与成虫在形态上基本相同,完全变态昆虫的幼虫与成虫外部形态差别很大。幼虫体躯分为头、胸、腹 3 部分,头部一般呈圆形或扁平形,角质化,颜色较深,具有 1~6 个单眼,于头侧群集或呈半圆形排列,口器多为咀嚼式。胸部由 3 节组成,每节具足 1 对(有些种类退化)。腹部一般有 8~10 节。

　　鳞翅目和膜翅目昆虫幼虫的腹部具有腹足。鳞翅目昆虫幼虫通常在腹部第 3~6 节和第 10 节上着生 2~5 对腹足,第 10 节上的腹足又称臀足。腹足底面上有趾钩,排列方式有单行、多行、单序、双序、横带和缺环等,趾钩的排列和分布常作为幼虫种类鉴别的重要依据(图 2.1.9)。有些幼虫的体表有许多纵向带颜色的体线,按其所在位置不同分别称为背线、亚背

比 一 比
鳞翅目幼虫和膜翅目叶蜂幼虫在形态上有何主要区别?

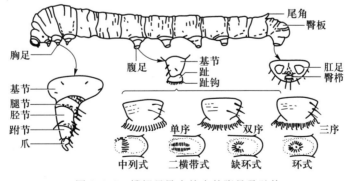

图 2.1.9　鳞翅目昆虫幼虫的腹足及趾钩

线、气门上线、气门下线、基线和腹线。膜翅目叶蜂的幼虫从腹部第 2 节开始有腹足,一般 6~8 对,有的多达 10 对,腹足底面上无趾钩。

　　完全变态的昆虫幼虫形态也各不相同,常见有多足型、寡足型和无足型 3 种类型。多足型除具有发达的胸足外,还有腹足,如蛾、蝶类幼虫;寡足型具有发达的胸足,腹足消失,如蛴螬;无足型既无胸足,也无腹足,如蚊、蝇幼虫(图 2.1.10)。

图 2.1.10　幼虫的类型

多足型:1. 鳞翅目昆虫幼虫　2. 膜翅目叶蜂幼虫　寡足型:3. 金龟甲幼虫　4. 瓢虫幼虫
无足型:5. 种蝇幼虫　6. 象甲幼虫

四、蛹

　　蛹期是完全变态昆虫所特有的发育阶段,也是昆虫从幼虫转变为成虫的过渡时期。蛹期表面静止,内部却进行着激烈的生理变化,一方面降解幼虫原来的内部器官,另一方面则形成成虫期的组织器官。蛹不食不动,缺少防御和躲避敌害的能力,要求相对稳定的环境来完成内部器官和外部形态的转变过程。因此,幼虫老熟后停止取食,在化蛹前寻找适当的庇护场所,或包被于幼虫吐丝所结成的茧内。

　　由于昆虫种类不同,故其蛹的形态也不同。常见的有触角、足和翅可以自由活动的离蛹(裸蛹),如金龟子和蜂类的蛹;有触角、足和翅紧贴于蛹体,不能自由活动的被蛹,如蛾和蝶类的蛹;也有内为离蛹,外围老熟幼虫表皮硬壳的围蛹,如蝇类的蛹(图 2.1.11)。

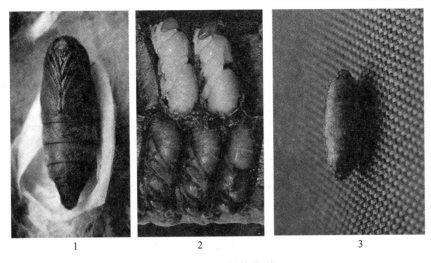

图 2.1.11　蛹的类型
1. 被蛹(天幕毛虫)　2. 离蛹(蜜蜂)　3. 围蛹(葱蝇)

五、昆虫的体壁

昆虫的体壁

体壁是昆虫身体最外层的组织,除具有供肌肉着生的骨骼功能外,还具有皮肤的功能,可防止水分蒸发,保护内脏免受机械损伤以及防止微生物和其他有害物质侵入。同时,体壁上还有很多感觉器官,可与外界环境取得广泛的联系。

1. 体壁的结构和特性

体壁由内向外分为底膜、皮细胞层和表皮层。表皮层由内向外分为 3 层:内表皮最厚,质地柔软而具有延展性;外表皮质地致密而具有坚硬性;上表皮最薄,主要由脂质、蛋白质和蜡质构成,蜡质具有不透水性,可以使体内水分免于过量蒸发,以及阻止病原微生物和杀虫剂的侵入,增强了昆虫对环境的适应性(图 2.1.12)。

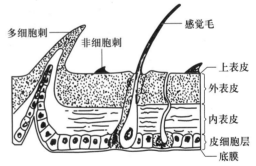

图 2.1.12　体壁的结构

2. 体壁的衍生物

昆虫为适应各种特殊需要,体壁向外形成各种外长物,如棘、刚毛、刺、距和鳞片等;向内凹入形成各种腺体,如唾液腺、丝腺、蜡腺、毒腺和臭腺等。体壁衍生物有些是昆虫生活所必需,有些用来攻击外敌。

想 一 想
在杀虫剂中加入脂溶性有机溶剂为什么能提高杀虫效果?

六、昆虫的内部器官

昆虫内部器官按生理功能分为消化、呼吸、循环、排泄、神经、生殖 6 大系统,位于体壁包被的体腔内(表2.1.3)。体腔内充满血液,所以昆虫的体腔又叫血腔,各种器官都浸浴在血液中。

表 2.1.3　昆虫内部器官结构与功能

内部器官	结构	功能
消化系统	消化管(前肠、中肠、后肠)、唾液腺	消化食物
呼吸系统	气门、气管(侧纵干、支气管、微气管)	呼吸
循环系统	血液、背血管(大动脉、心室、心门)	运输、排泄、吞噬、愈伤、孵化、蜕皮、羽化
排泄系统	马氏管	排泄
神经系统	中枢神经系统、交感和周缘神经系统,神经元	感觉
生殖系统	雌性生殖器官(1对卵巢、1对侧输卵道、中输卵道、生殖腔),雄性生殖器官(1对睾丸、1对输精管、射精管)	繁殖后代

任务工单 2-1　昆虫外部形态观察

一、目的要求

了解昆虫纲的形态特征,与节肢动物门其他纲的区别,指出昆虫的眼、触角、口器、胸足和翅的构造、类型及功能。辨别卵、幼虫和蛹的类型。

二、材料和用具

蝗虫、蝼蛄、蝉、金龟子、蝴蝶、蛾类、蜜蜂、蜻象、螳螂、步行虫、龙虱、蜘蛛、虾、蜈蚣、马陆等的浸渍标本或干制标本,各种昆虫卵的标本以及幼虫和蛹的类型标本,多媒体课件等。

解剖镜、放大镜、培养皿、镊子、解剖针和多媒体教学设备等。

体视显微镜的
使用

三、内容和方法

(一)昆虫体躯基本构造

1. 比较昆虫纲与节肢动物门其他纲的区别。

2. 观察蝗虫的体躯左右对称、外骨骼和分段(头、胸、腹)情况,胸、腹部的分节情况及腹部各体节间的连接情况。

3. 观察蝗虫的触角、复眼、单眼、口器、胸足、翅以及听器、尾须、雌雄外生殖器等的着生位置、形态和数目。

(二)成虫形态

1. 头部

(1)复眼和单眼　观察各类昆虫复眼和单眼的位置、形态和数目。

(2)触角的基本构造及类型　用放大镜观察蜜蜂等触角的柄节、梗节和鞭节的基本构造,并其他昆虫触角的构造和类型进行对比。

(3)口器

① 咀嚼式口器:以蝗虫为材料,用解剖针拨动上唇,观察其活动方向,用镊子分别取下蝗虫的上唇、上颚、下颚、舌和下唇,在解剖镜下观察口器各部分的基本构造。

② 刺吸式口器:以蝉或蜻象为材料,在解剖镜下用解剖针小心地将口针挑出,紧贴在口针

（喙）基部的一块三角形小骨片即上唇。在头的下方有 1 个分节的管状下唇（喙），其背部有 1 条纵沟（槽），内包有 4 支针状的颚针，在颚针端部轻压，即可分成 3 条，其中两条较扁的为上颚，较圆的 1 条为下颚，由于钳合较紧，故不易分开，下颚口针的愈合管中有食物道和唾液道。

③ 虹吸式口器：观察蛾、蝶类头部下方有一条细长卷曲似发条状的虹吸管。

2. 胸部

（1）胸足类型　观察蝗虫的前足、中足和后足着生的位置。比较步行足、跳跃足、捕捉足、开掘足、携粉足、游泳足和抱握足的基节、转节、腿节、胫节、跗节和前跗节的构造、功能及变化。

（2）翅的基本构造和类型　观察蝗虫后翅的形状、分区和翅脉的分布，膜翅、覆翅、鞘翅、半鞘翅、缨翅、鳞翅、平衡棒的形状、质地、被覆物及特征。

3. 腹部

观察不同昆虫腹部的节数和尾须形状。观察雌性蝗虫腹部末端的两对产卵瓣，雄性蝗虫腹部末端的 1 对向上弯曲呈钩状且较坚硬的交尾器（阳具）。

（三）卵、幼虫和蛹的类型与形态

1. 观察各种卵的形态、大小、颜色，卵块排列情况及有无保护物等。

2. 观察各类昆虫幼虫的主要区别，注意幼虫所属的类型和特征。在解剖镜下观察蚕蛾或天蛾幼虫的腹足及趾钩。

3. 观察各类蛹的形状、大小、颜色、臀刺，注意蛹所属的类型和特征。注意观察蛹外有无保护物、茧的形状、大小、质地和颜色等特征。

四、作业

1. 绘制昆虫咀嚼式口器和刺吸式口器的解剖构造。

2. 绘制蝶或蛾类前翅形态图，并标明其 3 条边、3 个角的名称。

3. 将所观察昆虫的外部形态特征填入下表：

昆虫外部形态观察记录表

昆虫名称	口器类型	触角类型	翅的质地、被覆物和形态	胸足类型		
				前足	中足	后足

4. 记录所观察昆虫的幼虫和蛹各属于何种类型。

五、思考题

昆虫足的构造和功能变化是怎样适应不同的生活环境和生活方式的？

任务工单 2-2　昆虫内部器官解剖观察

一、目的要求

了解昆虫内部器官的相对位置和构造，明确内部器官的功能及其与害虫防治的关系。

二、材料和用具

蝗虫、蟋蟀或蝼蛄的成虫、天蛾或柞蚕幼虫的浸渍标本、玉米螟幼虫活体，昆虫内部构造挂图及多媒体教学设备等。

体视显微镜、放大镜、解剖剪、挑针、镊子、大头针、蜡盘和生理盐水等。

三、内容和方法

1. 昆虫解剖方法

取新鲜或浸泡的蝗虫 1 只，先剪去足和翅等附肢，然后自腹部末端沿着近背中线稍偏左侧向前剪至上颚。注意尽量使剪刀尖向上挑，以免破坏内脏。再用同样方法剪腹面，然后将较小的左半片轻轻取下，将剩下大半体躯的虫体置于蜡盘中，用大头针沿剪开处插住，插时尽量使针向外倾斜，使虫体敞开在盘内，再放入清水浸没虫体，以便观察。

2. 昆虫内部器官的观察

（1）消化系统　观察由口至肛门的一条管道——消化管。注意观察前、中、后肠的位置及分界线。前肠的前端为口，口后为咽喉、食管、嗉囊和前胃；前、中肠的交界处有胃盲囊；中肠较粗；中、后肠交界处着生乳白色丝状马氏管；后肠前端较细，为小肠和大肠，后端较粗，为直肠；肛门开口于末端。

（2）生殖系统　观察腹部末端消化管两侧的生殖器官。观察雌性的卵巢、输卵管、受精囊和附腺，雄性的睾丸、输精管、贮精囊、射精管和附腺。

（3）神经系统　用剪刀从前端剪断消化管，小心将其移开并轻轻取掉腹部肌肉，即可看到中枢神经系统。观察脑和咽喉下神经节及腹神经索的构造，以及由各神经节向各部分伸出的神经纤维。

（4）循环系统　在体视显微镜下观察家蚕等活体背部中央背血管搏动情况，然后迅速将活虫用福尔马林杀死，从其腹部中央将其剪开，使其背部向下固定在蜡盘内，倒入生理盐水，然后轻轻取出消化管、脂肪体和肌肉等。观察紧贴在背中央的一条白色半透明的背血管，其后段有一个膨大的心室，即昆虫的循环系统。注意在心室两侧有三角形的翼肌，借助于翼肌的张缩活动，构成有规律的血液循环。

（5）呼吸系统　用 10%氢氧化钾溶液煮家蚕标本，消融虫体内脏、肌肉，然后轻轻用镊子将内脏残余物自腹部挤出。由腹部或背中央将其剪开，在清水中轻轻漂洗，即可得到完整的呼吸系统标本。

四、作业

1. 绘制蝗虫（或其他昆虫）消化管图，并注明各部分名称。
2. 简述昆虫内部器官在体腔内的相对位置和形态特征。

五、思考题

昆虫内部器官的结构和功能与害虫防治有何关系？

任务二　昆虫的繁殖与发育

一、昆虫的繁殖方式

昆虫的繁殖方式可分为两性生殖、孤雌生殖、多胚生殖和卵胎生等方式。

昆虫的生殖方式

1. 两性生殖

昆虫经过雌雄交配、受精,产出受精卵,每个卵发育为一个新个体的生殖方式称为两性生殖,又称为两性卵生,是昆虫繁殖后代最普遍的方式。

2. 孤雌生殖

雌虫不必经过交配或卵不经过受精而产生新个体的生殖方式称为孤雌生殖。在孤雌生殖的昆虫中有些是经常性地进行孤雌生殖,如粉虱和介壳虫等同翅目昆虫;蜜蜂等膜翅目昆虫;有些是周期性地进行孤雌生殖,如蚜虫。

3. 多胚生殖

一个成熟的卵可以发育成多个新的个体的生殖方式称为多胚生殖。其后代性别决定于卵是否受精,受精卵发育为雌性,未受精卵则发育为雄性,此方式见于一些内寄生性的蜂类。多

议 一 议

生殖方式的多样性对昆虫数量变化和种的延续有何意义?为什么?

胚生殖可以保证昆虫一旦找到寄主就能产生较多的后代,1个卵最多可发育成3 000多个新个体。

4. 卵胎生

昆虫的卵在母体内孵化后,由母体直接产出幼体的生殖方式称为卵胎生。如蚜虫和一些蝇类。

二、昆虫的个体发育

昆虫从卵中孵化而出至羽化为成虫的生长发育过程伴随着变态和蜕皮,包括卵期、幼虫期、蛹期和成虫期,各个时期的特点如下:

1. 卵期

昆虫从卵产下至孵化所经历的时间称为卵期,是一个不活动的时期。

2. 幼虫期

幼虫从卵中破壳而出的过程称为孵化。昆虫从孵化到化蛹(完全变态)或羽化为成虫(不完全变态)所经历的时间称为幼虫期。幼虫期的特点是取食、生长和蜕皮。从卵孵化出来的幼虫,称为1龄幼虫,经过第1次蜕皮的幼虫称为2龄幼虫,以此类推。两次蜕皮之间的时间称为龄期。大部分鳞翅目昆虫3龄前幼虫抗药性差,是药剂防治的适期,若防治过晚,则害虫抗药性增强,防治效果往往不理想。

3. 蛹期

由幼虫转变为蛹的过程称为化蛹。从化蛹到成虫羽化所经历的时间称为蛹期。蛹期表面是一个静止的时期,实质上其内部进行着激烈的转化过程,即幼虫的旧器官构造消失或退化,成虫的新器官重新形成。完全变态昆虫的幼虫变为成虫必须经过一个静止的蛹期。蛹期不能活动,易受敌害和外界不良环境条件的影响,我们利用这一习性可以防治一些害虫。如深耕晒土,可将在土中越冬的棉铃虫蛹曝晒致死,达到杀死害虫的目的。

4. 成虫期

昆虫由若虫或蛹最后一次蜕皮变为成虫的过程称为羽化。成虫是昆虫个体发育的最后一个虫态,这个时期的主要任务是交配、产卵和繁殖后代。成虫从第1次产卵到产卵终止的时期称为产卵期。有些昆虫进入成虫期后性器官尚未成熟,还需要继续取食增加营养,来完成生殖器官的

发育,这种对成虫性成熟不可缺少的营养称为
补充营养。利用一些昆虫补充营养的特点,人
工设置糖醋液诱杀害虫,对于预测预报和防治
害虫具有一定的意义。

比 一 比

蜜蜂有几种类型的个体?不
同类型的个体形态有何差异?

有些昆虫雌雄两性虫体除内、外生殖器官
(第一性征)不同,在个体大小、体型、颜色和构
造等(第二性征)方面也有很大差异,这种现象
称雌雄二型。如锹形虫雄虫的上颚比雌虫发达

查 一 查

常见昆虫中还有哪些是完全
变态?哪些是不完全变态?

得多。还有些昆虫,同一种昆虫具有两种以上不同类型的个体,这种现象称为多型现象(图
2.2.1)。如白蚁、蚂蚁和蜜蜂等。

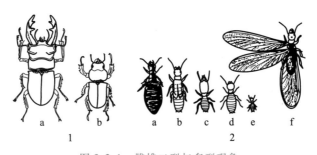

图 2.2.1　雌雄二型与多型现象

1. 雌雄二型(锹形虫)(a. 雄虫　b. 雌虫)

2. 多型现象(白蚁)(a. 蚁后　b. 生殖蚁若虫　c. 兵蚁　d. 工蚁　e. 工蚁若虫　f. 有翅生殖蚁)

三、昆虫变态及其类型

昆虫从卵孵化到成虫的生长发育过程中,要经过一系列外部形态和内部器
官的变化才能转变为成虫,这种现象称为变态。根据昆虫个体发育过程中成虫
期和幼虫期的发育特点,可将变态分为不完全变态和完全变态两大类。

昆虫的变态类型

1. 不完全变态

不完全变态类型昆虫成虫的特征随着幼虫期的生长发育而逐步显现,幼虫与成虫只是个体
大小、翅及生殖器的发育程度有差别。不完全变态常见于蝗虫、蚜虫及蝽象等昆虫。这种类型的
昆虫只有 3 个虫期,即卵期、幼虫期和成虫期(图 2.2.2)。

2. 完全变态

完全变态类型昆虫的幼虫不仅外部形态和内部器官与成虫有很大不同,生活习性也常常不
同。此类昆虫具有卵、幼虫、蛹和成虫 4 个时期,这类昆虫的代表主要有蛾蝶类、甲虫类、蜂类和
蝇类等昆虫。

四、昆虫的季节发育

1. 世代和世代重叠

昆虫由卵开始到成虫性成熟繁殖后代的个体发育史,称为 1 个世代。昆虫可以 1 年发生 1

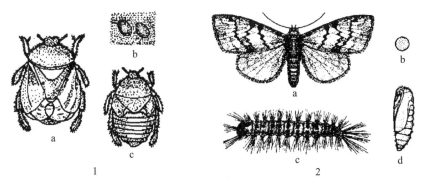

图 2.2.2　昆虫主要变态类型
1. 不完全变态(蝽象)(a. 成虫　b. 卵　c. 若虫)
2. 完全变态(核桃瘤蛾)(a. 成虫　b. 卵　c. 幼虫　d. 蛹)

代,也可以 1 年发生多代,还有的多年发生 1 代。有些 1 年发生多代的昆虫,由于成虫期和产卵时间很长,后代个体发育不整齐,世代之间无法划分清楚,同一时期可以见到 1 个世代不同的虫态或不同世代的昆虫,这种现象称世代重叠。如蚜虫和菜蛾等,常有几代同时共存的现象。

2. 年生活史

一种昆虫在 1 年内发生的世代数及其生长发育的过程,即由当年越冬虫态开始活动到第 2 年越冬结束止 1 年内的发育史,称为年生活史(简称生活史)。年生活史包括 1 年内某种昆虫发生的世代数、各代历期及发生的时间、各虫态的数量变化规律、越夏和越冬场所等内容。

3. 休眠与滞育

有些昆虫,在环境条件恶化时(主要指低温或饥饿)处于不食、不动,停止生长发育的状态,在不良环境条件消除后,就可以恢复正常的生长发育状态,这种现象称休眠。引起休眠的主要环境因素是温度和湿度,很多昆虫在水分不足的情况下也会休眠。冬季低温引起越冬,夏季高温有些昆虫进入越夏。休眠主要是由外因决定的,当不良环境解除后,休眠即可以解除。

还有些昆虫,在不良环境尚未到来之前就进入停育状态,即使不良环境解除也不能恢复生长发育,必须经过一定的外界刺激,如低温、光照等,才能打破停育状态,这种现象称滞育。具有滞育特性的昆虫都有各自固定的滞育虫

> **想 — 想**
> 引起昆虫休眠和滞育的原因有何不同? 了解休眠和滞育的规律对指导害虫防治有何意义?

态,如玉米螟只以老熟幼虫滞育。滞育主要是由内因(种的遗传性)引起的,光周期(一天中白昼与黑夜的相对长度)调控昆虫体内脑激素的变化,引发滞育,是引起滞育的主要信号。

了解昆虫休眠和滞育的原因和规律,对于准确预测预报昆虫发生期、指导害虫防治有一定的意义。

五、昆虫的主要习性

1. 食性

昆虫在长期演化过程中所形成的选择取食对象的习性称食性。按照昆虫

昆虫的习性

食物范围的不同,可将昆虫的食性分为:

(1)单食性　昆虫只取食一种动植物,也称专食性,如葡萄天蛾只取食葡萄。

(2)寡食性　昆虫只取食一科或近缘科的动植物,如菜粉蝶只取食十字花科植物。

(3)多食性　昆虫可取食多种或多科的动植物,如菜螟、蝗虫和美洲斑潜蝇等。

2. 趋性

昆虫接受某种外界刺激后所做的定向运动称为趋性。趋性是昆虫在长期适应环境过程中形成的本能。根据反应的特点,趋性分为正趋性和负趋性两种,趋向刺激源的称正趋性,反之为负趋性。

(1)趋光性　昆虫对光刺激的趋向性。大部分昆虫,特别是夜出活动的昆虫,如蛾类、金龟子、蝼蛄、叶蝉和飞虱等,对光源都有很强的正趋性。有的昆虫,主要是生活在黑暗环境中的昆虫,如臭虫和蜚蠊等,对光表现为负趋性,即背光性。

(2)趋化性　昆虫对一些化学物质的刺激所表现出的反应。其正、负趋化性通常与觅食、求偶、避敌、寻找产卵场所等有关。如菜粉蝶对十字花科蔬菜产生的芥子油有强烈的趋性;有些昆虫,如小地老虎和甘蓝夜蛾对糖醋液有较强的趋性;有些雄虫对雌虫产生的性激素有较强趋性等。利用昆虫对某些化学物质的趋性特点,可以利用糖醋诱杀液和性引诱剂等来诱杀害虫。

3. 假死性

昆虫受到刺激后,全身表现反射性抑制状态的现象称假死性。如金龟子受到振荡后,足、翅突然收缩,落于地面,不动不食。利用昆虫这一特点,可以用振动树枝的方法集中捕杀金龟子等害虫。

4. 群集、扩散与迁飞

同种昆虫的大量个体高密度聚集在一起的现象称群集性。只是在某一虫态和一段时间内群集在一起,过后就分散的称临时性群集。如天幕毛虫的低龄幼虫进行临时群集生活,老龄后即分散生活;

查 一 查

生产上如何利用昆虫的习性防治害虫?

一些瓢虫和叶甲等往往在越冬时群集在一起,当度过寒冬后即分散生活。终生群集在一起的称永久性群集,如社会性昆虫蜜蜂、白蚁和东亚飞蝗等。但有时二者的界限并非十分明显。

昆虫因密度效应或因觅食、求偶、寻找产卵场所等,由原发生地向周边转移、分散的过程称扩散,如蚜虫。昆虫通过飞行而大量、持续地远距离迁移的现象称迁飞,如东亚飞蝗。扩散与迁飞的行为有利于昆虫的觅食、繁衍生殖和扩大生存空间。

资 料 卡

有些昆虫具有同其生活环境背景相似的颜色,使捕食者很难发现它们,从而起到保护自己的作用,称为保护色。如生活在绿草和枯草中的蚱蜢体色分别呈绿色和枯黄色,许多昆虫幼虫体色呈绿色。有些昆虫的形态与植物寄主的形态相似,从而保护自己,称为拟态。如竹节虫形态与竹叶、竹枝相似,不易被察觉;尺蠖的体态和颜色与树枝相差无几。保护色和拟态对昆虫躲避敌害,保护自身安全,维持种群繁衍有重要的意义。

任务工单 2-3　昆虫饲养观察

一、目的要求

了解昆虫一生的生长发育变化过程和变态类型,学会饲养昆虫和观察记录的方法。

二、材料和用具

家蚕、蚜虫、蜡象、蝗虫等昆虫,饲养器皿、盒笼或套网,手持放大镜、记录本、铅笔和尺等。

三、内容和方法

1. 确定饲养对象

选择当地不完全变态昆虫和完全变态昆虫各 1 种。

2. 饲养昆虫前的准备工作

查阅饲养对象对食料、寄主植物、环境条件等的要求及饲养方法,准备饲养器具,栽种寄主植物或准备相关饲料。

3. 饲养和观察记录

每日或隔日观察并记录饲养对象 1 个世代各虫态的生长发育变化情况、各虫态的生活习性等情况。

四、作业

1. 将饲养昆虫的观察结果填入下表:

观察项目	卵	幼(若)虫						蛹	成虫
		1 龄	2 龄	3 龄	4 龄	5 龄	6 龄		
发育历期									
体长									
幼虫头壳宽度									

2. 记录每日或隔日的观察结果。

五、思考题

1. 所饲养的昆虫在各虫态表现出哪些行为和习性?

2. 在饲养过程中昆虫死亡的主要原因有哪些?

任务三　园艺昆虫分类

昆虫分类是通过分析、比较、归纳、综合的方法,将种类繁多的昆虫分门别类(分类单元)。昆虫分类有利于人们认识昆虫,了解其亲缘关系和生存发展规律,为保护和利用有益昆虫、控制害虫提供方便。

一、昆虫分类的方法

1. 昆虫分类的依据

同一昆虫物种或类群,个体间的形态基本相似,不同昆虫的物种或类群形态有明显的差异,昆虫外部形态特征是昆虫分类中最常用和最基本的特征。除此之外,昆虫分类还用到其内部形态、生理、遗传、生态学特征和地理分布范围等。

想 一 想

昆虫分类在保护利用益虫和控制害虫方面有何作用?

2. 昆虫的分类单元和分类阶元

昆虫的分类单元是分类的具体操作单位,有特定的名称和分类特征,如一个具体的属、科、目等。分类阶元是由各分类单元按等级排列的分类体系,通过分类阶元,可以了解一种或一类昆虫的分类地位。昆虫分为 7 个基本分类阶元——界、门、纲、目、科、属、种。昆虫种类繁多,常在 7 个基本阶元间加中间阶元,如亚门、亚纲、亚目、亚属、总科等。

3. 昆虫的学名

同一种昆虫在不同国家、地区及语言中有不同的名称,为避免混乱,学术界统一采用学名。昆虫种的学名采用世界通用的双名法,由两个拉丁词组成,属名在前,种名在后,种名后是定名人的姓氏或其缩写。属名第 1 个字母大写,学名在印刷时要印成斜体,定名人姓氏用正体。

二、园艺昆虫主要目科

1. 园艺昆虫主要目的特征

多数学者认为昆虫分为 33 目,其中有 9 个目与园艺植物生产密切相关(表 2.3.1)。

表 2.3.1　园艺昆虫主要目的特征

目	主要特征			代表昆虫
	翅	口器	其他	
直翅目	前翅覆翅,后翅膜质	咀嚼式	不完全变态,体中至大型,触角多为丝状,后足跳跃足或前足开掘足;雌虫多有发达的产卵器,听器位于前足胫节或腹部第 1 节上,雄虫常会发音	东亚飞蝗、非洲蝼蛄
鳞翅目	翅 2 对,膜质,各具 1 个封闭的中室,翅面被有鳞片	虹吸式	完全变态,体小至大型;成虫复眼多发达,触角形状多样,腹部 10 节,无尾须,取食花蜜、果汁;幼虫多足型,腹足有趾钩;蛹为被蛹	菜粉蝶、棉铃虫
鞘翅目	前翅角质坚硬,后翅膜质或退化	咀嚼式	完全变态,体小至大型,体壁坚硬,口器咀嚼式,复眼发达,多数无单眼,前胸背板发达,中胸只露出三角形小盾片	东北大黑鳃金龟
半翅目	前翅半鞘翅,后翅膜质	刺吸式	不完全变态,体小至大型,扁平,喙出自头部前端,前胸背板发达,中胸小盾片常呈三角形,多具臭腺	菜蝽、茶翅蝽

续表

目	主要特征			代表昆虫
	翅	口器	其他	
同翅目	翅通常 2 对,也有 1 对和无翅的,前翅质地均匀,膜翅或覆翅	刺吸式	不完全变态,体小至大型,常有蜡腺	温室白粉虱、瓜蚜
膜翅目	膜翅,前翅大于后翅,以翅钩列连接	咀嚼式或嚼吸式	完全变态,体微小至大型,多具并胸腹节,腹部第 1 节多向前并入后胸,腹部第 2 节常细小呈腰状;雌虫多有锯状或针状产卵器	菜叶蜂、小茧蜂
双翅目	前翅膜质,后翅为平衡棒	舐吸式或刺吸式	完全变态,复眼大,单眼 3 个;幼虫无足型	美洲斑潜蝇
缨翅目	缨翅,翅狭长,边缘密生缨状长毛,翅脉少或无翅脉	锉吸式	不完全变态,体微小至小型;成虫体长一般为 0.5~7 mm;雌虫产卵器为锯状或管状	葱蓟马
脉翅目	翅 2 对,膜质透明,翅脉为网状,前、后翅形状、大小和翅脉相近	咀嚼式	完全变态,触角类型多样	草蛉

2. 园艺昆虫重要科的特征

(1)直翅目　直翅目昆虫因前、后翅的纵脉直而得名,触角较长,多节,呈丝状、剑状、棒状等。复眼发达,单眼通常为 2 个,有时为 2 个(表 2.3.2)。

表 2.3.2　直翅目重要科的形态特征

科(学名)	形态特征	代表昆虫
蝗科 (Locustidae)	触角比体短,前胸背板发达,盖住中胸,后足跳跃足;雄虫能以后足腿节摩擦前翅而发音,听器在腹部第 1 节两侧,产卵器粗短,为凿状	东亚飞蝗
蝼蛄科 (Gryllotalpidae)	触角比体短,前足开掘足,听器在前足胫节,前翅短,后翅纵卷伸出腹末如尾须;雌虫产卵器不外露	华北蝼蛄、东方蝼蛄
蟋蟀科 (Gryllidae)	触角比体长,后足跳跃足,听器在前足胫节,两前翅摩擦发音,产卵器为针、矛状,尾须很长	油葫芦
螽蟖科 (Tettigoniidae)	触角比体长,后足跳跃足,听器在前足胫节,两前翅摩擦发音,产卵器为刀、剑状,尾须短小	露螽

(2)鳞翅目　鳞翅目分为锤角亚目和异角亚目。

锤角亚目的昆虫通称蝴蝶,触角为棍棒状或球杆状,静止时两对翅直立于身体的背面,成虫在白天活动(表 2.3.3)。

蝶类昆虫

表 2.3.3　鳞翅目蝶类重要科的形态特征

科（学名）	形态特征	代表昆虫
弄蝶科（Hesperidae）	成虫体小型，前、后翅的翅脉直接从翅基部或中室分出，触角末端膨大呈尖钩状，飞行快，呈闪跃状	香蕉弄蝶
凤蝶科（Papilionidae）	翅三角形，后翅外缘波浪形，后角常有 1 尾状突起（燕尾），M3 伸入燕尾内，前翅后方有 2 条从基部生出的臀脉，后翅只有 1 条；幼虫前胸前缘有"臭丫腺"	玉带凤蝶
粉蝶科（Pieridae）	前翅三角形，后翅卵圆形，多为白、黄或橙色，有黑色斑纹，前翅臀脉 2 条，后翅臀脉 1 条；幼虫食叶，体圆筒形，头比胸小，体表上有很多小突起	菜粉蝶
蛱蝶科（Nymphalidae）	成虫下唇须粗壮，触角长且端部明显加粗呈锤状，前足退化，收缩不用，乍看似只有 4 足，前翅臀脉 1 条，后翅臀脉 2 条，休息时 4 翅不停地扇动	大红蛱蝶

　　异角亚目的昆虫通称蛾子，触角为丝状、栉齿状等，但不呈球杆状或棍棒状，静止时两对翅平置于体背上或身体两侧，成虫多在夜间活动（表 2.3.4）。

蛾类昆虫

表 2.3.4　鳞翅目蛾类重要科的形态特征

科（学名）	形态特征	代表昆虫
细蛾科（Gracillariidae）	翅极狭，后翅为矛头状；下唇须直或向上弯曲，休息时常以前足和中足将身体的前面部分竖起，使身体和所站物面成一角度；触角伸向前方，后足伸向后方	金纹细蛾
潜蛾科（Lyonetiidae）	体微小或小，触角第 1 节扁平且凹，能盖住复眼，称眼罩；前翅披针形，后翅细长而尖，脉少，中室消失，缘毛长	桃潜蛾
麦蛾科（Gelechiidae）	前翅狭长，端部尖，后翅后缘倾斜或凹入，为菜刀状。前后翅伸向翅尖的 2 条翅脉基部都合成 1 条，翅的后缘有长缘毛。下唇须向上弯曲，伸过头顶	黑星麦蛾
菜蛾科（Plutellidae）	体小型细狭，色暗；成虫停息时触角伸向前方，下唇须伸向上方；翅狭，前翅披针状，后翅菜刀形，后翅 M1 与 M2 脉基部同柄。幼虫细长，通常绿色	小菜蛾
透翅蛾科（Aegeridae）	似蜂状，翅狭，除边缘及翅脉外，翅的大部分透明，没有鳞片；下唇须向上，第 3 节短小	葡萄透翅蛾
螟蛾科（Pyralidae）	体小至中型，细长；下唇须长，常向前伸出；足细长，翅三角形	桃蛀螟
斑蛾科（Zygaenidae）	体小至中型，翅颜色鲜明，多有金属光泽，后翅中室内有 M 脉主干；触角丝状或棍棒状，雄虫多为栉齿状；喙发达；多在白天活动，只能作短距离缓慢飞翔	梨星毛虫
蓑蛾科（Eucleidae）	雌雄异型；雄虫有翅及复眼，触角为羽状，喙退化；翅略透明，前后翅中室内保留 M 脉主干，前翅 A 脉基部 3 条，至端部合并为 1 条；雌虫无翅，幼虫形，终生生活在缀成的集中	大蓑蛾

科(学名)	形态特征	代表昆虫
卷蛾科 (Tortricoidea)	体小至中型,前翅近长方形,静止时两翅合拢呈钟罩形,常具基斑、中带和端斑;下唇须第1节常被有厚鳞,造成三角形;头部鳞毛竖立,身上的鳞片平贴;后翅Cu脉基部没有梳状长毛;幼虫卷叶为害	苹果卷蛾
小卷蛾科 (Olethreutidae)	体型与卷蛾科相似,后翅Cu脉基部有长栉毛,前翅前缘无折叠褶	梨小食心虫
蛀果蛾科 (Carposinidae)	体中、小型;头顶有粗毛,单眼退化,喙发达;雄蛾的下唇须上举,雌蛾的向前伸。与卷蛾科主要区别:前翅Cu脉出自中室下角或接近下角;与小卷蛾科主要区别:后翅M只有1~2分支而不是3分支	桃小食心虫
尺蛾科 (Geometridae)	前后翅面宽大,静止时平展在身体两侧;幼虫仅第6节和第10节上具有2对腹足	柿星尺蛾
刺蛾科 (Eucleidae)	体短而粗壮,多毛;喙退化;前后翅的中室内有中脉主干,前翅顶角区的翅脉3支连在一起	黄刺蛾
枯叶蛾科 (Lasiocampidae)	体中、大型,粗壮多毛,触角栉为齿状,单眼和喙管均退化;常雌雄异型;静止时形似枯叶	天幕毛虫
夜蛾科 (Noctuidae)	体中至大型,粗壮多毛;单眼2个,触角丝状,少数雄性触角为羽状;前翅颜色一般灰暗,多具色斑,后翅多为白色或灰色	甘蓝夜蛾
灯蛾科 (Arctiidae)	与夜蛾科体形相似,但体色鲜艳,通常为红色或黄色,且多具条纹或斑点,触角为线状或梳状	美国白蛾
毒蛾科 (Lymantriidae)	与夜蛾科相似,触角为梳状,下唇须退化;成虫无单眼,喙常消失,胸、腹部被长鳞毛;前足生有密毛,休息时伸在前面	舞毒蛾
舟蛾科 (Notodontidac)	与夜蛾科相似,与其区别主要是前翅M2从中室的横脉的中部分出,后翅前面第1条翅脉(Sc+R1)不与中室相接触,幼虫休息时头尾翘起似舟形	舟形毛虫
天蛾科 (Sphingidae)	体大、中型,身体粗壮,末端尖削,呈纺锤形;前翅大而狭,顶端尖而外缘倾斜,后翅小,被有厚鳞;喙发达,有时长过身体;触角为棍棒状,端部弯曲成钩状;幼虫体粗壮,腹部第8节背面有1个尾状突(尾角)	甘薯天蛾
举肢蛾科 (Heliodinidae)	体小型,昼出;前翅向端部渐窄,后翅极窄,具长缨毛;静止时后足上举,后足胫节端部及跗节上轮生刺毛	核桃举肢蛾
木蠹蛾科 (Cossidae)	体大型,翅面具斑点或不规则短横纹,中脉主干在中室分叉,前翅有径室,喙退化;幼虫蛀食植物的茎、根	蒙古木蠹蛾

(3)鞘翅目 鞘翅目昆虫体壁坚硬,前翅角质化形成鞘翅,静止时在背中央相遇成一直线;后翅膜质,通常纵横叠于鞘翅下。触角形状多变。幼虫多为寡足型,胸足通常发达,腹足退化。

蛹为离蛹(表 2.3.5)。

表 2.3.5　鞘翅目重要科的形态特征

亚目	特征	科(学名)	形态特征	代表昆虫
肉食亚目	触角多丝状;后足基节固定于并分割第 1 腹板;捕食性,极少数植食性	步甲科(Carabidae)	体小至大型,体色较暗,有的在鞘翅上有点刻、条纹或斑点;头狭于前胸,触角间距离大于唇基宽度;后翅退化,不能飞翔	中华步甲
		虎甲科(Cicindelidae)	体中型,多具金属光泽和鲜艳的色斑;头宽于前胸,触角间的距离小于唇基宽度;上颚大,左右交叉;后翅发达能飞	中华虎甲
多食亚目	头不延伸成喙状,触角有多种形式;后足基节不固定、不分割第 1 腹板;植食、肉食或腐食性	叩头甲科(Elateridae)	体中至大型,前胸发达,前胸腹板后缘有 1 突起向后延伸于中胸腹板的深凹窝中,能弹跳,前胸背板后侧角明显后突	细胸叩头虫
		吉丁甲科(Buprestidae)	体小至中型,具金属光泽;头嵌入前胸,体狭长,末端尖;前胸背板后角钝,中后胸腹面的关节不能活动	苹果小吉丁虫
		瓢甲科(Coccinellidae)	体小至中型,半球形,头小,一部分隐藏在前胸背板下,触角呈锤状;跗节为隐 4 节(或拟 3 节)	黑缘红瓢虫
		金龟甲科(Melolonthidae)	体中至大型,触角为鳃叶状,前足开掘式,胫节外侧有齿,后足着生位置接近中足而远离腹足,鞘翅不盖腹末	暗黑鳃金龟
		天牛科(Cerambycidae)	体中至大型,触角长,通常超出身体,11~12 节,为锯齿或丝状;复眼肾形,围绕触角基部;跗节为隐 5 节(或拟 4 节)	桃红颈天牛
		叶甲科(Chrysomelidae)	体小至中型,体色多样,体长椭圆状,触角多为丝状,短于体长;复眼圆形,跗节为隐 5 节(或拟 4 节)	黄守瓜
		芫菁科(Meloidae)	体中型,长形,头大,前胸狭,鞘翅末端常分开	豆芫菁
管头亚目	头延伸成喙状,触角为膝状,其端部常呈锤状;后足基节不固定,不分割第 1 腹板	象甲科(Cyrculionidae)	体微小至大型,头部延伸成喙状,喙长大于宽,口器位于喙的前端;触角多呈膝状弯曲,端部 3 节为锤状;跗节为隐 5 节(或拟 4 节)	臭椿沟眶象
		小蠹虫科(Scolytidae)	体微小至小型,色暗,头部喙状部长度小于宽度,触角端部的锤状部扁;足的胫节有齿,第 1 跗节短	桃小蠹虫

（4）半翅目　半翅目昆虫通常称为"蝽"。大部分种类成虫前翅的基半部为革质,端半部为膜质,为半鞘翅。若虫的体形及习性与成虫相似,吸食植物汁液或捕食小动物。一些种类捕食农林害虫（表 2.3.6,图 2.3.1）。

表 2.3.6　半翅目重要科的形态特征

科（学名）	形态特征	代表昆虫
蝽科 （Pentatomidae）	体中至大型,阔卵圆形或盾形;触角 5 节,单眼 2 个,喙 4 节;前翅分为革片、爪片、膜片,膜片多数纵脉起自一基横脉;小盾片发达,超过前翅爪片长度	梨蝽、菜蝽
盲蝽科 （Miridae）	体小型,稍扁平;触角 4 节,无单眼;前翅分为革片、楔片、爪片和膜片,膜片基部翅脉围成 2 个翅室;前胸背板前缘常具 1 横沟,划出 1 个狭长区域为领片	绿盲蝽、苜蓿盲蝽
网蝽科 （Tingidae）	体小型,扁平;触角 4 节,无单眼;前胸背板向后延伸覆盖中胸小盾片,有网状花纹;前翅不分革片和膜片,也有网状花纹	梨冠网蝽
猎蝽科 （Reduvidae）	体中至大型;前翅分为革片、爪片和膜片,膜片基部有 2 个翅室,从其上面伸出 2 条纵脉;喙 3 节,粗短,基部弯曲,向腹面弧状弯曲,不能平贴腹面	黑光猎蝽、黄足猎蝽
花蝽科 （Anthocoridae）	体小型;前翅分为革片、楔片、爪片和膜片,膜片上有简单的纵脉 1~3 条	小花蝽

图 2.3.1　半翅目重要科
1. 蝽科　2. 盲蝽科　3. 网蝽科　4. 猎蝽科　5. 花蝽科

（5）同翅目　同翅目昆虫休息时前翅常呈屋脊状,有些蚜虫和雌性介壳虫无翅,均以植物汁液为食,其中许多种类可以传播植物病毒病（表 2.3.7）。

表 2.3.7   同翅目重要科的形态特征

科(学名)	形态特征	代表昆虫
蝉科 (Cicadidae)	体中至大型;头部有鬃状短触角和 3 个单眼;前翅为膜质,有很粗的翅脉;雄性多数能发音	蚱蝉、草蝉
蜡蝉科 (Fulgoridae)	体中至大型,体色艳丽;单眼 2 个;前翅爪片明显,后翅臀区有网状脉	斑衣蜡蝉
叶蝉科 (Cicadellidae)	体小型;触角为刚毛状;单眼 2 个;前翅覆翅,后翅膜翅;后足胫节有 2 列刺状毛	黑尾叶蝉,大青叶蝉
飞虱科 (Delphacidae)	体小型;单眼 2 个,触角短,锥状;翅透明,有长翅型和短翅型;后足胫节常有 2 个侧刺,端部有 1 个大距	白背飞虱、灰飞虱
木虱科 (Psyllidae)	体小型;触角为线状,10 节,末端有叉状刚毛;前翅为革质,从基部出来只 1 条翅脉,到中途分成 3 支,每支二分叉;若虫常分泌蜡质和大量蜜露,虫体在其下	梨木虱、柑橘木虱、桑木虱
粉虱科 (Aleyrodidae)	体小型;触角为线状,7 节;翅透明或半透明,多被白色蜡粉,前后翅的翅形相似,前翅径、中脉与第 1 肘脉合在一主干上,后翅仅 1 条翅脉;腹部末节背面有皿状孔、盖片及舌状突	烟粉虱、橘刺粉虱、温室白粉虱
蚜科 (Aphididae)	体小型;触角为线状,3~6 节,末节中部起突然变细,明显分为基部和鞭部两部分;多数蚜虫第 6 节背面有 1 对腹管,腹部末端长有尾片	桃蚜、甘蓝蚜、黄蚜
蚧科 (Coccidae)	不完全变态;雌虫无翅,触角、眼和足退化,多营固定生活;体上一般覆盖坚硬介壳;雄虫有翅 1 对,只有 1 条二分叉翅脉	苹果球蚧、朝鲜球蚧

(6)膜翅目   膜翅目昆虫大多数为肉食性益虫,少数为植食性害虫。蛹为离蛹(表 2.3.8,图 2.3.2)。

表 2.3.8   膜翅目重要科的形态特征

亚目		科		代表昆虫
名称	形态特征	名称(学名)	形态特征	
广腰亚目	体多中或大型;腹基部与胸部相接处宽阔,不收缩成腰状;足的转节 2 节;翅脉较多,后翅至少有 3 个基室;产卵器为锯状或管状	叶蜂科 (Tenthredinidae)	体小至中型,短粗;前胸背板后缘深深凹入,前翅有短粗的翅痣,前足胫节有 2 个端距;产卵器为锯状;幼虫腹足 6~8 对,无趾钩	梨实蜂、樟叶蜂
		茎蜂科 (Cephoidae)	体小型,细长;前翅翅痣狭长,前胸背板后缘平直;前足胫节有 1 个端距;产卵器短且能收缩;幼虫足退化成瘤状,腹部末端有尾状突起	梨茎蜂、麦茎蜂

续表

亚目		科		代表昆虫
名称	形态特征	名称(学名)	形态特征	
细腰亚目	腹部基部紧束成细腰状延伸呈柄状,腹部第1节并入胸部;足转节1或2节;后翅最多只有2个基室	姬蜂科(Ichneumonidae)	体细长,小至大型;触角为丝状;前胸背板两侧向后延伸,与翅基片(肩板)相接触;前翅有明显的翅痣,翅面具小翅室,在小室下方连有1条横脉,称为第二回脉;幼虫寄生性	黄带姬蜂、拟瘦姬蜂
		茧蜂科(Braconidae)	体微小或小型,与姬蜂科相似;前翅多无小室或不明显,无第二回脉;有的种类产卵器和身体一样长,产卵于鳞翅目幼虫体内;幼虫老熟后常钻出寄主体外结黄白色小茧化蛹	桃瘤蚜茧蜂、桃赤蚜茧蜂
		小蜂总科(Chalcidoidea)	体微小或小型,长0.2~5 mm;翅脉极少,可见1~2条;产卵器均发自腹端之前	金小蜂科、赤眼蜂科、跳小蜂科、蚜小蜂科

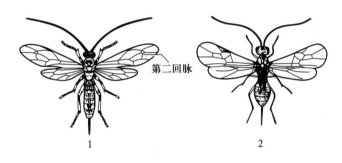

图 2.3.2 膜翅目姬蜂科与茧蜂科
1. 姬蜂科 2. 茧蜂科

(7)双翅目 双翅目包括蚊、蠓、蚋、虻、蝇类昆虫。蝇类的触角为具芒状,蚊的触角为丝状,虻类的触角末端分为若干小亚节或具端刺(表2.3.9)。

表 2.3.9 双翅目重要科的形态特征

科(学名)	形态特征	代表昆虫
食蚜蝇科(Syrphidae)	体中型,触角3节,翅外缘有和边缘平行的横脉,R脉和M脉之间有1条两端游离的伪脉,腹部可见4~5节	食蚜蝇
潜蝇科(Agromyzidae)	体微小或小型,C脉只有1个折断处,Sc脉退化与R脉合并,R脉3个分支直达翅缘,M脉间有2个闭室,后面有1个小的臀室,雌虫腹部第7节骨化,不能伸缩	美洲斑潜蝇、南美斑潜蝇

续表

科（学名）	形态特征	代表昆虫
寄蝇科 （Tachinidae）	中型或小型，触角为芒状，M1脉急向前弯，后盾片很发达露出在小盾片外，形成一圆形突起	古毒蛾、追寄蝇
花蝇科 （Anthomyiidae）	小型或中型，翅脉全是直的，直达翅的边缘，M1脉不急向前弯，中胸背板有1条完整的盾间沟划分为前后2块	种蝇、萝卜蝇、葱蝇

（8）脉翅目草蛉科　草蛉科（Chrysopidae）体小至中型，细长而柔弱，草绿色、黄色或灰白色。触角细长，呈丝状，复眼相距较远，具金属光泽。翅膜质透明，前后翅的形状和脉序相似，翅脉绿色或黄色（图2.3.3）。草蛉的幼虫通称蚜狮，依靠捕捉蚜虫和介壳虫等为食。常见的有大草蛉和中华草蛉等。

（9）缨翅目蓟马科　蓟马科（Thripidae）体略扁平，触角6～8节，翅膜质细长，翅脉退化，翅缘具有密而长的缨状缘毛（图2.3.4）。足末端有可伸缩的泡（中垫）。雌虫腹部末端圆锥形，生有锯状的产卵器，其尖端向下弯曲。如温室蓟马和豆带蓟马等。

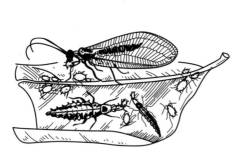

图2.3.3　草蛉科

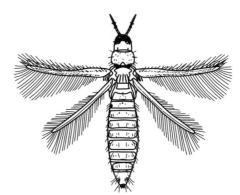

图2.3.4　蓟马科

任务工单2-4　园艺昆虫主要目科形态识别

一、目的要求

区分直翅目、半翅目、同翅目、鞘翅目、鳞翅目及其重要科的形态特征，识别常见园艺昆虫种类，学习昆虫分类方法。

二、材料和用具

直翅目蝗科、蝼蛄科，半翅目蝽科，同翅目蝉科、叶蝉科、蚜科、粉虱科，鞘翅目步甲科、芫菁科、金龟甲科、叶甲科、象甲科，鳞翅目夜蛾科、灯蛾科、螟蛾科、菜蛾科、粉蝶科、凤蝶科等成虫的针插标本、浸渍标本、昆虫盒式分类标本、挂图及多媒体课件等。

体视显微镜、多媒体教学设备、放大镜、镊子、挑针和培养皿等。

三、内容和方法

1. 观察各目昆虫的分类标本，识别各目昆虫的主要特征。

2. 观察直翅目蝗虫和蝼蛄的主要特征及区别,注意观察触角的长短和形状、翅的质地和形状、前胸背板、听器及产卵器的特征。

3. 观察半翅目蝽象的形态特征,注意观察头式、喙的分节情况及位置,触角的类型和单眼的有无;前胸背板和中胸小盾片的位置和形状,前翅的质地和分区情况。观察臭腺的有无和位置。

4. 观察同翅目蝉、叶蝉、蚜虫和白粉虱的触角类型、喙的位置、前翅的质地,翅停息时的状态。观察蚜虫的腹管和尾片的形态特征。

5. 观察鞘翅目步甲和金龟甲腹面第1腹板被后足基节臼分割的情况,注意观察肉食亚目和多食亚目的形态区别。

6. 观察步甲、金龟甲、瓢虫、象甲和叶甲前后翅的质地、口器类型、头式、触角形状和数目、足的类型和各足跗节的数目。

7. 观察蝶类和蛾类成虫触角、翅的质地、口器类型、鳞片、斑纹形状和脉相等。观察鳞翅目幼虫的体形、类型、口器、腹足的数目和其他特征。比较识别小地老虎成虫翅面的斑纹和各部分的名称。

四、作业

鉴别所观察昆虫,区分它们各属于哪个目、科,并将其主要形态特征填入下表:

昆虫主要目科形态特征观察记录表

目	科	口器特征	翅特征	足特征	其他特征

五、思考题

以步甲和金龟甲为例,比较肉食亚目和多食亚目的区别。

任务工单 2-5　昆虫标本的采集

一、目的要求

学会采集昆虫标本的方法,熟悉当地昆虫的主要目科、优势种类、生活环境和主要习性。

二、材料和用具

捕虫网、吸虫管、毒瓶、指形管、放大镜、镊子、毛笔(刷小虫用)、采集箱、诱虫灯、枝剪、三角纸袋、铅笔和记录本等。

三、内容和方法

(一)采集方法

昆虫是动物界中种类最多、数量最大、分布最广的一个类群。昆虫的个体很小,能飞善跳,便于潜藏,各类昆虫都有自己喜好的环境。对于不同类型的昆虫,必须根据其生活环境和习性,选用得心应手的工具,采取有效的方法,才能大量捕获。

昆虫标本的采集

1. 网捕法

(1)捕捉飞行迅速的昆虫　捕捉蛾、蝶、蜂和蜻蜓等飞行迅速的昆虫用透气性好、轻便的捕

网。捕网又称空网或气网,网框直径约 33 cm,用粗铁丝弯成,两端各弯成直角形的小钩,固着于
网柄上;为了携带方便也可做成对褶形,即把铁丝当中截断,将两断口各弯成一小圈,使两个小圈连接在一起。网袋通常用透气、坚韧、浅色的尼龙纱制成,网口用结实的厚布加固。捕网轻便、不兜风,能方便快捷地从网中取出昆虫。网袋深为网框直径的 1 倍,底部略圆,利于将捕获的昆虫装入毒瓶。网柄长 1～1.5 m,多用木棍、竹竿或轻金属制成(图 2.3.5)。

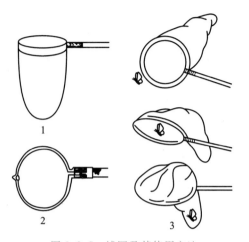

图 2.3.5　捕网及其使用方法
1. 捕网　2. 能折叠的网圈与网柄连接装置
3. 捕网使用方法

　　对飞行中的昆虫可以迎面网捕或从后面网捕;对静息的昆虫常从后面或侧面网捕。昆虫入网后要随网捕的动作顺势将网袋向上甩,将网底连昆虫倒翻到上面来;或当昆虫入网后,迅速转动网柄,使网口向下翻,将昆虫封闭在网底部。切勿由网口从上往下探看落网之虫,以免入网的昆虫逃脱。为防止蝶类、蛾类昆虫翅上鳞片受损,应先在网外捏压蝶、蛾的胸骨使其骨折,待其失去活动能力后再进行处理存放。

　　(2)捕捉在草丛或灌木丛中栖息的昆虫　在草丛或灌木丛中栖息的昆虫可用扫网捕捉。扫网与捕网相似,但网柄较短,60 cm 左右即可。网袋要用较结实的白布或亚麻布制作,通常在网袋底端开一小孔,使用时扎紧或套一个塑料管,便于取虫(图 2.3.6)。用扫网扫捕时可以在大片草地和灌丛中边走边扫,左右摆动。

　　(3)捕捉水生昆虫　对水生昆虫需要使用水网捞取,网袋常用透水良好、坚固耐用的铜纱或尼龙筛网等制作。网框直径 20～35 cm,形状、大小以适用于所采水生昆虫栖息的环境为宜。网袋深度通常 10～20 cm,底部宽圆。网柄长度视实际需要而定,浅水捕捞的水网网柄安装与捕网相同,深水捕捞的网口则与网柄成垂直角度。

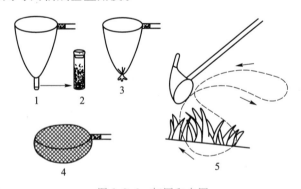

图 2.3.6　扫网和水网
1. 网底带集虫管的扫网　2. 集虫管　3. 网底扎口的扫网　4. 水网　5. 扫网使用方法

2. 诱集法

诱集法是利用昆虫的趋性和生活习性设计的方法。

(1)灯光诱集　用于诱集兼有夜出性和趋光性的昆虫。常用黑光灯或 200～400 W 的白炽

灯,并配备一块白色布幕和漏斗、毒瓶等。诱集昆虫时将布幕放在灯后,灯下放置漏斗和毒瓶,待昆虫趋光落在布幕上,拍打布幕以漏斗、毒瓶收集。

(2)食物诱集　利用昆虫的趋化性,如可用腐烂发酵的水果和糖醋液诱集蛾蝶类昆虫,用腐肉引诱蝇类,用马粪引诱蝼蛄等。

(3)其他诱集方法　用色板诱集(黄板诱蚜)、潜所诱集(草把、树枝把诱集夜蛾成虫)和性诱剂诱集等。

3. 振落法

振落法主要用于采集具有假死性的昆虫。轻轻振动树干,有假死性的昆虫便会自行坠落,可在树下铺白布单等采集。对有些白天隐蔽的昆虫,可以敲打、振动植物,使昆虫惊起后网捕。

4. 吸虫器捕虫法

采集蚜虫、蓟马、叶蝉、飞虱和寄生蜂等微小昆虫或隐居在树皮、墙缝、石块中的微小昆虫时,常用吸虫器捕捉。可以自己制作吸虫器,用广口瓶或直径 20~30 mm 的指形管,配一个软木或橡皮塞,在塞上钻两个孔,各插入一根细玻璃(弯)管,一支作吸气管,另一支作吸虫管,在吸气管入口端缠纱网,以防止将虫吸入口中(图 2.3.7)。使用时吸虫口对准小昆虫,用口或安装特制橡皮球吸气,便可将小虫吸入广口瓶或指形管内。

5. 刷取法

对于在寄主植物上不太活动的微小型昆虫,如蚜虫等,可用普通软笔直接刷入瓶或管内。

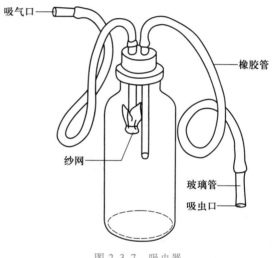

图 2.3.7　吸虫器

6. 观察法、搜索法

了解昆虫的栖息习性,找到昆虫所在地方,留心观察昆虫活动的形迹,如虫鸣声和虫粪,植物被害状或有天敌活动等,发现其栖息场所。搜索昆虫的生活场所,采集营隐蔽生活的昆虫。如在土壤中、砖石下、树皮缝隙中、枯枝落叶中或动物粪便中生活的昆虫,蛀茎、蛀果、卷叶、结网为害的昆虫等,均可以根据它们的习性,对其搜索采集。

(二)昆虫标本的处理

1. 快速杀死昆虫

(1)毒瓶(管)　为了尽快地将采集的昆虫杀死,且避免破坏虫体,通常用毒瓶将昆虫杀死。毒瓶一般用封盖严密但又开启灵便、不易打碎的广口瓶来制作,大小随使用目的而定。制作时先在底部放 5~10 mm 厚的毒剂氰化钾(KCN)或氰化钠(NaCN)粉末,然后盖上一层 10 mm 厚的细木屑,要用一底面平的工具将毒剂和木屑压紧、压平。再盖上一层干燥的熟石膏粉,稍加振动摊平,然后用滴管渐渐加入水,使石膏湿润或直接用石膏糊倒入。置于通风处晾干 10 h 左右,待石膏硬化,配一个软木塞即可使用(图 2.3.8)。为避免虫体之间相互碰撞,可在毒瓶中放一些软的揉皱的纸条。氰化物是一类剧毒物质,使用时必须严格按照《剧毒化学物质使用规定》的要求操作。

除氰化物外,还可用乙酸乙酯、三氯甲烷、四氯甲烷和敌敌畏等药物作毒瓶的毒剂。在瓶里放入适量脱脂棉,用长滴管滴入药液,然后用硬纸片卡住。这类药剂挥发快,作用时间短,要适时加药。毒瓶应保持清洁,瓶中放些纸条,既可以防止虫子相互摩擦而损坏标本,还可吸去多余水分。对于鳞翅目昆虫要单放一个毒瓶,以免与其他昆虫混在一起而弄坏标本和污染其他昆虫。

如捕获的是一些中、小型昆虫,且数量很多,可抖动网袋,使昆虫集中于网底,连网放入大口毒瓶内,待昆虫毒死后再取出分装。

(2)标本浸渍液　使用浸渍液可以快速杀死昆虫并防止其腐烂变质,昆虫标本浸渍液一般为75%~85%的工业乙醇,再加1%~2%的甲醛或甘油。使用

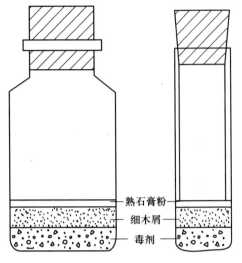

　　　　　　熟石膏粉
　　　　　　细木屑
　　　　　　毒剂

图2.3.8　毒瓶和毒管

浓度依虫体大小和含水量而定。小型昆虫用75%乙醇即可。大型昆虫和完全变态类的幼虫体内含水量高,最好用85%乙醇。也可用4%~5%的甲醛溶液,内加少量冰醋酸。除鳞翅目、脉翅目和蜻蜓目成虫不可放入标本浸渍液中保存外,其他虫态和类群均可在其中暂时保存或长期保存。

2. 临时存放昆虫

(1)鳞翅目和脉翅目昆虫的临时存放　蝶、蛾类昆虫的翅上有五颜六色的鳞片,在碰撞、摩擦的过程中极易脱落,以三角纸袋装的昆虫则很容易完整保存。捕到蝶、蛾类昆虫后,先使其迅速死亡,把四翅叠向身体背面,然后再暂时平放于三角袋中保存,并写好标签,再将三角袋整齐放入采集包中。三角纸袋一般用坚韧的白色光面纸(或用旧报纸代替),裁成长宽比为3∶2的方形纸片,大小可多备几种,常用的大小有3种:140 mm×140 mm、10 mm×10 mm、7 mm×7 mm,采集时可根据采集昆虫的大小选择合适大小的纸袋(图2.3.9)。注意不能挤压和折叠三角纸袋,以免损坏标本。装好标本后,在口盖上注明采集的方法、时间、地点和采集人等。

(2)直翅目、鞘翅目、半翅目和膜翅目昆虫的临时存放　可用广口的塑料瓶或玻璃瓶做采集瓶,内装乙醇保存昆虫标本。

(3)同翅目、缨翅目及其他小型昆虫的临时存放　可用塑料管或玻璃管做采集管,要预先配好软木塞或棉花塞,用以存放较小的活虫或已被毒死的昆虫,或用以捕捉一些处于静止状态的昆虫。采集管大小的规格很多,管口直径一般在10~20 mm,管长50~100 mm。也可以用各式小药瓶代替采集管。

(4)暂时存放活昆虫　活昆虫应置于封闭严密的通气性容器之中,并同时放入少量寄主植物或栖息处所的环境介质,如土壤、枯叶等。通常活虫采集盒(图2.3.10)用铁皮制成,盖上有一块透气的铜纱和一个带活盖的孔,大小不同可做成一套,依次套起来,携带方便。存放需要饲养的活虫可用竹子或铁纱制成采集笼,其规格可根据使用者的要求自定。也可以用广口瓶代替采集笼,在瓶口包上两层纱布即可。

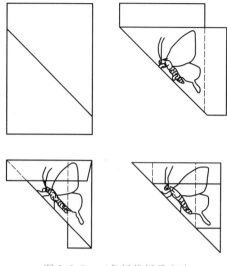

图 2.3.9　三角纸袋折叠方法

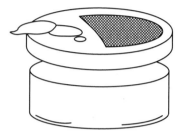

图 2.3.10　活虫采集盒

（5）昆虫标本及用具的盛装　对怕压的标本、需要及时针插的标本及三角纸袋包装的标本等,需用采集箱盛装,也可用硬性的纸盒和铝制的饭盒代替。外出采集用工具,可放于一个有不同规格分格的采集袋内。采集袋的形状、大小可根据具体要求设计。

（三）采集标本时应注意的问题

（1）昆虫标本个体的完整性　昆虫的附肢和翅等一旦被损坏,就失去了鉴定和研究的价值,因此在采集时应耐心细致,如对易损坏的鳞翅目成虫要及时进行毒杀并用三角纸袋保存,对其他昆虫也要分笼、分瓶保存,以免互相残杀而损坏。

（2）昆虫标本生活史的完整性　把昆虫的各个虫态及为害状都采到,才能对昆虫的形态特征和为害情况在整体上进行认识,特别是在制作昆虫的生活史标本时,不能缺少任何一个虫态或为害状,同时还应保证采集一定的数量,以便保证昆虫标本后期制作的质量和数量。

（3）昆虫标本资料的完整性　对所有的昆虫标本一定要有详细、正确的采集记录,记录项目必须有采集日期、采集地点和采集者姓名等。此外,还应记录环境状况、采集方法、昆虫生活习性等。记录的项目越多越详实,标本的用途与价值越大。

昆虫标本采集记录表

昆虫名称：　　　　学名：　　　　　　采集对象：♂□,♀□。成虫□;蛹□;幼虫□;卵□	
采集时间：　年　月　日　　白天(晴□阴□雨□)　　夜间(星空□乌云□)　　早晨□;　　黄昏□	
采集地：　　生态环境：草原□湿地□水田□旱田□阔叶林□针叶林□矮树丛□湖泊□河流□室内□其他：	
寄主：　　采集方法：　　采集者：　　标本编号：　　照相编号：	
备注：	

四、作业

1. 上交采集到的昆虫标本。

2. 列出所采集昆虫标本的主要种类清单并附采集记录。

五、思考题

为什么必须对采集昆虫标本做简单的记录？

任务工单2-6　昆虫标本的制作与保存

一、目的要求

学会制作和保存昆虫标本的方法以及鉴定昆虫的种类。

二、材料和用具

1. 昆虫针

昆虫针用不锈钢丝制成,顶端以铜丝制成小针帽,用于支持和固定昆虫虫体和标签。昆虫针有7种型号,即00、0、1、2、3、4、5号,可根据虫体大小分别选

昆虫标本的
制作与保存

用相应型号。0号针最细,直径0.3 mm,每增加1号其直径增粗0.1 mm,5号针直径为0.8 mm,适于插入体型较大的昆虫。0~5号针的长度均为39 mm。00号针是没有针帽、直径同0号针、长度为0号针1/3的短针,用来制作微小型昆虫标本,把它插在小木块或小纸卡片上,故又名二重针(图2.3.11)。

2. 三级台

三级台用木料制成,长75 mm,宽30 mm,高24 mm,分为3级,每级高8 mm,中间各钻一个穿透的小孔,孔径粗细2 mm左右,5号针的针帽能通过即可(图2.3.12)。制作昆虫标本时将昆虫针插入孔内,调节昆虫和标签的位置,以使标本和标签整齐美观。

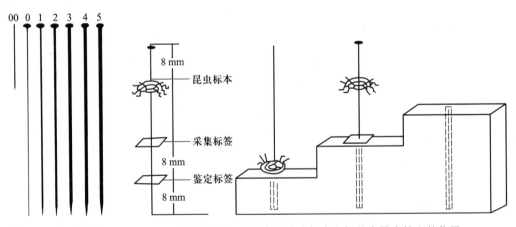

图2.3.11　昆虫针　　　　　　　图2.3.12　三级台及昆虫标本和标签在昆虫针上的位置

3. 展翅板和展翅块

展翅板是专门供昆虫展翅整姿的工具,一般选用较软的木材制成,长33 cm,宽8~16 cm。两板台外边稍高,中央稍低,以沟槽分隔,其中一板台固定,另一板台的台脚具槽可移动,并有螺丝作固定用,以便调节两板间沟槽的宽度,使之适合容纳不同昆虫的体躯。沟槽下放置一软木条或泡沫塑料垫板,用以固定昆虫针(图2.3.13)。也可用烧热的粗铁丝在硬泡沫塑料板上烫出

宽、深分别为 5~15 mm 的凹槽,制成简易展翅板。

展翅块适合较小的昆虫作展翅用,可用小木块或较厚的泡沫塑料板直接在中央开沟槽,沟内放上软木或玉米秆芯,宽以虫体大小为度(图 2.3.14)。

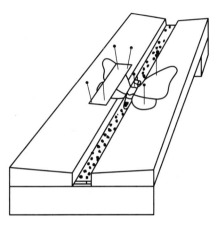
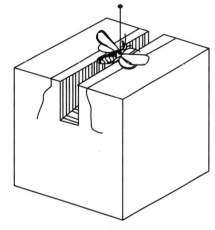

图 2.3.13　展翅板　　　　　　　　　　图 2.3.14　展翅块

4. 整姿台(板)

整姿台由松软木材做成,长 280 mm,宽 150 mm,厚 20 mm,两头各钉上一块高 30 mm、宽 20 mm 的木条做支柱,板上有孔。现多用厚约 20 mm 的泡沫板代替。

5. 还软器

还软器是对已干燥的标本进行软化的玻璃器皿(图 2.3.15),一般用玻璃干燥器改装而成。使用时在干燥器底部铺一层湿沙,加少量苯酚以防止霉变。将昆虫连同三角纸袋放在有孔的瓷隔板上,加盖密封,一般以凡士林作密封剂,借潮气使标本回软。回软所需时间因温度和虫体大小而定,对回软好的标本可以随意进行整理制作。注意勿将标本直接放在湿沙上,以免标本被苯酚腐蚀;也不能回软过度,以免引起标本变质。

图 2.3.15　还软器

6. 三角纸卡

用胶版印刷纸剪成底宽 3 mm、高 12 mm 的小三角,或长 12 mm、宽 4 mm 的长方纸片,用来黏放不宜直接针插的微小昆虫。

7. 其他材料和用具

大头针、黏虫胶或乳白胶、标签、压条纸、剪刀、镊子、挑针、标本瓶、大烧杯、甲醛和乙醇等。

三、内容和方法

为使昆虫标本长期保存,便于观察、研究和交流,应结合所采集昆虫的形态构造特点和生长发育时期等,采用适当的方法制作成各种形式的标本。一般体型较大、体表较硬的昆虫多用针插法,微小型昆虫多用微针或粘贴法,幼虫、卵、蛹用浸渍法。

（一）针插标本的制作与保存

1. 制作大中型昆虫标本——针插法

（1）还软　昆虫身体未干之前呈柔软状态时，可不经还软直接制成标本。制作贮藏时间长的标本时，由于虫体变硬发脆、一触即碎，可使用还软器，也可直接将昆虫浸于温水中，或用热气使其还软，还可用 75% 乙醇滴在需还软的部位（如翅）使之局部软化，才能展翅和整姿。

（2）针插　经回软的昆虫，先用昆虫针固定在特定的位置上，以便进行后续的整姿、展翅等步骤。为避免损伤昆虫分类上的重要特征，保持标本平衡稳定，并使同一大类标本制作规格化，一般插针部位在虫体上是相对固定的。鳞翅目、膜翅目、蜻蜓目和同翅目昆虫针插在中胸背板正中央，通过第 2 对胸足的中间穿出；双翅目昆虫针插在中胸偏右的位置；直翅目昆虫针插在前胸背板中部偏右的位置；半翅目昆虫针插在中胸小盾片中央偏右的位置；鞘翅目昆虫针插在右鞘翅基部的翅缝边，不能插在小盾片上（图 2.3.16）。昆虫针插入后应与虫体纵轴垂直。

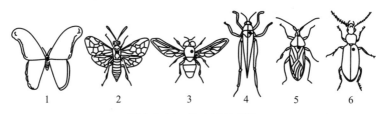

图 2.3.16　昆虫插针部位

1. 鳞翅目　2. 膜翅目　3. 双翅目　4. 直翅目　5. 半翅目　6. 鞘翅目

昆虫针插入虫体以后，应放在三级台上进行位置高低的矫正。可将带虫的虫针倒置，将有针帽的一端插入三级台的第 1 级小孔中，使虫体背面露出的高度等于三级台的第 1 级高度。虫体下方的鉴定标签（学名、鉴定时间和鉴定人等）和采集标签（采集的方法、时间、地点、寄主植物和采集人等）分别等于三级台的第 1、2 级高度。针插标本都要附采集标签，否则会失去科学价值。体型较大的昆虫，下面两个标签的距离可以靠近些。

（3）展翅　需要依据翅的构造和身体两侧的特征进行分类的鳞翅目、双翅目、脉翅目和膜翅目大型成虫标本除针插外还需要展翅。展翅应在展翅板上进行，先用三级台将虫体定位于一定的高度，将展翅板调到较虫体略宽，然后将定好高度的虫体插在展翅板中央槽内，使翅基部与板持平，按先左侧前后翅，再右侧前后翅，同侧先前翅再后翅的顺序展翅。

先用塑料薄膜或光滑纸条在前翅基部附近把虫翅压在板面上，纸条上端用大头针固定在翅前方稍远处的位置上，左手拉住纸条向下轻压，右手用毛笔或小号昆虫针轻轻拨动前缘较粗的翅脉，按要求将翅拨至适当位置。一般蝶蛾类要求左右前翅后缘在一条直线上，在不掩盖后翅前缘附近主要斑纹特征的情况下，后翅前缘放在前翅内缘的下面；双翅目昆虫一般要求翅的顶角与头顶相齐；膜翅目昆虫前后翅并接线与躯体垂直；脉翅目昆虫通常以后翅前缘与虫体垂直，然后使前翅后缘靠近后翅，但有些翅特别宽或狭的种类则以调配适度为止；蝗虫和螳螂在分类中需用后翅的特征，制作标本时要把右侧的前后翅展开，使后翅前缘与虫体垂直，前翅后缘接近后翅。展翅到所要求的位置时，拉紧纸条，平压翅面，用大头针固定纸条。

为了稳固翅位，保持翅面平整，在左右两对翅的外缘附近再各加压一纸条。触角应与前翅前缘大致平行并压在纸条下(图 2.3.17);腹部应平直,不能上翘或下垂,可用针别住压平或在槽内放一些棉絮托住腹部。

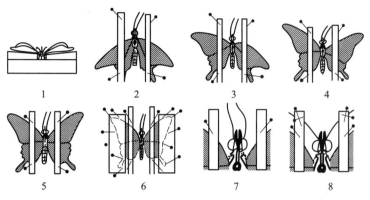

图 2.3.17　昆虫展翅的步骤

小型蛾类等展翅用展翅块。展翅时将针插好的标本插入沟槽中,翅基与块面持平,展翅时用线代替昆虫针和纸条。先在木块边刻一小口,将线卡住,用针拨动翅,以线压住,最后把线头卡在木块的切口中。为避免在翅面上压出线条痕迹,可在翅面上垫光洁的纸片后压线。

(4) 整姿　鞘翅目、直翅目、半翅目等昆虫标本不需展翅,但应该整姿。将在三级台上定好高度的针插标本插于整姿板,使昆虫腹面贴在整姿板上,将附肢的姿势加以整理。一般前足向前,后足向后,中足向两侧;触角短的往前摆成倒"八"字形,触角较长的可摆在身体的两侧或上方,使虫体保持天然姿势。整好后,用大头针固定,以待干燥。

2. 制作小型昆虫标本——微针法及粘贴法

跳甲、木虱、蓟马等体型微小的昆虫,不能用普通的昆虫针穿过躯体,需要用 0 或 00 号微针来插虫体,然后将微针插在小软木片上,再按照一般昆虫的插法,将软木片插在 2 号虫针上。也可用黏胶来黏虫体,先在三角纸卡的尖端内侧滴上树胶 1 滴,然后用镊子把昆虫放在树胶上,纸尖应黏在虫体的前足与中足之间,然后将三角纸卡的底边插在昆虫针上。有翅的昆虫还要用昆虫针把虫体的翅膀展开。插制后三角纸卡的尖端向左,虫体的前端向前(图 2.3.18)。

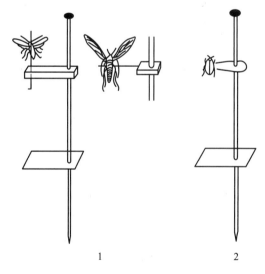

昆虫针插标本制作好后,放入烘箱内于 40 ℃烘烤干燥。

3. 针插标本的保存

制作好的针插昆虫标本,应放在标本盒中。标本盒多为木质或纸质,规格多样,盒内底部还应有薄的软木层或泡沫塑料板,以便针插固定标

图 2.3.18　微针法及粘贴法
1. 微针法　2. 粘贴法

本。用于展示的标本盒盖可以嵌玻璃,长期保存的标本盒盖最好不要透光,以免标本出现褪色现象。

昆虫标本在标本盒中按科、属、种来收集和保存,鉴定过的标本应插好学名标签。盒内的4个角放置用大头针固定的樟脑球等防虫剂。密封好的标本盒分类收藏在关闭严密的标本柜内,每半年或1年换1次药。定期检查保存的昆虫标本,注意防蛀、防鼠、防晒、防尘、防潮和防霉。

（二）浸渍标本的制作与保存

1. 浸渍标本的制作

无法制成针插标本的微小型昆虫（螨类）和昆虫的卵、幼虫、蛹及一些成虫（鳞翅目成虫除外）都可以用药液浸渍方法保存。成虫和幼虫在浸渍前必须饿透和排泄干净,为防止幼虫虫体浸渍后皱曲变形,浸渍前需用热水浸烫虫体使其伸直,充分显露出虫体特征,然后再投入浸渍液中,但绿色幼虫不宜烫杀。用热水浸烫时间过长会使虫体破损,可用"热浴"法,即用 90 ℃ 左右热水杀死幼虫并使虫体伸直,一般体小而软嫩的幼虫可热浴 2 min 左右,大而粗壮的需要 5～10 min,虫体伸直时即应取出,降温后放入浸渍液中。

2. 浸渍标本的保存

一般用指形管、标本瓶或其他玻璃瓶作盛装浸渍标本的容器。各种保存液装至容器的2/3 为宜,瓶内标本不能露出保存液之上,瓶盖可用凡士林或蜡封口,以防保存液蒸发,在浸渍液表面加一薄层液体石蜡,也可起到密封的作用。浸渍标本应放入专用的标本柜内。浸渍保存液要具备杀死和防腐的作用,并尽可能保持昆虫原有的体形和色泽。常用的保存液有如下几种:

（1）乙醇保存液　常用 75% 乙醇,可对虫体起脱水固定作用。加入 0.5%～1% 甘油,可保持虫体柔软不发硬和防止乙醇的蒸发。如将昆虫直接投入 75% 乙醇中,会使虫体变硬发脆。可先将虫体放进 30% 乙醇中停留 1 h,然后再逐次放入 40%、50%、60%、70% 乙醇中,各停留 1 h,小型的或体软的昆虫可直接移入 75% 的乙醇保存,大型的昆虫在 75% 乙醇中还要经过 2～3 次换液后才能长期保存。在保存过程中瓶盖要密闭,并要定期检查、添换药液。

（2）甲醛保存液　常用 2%～5% 甲醛保存液。该药液配制简单且经济,适用于大量标本的浸渍保存,但易使虫体肿胀,附肢脱落。

（3）卡氏液　用冰醋酸 40 mL、40% 甲醛 60 mL、95% 乙醇 150 mL、蒸馏水 300 mL 混合而成。把标本放入该液浸泡 7 d 后移入 75% 乙醇中长期保存,可使标本保持常态、不收缩变黑,效果较好。

（4）原色幼虫标本保存液　为了永久保持一些绿色和黄色幼虫的原色,可先让虫体排净粪便,然后从肛门注入相应的注射液,至虫体死亡后放置阴暗处,让注射液充分渗透到虫体各个部分,再浸入冰醋酸、甲醛、白糖混合液中保存。红色的幼虫可直接浸入硼砂乙醇混合液中保存。

① 绿色幼虫注射液:95% 乙醇 90 mL、甘油 2.5 mL、冰醋酸 2.5 mL、氯化铜 3 g。

② 黄色幼虫注射液:苦味酸饱和溶液 75 mL、冰醋酸 5 mL、甲醛 25 mL。

③ 冰醋酸、甲醛、白糖混合保存液:冰醋酸 5 mL、白糖 5 g、福尔马林 4 mL、蒸馏水 100 mL。

④ 硼砂乙醇混合保存液:硼砂 2 g、乙醇 100 mL。

（三）昆虫生活史标本制作

生活史标本是按照昆虫一生发育的顺序，即卵、幼虫（若虫）的各龄期、蛹、成虫（雌成虫和雄成虫）及为害状，将各个时期的昆虫标本装在一个标本盒内，并在标本盒的左下角放置标签（图 2.3.19）。

四、作业

1. 制作昆虫针插标本和浸渍标本各 2 种。

2. 制作 1 种昆虫生活史标本。

五、思考题

制作昆虫针插和浸渍标本各应注意哪些问题？

图 2.3.19　昆虫生活史标本盒

任务四　昆虫生态及预测预报

昆虫种群数量的变化，除与昆虫自身生理特性相关外，还与所处的生态环境密切相关。在一定的时间和空间条件下，总会有一些（或 1 个）因子对昆虫种群数量的变化起主导作用，找出这些主导因子，对昆虫的预测预报有重要意义。

一、气候因子对昆虫的影响

1. 温度

昆虫是变温动物，体温随周围环境的变化而波动。昆虫的新陈代谢等生命活动在一定温度条件下才能实现，而维持其生命活动所需热源有太阳辐射热和体内新陈代谢所产生的化学

想 一 想

为什么温度能影响昆虫的生长发育和生殖能力？

热，但主要为太阳辐射热。因此，环境温度不仅是昆虫进行积极生命活动所必需的一个条件，而且是对昆虫影响最为显著的一个因子。

（1）温度对昆虫生长发育的影响　大多数昆虫生长发育对温度的变化范围有一定的要求，在该范围内，昆虫寿命最长、生命活动旺盛、发育正常进行，这个范围称为适宜温区或有效温区。有效温区的下限，是昆虫开始生长发育的温度，称为发育起点温度。有效温度的上限，是昆虫因温度过高而生长发育被抑制的温度，称为临界高温，一般为 35～45 ℃。在发育起点温度以下或高温临界温度以上，有一段低温区或高温区，分别称为停育低温区或停育高温区。在停育低温区以下或停育高温区以上，昆虫因过冷或过热而死亡，称为致死低温区或致死高温区。致死低温区一般为 -40～10 ℃，致死高温区一般为 45～60 ℃（表 2.4.1）。

温度一是影响昆虫的生长发育速度。在有效温区内，发育速度与温度成正比，温度越高，发育速度越快，其发育所需天数越少。二是影响昆虫的生殖能力。在适宜温区内，温度适宜时，生殖力强，温度过低或过高，生殖力下降。三是影响昆虫寿命。温度升高，寿命下降。另外，温度对昆虫的活动范围也有一定的影响。

表 2.4.1　温度对温带地区昆虫的作用及温区划分

温度/℃	温区		温度对昆虫的作用
45~60	致死高温区		短时间内造成昆虫死亡
40~<45	停育高温区		死亡取决于高温的强度和持续时间
30~<40	高适温区	适宜温区	发育速度随温度升高而减慢
22~<30	最适温区		死亡率最小,生殖力最强,发育速度接近最快
10~<22	低适温区		发育速度随温度降低而减慢
-10~8	停育低温区		代谢过程变慢,引起生理功能失调,死亡取决于低温的强度和持续时间
-40~<-10	致死低温区		因组织结冰而死亡

（2）有效积温法则及应用　昆虫完成一定的发育阶段（1 个虫期或 1 个世代）需要一定的热量积累,昆虫发育所经历的时间（N,单位:d）和该时间内的平均温度（$t_平$,单位:℃）的乘积是一个常数。昆虫必须在发育起点温度（$t_起$,单位:℃）以上才开始发育,积累在发育起点温度以上的温度,称为有效积温常数（K,单位:d·℃）,即:

$$K = N(t_平 - t_起)$$

昆虫的发育起点温度（$t_起$）和有效积温常数（K）常用定温法或自然变温法测得,也可在相关资料中查出。平均温度（$t_平$）可以实地测量,也可以从本地气象资料中查出（多用日平均温度或候平均温度）。为了统计计算方便,可将以上双曲线图像转换为直线公式表示。将昆虫的发育速度 $v = \dfrac{1}{N}$ 代入上式,则得:

$$t_平 = t_起 + Kv$$

有效积温法则主要可应用于以下方面:

① 预测昆虫在某一地区发生世代数,世代数的计算公式如下:

$$世代数 = \frac{某地 1 年内的有效积温常数 K_1}{某虫完成 1 代所需的有效积温常数 K_2}$$

例如,黏虫发育起点温度为 9.6 ℃,完成 1 代所需有效积温常数为 685.2 d·℃,沈阳地区平均有效积温常数为 1 691.8 d·℃,根据公式推算,每年发生世代数应为 $\dfrac{1\,691.8}{685.2} \approx 2.47$,即 2~3 代,实际发生 3 代。

② 预测昆虫的发生期:东亚飞蝗的发育起点温度为 18 ℃,从卵发育到 3 龄若虫所需有效积温常数为 130 d·℃。当地当时平均气温为 25 ℃。问几天后达到 3 龄若虫高峰?

根据公式得：

$$N = \frac{K}{T-C} = \frac{130 \ d \cdot ℃}{25 \ ℃ - 18 \ ℃} \approx 19 \ d$$

即 19 d 后东亚飞蝗 3 龄若虫达到高峰。

③ 控制昆虫发育进度：利用人工繁殖寄生蜂防治害虫，常需要在害虫某虫态出现的时间释放，可根据公式 $t_平 = \frac{K}{N} + t_起$ 计算出人工饲养寄生蜂所需要的温度，通过调节温度控制寄生蜂的发育速率，达到田间实时释放的目的。

有效积温法则具有一定的应用价值，但也存在局限性，应用积温法则预测昆虫的发生世代和发生期只是一种参考依据，实际预测时还必须考虑其他因子的综合影响。

2. 湿度

昆虫体内水分的含量一般较高，大部分为 50%~90%。昆虫体内的水分来源主要是食物内的水分，其次是直接饮水。昆虫通过排泄、呼吸、体壁蒸发散失水分。

湿度对昆虫的影响包括空气相对湿度和降雨等。相对湿度一是影响昆虫的发育速度，在一定温度条件下，湿度越高，发育速度越快。二是影响昆虫成虫的存活率，在合适的温度条件下，较高的相对湿度，昆虫的成活率较高。三是影响昆虫的繁殖力，如一定温度下，小地老虎成虫在相对湿度 90% 时的产卵量比相对湿度 60% 条件下的产卵量要增加 1 倍。降水对昆虫的影响在于影响空气湿度和土壤含水量，从而影响植物的生长状况，间接影响昆虫。暴雨对一些弱小的昆虫，如蚜虫和螨类等有机械冲刷作用。另外，大的降雨过程对一些迁飞性昆虫也会产生影响。

昆虫对湿度的适应也有一定的变化范围，一般较大。

查 一 查

到当地气象站查询当地年总积温。选 1 种园艺害虫，计算在当地应该发生几代？是否与实际发生情况相符？

3. 光

光对昆虫生命活动的影响主要取决于光的性质、光照度和光周期的变化。

比 一 比

温度和光周期对昆虫生活的影响有何异同？

光的性质主要指光的波长。不同的昆虫对不同波长光的趋性不同，光波长为 365~400 nm 的黑光灯对很多夜蛾科昆虫的诱虫效果比白炽灯要高 10%~20%。人眼所能看见的光区为 400~770 nm，而昆虫的可见光区为 253~700 nm，偏于短波光，它们可以看到人所看不见的紫外线。人们可以利用昆虫对不同波长光的这种趋性特点对其进行诱杀或忌避，如黑光灯诱蛾。

光照度主要影响昆虫的节律和习性，对昆虫的活动或行为影响明显，表现在对昆虫的日出性和夜出性、趋光性和背光性等昼夜活动规律的影响。

光周期指一昼夜中光照与黑暗交替的节律，一般用光照时数表示。光周期的年变化是逐日地有规律地增加或有规律地减少，具有稳定性，对昆虫的生命活动起着重要的信息作用，是引起昆虫滞育的主要信号。

4. 风

风对昆虫的迁飞和扩散起着重要的作用。迁飞过程中,如果遇到大风天气,种群数量和分布将会受到重要影响。小型昆虫,如蚜虫、飞虱等的扩散都会受到风力的影响。另外,风力变化还会影响到环境的湿度和温度,间接对昆虫发生作用。

二、生物因子对昆虫的影响

生物因子包括食物因子、天敌因子和其他相关的生物因子。

1. 食物因子

食物是昆虫的生存基础,昆虫通过取食植物、动物或其产物构成自身和满足自己对能量的要求。在长期演化的过程中,昆虫逐渐形成了各自特殊的取食习性,主要分为以下类型:

（1）植食性　以活植物为食,多为农业害虫。

（2）肉食性　以活动物为食,多为天敌昆虫,又分为捕食性和寄生性两类。

（3）腐食性　以死亡的动、植物或腐败物为食。

（4）杂食性　可以取食各种动、植物的产品。

昆虫取食适合其生长的食物,则个体大、寿命长、产卵量多、发生期早。若昆虫取食不适宜的食物,则发育速度和生殖力都会受到影响,死亡率也高。

2. 天敌因子

在自然界中,昆虫常因其他生物的捕食或寄生而引起死亡,使种群的发展受到抑制。昆虫的生物性自然敌害通称为昆虫天敌。昆虫天敌的种类很多,大体可归纳为3大类:

（1）天敌昆虫　天敌昆虫分为捕食性天敌和寄生性天敌两大类。捕食性天敌,如瓢虫、草蛉、虎甲和步甲等,这类天敌都较寄主个体大、捕杀效果快。寄生性天敌,如寄生卵的赤眼蜂、寄生幼虫的绒茧蜂以及寄生于若虫或成虫的蚜茧蜂等,寄生性天敌一般都较寄主小得多,对寄主的选择性比较严格,使寄主昆虫致死的时间比较长。

（2）昆虫病原微生物　有些微生物可以寄生昆虫,导致昆虫死亡,包括一些细菌、真菌、病毒和线虫等。

（3）其他有益动物　除昆虫外,自然界有些动物以害虫为食,可以利用它们来防治害虫,如一些捕食性的螨类、蜘蛛、鸟类、鱼类和一些蛙类等。

三、土壤因子对昆虫的影响

绝大多数昆虫的某一虫态或一生生活于土壤中,与土壤发生直接或间接的关系。土壤对昆虫的影响主要表现在以下两个方面:

1. 土壤温度和湿度

土壤温度变化相对比较稳定,越到深层,土壤温度变化越小,昆虫随着土壤温度的变化而上升或下降。如蝼蛄在春、秋季节上升到地面为害,冬季寒冷季节和夏季高温季节便下降到深层的土壤中潜伏生活。

土壤湿度一般是比较高的,经常处于饱和状态。有些昆虫将不活动的虫态,如卵,产于土中。

2. 土壤理化性质

土壤的理化性状主要包括土壤的机械组成、土壤的酸碱度、土壤的有机质含量等内容。这些性状影响昆虫的分布和为害。可以通过改善耕作制度和栽培条件,以及改善园艺植物的土壤环境,使土壤有利于园艺植物生长而不利于害虫发生。

四、昆虫发生期和发生量预测

1. 发生期预测

发生期预测是预测某种昆虫的某一发生阶段(如虫龄、生态等)出现的日期。

（1）物候预测法　物候是指各种生物现象出现的季节规律性,是气候条件(温度、湿度、光照等)影响的综合表现。通过长期观察和多年验证,可以找出某些昆虫的发生时期与当地的自然现象或某种植物的特殊发育阶段(如萌芽、开花、现蕾)之间的关系,以确定某些物候现象作为某种昆虫的某一虫态发生期的预测依据。如梨树芽膨大裂缝时,是梨大食心虫越冬幼虫出蛰为害转芽的时期;陕西地区有小地老虎越冬代成虫"桃花一片红,发蛾到高峰;榆钱落,幼虫多"的说法;可以通过这些规律,来预报这些害虫的发生时期。

（2）期距预测法　昆虫各虫态出现的时间之间距离称"期距",即昆虫由前一个虫态发育到后一个虫态,或前一个世代发育到后一个世代所经历的天数。只要知道了期距就可以推算后一个虫态或世代的发生期。可采用诱集观察法、田间调查法和人工饲养法获得不同昆虫的期距。

想 一 想
生产中怎样获得相对准确的昆虫的期距? 应用时应注意什么问题?

（3）有效积温预测法　利用有效积温法则对昆虫的发生时间进行预测。

2. 发生量预测

根据某一昆虫的虫源基数、形态特征或其他指标,预测昆虫未来数量变化的方法,称为发生量预测。发生量预测主要有以下几种方法:

（1）环境因子法　以气象因子的动态变化为依据,根据一年中气象因素的变化规律和当年某种昆虫的发生情况,结合该种昆虫多年数量变化与气象因子的相关规律,对昆虫的数量做出预测。

（2）害虫基数法　根据前一代某种昆虫的虫口基数情况,预测下一代该昆虫发生数量多少的方法。

（3）形态指标法　有些环境条件对昆虫的影响可以通过昆虫的内外形态特征表现出来,如虫型变化、雌雄比例等。可用昆虫的内外形态变化作为指标,对该昆虫未来发生的数量进行预测,这种方法称为形态指标法。如飞虱发生时,如果短翅型比例增多时,未来数量将会增加。

资 料 卡
　　在昆虫测报中一般将昆虫进入某一虫态的全过程分为以下几个阶段。始见期:该虫态出现的日期;始盛期:进入该虫态的虫口数占总虫口数的15%~20%的日期;高峰期:进入该虫态的虫口数占总虫口数的45%~50%的日期;盛末期:进入该虫态的虫口数占总虫口数的80%的日期,虫口数最多的日期;终见期:最后发生该虫态的日期。

项 目 小 结

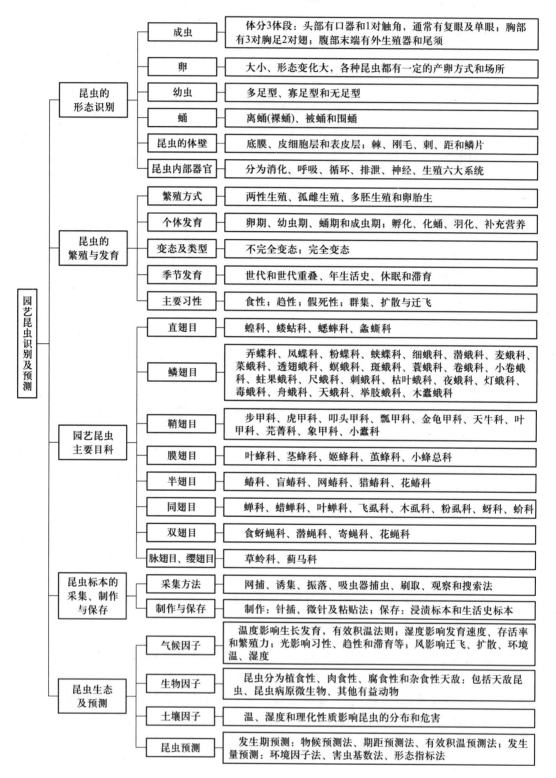

园艺昆虫识别及预测			
	昆虫的形态识别	成虫	体分3体段：头部有口器和1对触角，通常有复眼及单眼；胸部有3对胸足2对翅；腹部末端有外生殖器和尾须
		卵	大小、形态变化大，各种昆虫都有一定的产卵方式和场所
		幼虫	多足型、寡足型和无足型
		蛹	离蛹(裸蛹)、被蛹和围蛹
		昆虫的体壁	底膜、皮细胞层和表皮层；棘、刚毛、刺、距和鳞片
		昆虫内部器官	分为消化、呼吸、循环、排泄、神经、生殖六大系统
	昆虫的繁殖与发育	繁殖方式	两性生殖、孤雌生殖、多胚生殖和卵胎生
		个体发育	卵期、幼虫期、蛹期和成虫期；孵化、化蛹、羽化、补充营养
		变态及类型	不完全变态；完全变态
		季节发育	世代和世代重叠、年生活史、休眠和滞育
		主要习性	食性；趋性；假死性；群集、扩散与迁飞
	园艺昆虫主要目科	直翅目	蝗科、蝼蛄科、蟋蟀科、螽蟖科
		鳞翅目	弄蝶科、凤蝶科、粉蝶科、蛱蝶科、细蛾科、潜蛾科、麦蛾科、菜蛾科、透翅蛾科、螟蛾科、斑蛾科、蓑蛾科、卷蛾科、小卷蛾科、蛀果蛾科、尺蛾科、刺蛾科、枯叶蛾科、夜蛾科、灯蛾科、毒蛾科、舟蛾科、天蛾科、举肢蛾科、木蠹蛾科
		鞘翅目	步甲科、虎甲科、叩头甲科、瓢甲科、金龟甲科、天牛科、叶甲科、芫菁科、象甲科、小蠹科
		膜翅目	叶蜂科、茎蜂科、姬蜂科、茧蜂科、小蜂总科
		半翅目	蝽科、盲蝽科、网蝽科、猎蝽科、花蝽科
		同翅目	蝉科、蜡蝉科、叶蝉科、飞虱科、木虱科、粉虱科、蚜科、蚧科
		双翅目	食蚜蝇科、潜蝇科、寄蝇科、花蝇科
		脉翅目、缨翅目	草蛉科、蓟马科
	昆虫标本的采集、制作与保存	采集方法	网捕、诱集、振落、吸虫器捕虫、刷取、观察和搜索法
		制作与保存	制作：针插、微针及粘贴法；保存：浸渍标本和生活史标本
	昆虫生态及预测	气候因子	温度影响生长发育，有效积温法则；湿度影响发育速度、存活率和繁殖力；光影响习性、趋性和滞育等；风影响迁飞、扩散、环境温、湿度
		生物因子	昆虫分为植食性、肉食性、腐食性和杂食性天敌；包括天敌昆虫、昆虫病原微生物、其他有益动物
		土壤因子	温、湿度和理化性质影响昆虫的分布和危害
		昆虫预测	发生期预测：物候预测法、期距预测法、有效积温预测法；发生量预测：环境因子法、害虫基数法、形态指标法

巩固与拓展

1. 说明昆虫触角的基本构造与功能,列举常见触角的类型及代表性昆虫。

2. 说明咀嚼式口器和刺吸式口器的结构、为害特点及其与防治的关系。

3. 昆虫成虫的胸足由几部分构成?举例说明常见成虫各类型胸足的特点、功能及其对生活环境和生活方式的适应。

4. 列举常见昆虫翅的类型及代表性昆虫。

5. 举例说明昆虫幼虫和蛹的类型与特点。

6. 昆虫体壁的主要作用有哪些?昆虫体壁的通透性与害虫防治有何关系?

7. 昆虫属于哪类生物?有哪些特征?

8. 昆虫的主要繁殖方式有哪些?各有何特点?

9. 举例说明昆虫的变态类型。了解变态类型对指导害虫防治有何意义?

10. 什么是昆虫的年生活史?明确昆虫的年生活史有何实际意义?

11. 引起昆虫休眠和滞育的条件有哪些?知道引起休眠和滞育的条件对防治害虫有何帮助?

12. 如何利用昆虫的趋光性和趋化性对害虫进行预测预报和防治?

13. 各举1例代表昆虫说明昆虫各目的主要形态特征。

14. 举例说明鳞翅目昆虫的哪些类群直接食叶为害,哪些类群卷叶为害,哪些类群潜叶为害,哪些类群蛀果为害,哪些类群蛀茎为害。

15. 举例说明鞘翅目昆虫的哪些类群食叶为害,哪些类群蛀干为害,哪些类群是捕食性的,哪些类群是寄生性的。

16. 举例说明半翅目昆虫的哪些类群是重要的农业害虫,哪些类群可以捕食害虫。

17. 举例说明膜翅目昆虫的哪些类群是农业害虫,哪些类群是天敌昆虫。

18. 举例说明双翅目昆虫的哪些类群是捕食性,哪些类群是植食性的,哪些类群是寄生性的。

19. 昆虫标本在害虫防治工作中有哪些作用?怎样根据昆虫的特点选择制作标本的方法?

20. 温带地区昆虫的温区是怎样划分的?温度对昆虫的生命活动有何影响?

21. 如何应用有效积温法则预测昆虫在某一地区发生的世代数、发生期或控制昆虫发育进度?应用时应该注意哪些问题?

22. 昆虫获得或失去水分的途径有哪些?空气的相对湿度和降雨对昆虫的生命活动有何影响?

23. 以本地区主要昆虫为例说明光照对昆虫的生长、发育、繁殖、生存、活动、取食和迁飞的影响。

24. 害虫预测与其防治有何关系?列举2种昆虫的预测方法,并指出其预测依据。

模块三　病虫害田间调查与综合治理

知识目标

- 知道病虫害田间调查选点、取样的方法。
- 了解植物病虫害防治法的特点及利弊。
- 理解有害生物是农业生态系统中的组成部分。
- 知道有害生物综合治理中自然因素控制作用的必要性和可能性。

能力目标

- 正确记载、计量病虫害危害程度。
- 根据有害生物平衡位置判断有害生物类型。
- 说明农业防治法和生物防治法在有害生物综合治理中的地
位与作用。
- 解释有害生物综合治理（IPM）与综合防治的概念。
- 说明有害生物综合治理的重要性和必要性。
- 协调应用有害生物综合治理的多种途径。

　　人类农业活动打破了自然界原有的生态平衡，导致有害生物的危害日益严重。开展病虫害的田间调查，及时准确地掌握病虫发生种类、分布情况、为害程度、发生发展和防治效果等情况，可为病虫害防治决策提供科学依据，最大限度地控制病虫种群数量或阻止其危害，确保园艺植物生产的可持续发展。

任务一　病虫害田间调查

　　病虫害田间调查记录、积累的资料，是分析病虫发生情况、估计病虫为害损失、病虫害预测预报和制订病虫防治规划的科学依据。

一、病虫害的田间调查

1. 田间调查的类型

（1）一般调查　一般调查面积较大，又称普查或面上调查，主要是了解一个地区或某一作物病虫发生的基本情况，如病虫种类、发生时间、为害程度、防治情况等。对调查的精度要求不很严格，多在病虫盛发期进行 1~2 次，可为确定防治对象和防治适期提供依据。

（2）重点调查　重点调查又称专题调查，是对某一地区某种病虫害的进一步调查。重点调查的次数要多，内容较一般调查详细和深入。

（3）调查研究　调查研究是对某种病虫害的某一问题进行的深入调查，要求定时、定点、定量调查，强调数据的规范性和可比性，以便从中发现问题，不断提高对病虫害发生规律的认识水平。

2. 田间调查的内容

（1）发生及为害情况调查　指了解一个地区一定时间内病虫种类、发生时期、发生数量及为害程度等。对于当地常发性或暴发性的重点病虫，则应详细调查、记录害虫各虫态的始发期、盛发期、末期和数量消长情况，或病害由发病中心向全田扩展及严重程度的增长趋势等，为确定防治对象和防治适期提供依据。

（2）病虫和天敌发生规律调查　详细调查某种病虫或天敌的寄主范围、发生世代、主要习性以及在不同生态条件下数量变化的情况等，为制订防治措施和保护、利用天敌提供依据。

（3）越冬情况调查　调查病虫越冬场所、越冬基数、越冬虫态和病原越冬方式等，为制订病虫防治计划和预测预报提供依据。

（4）防治效果调查　包括防治前后病虫发生程度的对比调查，防治区与不防治区的发生程度对比调查，以及不同防治措施、时间和次数的发生程度对比调查等，为选择有效的防治措施提供依据。

3. 田间调查的方法

调查前要全面了解调查地区的历史资料、自然概况和经济状况，以及被调查地块的环境条件、栽培管理、间作、曾经发生的病虫害、其他寄主、天敌来源和防治情况等，为拟定调查提纲和病虫分析提供参考。

（1）选择田块　由于人力和时间的限制，不可能也不必要对所有田块逐一调查。要根据调查目的，选择具有代表性的田块，如水、旱地，不同的茬口、品种和施肥水平等，还要根据地形和田块的大小、调查对象的特点，确定每类代表田块的多少和大小。某些重点调查在选择田块时可以根据调查病虫的规律，有意识地选择最易发生病虫的田块进行调查，以节省人力和时间，便于及时掌握病虫动态。必要时，对病虫发生特别严重的或极轻的地块进行专门调查，供进一步研究时参考。

（2）确定取样方法　代表田块确定以后，可根据病虫种类的特性、作物栽培方式和环境条件等，在田间抽取部分植株或器官组成样本，用样本的观察值作为整个田间的估计值，称为取样（抽样）。取样的方法与数量直接影响调查结果的准确性。

① 随机取样：简单随机取样适用于田间分布均匀的病虫调查，利用随机数字表或其他非主观方法抽取随机样本，调查数目占总体数目的 5% 左右。

分层随机取样是将总体划分为若干"层次"，在各"层次"中随机或按顺序抽取样本，根据各

"层次"样本数值计算总体的估计值。

② 顺序取样：是在调查区内按照某种规定的顺序，抽取一定数量的取样单位组成样本。

对田间分布均匀的病虫或密集、成行的植物，一般用 5 点式、对角线式和棋盘式取样。其中，5 点式和对角线式取样适合于方形或长方形地块，棋盘式取样适合于试验地或面积不大的地块。对一些点片发生的病虫种类，可根据其分布特点采用分行式、平行线式取样或"Z"字形取样。平行线式取样适合于较短地块和成行植物；"Z"字形取样适合于病虫发生较重的边行或地形地势复杂地块（图 3.1.1）。对一些重要的病虫、分布极不均匀的病虫以及病虫种类的调查等，为防止遗漏，通常采用逐行逐株或隔行隔株的顺行式取样。

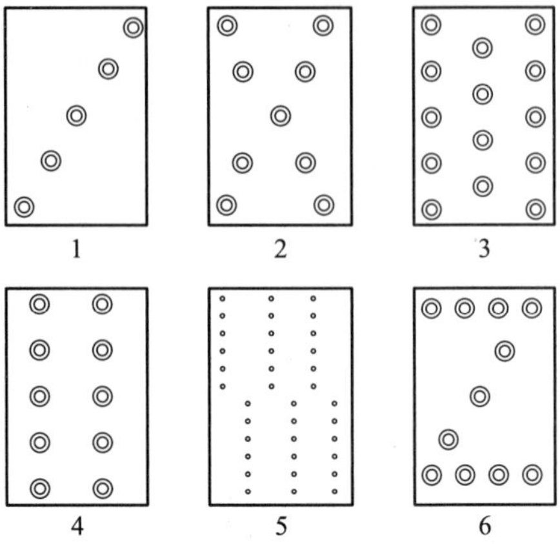

图 3.1.1　几种常见的田间取样方法
1. 单对角线式　2. 双对角线式　3. 棋盘式
4. 分行式样　5. 平行线式　6. Z 字形

（3）确定取样单位　调查取样单位应随作物种类和病虫特点而异。

① 面积：常用于调查地下害虫和密植作物病虫害，一般以 m^2 为单位。

② 长度：常用于调查垄作、条播密植作物或枝条上的病虫数量和受害程度，一般以 m 为单位。

③ 体积：适用于调查地下害虫或蛀干害虫，以 m^3 为单位。

④ 时间：常用于调查比较活泼的昆虫，以单位时间内捕获的或目测到的虫数来表示。

⑤ 植株整体或植株的一部分：全株的病害（如立枯病、枯萎病）及地下害虫为害的幼苗等以植株为单位；叶斑病、果腐病、虫食籽粒等，则常以植株的一部分，如叶片、果实、籽粒等为单位。

⑥ 调查统计器械：根据各种害虫的特性，设计特殊的调查统计器械，如捕虫网扫捕的网数，诱蛾器、黑光灯和草把统计诱得虫量等。

（4）确定取样数量　为保证田间调查取样的代表性，最大限度地缩小误差，同时节省人力与时间，需要确定适宜的取样数量。

① 样点数量：面积小、地形一致、作物生长整齐、四周无特殊环境影响和田间分布均匀的病虫害种类，样点可少取一些，反之样点应取多些。病虫发生密度大时，样点数可适当少些，每个样点可大一些，反之，则应适当增加样点数，每个样点可小一些。每样点的取样数量为：全株性病虫 100~200 株，叶部病虫 10~20 片叶，果（蕾）部病虫 100~200 个果（蕾）。在检查害虫发育进度时，一般活虫数不少于 20 头。

② 取样面积：一般取样面积占调查总面积的 0.1%~0.5%，在时间及人力许可时，应尽可能多地取些样点。

二、调查资料的记录

1. 记录的内容

为了使调查材料便于以后整理和分析，调查记录要求准确、简要、具体，特殊情况要加以注明。记录内容一般包括调查地点、日期、调查人、植物种类、病虫名称、被害率（发病率或有虫株率）、田间分布情况、土壤性质、肥水管理状况、耕作制度、种植密度、病虫害发生前的气候状况和病虫防治及其效果等项目。

病虫调查记录一般采取表格形式,对重点调查和病虫测报等调查记录,最好按照统一规定格式,以便积累资料和分析比较。表格的内容、项目可根据调查目的和调查对象设计(表 3.1.1,表 3.1.2)。

表 3.1.1 苹果叶部病害田间发生情况调查表

调查人:　　　　　　　　　　　　　调查地点:　　　　　　　　　　　　　调查日期:　　年　　月　　日

病害名称	苹果品种	调查叶数/片	病叶数/片	发病率/%	病害分级					病情指数	备注
					1	2	3	4	5		

表 3.1.2 黄瓜蚜虫田间调查表

调查人:　　　　　　　　　　　　　调查地点:　　　　　　　　　　　　　调查日期:　　年　　月　　日

调查地点	黄瓜生育期/d	调查株数/株	有蚜株数/株	卷叶株数/株	蚜虫数量/头					防治情况	气象要素	备注
					有翅成蚜数	有翅若蚜数	无翅蚜数	总蚜数	百株蚜量			

2. 病虫发生和为害严重程度的记录方法

病虫调查资料的记录常随病虫的种类和调查内容的不同而异。

(1)数量法　对可以用数据记录的病虫性状,调查后可折算成一定单位内的害虫数或受害株数,宜用数量法记录。

(2)分级法　不宜用计数的方法记录调查结果时,宜用分级法记录。先将病虫发生的严重程度由轻到重划分出几个级别,分别用各级的代表值或百分率表示,再以等级记录病虫发生的严重程度。为便于运用,分级的标准要具体,级差要明显,级别不宜分得太多。

目前,各种病害分级标准尚未统一,可参照已有的分级标准(表 3.1.3~表 3.1.7),也可按病情的轻重排列,酌情划分等级。记录病虫发生的严重程度时,以整株或者以个别器官为单位,对照事先制订的严重度分级标准,找出与发病实际情况最接近的级别。

表 3.1.3 叶部病害的分级标准

代表值	病情
0	叶片上无病斑
1	叶片上有个别病斑
2	病斑面积占叶面积 1/3 以下
3	病斑面积占叶面积 1/3~2/3
4	病斑面积占叶面积 2/3 以上或叶柄有病斑

表 3.1.4　黄瓜霜霉病的分级标准

代表值	病情
0	叶片上无病斑
1	病斑面积占叶片面积的 1/10 以下
2	病斑面积占叶片面积的 1/10~1/5
3	病斑面积占叶片面积的 >1/5~1/2
4	病斑面积占叶片面积的 1/2 以上

表 3.1.5　果实病害的分级标准

代表值	病情
0	果表面无病斑
1	果表面有个别病斑
2	病斑面积占果表面积 1/4 以下
3	病斑面积占果表面积 1/4~1/3
4	病斑面积占果表面积 1/3 以上

表 3.1.6　病毒病害的分级标准（番茄花叶病毒病）

代表值	病情
0	无病
1	仅上部叶片有轻微花叶或条斑
2	叶片有明显花叶或条斑,叶变形,植株轻度矮化
3	叶片畸形,茎秆条斑较多,扭曲,植株矮化
4	植株严重矮化,上部叶片枯死

表 3.1.7　枝干病害的分级标准（苹果树腐烂病）

代表值	病情
0	枝干无病
1	树体有几个小病斑或 1~2 个较大病斑(15 cm 左右),枝干齐全,对树势无明显影响
2	树体有多块病斑或在粗大枝干部位有 3~4 个较大病斑,枝干基本齐全,对树势有些影响
3	树体病斑较多或粗大枝干部位有几个大病斑(20 cm 以上),已锯除 1~2 个主枝或中心枝,树势及产量受到明显影响
4	树体遍布病斑或粗大枝干病斑很大或很多,枝干残缺不全,树势极度衰弱以至枯死

严重度分级标准除用文字描述外,还可制成分级标准图(图 3.1.2)。

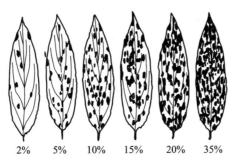

图 3.1.2　双子叶植物叶斑病的分级标准图

可采用与病害相似的方法,将害虫为害情况按植株受害轻重程度进行分级,再用危害指数反映害虫的危害程度。一般地下害虫为害往往造成植株死亡,可以根据缺苗率或单位面积害虫数量分为不同级别来表示地下害虫的危害程度。对食叶性害虫分级一般依据叶片被取食的面积目测分为 5 级,1~5 级分别对应叶片被取食的面积为 5% 及以下、>5%~25%、>25%~50%、>50%~75% 和 75% 以上。对钻蛀性害虫分级应依据虫口、被害株数、虫孔的多少及长短进行估计。对刺吸性害虫根据虫口密度或植物被害状进行分级,0 级代表无虫害,最高一级代表虫害最严重(表3.1.8)。

表 3.1.8　蚜虫为害分级标准

等级	分级标准
0	无蚜虫,全部叶片正常
1	有蚜虫,全部叶片无蚜害异常现象
2	有蚜虫,受害最重叶片出现皱缩不展
3	有蚜虫,受害最重叶片皱缩半卷,超过半圆形
4	有蚜虫,受害最重叶片皱缩全卷,呈圆形

三、病虫害发生程度的计量

1. 植物病害发生程度的计量

(1)发病率(普遍率)　发病率是发病个体数占调查总数的百分率,表示病害发生的普遍程度,一般以发病植株或发病器官(根、茎、叶、花、果实、种子等)占调查植株总数或器官总数的百分率来表示,如病穗率、病果率、病叶率、病株率等。

$$发病率(普遍率) = \frac{发病株(根、茎、叶、花、果)数}{调查总株(根、茎、叶、花、果)数} \times 100\%$$

(2)严重度　田间病株或发病器官间的发病轻重程度可能有相当大的差异。例如,同为发病叶片,有些叶片可能仅产生单个病斑,另一些则可能产生几个甚至几十个病斑,以至引起叶片枯死和脱落;果实局部病斑和全部腐烂造成的经济损失也不相同。在发病率相同时,发病的严重程度和植物的损失可能不同。

严重度表示受害的植物或器官的表面积占总的植物或器官的表面积的比(点发性)或受

害的严重程度(系统性),用以衡量发病个体受害或发病的程度。对点发性病害,当病斑大小比较均匀且数量不多时常用病斑数表示。对系统性病害,常用损失率或发病株率衡量。严重度用分级法表示。

$$严重度 = \frac{植株或植物器官(根、茎、叶、花、果)受害面积}{植株或植物器官(根、茎、叶、花、果)总面积} \times 100\%$$

(3)病情指数　病情指数又称感病指数,是全面考虑发病率与严重度二者的综合指标。若以叶片为单位,当严重度用分级代表值表示时,病情指数计算公式如下:

$$病情指数 = \frac{\sum(各级病叶数 \times 各级严重度等级)}{调查总叶数 \times 最严重的等级} \times 100$$

当严重度用百分率表示时,则用以下公式计算病情指数:

$$病情指数 = 普遍率 \times 严重度$$

病情指数越大,病情越重;指数越小,病情越轻。发病最重时指数为100;没有发病时指数为0。

2. 害虫发生程度的计量

(1)虫口密度　虫口密度是单位面积或植株上害虫的平均数量,表示害虫发生的严重程度,也可用百株虫数表示,计算公式如下:

$$虫口密度 = \frac{调查总活虫数}{调查总株(面积)数}$$

$$百株虫数 = \frac{调查活虫数}{调查总株数} \times 100$$

(2)有虫株率　有虫株率是有虫株数占调查总株数的百分数,表明害虫分布的均匀程度,计算公式如下:

$$有虫株率 = \frac{有虫株数}{调查总株数} \times 100\%$$

(3)危害指数　许多害虫对植物的为害只造成植株产量的部分损失,植株之间的受害轻重程度并不相同,用有虫株率不能完全说明受害的实际情况,可用危害指数反映害虫的危害程度。计算公式如下:

$$危害指数 = \frac{\sum(各级虫害数 \times 各虫害等级)}{调查总数 \times 虫害最高等级} \times 100$$

例如,调查蚜虫为害植株100株,0级53株,1级26株,2级18株,3级3株。

$$危害指数 = \frac{53 \times 0 + 26 \times 1 + 18 \times 2 + 3 \times 3}{100 \times 4} \times 100 = 17.75$$

危害指数越大,植株受害越重;危害指数越小,植株受害越轻。植株受害最重时危害指数为100,植株没受害时危害指数为0。

四、损失率计算

病虫为害造成的损失,除少数与被害率(指发病率或有虫株率)接近外,一般用病情(危害)

指数和被害率都不能完全说明其损失程度。病虫为害造成的损失主要表现在产量或经济收益的减少,通常用生产水平相同的受害田与未受害田的产量或经济总产值对比来计算,也可用防治区与不防治区的产量或经济总产值对比来计算。

$$损失率 = \frac{未受害田平均产量(产值) - 受害田平均产量(产值)}{未受害田平均产量(产值)} \times 100\%$$

五、调查资料的整理与保存

通过田间调查获得的分散、零乱的原始资料,需要经过检验、汇总与初步加工,使之系统化、条理化,得到体现调查对象总体特征的综合资料,才能为调查结论提供科学的依据。

调查资料的整理,第一要保证调查资料的真实性,对搜集到的调查资料要根据实践经验和常识进行辨别,发现疑问时要再次核实。第二要保证调查资料的准确性,对原始资料逐项进行检查与核对,以提高原始资料的准确性,保证调查质量。第三是要保证调查资料的完整性,如果调查数据资料残缺不全,就会降低甚至失去利用价值。第四是要保证调查资料的统一性,要求调查指标、计量单位、计算公式统一。如果调查数据资料没有统一标准,就无法进行比较研究。第五是经过整理所得的调查数据资料,要尽可能简单、明确,并使之系统化、条理化,以集中的方式反映调查对象的总体情况。

对调查记录的资料,要妥善保存、注意积累,最好建立病虫档案,以便总结病虫发生规律,指导测报和防治。

任务工单 3-1 病虫害田间调查与统计

一、目的要求

学习病虫害田间调查的一般方法,统计病虫害的发生程度,熟悉调查资料的统计和整理,结合天气情况及病虫害的发生情况作出病虫害发生情况的预测。

二、材料和用具

发生病虫害的田块,放大镜、皮卷尺或米尺、计数器、记录本、铅笔等。调查病害的分级标准、气象资料和病虫害历年发生情况的资料。

三、内容和方法

(一)病虫害田间调查

1. 一般调查

(1)在园艺植物的生长中、后期,选择常见病虫害种类,确定调查项目和方法。

(2)根据调查项目设计病虫害的调查记录表格。

(3)进行田间调查并记录结果。

2. 专题调查

(1)选择当地1~2种主要病虫害为调查对象,根据调查目的拟订调查计划,确定调查项目、方法和制订记录表格。

(2)了解调查田块的环境条件、栽培管理情况、以前病虫害的发生和防治情况、其他寄主、天敌的来源和防治情况等。

（3）选择具有代表性的田块，根据病虫害种类的特性、作物栽培方式、环境条件等进行田间选点，确定取样数量和取样单位，进行田间调查。

（4）分别采用数量法和分级法记录调查结果。

（5）对调查资料进行统计，计量病虫害的发生程度，估计损失情况。

（二）病虫害预测

在 1~2 种主要病虫害的田间调查基础上，根据病虫出现的时期、发生数量、为害轻重，结合天气情况及病虫害的发育情况，推断其发展趋势和结果，进行发生期、发生量以及扩散蔓延的预测。

四、作业

1. 专题调查当地 1~2 种主要病虫害，写一份专题调查报告（内容包括调查目的、时间、地点、地块概况、作物种类、发病部位、病害名称、取样方法、发病率、病情指数及损失估计等）。

2. 预测当地 1~2 种主要病虫害的发生期、发生量以及发展趋势，并说明预测依据。

五、思考题

如何正确选择病虫害的田间调查取样方法、取样单位和取样数量？

任务二　病虫害防治方法

一、植物检疫

植物检疫是一项法规防治措施，是指由国家颁布条例和法令，对植物及其产品，特别是苗木、接穗、插条、种子等繁殖材料进行管理和控制，防止危险性病、虫、杂草等传播蔓延。

有害生物综合治理方法

资 料 卡

检疫一词来源于拉丁文"quarantine"，原意是 40 d。早在 14 世纪时，意大利的威尼斯城曾规定外国船只抵达口岸时，必须离岸停泊 40 d，经检查证明船上人员无当时流行的"黑死病"后，才允许登陆上岸。以后，很多国家也陆续采用了这个规定。

---

1. 植物检疫的任务

植物检疫的主要任务有 3 个方面：一是禁止危险性病、虫、杂草随着植物及其产品由国外输入到国内或由国内输出到国外。二是将国内局部地区已发生的危险性病、虫、杂草封锁在一定范围内，并采取各种措施逐步将其消灭。三是当危险性病、虫、杂草传入新地区时，采取紧急措施，就地对其彻底消灭。

2. 植物检疫对象的确定

《植物检疫条例》第 4 条规定"凡局部地区发生的危险性大、能随植物及其产品传播的病、虫、杂草，应定为植物检疫对象。农业、林业植物检疫对象和应施检疫的植物、植物产品名单，由国务院农业主管部门、林业主管部门制定"。植物检疫对象分为对内检疫对象和对外检疫对象。

3. 植物检疫的主要措施

（1）国内植物检疫　对于发生植物检疫对象的国内局部地区，应划为疫区，采取封锁、消灭措施，防止植物检疫对象传出；在检疫对象发生已较为普遍的地区，则应将未发生的地方划为保护区，防止植物检疫对象传入。在发生疫情的地区，植物检疫机构经批准可以设立植物检疫检查站，进行产地检验和现场检验。疫区内的种子、苗木及其他繁殖材料和应实施检疫的植物及植物产品，只允许在疫区内种植和使用，严禁运出疫区。

（2）出入境植物检疫　对外检疫工作由检疫机关在港口、机场、车站、邮局等地进行。对于进出口的种子、苗木及其他繁殖材料，由检疫机关进行严格的抽样检查，如发现检疫对象，必须禁止其输入或输出。抽样检查时如发现可疑的、当时无法确定的检疫对象，一定要在隔离的温室或苗圃种植，或在室内进行分离培养，得出准确的结论后再决定处理办法。

国家禁止进境的各种物品和禁止携带、邮寄的植物、植物产品及其他检疫物不准进境，也不需要对其进行检疫，一经发现，不论其来源和产地均作退回或者销毁处理。当国外发生重大植物检疫疫情并可能传入我国时，国务院可以下令禁止来自疫区的运输工具进境或者封锁有关口岸。

二、农业防治法

农业防治法是通过改革种植制度和改进栽培技术，调节寄主植物、病虫害和环境条件之间的关系，创造有利于作物生长发育而不利于病虫害发生的条件，从而消灭或控制病虫害的防治方法。主要有下述措施。

1. 选用抗病虫品种

通过选用抗病虫品种来防治病虫害是一种经济有效的防治措施，可以代替或减少农药的使用，避免和减轻农药带来的残毒和环境污染问题，大量节省田间防治费用。抗病虫品种可以通过选种、引种和育种获得，应注意兼顾抗病、抗虫与高产、优质以及适应性。

农业防治法

2. 改革种植制度

（1）合理轮作　对寄主范围窄、食性单一的有害生物，通过合理轮作可以切断有害生物的寄主桥梁，恶化其营养条件和生存环境，或切断其生命活动过程中的某一环节，使其种群数量大幅度下降。如水旱轮作对不耐旱或不耐水的有害生物具有良好的防治效果。轮作只对寄主范围较窄的病虫害有效，不同的病虫害的轮作年限主要取决于病虫害在土壤中的存活期限。

（2）合理间作、套作　不同作物实行合理间作或套作，往往可以控制或者减轻某些病虫害的发生。例如，果园间作绿肥能提高果园生态系统的生物多样性，明显增加果园内天敌的数量，充分发挥自然界天敌对害虫的持续控制作用；用辣椒与玉米等高秆作物间作，高秆作物能给辣椒遮阳，又可阻碍蚜虫的迁飞，对辣椒日灼病和病毒病有较好的防治效果；甘蓝和白菜等十字花科蔬菜间种莴苣、番茄或薄荷，后者放出的刺激性气味可使到十字花科蔬菜上产卵的菜粉蝶避而远之；洋葱与胡萝卜种在一起，它们各自发出的气味可以互相驱逐害虫。但应注意，如间作、套作不合理，反会加重病、虫、杂草等有害生物的危害。

（3）合理的作物布局　合理的作物布局可以阻止病虫害扩散蔓延或交叉侵染、有效地控制害虫、延缓病害流行的时间、降低某些病虫害暴发的风险性。例如，秋白菜避免与早白菜、萝卜、甘蓝等邻作，可减轻蚜虫和病毒病的发生；夏季停种或压缩种植十字花科蔬菜，可打断或破坏小菜蛾、菜青虫等多种害虫的食物链;日光温室秋冬茬种植芹菜、油菜、生菜等,有助于切断温室白粉虱等害虫的生活史。

但如作物布局不合理,则会为多种有害生物提供各自需要的寄主植物,从而形成全年的食物链或侵染循环条件,使寄主范围广的有害生物获得更充分的食料。如桃、梨混栽,有利于梨小食心虫转移为害等。

3. 培育无病虫种苗

有些病虫害随种子和苗木传播,培育无病虫壮苗是防治种苗传播病虫害的有效措施。可采取无病虫圃培育种苗、无病虫株采种、组织培养脱毒育苗等措施培育无病虫壮苗。

4. 改进栽培技术

(1)耕翻整地　及时耕翻整地可改变土壤环境,使生活在土壤中和以土壤、病残体为越冬场所的病虫害经日晒、干燥、冷冻、深埋或被天敌捕食等得到控制。冬耕、春耕或结合灌水常是有效的防治措施,对生活史短、发生代数少、寄主专一、越冬场所集中的病虫,防治效果尤为显著。耕翻土地有利于根系生长发育、提高植物的抗病能力,能减轻病害特别是根部病害的发生。

(2)调整播期与定量播种　适当调整播期可以在不影响作物生长的前提下,使作物易受害的生育阶段避开病虫发生侵染盛期,减少病虫为害造成的损失。如适当晚播秋播十字花科蔬菜,可避过高温及蚜虫高峰,减少蚜虫传染病毒病的机会,减缓病毒病的发生。另外,适当的播种量、播种深度和方法,结合种子和苗木的药剂处理等,可促使苗齐苗壮,并影响田间小气候,从而控制有害生物的发生和危害。

(3)加强栽培管理

调节水分　土壤水分过多可造成植株徒长、植株组织柔嫩、抗性降低,易发生病害。土壤含水量过低,不利于植株的生长发育,降低植物的抗病性;灌溉可使害虫处于缺氧状况下窒息死亡,冬灌能够破坏多种地下越冬害虫的生存环境,减少虫口密度。

> **想 一 想**
>
> 为什么秋季灌水过多易造成严冬冻害,导致某些枝干病害严重发生? 为什么修剪不合理,结果量过大,会降低果树对烂皮病的抗病能力? 为什么贮藏温度过高,蔬菜容易腐烂变质?

合理施肥　施肥对植物的生长发育及抗病虫能力都有较大影响。适当增加有机肥的施用量,可以改善土壤的理化性状,改良土壤微生物区系,促进根系发育,提高植株的抗病性。施用腐熟有机肥,可杀灭其中的病原物和害虫;合理施用氮、磷、钾肥,可减轻病虫为害程度;氮肥过多易导致作物生长柔嫩,田间郁闭阴湿有利于一些喜高湿的病虫害发生。

及时除草　及时除草可消灭一些病虫的中间寄主、越冬场所和传毒媒介等,从而减轻病虫为害。

清洁田园　在园艺植物生长期,将受病虫为害的叶、果、株及时摘除或拔掉,以免病虫害在田间扩大蔓延;有些杂草往往是某些害虫繁殖、潜藏的场所或病毒的野生寄主,应将田边地头的杂草清除干净;采收园艺植物后,遗留于田间的残株败叶是多种害虫和病原物越冬和繁衍的主要场所,及时清除病残体对减少田间病源和虫源基数有重要作用。

5. 适期采收与合理贮藏

采收的时期、方法、工具以及收获后的处理也与病虫发生密切相关。例如,果品的采收时间、采收和贮藏过程中造成伤口的多少以及贮藏期的温、湿度条件等,都会直接影响贮藏期病害的发生和程度。干燥不利于病原物的活动,许多果品,如枣和核桃等可以干燥保存。

农业防治的优点是不需要过多的额外投入,可与其他常规栽培管理结合进行;有效的农业防治措施可在大范围内减轻有害生物的发生程度,甚至可以持续控制某些有害生物的大发生。当然,农业防治也具有很大的局限性。首先,农业防治必须服从丰产要求,不能单独从有害生物防治的角度去考虑问题。其次,农业防治措施往往在控制一些病虫害的同时,引发另外一些病虫害,因此,实施农业防治时必须对当地主要病虫害综合考虑,权衡利弊,因地制宜。再次,农业防治具有较强的地域性和季节性,且多为预防性措施,在病虫害已经大发生时,单独使用有时收效慢、效果差。

三、生物防治法

利用有益生物或其代谢产物防治有害生物的方法称为生物防治。其原理和方法主要有:利用有益生物保护植物,使之免受或少受病原物侵染,避免或减轻病害的颉颃作用、竞争作用、交互保护作用;利用天敌昆虫防治害虫及应用生物农药等。

生物防治法

1. 拮抗作用和竞争作用

一种微生物的存在和发展限制另一种微生物存在和发展的现象称为拮抗作用。有些微生物生长繁殖很快,与病原物争夺空间、营养、水分及氧气,从而控制病原物的繁殖和侵染的现象称为竞争作用。

2. 交互保护作用

交互保护作用指用致病力弱的株系(生产上称为弱毒疫苗)保护植物免受强致病力株系侵染的现象。目前,烟草花叶病毒的弱毒株系 N14 和黄瓜花叶病毒卫星 RNA 制剂 S52 等在生产上应用已获成功。

3. 利用天敌昆虫

(1)寄生性天敌与捕食性天敌　园艺植物生态系统中存在着多种天敌和害虫,它们之间通过取食和被取食的关系,构成了复杂的食物链和食物网。天敌昆虫按其取食特点可分为寄生性天敌和捕食性天敌两大类。寄生性天敌昆虫总是在生长发育的某一个时期或终身附着在害虫的体内或体外,并摄取害虫的营养物质来维持生长,从而杀死或致残某些害虫,使害虫种群数量下降。捕食性天敌则通过直接杀死害虫取食。

(2)利用本地天敌　自然界天敌资源丰富,在各类作物种植区均存在大量的自然天敌,充分利用本地天敌抑制有害生物是害虫生物防治的基本措施。可采用提供适宜的替代寄主、栖息和越冬场所,结合农业措施创造有利于天敌的环境,避免农药对天敌的大量杀伤等措施,增加农业生态系中有益生物的种类。利用本地天敌一般不需要增加费用和花费很多人工,方法简单且易于被种植者接受。

(3)引进和释放天敌　引进和释放天敌,可以增加田间有益生物的种类和数量。从国外或国内其他地区引进天敌时,需要通过人工繁殖扩大天敌种群数量,以增加其定殖的可能性。对于本地天敌,由于在自然环境中,种类虽多,但有时数量较小,特别是在害虫数量迅速上升时,天敌总是尾随其后,很难控制害虫为害,可采用人工大量繁殖,在害虫大发生前释放,解决这种尾随效应,达到利用天敌、有效控制害虫的目的。引进天敌要考虑天敌对害虫的控制能力,天敌被引入后在新环境下的生态适应和定殖能力,防止天敌引进时带入其他有害生物,或引进的天敌在新环境下演变成有害生物。

资　料　卡

　　100 多年来,天敌的引进工作取得显著的成绩。美国和加拿大共记录引进瓢虫 179 种,26 种定居北美,起着重要的防虫作用。最著名的是 1888 年美国由大洋洲引进了澳洲瓢虫防治柑橘吹绵蚧,到 1889 年底完全控制了吹绵蚧,该瓢虫在美国建立了永久性的群落,直到现在,澳洲瓢虫对吹绵蚧仍起着有效的控制作用。1989 年,美国还召开了"引进澳洲瓢虫 100 周年纪念"的国际性生物防治会议。

4. 应用生物农药

　　生物农药是指利用生物活体或生物代谢过程产生的具有生物活性的物质,或从生物体中提取的物质等作为防治有害生物的农药。生物农药作用方式特殊,防治对象专一,且对人类和环境的潜在为害比化学农药小,因此被广泛地应用于有害生物防治中。

　　(1) 生物杀菌剂　生物杀菌剂包括真菌杀菌剂、细菌杀菌剂和抗生素杀菌剂等,如木霉菌、枯草芽孢杆菌、多抗霉素、阿司米星、链霉素及新植霉素等。

　　(2) 生物杀虫(螨)剂　生物杀虫(螨)剂包括植物、真菌、细菌、病毒、抗生素和微孢子虫制剂。植物杀虫剂种类较多,如除虫菊素、鱼藤酮、楝素、印楝素和苦参碱等。真菌杀虫剂有白僵菌和绿僵菌等。细菌杀虫剂主要有苏云金杆菌和杀螟杆菌,还有病毒制剂核型多角体病毒、抗生素杀虫(螨)剂阿维菌素、微孢子虫和生物杀螨剂浏阳霉素与华光霉素等。

　　(3) 生化农药　生化农药指经人工模拟合成或从自然界的生物源中分离或派生出来的化合物,如昆虫信息素和昆虫生长调节剂等。我国已有近 30 种性信息素用于害虫的诱捕、交配干扰或迷向防治。灭幼脲、烯虫酯、抑食肼等昆虫生长调节剂对多种园艺植物害虫具有很好的防效,可以导致幼虫不能正常蜕皮,造成畸形或死亡。

　　从保护生态环境和可持续发展的角度讲,生物防治是最好的防治害虫的方法之一。第一,生物防治一般对人、畜安全。第二,活体生物防治对有害生物可以达到长期控制的目的,而且不易产生抗性问题。第三,生物防治的自然资源丰富,易于开发。

四、物理机械防治法

　　物理机械防治法是利用物理因子或机械作用及器具防治有害生物的方法。许多物理机械防治措施,如高温、干旱、冷藏、气调贮藏等因素对病虫害有抑制作用,可影响病虫害的发生发展速度及严重程度。

物理机械防治法

1. 温度处理

　　热处理是利用致死高温杀死有害生物的一种方法。如日光晒种可防治许多储粮害虫;利用 50~55 ℃的温汤浸种,可杀死一些种子上所带的病菌;利用 70 ℃的高温干热灭菌,可杀死黄瓜种子上的多种病菌;通过覆盖塑料薄膜提高土壤温度,可以消灭土壤中的病菌和害虫;用 50~70 ℃的高温堆沤粪肥 2~3 周,可杀死其中的许多病菌;利用高温闷棚,除可杀灭霜霉病菌外,还可杀死棚内的飞虱和蚜虫等害虫。

　　在较低的温度条件下,病原物难以繁殖或侵染寄主,所以常用冷藏或速冻的方法来保存果品。

2. 射线处理

射线处理是利用电磁辐射进行有害生物防治的物理防治技术。可在小范围内用电波、γ射线、X射线、红外线、紫外线、激光和超声波等直接杀虫、杀菌或使害虫不育来防治害虫。

3. 捕杀法

捕杀法是指根据害虫习性、发生特点和发生规律所采用的直接杀死害虫或破坏害虫栖息场所的方法。捕杀法包括冬季刮除老翘皮,人工摘除卵块、虫苞和捕杀幼虫,清除土壤表面的美洲斑潜蝇虫蛹和清除被害叶,利用某些害虫的假死性,人工振落害虫并集中消灭等。

4. 诱杀法

许多昆虫都具有不同程度的趋光性,对光波(颜色)有选择性。如梨小食心虫对蓝色和紫色有趋性,菜粉蝶对黄色和蓝色有强烈的趋性。蚜虫、粉虱、飞虱等对黄色有明显的正趋向性,蚜虫还对白色、灰色、银灰色,尤其是银灰色反光有强烈的负趋向性。生产上可利用害虫对光的趋性,采用黑光灯、黄板、银灰膜引诱或驱避多种害虫。

有些害虫对食物气味有明显趋性,可以配制适当的食饵诱杀害虫。如配制糖醋液诱杀小地老虎成虫,用新鲜的马粪诱杀蝼蛄,撒播毒谷毒杀金龟子等。

利用害虫具有选择特殊环境潜伏的习性诱杀害虫。如田间插杨树枝诱集棉铃虫成虫,在树干上绑麻片或草袋片诱集红蜘蛛、苹小食心虫、梨星毛虫等潜伏害虫,再集中消灭之。

5. 阻隔法

隔离病虫与植物的接触以防止植物受害的方法称阻隔法。在自然界,由于害虫分布和栖息场所的局限性,采用套袋、防虫网、覆盖地膜和涂白树干等方法,隔离害虫与植物的接触,可以有效地保护植物免受害虫为害。

议 — 议

当地生产中采取哪些措施有效地阻止了病虫害的传播与为害?

病害防治也可采用阻隔病原物使其不能与寄主接触的措施,包括对危险性大,主要依靠人为因素远距离传播的病害执行检疫;对于经苗木、接穗、插条等繁殖材料传播的病害,采用无病繁殖材料或对带病材料进行消毒处理;对经昆虫、螨类传播的病害防治媒介;对于有一定传播距离的病害采用寄主与病原隔离的措施,如挖沟封锁防止某些根病侵染范围的扩大,桧柏与苹果及梨园相距5 km以上防止病菌传播等。阻隔法一般对经风雨及人为因素传播的病害有效,对经昆虫及其他动物传播的病害部分有效,对经气流传播的病害效果一般较差。

6. 外科手术

外科手术是治疗多年生树木枝干及根部病害的重要手段。例如,治疗苹果树腐烂病,可直接用快刀将病组织刮干净或在刮净后对其涂药。当病斑绕树干一周时,还可采用桥接的办法沟通营养,恢复树势,挽救重病树。刮除枝干轮纹病斑可减轻果实轮纹病的发生。

五、化学防治法

化学防治是指利用化学农药防治农业有害生物的方法。化学农药对防治对象具有高效、速效、使用方便、经济效益高等优点,在控制农业有害生物、保证农业丰收方面起到了不可代替的作用。但是,农药也可污染环境、造成农副产品中农药残留超标、导致人畜和有益生物中毒死亡、对农作物产生药害、杀伤有益生物、致使病虫产生抗药性等不良后果。这些问题引起了全世界的广泛关注。目前主要通过轮换或复配使用、采用适宜的施药方法、减少用药次数、与其他方法配合使用等措施充分发挥化学防治的优点,减轻其不良作用。

任务工单 3-2　园艺植物害虫天敌资源调查

一、目的要求

学习园艺植物害虫天敌资源调查的基本方法,识别当地园艺植物害虫的捕食性、寄生性天敌和有益微生物,查清其主要种类、优势种群及发生消长规律,提出保护和利用天敌的方案。

二、材料和用具

镊子、放大镜、挑针、标本瓶、大烧杯、乙醇、捕虫网、吸虫管、毒瓶和调查记录本等。

三、内容和方法

根据地势、土壤、气候、植被等自然环境和作物布局,按作物种类选择不同的田块(如苹果园、柑橘园、番茄地、花圃等)及其附近的植被进行调查。对观察的重点天敌,可根据其生活习性、活动规律妥善安排调查时间。

1. 捕食性天敌调查

主要调查直接捕食害虫的昆虫、蜘蛛、食虫螨等。首先观察其是否捕食害虫以确认其是否为天敌,然后根据捕食性天敌的习性和活动规律进行调查。

(1)调查地点　一般捕食性天敌常出现在农药施用量较少的农田或阳光充足、植被丰富、空气湿度较大、蜜源植物较多的野外,可根据捕食性天敌的食性和生活习性进行搜寻。瓢虫的成虫和幼虫多在植物上捕捉食物,特别在蚜虫或螨类较多的地方更为集中(表 3.2.1);草蛉和粉蛉等多以蚜虫、介壳虫等为食,活动于植物枝叶上,飞翔力较弱(表 3.2.2);食蚜蝇的成虫需要补充营养才能达到性成熟,蜜源植物丰富以及有蚜虫和介壳虫分泌物的场所均可发现食蚜蝇成虫的活动(表 3.2.3);春季或园艺植物苗期,容易采到小花蝽和姬猎蝽等;食虫螨和食虫蓟马因虫体很小且多活动于叶背,要对其仔细观察(表 3.2.4);步甲类多在地面爬行、捕食鳞翅目害虫的幼虫;田间蜘蛛种类很多,在田间各处和各种植物的枝叶等处都有栖息。

表 3.2.1　常见瓢虫成虫主要识别特征

昆虫名称	体型大小/mm	头部	前胸背板	鞘翅	捕食对象
异色瓢虫	卵圆形,半球形拱起;(5.4～8.0)×(3.8～6.0)	橙黄,橘红至黑色	淡黄至黄色,中央基部黑斑长形、M 形、梯形,或仅肩角黄色	鞘翅橙黄色至黄色,有斑19、8、6、4、2、1 个或消失;鞘翅黑色,每侧有1～2 个黄斑,有时黄斑很大,鞘翅仅有黑色边缘	多种园艺植物蚜虫
七星瓢虫	卵圆形,半球形拱起;(5.2～7.0)×(4.0～5.6)	黑色,有 3 个淡色黄斑	黑色,前角各有 1 个四边形淡黄色大斑	红色或橙红色,两鞘翅共有 7 个黑斑	
多异瓢虫	长卵形,扁平拱起;(4.0～4.7)×(2.5～3.2)	黄白色,前部有 2 个黑点,后缘有 1 黑色横带	黄白色,基部有黑色横带,向前成 4 个分支	黄褐色至红褐色,两鞘翅共有 13、11、9 个黑斑,小盾片上方两侧各有 1 个三角形黄白色斑	

昆虫名称	体型大小/mm	头部	前胸背板	鞘翅	捕食对象
龟纹瓢虫	长圆形,弧形拱起;(3.8~4.7)×(2.9~3.2)	黄色,雄虫后缘黑色,雌虫前部有三角形黑斑	黄色,中央大型黑斑的基部与后缘相接	黄色,鞘缝有黑色纵纹,雄虫鞘翅每侧有2个黑斑	多种园艺植物蚜虫
深点食螨瓢虫	卵圆形,半圆形拱起;(1.3~1.4)×(1.1~1.0)	雌虫黑色,唇基褐色,雄虫黄褐色	黑色	黑色,全体有细刻点,密被白色细毛	多种园艺植物害螨
黑缘红瓢虫	近圆形,半球形拱起;(4.4~6.0)×(4.1~5.5)	红褐色	红褐色	枣红色,外缘和后缘黑色,黑红界限不明显	多种园艺植物蚧类

表 3.2.2　常见草蛉主要识别特征

昆虫名称		大草蛉	中华草蛉	丽草蛉(小草蛉)
成虫	体长/mm	13~15	8~10	9~11
	前、后翅长/mm	17~18 15~16	13~14 11~12	13~15 11~13
	头部	黄绿色,有黑斑2~7个,以4~5个最常见;4斑位于唇基和触角下,第5斑在触角之间,7斑者,在两颊上各有1个	黄白色,两颊及唇基两侧各有1黑条,上下黑条常连接	黄绿色,有黑斑9个,分别位于头顶(2个)、触角间(1个)、触角窝(2个)、两颊(2个)、唇基两侧(2个)
	胸腹部	黄绿色,腹背中带黄色;前胸两前侧角各有1黑斑和2个灰色纹,上生黑细毛	夏型:淡黄绿色,背部中带黄白色;冬型:土黄色	淡绿色,前胸背中央有1横沟,两前侧角各有1黑斑;背板两侧各有2个淡褐色纹
	前翅	透明,翅痣黄绿色;翅脉大部分黄绿色,前缘横脉和后缘基部翅脉多为黑色,内外两组阶脉中央黑色,两端绿色	翅痣黄白色,前缘横脉下端、径脉及径横脉基部均黑色;翅基横脉多黑色,内外两级阶脉皆黑色	翅痣黄绿色,前缘横脉及径脉上端为黑色,内外两组阶脉皆为绿色
老熟幼虫	体长/mm	10~12	6~18	7~8
	体色	紫褐色,有灰褐色细毛	黄白色,体背中央灰褐色	暗褐色
	头部	背面有2个放射状黑斑	背面有V形褐色纹	有6个黑褐色条纹
	胴部	前胸两侧瘤突后有黑紫色斑,后胸两侧有黑紫色毛瘤;背背紫色,腹面黄绿色	毛瘤黄白色,背线和亚背线处有淡紫褐色、云朵状纵带	前胸有1对大黑斑
捕食对象		绣线菊蚜、桃蚜等多种园艺植物蚜虫,害螨及卵,蚧类及卵等	害螨及卵,多种园艺植物蚜虫,蚧类、温室白粉虱、蓟马等	同大草蛉

表 3.2.3　常见食蚜蝇主要识别特征

昆虫名称	体长/mm	头部	胸部	腹部背面
黑带食蚜蝇	8~11	颜面下部触角下方凹陷,额和头顶窄,除单眼区外皆棕黄色,额毛黑色,颜毛黄色	背面铜黑色有光泽,有4条亮黑色纵纹,内侧1对短狭,外侧1对宽长;小盾片黄色	大部分棕黄色至橙黄色;第2节中部有"⊥"形纹,第3、4节后缘各有1"人"形纹,各节中央均有1细黑横纹
月斑鼓额食蚜蝇	14	头大,近半球形,颜面下部及触角下方凹陷,头顶宽,颜宽且突出;颜中突周围被黑毛	铜黑色有光泽,两侧有灰黄色毛	宽大,黑色;有3对黄白色半月形斑,第2、3对斑的内、外前角与背板前缘距离相等
大灰食蚜蝇	8~11	颜面下部触角下方凹陷,颜面中央有1黑褐色纵纹	暗绿色至青黑色,有光泽	黑色;第2~4节背板各有1对大黄斑,雄虫第3、4节黄斑常相连,雌虫常分开;第4、5节后缘黄色,第5节雄虫黄色,雌虫黑色
狭带食蚜蝇	10~11	雄虫额紫黑色,后部被灰棕色粉,雌虫额中部被淡色粉,颜棕黄色	暗黑绿色,有蓝色光泽;背中央有3条不明显的黑色纵纹	黑色;第2~4节前缘各有1灰白色至黄白色窄横带;各节侧缘毛前部黄白色,后部黑色
细腹食蚜蝇	7~9	颜面下部触角下方凹陷,额中部黑褐色,两侧及颜面被黄白色粉	绿黑,有不明显的条纹	腹部狭长、扁平、黄色;第2~4节后缘各有1黑色宽横带,第3、4节横带前缘中央各有1个小突起;雄虫横带狭
四条小食蚜蝇	5~6	颜面下部触角下方不凹陷,雄虫额黄色,雌虫黑色,雄颜面金黄色,雌虫正中有暗色狭纵条	黑色,带绿色光泽。背面前部有1对淡色纵条	棕色至黑色;第2~4节前半部有黄红色横带,雄虫第2节横带两侧不达背板边缘,第3节则达边缘,且变宽

表 3.2.4　其他常见捕食性天敌识别特征

昆虫名称	分类	形态特征	捕食对象
塔六点蓟马	缨翅目蓟马科	成虫:体长约0.9 mm,淡黄至橙黄色,头顶平滑,两侧翅上共有6个黑斑;若虫:初孵若虫白色,后变淡红色或橘红色;3龄若虫出现翅芽;卵:约0.28 mm,肾形,白色有光泽,产于叶背面叶肉内,仅露圆形卵盖	多种害螨
小黑花蝽	半翅目花蝽科	成虫:体长2~2.5 mm,黑褐色至黑色,有光泽,头短而宽;若虫:初孵若虫白色透明,取食后为橘黄色至黄褐色,复眼鲜红色,腹部6、7、8节背面各有1橘红色斑,纵向排成1列;卵:长茄形,白色	多种害螨、蚜虫、蓟马、鳞翅目害虫的卵及小幼虫

（2）调查时间　多数捕食性天敌成虫在白天活动,上午7—10时正是成虫取食和沐浴阳光取暖的时刻,飞行动作比较缓慢,对外来惊扰也不十分敏感,比较容易观察、捕获。

（3）调查内容　调查主要捕食性天敌的密度、生活习性、食性、食量和发生消长规律等。小型捕食性天敌密度可按百叶单位进行数量统计，大型捕食性天敌、在地面活动和密植作物田中的天敌密度可按 hm^2 或 667 m^2 为单位进行数量统计。

2. 寄生性天敌调查

主要调查在害虫体内营寄生生活的寄生蜂类和寄生蝇类等。

（1）寄生性天敌的采集　可根据寄生特点寻找寄生性天敌，被寄生的虫体多明显变色、膨肿、收缩或死亡。赤眼蜂寄生在多种害虫卵内，被寄生的卵漆黑一片，而未被寄生的卵则呈白色或有黑点，凭肉眼即可区别。被寄生蜂寄生的蚜虫通常称"僵蚜"，体淡褐色或黑色，若寄生蜂成虫已羽化，则其尾部背面有 1 个圆孔，在蚜虫数量较多处很容易发现。

一些寄生蜂和寄生蝇寄生在鳞翅目幼虫体内，在群居状态下的寄主昆虫被寄生率一般较低，离开群体营散居生活的个体的被寄生率较高，多数被寄生的幼虫不爱活动或呈麻痹状态；有些寄主昆虫的体壁附着有寄生蝇的卵，或寄主昆虫体壁上有黑点、气门附近有黑斑，这些特征都可表明昆虫被寄生。

（2）寄生性天敌寄主昆虫的饲养　寄生性天敌成虫个体细小，在田间不易发现且采集困难。在寄主昆虫体内寄生的常常是天敌的幼虫期，目前鉴定寄生性天敌幼虫的种类难度较大，一般要在天敌尚未羽化时采集寄主进行培育或饲养，得到成虫后再鉴定其种类，统计寄生率。

① 卵的培育：卵寄生蜂可通过采寄主卵培育观察。采集有寄生现象的卵，放于试管或玻璃瓶中，在室温下培养观察，内放新鲜植物叶片或湿润滤纸，使容器内保持一定湿度，并用多层纱布或棉塞封口，防止羽化的天敌逃逸。

② 成、幼虫的饲养：饲养成虫和幼虫的容器要适当大些，要保持合适的湿度和充足的空气，并经常更换饲料，防止害虫和天敌逃逸。

③ 蛹的培育：凡被寄生的蛹，多半腹部失去活动能力。可根据蛹的生活环境，采取裸露或在土壤中培育。

3. 病原微生物调查

调查侵入害虫机体并使之染病死亡的病毒、细菌、真菌、线虫等。调查病原微生物可与调查寄生性天敌结合进行。要仔细观察害虫虫体是否染病，注意查找感病、僵死的虫体。如被乳状菌寄生的蛴螬，行动缓慢迟钝，虫体呈乳白色，3 对胸足的腿节混浊、不透明。昆虫虫体悬挂于叶片或枝干上，体色变淡、体内组织液化，有恶臭味的是被病毒感染，有臭味的多是被细菌感染。

四、作业

1. 分组对不同地块定期进行天敌资源调查，按下表填写调查报告。

捕食性和寄生性天敌资源调查报告

植物名称：　　　　　品种：　　　　　地点：　　　　　　　调查人：　　　　年　月　日

捕食性天敌				寄生性天敌			
天敌名称	捕食对象	捕食数量/头	发生数量/头	天敌名称	寄主种类	寄主虫态	寄生率/%

2. 分析调查田块的天敌对害虫的控制能力及天敌与害虫的消长关系，评定天敌的利用价值。

五、思考题

1. 以一种园艺植物为例,提出保护和利用天敌的方案。

2. 如何协调保护和利用天敌与应用化学农药的矛盾?

任务三　有害生物综合治理(IPM)

有机合成农药的应用,使防治有害生物的效果成倍提高,但是经过长期大量使用后,产生了农药残留、环境污染和病虫抗药性等问题,引起了全世界关注。1967 年,联合国粮农组织(FAO)在其组织召开的"有害生物综合防治"专家组会议上明确了综合防治(integrated pest control,IPC)的概念,随后发展为有害生物综合治理 (integrated pest management,IPM)。

一、IPM 的特点

1. 调节生态系统,控制有害生物

IPM 把有害生物作为生态系统的一个组成部分来研究和控制,既要研究生态系统中其他组分对有害生物的影响,特别是这些组分的改变对有害生物数量的影响,同时也要研究有害生物数量的变化对整个生态系统的影响。

在农业生态系统中,人为地加入了新的组分或减少了某些原有的组分,都会影响到这个生态系统的相对平衡。人类的生产活动,自觉或不自觉地影响有害生物数量的消长。如喷药杀死了大量的昆虫,便会影响到天敌的数量和植物生长等。根据有害生物的防治方法都会影响有害生物所在生态系统的观点,IPM 认为应该从调节生态系统中各组分的相对量出发来控制有害生物的危害。

2. 强调多种防治方法的有机协调

IPM 强调不依赖于任何一种防治方法,而要用各种方法的有机配合,特别强调最大限度地利用自然调控因素,尽量少用化学农药,优先选用与自然控制因素相协调的生物防治与农业防治措施。

面对目前多数有害生物还没有有效、可靠的生物防治方法或较好的抗性品种的现状,在多数情况下,特别是有害生物暴发成灾时,还必须依赖化学农药的应用。但是,自从提出 IPM 防治策略后,对化学防治也进行了较大改进,主要是使它能与自然控制因素及生物防治协调起来。因此,目前在对许多有害生物的综合治理中,化学防治还仍然占有重要的地位。

3. 考虑到生产者的经济利益

IPM 改变了彻底消灭有害生物的想法,强调对有害生物的数量进行调控,只是在人类"不可容忍"的情况下,才协调选用一些适当的防治措施。

(1)经济受害水平　如图 3.3.1 所示,平行直线 C 表示防治有害生物的费用,曲线 B 表示防治有害生物将会挽回的损失金额。如果防治费用固定,有害生物发生量从 0 到 N_1,防治没有增加效益,即 $B=0$,防治的开支全是损失;从 N_1 到 N_2,防治效益逐渐增加,但 $B<C$,即无纯效益,防治费用开支仍是损失;在 N_2 时,$B-C=0$;只有当有害生物发生量大于 N_2 时,防治才有效益,即 $B-C>0$。在防治费用不变的情况下,防治效益随有害生物发生量上升而增加。

N_2 成为区别防治能否获得效益的一种有害生物发生量的指标——经济受害水平,是造成经济损失的有害生物最低发生量,即人工防治费用等于有害生物造成的损失(防治得到的经济收益)时的有害生物发生量。

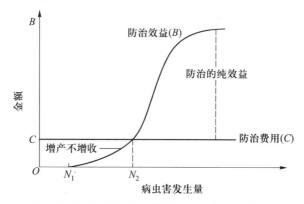

图 3.3.1　防治费用、防治效益与病虫害发生量的关系

（2）经济阈值　避免经济损失是有害生物防治的原则之一，当预测到某种有害生物发生量将要超过经济受害水平时，即应采取控制措施，以防止有害生物增加而达到经济损害允许水平。为防止有害生物发生量超过经济受害水平而采取防治措施时的有害生物发生量（病情指数或害虫密度），称为经济阈值，又称防治指标。

影响经济受害水平和经济阈值的因素是复杂的，如作物的产量水平、补偿能力、有害生物的种群数量、产品价值、防治费用、防治效果、作物不同生育期对有害生物为害的忍受能力、作

议 — 议
防治园艺植物害虫为什么不追求一扫光？

物发育期、天敌和天气等因素的作用等。这些因素又可能受时间、空间和其他条件的影响而变化，因此，经济受害水平或经济阈值也必然是动态变化的。

（3）平衡位置　植物病虫种类繁多，但在各地生产实践中真正造成为害、需要经常采取防治措施的种类——有害生物，仅是其中的较少部分。判断有害生物的依据主要是这些种类数量是否达到经济受害水平。

在农田生态系中，当一种有害生物在较长时间内没有受到干扰或影响时，其数量会在一个平均水平线上进行上下波动，这个平均水平线即该有害生物的平衡位置。根据有害生物平衡位置与经济受害水平和经济阈值之间的关系，可将有害生物分为 4 大类（图 3.3.2）。

① 最严重（关键）有害生物：自然因子不能控制其危害，平衡位置始终在经济阈值之上，甚至在经济受害水平之上，因此总是造成危害，必须不断地对其采取防治措施。

② 常发性有害生物：其平衡位置经常在经济阈值上下波动，是主要有害生物。

③ 偶发性有害生物：这些有害生物的平衡位置平常总在经济阈值之下，偶尔由于气候及其他环境条件特别合适或失去天敌控制，而达到经济阈值，造成经济危害。

④ 潜在有害生物：由于其自身的繁殖力及自然控制等作用，其平衡位置永远在经济阈值之下，永远不会达到经济受害水平。

在一个生态系统中各种生物，由于它们的相互关系，维持着系统的相对平衡，生物种类越多，相互关系就越复杂，系统的相对平衡就越稳定。维持生态多样性是与有害生物协调共存的重要理由之一。IPM 十分强调自然控制因素，认为能被自然控制而不达到经济阈值的有害生物，就不必对其进行防治。

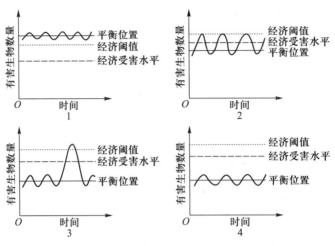

图 3.3.2　平衡位置与有害生物的类别
1. 最严重有害生物　2. 常发性有害生物
3. 偶发性有害生物　4. 潜在有害生物

4. 全面考虑经济、社会和生态效益

IPM 是建立在成本效益分析基础上的一种选择和使用有害生物控制技术的决策支持系统，目标是长期预防与控制有害生物为害，同时最大限度地减少对人类健康、环境和非靶标生物的不利影响。

IPM 是在充分考虑到所有可行的有害生物防治措施和生产者、社会和环境的利益，综合评价各种防治技术、栽培技术、气象、其他有害生物和被保护植物之间的相互作用和影响后，协调选用控制有害生物的技术和方法。

二、IPM 与我国植物保护工作方针

在 IPM 理论和长期有害生物防治工作经验的基础上，1975 年，我国将"预防为主、综合防治"确定为植物保护工作方针。1986 年，我国提出了类似国外 IPM 的定义，即"综合防治是对有害生物进行科学管理的体系。它从农业生态系统整体出发，根据有害生物和环境之间的相互关系，充分发挥自然控制因素的作用，因地制宜地协调应用必要的措施，将有害生物控制在经济允许水平以下，以获得最佳的经济、社会和生态效益"。

任务工单 3-3　园艺植物病虫害综合防治历的制订

一、目的要求

熟悉园艺植物病虫害发生发展规律及各种防治方法在综合防治中的作用，能根据气候条件、栽培方式、主要病虫害发生趋势等制订病虫害综合防治历。

二、材料

园艺植物生产基本情况，如品种特点（抗病、抗虫性等）、前茬作物、气候条件、土壤肥力、施肥水平、灌溉条件和田间管理措施等；园艺植物主要病虫害的种类、分布、发生规律和天敌情况等。

三、内容和方法

1. 制订综合防治历的依据和原则

制订防治历,要以当地气候条件、栽培方式和近年来病虫害的发生记录为依据,与其他栽培管理措施相结合,尽量保护和加强自然控制因素,强调多种防治方法的有机协调,优先选用生物防治与农业防治措施,有效控制病虫为害。要全面考虑经济、社会和生态效益及技术上的可行性。

2. 制订综合防治历的步骤

(1)确定病虫害及需要保护利用的天敌　了解田间生物群落的组成结构、病虫种类及数量,确定主要病虫害和次要病虫害及需要保护利用的重要天敌类群。

(2)确定防治病虫的适期　分析自然因素、耕作制度、作物布局和生态环境等在控制病虫中的作用,明确病虫数量变动规律和防治适期。

(3)组建防治病虫的技术体系　分析各种防治措施的作用,协调运用合适的防治措施,组建压低关键性病虫平衡位置的技术体系。防治措施应符合"安全、有效、经济、简易"的原则,尽量降低成本投入,提高经济效益。

3. 制订综合防治历的内容和要求

(1)标题　根据当地病虫害的发生情况,以解决生产实际问题为目标,选择一种园艺植物为对象,如制订"(套袋)苹果主要病虫害(无公害)综合防治历""设施蔬菜主要病虫害无公害综合防治历",或一种主要病虫害为对象,如制订"黄瓜霜霉病综合防治历"。

(2)前言　概述本防治历的制订依据和原则、相关病虫害的发生情况及发展趋势。

(3)正文　根据园艺植物及其主要病虫害发生特点,按照制订综合防治历的依据和原则,从实际出发,量力而行,统筹整合各种具体防治措施,制订全年各时期的病虫害防治作业计划和具体要求。

四、作业

根据当地地理、气候、栽培品种、种植方式的具体情况,按下表形式,制订一份园艺植物病虫害综合防治历。要求目的明确,符合实际,内容具体,层次清晰,具有可操作性。

××××综合防治历

防治时间(物候期)	防治对象	防治措施	备注与说明

项 目 小 结

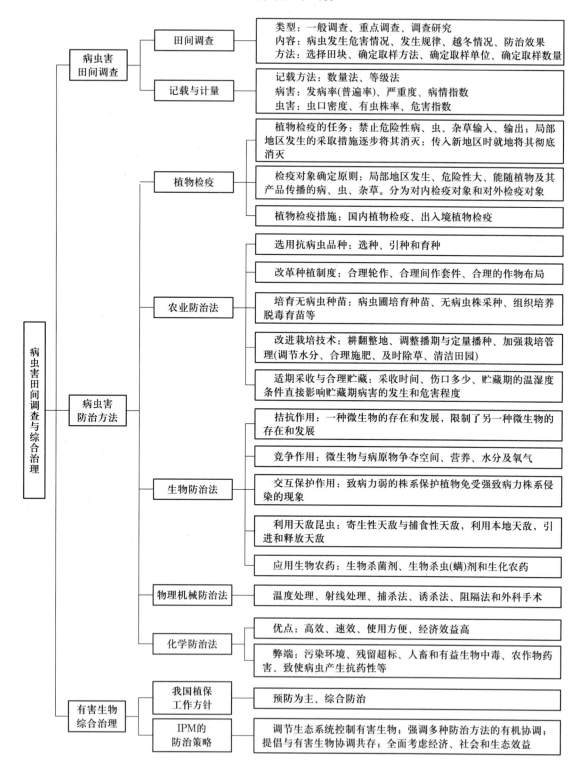

病虫害田间调查与综合治理

- 病虫害田间调查
  - 田间调查
    - 类型：一般调查、重点调查、调查研究
    - 内容：病虫发生危害情况、发生规律、越冬情况、防治效果
    - 方法：选择田块、确定取样方法、确定取样单位、确定取样数量
  - 记载与计量
    - 记载方法：数量法、等级法
    - 病害：发病率(普遍率)、严重度、病情指数
    - 虫害：虫口密度、有虫株率、危害指数

- 病虫害防治方法
  - 植物检疫
    - 植物检疫的任务：禁止危险性病、虫、杂草输入、输出；局部地区发生的采取措施逐步将其消灭；传入新地区时就地将其彻底消灭
    - 检疫对象确定原则：局部地区发生、危险性大、能随植物及其产品传播的病、虫、杂草。分为对内检疫对象和对外检疫对象
    - 植物检疫措施：国内植物检疫、出入境植物检疫
  - 农业防治法
    - 选用抗病虫品种：选种、引种和育种
    - 改革种植制度：合理轮作、合理间作套件、合理的作物布局
    - 培育无病虫种苗：病虫圃培育种苗、无病虫株采种、组织培养脱毒育苗等
    - 改进栽培技术：耕翻整地、调整播期与定量播种、加强栽培管理(调节水分、合理施肥、及时除草、清洁田园)
    - 适期采收与合理贮藏：采收时间、伤口多少、贮藏期的温湿度条件直接影响贮藏期病害的发生和危害程度
  - 生物防治法
    - 拮抗作用：一种微生物的存在和发展，限制了另一种微生物的存在和发展
    - 竞争作用：微生物与病原物争夺空间、营养、水分及氧气
    - 交互保护作用：致病力弱的株系保护植物免受强致病力株系侵染的现象
    - 利用天敌昆虫：寄生性天敌与捕食性天敌，利用本地天敌，引进和释放天敌
    - 应用生物农药：生物杀菌剂、生物杀虫(螨)剂和生化农药
  - 物理机械防治法
    - 温度处理、射线处理、捕杀法、诱杀法、阻隔法和外科手术
  - 化学防治法
    - 优点：高效、速效、使用方便、经济效益高
    - 弊端：污染环境、残留超标、人畜和有益生物中毒、农作物药害、致使病虫产生抗药性等

- 有害生物综合治理
  - 我国植保工作方针
    - 预防为主、综合防治
  - IPM的防治策略
    - 调节生态系统控制有害生物；强调多种防治方法的有机协调；提倡与有害生物协调共存；全面考虑经济、社会和生态效益

巩固与拓展

1. 对下列病虫害进行田间调查时各应采用何种取样方法和取样单位：蔬菜苗期猝倒病、茄子黄萎病、果树叶斑病、果树枝干腐烂病，蛴螬、叶螨、菜青虫、蚜虫、枝干蚧类。

2. 对哪些病虫害进行田间调查时应采用"随机取样"，哪些应采用"顺序取样"，为什么？

3. 为什么对一些病虫发生为害的严重程度不采用简单的数量（直接计数）法而用较复杂的分级法来表示？

4. 如何计算病虫害的病情指数、危害指数及损失率？

5. 满足哪些条件才能被确定为植物检疫对象？植物检疫的主要任务有哪些？

6. 选育和利用抗性品种防治病虫害主要应注意哪些问题？

7. 列举如何利用调整作物布局、合理轮作、间作套作、土壤耕作、调整作物生育期、田间管理和安全收获来控制病虫害。

8. 如何利用蜜源植物吸引天敌，如何利用植被多样化增殖天敌，如何使用商品化的天敌控制害虫？

9. 在农业生产中经常使用的生物农药有哪些？生物农药有哪些优点和缺点？

10. 列举当地生产上采用热力法、捕杀法和利用防虫网、覆盖技术消灭或控制哪些病虫害。

11. 如何利用杀虫灯、黄板、糖醋液和性诱剂诱杀害虫？

12. 有害生物综合治理的基本措施有哪些，各自有哪些优点和局限性？试说明这些措施在综合治理中的地位和作用。

13. 农业生态系统有哪些特点？怎样理解害虫是生态系统中的组成部分？

14. 为什么说存在有害生物不一定造成经济损失？为什么不提倡彻底消灭有害生物、要容忍有害生物的数量在经济受害水平以下？

15. 何谓经济阈值（防治指标）？影响经济阈值的因素有哪些？

16. 有害生物是怎样产生的，其本质是什么？把有害生物消灭和找出其变成有害生物的原因，哪个是长远解决问题的办法？

17. 没有充分理由就把一种生物贴上"有害生物"的标签而对其进行药杀时，会出现哪些后果？

18. 划分最严重（关键）、常发性、偶发性和潜在有害生物的依据是什么？对不同类型有害生物的防治策略有无不同？

19. 制订综合治理方案的原则与步骤有哪些？

模块四　安全科学使用农药

知识目标

- 熟悉当地常用农药品种的作用方式、主要剂型及应用情况。
- 了解不同农药类型的作用方式、主要剂型及质量指标。
- 了解农药毒性、残留和药害的危害性。

能力目标

- 能针对当地园艺植物主要病虫害的发生情况选择合适的
  农药。
- 能准确稀释、正确配制、安全科学使用农药。
- 能进行农药田间药效试验的设计、实施、调查与结果分析。

　　农药是指用于预防、消灭或控制为害农林植物的病、虫、草和其他有害生物,以及有目的地调节植物、昆虫生长的化学合成药剂或天然物质。随着我国现代农业的发展和对环境保护的重视,人们对农药及其使用技术提出了更高的要求。安全科学使用农药不仅可以减少农药用量,减少人畜中毒,减轻环境污染,避免对有益生物的伤害,延缓有害生物抗药性的发展,而且可以提高有害生物综合治理的技术和水平,获得良好的社会、经济和生态效益,使农药在农业生产中发挥更积极的作用。

任务一　农药的选购

一、选择农药种类

　　农药种类繁多,其作用方式、防治对象和性质各不相同。使用农药时,必须根据其特点选择合适的农药种类,才能充分发挥农药的作用,以获得预期的防治效果。

1. 杀菌剂的作用方式与分类

杀菌剂是指在一定剂量或浓度下,能杀死植物病原菌或抑制其生长发育的药剂。杀菌剂按作用方式可以分为以下类型。

（1）化学保护　化学保护是在植物未患病前喷洒杀菌剂预防植物病害的发生。常见杀菌剂的保护措施一般有两种:一是在病原菌的来源处施药清除侵染源,如病原菌的越冬越夏场所、中间寄主和土壤等,消灭或减少侵染源对植物造成侵染的可能性;二是在植物生长期未发病前喷洒杀菌剂,防止病原菌侵染。

杀菌剂的保护作用

在植物体外或体表直接与病原菌接触,杀死或抑制病原菌,从而保护植物免受病原菌为害的药剂称保护性杀菌剂。这类杀菌剂只能保护施药部位不受病菌侵染,对已侵入植物体内的病原菌无效,如硫黄悬浮剂、石硫合剂、波尔多液和代森锰锌等。

内吸性杀菌剂

（2）化学治疗　化学治疗是在植物发病或感病后施用杀菌剂,使之对被保护的植物或对病原菌起作用,或改变病原菌的致病过程,从而达到减轻或消除病害的目的。化学治疗主要通过对病原菌直接产生毒性或改变植物的代谢,以改变其对病原菌的反应或病原菌的致病过程而达到治病的目的。根据病原菌对植物的侵染程度和用药方式,化学治疗可分为表面化学治疗和内部化学治疗。

① 表面化学治疗:是在植物的表面直接喷洒杀菌剂,将附着在植物表面的病原菌杀死,如用于防治植物白粉病的石硫合剂。

② 内部化学治疗:是杀菌剂通过植物叶、茎、根部吸收或渗入植物体内并传导至作用部位而起到的治疗作用。这类药剂称为内吸性杀菌剂,有两种传导方式,一是药剂被吸收到植物体内后随蒸腾流向植物顶部传导至顶叶、顶芽及叶部、叶缘,即向顶性传导;二是药剂被植物体吸收后于韧皮部内沿光合作用产物的运输向下传导,即向基性传导;还有些杀菌剂,如乙膦铝等可向上下两个方向传导。

（3）化学免疫　化学免疫是利用化学物质使被保护作物获得对病原菌的抵抗能力,如乙膦铝等可诱导植物的免疫反应。

常用杀菌剂的种类及特点如表4.1.1。

表 4.1.1　常用杀菌剂的种类及特点

药剂类型	药剂名称	作用原理	防治对象	使用方法	性质
无机铜类	波尔多液	保护	霜霉病、疫病、炭疽病、锈病、黑星病,苹果轮纹烂果病、斑点落叶病等	喷雾	杀菌力强,防病范围广,既杀真菌又杀细菌;附着力强,不易被雨水冲刷,残效期达 15~20 d,病原菌不易产生抗药性,果树幼果期和桃、李等果树对铜敏感;持续阴雨、多雾、露水未干时易产生药害
	碱式硫酸铜				
	氧化亚铜		霜霉病、疫病、番茄早疫病、柑橘溃疡病等		
	氢氧化铜		霜霉病、疫病、灰霉病、炭疽病、细菌性角斑病、苹果轮纹烂果病、褐斑病、斑点落叶病,柑橘溃疡病、茄子和辣椒青枯病等	喷雾、灌根	

续表

药剂类型	药剂名称	作用原理	防治对象	使用方法	性质
有机铜类	噻菌铜	保护、治疗、内吸	多种真菌和细菌病害,蔓枯病、疫病、细菌性角斑病、柑橘溃疡病等	喷雾	无公害;能与多数酸性农药混配
	络氨铜	保护、内吸、铲除		喷雾	碱性,不能与酸性或激素药物混用;叶面喷雾低于400倍时易产生药害
	松脂酸铜	保护	霜霉病、炭疽病、猝倒病、枯萎病、柑橘溃疡病、番茄晚疫病、茄子青枯病等	喷雾、灌根	强黏着性、展布性和渗透性,有效期长,耐雨水冲刷;毒性低;对植物安全
	琥胶肥酸铜	保护、铲除	葡萄霜霉病、黑痘病,黄瓜、番茄和马铃薯疫病,黄瓜细菌性角斑病、柑橘溃疡病、番茄青枯病、菜豆枯萎病等	喷雾、灌根	可刺激植物生长,对环境无污染
无机硫类	硫黄悬浮剂	保护	多种园艺植物白粉病、锈病,螨类、介壳虫等	喷雾	4 ℃以下效果差,32 ℃以上易产生药害,在适宜温度范围内气温高则药效好;持效期可达半月,对人、畜安全
	石灰硫黄合剂				不能与忌碱性农药混用,不能与铜制剂混用或连用
有机硫类	代森锌	保护	霜霉病、晚疫病、炭疽病、黑星病、葡萄黑痘病等	喷雾	持效期较短,遇碱或含铜药剂、吸湿、见光等易分解;对人、畜低毒,对植物安全
	代森锰锌		炭疽病、疫病、霜霉病、叶斑病、黑星病、苹果和梨轮纹病、苹果早期落叶病等		遇酸、碱分解,高温时遇潮湿也易分解
	丙森锌		炭疽病、疫病、霜霉病,苹果斑点落叶病等		不能与铜制剂和碱性农药混用,两药连用,需间隔7 d
	福美双		葡萄白腐病、炭疽病,梨黑星病、草莓灰霉病、瓜类霜霉病		遇酸易分解,不能与含铜药剂混用

续表

药剂类型	药剂名称	作用原理	防治对象	使用方法	性质
有机磷类	三乙膦酸铝	内吸、保护、治疗	对卵菌纲霜霉属和疫霉属真菌引起的病害有较好的防治效果	喷雾、灌根、土壤处理、茎秆注射	双向传导;有效期20 d以上;连续使用易引起病原菌产生抗药性
三唑类	三唑酮	保护、治疗、熏蒸、铲除	对子囊菌、担子菌和半知菌多种真菌所致病害有效	喷雾、种子处理、土壤处理	持效期长,叶面喷雾的持效期为15~20 d,种子处理的持效期为80 d左右,土壤处理的持效期达100 d
	腈菌唑	保护、内吸、治疗	白粉病、锈病、黑星病、腐烂病等	喷雾	在日光下易降解;对高等动物低毒
	氟硅唑		对子囊菌、担子菌、半知菌真菌引起的病害均有效,对梨黑星病特效		对高等动物低毒,提倡与其他杀菌剂轮换使用,避免产生抗药性
	丙环唑		葡萄白粉病、炭疽病,香蕉叶斑病、叶条斑病等	喷雾	对光较稳定,水解不明显;在酸、碱性介质中较稳定
	戊唑醇		园艺植物白粉病、苹果斑点落叶病、梨黑星病、葡萄灰霉病、香蕉叶斑病等	喷雾、种子处理	持效期6周
	苯醚甲环唑		对多种子囊菌、担子菌、半知菌引起的病害和一些种传病害有效	喷雾、拌种	不宜与铜制剂混用,对鱼类有毒
苯并咪唑类	多菌灵	保护和内吸治疗	子囊菌和半知菌真菌引起的多种植物病害	喷雾、拌种、浸秧苗	在植物体内向顶传导;遇酸、碱易分解;易使病原菌产生抗药性;低毒,对植物安全
	甲基硫菌灵		灰霉病、白粉病、炭疽病、褐斑病、叶霉病,苹果和梨轮纹病、茄子绵疫病等		
	噻菌灵		果品、蔬菜等采后防腐保鲜,果品青霉病、灰霉病,甘薯黑疤病、软腐病,芹菜斑枯病和菌核病,甘蓝灰霉病	喷雾、浸蘸	能向植物顶端传导

续表

药剂类型	药剂名称	作用原理	防治对象	使用方法	性质
咪唑类	咪鲜胺	保护和一定的传导作用	水果防腐保鲜：青霉病、绿霉病、炭疽病、褐腐病，柑橘蒂腐病、香蕉冠腐病、荔枝黑腐病、葡萄黑痘病	喷雾、浸蘸	对土壤中的某些真菌有抑制作用
酰胺类	甲霜灵	保护、内吸治疗、铲除	对霜霉菌、腐霉菌、疫霉菌所致病害特效	喷雾、种子处理、灌根	可双向传导；持效期长，叶面喷雾的持效期约15 d，种子处理或灌根的持效期为30 d左右；易引起病原菌产生耐药性，对人、畜低毒，低残留
氨基甲酸酯类	霜霉威	内吸治疗	霜霉菌、腐霉菌、疫霉菌所致病害	喷雾、种子处理	土壤处理持效期达20 d
氨基甲酸酯类	乙霉威	内吸治疗	对苯并咪唑类的多菌灵、二甲酰亚胺类的腐霉利等杀菌剂产生抗性的真菌和灰霉菌、青霉菌、绿霉菌等	喷雾、种子处理	若病原菌仍对多菌灵、腐霉利等敏感，则乙霉威的活性不高
二甲酰亚胺类	腐霉利	保护、内吸治疗	对葡萄孢属和核盘菌属所引起的病害有特效，如灰霉病、菌核病、多种果树褐腐病，大葱紫斑病、苹果花腐病、苹果斑点落叶病等	喷雾、涂茎、熏蒸	对孢子萌发抑制力强于对菌丝生长的抑制；不能与碱性、有机磷农药混用，高温高湿条件下喷幼苗、弱苗易产生药害，长期使用同一种药剂易使病原菌产生抗药性
二甲酰亚胺类	异菌脲	保护和一定的治疗	对葡萄孢属、链孢霉属、核盘菌属、小核菌属等引起的病害有较好的效果，对链格孢属、丝核菌属、镰刀菌属等引起的病害也有一定效果	喷雾、种子处理	杀菌谱广，可抑制孢子产生和萌发，也可抑制菌丝生长
二甲酰亚胺类	乙烯菌核利	保护和治疗	多种植物灰霉病和菌核病	喷雾、土壤处理	茎叶施药可输导到新叶
取代苯类	百菌清	保护和一定的治疗	多种叶部真菌病害	喷雾、喷粉、熏蒸、土壤处理	附着性好，对紫外光稳定，耐雨水冲刷，不耐强碱

续表

药剂类型	药剂名称	作用原理	防治对象	使用方法	性质
羧酸酰胺类	烯酰吗啉	保护和内吸治疗	马铃薯和番茄晚疫病、黄瓜和葡萄霜霉病等	喷雾	适合对酰胺类杀菌剂产生抗性的病害进行耐药性治理
抗生素类	链霉素	治疗	各种细菌引起的病害	喷雾	对人、畜低毒
	多抗霉素	保护和内吸治疗	霜霉病、白粉病、瓜类枯萎病、草莓和葡萄灰霉病,苹果斑点落叶病、梨黑斑病、白菜黑斑病、葱紫斑病等链格孢属真菌引起的病害	喷雾、土壤处理	在一个生长季节喷药不宜超过3次,以防病原菌产生抗性;对人畜低毒;不能与碱性农药混用
	抗霉菌素（农抗120）		多种植物白粉病、枯萎病、炭疽病、灰霉病、黑星病,柑橘贮藏期青、绿霉病、蒂腐病及炭疽病等	喷雾、灌根、浸蘸	有刺激植物生长作用;易溶于水,对酸稳定,对碱不稳定

2. 杀虫剂的作用方式与分类

杀虫剂是指用来防治农、林、卫生、粮食及畜牧等方面害虫的药剂,具有多种作用方式。

（1）胃毒作用　药剂随食物进入消化道中,被中肠吸收后所引起昆虫中毒致死,称胃毒作用。有胃毒作用的药剂称胃毒剂。如美曲膦酯和苏云金杆菌等,适合防治咀嚼式口器害虫。

杀虫剂的胃毒作用

（2）触杀作用　药剂透过昆虫的体壁进入体内或封闭昆虫的气门,使昆虫中毒或窒息死亡,称为触杀作用。具有触杀作用的药剂称触杀剂。如氯氰菊酯和机油乳剂等,适合于防治各种活动性较强的害虫。

（3）内吸作用　药剂能被植物吸收并可在其体内输导到植株各部分,昆虫取食时发生中毒,称内吸作用。具有内吸作用的药剂称为内吸剂。如乐果等,适用于防治隐蔽为害的害虫,特别适合于防治刺吸式口器的害虫,一般对天敌影响较小。

杀虫剂的内吸作用

（4）熏蒸作用　杀虫剂气化产生有毒气体,通过昆虫的呼吸系统进入体内,使昆虫中毒致死,称熏蒸作用。具有熏蒸作用的杀虫剂称熏蒸剂。如敌敌畏和磷化铝等,适合于在密闭环境中使用,防治隐蔽性较强的害虫。

杀虫剂的熏蒸作用

（5）杀卵作用　药剂与虫卵接触后阻止卵发育或使虫卵中毒死亡,称杀卵作用。具有杀卵作用的药剂称杀卵剂。

（6）特异性杀虫作用　药剂本身没有毒杀害虫的能力,却具有忌避、拒食、黏捕、不育、生长调节及诱致等特异性作用,这些药剂通称为特异性杀虫剂。能使害虫不愿接近或远避,使被保护对象免受其害的药剂称驱避剂,如雷公藤根皮、樟脑丸、避蚊油、涂白剂等;害虫取食后能消除食

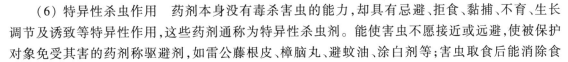

欲,拒绝再取食以至饿死的药剂称拒食剂,如拒食胺等;破坏害虫的生育、繁殖能力,从而降低害虫数量的药剂称不育剂,如绝育磷等;具有引诱害虫前来接近作用的药剂称为诱致剂,以便集中捕杀或毒杀害虫,如昆虫的性激素;用以黏捕害虫的药剂称黏捕剂,其用松香等天然树脂和酚醛树脂以及蓖麻油、棕榈油等不干性油配制,可黏捕害虫使其致死;能干扰害虫体内激素消长,改变其正常生长、变态和繁殖的过程,使其不能完成整个生活史的药剂,称昆虫生长调节剂,如保幼激素、灭幼脲、抗保幼激素等。

　　常用杀虫剂大都以触杀作用为主,兼有胃毒作用,少数品种具有熏蒸作用(表4.1.2)。

表 4.1.2　常用杀虫剂种类及特点

药剂类型	药剂名称	作用原理	防治对象	使用方法	性质
植物源	苦参碱	触杀、胃毒	鳞翅目幼虫、蚜虫	喷雾	低毒、广谱;不能与碱性药剂混用
	烟碱	触杀,兼有胃毒、熏蒸和杀卵活性	鳞翅目幼虫、蚜虫、叶蝉、飞虱、介壳虫、蓟马、蝽象、潜叶蝇等		对高等动物高毒,杀虫谱广,速效,残效期短,低残留,对作物较安全
	除虫菊素	触杀	鳞翅目幼虫、叶蝉、甲虫		对光、热等不稳定;击倒速度快,应用于低龄幼虫期
	鱼藤酮	胃毒、触杀	鳞翅目幼虫、蚜虫、蓟马、黄守瓜、二十八星瓢虫、螨类等		无残留问题,对作物安全;药液随配随用,对鱼类、家蚕高毒,对蜜蜂低毒
	印楝素	拒食、忌避、胃毒、抑制和阻止昆虫蜕皮	鳞翅目幼虫、蓟马、斑潜蝇、蚜虫、飞虱、蝗虫等		对人、畜、鸟类和蜜蜂安全,不影响捕食性及寄生性天敌;应用于低龄幼虫期
微生物源	苏云金杆菌	胃毒	鳞翅目、双翅目、鞘翅目、直翅目害虫	喷雾	养蚕区慎用或不使用
	白僵菌	真菌孢子产生芽管进入虫体	杀虫谱广,主要鳞翅目、鞘翅目害虫	喷粉、喷雾、撒施颗粒剂	养蚕区切勿使用
矿物油乳油	机油乳剂	触杀	落叶果树的越冬介壳虫、害虫的幼虫及某些螨卵	喷雾、涂抹	对树木幼芽有药害
抗生素类	阿维菌素	触杀和胃毒,微弱的熏蒸	双翅目、鞘翅目、同翅目、鳞翅目和螨类害虫	喷雾	高效、广谱杀虫杀螨剂

续表

药剂类型	药剂名称	作用原理	防治对象	使用方法	性质	
特异性昆虫生长调节剂类	灭幼脲	胃毒和触杀	桃小食心虫、松毛虫、美国白蛾、柑橘全爪螨、菜青虫、小菜蛾等	喷雾	低毒,遇碱和较强的酸易分解,常温下储存较稳定;田间残效期为15~20 d,对人、畜和天敌昆虫安全	
	除虫脲	胃毒和触杀	鳞翅目幼虫、柑橘木虱等		对光、热较稳定,遇碱易分解;低毒	
	定虫隆	胃毒为主,兼有触杀	对鳞翅目幼虫有特效		高效,低毒	
	氟虫脲	触杀、胃毒和杀螨	鳞翅目、鞘翅目、双翅目和半翅目害虫和害螨		对光、热和水解的稳定性好,低毒、高效、残效期长,虫、螨兼治	
	虫酰肼	触杀、胃毒	蚜科、叶蝉科、鳞翅目、斑潜蝇属、叶螨科、缨翅目等害虫,对抗性棉铃虫、菜青虫、小菜蛾、甜菜夜蛾等有特效,有极强的杀卵活性		杀虫活性高,持效期为2~3周;选择性强,低毒,对环境安全	
	噻嗪酮	胃毒和触杀	飞虱、叶蝉、介壳虫、粉虱等		药效高、残效期长、残留量低和对天敌较安全	
	灭蝇胺	内吸	潜叶蝇		低毒	
拟除虫菊酯类	溴氰菊酯	强烈的触杀	多种园艺植物害虫	喷雾	中等毒性	光稳定性好,在酸性溶液中稳定,在碱性溶液中易分解;高效;田间残效期为5~7 d;连续使用易使害虫产生抗药性
	氰戊菊酯	触杀和胃毒				
	氯氰菊酯					
	顺式氯氰菊酯	胃毒、触杀和杀卵	园艺植物上的多种鳞翅目害虫、蚜虫及蚊虫等		在植物上稳定性好,能抗雨水冲刷,中等毒性	
	甲氰菊酯	较强的拒避和触杀、杀螨	鳞翅目害虫、叶螨、粉虱、叶甲等		中等毒性	
	三氟氯氰菊酯	胃毒和触杀	鳞翅目害虫、蚜虫、叶螨等		活性高,杀虫谱广,杀虫作用快,持效长	

药剂类型	药剂名称	作用原理	防治对象	使用方法	性质
有机磷类	美曲膦酯	主要胃毒,兼具触杀	多种咀嚼式口器害虫	喷雾、灌根、喷粉	高效、低毒、低残留、广谱;室温下存放稳定,易吸湿受潮;在弱碱条件下可转变为毒性更大的敌敌畏
	敌敌畏	触杀、胃毒和强烈熏蒸	多种园艺植物害虫	喷雾、熏蒸	广谱性杀虫剂,击倒力强;在碱性和高温条件下消解快,不能与碱性农药和肥料混用;对豆类、瓜类的幼苗易引起药害
	乐果	强烈触杀及内吸,一定胃毒		喷雾、涂抹	高效、低毒、低残留、广谱;在碱性溶液中迅速水解,性能不稳定,贮藏时可缓慢分解
	辛硫磷	触杀和胃毒	地下害虫、鳞翅目幼虫	喷雾、拌种、浇灌、颗粒剂	高效、低毒、残留危险性小;遇碱、光易分解
	马拉硫磷	触杀、胃毒和微弱熏蒸	蚜虫、介壳虫等		低毒、残效期短、药效期短,遇酸、碱易分解
	乙酰甲胺磷	触杀和内吸	食心虫、刺蛾、菜青虫等	喷雾	广谱、高效、低毒、低残留;遇碱易分解;药效期短
	喹硫磷	触杀、胃毒和内渗	鳞翅目幼虫、蚜虫、叶蝉和螨类等		
	毒死蜱	触杀、胃毒和熏蒸	多种鳞翅目害虫、蚜虫、害螨、潜叶蝇、地下害虫		高效、中等毒性,在土壤中残留期长
氨基甲酸酯类	抗蚜威	触杀、熏蒸和内吸	多种蚜虫	喷雾	高效、速效、中等毒性、低残留、选择性杀蚜剂
	灭多威		多种鳞翅目害虫卵和幼虫,蚜虫、叶甲等		经口毒性高,经皮毒性低,残毒低
	丁硫克百威	内吸、触杀和胃毒	蚜虫、叶蝉、食心虫、跳甲、卷叶蛾、介壳虫和害螨等		持效期长,杀虫谱广
	硫双威		棉铃虫、烟青虫、甜菜夜蛾、斜纹夜蛾等		经口毒性高,经皮毒性低,高效、广谱、持久、安全

续表

药剂类型	药剂名称	作用原理	防治对象	使用方法	性质
沙蚕毒素类	杀虫双	较强的胃毒和触杀,一定的熏蒸和内吸	多种园艺植物害虫	喷雾、毒土、泼浇	广谱、安全、残毒低;根部吸收力强
其他合成类	吡虫啉	内吸、触杀和胃毒	蚜虫、飞虱和叶蝉	喷雾	广谱、高效、持效期长,对天敌安全;易使害虫产生抗药性
	噻虫嗪	内吸、触杀和胃毒	蔬菜、果树、作物鳞翅目、鞘翅目、缨翅目害虫;对同翅目害虫有高效	喷雾	杀虫谱广、活性高、作用速度快、持效期长
	伏虫隆	胃毒	粉虱科、双翅目、鞘翅目、膜翅目、鳞翅目和木虱科害虫	喷雾	杀虫谱广,抑制幼龄期昆虫的发育,阻碍脱皮
	氟虫腈	胃毒为主,兼有触杀和一定的内吸	半翅目、鳞翅目、缨翅目和鞘翅目害虫	喷雾、拌种、撒施	中等毒性,杀虫谱广,持效期长
	茚虫威	触杀、胃毒	小菜蛾、菜青虫、甜菜夜蛾、棉铃虫、卷叶蛾类、叶蝉等	喷雾	低毒,低残留,用药后第2天即可采收
	氯虫苯甲酰胺	胃毒和触杀	棉铃虫、小菜蛾、甜菜夜蛾、苹小卷叶蛾、菜青虫、美洲斑潜蝇、烟粉虱等	喷雾	微毒,具有较强的渗透能力和上、下传导能力,持效期为15 d以上
	三氟甲吡醚	胃毒	小菜蛾、食心虫、棉铃虫、斑潜蝇等	喷雾	低毒,持效期为7 d左右,耐雨水冲刷

3. 杀螨剂

杀螨剂是指用来防治植食性螨类的药剂(表4.1.3)。

表 4.1.3　常用杀螨剂种类及特点

药剂名称	作用原理	防治对象	使用方法	性质
唑螨酯	触杀	各种植食性螨类,小菜蛾、斜纹夜蛾、桃蚜等害虫及白粉病、霜霉病等病害	喷雾	低毒、低残留,对螨类的卵、幼螨、若螨、成螨均有效

药剂 名称	作用 原理	防治对象	使用 方法	性质
哒螨灵	触杀	多种园艺植物害螨,对螨的各生育期(卵、幼螨、若螨、成螨)都有效		药效期可达 30~50 d;因害螨会产生抗药性,1年最好只用1次
四螨嗪	触杀	全爪螨、叶螨、瘿螨,对附线螨有一定效果;对螨卵有较好防效,对幼螨、若螨也有一定活性,对成螨无效,但能抑制雌成螨产卵量和所产卵的孵化率		一般施药后7 d显效
炔螨特	触杀、胃毒,高温熏蒸	多种园艺植物害螨,对成螨和幼、若螨有效,杀卵效果差	喷雾	药效 20 ℃ 以下随气温递减,20 ℃ 以上效果好,27 ℃ 以上有熏蒸作用;对鱼类毒性大
三唑锡	触杀	多种园艺植物害螨,对幼、若螨和成螨都有效,对夏卵有毒杀作用,对越冬卵无效		持效期为 20~30 d;对鱼类等水生动物毒性高
噻螨酮	触杀、胃毒	主要用于防治叶螨,对锈螨、瘿螨防效较差;对螨卵、若螨和幼螨有效,对成螨毒力很小,接触到药剂的雌成螨所产卵的孵化率低		施药后 7~10 d 达到药效高峰,持效期为 40~50 d;在常用浓度下对植物、天敌及捕食螨影响很小;可与波尔多液、石硫合剂等多种农药混用;在枣树上使用会引起严重落叶
螺螨酯	触杀	对螨卵、幼螨、若螨有效,对成螨无效,但可抑制雌螨产卵的孵化率		低毒、低残留,耐雨水冲刷,持效期 40~50 d

4. 杀线虫剂

杀线虫剂指用于防治危害各种植物线虫病的药剂(表 4.1.4)。

表 4.1.4　常用杀线虫剂及特点

药剂 名称	作用原理	防治对象	使用方法	性质
氰氨化钙 ($CaCN_2$)	熏蒸	根结线虫和蔬菜青枯病、立枯病、根肿病、枯萎病等	加有机物深翻入土壤,浇水后覆膜密封	分解产生的氰胺和双氰胺具有消毒、灭虫、防病的作用

续表

药剂名称	作用原理	防治对象	使用方法	性质
棉隆	熏蒸	土壤中线虫、真菌和细菌,兼具杀死萌发草籽和地下害虫的作用	施入 15~20 cm 深土壤中。需覆盖薄膜 15 d 以上,揭膜待药气散尽后播种或定植	广谱灭生性熏蒸型土壤处理剂,施用于潮湿土壤中时与水结合分解产生异硫氰酸甲酯等有毒气体,杀灭环境中的各种生物。低毒土壤处理剂,能与肥料混用,不会在植物体内残留。施药量及施药方式不当易产生药害
威百亩				
噻唑磷	触杀、内吸	根结线虫,根腐线虫,茎线虫,胞囊线虫等,对蚜虫、叶螨、蓟马等也有效果	全面土壤混合施药,混合深度 20 cm。也可畦面施药及开沟施药	内吸传导型杀线虫剂,能杀死已侵入体内的线虫
淡紫拟青霉	内寄生	根结线虫、胞囊线虫、茎线虫等	播种移栽前或移栽时与有机肥混合均匀穴施、条施在种子或幼苗根系附近	施用一次,药效持续时间达 3~6 个月
灭线磷	触杀	菊花根结线虫、仙客来根结线虫、郁金香茎线虫、草坪根腐线虫及地下害虫	穴施或沟施,后覆土	药剂不能与种子直接接触,否则易产生药害;对人、畜、鸟、鱼高毒,不得用于果树、蔬菜、茶树和中草药上
氯唑磷	触杀、胃毒和内吸	花卉线虫与地下害虫	撒施沟中,覆土压实	药剂接触萌芽种子或根系易产生药害。高毒,不得用于果树、蔬菜、茶树和中草药上

资　料　卡

　　农药标签下部有一条与底边平行的标志带,红色表示杀虫剂(或昆虫生长调节剂、杀螨剂、杀软体动物剂),黑色表示杀菌剂(或杀线虫剂),绿色表示除草剂,深黄色表示植物生长调节剂,蓝色表示杀鼠剂。记住这些颜色代表的农药类别,有助于识别和保管农药,避免误用农药。

二、选择农药剂型

农药生产向剂型多样化发展。选择农药时,要根据使用条件、施药机具和防治对象等,有针对性地选用适当的农药剂型,保证农药效果的充分发挥。

农药的常见剂型

1. 农药的剂型与制剂

(1) 原药　由工厂直接生产出来的农药有效成分称为原药,固体的原药称原粉,液体的原药称原油。

(2) 助剂　与农药原药混用或通过加工过程与原药混合,改善制剂理化性质、提高药效、便于使用的物质,统称为农药辅助剂,简称农药助剂,主要有填充剂、溶剂、润湿剂、乳化剂、分散剂、黏着剂、稳定剂、增效剂等。一般助剂本身没有生物活性,但对农药制剂的药效性能却有极大的影响。

(3) 剂型　绝大多数农药原药不溶或难溶于水而不能直接兑水使用,或往往呈块状或油状而不易加工成粉剂使用,又因单位面积上需用原药量很少,使之难以在大面积田块上均匀撒施。通过加工将农药原药制成具有特定理化性能的分散体形式,称为农药剂型,如乳油、可湿性粉剂等。通过对农药进行剂型加工,可以改善其物理性状,提高其分散性,并使其能适应各种施药技术,发挥有效成分的最大效果,使高毒农药低毒化,增加对人畜的安全性,减少环境污染和对生态平衡的破坏,延缓抗药性的发展,延长农药的使用寿命,提高使用农药的效率和扩大应用范围。

(4) 制剂　一种农药为适应不同防治对象、使用方法等的需求,制成剂型和有效成分含量不同的产品,称为农药制剂,是农药商品流通的主要形式。农药制剂的名称通常由 3 个部分组成,第 1 部分为有效成分含量,常用质量(体积)分数来表示,第 2 部分为有效成分的通用名称(或原药名称),第 3 部分为加工剂型(或物理形态)。如 70%代森锰锌可湿性粉剂。也有少数不需加工也可使用的农药原药,直接采用农药原药的名称,如美曲膦酯等。

2. 农药常用剂型

农药的剂型可以分为液体、半固态和固态,按照使用形态又可以分为不同的种类(表 4.1.5)。

表 4.1.5　农药常用剂型的使用方法及特点

剂型名称(代码)	组分	使用方法	优点	缺点
粉剂(DP)	原药+填料+分散剂+黏着剂	低浓度喷粉,高浓度配制毒土、毒饵、拌种和土壤处理等	易加工,成本低;使用方便,不受水源限制;喷药工效高;在植物上黏附力小,残留较少,不易产生药害	加工时粉尘多;使用时易受地面气流影响而飘失,影响药效,并造成环境污染;不易附着于植物的表面、用量大、残效期较短
可湿性粉剂(WP)	原药+填料+湿展剂+分散剂	常量喷雾、毒饵和土壤处理等,不可直接喷粉	生产成本较低,有效成分含量比粉剂高,便于储存、运输;药效高于粉剂,但不及乳油;附着性强,飘移少,对环境污染轻	缺点:不耐储存,长期存放和堆压后,悬浮率下降,不易在水中分散,导致喷洒不匀,植物局部产生药害

续表

剂型名称（代码）	组分	使用方法	优点	缺点
可溶性粉剂（SP）	原药+填料（水溶性无机盐）+助剂（分散剂等）	喷雾、泼浇	不含有机溶剂，药害和环境污染轻；有效成分以分子状态分散于水中，药效比可湿性粉剂好，与乳油相近；有效成分含量高，运输、包装、加工成本低	
粒剂（颗粒剂）（GR）	原药+载体+助剂（黏结剂、崩解剂、湿润剂、分散剂、着色剂等）	灌心叶、撒施、点施；高毒农药颗粒剂土壤处理、拌种、沟施等	施用方便，不易产生药害；高毒农药低毒化；可控制药剂有效成分的释放速度，残效期长；沉降性好，减少了环境污染；靶标性强，对天敌等有益生物影响小	运输成本较高，使用范围比较窄
水分散粒剂（WG）	原药＋润湿剂＋分散剂＋崩解剂＋黏结剂＋载体	常量喷雾、泼浇、拌种、浸种、毒土等	悬浮率高、分散性和稳定性好，药效高；有效成分含量高，流动性好，不沾包装物，易于包装和运输；性能稳定，无粉尘，对环境污染小	加工过程较复杂，成本较高
烟剂（FU）	原药+燃料+助燃剂+消燃剂	熏蒸	使用方便，节省劳力，防治效果好，可以扩散到其他防治方法不能达到的地方；适宜于仓库、大棚、温室的病虫害防治等	
乳剂（EC）	原药+有机溶剂+乳化剂	常量喷雾、泼浇、拌种、浸种、毒土、涂茎等	有机溶剂对昆虫和植物表面的蜡层具有溶解和黏附作用，乳化剂具有湿润和渗透作用，利于在植物和靶标上的黏附和展着，残效期较长，耐雨水冲刷；使用方式多样；药效高于同种药剂的可湿性粉剂	制造乳油要耗费大量的有机溶剂和乳化剂，成本较高，易造成环境污染，使用不当易产生药害或发生中毒事故
超低容量液剂（UL）	原药+溶剂（+助溶剂、化学稳定剂等）	喷雾	具有良好的黏附性和渗透性，使用时喷液量小，不易流失，利用率高；粒子超细，对蜡质层亲和性强，药效高	雾粒细，风大时不能使用；药剂浓度高，油溶剂渗透力强，使用不慎易引起药害

续表

剂型名称 （代码）	组分	使用方法	优点	缺点
悬浮剂 （胶悬剂） （SC）	原药+湿润剂+分散助悬剂+增黏剂（稳定剂、防冻剂、消泡剂等）	常量喷雾、低容量喷雾、涂茎、拌种、浸种等	不需有机溶剂，成本低，减少药害，对人的毒性低；粒径小，附着力强，持效期长，耐雨水冲刷优于乳油，药效高；生产、储运比较安全、方便	长时间存放后，可能出现沉淀现象，使用时必须充分摇动，以保证药效
水剂 （AS）	水溶性原药+水+表面活性剂	喷雾、浇灌、浸泡	加工方便，成本低廉；药效好，对环境污染小	附着性差；在水中不稳定，长期储存易分解失效
水乳剂 （EW）	液态原药（或原药用少量溶剂溶解）+乳化剂+分散剂+防冻剂+水	常量喷雾、拌种、浸种等	不含或仅含少量溶剂，毒性和药害比乳油小，生产、储运和使用安全。喷洒雾滴略比乳油大，飘移减少，环境污染减少；药效与同剂量的乳油相当	易在水中分解的药剂不宜加工成水乳剂
微乳剂 （ME）	原药+乳化剂+防冻剂+水	常量喷雾、拌种、浸种等	粒子较细，易穿透害虫和植物的表皮，附着力好，药效比乳油高；克服了乳油使用大量有机溶剂的缺点，储运和使用安全，环境污染小，药剂的刺激性小	易在水中分解的药剂不宜加工成水乳剂
缓释剂 （BR）	农药储存在加工品中（废塑料、树皮、有机化合物等）	灌心叶、撒施、点施、拌种、沟施等	使用后可以缓慢释放，持效期长，用药次数少，可减轻农药对环境的污染和降低毒性；减少药害，降低对有益生物的危害	—
微囊悬浮剂 （CS）	原药（囊皮材料中）+分散剂+水	喷施、涂刷、土壤处理等	持效期可以通过控制囊皮来进行调整、持效期长；施药次数少，用药量省；毒性低，使高毒农药低毒化、使用安全	加工成本较高
微囊粒剂 （CG）	原药包入囊皮材料中	喷施、土壤处理等		

续表

剂型名称（代码）	组分	使用方法	优点	缺点
种衣剂（SD）	农药（SC、WP、EC等）+成膜剂+（农肥、微量元素等）	种子包衣	改善种子的外观，使之易于播种、计量和保存；药力集中，利用率高，省药、省工、省种；隐蔽使用，有利于保护环境，使用安全；具有缓释作用，有效期长	—

三、选择农药质量

（一）农药分散度及其对药剂性能的影响

1. 分散度

分散度是指农药被分散的程度。原药在制剂里的分散度通常用分散质的直径大小（μm）来表示，分散质的直径越小，分散度越高。有时也用"比表面积"——颗粒总表面积与总体积之比值（S/V）来表示。颗粒越小，个数就越多，比表面积（S/V）就越大，即分散度就越高。分散度的大小对药剂的性能和药效、药害以及对环境都有影响。

2. 提高分散度对药剂性能的影响

（1）增加覆盖面积 用于兑水配成悬浮液喷洒的可湿性粉剂、悬浮剂、水分散性粒剂以及用于喷粉的粉剂，都是以细小的粉粒状态发挥其药效，需要有一层均匀的覆盖，才有利于发挥作用。直接影响粉粒覆盖均匀度的因素除药剂量外，主要是粉粒细度。相同质量的粉粒，其粒子越细，粒数越多，覆盖的面积就大而匀（图4.1.1）。保护性杀菌剂分散度大，可增加保护面积。用杀虫剂对蚜虫、螨类等活动性小的昆虫进行触杀防治时可增加触杀防治面积。

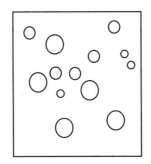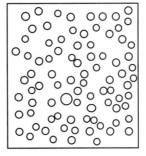

图4.1.1 质量相同，细度不同粉粒的覆盖面积

（2）提高药剂颗粒在受药体表面的吸附性 药剂颗粒在受药体表面上的附着性受许多因素影响，其中，颗粒的大小和质量是重要影响因素，颗粒越大，质量越大，在受药表面越易滚落。适当提高分散度，可使颗粒的吸附性能提高，增强药剂颗粒在受药体表面的药剂沉积率。

（3）改变药剂颗粒的运动性能　药剂从喷雾（粉）器喷出后，较大的颗粒直接撞击在植物茎叶的正面，易发生弹跳现象，沉积率低；较小的颗粒受空气浮力影响在空间作风浪运动，2 μm以下的细微颗粒在空间作布朗运动，均可随着气流绕过茎叶的正面，穿透植物的株冠层，向各层次扩散。但细微颗粒沉降速度慢，药剂尚未沉积时便可能被上升气流带走。质量适中的颗粒，加上药剂所具有湿展性和植物因叶片表面的毛、刺、突起而产生的截留作用，可增加药剂在植物正、反两面的沉积率（图4.1.2）。

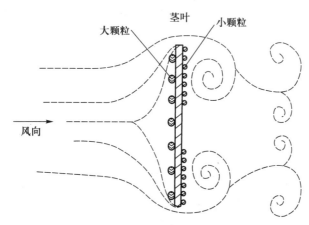

图4.1.2　不同分散度的颗粒沉积性能示意图

（4）提高悬浮液的悬浮率及稳定性　可湿性粉剂的水悬液，颗粒越细，在水中悬浮时间越长，乳液中的油滴越小，越不易油水分离。

想 一 想
提高农药分散度对农药施用会产生哪些影响？

（5）提高药剂防治效果　细小的粉粒易被害虫取食进入消化道，也易于被溶解吸收而发生毒效作用。防治病害更需要撒布均匀的细微粉粒，才能收到预期的防治效果。

3. 适当控制分散度对农药性能的影响

（1）充分发挥农药作用　如缓释剂或粒剂可控制有效成分的释放速度，减少农药损失，延长残效期和减少施药次数。

（2）减少药剂飘移损失　如用颗粒剂防治病虫害，可增强施药时着药部位的"目标性"，避开了与害虫天敌的接触，减少药剂飘移损失，减轻对环境的污染。

（3）提高农药使用的安全性　提高分散度可以提高防治效果，但同时增加了药剂的飘移性，造成环境污染，增加农药的残留毒性，杀伤天敌，破坏生态平衡，造成浪费。近年来出现的微胶囊剂、颗粒剂、大粒剂、缓释剂等，就是适当控制农药的分散度，减少药剂使用次数和用药量，使药剂缓慢从制剂中释放出来，增加农药使用的目标性，避免飘移，减少污染和残留毒性。

（二）常用农药剂型的质量指标

1. 粉剂

（1）有效成分含量　有效成分含量指农药产品中具有生物活性的特定成分，要求不低于标明的含量。

（2）粉粒细度　以能通过一定筛目的百分率表示。我国的标准是95%的粉粒能通过200目筛，即粉粒直径<74 μm，平均粒径为20~25 μm。国外普遍采用的粉剂标准是98%的粉粒能通过325目筛，粉粒最大直径为44 μm，粒径为5~15 μm。

（3）水分含量与pH　限制水分含量可以减小有效成分的分解，使农药制剂保持良好的分散状态。我国规定粉剂 H_2O 的质量分数<1.5%，pH 5~9。

2. 可湿性粉剂

（1）一般标准　有效成分含量不低于标明含量，颗粒粒径<74 μm，H_2O 的质量分数<2.5%，pH 5~9。

（2）悬浮率　悬浮率指有效成分在悬浮液中保持悬浮一定时间和均匀分散的能力，粉粒大小是影响悬浮率的关键。我国可湿性粉剂的悬浮率标准为40%~70%，国外标准>75%。

（3）润湿性　润湿性用被测的可湿性粉剂从一定高度撒到水面至完全湿润所需要的时间表示。我国规定可湿性粉剂的润湿时间为1~2 min，润湿性好的可湿性粉剂在施用前加水稀释时，能很快被水润湿，分散成为均匀一致的悬浮液。

喷雾时，药液在植物或有害生物表面形成均匀的液膜或雾滴覆盖。药液形成液膜和雾滴展散的必要条件是药液先润湿生物体表面，继而展散开（图4.1.3）。润湿性差的可湿性粉剂悬浮液被喷到植物上后，不能很好地润湿和扩展，药液很容易从叶片上滚落下去，降低了药效的发挥。

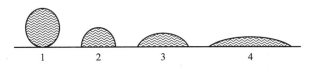

图4.1.3　药液在固体表面的湿展现象

1. 不湿润　2. 附着　3. 湿润　4. 展布

能使药液润湿生物体表面的物质统称润湿剂。施用可湿性粉剂时，另外加入一些表面活性剂，可增加悬浮液的润湿性。我国生产的农药商品水剂、可溶性粉剂和水溶性原粉，多不含润湿剂，使用时在配好的药液中加入适量的润湿剂，如0.05%~0.1%中性洗衣粉，就能显著提高雾滴的润湿能力，提高药剂的沉积量，增加展散面积，提高防治效果。

（4）热储稳定性　在(54±2)℃条件下储存14 d，有效成分分解率<10%称热储稳定性。

3. 粒剂

（1）一般标准　一般标准要求：有效成分含量不少于标明含量；H_2O 的质量分数<3%；颗粒完整率>85%；有效成分脱落率（粉状）<5%。

（2）粒度　要求90%（质量）达到粒径范围标准。粒剂的粒度变化幅度很大，大粒剂、颗粒剂和微粒剂分别为5 000~9 000 μm、297~1 680 μm和74~297 μm。

4. 烟剂

（1）一般标准　一般标准要求：农药含量大于或等于标明的含量，H_2O<5%，强度要求用强度计（硬度计）测定>637 MPa，或从1 m处自然落下不折断。

（2）燃烧情况　要求一次点燃引线，无明火和火星，浓烟持续不断、有冲力。燃烧时间，杀虫烟剂为 7~15 min/kg,杀菌烟剂为 10~20 min/kg。

（3）成烟率　烟剂有效成分成烟率>80%。

5. 乳剂

（1）一般标准　一般标准要求:有效成分含量符合规定标准,H_2O 的质量分数<1.5%,外观为单相透明液体,pH 6~8。

（2）乳化分散性　要求乳油进入水中能迅速分散成白色透明溶液;若呈油珠状迅速下沉或很快析出油状沉淀物,则乳化分散性差。

（3）乳液稳定性　用 342 mg/L 标准硬水稀释一定倍数(200、500、1 000 倍)后,在 25~30 ℃条件下静置 1 h,稳定度>99.5%,无浮油及沉淀物。

6. 悬浮剂

（1）有效悬浮率　2 年储存期内,悬浮率>90%;粒径为 0.5~5 μm,平均粒径为 1~8 μm;pH 7~9。

（2）分散性　在 20 ℃时能自发分散。

议 一 议

评价粉剂、可湿性粉剂和悬浮剂质量的指标有哪些不同?为什么?

（3）储存稳定性　热储(54±2 ℃储存 14 d)和冷储(-25 ℃储存 24 h)处理后,外观、流动性、分散性、粒径、有效成分含量和悬浮率等各项指标变化应在允许范围内。

农药剂型的质量指标与施药后的防治效果有密切的关系。购买农药时,一定要选择质量合格的产品,注意查看有关质量指标是否符合规定,避免购买和使用假冒伪劣产品。

四、选择农药厂家

农药标签或说明书是农药产品向使用者传递农药信息的桥梁,是指导安全合理使用农药的依据。正规厂家的农药包装、封口以及标签或说明书都规范负责,在标签或说明书上都会注明农药有效成分名称及含量、农药三证(农药登记证号、生产批准文件号和产品质量标准号)、净质量或净容量、适用作物、防治对象、用药量和施药方法、储存方法、生产日期、质量保证期、禁用规定、毒性标志、中毒主要症状及急救措施、生产企业名称及联系方式、注意事项、农药象形图和农药类别颜色标志带等。

想 一 想

农药标签有什么作用?为什么在购买和使用农药时要求检查和阅读农药标签?

通过农药登记证
识别农药真假

在选购和使用农药前,应当认真阅读农药标签或说明书,正确理解农药标签及标志的含义。

五、遵守法规选择农药

农药使用不当会带来严重的负面影响,给农业生产和社会带来危害,为此,我国农药管理和使用部门制定了一系列法规来规范农药的使用,如《农药安全使用规定》中要求高毒高残留农药不得用于果树、蔬菜、茶叶等作物,《农药合理使用准则》对每一种植物上农药的使用量、使用次数、安全间隔期等做了明确的规定。在选择农药品种时,必须遵守这些法规,优先选择无公害农药或高效低毒低残留农药。

资　料　卡

《农药标签和说明书管理办法》第25条规定:像形图应当根据产品安全使用措施的需要选择,但不得代替标签中必要的文字说明。像形图应当根据产品实际使用的操作要求和顺序排列,包括储存像形图、操作像形图、忠告像形图、警告像形图。

世界农药生产者协会(GIFAP)推荐的12幅像形图:

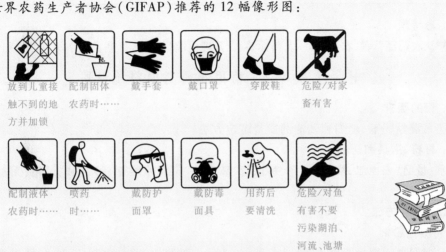

任务工单 4-1　农药品种市场调查

一、目的要求

熟悉当地常用杀虫剂、杀菌剂和杀螨剂的品种性状及其应用情况,针对园艺植物主要病虫害正确选择、科学使用农药。

二、材料和用具

当地常用农药品种及其标签和说明书、记录本等。

三、内容和方法

1. 了解当地园艺植物主要病虫害种类及其为害情况。

2. 调查农业企业或专业户防治园艺植物主要病虫害时选用哪些农药品种?

3. 调查当地农业生产资料公司、植保和农业技术推广等农药经销部门销售的主要农药品种及其剂型有哪些,各属于哪种类型,价格如何。

4. 阅读常用杀虫剂、杀菌剂和杀螨剂的标签和说明书,注意与生产应用相关的内容。

四、作业

针对当地园艺植物主要病害和害虫各2种、害螨1种,按照无公害生产要求,选择适当农药品种,并将调查的有关情况填入下表:

病虫害种类	农药名称	剂型	有效成分含量/%	作用原理	使用浓度或用药量	毒性	安全间隔期	净重/kg 或净容量/L	价格/元

五、思考题

怎样从农药经营者、农药包装、农药标签、农药理化性状、生产日期及价格等方面辨别假劣农药？

任务工单 4-2　常用农药剂型的质量鉴定

一、目的要求

学会可湿性粉剂、烟剂和乳油的质量鉴定方法。

二、材料、用具和药品

天平、量筒、表面皿、烧杯、漏斗、移液管、玻璃棒、恒温水浴锅、秒表、电烘箱、无水氯化钙、氯化镁等。

三、内容和方法

1. 可湿性粉剂

（1）湿润性　取标准硬水 100 mL 注入 250 mL 烧杯中，将烧杯置于 25 ℃恒温水浴中，烧杯中液面与水浴面齐平。待硬水升温至 25 ℃时，称取供试可湿性粉剂均匀粉末 5 g，置于表面皿上，将全部试样从与烧杯口齐平的位置一次性均匀地倾倒在该烧杯的液面上，立即用秒表计时，直到试样全部润湿为止（留在液面上的细粉膜可忽略不计）。记下润湿时间（精确至秒）。重复 5 次，取平均值，作为该样品的润湿时间。

（2）悬浮率　称取供试可湿性粉剂 2 g 于具塞量筒中，加水至 250 mL，轻摇混匀后静置 30 min，用吸管吸去上部 225 mL 溶液，将称重后的滤纸置于漏斗中，过滤剩下的溶液，滤后将滤纸置于烘箱中烘干并称重，计算悬浮率，重复 3 次，求平均值。悬浮率的计算公式如下：

$$悬浮率 = \frac{（滤纸质量 + 样品质量）- 烘干后的总质量}{样品质量} \times 100\%$$

2. 烟剂

（1）燃烧情况　燃烧匀速、彻底，不出现明火，燃烧后残渣疏松，30 min 后无余火。

（2）燃失率　称量燃放前烟剂的质量及燃放后余烬的质量，按下列公式计算燃失率：

$$燃失率 = \frac{烟剂质量 - 余烬质量}{烟剂质量} \times 100\%$$

3. 乳油

（1）外观　乳油外观应为单相透明溶液。

（2）乳化分散性　将装有 500 mL 标准硬水（342 mL/L）的大烧杯置于 25 ℃恒温水浴中，待温度平衡后，用移液管吸取供试乳油 1 mL，在离液面 1 cm 处自由滴下。若乳油滴入水中能迅速分散成白色透明溶液，则为扩散完全；若呈白色微小油滴下沉或大粒油珠迅速下沉，搅动后虽呈乳浊液,但很快又析出油状沉淀物,则为扩散不完全。

（3）乳油稳定性　将 25~30 ℃的标准硬水 100 mL 加入 250 mL 烧杯中,用移液管吸取供试乳油 0.5 mL,缓慢加入硬水中,同时不断搅拌,加完乳油后继续用 2~3 r/min 的速度搅拌30 s,立即将乳剂转入一清洁干燥的 100 mL 量筒中,在 25 ℃水浴中静置 1 h,无浮油及沉淀物为合格。

标准硬水的配制:称取无水氯化钙 0.304 g 和带 6 个结晶水的氯化镁 0.139 g,用蒸馏水稀释至 1 000 mL。

四、作业

记录农药剂型质量的鉴定结果并判断是否合格。

五、思考题

影响可湿性粉剂、烟剂和乳油质量的主要因素有哪些?

任务二　农药的稀释与配制

商品农药的浓度一般比较高,需要根据农药品种、防治对象、作物种类和气温高低等情况,配制成为可以在田间喷洒的状态。准确稀释农药,正确配制农药,可以增加农药分散度,充分发挥农药的效能,避免人、畜中毒事故和植物药害,减少对环境的污染。

一、农药浓度的表示方法

1. 体积分数或质量分数

农药浓度通常用百分数表示,即 100 份药液或药剂中含农药有效成分的份数。液体与液体之间配药时常用容量分数表示,固体与固体或固体与液体之间配药时多用质量分数表示。

有时也用 100 万份药剂中含农药有效成分的份数表示,单位 μL/L(微升/升)、mg/L(毫克/升)或 mg/kg(毫克/千克)。

2. 倍数法

稀释倍数表示法是常量喷雾沿用的习惯表示方法,指稀释剂(水或填充料)相对于农药质量的倍数。虽然倍数法不能直接反映出药剂的稀释倍数,但应用起来很方便。在配制农药时,如果未注明按容量稀释,均按质量计算。在实践应用中,稀释倍数有两种计算方法。

（1）内比法　稀释 100 倍或 100 倍以下,计算稀释量时,要扣除原药剂所占的 1 份。如稀释 50 倍,即用原药剂 1 份,加稀释剂 49 份。

（2）外比法　稀释 100 倍以上,计算稀释量时,不扣除原药剂所占的 1 份。如稀释 500 倍,即用原药剂 1 份加稀释剂 500 份。

二、商品农药制剂取用量的计算

取得合法登记的农药,其标签和说明书上推荐的农药用量或使用浓度,都是经过多次反复试验确定的,随意增减易造成植物药害或影响防效。为稳定防效、控制污染和防止抗性产生,近年来在使用农药的过程中提倡最低有效剂量,这成为取得经济效益和生态效益的关键措施之一。农药制剂的取用量,应按农药标签或说明书上标明的有效成分含量和推荐的用药量的不同表示方法进行计算。

农药的稀释计算

1. 单位面积有效成分用量

国际上普遍采用 g/hm^2［克/公顷］表示单位面积有效成分用量。

$$农药制剂用量 = \frac{单位面积有效成分用量}{制剂中有效成分百分含量(\%)} \times 施药面积$$

2. 单位面积农药制剂用量

单位面积农药制剂用量是指单位面积上使用农药制剂的量,一般用 g/hm^2 或 mL/hm^2 表示。农药制剂用量表示法直观、易懂,但必须要有制剂浓度。

$$农药制剂用量 = 单位面积农药制剂用量 \times 施药面积$$

3. 农药混用时的取用量

农药混用时,各农药的取用量要分别计算,水的用量要合在一起计算。

固体类剂型
农药的配制

三、农药配制

配制农药前,要严格按照计算的用药量称取或量取农药。固体农药用秤称量,液体农药用有刻度的量具量取。

1. 粉剂和粒剂农药的配制

为使有限的固体药剂分散均匀,有时需在固体农药中加入一定量的填充料对其进行稀释。先取少量填充料将所需固体农药混入搅拌,再边添加填充料边搅拌,直至所需的填充料全部加完。

2. 可湿性粉剂的配制

通常采用两步配制法配制可湿性粉制,即先用少量水配制成较浓稠的"母液",充分搅拌后,再加足量的水稀释到所需浓度。质量不高的可湿性粉剂,往往有一些粉粒团聚成粗的团粒,用少量水配制时由于湿润剂的浓度相对较大,更有利于粉粒分散。应用两步配制法时,两次所用的水量要等于所需用水的总量,否则,将会影响预期配制的药液浓度。

3. 乳油和悬浮剂的配制

乳油和悬浮剂的配制方法一般根据药液稀释量的多少及药剂活性的大小而定。配制少量药液时可直接进行稀释,即在准备好的配药容器内盛好所需用的清水,然后将定量药剂慢慢倒入水中,用小木棍轻轻搅拌均匀,便可供喷雾使用。配制较多的药液量时,需要采用两步配制法:先用少量的水,将农药稀释成母液,再将配制好的母液按稀释比例倒入准备好的清水中,搅拌均匀为止。

两步配药法是提高农药的分散度的方法之一,既能提高用药效果,又能减轻药害的发生,还能减少接触原药中毒的危险。

任务工单4-3　波尔多液的配制及质量鉴定

波尔多液是最早发现和应用的保护性杀菌剂之一,是用硫酸铜水溶液和石灰乳混合配成的天蓝色胶状悬液。目前,波尔多液仍以其杀菌谱广、使用安全、价格低廉、不易产生抗性而被广泛应用。

一、目的要求

学会波尔多液的配制方法,比较不同配制方式对波尔多液质量的影响。

二、药品和用具

硫酸铜、氧化钙(生石灰)、亚铁氰化钾、广泛试纸、药物天平、药匙、量筒、烧杯、玻棒、小铁刀或铁钉等。

三、内容和方法

1. 波尔多液的配制

首先配制 1:20 的 $CuSO_4 \cdot 5H_2O$ 水溶液和 1:10 的 CaO 水溶液（石灰乳），然后按下表操作方式配制波尔多液。

配制波尔多液的不同方式

处理	20 mL 硫酸铜溶液加水的量/mL A	20 mL 石灰乳加水的量/mL B	操作方式 （→表示加入）
1	30	30	（A→B）+100 mL 水
2	80	80	A 与 B 同时→C
3	145	15	A→B
4	160	0	A→B
5	160	0	B→A
6	0	160	A→B

生成波尔多液的化学反应是：

$$CaO+H_2O = Ca(OH)_2$$
$$Ca(OH)_2+CuSO_4 = Cu(OH)_2 \downarrow +CaSO_4$$

2. 波尔多液胶粒观察

取一个大烧杯，盛半杯清水，再取两个小烧杯，分别盛等量的 1:20 的 $CuSO_4 \cdot 5H_2O$ 水溶液和 1:10 的 CaO 水溶液，将两个小烧杯中的溶液同时倒入大烧杯中，并使两液在未到水面时相碰并反应，不要搅拌。

将大烧杯对光观察，可见清水中悬浮有浅蓝色棉絮状或片状的胶态物，即为被水分散了的波尔多液胶粒。波尔多液胶态颗粒喷在植物表面可形成一层薄膜，黏着力很强，不易被雨水冲刷。观察波尔多液胶粒形状及分散情况。

3. 波尔多液质量鉴定

（1）悬浮率　配制后分别静置 10 min、20 min、30 min，测量各处理的波尔多液体积，并用下式计算悬浮率。

$$悬浮率 = \frac{波尔多液体积}{溶液总体积} \times 100\%$$

（2）pH　用 pH 试纸测定波尔多液的 pH，应显示强碱性。

（3）测定 Cu^{2+} 量是否过剩　取少量波尔多液于试管中，加几滴 $10\% K_4Fe(CN)_6 \cdot 3H_2O$ 液，观察是否有红棕色沉淀生成，若有沉淀则表示 Cu^{2+} 量过剩。也可用磨亮的铁制小刀或铁钉浸入配好的波尔多液片刻，若观察到表面有镀铜现象则表示 Cu^{2+} 量过剩。

四、作业

1. 将观察结果填入下表。比较不同方法配制的波尔多液质量的优劣。通过实验结果分析，你认为用哪种方法配制波尔多液最合适并写出配制步骤。

波尔多液质量观察结果

处理	操作方式	悬浮率	pH	Cu²⁺量是否过剩	质量排序
1	（A→B）+100 mL 水				
2	A 与 B 同时→C				
3	A→B				
4	A→B				
5	B→A				
6	A→B				

2. 为什么说波尔多液是极好的保护性杀菌剂？

五、思考题

1. 为什么配制波尔多液时一定要把硫酸铜水溶液倒入石灰乳中？

2. 为什么磨亮的铁制品在配好的波尔多液中会发生镀铜现象？

3. 衡量波尔多液质量的两个主要指标是什么？

任务工单4-4　石硫合剂的熬制及质量鉴定

石硫合剂是由石灰、硫黄加水熬制而成的杀菌、杀螨剂，特点是效果好、无残留、资源广、成本低。石硫合剂母液是透明酱油色溶液，其中，多硫化钙（$CaS \cdot S_x$）是杀菌、杀螨的有效成分。

石硫合剂的熬制

一、目的要求

熟悉石硫合剂的熬制技术、母液浓度测定及稀释方法。

二、材料和用具

硫黄粉、生石灰、天平、瓦锅（或生铁锅、大烧杯）、灶（电炉）、量筒、烧杯、玻璃棒、漏斗、纱布、波美比重计等。

三、内容与方法

1. 石硫合剂的熬制

（1）原料称重　选用优质、洁白、块状的生石灰，硫黄粉愈细愈好。石灰、硫黄与水的配合量以 1:2:10 为最适。

（2）调制硫黄糊　用少量热水调制硫黄糊。

（3）调制石灰浆　将生石灰放入锅中，加少量水使块状生石灰消解成粉状后，再加入少量水搅拌成糊状，最后加足水量成石灰浆。

（4）加热并标记水位　将调好的石灰浆加热至沸腾，再把调成糊状的硫黄粉自锅边缘缓缓加入，边加边搅拌，使之混合均匀。加完后记下水位线。

（5）熬煮　强火煮沸 40~60 min，在熬制过程中适当搅拌，在熬煮过程中损失的水量应在熬制结束 15 min 前用热水一次性补足。

（6）停止加热　锅内溶液呈赤褐色、残渣呈草绿色时停火。

（7）纱布过滤　经冷却沉淀后取出上清液，或用 4~5 层纱布滤去渣滓，所得的澄清深红棕色溶液即为石硫合剂原液。

2. 原液浓度的测定

（1）用比重计测定　石硫合剂的有效成分是多硫化钙（$CaS \cdot S_x$），$CaS \cdot S_x$ 含量与药液相对密度（以往称"比重"）成正相关。通常熬制的石硫合剂浓度较高，但生产上应用的浓度很低，并且要求浓度准确。因此常用比相对密度更精密的波美度来表示石硫合剂浓度，波美度与相对密度的换算关系是：

$$相对密度 = \frac{145}{145 - 波美度}; \qquad 波美度 = 145 - \frac{145}{相对密度}$$

石硫合剂原液浓度可用波美比重计测定并用波美度（°Bé）来表示。将冷却的石硫合剂原液倒入量筒中，插入波美比重计，注意药液的深度应大于波美比重计长度，使比重计漂浮在药液中。比重计上刻有波美比重数值，液面水平的读数即药液波美度。

如用普通密度计测定，得出的普通密度数值需根据公式换算成波美度。

（2）玻瓶测定法　在无波美比重计时，可用一个浅色玻璃瓶，先称出瓶的质量。再装满清水称出瓶和水的质量。把清水倒掉甩干，装满石硫合剂原液，称得原液质量。用水的质量去除原液的质量，所得到的数字，就是原液的相对密度，再查换算表或根据公式换算成波美度。

3. 石硫合剂的稀释

石硫合剂原液一般为 20~30°Bé，而生产上通常用 0.2~5°Bé 的药液，因此熬制的石硫合剂需经稀释才能使用。石硫合剂的稀释方法有质量稀释法和容量稀释法，实验中常用容量稀释法，生产中常用质量稀释法。因石硫合剂相对密度大于1，这两种稀释方法有较大的差异。

（1）质量稀释法　按以下公式计算：

$$原液需用量（kg） = \frac{所需稀释浓度}{原液浓度} \times 所需稀释的药液量$$

例如，配制 0.5°Bé 石硫合剂 100 kg，需用 20°Bé 原液和加水量各多少？

$$原液需要量（kg） = \frac{0.5}{20} \times 100\ kg = 2.5\ kg$$

$$需要加水量（kg） = 100\ kg - 2.5\ kg = 97.5\ kg$$

也可用稀释倍数法，按以下公式计算：

$$质量稀释倍数 = \frac{原液浓度}{所需稀释浓度} - 1$$

例如，用 20°Bé 的石硫合剂原液配制 0.5°Bé 的药液，求稀释倍数。

$$质量稀释倍数 = \frac{20}{0.5} - 1 = 39$$

即取 1 份（质量）的石硫合剂原液，加 39 倍的水，就成为 0.5°Bé 的石硫合剂溶液。

（2）容量稀释法　按以下公式计算：

$$容量稀释倍数 = \frac{原液浓度 \times (145 - 所需稀释浓度)}{所需稀释浓度 \times (145 - 原液浓度)} - 1$$

（3）查表法　为了使用方便,已将石硫合剂的质量稀释倍数和容量稀释倍数分别编列成表,可根据需要从有关书籍中查找。

四、作业

1. 记录石硫合剂的熬制方法及熬制的石硫合剂原液的波美度。

2. 需用 0.4°Bé 的石硫合剂 25 kg,要用原液多少? 加多少水稀释?

五、思考题

1. 为什么不用普通比重计量度石硫合剂原液浓度?

2. 熬制石硫合剂时需注意哪些事项?

任务三　农药的施用

施用农药技术是指将农药施用到目标物上所采用的各种技术措施,其实质是农药的分散过程。使用一种农药防治有害生物时,施药方法不同,防治效果和所需药剂量往往会有显著的差异。施药方法也会影响农药对环境的污染和对有益生物危害的程度。农作物种类很多,形态和结构各异,农药的粉粒或雾滴在各种农田中的穿透和分布行为也不一样,只有根据农药的性能和施药对象的特征选用适当的方法施药,才能收到应有的防治效果。

一、农药的使用方法

1. 喷雾法

喷雾法是利用喷雾机具将农药药液喷洒成雾滴而分散悬浮在空气中,再降落到防治对象及寄主表面的施药方法(表 4.3.1)。

表 4.3.1　我国常用喷雾法及其特点

喷雾法类型	常(规)量喷雾	低量喷雾	超低量喷雾(微量喷雾)
施药量/(L·hm^{-2})	>450	7.5~450	<7.5
施药浓度/倍	150~2 000	15~200	原液
雾滴直径/μm	150~500	100~300	<75
施药器械	手动背负式或压缩式喷雾器、踏板式手压喷雾器、果园风送喷雾机	手动吹雾器、机动背负气力式喷雾机、机动弥雾机	手持式电动圆盘喷雾机、背负式微量喷雾机、静电喷雾机
药液雾化的方法	液力雾化法:对药液施加压力,迫使它通过特殊设计的喷头而分散成为雾滴的方法	气力雾化法:利用高速气流把药液雾化成为雾滴的方法	离心力雾化法:利用圆盘喷头高速旋转时产生的离心力使药液分散、雾化的方法;静电力雾化法:利用静电高压使药液雾化的方法

续表

喷雾法类型	常(规)量喷雾	低量喷雾	超低量喷雾(微量喷雾)
喷雾方式	针对性喷雾:将喷雾的喷头直接对着植物,喷出的雾滴直接沉降于植物和有害生物表面的喷雾方法	针对性喷雾或飘移累积式喷雾	飘移累积式喷雾:喷出的雾滴借助风力(自然和喷出的)及自身重力的共同作用,使雾滴飘移、穿透,并沉积在植物及有害生物表面上的喷雾方法
质量指标	药液覆盖率:植物叶面上覆盖药液的面积占叶面总面积的百分比	雾滴沉积密度:沉积在植物单位面积上的雾滴数	
优点	适宜于水源丰富地区;目标性强,受环境因素影响较小,使用药械简单	防效好、工效高、药液流失少,农药利用率高	不受水源的限制,劳动强度低,残效期长,农药利用率高,防效好、工效高
存在问题	单位面积施用药液量多,需水量大,加重保护地空气湿度;雾滴粗大,易引起药液流失;农药利用率低;工效低	受阵风和上升气流影响大,有时会出现漏喷现象	喷雾质量受风及上升气流影响大,适宜风速为 $1\sim3$ m/s

2. 喷粉法

喷粉法是利用鼓风机械所产生的气流将农药粉剂吹散后沉积到植物上的施药方法。喷粉法具有工效高、适合水源缺乏地区使用等特点,但受药械、风力、气流等影响大,特别是飘移性强,污染环境较喷雾法严重,目前已基本被淘汰。粉尘法是喷粉法的一种特殊形式,是在温室、大棚、仓库等密闭空间里喷洒具有一定细度的粉尘剂,使药粉在空间扩散、漂浮形成浓密的粉尘,沉积于茎叶的正面和背面,从而获得良好防治效果,同时可减少粉尘对环境的影响。

3. 撒施法

撒施法是直接将颗粒剂农药或毒土撒落到目标物上的施药方法,适用于一些具有内吸传导性或不便喷雾的毒性高及容易挥发的农药品种。撒施法简单、方便、省力,只需要简单的撒粒工具即可撒施,适合土壤处理、水田施药和多种作物的心叶施药。

4. 熏蒸法

熏蒸法是利用熏蒸剂或烟剂在一定的密闭环境或容器中防治病虫害的施药方法。熏蒸剂产生的毒气和烟剂所形成的极细固体农药微粒能在空间自行扩散,一般适用于温室、大棚、仓库等密闭场所。在农田中使用时,一般在作物茂密或树林郁闭情况下才能获得成功。

5. 植株处理法

植株处理法又可分为涂抹法、药环法、包扎法、树干注射法和虫孔注射法等,是将药剂直接涂抹、包扎或注射在植物的相关部位,依靠药剂的内吸传导作用防治病虫害的施药方法,主要用于防治具有刺吸式口器的害虫和钻蛀性害虫,也可施用具有一定渗透力的杀菌剂来防治果树病害。植株处理法具有省工、用水少、对植物安全、应用范围广、无飘移污染、保护天敌等特点。

6. 毒饵(谷)法

毒饵(谷)法是将具有胃毒作用的农药与害虫喜食的饵料拌匀,施于地面或土壤中,用于防治地面或地下害虫的施药方法。所用饵料有谷物、豆饼、麦麸、蔬菜等,配制毒谷应先将谷物炒香或煮半熟,晾成半干后再拌药,傍晚撒施毒饵效果最好。

7. 土壤处理法

土壤处理法是指采取喷雾、喷粉、撒施、沟施、穴施、灌根和土壤注射等方式将药剂施于根区、地面或一定土层内,防治病虫害的施药方法。

(1)根区施药　将内吸性药剂施于植物根系附近,通过根部吸收、传导到植物的地上部分,防治地上的害虫和病菌。

(2)土壤施药　将药剂施入地面或一定土层内,利用药剂的触杀、熏蒸作用防治土传病害和在土壤中栖息的害虫。施熏蒸剂后,可用洒水、薄膜覆盖等方法防止毒气逸出土面。

8. 种苗处理法

种苗处理法是将药剂施用在种子或种苗表面,使种子和种苗表面带药播种或移栽,用以防治种苗所带病虫和地下害虫的施药方法。种子处理可以采用浸种、拌种、闷种、种子包衣等方法;种苗处理一般采用蘸秧处理。种苗处理法省工、药效好,但要求严格掌握药液浓度、温度和浸渍时间,以免产生药害。

二、农药的毒力与药效

农药的毒力是指农药对有害生物直接毒杀致死的能力,是药效的基础。药效是指农药在田间条件下对有害生物产生的实际防治效果,是毒力在田间自然条件下的表现,与农药剂型、施药方法、寄主植物、防治对象、田间环境等因素有密切关系。农药在应用之前均要进行室内毒力与田间药效的测定。

1. 农药毒力的表示方法

(1)杀虫剂常用的毒力表示单位　致死中量(LD_{50})又称半数致死量,指杀死 50% 供试动物群体所需药剂的量,单位是 mg/kg 体重(昆虫用 μg/g 体重)。致死中浓度(LC_{50})又称半数致死浓度,指在一定时间内供试动物死亡 50% 时吸入的药剂浓度,单位是 mg/m³。

(2)杀菌剂常用的毒力表示单位　有效中量(ED_{50})指抑制供试病菌 50% 孢子萌发所需的剂量。有效中浓度(EC_{50})指抑制供试病菌 50% 孢子萌发所需的浓度。

毒力是表示农药对靶标生物效力大小的量度,农药的毒力值越小,对靶标生物的毒力越高。测定毒力一般多在室内进行,所测试的数据可供防治参考。

2. 药效的表示方法

(1)杀虫剂药效　通常用害虫死亡率、虫口减退率、有虫株率、保苗率和防治效果表示杀虫剂药效。

(2)杀菌剂药效　通常用发病率、病情指数、产量增减率等表示杀菌剂药效。

(3)农药的残效期　农药的残效期又称持效期,指农药施用后对害虫或病菌的有效毒杀持续时间。

3. 药效试验的类型

(1)农药品种比较试验　对农药新品种或在当地未使用过的农药品种,需要做药效试验,为当地大面积推广使用提供依据。

（2）农药剂型比较试验　对农药的各种剂型做防治效果对比试验,以确定生产上防治病虫害最适合的农药剂型。

（3）农药使用方法试验　农药使用方法试验包括用药量、用药浓度、用药时间、用药次数、农药混用等进行比较试验,综合评价药剂的防治效果,以确定最适宜的使用方法。

（4）影响药效因子试验　对不同环境条件对药效影响进行的试验。

任务工单4-5　农药药液的配制与喷雾器的使用

一、目的要求

熟悉配制药液的方法及注意事项,学会喷雾器的使用方法。

二、材料和用具

病虫害发生现场、胶皮手套、农药、天平、量筒、烧杯、水桶、玻璃棒、背负式喷雾器等。

三、内容和方法

1. 农药配制

（1）确定农药的使用量和使用浓度　仔细阅读农药标签或说明书,根据农药特点、防治对象情况、作物种类和气温高低等情况,合理确定用药量和使用浓度。

（2）按用药量称取或量取农药。

（3）药液配制　先在药液桶中加入1/3的清水,然后将称量出的农药加入药桶中,搅拌均匀,再用剩余的清水冲洗量器,并全部加入药箱中搅匀。

2. 喷雾器的使用

（1）熟悉喷雾器的结构（工农-16型喷雾器）　药液桶由桶身、加水盖、背带、吊扣等组成;液泵在药液桶内,由泵筒（唧筒）、塞杆、皮碗、进水阀、出水阀、吸水滤网和吸水管等组成;空气室在药液桶外侧,通过接头与出水阀连接,起缓冲作用,可稳定药液压力、保证雾流稳定;喷洒部件由胶管、喷杆、开关和喷头等组成。

（2）了解喷雾器的工作原理　喷雾时揿动手柄,通过连杆带动塞杆和皮碗上、下运动,上行时泵筒内压力降低,药液桶内的药液在压力差作用下冲开进水阀,进入泵筒,完成吸水过程。当塞杆下行时,泵筒内的药液压力增高,进水阀关闭,出水阀被压开,药液通过出水阀进入空气室。空气室里的空气被压缩,对药液产生压力,打开开关后药液通过喷杆进入喷头被雾化喷出。

（3）检查喷雾器状态　先用清水试喷,检查喷雾器各连接处是否有渗漏现象。

（4）装入药液　关闭开关,将配制好的药液装入药液桶后拧紧加水盖。注意药液必须经过过滤,药液量不能超过最高水位刻度线。

（5）操作方法　揿动手柄,当药液进入空气室并上升到安全线时,打开开关,药液即通过喷头形成雾滴。一般要求边喷雾边揿动手柄,每分钟均匀揿动手柄18～20次,使空气室内的药液面保持在安全线上下,即可连续喷雾。注意揿动手柄时不能过分用力,以免气室爆裂。

（6）注意安全防护　施药时应穿戴防护服、手套、口罩等防护工具。喷雾作业时,行走路线根据风向而定,从每块田土的下风向开始喷药。走向应与风向垂直或成不小于45°的夹角,操作者应在上风向,喷射口应在下风向。

（7）喷雾均匀　喷雾时行走要均速,一般为1～1.3 m/s。随喷随揿动手柄,保持压力稳定,喷头距离作物高度、喷幅和喷杆摆动尽量一致,喷雾尽量均匀周到。

(8)喷雾器的维护与保养　喷雾器使用结束后应及时倒出药液桶内的残液,加入少许清水喷洒,然后用清水清洗各部分。洗刷干净后放在通风干燥处。长期停放时,还应在活动部件及非塑料接头处涂抹防锈黄油。

四、作业

1. 说明确定农药使用量和使用浓度的依据。

2. 喷雾器是由哪几部分组成的？各部分的作用分别是什么？

五、思考题

1. 在药液桶中配制药液时,为什么要用两步配药法？

2. 影响喷雾器喷雾均匀周到的因素有哪些？

任务工单 4-6　农药田间药效试验

一、目的要求

学习农药田间药效试验的常用方法,为正确使用农药和防治园艺植物病虫害奠定基础。

二、材料和用具

病虫为害地块或药效试验地、施药设备、安全防护用具、插地杆、记号牌、标签、调查记录本等。

三、内容和方法

1. 试验条件

(1)试验对象、作物和品种的选择　确定试验对象,选择作物及主栽品种。

(2)环境条件　田间试验要安排在历年病虫发生严重的地区,所有试验小区的栽培条件(土壤类型、施肥、播栽期、生育阶段、株行距)须均匀一致,且符合当地科学的农业实践。

2. 试验设计和安排

(1)小区药效试验　小区药效试验是农药新品种经过室内测定有效后,在田间进行的小面积药效试验。小区药效试验药剂处理不少于 3 个剂量;对照药剂须是在实践中证明有较好药效的产品,对照药剂的类型和作用方式应同试验药剂相近并使用当地常用剂量。试验药剂、对照药剂和空白对照的小区处理采用随机区组排列;小区面积 15~50 m²(棚室不少于 8 m²),果树 3~5 棵;最少 4 次重复。在试验地应设保护区和保护行,以避免边际效应和外来因素的影响。

(2)大区药效试验　在小区药效试验基础上,选择药效较高的药剂进行大区药效试验,进一步观察药剂的适用性。大区试验需 3~5 块试验地,每块面积 300~1 200 m²。大区药效试验应设标准药剂对照区。

(3)大面积示范试验　经小区和大区试验后,选择最适宜的农药使用技术进行大面积示范试验。

3. 施药方式

(1)施用方法　按标签说明进行,施药方法应与当地科学的农业实践相适应。

(2)使用器械　选用生产中常用的器械,记录所用器械的类型和操作条件(操作压力、喷孔口径)的全部资料。施药应保证药量准确、分布均匀。用药量偏差超过±10%的要记录。

(3)施药时间和次数　施药时间和次数按标签说明进行。防治病害一般在发病前或始见病斑时进行第 1 次施药,进一步施药视作物生长过程中病害发展情况及药剂的持效期来决定。防治害虫一般施药 2 次,间隔 10~15 d。如若试验在越冬代幼虫出蛰期进行,则要在花前花后各施 1 次药。记录每次施药数量、日期及作物生育期。

(4) 使用剂量和容量　按标签注明的剂量使用。用于喷雾时,要同时记录用药倍数和每公顷的药液用量(L/hm^2)。熏蒸剂和烟雾剂要记录棚室的体积以及陆地面积,记录每平方米和每立方米药剂的剂量。

(5) 防治其他病、虫害药剂的要求　如果要使用其他药剂,应选择对试验药剂和试验对象无影响的药剂,并对所有的试验小区进行均一处理,而且要与试验药剂和对照药剂分开使用,将这些药剂的干扰控制在最低程度,记录这类药剂施用的准确数据。

4. 调查项目及方法

(1) 气象资料　应从试验地或最近的气象站获得试验期间降雨(降雨类型、日降雨量,以 mm 表示)和温度(日平均温度、最高和最低温度,以 ℃ 表示)的资料。对整个试验期间影响试验结果的恶劣气候因素,如严重和长期的干旱、暴雨、冰雹等,均须记录。

(2) 土壤资料　记录土壤类型、地形、土壤肥力、灌溉条件和土壤覆盖物(作物残茬、塑料薄膜覆盖、杂草)等资料。

(3) 田间药效　使用杀虫剂时,一般在施药后 1 d、3 d、7 d 各调查 1 次死亡率和防治效果,使用杀菌剂时,分别在最后一次喷药后 7 d、10 d、15 d 调查发病率和病情指数。杀虫剂以及杀菌剂的田间药效调查取样方法与病虫害的田间调查方法相同。

(4) 药害调查　调查记录药害的有无、出现药害的时期、药害症状及程度、作物生长发育的异常现象等,还应当注意药剂对作物产量和品质的影响,对果树等多年生植物,应观察对次年的生育是否有不良影响。能被测量或计算的药害,用绝对数值表示(例如株高等)。估计药害,按照药害分级方法记录每个小区的药害程度。

药害分级方法如下:

-:无药害

+:轻度药害,不影响作物正常生长。

++:中度药害,可复原,不会造成作物减产。

+++:重度药害,影响作物正常生长,对作物产量和质量造成一定程度的损失。

++++:严重药害,作物生长受阻,作物产量和质量损失严重。

此外,也要记录对作物的其他有益影响(如促进成熟,刺激生长等)。

5. 统计防治效果

(1) 杀虫剂　杀虫剂的防治效果用害虫死亡率来衡量,其计算公式如下:

$$害虫死亡率 = \frac{防治前活虫数 - 防治后活虫数}{防治前活虫数} \times 100\%$$

当统计对象为自然死亡率高、繁殖力强的害虫,如蚜虫、螨类等,为反映真实药效,须作校正,校正死亡率的计算公式如下:

$$校正死亡率 = \frac{防治区虫口死亡率 - 对照区虫口死亡率}{1 - 对照区虫口死亡率} \times 100\%$$

防治蚜、螨等增殖速度很快的虫螨时,可能会遇到施药后对照区和防治区的虫口比施药前都增加的情况,须作如下校正:

$$校正防治效果 = \left(1 - \frac{防治区用药后虫口 \times 对照区药前虫口}{防治区用药前虫口 \times 对照区药后虫口}\right) \times 100\%$$

（2）杀菌剂　杀菌剂的防治效果一般用相对防治效果表示，计算公式如下：

$$相对防治效果 = \frac{对照区病指或发病率 - 防治区病指或发病率}{对照区病指或发病率} \times 100\%$$

检查杀菌剂的内吸治疗效果，以实际防治效果表示：

$$实际防治效果 = \left(1 - \frac{防治区病情指数增长值}{对照区病情指数增长值}\right) \times 100\%$$

$$病情指数增长值 = 检查药效时的病情指数 - 施药时的病情指数$$

6. 结果整理与分析

用邓肯氏新复极差检验法对各处理（或各剂量）的平均防治效果进行统计分析，比较各处理间的效果差异并作出分析和评价，完成实训报告。实训报告内容包括实训目的、项目名称、实训材料和方法（试验条件、试验设计和安排、施药方式等）、试验结果分析和结论（对供试农药做出总体评价，提出相应的用药技术）等。

四、作业

根据田间药效试验结果写出药效试验报告。

五、思考题

1. 在喷粉及喷雾时避免发生邻区之间药粉或药液飞散对药效试验干扰的措施有哪些？
2. 使用同一喷雾器喷布不同浓度的同一种药剂时，如何安排药剂浓度的顺序？

任务四　农药的安全使用

农药在防治病虫害等方面发挥了积极的作用，但如果不按有关规定和要求使用，就会造成人畜中毒、作物药害和环境污染等问题。

一、农药中毒及预防

1. 农药的毒性

农药的毒性是指农药对非靶标生物（包括人、家畜、家禽、水生动物和其他有益生物等）产生的毒害作用。在农药使用过程中，进入人、畜体内的农药量超过人、畜的最大耐受量，人、畜就会表现出一系列的中毒症状。

（1）急性毒性　急性毒性是指动物服用或接触药剂后在短期内出现的中毒症状。根据农药产品对大白鼠的半数致死量（LD_{50}）或半数致死浓度（LC_{50}），我国以世界卫生组织（WHO）推荐的农药危害分级标准为模板，结合我国农药生产、使用和管理的实际情况，将农药急性毒性分为5级（表4.4.1）。国家对剧毒、高毒农药的使用范围有一定限制，例如，剧毒农药不允许以喷雾使用，高毒农药不得用于蔬菜、果树、茶叶和中药材上等。

表 4.4.1　农药毒性分级标准与标识

毒性分级		Ⅰa级	Ⅰb级	Ⅱ级	Ⅲ级	Ⅳ级
标识(黑色)和 级别符号语(红色)		☠ 剧　毒	☠ 高　毒	✖ 中 等 毒	低毒	微　毒
大白鼠LD$_{50}$	经口半数致死量/ (mg·kg^{-1})	≤5	>5~50	>50~500	>500~5 000	>5 000
	经皮半数致死量/ (mg·kg^{-1})	≤20	>20~200	>200~2 000	>2 000~5 000	>5 000
	吸入半数致死浓度/ (mg·m^{-3})	≤20	>20~200	>200~2 000	>2 000~5 000	>5 000

（2）亚急性毒性　亚急性毒性是指动物在一段时间内（30~90 d）连续服用或接触一定剂量的农药后，出现与急性中毒类似的症状。

（3）慢性毒性　慢性毒性是指动物长期（6个月以上甚至终生）口服或接触低微剂量农药后逐渐引起内脏机能受损、阻碍正常生理代谢过程而表现出慢性病理反应。慢性毒性主要表现为"三致"作用：致癌、致畸、致突变。

想 — 想

农药的急性毒性和慢性毒性哪个危险性更大？为什么？

2. 农药中毒的预防

（1）普及和宣传安全用药知识　相关部门和人员要积极开展农药安全使用的宣传培训和技术指导。

（2）科学合理使用农药　选择高效、低毒、低残留的农药品种和剂型，控制施药次数和浓度，推广用药量少、目标性强、对非靶标生物影响较小的施药技术。

（3）避免购买和储运农药过程中的渗漏与污染　农药在购买、运输和保管过程中要远离食品，发现渗漏与破损应及时处理。

（4）严格遵守农药操作规程　遵循农药标签登记的使用范围、防治对象、用药量、用药次数、安全间隔期和警示等；配药、洗涮施药工具及防护用品应远离生活区和水源区；注意保管、维修施药工具，防止喷药时发生阻塞、滴漏或其他故障；使用手动喷雾器遵循"顺风、隔行、退步、早晚"的喷药原则；施用过高毒农药的地方要设立标志，在一定时间内禁止放牧、割草和采食；对用完的农药包装物应进行收集深埋，不得他用或随意丢弃。

（5）施药人员的选择和个人防护　施药人员应是健康的青壮年，体弱多病、皮肤病或皮肤有破损以及三期妇女（月经期、孕期、哺乳期）等不得进行施药工作；施药人员工作时要进行必要的防护，尽量避免农药与皮肤和口鼻接触。根据所用农药的毒性、施药方法等穿戴相应的防护服、防护手套、风镜、防护口罩、防护帽、防护长筒靴等；准备好洗涤剂和洗涤用水，发生农药沾染时，立即就地清洗；施药期间禁止吸烟、进食和饮水；连续施药时间不宜过长，每日工作不

田间用药防护

得超过 6 h;施药后应及时更换服装,清洗身体。

二、农药残留及治理

1. 农药残留与残留毒性

（1）农药残留　农药残留是指一部分化学性质稳定的农药施用后,在一个时期内没有分解,残存于收获物及其他环境(土壤、水源、大气)中的农药及其有毒衍生物。农作物与食品中的农药残留主要来自农药对作物的直接污染、作物对污染环境中农药的吸收及生物富集与食物链,生物富集与食物链可使农药的残留浓度提高数百至数万倍。

（2）残留毒性　残留的农药进入人、畜体内后,虽不能直接危及其生命,但可在其体内积累,引起体内机能受损,阻碍正常生理代谢过程而发生毒害。农药残留引起慢性中毒的特性称为残留毒性,简称残毒。农药的残留毒性一般需要较长的时间才表现出来,其中农药的"三致"毒性引起人们的特别重视。

2. 农药残留的治理

（1）农药的合理使用　根据现有农药的性质、有害生物的发生发展规律,合理使用农药,以最少的用量获得最大的防治效果。

（2）农药的安全使用　制定安全用药制度,主要有各种农药的允许应用范围、各种农药的每日允许摄入量(ADI)、各种作物与食品中的农药最大残留允许量(MRL)和施用农药的安全间隔期。

（3）发展高效低毒、低残留的农药　在使用农药时,必须按照《农药合理使用准则》施药,严格控制施药次数、施药量,遵循安全间隔期,将农药残留降到最低限度。

使用任何农药均有可能造成残留,但残留量有大有小,很少的残留量对人体健康(健康食品)不构成危害。国际食品法典和美国等发达国家也允许在蔬菜、水果中有农药残留,并通过规定每日允许摄入量(ADI)和制定最大残留允许量标准(MRL)来预防其为害。

资 料 卡

每日允许摄入量(acceptable daily intake,ADI)　一生中每天摄入一种化合物不会对消费者的健康造成可见风险的量,以千克体重的毫克数表示,单位一般是 mg/kg。

最大残留允许量(maximum residue limit,MRL)　以 ADI 值为基础,根据人们的膳食习惯及田间试验资料,制定每种农药在供消费食品中可允许的最高农药残留浓度,以每千克农产品中所含农药的量表示(mg/kg)。

半衰期　农药残留分解消失到原始药量一半所需的时间,是农药在自然界中稳定性和持久性的标志。

安全间隔期(安全等待期)　最后一次施药距收获的天数,即自喷药后到残留量降到最大允许残留量所需的时间。安全间隔期的长短取决于农药的半衰期长短和在农作物食用部位中的最高残留限量值大小。

三、农药药害及预防

农药药害是指因农药使用不当(施用方法、时期或浓度不适宜等)引起植物产生的各种病态反应。

1. 药害的类型与症状

(1) 急性药害　急性药害是在施药后短时间内(10 d内)表现出的异常现象,如药剂处理种子后出苗期推迟、出苗率降低、苗弱等,根系发育不良,茎部扭曲、变粗、变脆、表皮破裂和疤结等,叶片出现叶斑、穿孔、焦枯、失绿、畸形和落叶等,花表现为枯焦、落花、落蕾、变色、腐烂,果实出现斑点、畸形、锈果和落果,植株生长缓慢或徒长、畸形,以至枯萎、死亡。

(2) 慢性药害　慢性药害是在施药后较长时间(10 d后)才表现出的异常现象,症状不明显,常常不易察觉。如表现光合作用减弱、植株生长发育缓慢、生长期延迟、农艺性状恶化等。

(3) 残留药害　残留药害是在使用长残效农药后,残留于土壤、秸秆或堆肥中的农药或其分解产物对下茬敏感作物产生的药害。

(4) 飘移药害　飘移药害是施用农药时雾滴飘移偏离施药目标、沉降到邻近敏感作物上产生的药害。

2. 药害发生的原因

引起植物发生药害的原因比较复杂,是药剂本身的性质和植物种类、生长发育阶段的生理状态以及施药后的环境条件等因素的综合效应。

(1) 施用农药不当　使用对植物敏感的农药、农药存在质量问题、混用不当、使用浓度过高、用药量过大、施药技术不当或配制方法不科学等易引起药害。

(2) 用药时期不当　在植物对药剂敏感的时期(苗期、花期、幼果期)或植物生长势弱、耐药力弱时用药易引起药害。

(3) 受环境影响　在高温、强光照射、雨天或露水很大时施药易引起药害。

(4) 二次药害与飘移药害　有些除草剂由于残效期较长,前茬作物收获后,残留的除草剂会对后茬作物产生二次药害,此外,农药施用,特别是喷雾施用时,如果风力较大,药剂就会被吹到周边的其他作物上,从而对作物造成伤害。

3. 预防药害发生的措施

根据药害产生的因素,合理选择药剂,严格控制使用剂量和浓度,选择正确的配制和使用方法。对植物敏感的农药应禁用或慎用,确定合适的施药时期,避免环境的不利影响,合理安排种植结构,避免上下茬作物、邻近作物使用农药引起残留药害、飘移药害。对当地未曾施用过的新农药,在施用前必须进行小面积的药害试验。

任务五　农药的科学使用

科学合理使用农药,不但可以达到防治病、虫、草、鼠害、增加农业产量的目的,而且可以避免盲目增加用药量、降低用药成本、减少农药对人、畜和环境的危害,是一项符合安全、经济、有效原则的农业措施。

农药的科学使用

一、采用适当的施药方法

采用适当的施药方法,对降低农药用量、减少用药次数、节约成本、防止污染和保护农业生态有重要意义。

1. 根据农药剂型确定施药方法

不同农药剂型各有其特定的使用器械和方法,应根据农药剂型确定施药方法,如乳油和水剂适用于喷雾,油剂适用于超低容量喷雾,粉剂和颗粒剂宜于拌种或撒施等。

2. 根据防治对象特点选择施药方法

防治温室等密闭场所害虫,可采用熏蒸法;防治土传病害,可采用土壤处理法;防治种传病害,应采用浸种或拌种法等。

3. 根据施药部位选择施药方法

防治对象所处的部位不同,施药方法也各异。如防治叶背面的蚜虫、叶螨等,应使用喷雾法;防治地下害虫,可采取土壤处理法等。

4. 根据施药环境选择施药方法

环境因素对农药的防治效果影响很大,施药方法要根据具体环境条件确定。如雨季期间,可在下雨间隙使用喷粉法;为降低温室内的空气相对湿度,不宜过多使用喷雾法,可采用粉尘法。

5. 根据有益生物特点选择施药方法

为减少对有益生物的影响,应不用或少用对有益生物杀伤力大的喷雾法和喷粉法,而采取毒饵、毒土、拌种、蘸根、涂茎及撒施颗粒剂等方式,可有效地防治病虫害,且对有益生物影响较小。

二、确定正确的施药时间

1. 根据防治对象特点确定施药时间

根据防治对象的生物学特性及其发生规律,寻求其最容易被药剂杀伤的时期施药。如保护性杀菌剂一定要在发病前或发病初期使用,一般在害虫卵孵化盛期或幼虫初龄阶段用药,防治效果好。同时要充分考虑有害生物和有益生物的消长规律,注意保护天敌,充分发挥农药的效果。

2. 根据防治指标确定施药时间

当自然控制因素和其他防治措施无法控制防治对象时,要调查防治对象的发生数量,确定是否需要进行药剂防治;调查防治对象的发育期,确定防治适期。

3. 根据气候条件确定施药时间

根据气候条件选择适当时间用药,提高防治效果,其中温度、风、雨的影响较大。如雨天、大风天和中午高温不能喷药;早晨露水未干时不能喷雾,喷粉效果好;撒毒饵防治地下害虫以傍晚为好。只有在具备适宜的气候条件下施药,才能取得最佳的防治效果。

4. 根据农药的安全间隔期确定施药时间

施药时要遵守农药的安全间隔期,在采收前不可任意喷施农药,保证产品中农药残留量低于最大允许残留量。

三、交替、轮换使用农药

农药使用过度会带来"3R"问题：即抗性（resistance）、残留（residue）、再猖獗（resurgence）。随病虫害对农药抗性的产生，农药新品种、新剂型又比较缺乏，必然导致农药使用浓度和使用次数的增加。长期连续使用同一种农药商品是导致有害生物产生抗药性的主要原因。合理地交替、轮换使用农药，就可以切断生物种群中抗药性种群的形成过程。

可以根据当地病虫害的发生特点及农药的供应情况，选用作用机制各不相同的几大类杀虫剂进行轮换、交替使用。同一类制剂中的杀虫剂品种也可以互相换用，但需要选取那些化学作用差异比较大的品种在短期内换用，如果长期采用也会引起害虫产生交互抗性。已产生交互抗性的品种不宜换用。

在杀菌剂中，一般内吸杀菌剂比较容易引起抗药性，保护性杀菌剂不容易引起抗药性。因此，除了不同化学结构和作用机制的内吸剂间轮换使用外，内吸剂和保护剂之间是较好的轮换组合。还要注意新老农药品种交替使用以及毒性偏高和低毒农药品种的灵活运用。

四、科学混配农药

混用农药是将含有两种或两种以上不同有效成分的农药制剂在田间使用时混配现用。农药混合制剂是指农药厂将两种或两种以上农药有效成分混配加工的农药制剂。科学合理混配农药，可在一次施药中，兼治两种或多种同时发

议一议
哪些措施可提高农药对抗性病虫的防治效果？

生的有害生物，扩大防治范围；混用药剂间取长补短，可提高防效或延长残效期；可防止和克服有害生物产生抗药性，延长农药品种的使用年限；能降低农药用量、降低防治成本、减少环境污染及对天敌的危害。

混配农药虽然可以产生很大的经济效益，但切不可任意组合，田间应现混现用，应坚持先试验后混用、混合后农药间不发生不良的化学和物理变化（絮结或大量沉淀等）、不增加对作物的药害、提高药效、降低成本、减少对人畜毒性的原则，否则不仅起不到增效作用，还可能导致毒性增加、病虫抗药性增强等不良作用。

项目小结

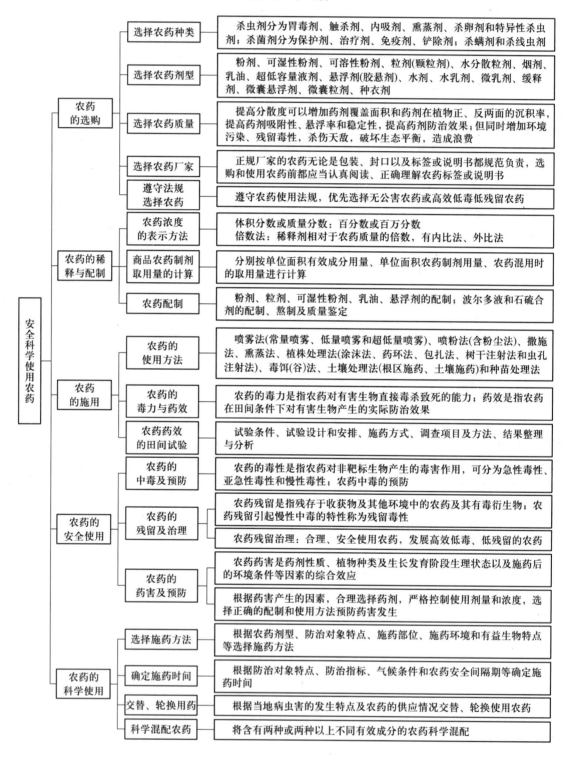

		杀虫剂分为胃毒剂、触杀剂、内吸剂、熏蒸剂、杀卵剂和特异性杀虫剂;杀菌剂分为保护剂、治疗剂、免疫剂、铲除剂;杀螨剂和杀线虫剂
	选择农药种类	
农药的选购	选择农药剂型	粉剂、可湿性粉剂、可溶性粉剂、粒剂(颗粒剂)、水分散粒剂、烟剂、乳油、超低容量液剂、悬浮剂(胶悬剂)、水剂、水乳剂、微乳剂、缓释剂、微囊悬浮剂、微囊粒剂、种衣剂
	选择农药质量	提高分散度可以增加药剂覆盖面积和药剂在植物正、反两面的沉积率,提高药剂吸附性、悬浮率和稳定性;提高药剂防治效果;但同时增加环境污染、残留毒性,杀伤天敌,破坏生态平衡,造成浪费
	选择农药厂家	正规厂家的农药无论是包装、封口以及标签或说明书都规范负责,选购和使用农药前都应当认真阅读、正确理解农药标签或说明书
	遵守法规选择农药	遵守农药使用法规,优先选择无公害农药或高效低毒低残留农药
农药的稀释与配制	农药浓度的表示方法	体积分数或质量分数:百分数或百万分数 倍数法:稀释剂相对于农药质量的倍数,有内比法、外比法
	商品农药制剂取用量的计算	分别按单位面积有效成分用量、单位面积农药制剂用量、农药混用时的取用量进行计算
	农药配制	粉剂、粒剂、可湿性粉剂、乳油、悬浮剂的配制;波尔多液和石硫合剂的配制、熬制及质量鉴定
农药的施用	农药的使用方法	喷雾法(常量喷雾、低量喷雾和超低量喷雾)、喷粉法(含粉尘法)、撒施法、熏蒸法、植株处理法(涂沫法、药环法、包扎法、树干注射法和虫孔注射法)、毒饵(谷)法、土壤处理法(根区施药、土壤施药)和种苗处理法
	农药的毒力与药效	农药的毒力是指农药对有害生物直接毒杀致死的能力;药效是指农药在田间条件下对有害生物产生的实际防治效果
	农药药效的田间试验	试验条件、试验设计和安排、施药方式、调查项目及方法、结果整理与分析
农药的安全使用	农药的中毒及预防	农药的毒性是指农药对非靶标生物产生的毒害作用,可分为急性毒性、亚急性毒性和慢性毒性;农药中毒的预防
	农药的残留及治理	农药残留是指残存于收获物及其他环境中的农药及其有毒衍生物;农药残留引起慢性中毒的特性称为残留毒性
		农药残留治理:合理、安全使用农药,发展高效低毒、低残留的农药
	农药的药害及预防	农药药害是药剂性质、植物种类及生长发育阶段生理状态以及施药后的环境条件等因素的综合效应
		根据药害产生的因素,合理选择药剂,严格控制使用剂量和浓度,选择正确的配制和使用方法预防药害发生
农药的科学使用	选择施药方法	根据农药剂型、防治对象特点、施药部位、施药环境和有益生物特点等选择施药方法
	确定施药时间	根据防治对象特点、防治指标、气候条件和农药安全间隔期等确定施药时间
	交替、轮换用药	根据当地病虫害的发生特点及农药的供应情况交替、轮换使用农药
	科学混配农药	将含有两种或两种以上不同有效成分的农药科学混配

<h1 style="text-align:center">巩固与拓展</h1>

1. 内吸性杀菌剂和保护性杀菌剂的使用技术有何不同？常用品种各有哪些？

2. 内吸性杀虫剂与触杀性杀虫剂的使用技术有何不同？常用品种各有哪些？

3. 农药的剂型加工有何意义？表面活性剂在农药的加工和使用中发挥什么作用？

4. 农药粉剂、可湿性粉剂、乳油和烟剂的组成与质量标准有哪些？如何正确使用这些剂型？

5. 提高分散度对农药性能会带来哪些影响？怎样配制可湿性粉剂、乳油和悬浮剂可以提高其分散度？

6. 农药标签有什么作用？为什么强调在购买和使用农药时要检查和阅读农药标签？

7. 怎样配(熬)制高质量的波尔多液和石硫合剂？鉴定波尔多液和石硫合剂的质量指标各有哪些？

8. 当地施用农药的方法有哪些？

9. 常量喷雾和超低量喷雾在施药器械、药液雾化、喷雾方式、质量指标等方面有何不同？影响农药喷雾质量的主要因素有哪些？

10. 农药的毒力与药效有何区别与联系？影响农药药效的因素有哪些？怎样表示杀虫剂和杀菌剂的药效？

11. 农药的毒性与毒力有何区别？防治病虫害时为什么必须要了解农药的毒性？

12. 农药对人畜的毒性主要分为哪几种类型？怎样预防农药中毒？

13. 食品中的农药残留主要来源有哪些？应采用哪些措施控制农药残留？

14. 植物发生不同类型药害的原因是什么？怎样预防？

15. 有害生物产生抗药性的原因是什么？怎样防止或延缓有害生物抗药性的发生？

16. 在病虫害防治过程中怎样协调生物防治和化学防治的矛盾？

17. 科学合理地使用农药的原则有哪些？

18. 调查当地主要园艺植物化学防治病虫害的现状并提出改进建议。

19. 扫码阅读"不能做要钱不要命的蠢事——蔡道基"，谈谈自己的感受。

20. 扫码阅读文档"农药经营许可管理办法"。

文档　不能做要钱不要命的蠢事——蔡道基　　　　文档　农药经营许可管理办法

模块五　园艺植物苗期与根部病虫害识别诊断与综合防治

知识目标

- 了解当地园艺植物苗期和根部主要病害。
- 描述当地常见园艺植物苗期和根部病虫害症状特点或形态特征。
- 了解生产实践中防治苗期和根部病虫害的技术与措施。

能力目标

- 区别常见园艺植物苗期和根部主要病虫害种类。
- 根据苗期和根部主要病虫害发生规律进行预测预报。
- 提出并实施苗期和根部病虫害综合治理措施。

任务一　苗期与根部病害诊断与综合防治

一、苗期病害

（一）苗期病害诊断（表 5.1.1）

表 5.1.1　园艺植物常见苗期病害诊断特征

病害名称	病原	寄主植物及为害部位	为害状
立枯病	立枯丝核菌（*Rhizoctonia solani* Kühn），属真菌界半知菌类丝核菌属	蔬菜、果树和观赏植物幼苗等均可受害，茄科和葫芦科蔬菜幼苗受害较重	病部初生椭圆形暗褐色斑，后茎基变褐、病部缢缩、茎叶萎垂枯死；稍大幼苗白天萎蔫，夜间恢复，病斑逐渐凹陷，环绕茎部扩展一周，最后收缩、干枯，植株萎蔫或直立死亡，一般不倒伏；湿度大时，病部生出不十分明显的淡褐色蛛丝状霉层；病菌可形成褐色至深褐色、似菜籽或米粒大小的无定形菌核

续表

病害名称	病原	寄主植物及为害部位	为害状
猝倒病 猝倒病诊断与防治	瓜果腐霉［*Pythium aphanidermatum*（Eds.）Fitz］,属假菌界卵菌门腐霉属	主要为害茎基部	播种后种子未萌发或刚发芽时受病菌侵染可造成烂种；种子萌发抽出胚茎或子叶,尚未出土前发病,胚茎和子叶腐烂,导致死苗；初出土的幼苗受病菌侵染,茎基部出现水渍暗斑,绕茎扩展,病部缢缩,茎呈线状,病斑上部未出现表现症状幼苗迅速倒伏；苗床湿度大时,病苗或其附近床面上常密生白色棉絮状菌丝
灰霉病	灰葡萄孢菌（*Botrytis cinerea* Pers.ex Tris.）,属真菌界半知菌类葡萄孢属	蔬菜幼苗地上部分	嫩茎被害呈水渍状缢缩,继而变褐,上端向下倒伏,俗称"软腰"；叶片被害呈水渍状腐烂；湿度大时,病部表面密生一层灰色霉状物
沤根	长时间低温、高湿,施用未腐熟肥料、光照不足等	植物幼苗根部	地下根呈锈色,不发新根,易腐烂；地上部叶片边缘变黄,易焦枯；幼苗萎蔫易拔起

（二）苗期病害发生规律与防治

1. 立枯病、猝倒病和苗期灰霉病

（1）苗床选择　立枯病和灰霉病以菌丝体或菌核在土壤或病残体中越冬,猝倒病菌以卵孢子随病残体在土壤中越冬。连作苗床由于土壤带菌量积累较严重,应选择地势高燥、背风向阳、光照充足、灌排方便、土质疏松肥沃和 3 年内未种植过蔬菜的田块做苗床。

（2）床土消毒与肥料腐熟　3 种病菌腐生性均较强,立枯病和灰霉病病菌均可产生菌核,在土壤中可存活 2~3 年,猝倒病病菌可在土壤中的病残体或腐殖质中以菌丝体长期存活。为防止病菌带入苗床,可用 50% 甲基硫菌灵可湿性粉剂 8~10 g/m² 或 75% 敌克松可溶性粉剂 20 g/m²,加细潮土 15 kg 拌匀；播种时用 1/3 量垫床,2/3 量覆种。肥料应充分腐熟,以防病菌传染。

（3）加强苗床栽培管理　立枯病、猝倒病在幼苗刚出土至移栽前,幼茎尚未木栓化时,在适宜环境条件下,病菌从伤口或表皮直接侵入幼茎、根部引起发病。低温、多雨或浇水量过大时造成苗床内空气和土壤湿度高,通风不及时、光照不足（播种过密）等造成幼苗营养消耗大于积累、生长纤弱,有利于 3 种病害的发生。用营养钵或电热温床等方法育苗提高床土温度,播种不宜过密,覆土要适度,以促进出苗。出苗后避免低温,适当放风炼苗,增强其抗病性。苗出齐后及早间苗、分苗,防止幼苗徒长。床土湿度过大时可撒施少量干土或草木灰去湿,或用细竹签松床土。

（4）拔除病苗与药剂防治　发现病苗及时拔除,防止病害蔓延。防治立枯病可用 15% 恶霉灵水剂 450 倍液或 95% 敌克松可湿性粉剂 1 000 倍液、50% 多菌灵可湿性粉剂 800 倍液等；猝倒病可用 25% 甲霜灵可湿性粉剂 800 倍液、72.2% 霜霉威水剂 500 倍液等；灰霉病可用 50% 腐霉利可湿性粉剂 1 000 倍液、50% 甲基硫菌灵可湿性粉剂 500 倍液、50% 乙烯菌核利水分散粒剂 1 000 倍液等,于发病期间每 7~10 d 喷洒 1 次,连续 2~3 次。

2. 沤根

防治沤根的措施主要有降低土壤湿度、提高土壤温度、及时通风透光等。发生轻微沤根后及时松土、提高地温,待新根长出后再正常管理。

二、果树根部病害

(一)果树根部病害诊断(表 5.1.2)

表 5.1.2　常见果树根部病害诊断特征

病害名称	病原	寄主植物及为害部位	为害状
圆斑根腐病	腐皮镰孢菌[*Fusarium solani* (Mart.) App. et Wollenw.]、尖孢镰孢菌(*F. oxysporiun* Schlecht)、弯角镰孢菌(*F. camptoceras* Wollenw. et Reink.)等,均属真菌界半知菌类镰孢菌属	主要为害仁果类和核果类果树的根部	初发病时主脉扩展有红褐色晕带,严重时病株局部叶簇萎蔫、叶片失水青干、枝条干枯;树上发病部位垂直的土壤根系发生该病,须根变褐枯死,病根基部有红褐色圆形病斑病根基部有红褐色圆斑,深入木质部,根变黑死亡
紫纹羽病	桑卷担菌(*Helicobasidium mompa* Tanaka),属真菌界担子菌门桑卷担属	以为害苹果、梨、葡萄和桑树为主,还能为害槐、杨、柳树及甘薯、大豆、花生等草本植物;主要为害根系	细根先发病,后逐渐扩展至侧根、主根直至树干基部;病根表面密生暗紫红色的丝状物(根状菌索)和绒布状物(菌丝层),有时可产生紫红色至暗褐色菌核;后期病根皮层组织腐烂,但表皮仍完好套在外边;地上部生长衰弱,小叶发黄,枝条节间缩短,后枯死
白纹羽病	白纹羽病菌(*Rosellinia necatrix* Prillieux),属真菌界子囊菌门褐座坚壳属	为害梨、桃、苹果、葡萄、枇杷、樱花、茶树等的根系	细根先霉烂,后扩展至侧根和主根;病根表面缠绕有白或灰白色丝网状物,后期为灰白或灰褐色;根部皮层内组织腐烂,皮层极易剥落,有时木质部上产生深褐色圆形颗粒状菌核;病树树势衰弱,发芽迟缓,半边叶片变黄或早落、枝条枯萎,严重时整株枯死
白绢病	齐整小核菌(*Sclerotium rolfsii* Sacc.),属半知菌类罗氏小核菌属;有性世代为白绢伏革菌[*Corticium rolfsii* (Sacc.) Curzi],属真菌界担子菌门伏革菌属,不常发生	可为害 62 科 200 多种植物,包括木本与草本的果树、林木和花卉等;为害苗木及成树根颈部	发病初期近地面根颈部皮层组织腐烂,有酒糟味并溢出褐色汁液,表面密生白色绢丝状菌丝层;湿度大时菌丝层可扩展到病部周围的地表和土隙中;后期菌丝层上形成茶褐色油菜籽状菌核;最终病株茎基部皮层完全腐烂,全株萎蔫枯死

病害名称	病原	寄主植物及为害部位	为害状
根朽病	发光假蜜环菌［*Armillariella tabescens*（Scop. et Fr.）Singer］和假蜜环菌［*A. mellea*（Vahl ex Fr.）Karst.］，均属真菌界担子菌门小蜜环菌属	主要为害梨、苹果、山楂、杏等果树的根颈部和主根	初期皮层腐烂，往往使病树枯死腐朽；皮层内、皮层与木质部间有白至淡黄色扇状菌丝层，有蘑菇气味，带荧光；湿度大时病根可长出蜜黄色子实体；病株局部或全株叶小而薄，易黄化脱落；新梢短，果实小；树势衰弱，叶色变浅黄色或顶端生长不良，严重时部分枝条或整株死亡
柑橘脚腐病（裙腐病）	寄生疫霉菌（*Phytophthora parasitica* Dast.）、褐腐疫霉菌［*P. citrophthora*（R. et E. Smith）Leno.］和辣椒疫霉（*P. capsici* Leonian），均属真菌界卵菌门疫霉属	为害柑橘根颈部	主要为害根颈部，向下蔓延至根部，引致主侧根腐烂；病株根颈部皮层初呈水渍状褐色湿腐，具酒糟味并渗出胶液，干燥时胶液凝结为粒块，严重时根颈树皮腐烂，可环绕根颈部造成橘树死亡；病树叶片变小、变黄，易脱落
根癌病（冠瘿病、根头癌肿病）	根癌土壤杆菌［*Agrobacterium tumefaciens*（Smith et Towns.）Conn.］，属原核生物界薄壁菌门土壤杆菌属	为害桃、李、杏、樱桃、梨、苹果、葡萄、枣、板栗、核桃等138科1 193种植物的根及根颈部	在为害部位形成癌瘤，癌瘤的形状、大小、质地因寄主而异，木本寄主的瘤大而硬、木质化、表面粗糙或凹凸不平；草本寄主的瘤小而软、肉质；病树发育不良，叶黄早落，果实变小，树龄缩短
根结线虫病	南方根结线虫（*Meloidogyne incognita*）、爪哇根结线虫（*M. javanica*）、花生根结线虫（*M. arenaria*）和北方根结线虫（*M. hapla*）	为害蔬菜、果树、林木、花卉、农作物根部	根部形成根瘤或根结；根瘤的形状大小因植物种类不同而异；病株叶片黄化、变褐、萎蔫，幼苗逐渐枯死
柑橘根线虫病	柑橘半穿刺线虫（*Tylenchulus semipenetrans* Cobb.），属动物界线虫门穿刺属	为害柑橘、荔枝、龙眼、葡萄、枇杷等多种树木根部	被害根粗短、畸形，根皮坏死呈黑色；植株缓慢衰退，叶片发黄、脱落、枝枯

续表

病害名称	病原	寄主植物及为害部位	为害状
水仙茎线虫病	起绒草茎线虫(Ditylenchus dipsaci Kühn Filipjev),属垫刃目垫刃科茎线虫属	为害水仙,主要侵染花茎和鳞茎	受害后造成植株萎缩,鳞茎腐烂,鳞片间常产生一圈或多圈褐色环斑;病鳞茎种植后叶片生长受阻,扭曲变形,肿大皱缩,基部增厚,出现淡黄或黄褐色泡状斑点;病鳞茎长出的叶和花均小
生理性烂根	水涝、冻害和化肥施用不当	为害果树、林木根部	水涝烂根初期枝条叶片变黄脱落,不脱落叶片发黄、叶缘枯焦,常出现各种缺素症;主根呈蓝褐色腐朽,吸收根多变褐死亡,有酸腐气味;根部受冻,形成层及木质部外层变浅褐色,地上表现发芽较晚,叶片较小,常呈黄色或缺素状;受害根吸收过量化肥后,皮层及皮下木质部变黑褐色,小根和须根变红褐色死亡

（二）果树根部病害发生规律与防治

1. 圆斑根腐病、紫纹羽病、白纹羽病、白绢病和根朽病

（1）加强栽培管理　圆斑根腐病属土壤习居菌,能在土壤中长期存活。当果树根系生长衰弱才会遭受病菌侵染,在干旱、缺肥、土壤盐碱化、水土流失严重和土壤板结的果园发病较重。紫纹羽病、白纹羽病、白绢病和根朽病的病菌以菌丝体或菌核、菌索在残根或土壤中越冬,能存活多年。土壤黏重板结、通气不好、低洼潮湿、排水不良、定植过深、长期缺肥、结果过量、杂草丛生、过度环剥和病虫害发生严重等导致果树根系生长衰弱时,植株易受病菌侵染。

应加强地下管理,改土深翻,改良土壤性质,改良土壤通透性;种植绿肥,增施有机肥,提高土壤肥力,改善果园灌排水条件,合理修剪,合理环剥,控制结果量,加强病虫害防治,促进根系生长,增强植物抗病能力。

（2）选用无病苗及苗木消毒　病菌以菌丝体在病根越冬。选用无病苗木,栽植前将苗木根部放入70%甲基硫菌灵可湿性粉剂500倍液中浸泡10~30 min,或用0.5%~1%硫酸铜溶液浸苗10~20 min,水洗后栽植;也可用45 ℃的温汤浸泡20~30 min。

（3）避免残根传病　病根和健根系互相接触是紫纹羽病、白纹羽病、白绢病和根朽病扩展、蔓延的重要途径,靠近带病刺槐、杨、柳树及新辟果园易发病。不在林迹地建园,不用刺槐作防护林,用刺槐作防护林带的果园要挖沟隔离。在病区或病树外围挖1 m深、0.4 m宽的沟,隔离或阻断菌核、根状菌索和病根传播。对主要以菌核进行传播的白绢病,病区果园不能大水漫灌,尽力阻止菌核通过灌溉水传播。

（4）防止病菌侵入　白绢病可从嫁接口及根茎部各种伤口侵入。苗木定植时,嫁接口要露出地表;尽量避免造成根茎部创伤而诱发白绢病。

（5）病树治疗　当地上部分初现异常症状时,应及时挖土检查并采取相应措施。白绢病可先将根茎部病斑彻底刮除,并用1%的硫酸铜进行伤口消毒,然后涂保护剂;紫纹羽病、白纹羽病或根朽病,可扒开根际土壤找出发病部位,在刮治病部或清除病根后,用5°Bé石硫合剂、1%硫酸

铜、70%甲基硫菌灵 500~1 000 倍液或 40%甲醛 100 倍液涂刷病处进行消毒,然后涂波尔多液等保护剂。

也可在树冠下挖辐射状沟至树冠外周,深 30~70 cm,外围深些,每株浇灌药液 50~100 kg,在 3 月中下旬和 6—7 月份各施药 1 次。选用 70%甲基硫菌灵可湿性粉剂 1 000 倍液、45%代森铵水剂 1 000 倍液或 95%恶霉灵可湿性粉剂 3 000 倍液灌根,随后选择无病土壤进行覆盖。

(6) 病树管理　去除枯枝,减少水分蒸腾,树势较弱时,适当重回缩,促进发育;减少果树结果量,促进根系生长,恢复树势。春、秋扒土晾根,根颈部位 1~2 d,大根晾晒 7~10 d。

2. 柑橘脚腐病

(1) 选用抗病砧木　选用枳壳、酸橘、枸头橙等抗病砧木。种植感病砧木的幼龄病树,可在其主干基部靠接 2~3 株抗病实生砧木苗。

(2) 加强栽培管理　病菌以菌丝在病部或以菌丝体或卵孢子随病残体遗留在土壤中越冬,翌春病菌产生的孢子借风雨或流水传播,从根颈部伤口侵入。定植过深、高温多雨、土质黏重、果园低洼、排水不良和树干基部皮层受伤等,都有利于发病。定植不过深时,嫁接口应露出地面,覆土不超过根颈,中耕不伤根颈,防止果园积水,橘树栽植不过密,不间作高秆作物,及时防治天牛等蛀干害虫。

(3) 病树治疗　将根颈病部位的土壤扒开,刮除腐烂部分,然后涂 1∶1∶10 的波尔多液、2%硫酸铜液、25%甲霜灵可湿性粉剂 200~300 倍液、70%甲基硫菌灵可湿性粉剂 100~200 倍液,再填上河沙或新土。也可在病部纵划数条刻痕后再涂甲霜灵或甲基硫菌灵。

3. 根癌病

(1) 加强检疫　苗木带菌是远距离传播根癌病的重要途径。应加强对调运苗木的检疫,禁止携带癌瘤的苗木调运。

(2) 减少染病　嫁接或人为因素造成的伤口、虫伤是病菌侵入的主要通道。嫁接苗木尽量避免采用劈接法,宜用芽接法,避免伤口接触土壤,减少染病机会。嫁接工具在使用前用 75%乙醇消毒,防止人为传播。及时防治地下害虫,可以减轻植株发病。

(3) 生物防治　用 10^6 个/mL 的放射土壤杆菌 K_{84} 液浸种、浸根和浸插条,可防治多种果树根癌病,但对葡萄根癌病无效。

(4) 切除病瘤　在果树上发现病瘤时,先用刀彻底切除病瘤,然后用 80%抗菌剂 402 乳油 100~200 倍液或 72%农用链霉素可溶性粉剂 500~2 000 mg/kg 涂刷切口,杀灭病菌,再涂波尔多液等药剂保护。

4. 根结线虫病、柑橘根线虫病和水仙茎线虫病

(1) 严格检疫　防止根结线虫扩展、蔓延。

(2) 无病土育苗或苗床消毒　育苗时用无线虫新土作床土育苗,撒施 10%苯线磷颗粒剂 75~150 kg/hm² 熏蒸处理。蔬菜育苗土用 1.8%阿维菌素乳油 2 000 倍液 3 L/m³ 喷洒,拌匀后装营养钵育苗。柑橘根线虫病苗可用 48 ℃热水浸泡带有线虫的根系 15 min,可杀死根部和根瘤内的线虫。

(3) 轮作与土壤处理　被线虫污染的土壤是重要的侵染来源,应实行轮作。用 1.8%的阿维菌素乳油 15 L/hm² 或 48%毒死蜱乳油 7.5 L/hm² 兑水喷洒地表后立即翻土定植。也可用 10%噻唑膦颗粒剂 30 kg/hm² 均匀混土施药,或以 0.5%阿维菌素颗粒剂 45~60 kg/hm² 定植前穴施。

（4）发现病根及时处理　根结线虫主要以幼虫在土中或以成虫和卵在病根的根瘤内越冬，发现病根时，应彻底清除土壤中的病残体，并在病株周围穴施或沟施98%棉隆微粒剂30~40 g/m²、10%硫线磷颗粒剂0.1~0.2 kg/株、3%氯唑磷颗粒剂0.15~0.25 kg/株，施药后覆土淋水。蔬菜用1.8%阿维菌素乳油2 500倍液灌根，用药后盖土，以减少病原，减轻发病程度。

（5）高温灭杀　根结线虫致死条件为55 ℃、10 min。可利用夏季高温季节，深耕灌水后，在土表覆盖农用塑料薄膜，然后密闭闷7~10 d，杀灭线虫各虫态。

5. 生理性烂根

（1）及时排水　多雨地区和地势低洼果园要注意改善排水条件，以防涝害。

（2）合理施肥　施用化肥时要撒布均匀，施用高浓度液体肥料时，要先加水稀释，然后倒入沟中覆土。

（3）加强栽培管理　果树水涝烂根与冻害，常与大量结果树势衰弱有关。因此，应合理修剪，控制树体负载量，增施有机肥料，以增强树势，提高树体抗逆性。

三、蔬菜、花卉根部病害

（一）蔬菜、花卉根部病害诊断（表5.1.3）

表5.1.3　蔬菜、花卉常见根部病害诊断特征

病害名称	病原	寄主植物及为害部位	为害状
十字花科蔬菜根肿病	芸苔根肿菌（*Plasmodiophora brassicae* Woronin），属原生动物界根肿菌门根肿菌属	白菜、甘蓝、萝卜、芜菁等十字花科蔬菜根部	根部形成肿瘤，病株矮小，基部叶常在中午萎蔫、晚上恢复；后期叶片发黄，枯萎，甚至整株死亡
十字花科蔬菜黑胫病（根腐病、黑根病）	黑胫茎点霉[*Phoma lingam*（Tode ex Schw.）Desm.]，属真菌界半知菌类茎点霉属	主要发生在甘蓝、花椰菜、白菜、萝卜、芥菜和苤蓝等十字花科蔬菜的幼茎和根部	在幼苗茎上形成灰白色或椭圆形斑，其上散生黑色小粒点，可造成死苗；茎上病斑向下蔓延到主侧根，上生紫黑色条形斑，上有小黑点；重病株主、侧根腐朽，致地上部枯萎或死亡
菜豆根腐病	菜豆腐皮镰刀菌[*Fusarium solani*（Mart.）App. et Wollenw. f. sp. *phaseoli*（Berkh.）Snyder et Hansen]，属真菌界半知菌类镰孢属	菜豆根部或茎基部	一般从复叶出现后开始发病，植株表现明显矮小，开花结荚后，植株下部叶片枯黄，叶片边缘枯萎，植株易拔除；主根上部、茎地下部变褐色或黑色，病部稍凹陷，有时开裂；纵剖病根，维管束呈红褐色；潮湿时，病部产生粉红色霉状物

续表

病害名称	病原	寄主植物及为害部位	为害状
胡萝卜黑腐病	根生链格孢（*Alternaria radicina* Meier. Drech. et Ed），属真菌界半知菌类链格孢属	胡萝卜、芹菜等伞形花科植物的肉质根、叶片、叶柄及茎	肉质根上形成不规则形或圆形、稍凹陷的黑斑，严重时肉质根变黑腐烂；叶片形成暗褐色斑，严重时致叶片枯死；叶柄病斑长条状；茎上病斑梭形至长条形斑，边缘不明显；湿度大时病部表面密生黑色霉层
郁金香腐朽菌核病	腐朽菌核菌（*Scterotium tuliparum* Kleb），属真菌界半知菌类小菌核菌属	郁金香幼苗和鳞茎	初期感病鳞茎外部鳞片发生软腐，病部及其附近土产生白色绢丝状菌丝体，后期形成褐色至黑色菌核；幼苗染病，小叶片刚生出即死亡

（二）蔬菜根部病害发生规律与防治

1. 十字花科蔬菜根肿病

（1）实行检疫　目前根肿病仅在国内局部范围内发生，大部分地区尚未发现，因此要严格检疫。

（2）清除病残体与合理轮作　病菌以休眠孢子囊随病残体可在土壤中存活6~7年。实行水旱轮作或与非十字花科蔬菜实行3年以上轮作，并结合深耕，可以有效地减轻病害的发生。

（3）降低土壤酸度　土壤 pH 5.4~6.5 发病重，pH>7.2 发病轻或不发病。施肥以碱性肥料为宜，适当增施石灰降低土壤酸度，可以有效控制病害的发展和蔓延。

（4）药剂防治　发病初期每株用70%甲基硫菌灵可湿性粉剂800~1 000 倍液或75%百菌清可湿性粉剂500倍液0.3~0.5 kg灌根，15 d 灌 1 次，连续3 次，可控制病害的发展和蔓延。

2. 十字花科蔬菜黑胫病

（1）选无病株留种或进行种子处理　潜伏在种皮内越冬或越夏的菌丝可随种子萌发直接蔓延、侵染子叶和幼茎。应从无病田或无病种株上采种，采用50 ℃温水浸种20 min，或用种子量0.4%的福美双可湿性粉剂拌种。

（2）清除病残体与合理轮作　病菌能在未分解的病残体内存活2~3 年，与非十字花科蔬菜进行2~3 年轮作。及时拔除病株、摘除病叶，收获后清洁田园、深翻土壤，可减少侵染菌源。

（3）加强栽培管理　高温高湿有利于病害发展，种植过密、管理粗放、植株徒长、虫害发生严重的田块发病重。可采用高畦栽培或高垄栽培，以利排水。适时播种、适量浇水、合理密植、及时治虫，合理施肥，促使植株生长健壮，提高植株抗病能力。

（4）药剂防治　发病初期喷70%代森锰锌可湿性粉剂400~500 倍液或75%百菌清可湿性粉剂500~600 倍液等，每隔5~6 d 喷 1 次，连喷3~4 次。

3. 菜豆根腐病

（1）合理轮作　病菌主要以菌丝体和厚垣孢子在病残体上或土壤中越冬，可存活10 年左右。重病田实行与白菜、葱、蒜等轮作 2 年以上。

（2）苗床处理　重病区用未种过菜豆的大田土育苗,也可用 50% 甲基硫菌灵可湿性粉剂或 70% 敌克松可湿性粉剂 8 g/m² 杀灭土壤中残留病菌。

（3）防止病菌传播扩散　病菌主要通过灌溉水、雨水、工具和肥料等传播,从伤口侵入致病。避免大水漫灌,采用垄作或高畦、半高畦栽培,雨后及时排水;施用腐熟有机肥;及时拔除病株并带出田外深埋或烧毁,病穴及其四周撒生石灰消毒灭菌。

（4）增强植株抗病力　高温高湿、土壤黏重、低洼积水、基肥不足和多年重茬等易诱发病害。加强肥水管理、促进植株长势健壮、提高营养水平,可增强抗病能力。

4. 胡萝卜黑腐病

（1）选好种根与种根处理　病菌主要在患病肉质根上越冬。收获时肉质根伤口太多,可增加接触传染的机会。选取健根入窖贮藏,严格淘汰有病斑或弱小的肉质根,控制窖温在 0~2 ℃。春季定植时汰除有黑斑的肉质根,将选好的种根在 75% 百菌清可湿性粉剂 600 倍液或 70% 代森锰锌可湿性粉剂 600 倍液中浸泡 30 min 后,晾干表面水分后定植。

（2）合理轮作　病菌还可在土壤或病残茎叶上越冬。实行与非伞形科作物 2 年以上的轮作倒茬。

（3）药剂防治　发病初期直接喷根顶部或灌根,用 75% 百菌清可湿性粉剂 600 倍液,或 58% 甲霜·锰锌可湿性粉剂 400~500 倍液,或 50% 异菌脲可湿性粉剂 1 500 倍液,每隔 7~10 d 喷 1 次,连续防治 3~4 次。

5. 郁金香腐朽菌核病

病菌以菌核在土壤中越冬。在高温高湿条件下,病害发生严重。贮藏鳞茎时,剔除受伤或有病鳞茎,注意贮藏室通风,将温度控制在 17 ℃ 以下。发现病株立即拔除,并用 50% 代森铵水剂 800~1 000 倍液或 70% 敌克松可湿性粉剂 400~500 倍液喷洒其余植株。

任务工单 5-1　园艺植物苗期与根部病害诊断与防治

一、目的要求

了解当地园艺植物苗期和根部病害及其发生为害情况,区别园艺植物苗期和根部主要病害的症状特点及病原菌形态,设计苗期和根部病害无公害防治方法。

二、材料和用具

学校实训基地、农业企业或农村专业户园艺植物苗期和根部病害发病现场,园艺植物苗期和根部病害标本或新鲜材料、病原菌玻片标本、照片、挂图、光盘、多媒体教学设备等。显微镜、扩大镜、解剖刀、刀片、镊子、挑针、滴瓶、载玻片和盖玻片等。

三、内容和方法

1. 园艺植物苗期和根部病害症状以及病原菌形态观察

（1）立枯病和猝倒病症状观察　观察立枯病和猝倒病为害幼苗茎基部病斑的形状和颜色,注意幼苗是否缢缩变细、是否倒伏?病部是否有丝状霉或菌核?

（2）立枯病和猝倒病病原观察　观察病菌菌丝有隔还是无隔、立枯病菌是否呈现直角分支、分支基部有无缢缩、是否形成菌核、猝倒病菌孢子囊形状如何。

（3）紫纹羽病观察　注意观察细根先发病还是主根先发病、病根表面是否有紫红色的丝状物(根状菌索)和绒布状物(菌丝层)、有无菌核、病根皮层是否腐烂、病根皮层表皮情况如何。

（4）白绢病观察　观察病部皮层腐烂情况,注意有无酒糟味、是否溢出褐色汁液、表面菌丝层颜色和形状如何、菌核是否形成以及颜色、形状和大小如何。

（5）根癌病观察　发生部位主要在何处？颜色、形状和大小如何？

（6）根结线虫观察　观察果树、蔬菜或花卉根结线虫为害症状,镜检观察雌虫虫体形态。

（7）其他园艺植物根部病害观察　观察发病部位、症状特点、病原菌形态。

2. 园艺植物苗期和根部主要病害防治

（1）调查了解当地园艺植物苗期和根部主要病害的发生为害情况及其防治技术和成功经验。

（2）根据园艺植物苗期和根部病害的发生规律,结合当地生产实际,提出 2~3 种当地园艺植物苗期和根部主要病害防治的建议和方法。

（3）防治 1~2 种园艺植物苗期和根部病害并调查防治效果。

四、作业

1. 列表比较所观察园艺植物苗期和根部病害典型症状表现和为害情况。

2. 绘立枯病病菌菌丝图。

3. 评价当地园艺植物苗期和根部主要病害的防治措施。预测重要苗期和根部病害的发生趋势并说明依据。

4. 拟定园艺植物苗期和根部主要病害无公害防治的建议和方法。

5. 记录防治园艺植物苗期和根部病害的方法及防治效果。

五、思考题

1. 园艺植物立枯病和猝倒病的症状有何异同？

2. 如何防止紫纹羽病的发生和蔓延？

任务二　地下害虫识别与综合防治

地下害虫是指活动期或为害虫态生活在土中的一类害虫,可为害蔬菜、果树、林木苗圃、花卉、草坪等多种植物。地下害虫为害时间长,春、夏、秋三季均能为害,咬食植物的幼苗、根、茎、种子及块根、块茎、嫩叶及生长点等,常造成缺苗断垄或使幼苗生长不良。

园艺植物地下
害虫的识别

一、蛴螬(金龟子)类

1. 形态识别

蛴螬是鞘翅目金龟子总科的幼虫,俗称白地蚕、白土蚕。蛴螬是多食性害虫,幼虫啃食幼苗的根、茎或块根、块茎,成虫主要取食各种植物叶片。国内发生普遍、为害严重的金龟子主要有以下种类(表 5.2.1,图 5.2.1)。

表 5.2.1　4 种金龟子成虫和幼虫的识别特征

名称	分布地区	成虫			幼虫	
		体长/mm	鞘翅和体色	雄性外生殖器	头部前顶刚毛	臀节腹面
东北大黑鳃金龟（Holotrichia diomphalia Bates）	黑龙江、吉林、辽宁、河北	16~22	鞘翅长椭圆形，黑或黑褐色，有光泽，每侧各有 4 条明显的纵肋	阳基侧突下部分叉，形成上下两突，上突呈尖齿状，下突短钝、不呈尖齿状	每侧各有 3 根，排成 1 纵列	肛门孔呈三射裂缝状；肛腹片后部复毛区，散生钩状刚毛，无刺毛列；紧挨肛门孔裂缝处，两侧无毛裸区或不明显
华北大黑鳃金龟 [H. oblita Faldermann]	华北、华东、西北等地	16~22	黑或黑褐色，有光泽	阳基侧突下部分叉，形成上下两突，两突均呈尖齿状		肛腹片后部的钩状刚毛群，紧挨肛门孔裂缝处，两侧具明显的横向小椭圆形的无毛裸区
暗黑鳃金龟（ H. parallela Motschulsky）	除新疆和西藏尚无报道外，各地都有发生	17~22	黑或黑褐色，无光泽，每侧各有 4 条不明显的纵肋	阳基侧突下部不分叉	每侧各 1 根，位于冠缝两侧	肛腹片后部刚毛多为 70~80 根、分布不均、上端（基部）中间具无毛裸区
铜绿丽金龟（Anomala corpulenta Motschulsky）		19~21	铜绿色具闪光，上面有细密刻点，每侧各有 3 条明显的纵肋	基片、中片和阳基侧突 3 个部分几乎相等，阳基侧突左右不对称	每侧各 6~8 根，排成 1 纵列	肛门孔横裂；肛腹片后部有 2 列长刺毛，每列 15~18 根，2 列刺毛尖端大部分相遇和交叉

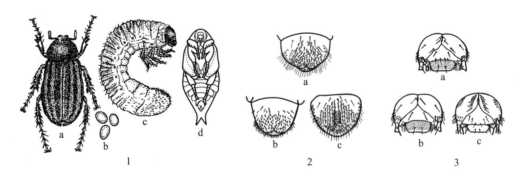

图 5.2.1　几种金龟甲形态特征

1. 东北大黑鳃金龟（a. 成虫　b. 卵　c. 幼虫　d. 蛹）

2. 幼虫臀节腹面比较（a. 东北大黑鳃金龟　b. 暗黑鳃金龟　c. 铜绿丽金龟）

3. 幼虫头部比较（a. 东北大黑鳃金龟　b. 暗黑鳃金龟　c. 铜绿丽金龟）

2. 发生规律(表 5.2.2)

表 5.2.2　4 种金龟子的发生规律

名称	世代及越冬虫态	各虫态历期/d				成虫习性	发生与环境条件的关系
		卵期	幼虫期	蛹期	成虫期		
东北大黑鳃金龟	辽宁 2 年 1 代,以成虫和幼虫交替越冬,奇数年以幼虫越冬为主,偶数年以成虫越冬为主	15~22	340~400	22~25	≥300	昼伏夜出,趋光性弱,有假死习性	虫口密度非耕地高于耕地、油料作物地高于粮食作物地、向阳坡岗地高于背阴平地
华北大黑鳃金龟	黄淮海地区 2 年 1 代,以成虫、幼虫隔年交替越冬	12~20	340~380	14~27	282~420	趋光性弱,飞翔力不强	黏土或黏壤土发生数量较多,粮改菜或连作菜地幼虫密度高
暗黑鳃金龟	苏、皖、豫、鲁、冀地区 1 年 1 代,多以 3 龄老熟幼虫越冬,少数以成虫越冬	8~13	265.2~318	16~21.5	40~60	食性杂,昼伏夜出,有群集性、假死性和趋光性	7 月份降雨量大,土壤含水量高,幼虫死亡率高
铜绿丽金龟	各地均 1 年 1 代,以幼虫越冬	7~12.8	313~333	7~10.8	24.9~30	昼伏夜出,趋光性极强,有假死习性	幼虫多发生在沙壤土或水浇条件好的湿润地(土壤含水量 15%~18%)

3. 预测预报

(1)越冬种类和数量调查　查明当地的金龟子种类、虫量、虫态,为分析下一年发生趋势和制订防治计划提供依据。调查分早春和晚秋两季进行,北方宜在秋收后尚未秋翻前开始调查,早春调查可在土地解冻后至播种前进行。调查时选择有代表性的耕地与非耕地,分别按不同地势、土质、茬口、水浇地、旱地等做调查,采用"Z"形取样法取 10 个点,每点为 0.25 m²,挖土深度 30~50 cm。

(2)防治指标(表 5.2.3)

东北大黑鳃金龟
发生规律

表 5.2.3　蛴螬(金龟甲)防治指标分级表

发生程度	蛴螬/(头·m⁻²)	作物受害率/%	防治措施
轻发生	<1	2～3	不防治或采取点片防治
中发生	1～3	6～7	点片或全面防治
重发生	3～5	10～15	列入重点防治地块
特重发生	>5	>20	采取紧急或双重的防治方法

注：① 以 1 头大黑鳃金龟幼虫作为标准头计算。

　　② 吉林、辽宁、河北、江苏等地试行。

（3）成虫发生期预测　各地应根据预测对象,自拟调查时间。对有趋光性的种类,均可以用灯光诱测。对趋光性弱的或白天活动的金龟子,可按其成虫出土规律,于始见期前进行田间观察。还可用期距法预测,如辽宁丹东,东北大黑鳃金龟成虫出土后的 10～15 d,是成虫练飞后期和产卵前期,是最好的防治适期。

4. 防治措施

（1）农业防治　深耕多耙、轮作倒茬,清除杂草。有条件的实行水旱轮作,中耕除草,不施未经腐熟的有机肥。消灭地边、荒坡、沟渠等处的蛴螬及其栖息繁殖场所。

（2）毒土防治　用 50% 辛硫磷乳油或 25% 辛硫磷微胶囊缓释剂,用药剂 1.5 kg/hm² 加水 7.5 kg、细土 300 kg 制成毒土,撒于种苗穴中防治幼虫。

（3）药液灌根　在幼虫发生量较大的地块,用上述药剂 3～3.75 kg/hm²,加水 6 000～7 500 kg 灌根。

（4）毒饵防治　2.5% 美曲膦酯粉剂 30～45 kg/hm² 拌干粪 1 500 kg,制成毒饵,撒施于地面防治幼虫。

（5）灯光诱杀　设置黑光灯或荧光灯诱杀趋光性强的铜绿丽金龟及暗黑鳃金龟成虫。

（6）药剂防治　成虫初发生期,对虫口密度大的果园树盘喷施 2.5% 美曲膦酯粉剂,浅锄拌匀,可杀死出土成虫;发生盛期可在天黑前,在树上喷施 90% 美曲膦酯、50% 马拉硫磷等农药 1 000～1 500 倍液或 80% 敌敌畏乳油 1 000～1 500 倍液,加入 20% 氰戊菊酯乳油 2 000 倍液。

（7）人工防治　春季组织人力随犁拾虫。田间发现蛴螬为害,可逐株检查捕杀幼虫。

二、蝼蛄类

1. 形态识别

蝼蛄属直翅目蝼蛄科,俗称拉拉蛄、地拉蛄、土狗子等。蝼蛄为多食性,成虫、若虫都在土中咬食刚播下的种子和幼芽,或将幼苗咬断,使幼苗枯死。受害株的根部呈乱麻状。蝼蛄将表土钻成许多隧道,使苗土分离,幼苗失水干枯而死,造成缺苗断垄。我国记载有 6 种蝼蛄,主要发生种类是东方蝼蛄和华北蝼蛄(表 5.2.4,图 5.2.2)。东方蝼蛄分布全国,但以南方受害较重。华北蝼蛄主

蝼蛄识别与防治

要分布在北方盐碱地、沙壤地,如河南、河北、山东、山西、陕西、辽宁和吉林西部等。黄河沿岸和华北西部地区以华北蝼蛄为主,东北除了辽宁、吉林西部外以东方蝼蛄为主。

表 5.2.4　东方蝼蛄和华北蝼蛄识别特征

名称	卵		若虫		成虫					
	大小/mm	颜色	体色	腹部末端形态	体长/mm	体色	前胸背板	腹部末端形态	前足腿节	后足胫节
东方蝼蛄(Gryl-lotalpa orientalis Burmeister)	近孵化前长 3.0~3.2	黄白色—黄褐色—暗紫色	灰褐	近纺锤形	30~35	灰褐色	中央长心脏形小斑,凹陷明显	近纺锤形	内侧外缘较直,缺刻不明显	背面内侧有棘3或4根
华北蝼蛄(G. unispina Saussure)	近孵化前长 2.4~2.8	乳白色—黄褐色—暗灰色	黄褐	近圆筒形	36~55	黄褐色	中央长心脏形大斑,面凹陷不明显	近圆筒形	内侧外缘弯曲,缺刻明显	背面内侧有棘1根或消失

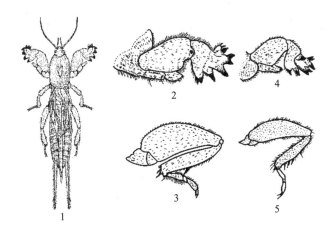

图 5.2.2　蝼蛄
1. 华北蝼蛄　2,3. 华北蝼蛄的前足和后足　4,5. 东方蝼蛄的前足和后足

2. 发生规律(表 5.2.5)

表 5.2.5　东方蝼蛄和华北蝼蛄的发生规律

名称	世代及越冬	虫态历期	习性	
东方蝼蛄	长江以南地区 1 年 1 代,陕北、山西和辽宁等地 2 年 1 代;以成、若虫越冬	卵期 15~28 d,成虫期约 400 d	多在沿河、池埂、沟渠附近产卵	 东方蝼蛄发生规律
华北蝼蛄	3 年左右 1 代;北京、河南、山西、安徽等地以成、若虫越冬	郑州卵期 11~23 d,若虫 692~817 d,成虫期 278~451 d	多在轻盐碱地内的缺苗断垄、无植被覆盖的高燥向阳地埂畦堰附近或路边、渠边和松软油渍状土壤里产卵	昼伏夜出,晚 9—11 时为活动取食高峰;初孵若虫有群集性,成虫有趋光性、趋化性、趋粪性、喜湿性

3. 防治措施

(1)农业防治　参照蛴螬的防治方法。

(2)毒土防治　用 50% 辛硫磷乳油,按 1∶15∶150 的药∶水∶土比例配制毒土,于成虫盛发期顺垄撒施毒土 225 kg/hm²。

(3)堆马粪　蝼蛄发生盛期,在田间堆新鲜马粪,粪内放少量农药,可诱杀一部分蝼蛄。

(4)毒饵防治　用 90% 美曲膦酯或 40% 乐果乳油拌炒香的饵料(麦麸、豆饼、玉米碎粒或谷秕),用药 1.5 kg/hm²,加适量水,拌饵料 30~37.5 kg 制成毒饵,在无风、闷热的傍晚施于苗穴里。

(5)灯光诱杀　设置黑光灯诱杀成虫。

(6)人工防治　查找虫窝,挖窝灭虫(卵)。

三、金针虫类

金针虫是鞘翅目叩头甲科幼虫的统称,在我国为害农作物的金针虫有数十种。其中沟金针虫是我国中部和北部旱作地区的重要地下害虫;细胸金针虫分布于东北、华北、西北和华东等省区,是农业生产水平较高、灌溉面积较大地区地下害虫的优势种,为害日趋严重;褐纹金针虫在我国北方发生较多,在华北地区常与细胸金针虫混合发生;宽背金针虫主要分布于东北和西北海拔1 000 m 以上的地区。

金针虫长期生活于土壤中,食性杂,为害各种作物、蔬菜和林木,咬食播下的种子及幼苗须根、主根或地下茎,使之不能生长甚至枯萎死亡;还能蛀入块茎或块根,有利于病原菌的侵入而引起腐烂。金针虫咬断的根茎不整齐、呈刷状。成虫取食作物嫩叶,因时间短而为害不严重。

1. 形态特征(表 5.2.6,图 5.2.3)

表 5.2.6　常见金针虫识别特征

名称	老熟幼虫			成虫		
	体长/mm	体色	尾节	体长/体宽	体色	鞘翅
沟金针虫(*Pleonomus canaliculatus* Faldermann)	20~30	金黄色	两侧缘隆起,具 3 对锯齿状突起,尾端分叉,并稍向上弯曲,各叉内侧均有 1 小齿	雌:(16~17)/(4~5) 雄:(14~18)/3.5	体栗褐色,密被细毛	雌虫鞘翅长为前胸的 4 倍,其上纵沟不明显;雄虫鞘翅长约为前胸的 5 倍,其上纵沟明显
细胸金针虫(*Agriotes fuscicollis* Miwa)	23	淡黄色	圆锥形,不分叉,背面近前缘两侧各有 1 个褐色圆斑,其后方有 4 条褐色纵纹	(8~9)/2.5	暗褐色	长约为胸部的 2 倍,上有 9 条纵列的点刻
褐纹金针虫(*Melanotus caudex* Lewis)	25~30	茶褐色	扁平而长,尖端具 3 个小突起,中间的尖锐	(8~10)/2.7	黑褐色,有灰色短毛	鞘翅狭长,自中部起向端部逐渐缢尖,每侧具 9 行列点刻
宽背金针虫(*Selatosomus latus* Fabricius)	20~22	棕褐色	末端分叉,叉上各有 2 个结节 4 个岔突	(9~13)/4	体黑色,前胸和鞘翅略带青铜或蓝色	鞘翅宽,适度凸出,端部具宽卷边,纵沟窄,有小刻点,沟间突出

2. 发生规律

金针虫的生活史很长。沟金针虫一般 3 年完成 1 代,少数 2 年或 4~5 年完成 1 代;细胸金针虫、褐纹金针虫和宽背金针虫分别需要 2~3 年、3 年和 4~5 年完成 1 代。金针虫均以各龄幼虫或成虫在土中越冬。

沟金针虫越冬成虫在 3 月上旬开始出土,产卵期从 3 月下旬至 6 月上旬,5 月上、中旬为卵孵化盛期。孵化幼虫为害至 6 月底潜入地下越夏,到 9 月中、下旬又上升到表土层活动,为害至 11 月上、中旬,开始在土壤深层越冬。第 2、3 年春、秋上升为害,夏、冬季休眠,直到第 3 年 8—9 月在土中化蛹,幼虫期长达 1 150 d 左右,蛹期 12~20 d。9 月初开始羽化为成虫,当年不出土而越冬,第 4 年春季出土交配、产卵。

细胸金针虫成虫 4 月下旬开始产卵,5 月中旬卵开始孵化。孵化后的幼虫在土中取食腐殖质和作物根系,高温时越夏,秋季为害,低温时越冬。越冬幼虫次年 10 cm 土温达到 4.8 ℃时开始上升到表土层为害。3—5 月是幼虫为害盛期。6 月下旬起幼虫陆续老熟并化蛹,8 月是成虫羽化盛期。羽化的成虫当年不出土,至第 3 年春季出土活动。

褐纹金针虫和宽背金针虫的越冬成虫于 5 月份开始出土。金针虫成虫多昼伏夜出,但宽背金针虫成虫白天活跃。

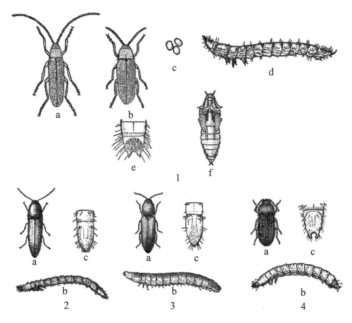

图 5.2.3　常见金针虫形态比较

1. 沟金针虫(a. 雄成虫　b. 雌成虫　c. 卵　d. 幼虫　e. 幼虫末节特征　f. 蛹)

2. 细胸金针虫(a. 成虫　b. 幼虫　c. 幼虫末节特征)　3. 褐纹金针虫(a. 成虫

b. 幼虫　c. 幼虫末节特征)　4. 宽背金针虫(a. 成虫　b. 幼虫　c. 幼虫末节特征)

土壤温度影响金针虫在土壤中的垂直运动和为害时期,一般土壤温度达到 10 ℃时,成虫和幼虫开始活动,10~15 ℃时为害最盛,高于 20 ℃或低于 10 ℃时,幼虫下移至深土层越夏、越冬。土壤湿度主要影响金针虫种类的分布和发生量,沟金针虫和宽背金针虫较耐干旱,其适宜土壤湿度为 15%~18%。细胸金针虫和褐纹金针虫不耐干旱,要求 20%~25% 的土壤湿度,灌溉条件好的地块有利于其发生,干旱情况下灌水往往导致其为害加重。

3. 预测预报

春季播种前或秋季收获后至结冻前,选择有代表性地块,分别按不同土质、地势、茬口、水浇地和旱地进行调查,采用平行线或棋盘式取样法,每个样点取 1 m²、挖土深度 30~60 cm,3~5 点/hm²,当虫口密度大于 3 头/m² 时,应确定为防治田块。

4. 防治措施

(1)农业防治　秋季深耕细耙,夏季翻耕曝晒,产卵化蛹期中耕除草,将卵翻至土表曝晒致死,减少虫口。

(2)诱杀成虫　细胸金针虫成虫对禾本科杂草及作物枯枝落叶腐烂发酵气味有趋性,可在田边畦埂堆放杂草(或加入少量杀虫剂),可诱引成虫潜入,次日在草堆下捕捉。沟金针虫成虫有趋光性,可用黑光灯对其诱杀。

(3)药剂防治　可参照蛴螬、蝼蛄等地下害虫综合考虑。

四、种蝇类

种蝇幼虫又名根蛆或地蛆,是蔬菜生产中常发性害虫。我国常见的有灰地种蝇、葱地种蝇、萝卜地种蝇和毛尾地种蝇(小萝卜蝇),均属双翅目、花蝇科昆虫。

灰地种蝇国内除海南未有详细记录外,其他各省区均有分布。食性杂,能为害葫芦科、豆科、百合科、藜科和十字花科蔬菜等多种作物。幼虫为害播种后的种子、幼根和地下茎,使种子受害不能发芽,并常钻入地下茎内向上蛀食,以至幼苗不能出土或整苗枯死,成株期常在根部蛀食。

葱地种蝇在国内北部和中部较多,只为害百合科植物,以大蒜、洋葱和葱受害较重,有时也为害韭菜。葱地种蝇主要以幼虫群集于植物的鳞茎中蛀食为害,严重时不仅可以蛀空鳞茎,还能引起鳞茎腐烂,地上部分叶片枯黄、萎蔫甚至整株死亡。韭菜受害后常出现缺苗断垄甚至全田毁种。

萝卜地种蝇主要分布在黑龙江、内蒙古、河北、山西和新疆等地;毛尾地种蝇只局限发生于我国内蒙古和东北北部的克山以北地带。萝卜地种蝇仅为害十字花科蔬菜,以白菜和萝卜受害最重。为害白菜时,幼虫先在白菜上潜食基部及周围的菜帮,然后向下钻蛀,食害菜根或钻入包心,蛀食菜心。为害萝卜时,不仅可以潜食表皮、留下大量不规则弯曲的虫道,还可以钻入皮内蛀食块根,留下虫道并引起腐烂。

1. 形态特征(表 5.2.7,图 5.2.4)

表 5.2.7　常见种蝇的识别特征

名称(英文名)(拉丁名)	成虫				幼虫
	前翅基背毛	雄虫两复眼间额带	雄虫后足	其他	腹部末端突起特征
灰地种蝇(种蝇)(*Delia platura* Meigen)	短小,不及盾间沟后背中毛的 1/2 长	最狭部分比中单眼狭	腿节下方几乎全部生有成列密而等长短毛	雌虫中足胫节外上方仅有 1 根刚毛	腹部末端有 7 对突起,均不分叉;第 7 对极小,第 1 对与第 2 对在同一高度上,第 6 对与第 5 对一样大
葱地种蝇(葱蝇)(*D. antiqua* Meigen)			胫节内下方中央占全长 1/3～1/2 处有成列稀疏而等长的短毛	雌虫中足胫节外上方有 2 根刚毛	腹部末端有 7 对突起,均不分叉;第 7 对极小,第 1 对在第 2 对的内上侧,第 6 对比第 5 对稍大
萝卜地种蝇(萝卜蝇)(*D. floralis* Fallen)	与盾间沟后的背中毛约等长	最狭部分至少为中单眼宽度的 2 倍	腿节下方全长有 1 列稀疏长毛	雌虫腹部灰色至黄色,背面无斑纹	腹部末端有 6 对突起;第 5 对突起很大,分为很深的 2 叉
毛尾地种蝇(小萝卜蝇)(*D. pilipyga* Villeneuve)		最狭部分小于中单眼宽度的 2 倍		雌虫腹部灰黄色至灰色,腹部背面中央有暗色纵带,两侧有不规则暗色花纹	腹部末端有 6 对突起;第 6 对分为很浅的 2 叉

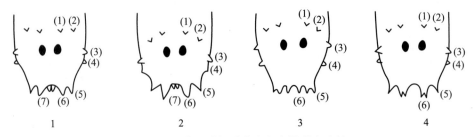

图 5.2.4　常见种蝇幼虫腹部末端形态比较

1. 灰地种蝇　2. 葱地种蝇　3. 萝卜地种蝇　4. 毛尾地种蝇

(1)~(7) 表示各突起所在位置和形态

2. 发生规律(表 5.2.8)

表 5.2.8　常见种蝇发生规律

名称	世代及越冬虫态	生活史	习性	发生与环境条件的关系
灰地种蝇(种蝇)	自黑龙江至湖南1年2~6代;以蛹在土中越冬	华北1代幼虫发生期在5月上旬至6月上旬,2代幼虫在6月下旬至7月中旬,3代幼虫于9月下旬至10月中旬	成虫白天活动。早晚多潜伏在土块缝隙中;产卵前需取食花蜜和蜜露;趋化性强,对未腐熟的牲畜粪、饼肥、腐败的有机物和发酵霉味物有强烈的趋性	发育适宜温度为15~25 ℃,气温高于35 ℃会使卵和幼虫大量死亡;成虫和幼虫均喜生活在潮湿的环境里,以土壤含水量35%左右最适宜;施用未腐熟的粪肥于地表极易招引成虫集中产卵而加重为害
葱地种蝇(葱蝇)	东北、内蒙古1年发生2~3代,在华北1年发生3~4代;山东、陕西1年发生3代;均以滞育蛹在土壤中越冬	陕西关中4月下旬至5月初为1代幼虫为害高峰期,5月下旬至6月初为第1代成虫盛发期,6月上、中旬为第2代幼虫为害盛发期,9月底至11月初为第3代幼虫为害期,11月上、中旬幼虫化蛹越冬		喜干燥,在降雨量较少、土壤干旱的葱、蒜、韭菜地为害重;施用未腐熟的粪肥于地表极易招引成虫集中产卵而加重为害

续表

名称	世代及越冬虫态	生活史	习性	发生与环境条件的关系
萝卜地种蝇（萝卜蝇）	各地均是1年1代；以蛹在土中滞育越冬	成虫盛发期在黑龙江的佳木斯为7月下旬至8月上旬,在辽宁的锦州为9月上旬;在山西晋城是8月下旬至9月上旬,在新疆的乌鲁木齐7月下旬末成虫开始羽化,8月下旬为盛期,9月中旬为末期,9月上旬是产卵盛期,幼虫为害盛期在9月中、下旬,末期在10月中旬,10月下旬为化蛹盛期	成虫畏强光,喜在早晨及黄昏活动;产卵前需取食花蜜和蜜露,对糖醋液和未腐熟的有机质有强趋性;卵多产在植株周围的地面或潮湿的土缝里,或产在叶柄基部	在东北地区,夏季过后平均温度下降至18℃时才发生为害,在较潮湿的环境条件下发生严重;施未腐熟肥料对发生有利
毛尾地种蝇（小萝卜蝇）	1年发生3代；以蛹在土中越冬,亦能在萝卜中越冬	成虫发生时期分别为5月下旬至6月上旬、7月及8月	成虫产卵于心叶、嫩叶或叶柄基部,很少产在土面上	

3. 防治措施

（1）合理施肥　施用未腐熟的粪肥于地表,极易招引有些成虫集中产卵。不要施用未经腐熟的粪肥和饼肥。施肥时做到均匀、深施、种肥隔离。可在施肥后立即覆土,或在粪肥中拌入一定量具有触杀和熏蒸作用的药剂。

（2）精选韭根、蒜种或种子催芽处理　选用无虫韭根,精选蒜种,并剥皮栽植,可缩短烂母子时间、减轻为害;瓜类、豆类在播种前要进行催芽处理。

（3）科学灌水　浇水播种时要覆土不使湿土外露。在灰地种蝇和葱地种蝇发生地块,必要时大水浸灌,抑制地蛆活动或淹死部分幼虫。

（4）药剂防治　在作物播种或定植前,用90%美曲膦酯2.25 kg或48%毒死蜱乳油3 L或50%辛硫磷乳油3 L拌细土750 kg配成毒土撒施。在作物生长期内,当幼虫刚开始发生为害,田间发现个别虫害株时,用48%毒死蜱乳油或50%辛硫磷乳油1 500倍液灌根。也可在成虫发生盛期用上述任一液剂或2.5%溴氰菊酯乳油300 mL/hm²,在植株周围地面和根际附近喷洒,每隔7~10 d喷1次,喷2~3次。

五、地老虎类

地老虎又名切根虫、土地蚕、黑地蚕、夜盗虫等,属鳞翅目夜蛾科。地老虎是多食性害虫,为害多种栽培作物和蔬菜、花卉、果树、林木幼苗,切断幼苗近地面的茎部,使整株死亡,造成缺苗断垄,严重的甚至毁种。地老虎种类很多,分布广,为害重的种类主要有小地老虎、黄地老虎和大地老虎等。小地老虎在国内各省均有分布;黄地老虎国内除广东、广西、海南未见报道外均有分布;大地老虎分布普遍,但主要发生于长江下游沿海地区,多与小地老虎混合为害。

1. 形态特征(表 5.2.9,图 5.2.5)

表 5.2.9　重要地老虎识别特征

名称(英文名)(拉丁名)	成虫			幼虫				
	体长/翅展	前翅色	前翅	体长/mm	体色	表皮	腹部 1~8 节背面	臀板
小地老虎(*Agrotis ypsilon* Rottemberg)	(16~23)/(42~54)	灰褐色	肾形纹外侧有 1 个尖端向外的黑色剑状斑,亚外缘线内侧有 2 个尖端向内的黑色剑状斑,3 个剑状斑相对	41~50	黑褐色	密生明显的大小颗粒	后 2 个毛片比前 2 个大 1 倍以上	黄褐色,有深褐色纵带 2 条
黄地老虎(*A. segetum* Schiffermuller)	(14~19)/(32~43)	黄褐色	肾形纹外方没有任何斑纹	33~43	灰褐色	颗粒不明显,多皱纹	后 2 个毛片略大于前 2 个	有 2 大块黄褐色斑
大地老虎(*A. Tokionis* Butler)	(20~23)/(52~62)	灰褐色	肾形纹外侧有 1 个不定型黑斑,端部不尖	40~60	黄褐色	颗粒不明显,多皱纹	前后 2 个毛片大小相似	深褐色,布满龟裂皱纹

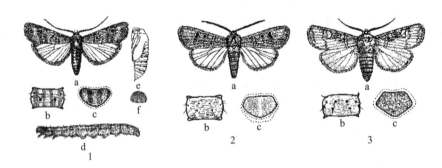

图 5.2.5　小地老虎、黄地老虎和大地老虎

1. 小地老虎(a. 成虫　b. 幼虫第 4 腹节背面观　c. 幼虫末节背板　d. 幼虫　e. 蛹　f. 卵)

2. 黄地老虎(a. 成虫　b. 幼虫第 4 腹节背面观　c. 幼虫末节背板)

3. 大地老虎(a. 成虫　b. 幼虫第 4 腹节背面观　c. 幼虫末节背板)

2. 发生规律（表 5.2.10）

表 5.2.10　3 种地老虎的发生规律

名称	世代及越冬虫态	习性	发生与环境条件的关系
小地老虎	1 年 1~7 代；发生世代自南向北逐渐减少，为迁飞性害虫，在我国的越冬北界为 1 月份 0 ℃ 等温线或 33°N 一线；在南岭以南 1 月份高于 10 ℃ 等温线的地区，可终年繁殖	成虫昼伏夜出，具强烈的趋化性，喜食糖蜜等带有酸甜味的汁液作为补充营养，成虫对黑光灯趋性强；成虫卵产在 5 cm 以下矮小杂草或土表及残枝上，卵多散产；1~2 龄幼虫为害心叶或嫩叶，昼夜取食不入土，3 龄后白天潜伏在 2~3 cm 的表土里，夜间咬断幼苗并拖入穴内，幼虫动作敏捷、性残暴，3 龄以后能自相残杀，老熟幼虫有假死习性	喜温喜湿，在 18~26 ℃、相对湿度 70% 左右、土壤含水量 20% 左右时，对其生长发育及活动有利，高温对其生长发育极其不利；一般在河渠两岸、湖泊沿岸、水库边发生较多，在壤土、黏壤土、沙壤土发生严重，在杂草丛生、管理粗放地发生严重
黄地老虎	1 年 1 代以上；在福建 1 月份 10 ℃ 等温线以南无冬蛰现象，发生世代自南向北逐渐减少；主要以老熟幼虫在土中越冬，少数以 3~4 龄幼虫越冬	成虫习性与小地老虎相似，成虫卵多产在地表的枯枝、落叶、根茬及植物距地表 1~3 cm 处的老叶上，卵多散产；初龄幼虫主要食害植物心叶，2 龄以后昼伏夜出，咬断幼苗，老熟幼虫在土中做土室越冬，低龄幼虫越冬只潜入土不做土室；春、秋两季为害，而以春季为害最重	耐旱，年降雨量低于 300 mm 的西部干旱区适于其生长发育；土壤湿度适中，土质松软的向阳地块，幼虫密度大；地块土壤干燥，土质坚硬而又无植被覆盖的环境，越冬密度极小；灌水对控制各代幼虫为害有重要作用，可大幅度压低越冬代幼虫的基数
大地老虎	1 年 1 代；以老熟幼虫滞育越夏，以低龄幼虫越冬	成虫趋光性不强，卵散产在地表土块、枯枝落叶及绿色植物的下部老叶上；幼虫食性杂，共 7 龄，4 龄前不入土蛰伏，常啮食叶片，4 龄后白天潜伏表土下，夜出活动为害；5 月中旬开始滞育越夏至 9 月下旬	越冬越夏幼虫对低温、高温有较高抵抗能力；滞育幼虫在土壤中的历期长，受天气和土壤湿度变化、寄生物及人为耕作的影响多，自然死亡率极高

3. 预测预报

防治地老虎的关键时期是在 3 龄以前，因为这时幼虫昼夜在地面上活动，食害幼苗心叶，食量小，抗药力弱。3 龄后白天钻入表土层下，夜出为害，抗药力强。因此做好地老虎的发生期预测是至关重要的。现以小地老虎为例，介绍常用的测报方法。

越冬代成虫盛发期和 2 龄幼虫盛发期的预测：从 3 月上、中旬至 5 月下旬，用糖醋诱蛾器或黑光灯诱蛾，逐日记录雌、雄蛾数，当蛾量突增，雌蛾比例占蛾量总数的 10% 左右时，表示成虫进入盛发期，诱到雌蛾最多的一天就是发蛾高峰期。发蛾高峰期加上产卵前期（4 d）、卵历期、1 龄幼虫历期、2 龄幼虫历期的半数，就是第 1 代小地老虎 2 龄幼虫盛发期，即防治适期。

成虫盛发期后，每隔 1~3 d 到田间查卵 1 次，自查得产卵高峰日起，根据气温条件，加上卵期和 1 龄幼虫期,即为 2 龄幼虫盛发期。

蔬菜定苗前,平均幼虫 1~1.5 头/m² 以上,定苗后有幼虫 0.1~0.3 头/m² 时,应立即开展全面防治。

4. 防治措施

(1) 除草灭虫 杂草是小地老虎的产卵场所和初孵幼虫的食料,也是幼虫转移到作物上的重要桥梁。移栽或春播前要清除大田杂草。

(2) 糖醋液诱杀成虫 糖、醋、白酒、水、90% 美曲膦酯按 6:3:1:10:1 比例调匀制成糖醋液进行田间诱杀。

(3) 毒饵诱杀 用 90% 美曲膦酯 300 g 加水 2.5 kg,溶解后喷在 50 kg 切碎的新鲜杂草上,傍晚撒在大田诱杀,用毒饵 375 kg/hm²。

(4) 毒土或毒砂法 用 50% 辛硫磷 0.5 kg,加水适量,喷拌细土 50 kg;或 50% 敌敌畏 1 份,加适量水后喷拌细砂 1 000 份,用量 300~375 kg/hm²,顺垄撒施于幼苗根际附近,毒杀幼虫。

(5) 人工捕杀 清晨检查时,如发现被咬断苗等情况,及时拨开附近土块、人工捕杀幼虫。

(6) 药剂防治 用 2.5% 溴氰菊酯乳油 1 500~3 000 倍、90% 美曲膦酯或 75% 辛硫磷乳油 1 000 倍液喷洒幼苗。

任务工单 5-2 园艺植物地下害虫识别与防治

一、目的要求

了解当地园艺植物地下害虫及其发生和为害情况,识别地下害虫的形态特征及为害特点,熟悉地下害虫预测方法,设计地下害虫无公害防治方法。

二、材料、用具和药品

地下害虫发生现场,多媒体教学设备,地下害虫及其为害状标本,体视显微镜、放大镜、挑针、镊子及培养皿,常用杀虫剂及其施用设备等。

三、内容和方法

1. 地下害虫形态和为害特征观察

(1) 蛴螬(金龟子)类形态观察 观察成虫形状、大小、鞘翅特点和颜色,注意观察幼虫头部前顶刚毛的数量与排列、臀节腹面肛腹片覆毛区刺毛列排列情况及肛裂特点。

(2) 东方蝼蛄和华北蝼蛄形态观察 观察成虫体型大小、体色、前胸背板中央长心脏形斑大小和腹部末端形状,注意观察前足腿节内侧外缘缺刻是否明显和后足胫节背面内侧棘的数量。

(3) 沟金针虫和细胸金针虫形态观察 观察幼虫体型、大小和体色,注意观察胸腹部背中央的细纵沟、腹末节骨化程度、末端分叉及弯曲情况,观察内侧有无小齿、胸腹部背面近基部两侧有无褐色圆斑、下方是否有 4 条褐色纵纹。

(4) 种蝇、葱蝇和萝卜蝇形态观察 注意成虫前翅基背毛是否发达? 基背毛与背中毛长度如何? 雄虫两复眼间额带的最狭部分比中单眼的宽度大还是小? 观察雄虫后足腿节下方和胫节内下方着生长毛情况、雌虫腹部颜色与斑纹情况和中足胫节上外方刚毛数量。

(5) 地老虎类形态观察 观察成虫体长、体色、前翅斑纹情况,后翅颜色和雄蛾触角双栉齿状部分长度。观察幼虫体长、体色,注意幼虫体表皮是否密生明显的大小颗粒、是否有皱纹、蛹的大小、颜色,第 1~3 腹节有无明显横沟。

（6）当地园艺植物其他地下害虫观察　观察地下害虫的形态和为害状。

2. 地下害虫预测

调查越冬基数,预测蛴螬和金针虫发生情况。利用糖、酒、醋诱蛾器诱集小地老虎,预测期发生期。

3. 主要地下害虫防治

（1）调查了解当地的地下害虫发生为害情况及其防治措施和成功经验。

（2）选择 1~2 种主要地下害虫,提出符合当地生产实际的防治建议和方法。

（3）防治 1~2 种地下害虫并调查防治效果。

四、作业

1. 绘制东方蝼蛄和华北蝼蛄前足腿节内侧外缘形态图。

2. 绘制沟金针虫腹末端分叉及弯曲情况图。

3. 绘制小地老虎类前翅斑纹形态图。

4. 记录地下害虫预测的方法与结果。

5. 记录田间地下害虫的为害部位与特点,评价当地地下害虫的防治措施。

6. 提出并实施无公害防治地下害虫方法,记录防治效果。

五、思考题

1. 东北大黑鳃金龟与暗黑鳃金龟形态有哪些不同?

2. 怎样区别小地老虎和黄地老虎?

项目小结

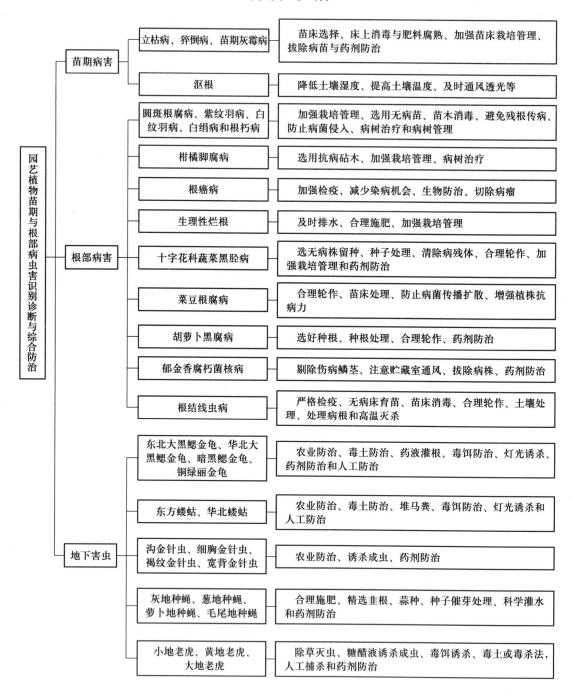

巩固与拓展

1. 苗期立枯病和猝倒病的发病规律有何异同？如何防治？

2. 当地常见果树根部菌物病害有哪些？发病规律有何异同？

3. 针对根癌病发病规律，应采取哪些相应措施预防该病的发生？

4. 园艺植物根结线虫病症状有何特征，发病规律如何？怎样防治？

5. 地下害虫指哪些害虫，发生有何特点？当地有哪几大类为害严重的地下害虫？

6. 蛴螬、蝼蛄、金针虫为害幼苗的主要被害状是什么？

7. 鉴定蛴螬种类时，主要依据哪些特征？如何区别东北大黑鳃金龟、暗黑鳃金龟和铜绿丽金龟的成虫和幼虫？

8. 如何调查田间蛴螬的虫口密度？

9. 东北大黑鳃金龟的为害为何会出现"大、小年"现象？

10. 东北大黑鳃金龟与暗黑鳃金龟形态和发生规律有何异同？怎样防治？

11. 怎样区别东方蝼蛄和华北蝼蛄？蝼蛄有哪些习性，如何利用这些习性进行防治？

12. 如何区别细胸金针虫、沟金针虫、褐纹金针虫和宽背金针虫的幼虫？

13. 当地蔬菜种蝇（根蛆）主要有哪几种？加重发生为害的环境条件是什么，怎样防治？

14. 地老虎的主要为害状是什么？当地常见地老虎有哪些种类、区别特征是什么？

15. 小地老虎的发生量与降雨量、土壤湿度、茬口、植被有什么关系？

16. 当地常见地老虎1年完成几代？以何虫态在何处越冬，有哪些主要习性可用来预测和防治？如何对小地老虎进行预测预报？

17. 根据地老虎的发生为害特点提出防治措施及最佳防治时期。

模块六　蔬菜病虫害识别诊断与综合防治

知识目标

- 了解蔬菜常见病虫害的种类与危害。
- 描述蔬菜主要病虫害的识别特征。
- 说明蔬菜主要病虫害的发生规律与防治技术。

能力目标

- 识别十字花科、茄科、葫芦科、豆科等蔬菜常见病害的症状特点及主要害虫形态特征和为害状。
- 根据蔬菜主要病虫发生规律,拟定并实施综合防治方案。
- 根据无公害蔬菜生产的要求选择病虫害的防治方法和农药种类。

近年来,我国蔬菜面积迅速扩大,品种日益增多,栽培方式多样,复种指数提高,特别是大量种植保护地和反季节蔬菜,使得多数蔬菜周年生产,很大程度上打破了原有蔬菜作物的生态系统平衡,致使蔬菜病虫害的种类相应增加,发生和消长规律不断变化。如何控制蔬菜病虫害、在保证蔬菜生产不受损失的同时减少环境污染和农药残留,都给蔬菜病虫害防治工作带来新的挑战。

任务一　十字花科蔬菜病虫害

一、十字花科蔬菜病害

（一）十字花科蔬菜病害诊断（表6.1.1）

表 6.1.1 十字花科蔬菜常见病害诊断要点

病害名称	病原	寄主植物及为害部位	为害状
十字花科蔬菜霜霉病	寄生霜霉菌[*Peronospora parasitica* (Pers.) Fr.],属假菌界卵菌门霜霉属	十字花科蔬菜的叶片、茎、花梗、种荚和块根等	白菜叶片病斑呈淡绿色至黄褐色、多角形或不规则形,严重时叶变黄干枯,潮湿时叶背有白色霜状霉层;甘蓝和花椰菜等叶片上病斑微凹陷,点状或不规则形,黑色至紫黑色,叶背有灰紫色霉层;花椰菜的花球顶端变黑;萝卜块根上的病斑黑色稍凹陷
十字花科蔬菜菌核病	核盘菌[*Sclerotinia sclerotiorum* (Lib.) de Bary],属真菌界子囊菌门核盘菌属	十字花科、豆科、茄科、葫芦科等 19 科 70 多种植物的茎、叶、叶柄、叶球及种荚等	茎、叶柄及叶缘病斑初为水浸状淡褐色,潮湿时腐烂并长出白色絮状霉层和黑色菌核;采种株茎部病组织腐烂呈纤维状,茎秆中空,内有黑色鼠粪状菌核;种荚内产生近圆形小菌核
十字花科蔬菜黑斑病	芸薹链格孢[*Alternaria brassicae* (Berk.) Sacc.]和芸薹生链格孢[*A. brassicicola* (Schw.) Wiltshire (= *A. oleracea* Milbr.)],属真菌界半知菌类链格孢属	十字花科蔬菜的叶片、叶柄、茎、花梗和种荚等	一般外叶先发病,病斑圆形,灰褐色或黑褐色,病斑周围有时有黄色晕圈和同心轮纹;叶柄和茎上的病斑为梭形、黑褐色;荚病斑近圆形;潮湿时病斑上产生黑色霉状物
白菜白斑病	白斑小尾孢菌[*Cercosporella albomaculans* (Ell. et Ev.) Sacc.],属真菌界半知菌类小尾孢属	十字花科蔬菜的叶片	叶片病斑近圆形,中央呈灰白色,边缘呈淡黄色,有时有 1~2 个轮纹;潮湿时病斑背面产生稀疏的灰白色霉层
十字花科蔬菜炭疽病	芸薹炭疽菌(希金斯刺盘孢)(*Colletotrichum higginsianum* Sacc.),属真菌界半知菌类炭疽菌属	十字花科蔬菜的叶片、叶柄、叶脉、花梗和种荚等	多在叶背中肋、叶柄和茎上产生病斑,偶尔侵染花序和种荚;病斑为褐色凹陷,椭圆形或纺锤形,严重时病斑愈合,叶片枯死
十字花科蔬菜白锈病	白锈菌[*Albugo candida* (Pers.) O. Kuntze.],属假菌界卵菌门白锈菌属	十字花科蔬菜的叶片	叶片正面黄绿色,背面生乳白色隆起疱斑,表皮破裂,散出白色粉状物;茎和花梗肿大,弯曲畸形呈"龙头"状;种荚肿大畸形,不能结实

续表

病害名称	病原	寄主植物及为害部位	为害状
十字花科蔬菜软腐病	胡萝卜欧文氏杆菌胡萝卜致病变种 [Erwinia carotovora subsp. Carotovora (Jones) Bergey et al.]，属细菌域普罗特斯门欧文氏杆菌属	十字花科蔬菜及番茄、莴苣、黄瓜、芹菜、胡萝卜、葱等的叶、叶柄、根等部位	病部初水浸状，微黄色，后呈淡黄色或黄褐色腐烂，有臭味，干燥时，可迅速失水呈薄纸状；萝卜留种株有时心髓完全腐烂而外观完好
十字花科蔬菜黑腐病	野油菜黄单胞杆菌野油菜黑腐病致病变种 [Xanthomonas campestris pv. campestris (Pammel) Dowson]，属细菌域普罗特斯门黄单胞杆菌属	十字花科蔬菜，可系统侵染，为害叶、叶脉、叶柄、块根、种子等	幼苗子叶水浸状，真叶叶脉上有小黑点或黑色细条纹；成株多从叶缘向内延伸成"V"字形不规则黄褐色病斑，斑内叶脉坏死变黑；茎及根维管束变黑
十字花科蔬菜病毒病	芜菁花叶病毒(Turnip mosaic virus, TuMV)、黄瓜花叶病毒(Cucumber mosaic virus, CMV)和烟草花叶病毒(Tobacco mosaic virus, TMV)单独或复合侵染引起	TuMV：十字花科蔬菜、菠菜、茼蒿等；CMV：十字花科、葫芦科、茄科、藜科等40多科117种植物；TMV：30科200多种植物；侵染寄主引起系统症状	白菜心叶初呈明脉状，以后为浓淡相间的花叶，扭曲畸形，叶片质脆、皱缩，叶背的叶脉上有褐色坏死斑或条纹；严重时植株矮化、畸形、不结球；采种株抽薹晚且弯曲畸形，叶片小而硬，老叶叶脉坏死

（二）十字花科蔬菜病害发生规律与防治

1. 十字花科蔬菜霜霉病

（1）利用抗病品种　一般青帮品种、疏心直筒型品种抗霜霉病，抗病毒病的品种也会减轻霜霉病的发生。

（2）轮作　病菌主要以卵孢子随病残体在土壤中越冬，可与非十字花科蔬菜轮作，减轻发病。

（3）精选种子或药剂拌种　病菌还可以菌丝体在留种株上越冬，或附着在种子表面或随病残体混杂在种子中越冬。在无病株留种，或用种子质量0.3%~0.4%的25%甲霜灵可湿性粉剂、40%三乙膦酸铝可湿性粉剂拌种。

（4）加强栽培管理　勿在地势低洼的地块种植，精细整地，合理密植，避免田间小气候湿度过大。调整播期，秋菜适当晚播，使包心期避开多雨季节，均可减轻霜霉病的为害。

（5）喷药防治　霜霉病主要在苗期、莲座初期及包心初期发病。在发病初期用69%烯酰吗啉可湿性粉剂2 000倍液、72.2%霜霉威水剂800倍液、25%甲霜灵可湿性粉剂2 000倍液、70%代森锰锌可湿性粉剂500倍液等喷雾防治。

2. 十字花科蔬菜菌核病

（1）选用无病种子及种子处理　病菌可以菌核混杂在种子中越冬。播种前用10%盐水或10%~20%硫铵水选种，汰除漂浮在水面上的菌核及杂质，用清水洗净播种。

（2）清洁田园、轮作与深耕　土壤中的菌核是病害主要初侵染来源。收获后及时清洁田园并深耕，促进病残体腐解。也可以与禾本科作物或百合科蔬菜轮作2~3年，耕地深度12 cm以上，使菌核不能萌发出土。

（3）加强栽培管理　勿在地势低洼的地块种植，秋菜不宜播种过早，合理密植，勿偏施氮肥，及时摘除植株下部的老叶和病叶，发现病株立即拔除。

（4）药剂防治　发病初期可选用40%菌核净可湿性粉剂1 000倍液、50%腐霉利可湿性粉剂2 000倍液、50%乙烯菌核利干悬浮剂1 500倍液等喷雾或行间撒施。越冬菌核萌发产生子囊盘和子囊孢子，子囊孢子随气流传播，先侵染老叶和凋落的花瓣，因此喷雾重点是植株茎基部、老叶及地面。

白菜黑斑
病的防治

3. 十字花科蔬菜黑斑病、白斑病和炭疽病

（1）合理轮作与邻作　病菌主要以菌丝体和孢子在病残体上越冬和传播，最好与非十字花科蔬菜隔年轮作，勿与早熟白菜邻作。

（2）种子处理　病菌可以分生孢子附在种子表面越冬和远距离传播，可用种子质量0.4%的50%多菌灵可湿性粉剂或50%福美双可湿性粉剂拌种。

（3）改进栽培条件　病害在高湿条件下易流行。应精细整地、适期播种，改平畦为垄作，避免田间积水。

（4）发病初期及时喷药　可用50%甲基硫菌灵可湿性粉剂1 000倍液、75%百菌清可湿性粉剂600倍液等，每隔5~7 d喷1次，连续2~3次。

白菜软腐
病的诊断
与防治

4. 十字花科蔬菜软腐病和黑腐病

（1）避免与十字花科蔬菜连作或邻作　病菌主要在留种株及病残体上越冬。可与非十字花科蔬菜轮作2~3年，软腐病还应避免与茄科和葫芦科蔬菜轮作。

（2）选用抗病品种　一般晚熟比早熟品种、青帮比白帮品种抗软腐病，抗病毒病和霜霉病的品种一般也抗软腐病。

（3）选用无病种子或种子处理　病菌还可在种子上越冬。采用无病土育苗，选用无病种子或在无病株上采种。用种子质量的0.3%~0.4%的50%福美双可湿性粉剂、50%琥胶肥酸铜可湿性粉剂拌种，或先用冷水预浸10 min，再用50 ℃温水浸种30 min，然后立即取出置凉水冷却后晾干播种。

（4）栽培防治　适时播种，采用高畦或半高畦栽培，雨后及时开沟排水，收获后及时深翻，加速病残体的分解和病菌死亡，施用腐熟有机肥。病菌主要从伤口侵入，勿久旱后突然灌水及大水漫灌，及时防治害虫、减少虫伤。

（5）消毒病穴　发病初期及时拔除病株并带出田外深埋，病穴及四周撒石灰消毒。

（6）药剂防治　发病初期拔除病株后喷药。可用药剂为72%农用链霉素可溶性粉剂或新植霉素3 000倍液、50%氯溴异氰尿酸水溶性粉剂1 000倍液、30%琥胶肥酸铜500倍液等。

5. 十字花科蔬菜病毒病

（1）选用抗病品种 一般杂交品种比普通品种抗病，青帮品种比白帮品种抗病。目前所用抗病品种多是抗 TuMV 的。

（2）播前处理病源 十字花科蔬菜病毒病的病源多来自上茬及邻近菜地。要提前腾地整地，减少病原。

（3）调整播期 在南方病毒可在十字花科蔬菜上周年循环，北方主要在留种株或多年生宿根植物及杂草上越冬。生长季节病毒通过蚜虫或汁液接触在十字花科蔬菜间传播。宜与非十字花科蔬菜轮作及邻作，秋菜要适当晚播，以避开高温及蚜虫发生高峰期。

（4）栽培防病 及时间苗，淘汰病弱苗。6 叶期以前田间不能缺水，以降温保根、增强植株抗性。

（5）灭蚜防病 蚜虫口针取食菜叶时即可将病毒传入。在种株入窖前和出窖栽植后彻底治蚜，在整地翻耕前对地面及田埂进行防蚜处理，在田间蚜虫发生初期及未迁飞前进行防治。

二、十字花科蔬菜食叶害虫

（一）十字花科蔬菜食叶害虫识别（表 6.1.2）

表 6.1.2 十字花科蔬菜常见食叶害虫识别特征

害虫名称	寄主植物	为害特点	识别特征
菜粉蝶（Pieris rapae Linnaeus），属鳞翅目粉蝶科	十字花科蔬菜叶片，偏嗜甘蓝和花椰菜等	初孵幼虫在叶背啃食叶肉，残留透明的上表皮；2 龄后分散为害，食成缺刻或网状；3 龄后可将叶片全部吃光，仅剩粗大叶脉和叶柄	成虫体长 12~20 mm，翅为白色，翅基、前翅前缘为灰黑色，前翅顶角有三角形黑斑；雌虫前翅中外方有 2 个黑色圆斑，雄虫前翅有 1 个黑色圆斑；卵瓶形，高约 1 mm，淡黄色，表面有纵横脊纹；幼虫体为青绿色，背为线淡黄色，体表密生细毛，每节有 5 条横列皱纹，身体两侧沿气门线各有 1 列黄斑；蛹中部有棱角状突起，体色随化蛹时的附着物而异
小菜蛾[Plutella xylostella(L.)]，属鳞翅目菜蛾科	十字花科蔬菜	初孵幼虫潜食叶肉，形成细小隧道；2 龄幼虫取食叶肉，残留表皮；3 龄后食成缺刻和孔洞，严重时呈网状	成虫体长 6~7 mm，呈灰褐色，前翅缘毛长而翘起，中央有 1 纵行的灰黑色三度曲折的波状纹，翅后缘黄白色，静止时两翅合拢，黄白色部分合成 3 个相连的菱形纹；老熟幼虫体长 10~12 mm，黄绿色，两头尖细，前胸背板上的淡褐色小点排成两个"U"字形纹，臀足后伸超过腹部末端；蛹长 5~8 mm，淡绿色至灰褐色，外包被着白色网状薄丝茧
甘蓝夜蛾[Mamestra brassicae(L.)]，属鳞翅目夜蛾科	十字花科、茄科、葫芦科蔬菜等 45 科 100 余种植物	幼虫食害叶片，将叶片食成缺刻和孔洞，严重时成网状甚至光秆，还能蛀入菜心或果实内为害	成虫体长 18~25 mm，前翅呈暗褐色，有灰黑色环状纹和灰白色肾状纹各 1，沿外缘有 7~8 个三角形黑斑，前缘近顶角处有 3 个小白点，基线、内横线为波浪形黑色双线，外横线呈黑色锯齿状；初孵幼虫为黑绿色，后有淡绿至黑褐色多种；各体节背面有 1 倒八字形黑斑，气门线和气门下线形成一条直达臀足的白色宽带；卵半球形，上有放射状纵棱

害虫名称	寄主植物	为害特点	识别特征
斜纹夜蛾(*Prode-nia litura* Fabrici-us),属鳞翅目夜蛾科	十字花科、茄科、豆科、百合科等99科290多种植物	幼虫取食寄主叶片,形成缺刻和孔洞,严重时全田食光,仅剩叶柄和粗大叶脉	成虫体长 14~20 mm,前翅为灰褐色,环状纹不明显,肾状纹前部为白色,后部为黑色,环状纹与肾状纹之间,有 3 条由前缘伸向后缘外方的白色斜线;幼虫头为黑褐色,胸腹部颜色因寄主和虫口密度不同而异,中胸至第 9 腹节背面各有 1 对三角形黑斑,气门黑色,背线、亚背线及气门下线为黄色或橙黄色
银纹夜蛾(*Plusia agnata* Staudinger),属鳞翅目夜蛾科	十字花科、豆科等蔬菜	幼虫咬食叶片形成缺刻或孔洞,严重全部吃光,仅剩叶柄和粗大叶脉	成虫体长 14~17 mm,前翅呈深褐色,有 2 条银色横纹,中央有 1 带银边的"U"字形褐色斑纹和 1 个近三角形的银白色斑,后翅呈暗褐色,有金属光泽;幼虫体前端细后端粗,头绿色,体淡黄绿色,背线、亚背线白色,气门线黑色;第 1、2 对腹足退化,行走时体背拱曲
甜菜夜蛾(*Laphyg-ma exigua* Hübner),属鳞翅目夜蛾科	十字花科、茄科、豆科、百合科、伞形科等 35 科 108 属 138 多种植物	幼虫取食叶片,食成缺刻或孔洞,严重全部吃光,仅剩叶柄和粗大叶脉	成虫体长 10~14 mm,前翅内横线双线为黑色,亚外缘线为灰白色,肾形纹为粉黄色、中央褐色有黑边,环形纹粉黄色有黑边,后翅白色,翅缘黑褐色;幼虫有绿色、暗绿色、黄褐色等,气门下线黄白色,直达腹部末端,各节气门的后上方有 1 小白点
红腹灯蛾(人纹污灯蛾)(*Spilarctia subcarnea* Walker),属鳞翅目灯蛾科	十字花科、茄科、豆科、菊科、禾本科和树木等 20 多科 100 多种植物	幼虫为害叶片,食成孔洞或缺刻,严重时将叶片吃光,仅存叶脉;也为害花和果实	雄蛾体长 17~20 mm,雌蛾 20~23 mm,体大部呈黄白色,腹部背面由深红色至红色,每节中央有 1 黑斑,两侧各有 2 黑斑;翅白色至黄白色,前翅臀脉室基部和中室前角各有 1 黑点,自后缘中央向顶角斜生 1 列小黑点,静止时左右拼成"∧"形;老熟幼虫体长40~50 mm,头部黑色,胸部淡黄褐色,气门线呈粗大条纹,各节有 10~16 个突起,有数个族生淡红色长毛
红缘灯蛾(*Amsacta lactinea* Gramar),属鳞翅目灯蛾科	十字花科、豆科及大葱等	幼虫食害叶片。初龄幼虫群集为害,3 龄以后分散,可将叶片吃成缺刻,严重时可吃光叶片	成虫体长约 25 mm,体、翅均为白色,头颈部为红色,腹部背面呈橘黄色并有间隔的黑带,腹部腹面呈白色,前翅前缘为鲜红色,中室上角有 1 个黑点,后翅有 1 黑色新月形斑,外缘有 1~4 个黑斑;老熟幼虫体长约 40 mm,由红褐色至黑色,有黑色毛瘤,毛瘤上丛生棕黄色长毛
黄曲条跳甲(*Phyl-lotreta striolata* Fab-ricius),属鞘翅目叶甲科	十字花科、葫芦科、茄科、豆科等	成虫喜食幼嫩叶片,也为害留种株花蕾、荚果、果梗、嫩梢等;幼虫常将根表面蛀成弯曲虫道或蛀入根内取食	成虫体长 1.8~2.4 mm,椭圆形,黑色有光泽,前胸背板及鞘翅上有许多纵行刻点,鞘翅中央有 1 黄色弓形纵纹;幼虫长圆筒形,头、前胸背板及臀板淡褐色,胸腹部乳白色,各体节均有突起的毛瘤

害虫名称	寄主植物	为害特点	识别特征
大猿叶虫（Co-laphellus bowringii Baly），属鞘翅目叶甲科	十字花科蔬菜	成虫和幼虫多群集取食菜叶，将叶片吃成许多孔洞，严重时吃成筛网状，仅剩残存叶脉	成虫体长 4.7~5.2 mm，长椭圆形，蓝黑色略带金属光泽，鞘翅上密布不规则大刻点，鞘翅基部宽于前胸背板，并形成稍隆起的"肩部"；幼体长约 7.5 mm，黑灰色稍带黄色，头部黑色有光泽，各体节有大小不等的肉瘤，气门下线及基线上的肉瘤明显
小猿叶虫（Phaedon brassicae Baly），属鞘翅目叶甲科	十字花科及莴苣、胡萝卜、洋葱、葱等	成、幼虫取食叶片形成缺刻或孔洞，严重时食成网状，仅留叶脉	成虫体长约 3.4 mm，椭圆形，蓝黑色略带光泽。鞘翅上刻点排列规则，每翅 8 行半，后翅退化不能飞翔；幼虫黑灰色稍带黄色，体呈弯曲，各体节有黑色肉瘤 8 个，瘤上刚毛明显
黄翅菜叶蜂（芜菁叶蜂）[Athalia rosae japonensis（Rhower）]，属膜翅目叶蜂科	十字花科、芹菜等蔬菜	初龄幼虫啃食叶肉成筛网状，大龄幼虫将叶片食成缺刻和孔洞甚至网状，严重时仅剩叶脉	成虫体长 6~8 mm，头、中胸背板两侧后部及后胸大部分为黑色，其余部分橙黄色，翅膜质透明，淡黄褐色，前翅前缘有 1 黑带与翅痣相连；老熟幼虫体长约 15 mm，头黑色，体蓝黑色或灰绿色，体上多皱褶，且密布颗粒状突起

（二）十字花科蔬菜食叶害虫发生规律与防治

1. 菜粉蝶

（1）实行轮作与合理布局　菜粉蝶由北向南 1 年发生 3~9 代，世代重叠现象严重。成虫喜在十字花科蔬菜上产卵。与非十字花科蔬菜轮作，避免小范围内十字花科蔬菜周年连作。

（2）人工防治　幼虫白天多栖息于叶背，受惊时卷缩虫体坠落地面，老龄幼虫有转株为害习性。幼虫吐丝将蛹体缠结于附着物上，主要以蛹在秋季为害地附近的墙壁、树干、杂草、土缝等处越冬，可人工捕捉幼虫、摘除菜粉蝶越冬蛹。

（3）喷药防治幼虫　菜粉蝶幼虫发育的最适温度是 20~25 ℃，相对湿度为 76% 左右，高于 32 ℃ 或低于 9 ℃、相对湿度 68% 以下时，幼虫大量死亡，所以各地常有春、秋两个为害高峰。

菜粉蝶的防治

预测预报开始于越冬蛹开始羽化起，选代表性田块，采取 5 点取样法，每 5 d 调查 1 次，大棵菜查 25 株，小棵菜查 50 株，统计成虫发生高峰期。各地气候复杂，可根据具体情况调查、预测成虫产卵高峰期、卵孵化高峰期和幼虫重点为害期，确定防治适期，在幼虫 3 龄前及时用药剂防治。药剂可选用含活芽孢 10^{10}/g 的苏云金杆菌可湿性粉剂 1 000 倍液、1.8% 阿维菌素乳油 3 000 倍液、5% 伏虫隆乳油 2 000 倍液、20% 除虫脲悬浮剂 2 000 倍液、24% 虫酰肼悬浮剂 400 倍液等喷雾防治。

2. 小菜蛾

（1）实行轮作与合理布局　小菜蛾由北向南 1 年发生 2~22 代，长江以南可终年繁殖，世代重叠严重。幼虫主要为害十字花科蔬菜，应避免小范围内十字花科蔬菜周年连作。

小菜蛾的防治

（2）消灭越冬虫源　小菜蛾幼虫老熟后在被害叶片、落叶、土缝、杂草等处结薄茧化蛹，在十字花科蔬菜生长期与收获后，及时清洁田园并耕翻，可压低虫源基数。

（3）诱杀成虫　成虫有趋光性，可在成虫发生期设置黑光灯 1~2 盏/hm²，或用人工合成性诱剂诱杀成虫。

（4）喷药防治幼虫　小菜蛾发育适温为 20~30 ℃，春、秋两季气温适合其发育，发生严重。从小菜蛾在田间开始发生起，选代表性田块，每 5 d 查 1 次，5 点取样法，大棵菜查 25 株，小棵菜查 50 株，当卵的孵化率达 20% 左右时，为第 1 次防治适期，卵的孵化率达 50% 左右时，为第 2 次防治适期。一般在卵孵化盛期或 2 龄幼虫期及时用 5% 茚虫威悬浮剂 132~200 mL/hm²、5% 氯虫苯甲酰胺 22.5~41.25 g/hm² 或 10% 三氟甲吡醚乳油 75~105 g/hm² 喷药防治。

3. 食叶夜蛾类（甘蓝夜蛾、斜纹夜蛾、银纹夜蛾、甜菜夜蛾）与灯蛾类（红腹灯蛾、红缘灯蛾）

（1）诱杀成虫　夜蛾类和灯蛾类成虫多有较强的趋光性和趋化性，需补充营养，可在成虫发生期田间设置黑光灯 1~2 盏/hm² 或用糖醋酒液诱杀成虫，或用胡萝卜、豆饼等发酵液加少量美曲膦酯诱杀成虫。

（2）人工捕杀幼虫　食叶夜蛾类（除银纹夜蛾外）与灯蛾类的卵均产于叶背。初孵幼虫群集为害，幼虫有假死性，可人工摘除卵块及捕捉幼虫。

（3）翻耕灭蛹　老熟幼虫在土中化蛹，收获后翻耕土壤，可消灭部分越冬蛹、减少越冬虫口基数。

（4）喷药防治　幼虫 3 龄前及时进行药剂防治。药剂参考菜粉蝶。

4. 黄曲条跳甲（图 6.1.1）

（1）合理轮作与布局　黄曲条跳甲主要为害十字花科蔬菜，与非十字花科蔬菜轮作、合理布局，可减轻为害。

（2）诱杀成虫　成虫趋光性强，用黑光灯、频振式杀虫灯等诱杀成虫，也可用人工合成性诱剂诱杀黄曲条跳甲成虫。

（3）栽培防虫　由北向南 1 年发生 2~8 代，主要以成虫在残株落叶、杂草及土缝中越冬，在华南地区可终年繁殖。前茬蔬菜收获后及时清洁田园，翻耕晒土，可消灭土壤中的幼虫及部分蛹，减轻为害。

（4）药剂浸根、灌根防幼虫　移苗时可用 90% 美曲膦酯 1 000 倍液浸根灭虫。发现幼虫为害根部时，可用 90% 美曲膦酯 1 000 倍液灌根。

（5）苗期或生长期喷药防治成虫　幼苗出土后，发现黄曲条跳甲成虫时应立即喷药防治。可选用 10% 氯氰菊酯乳油 3 000 倍液、50% 马拉硫磷乳油 1 000 倍液、18% 杀虫双水剂 400 倍液等。

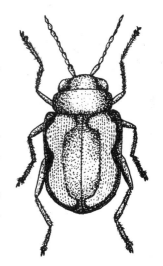

图 6.1.1　黄曲条跳甲成虫

5. 猿叶虫

猿叶虫 1 年发生多代，以成虫越冬。与非十字花科蔬菜轮作、合理布局，可减轻为害。人工捕捉猿叶虫的成虫和幼虫，在田间堆放菜叶、杂草诱集猿叶虫成虫越冬，清除田内外杂草及残株落叶，消灭猿叶虫的越冬场所。成、幼虫盛发期药剂防治参考菜粉蝶。

三、十字花科蔬菜吸汁害虫

（一）十字花科蔬菜吸汁害虫识别（表 6.1.3）

表 6.1.3　十字花科蔬菜常见吸汁害虫识别特征

害虫名称	寄主植物	为害特点	识别特征
桃蚜（烟蚜）[*Myzus persicae* (Sulzer)]，属同翅目蚜科	寄主植物 74 科 285 种；冬寄主有梨、桃、李、梅、樱桃等果树；夏寄主有十字花科、茄科等蔬菜和烟草	以成蚜或若蚜群集叶背刺吸寄主汁液；被害植株叶片褪绿卷曲变形，影响植株生长，还可传播病毒病、诱发煤污病	体长约 2 mm，无翅胎生雌蚜体绿、黄绿、暗绿、黄或红褐色等，有 1 对尾片和 1 个腹管；有翅胎生雌蚜头、胸部为黑色，腹部呈绿色或赤褐色；头部额瘤发达，向内倾斜；腹管圆柱形，较长，中后部稍膨大，末端缢缩，末端黑色；尾片圆锥形，两侧各有 3 根毛
萝卜蚜（菜缢管蚜）[*Lipaphis erysimi* (Kaltenbach)]，属同翅目蚜科	十字花科蔬菜，偏食叶面多毛而蜡质少的蔬菜		有翅胎生雌蚜体长约 1.6 mm，头胸部黑色，腹部黄绿色至暗绿色；无翅胎生雌蚜体长约 1.8 mm，体黄绿色；体被有稀少的白色蜡粉，腹管较短，暗绿色，圆筒形，近末端收缩成瓶颈状，尾片圆锥形，两侧各有 2~3 根长毛
甘蓝蚜（菜蚜）[*Brevicoryne brassicae* (L.)]，属同翅目蚜科	十字花科蔬菜，喜食叶面光滑而蜡质多的蔬菜		有翅胎生雌蚜体长约 2 mm，头胸部黑色，腹部为浅黄绿色；无翅胎生雌蚜体长约 2.5 mm，体暗绿色；全身被有白色蜡粉，腹管短于尾片，中部稍膨大，末端收缩成花瓶状，浅黑色；尾片宽短，圆锥形，两侧各有 2 根毛
菜蝽 [*Eurydema dominulus* (Scopoli)]，属半翅目蝽科	主要为害十字花科植物，也可转移为害某些菊科及豆科植物	成虫和若虫吸食植株汁液；茎叶现黄色斑点，严重时叶片枯黄，花薹萎缩，结实少而不饱满	成虫体中型，越冬代橘红色，夏秋季橙黄色；头黑色，侧缘略上卷，呈橘红色或橙黄色，触角黑色；前胸背板有 6 个黑斑，小盾片上有橙黄色或橙红色"V"形纹，内侧为黑色大斑；前翅革区橙黄色，爪区黑色，膜区黑色、有白边；腹部腹面黄白色，有 4 纵列黑斑

（二）十字花科蔬菜吸汁害虫发生规律与防治

1. 菜蚜类

菜蚜类从北到南 1 年发生十余代至数十代不等，世代重叠严重。寄主广泛，繁殖蔓延迅速，多在心叶及叶背皱缩处为害。生产中尽量将蚜虫消灭在点片发生阶段，即迁飞扩散之前。

（1）黄板（皿）诱蚜　菜蚜对黄色有较强的趋性，可在田间放置黄色塑料板涂机油或凡士林、黄皿诱杀蚜虫。

（2）避蚜或驱蚜 菜蚜对银灰色有负趋性，采用银灰色反光塑料网眼膜遮盖育苗避蚜或用银色反光膜或铝箔纸驱蚜。

（3）覆盖防虫网防止蚜虫潜入 在保护地可用 30~50 目的防虫网覆盖在大棚上，以防蚜虫潜入，达到早期防蚜的目的。

（4）保护天敌 保护七星瓢虫、异色瓢虫、蚜茧蜂、食蚜蝇、草蛉等天敌昆虫，控制蚜虫的繁殖和为害。

（5）喷药防治 将黄皿或黄板置于田间距地面约 0.5 m 处，每隔 1 d 调查 1 次，有翅蚜初见期后 2~7 d，即为田间有翅蚜出现的高峰期，也是药剂防治的适期。选用 10% 吡虫啉可湿性粉剂 3 000 倍液、3% 啶虫脒乳油 2 000 倍液、50% 抗蚜威可湿性粉剂 2 000~3 000 倍液等，每隔 7 d 左右喷 1 次，连喷 2~3 次。

2. 菜螟

菜螟以成虫在枯枝落叶上、石块下、土缝等处越冬，清除菜田及附近的枯枝落叶，集中烧毁，可消灭部分越冬成虫。卵多产在叶片上或花梗、花蕾、果实的苞片上，可人工摘掉卵块、捕杀成虫，集中杀灭初孵化尚未分散的若虫。虫口密度大时，可选用 90% 美曲膦酯 1 500 倍液、2.5% 溴氰菊酯乳油 3 000 倍液、5% 定虫隆乳油 1 500 倍液等喷雾防治。

任务工单6-1 十字花科蔬菜常见病害诊断与防治

一、目的要求

了解当地常发生十字花科蔬菜病害种类及发生为害情况，区别主要病害的症状特点及病原菌形态，拟订几种重要病害的防治方案、实施防治，并记录防治效果。

二、材料、用具和药品

校内外实训基地，十字花科蔬菜病害的蜡叶标本、新鲜标本、盒装标本或瓶装浸渍标本，病原菌玻片标本，照片、挂图、光盘、教学课件，图书资料或十字花科蔬菜病害检索表，多媒体教学设备，观察病原物的仪器、用具及药品，常用杀菌剂及其施用设备等。

三、内容和方法

1. 十字花科蔬菜常见病害症状和病原菌形态观察

观察十字花科蔬菜霜霉病、菌核病、黑斑病、白斑病、炭疽病、根肿病、软腐病、病毒病和黑腐病的田间的为害特点、发病部位及病斑的形状、颜色、表面特征等，制片观察病原物形态特征，对病原类型及病害种类作出诊断。

2. 十字花科蔬菜病害防治

（1）调查当地十字花科蔬菜主要病害的发生为害情况及防治措施。

（2）根据十字花科蔬菜主要病害的发生规律，结合当地生产实际，拟定 1~2 种十字花科蔬菜病害的防治方案并实施防治。

（3）选择 2~3 种当地常用杀菌剂防治十字花科蔬菜主要病害，并调查防治效果。

四、作业

1. 记录当地十字花科蔬菜主要病害的发生为害情况及防治措施的调查结果，分析存在的问题。

2. 描述十字花科蔬菜常见病害的症状特点。

3. 绘常见十字花科蔬菜主要病害病原菌形态图,并注明各部位名称。

4. 拟订白菜田病害综合防治方案。

五、思考题

软腐病在制片和镜检时与其他真菌病害有何不同?

任务工单 6-2　十字花科蔬菜常见害虫识别与防治

一、目的要求

了解当地十字花科蔬菜常见害虫种类及为害情况,识别十字花科蔬菜常见害虫的形态特征及为害特点,拟定并实施十字花科蔬菜主要害虫的防治方案。

二、材料、用具和药品

校内外实训基地,农户菜田,十字花科蔬菜害虫及为害状标本,多媒体教学设备,照片、挂图、光盘及多媒体课件,图书资料或十字花科蔬菜害虫检索表,体视显微镜、放大镜、挑针、镊子、载玻片及培养皿,常用杀虫剂及施用设备等。

三、内容和方法

1. 十字花科蔬菜常见害虫形态及为害状观察

观察十字花科蔬菜常见菜粉蝶、食叶夜蛾、黄曲条跳甲、小菜蛾、猿叶虫、菜蚜、菜螟等害虫各虫态的形态特征、寄主植物及其为害特点,并注意不同害虫为害状的区别。

2. 十字花科蔬菜主要害虫防治

(1) 调查当地十字花科蔬菜主要害虫发生为害情况、主要防治措施和成功经验。

(2) 选择 2~3 种十字花科蔬菜主要害虫,提出符合当地生产实际的防治方法,并把综合治理的理念贯穿其中。

(3) 按使用说明,配制并使用 1~2 种杀虫剂防治十字花科蔬菜主要害虫,调查防治效果。

(4) 选择两块保护地,一块用药剂防治蚜虫,另一块用黄板、黄皿等方法诱杀蚜虫,或用银色、乳白色反光塑料薄膜或铝箔纸避蚜,或覆盖防虫网防止蚜虫潜入,比较防治效果。

四、作业

1. 描述所观察十字花科蔬菜常见害虫的形态特征及为害状。

2. 绘常见十字花科蔬菜害虫形态特征图。

3. 调查当地十字花科蔬菜常发生害虫种类,并对防治中存在的问题提出建议。

4. 记录防治十字花科蔬菜主要害虫的方法和效果。

五、思考题

1. 十字花科蔬菜常见害虫防治方法与为害特点有何关系?

2. 菜粉蝶和小菜蛾幼虫在形态上有何区别?

任务二　茄科蔬菜病虫害

一、茄科蔬菜菌物病害

（一）茄科蔬菜菌物病害诊断（表 6.2.1）

表 6.2.1　茄科蔬菜常见菌物病害诊断要点

病害名称	病原	寄主植物及为害部位	为害状
番茄晚疫病	致病疫霉菌 [*Phytophthora infestans* (Mont.) de Bary]，属假菌界卵菌门疫霉属	番茄和马铃薯的叶片、果实、茎	病叶多从叶尖和叶缘开始出现水渍状暗绿色不规则形病斑，边缘不明显，病斑很快变为暗褐色；青果受害，初在果面上产生暗绿色水渍状不规则形硬斑块，后病斑中央棕褐色，向外颜色变浅，病斑稍凹陷，云纹状；病果质地硬实，不软腐；潮湿时，叶、果病斑上产生稀疏的白色霉状物
番茄早疫病	茄链格孢菌 [*Alternaria solani* (Ell. et Mart) Sor.]，属真菌界半知菌类链格孢属	茄科蔬菜和马铃薯的叶片、茎、果实	病斑初为深褐色或黑色水浸状小点，扩大后呈圆形或椭圆形，直径可达 1~2 cm，稍凹陷，有同心轮纹；潮湿时，病斑上产生黑色霉层；一般从下部老叶逐渐向上蔓延，严重时叶片枯死甚至脱落
番茄灰霉病	灰葡萄孢菌 (*Botryis cinerea* Pers.)，属真菌界半知菌类葡萄孢属	茄科、葫芦科、豆科等多种蔬菜的叶、茎、花、果实	叶尖或叶缘出现"V"字形扩展的病斑，灰褐色水浸状，边缘不规则，病、健部界限明显，有深浅相间的轮纹，严重时叶片干枯；茎上病斑水浸状，长椭圆形或长条形；青果病斑先从残留的花瓣、花托、柱头上发生，再向果实及果柄蔓延，受害果皮呈灰白色软腐；潮湿时病部产生灰褐色霉层
番茄叶霉病	褐孢霉菌 [*Fulvia fulva* (Cooke) Ciferrio]，属真菌界半知菌类褐孢霉属	主要为害番茄叶片，也可为害茎、花、果实	病叶初在叶背产生椭圆或不规则形的褪绿斑，后病斑上产生黑褐色霉层。叶正面病斑淡黄色，边缘不明显，扩大后以叶脉为界呈不规则形。严重时，叶片干枯卷曲死亡。嫩茎及果柄上的症状与叶相似。受害果实一般在蒂部产生近圆形稍凹陷的病斑，后期硬化

续表

病害名称	病原	寄主植物及为害部位	为害状
番茄斑枯病	番茄壳针孢(*Septoria lycopersici* Speg.),属真菌界半知菌类壳针孢属	茄科植物的叶片、茎、花萼	病斑直径 2~3 mm,凹陷,边缘深褐色,中央灰白色并散生黑色小粒点,茎上病斑长椭圆形、褐色;病斑形状如鱼目
番茄枯萎病	尖镰孢菌番茄专化型[*Fusarium oxysporum* (Schl.) f. sp. *lycopersici* (Sacc.) Snyder et Hansen],属真菌界半知菌类镰孢属	番茄维管束	病害多在番茄开花结果期发生,初期仅植株下部叶片变黄,但多数不脱落,后病叶自下而上变黄、变褐,除顶端数片完好外,其余均坏死或焦枯;有时病株一侧叶片萎垂,另一侧叶片正常;病株外观萎蔫,剥检病根茎维管束变褐,潮湿时患部表面长出近粉红色霉层
茄子黄萎病	大丽花轮枝孢菌(*Verticillium dahliae* Kleb.),属真菌界半知菌类轮枝孢属	茄科、瓜类等 38 科 180 多种植物的维管束	多从植株中下部叶片叶尖或近叶尖的叶缘开始,病叶叶脉间褪绿变黄,逐渐发展到半叶或整叶,甚至全株叶片干枯脱落;病叶前期晴天中午或干旱时萎蔫,夜间或阴雨天恢复正常,严重时不再恢复;后期褪绿部分由黄变褐,叶缘上卷,有时同一植株只有部分枝叶发病,另一部分枝叶正常;剥检根、茎、枝及叶柄等部位,维管束变成褐色
茄子褐纹病	茄褐纹拟茎点菌[*Phomopsis vexans* (Sacc. et Syd.) Harter.],属真菌界半知菌类拟茎点菌属	主要为害茄子果实,也为害叶片、茎	叶片病斑褐色近圆形或不规则形,中央灰白色,边缘深褐色,其上轮生小黑点,病组织易干裂、穿孔;茎部病斑为边缘暗褐色,中间灰白色凹陷的干腐状溃疡斑,上有小黑点,韧皮部常干腐纵裂,皮层脱落露出木质部;受害果实初现浅褐色稍凹陷的近圆形病斑,后变黑褐色,扩大后常有明显的同心轮纹,病斑上密生小黑点,后期病果软腐或干缩成僵果

病害名称	病原	寄主植物及为害部位	为害状
茄子 绵疫病	茄疫霉菌（*Phytophthora melongenae* Saw.），属假菌界卵菌门疫霉属	茄科、黄瓜等蔬菜的果实和幼苗叶、花、茎	受害果实上产生圆形水浸状小斑，扩大后呈稍凹陷的黄褐色或暗褐色大斑，果肉变黑腐烂，病部收缩，变软，果皮有皱纹，果实脱落后很快腐烂或干缩成僵果；叶片上病斑褐色近圆形，有明显轮纹，湿度大时，病部产生白色棉絮状霉层
辣椒 疫病 	辣椒疫霉菌（*Phytophthora capsici* Leonian），属假菌界卵菌门疫霉属	辣椒、番茄、茄子、甜瓜等蔬菜的根和茎基部，也可侵染叶、花、果实	叶片上病斑初为暗绿色水渍状，后扩大成边缘黄绿色、中央暗褐色至黑色的圆斑，叶片软腐；茎上病斑初为暗绿色水浸状，扩展后呈环绕茎部的黑色条斑；果实上病斑呈水渍状不规则形，全果腐烂，后失水干缩成暗褐色僵果悬挂枝上，病果易产生臭味；潮湿时，病部表面产生稀疏的白色霉层
辣椒 炭疽病	辣椒炭疽病菌［*Colletotrichum capsici*（Syd.）Butli et Bisby］，属真菌界半知菌类炭疽菌属	辣椒、茄子、番茄的叶片和果实	黑色炭疽病：病斑圆形或不规则形，边缘深褐色，病斑上轮生小黑点，果实上病斑易干缩、破裂呈羊皮纸状；黑点炭疽病：症状似黑色炭疽病，但病斑上的黑点较大，颜色较深，潮湿时，小黑点上可溢出粉红色黏质物；红色炭疽病：病斑水浸状，黄褐色，圆形，凹陷，其上着生橙红色小点，略呈同心环状排列；潮湿时，病斑表面溢出淡红色黏质物

（二）茄科蔬菜菌物病害发生规律与防治

1. 番茄晚疫病

（1）选用抗病品种　番茄品种间抗病性差异明显，可选择适合当地栽培的抗病品种。

（2）合理轮作与邻作　病菌主要以菌丝体在马铃薯块茎和保护地种植的番茄上越冬，或以菌丝体、卵孢子随病残体在土中越冬。与非茄科蔬菜实行3年以上轮作，不与马铃薯连作或邻作，可减轻发病。

（3）加强栽培管理　番茄晚疫病病株上产生孢子囊，可借气流、雨水或灌溉水传播进行多次再侵染。温度 18~22 ℃、相对湿度 95% 以上极易流行,发病后扩展迅速。选择排灌良好地块种植,合理密植,及时清除中心病株、保护地及时放风、合理灌水、降低湿度等措施可减轻发病。

(4) 药剂熏蒸消毒　保护地可在定植后、发病前或发病初期,用 45% 百菌清烟剂 3~3.75 kg/hm² 密闭熏蒸 1 夜,隔 7 d 防治 1 次。

(5) 喷药防治　发现中心病株后应立即喷药防治。可选用 72.2% 霜霉威水剂 600~800 倍液、25% 嘧菌酯悬浮剂 1 500 倍液、40% 三乙膦酸铝可湿性粉剂 200~300 倍液、1 : 0.5 : (200~250) 波尔多液等,5~7 d 喷 1 次,连喷 2~3 次。

2. 番茄早疫病

(1) 选用抗病品种

(2) 轮作、种子或土壤处理　病菌主要以菌丝体或分生孢子随病残体在土壤中越冬,或

比 — 比
番茄早疫病和晚疫病发生规律与症状有何不同?

以分生孢子附着在种子表面越冬。要与非茄科作物轮作 2 年以上。用 52 ℃ 温水浸种 30 min,冷却后催芽播种;或用 0.1% 的高锰酸钾浸种 30 min,清洗后播种。

(3) 熏蒸消毒　保护地在定植后、发病前或发病初期,可用烟剂熏蒸(参考番茄晚疫病)。

(4) 加强栽培管理　高温 (26~28 ℃)、高湿 (相对湿度 80% 以上) 有利于发病,土壤贫瘠、管理粗放则发病较重。勿栽植过密,及时浇水追肥,及时摘除病叶、病果。保护地控制温湿度,减轻病害蔓延。

(5) 带药移栽或发病初期喷药防治　发病初期及时喷药,可选用 10% 苯醚甲环唑水分散粒剂 1 500 倍液、25% 嘧菌酯悬浮剂 1 500 倍液、70% 代森锰锌可湿性粉剂 500 倍液等。

3. 番茄灰霉病

(1) 合理轮作　病菌主要以菌核在土壤中越冬,也可以菌丝体或分生孢子随病残体在土壤中越冬。翌年菌核萌发菌丝和分生孢子,分生孢子通过气流、雨水、灌溉水及农事操作传播。应与其他蔬菜实行 2~3 年轮作。

(2) 药剂喷淋苗床,减少菌源　苗期或定植前,用 50% 多菌灵可湿性粉剂 500 倍液,或 50% 腐霉利可湿性粉剂 1 500 倍液喷淋苗床,可减少定植后土壤中的菌源量。

(3) 药剂熏蒸　番茄灰霉病通过产生大量分生孢子进行多次再侵染,可选用 10% 腐霉利烟剂 3.7 kg/hm² 或 45% 百菌清烟剂 3 kg/hm²,在发病前开始熏蒸,隔 7 d 防治 1 次,不能间断。

(4) 带药蘸花　病菌主要从伤口、衰弱的器官或枯死的组织侵入,主要在花期和果实膨大期侵染。可结合生长素蘸花或喷花,在生长素液内加入 0.1% 的 50% 异菌脲可湿性粉剂或 50% 腐霉利可湿性粉剂,防止病菌侵染。

(5) 摘除残花　番茄灰霉病病菌为弱寄生菌,在番茄蘸花后 15~25 d,及时摘除青果上残留的花瓣和柱头,是减轻灰霉病为害的有效措施。

(6) 生态防治　低温高湿容易发病。春季多阴雨或倒春寒时发病严重,植株生长不良、密植、灌水过量或灌水后放风不及时等都会使病情加重。应加强通风,进行棚室变温管理。发病初期要控制灌水,灌水后及时放风排湿,严格控制花期浇水量及浇水次数。

（7）喷药防治　发病初期或浇催果水前一天喷药,若遇低温阴雨天气,隔 7~10 d 再喷 1 次。可选用 50%腐霉利可湿性粉剂 2 000 倍液、40%嘧霉胺悬浮剂 600 倍液、2%武夷菌素水剂 200 倍液等。喷药后应及时放风,降低田间湿度。

4. 番茄叶霉病和斑枯病

（1）选用抗病品种　生产上可选用抗性较高的番茄品种。

（2）浸种或拌种　病菌可以分生孢子附着在种子表面或以菌丝体潜伏在种皮上越冬,也可以菌丝体或菌丝块在病残体内越冬。用 52 ℃温水浸种 30 min,晾干后催芽播种;也可用种子质量 0.2%~0.4%的 50%克菌丹或 80%福美双可湿性粉剂拌种。

（3）清除病残与合理轮作　及时摘除病叶,老叶,深埋或烧毁,收获后清洁田园。重病田不宜再种番茄,应与瓜类或豆类蔬菜间隔 3 年以上轮作。

（4）熏蒸消毒　保护地在定植前用硫黄粉 2~2.5 g/m³,加锯末 5 g,混匀后点燃,密闭熏蒸 24 h。也可在定植后发病初期,用 45%百菌清烟剂 3.75 kg/hm² 密闭熏蒸一夜。

（5）控制温、湿度　番茄叶霉病主要通过气流或雨水传播,从气孔侵入,病部产生大量分生孢子进行多次再侵染,主要在番茄生长中后期发生,高温高湿适宜发病。棚室内通风不良,湿度过大,光照不足,植株生长茂密等有利于病害的发展。应合理密植,保护地控制湿度。结合控制晚疫病、灰霉病,可采用 36~38 ℃高温 2 h 闷棚抑制叶霉病发展与蔓延。

（6）喷药防治　可用 10%苯醚甲环唑水分散粒剂 1 500 倍液、25%嘧菌酯悬浮剂 1 500 倍液、40%氟硅唑乳油 8 000 倍液等喷雾。

5. 茄子黄萎病和番茄枯萎病

（1）选用抗病品种　品种间抗病性差异明显。一般叶片长圆形或尖形,叶缘有缺刻,叶面茸毛多,叶色浓绿或紫色的品种较抗黄萎病。

（2）选用无病种子或种子处理　病菌可以菌丝体潜伏在种子内,或以分生孢子附着在种子表面越冬。可从无病株上留种,或播种前用 55 ℃温水浸种 15 min,冷却后催芽播种;或用种子质量 0.2%~0.4%的 50%克菌丹或 80%福美双可湿性粉剂拌种。

（3）轮作与土壤消毒　茄子黄萎病病菌主要以休眠菌丝体、厚垣孢子、拟菌核随病残体在土壤中越冬（土壤中的病菌可存活 6~8 年）,番茄枯萎病病菌以菌丝体和厚垣孢子随病株残余组织遗留于土中越冬,可以在土中进行腐生生活达多年。翌年可通过风、流水、人畜、农具及农事操作等途径传播,无再侵染。应与葱、蒜、水稻等非茄科作物实行 4 年以上轮作,用无病新土作苗床土或整地时,撒施 50%多菌灵可湿性粉剂 30 kg/hm²,耙入土中消毒土壤。

（4）嫁接防病与提高定植质量　茄子黄萎病菌主要从根部伤口或幼根的表皮及根毛侵入。用野生水茄、毒茄或红茄作砧木,用劈接法嫁接,可有效防治黄萎病。可用营养钵护根育苗或移苗时多带土,防止定植时伤根。一般气温低,根部伤口愈合慢,应选择晴暖天气定植。前期地温低,要尽量少浇水,避免阴冷天气浇水。

6. 茄子褐纹病

（1）选用抗病品种　茄子品种间抗性差异明显,一般长型品种比圆型品种抗病,绿皮和白皮品种比紫皮和黑皮品种抗病,生产上可因地制宜选用。

（2）合理轮作与床土消毒　病菌主要以菌丝体、分生孢子器随病残体在土壤表层越冬,翌年产生分生孢子从表皮或伤口侵入,也可由萼片侵入果实。病部产生的分生孢子可借风、雨、昆虫及农事操作等传播,进行多次再侵染。此病仅为害茄子,应与非茄科作物实行 3 年以上轮作,并与近 2 年茄茬间隔 100 m 以上。

(3)种子消毒　病菌可以菌丝体或分生孢子在种皮内外越冬。可用 55 ℃温水浸种 10～15 min,或 50 ℃温水浸种 30 min,冷却后催芽。

(4)加强栽培管理　高温(28～30 ℃)、高湿(相对湿度 80%以上)条件适合发病。苗床播种过密,通风透光不良,幼苗细弱等有利病害发生。连作、排水不良、土质黏重、氮肥过多、定植过晚等情况下发病重。应选择排水良好,土质疏松的地块种植,采用宽行密植法,合理施肥,合理灌水,及时摘除病枝、病果,收获后及时清洁田园并深翻。

(5)结果后或发病初期喷药防治　可选用 64%噁霜灵锰锌可湿性粉剂 500～600 倍液、75%百菌清可湿性粉剂 600 倍液等喷雾。

7. 茄子绵疫病和辣椒疫病

(1)选用抗病品种

(2)清洁田园与轮作　辣椒疫病属土传病害,病菌可借风、雨、灌水及其他农事活动传播。前茬收获后应及时清洁田园,耕翻土地,与其他类作物轮作 3 年以上。

(3)种子消毒　参考茄子褐纹病。

(4)加强田间管理　病菌生育温度范围为 10～37 ℃,空气相对湿度达 90%以上时发病迅速;重茬地、低洼地、排水不良、氮肥施用偏多、密度过大、植株衰弱等均有利于该病的发生和蔓延。应配方施肥,避免偏施氮肥,适当增施磷、钾肥。要合理密植,改善通风透光条件。高温雨季,应控制浇水,暴雨后及时排除积水。

(5)药剂防治　发病初期可选用 72.2%霜霉威水剂 800 倍液或 70%甲霜灵锰锌可湿性粉剂 500 倍液,每 5～7 d 喷 1 次,连续喷 2～3 次。

8. 辣椒炭疽病

(1)选用抗病品种

(2)合理轮作　病菌以菌丝体、分生孢子盘、分生孢子随病残体在土壤中越冬,应与非茄科蔬菜实行 2～3 年轮作。

(3)加强栽培管理　合理密植以防止日灼伤果,施足底肥,勿栽植过深,田间操作避免伤果,及时摘除病叶、病果,及时排涝。

(4)种子处理　病菌可以分生孢子附着在种子表面,或以菌丝体潜伏在种皮内越冬。可用温水浸种或 1%硫酸铜溶液浸种 5 min,捞出后用清水洗净、播种。

(5)喷药防治　发现病株及时喷药防治。可选用 6%氯苯嘧啶醇可湿性粉剂 4 000 倍液、70%代森锰锌可湿性粉剂 500 倍液、1∶1∶200 倍等量式波尔多液等。隔 7～10 d 喷 1 次,连续防治 2～3 次。

二、茄科蔬菜细菌、病毒、线虫和生理病害

(一)茄科蔬菜细菌、病毒、线虫和生理病害诊断(表 6.2.2)

表 6.2.2 茄科蔬菜常见细菌、病毒、线虫和生理病害诊断要点

病害名称	病原	寄主植物及为害部位	为害状
辣椒疮痂病	野油菜黄单胞杆菌疮痂致病变种[Xanthomonas campestris pv.vesicatoria(Doidge)Dye.],属细菌域普罗特斯门黄单胞杆菌属	辣椒和番茄的叶片、茎蔓和果实	叶片病斑圆形或不规则形,边缘暗褐色稍隆起,中部色淡稍凹陷,表皮粗糙呈疮痂状;茎上病斑暗褐色,后木栓化纵裂,边缘隆起呈疮痂状;果实上病斑边缘有裂口,潮湿时病斑上溢出菌脓
番茄青枯病	青枯假单胞菌(Pseudomonas solanacearum Smith),属细菌域普罗特斯门假单胞杆菌属	茄科蔬菜维管束	病株开始时中午萎蔫,早晚恢复正常;气温高、土壤干燥时 2~3 d 后病株死亡,叶片仍保持绿色;病茎维管束变褐腐烂,挤压可渗出白色黏液;病根常变褐腐烂
番茄溃疡病	密执安棒形杆菌密执安亚种[Clavibacter michiganense sp.michiganense(Smith)Davis],属细菌域放线菌门棒杆菌属	茄科植物的叶片、茎、枝条、果实和果柄	受害幼苗叶片自下向上萎蔫,幼茎或叶柄生溃疡状凹陷条斑;受害成株全株或一侧萎蔫,后期茎秆上产生暗褐色溃疡条斑,茎略变粗,后下陷或开裂,内部变褐;湿度大时病茎或叶柄溢出污白色菌脓,最后全株呈青枯状枯死;感病果柄韧皮部髓部褐色腐烂,可使幼果滞育、皱缩畸形;受害青果表面产生直径 3 mm 左右、略隆起的白色圆斑,病斑中央褐色木栓化突起,外缘白色"鸟眼斑"
番茄疮痂病	野油菜单胞菌辣椒斑点病致病变种[Xanthomonas campestris pv. vesicatoria(Doidge)Dye.],属细菌域普罗特斯门黄单胞杆菌属	茄科蔬菜的茎、叶和果实	叶背病斑近圆形或不规则形,黄褐色,粗糙不平,周围有褪绿晕圈;茎部病斑水浸状黑褐色,长椭圆形,中央稍凹陷;果实出现水浸状褪绿斑点,初有油浸亮光,后呈黄褐色或黑褐色木栓化、近圆形粗糙枯死斑
番茄病毒病	由多种病毒单独或复合侵染引起,如烟草花叶病毒(TMV)、黄瓜花叶病毒(CMV)、马铃薯 X 病毒(PVX)、马铃薯 Y 病毒(PVY)、烟草蚀纹病毒(TEV)和苜蓿花叶病毒(AMV)等,TMV 和 CMV 是主要病原	CMV:十字花科、葫芦科、茄科、藜科等 40 多科 117 种植物;TMV:30 科 200 多种植物;侵染寄主引起系统症状	花叶型:叶片深绿浅绿相间,或叶面凹凸不平,新叶变小,细长扭曲,下部卷叶,植株矮化,果小且多呈花脸状;条斑型:系统花叶,叶脉、叶柄、茎上上产生黑褐色坏死条斑,严重时生长点坏死,病株萎黄枯死;病果上有凹陷的褐色坏死斑,果实僵硬、畸形、维管束变褐;蕨叶型:叶片呈重花叶,叶细长呈蕨叶状,病株矮化呈丛枝状
辣椒病毒病			分花叶、黄化、坏死、畸形等症状,以花叶型为主;轻型花叶表现为明脉、轻微褪绿或深绿浅绿相间的斑驳;重花叶表现为叶片褪绿,皱缩畸形,叶面凹凸不平,植株矮化,果实变小,落叶

续表

病害名称	病原	寄主植物及为害部位	为害状
番茄根结线虫病	南方根结线虫 [*Meloidogyne incognita* (Kofoid et White) Chitwood]，属侧尾腺口纲垫刃目根结线虫属	番茄、黄瓜、芹菜、甜椒等根部	受害根上形成很多近球形瘤状根结，相互连接似念珠状，初表面白色，后呈黄褐色至黑褐；地上部表现萎缩或黄化；剖检根结，内有白色梨形或柠檬形雌成虫
茄子根结线虫病	爪哇根结线虫 (*M. javanica* Treub.)，属侧尾腺口纲垫刃目根结线虫属	茄子根部	番茄根结线虫病防治
番茄脐腐病（蒂腐病、顶腐病）	缺钙和水分供应失调	番茄果实脐部	受害果脐部呈暗绿色或黑色，健部提前变红；湿度大时易被腐生菌侵染，病部产生黑色、墨绿色或粉红色霉状物
番茄裂果病	水分供应失调，果实吸水过量	番茄果实	放射状裂果：以果蒂为中心，向果肩部延伸，呈放射状条纹深裂；环状裂果：以果蒂为圆心，呈环状浅裂；条纹状裂果：在果顶花痕部呈不规则条状开裂
辣椒日灼病	果实表皮局部细胞灼伤	辣椒果实	受害果实向阳面褪色变硬，呈淡黄色或灰白色皮革状，日灼斑易被其他杂菌腐生，产生霉层或腐烂

（二）茄科蔬菜细菌、病毒、线虫和生理病害发生规律与防治

1. 辣椒疮痂病、番茄青枯病、番茄溃疡病和番茄疮痂病

（1）严格检疫　番茄溃疡病是我国进出境植物检疫对象，应严格检疫，防止病害传播蔓延。

（2）选用抗病品种　在番茄青枯病重病区或在病害流行季节应用抗病品种。

（3）合理轮作　茄科蔬菜细菌病害的病原菌均可随病残体在土壤中越冬，一般在土壤中可存活 2~3 年，番茄青枯病在土壤中存活能达 6 年。应选无病地块育苗和种植番茄，与非茄科蔬菜轮作 2~3 年（番茄青枯病 3~5 年）。

（4）选用无病种子或种子消毒　番茄溃疡病、疮痂病和辣椒疮痂病致病菌可附着在种子表

面越冬,应在无病留种株上采种,用 55 ℃温水浸种 30 min,干种子可在 70 ℃干热灭菌 72 h,或在 5%盐酸浸 5~10 h,或 1%次氯酸钠溶液浸种 25 min,用清水洗净后催芽。

（5）防止病菌侵入伤口　茄科蔬菜细菌病害在田间可通过风雨、昆虫传播到叶、茎或果实上,从伤口或气孔侵入为害。整枝打杈时避免带露水操作,及时防治虫害,以减少再侵染。番茄青枯病主要从寄主的根或茎基部的伤口侵入,可采取定植多带土、中耕深浅适宜、及时防治地下害虫及线虫等减少根系伤口。

（6）控制湿度　高温高湿条件有利于茄科蔬菜细菌病害发生,应选排水良好的地块高畦栽培,合理密植,适时整枝打杈,增加田间通风透光,降低田间湿度,避免雨后积水。

（7）栽培管理　前期注意中耕松土和排水,以促进根系发育。合理施肥,以提高植株抗病力。

（8）及时清除病残体　摘除病叶老叶,发现病株及时拔除并烧毁,收获后清洁田园并深翻,可加速病残体的腐解。番茄青枯病在病穴灌注 2%甲醛溶液或 20%石灰水消毒,也可撒施石灰粉或草木灰消毒病穴。

（9）药剂防治　初发病时可用 72%农用链霉素可溶性粉剂 4 000 倍液、90%新植霉素可湿性粉剂 3 000 倍液、77%氢氧化铜可湿性粉剂 1 000 倍液、50%琥胶肥酸铜可湿性粉剂 500 倍液等喷雾,每隔 7~10 d 喷 1 次,连喷 2~3 次。

（10）调节土壤 pH 和嫁接防治　青枯病菌适宜在微酸性土壤中生长,酸性土壤可在整地时撒施适量的石灰后深耕,增施草木灰等提高土壤 pH,以减少发病。在青枯病高发地区,可用抗病砧木嫁接防治。

2. 番茄病毒病和辣椒病毒病

（1）选用抗病品种　针对当地主要毒源,可因地制宜选用抗病品种。

（2）种子消毒　TMV 可附着在种子表面的果肉残屑上越冬,或侵入种皮内和胚乳中越冬。播前可先用清水将种子浸泡 3~4 h,后用 10%的磷酸三钠溶液浸种消毒 20~30 min,以清水洗净催芽。

（3）切断传播途径　TMV 主要通过整枝、打杈等农事操作及汁液传播,蚜虫不传毒。CMV 主要由蚜虫传毒,汁液传毒次之,种子及土壤中的病残体不能传毒。苗期可用银灰色薄膜或遮阳网覆盖,驱避蚜虫。第 1 层果实膨大前应及时防治蚜虫。在整枝、绑蔓等操作时,要注意手和工具的消毒,及时用肥皂或 10%磷酸三钠溶液洗手。

（4）减少病毒源　TMV、CMV 均可在多年生植物和宿根杂草上越冬。实行轮作换茬,秋季深耕促进病残体腐解,减少和避免土壤和残留物传毒,彻底清除带毒杂草,可以减少毒源。

（5）栽培措施　适时播种,施足基肥,培育壮苗,及时早栽,加强管理,促使早发。

（6）人工免疫　在未感病的幼苗上,接种 100 倍烟草花叶病毒的弱毒株系 N14 和黄瓜花叶病毒卫星 RNA 制剂 S_{52},可分别减轻 TMV、CMV 病毒的危害。

3. 番茄根结线虫病和茄子根结线虫病

防治参考根部病害根结线虫病部分。根结线虫活动性不强,土层深处透气性差,不适宜根结线虫生活,收获后彻底清洁田园并深翻晒土,可减轻为害。还可利用抗性砧木嫁接防治根结线虫病,并可兼防其他土传病害。

4. 番茄脐腐病

果皮光滑、果实较尖的番茄品种较抗病。从初花期开始,隔 10~15 d 喷洒 1 次 1%过磷酸钙、0.5%氯化钙加 5 mg/kg 萘乙酸、0.1%硝酸钙等,连续 2~3 次。应适时适量灌水,避免土壤水分变动剧烈。

5. 番茄裂果病

可选用抗裂性能较强的果蒂小的长形果、梭沟浅的小果型及叶片大、果皮内木栓层薄的品种。种植时采用高畦栽培,适时适量灌水,适当密植,适时提前采收。

6. 辣椒日灼病

应采用宽行密植、一穴双株或丛栽,或覆盖遮阳网,适时适量灌溉,应及时补充微量元素肥料或喷洒叶面肥,提高植株综合抗性。应及时防治引起早期落叶的病虫害。

三、茄科蔬菜害虫

(一)茄科蔬菜害虫识别(表 6.2.3)

表 6.2.3　茄科蔬菜常见害虫识别特征

害虫名称	寄主植物	为害特点	识别特征
马铃薯瓢虫(*Henosepilachna vigintioctomaculata* Motschulsky),属鞘翅目瓢甲科	马铃薯、茄子、辣椒、番茄、豆类和瓜类等	成虫和幼虫在叶背啃食叶肉,被害叶残留上表皮,形成平行的透明细凹纹,也能为害嫩茎、果实、花瓣和萼片	成虫体半球形,赤褐色,体背密生短毛,前胸背板中央有 1 个较大的剑状纹,两侧各有 2 个黑色小斑(有时合并成 1 个);两鞘翅各有 14 个黑色斑,鞘翅基部 3 个黑斑后面的 4 个斑不在一条直线上,两鞘翅合缝处有 1~2 对黑斑相连;卵子弹形,鲜黄色至黄褐色,卵块中卵粒排列较松散;老熟幼虫体黄色,纺锤形,背面隆起,体背各节有黑色枝刺,枝刺基部有淡黑色环状纹;蛹椭圆形,淡黄色,背面有稀疏细毛及黑色斑纹,尾端包被着幼虫末次蜕的皮壳
茄二十八星瓢虫(*H. vigintioctopunctata* Fabricius),鞘翅目瓢甲科	茄子、番茄、马铃薯、辣椒、瓜类等		与马铃薯瓢虫相似,但成虫略小,前胸背板有 6 个黑点(有时中间 4 个连成 1 横长斑);鞘翅基部 3 个黑斑后方的 4 个黑斑几乎在一条直线上,两鞘翅合缝处黑斑不相连,卵块中卵排列较密;老熟幼虫体背枝刺白色
棉铃虫(*Helicoverpa armigera* Hübner)属鳞翅目夜蛾科	番茄、茄子等 200 多种植物	幼虫蛀食花、蕾、果实、嫩芽、嫩叶、嫩茎	成虫前翅的环形纹、肾形纹、横线不清晰,亚缘线锯齿状较均匀;外线较斜;幼虫气门上线分为不连续的 3~4 条,上有连续的白色斑点,体表小刺长而尖,腹面小刺明显,前胸气门前两根侧毛的连线与前胸气门下端相切

续表

害虫名称	寄主植物	为害特点	识别特征
烟青虫(*Heliothis assulta* Guenèe),属鳞翅目夜蛾科	辣椒、南瓜等多种植物	幼虫蛀食花、蕾、果实、嫩芽、嫩叶、嫩茎	成虫前翅的环形纹、肾形纹、横线清晰,亚缘线锯齿状参差不齐,外线较直;幼虫气门上线不分为几条,上有分散的白色斑点,体表小刺短而钝,腹面小刺不明显,前胸气门前两根侧毛的连线与前胸气门下端不相切
茄黄斑螟(*Leucinodes orbonalis* Guenèe),属鳞翅目螟蛾科	茄子、豆类、马铃薯等	幼虫食害花蕾、花蕊、子房、嫩茎、嫩梢及果实	成虫体、翅白色,前翅有 4 个黄色大斑;翅基部黄褐色;中室与后缘之间呈 1 个红色三角形纹;翅顶角下方有 1 个黑色眼形斑。后翅中室有 1 个小黑点,后横线暗色,外缘有 2 个浅黄斑;老熟幼虫粉红色,幼龄期黄白色;头及前胸背板黑褐色;各节有 6 个黑褐色毛斑,前排 4 个,后排 2 个
茶黄螨(*Polyphagotarsonemus latus* Banks),属蛛形纲蜱螨目跗线螨科	茄科、豆类、黄瓜等 30 科 70 多种植物	成螨、幼螨和若螨刺吸为害,茄子受害果实、果柄、萼片均呈茶褐色,后期果皮龟裂,种子外露	成螨体微小,半透明,具 4 对足,雌螨较雄螨略大,体椭圆形,腹末平截,乳白色至黄绿色;雄螨近菱形,腹末圆锥形,乳白色至橙黄色;幼螨乳白色,椭圆形至菱形,具 3 对足。若螨白色,长椭圆形,外面包被着幼螨的表皮

（二）茄科蔬菜害虫发生规律与防治

1. 马铃薯瓢虫和茄二十八星瓢虫

二十八星瓢虫防治

（1）捕杀成虫　茄二十八星瓢虫 1 年发生多代,福建等地可达 6 代,以成虫在杂草堆中、土缝内、树皮裂缝中、墙壁间隙内等处越冬。马铃薯瓢虫在东北及华北地区 1 年发生 1~2 代,以成虫群集在背风向阳的杂草堆中、石缝中、树皮裂缝中、墙壁间隙内、石块下、土缝内越冬。两种瓢虫成虫均有假死性,可在成虫盛发期或越冬时人工捕杀成虫。

（2）摘除卵块,及时清洁田园　两种瓢虫的卵块多产于植物叶背,颜色鲜艳,应结合农事操作及时摘除卵块及蛹,减轻为害。收获后及时清洁田园,可消灭部分残余虫口及越冬成虫。

（3）喷药防治　幼虫孵化盛发期和成虫盛期应及时喷洒 2.5% 三氟氯氰菊酯乳油 3 000 倍液、48% 毒死蜱乳油 1 500 倍液等。

2. 棉铃虫和烟青虫

棉铃虫的防治

（1）翻地灭蛹　棉铃虫 1 年发生 3~8 代,烟青虫 1 年发生 1~6 代,均以蛹在土中越冬。及时秋耕秋翻或春耕,可减少越冬虫源。棉铃虫在土中化蛹时,有羽化道通向地表,翻地可破坏其羽化道,使成虫羽化后不能出土而死亡。

（2）人工消灭卵、幼虫和蛹　棉铃虫和烟青虫均为多食性害虫,卵多散产在植物上、中部的叶面或嫩梢上。幼虫有假死性和转移为害习性,幼虫老熟后入土作土室化蛹。结合田间管理,将带有虫卵的枝叶摘除并及时处理,及时摘除虫果,人工捕捉幼虫等措施,均可减轻为害。

(3)诱杀成虫　棉铃虫和烟青虫成虫有趋光性和趋化性,对黑光灯和半枯萎的杨、柳树枝把趋性较强。可用高压汞灯、频振式杀虫灯诱杀成虫。也可用带叶杨树枝把,每天清晨露水未干时,用塑料袋套住杨树枝把诱杀成虫。

(4)生物防治　人工繁殖赤眼蜂、草蛉,或在卵孵化高峰期用含活芽孢 10^{10}/g 的苏云金杆菌 200~250 倍液、10^9/g 棉铃虫核型多角体病毒可湿性粉剂 12~18 kg/hm^2 喷雾防治。

(5)喷药防治　用黑光灯或杨柳枝把诱到成虫后,选已现蕾并有代表性的番茄、辣椒早熟品种田各 1~2 块,每块田取 5~10 个样点,每点取 5~10 株,进行定点定株调查。早春、晚秋每 5~6 d 调查 1 次,2、3、4 代每 2~3 d 查 1 次,结合气象情况,推算出各代发生盛期,在卵孵化盛期至 2 龄幼虫盛发期,幼虫尚未蛀入果内时喷药防治。可选用 1.8%阿维菌素乳油 2 000 倍液、2.5%溴氰菊酯乳油 2 000 倍液、2.5%高效氟氯氰菊酯乳油 2 500 倍液等交替喷雾。

3. 茄黄斑螟

(1)诱杀成虫　在茄子、豆类蔬菜种植面积较大的地区,成虫盛发期可设置黑光灯、频振式杀虫灯等诱杀成虫。或用性诱剂诱集诱杀雄成虫。

(2)减少虫源　茄黄斑螟以老熟幼虫越冬,茄子收获后及时处理残株并翻耕土地,可消灭越冬虫源。初孵幼虫蛀食花蕾、花蕊、子房、心叶、嫩梢和叶柄。老熟幼虫多在植株中、上部将绿叶重叠缀合吐丝在薄茧中化蛹,少数在枯叶上化蛹。秋季则多在植株下部的枯枝落叶、杂草及土缝内化蛹。秋季近老熟的幼虫多为害茄果。及时剪除被害植株嫩梢及茄果,及时清除田间落花,可减少虫源。

(3)喷药防治　茄黄斑螟 1 年发生多代,世代重叠,连续用药才能收到好防效。药剂可参考棉铃虫和烟青虫。

4. 茶黄螨

(1)轮作　茶黄螨 1 年发生多代,北方一般在温室蔬菜上越冬,热带可终年繁殖。可与百合科、菊科、十字花科蔬菜轮作 2 年以上。

(2)清洁田园　蔬菜收获后及时清除枯枝落叶及田边杂草,减少越冬虫源。

(3)生物防治　保护和利用畸螯螨、肉食螨、蜘蛛等天敌。

茶黄螨的防治

(4)药剂防治　茶黄螨繁殖力强,数量增加迅速,在点片发生阶段应及时进行防治。可选用 73%克螨特乳油 1 500 倍液、5%唑螨酯悬浮剂 3 000 倍液、20%三唑锡乳油 2 000 倍液、73%炔螨特乳油 1 500 倍液、1.8%阿维菌素乳油 4 000 倍液等喷雾防治,隔 10 d 左右 1 次,连用 3 次。茶黄螨多在嫩叶背面活动,卵散产于嫩叶背面或果实的凹洼处,喷雾重点是嫩叶、嫩茎、花器、幼果等幼嫩部位。

任务工单 6-3　茄科蔬菜常见病害诊断与防治

一、目的要求

了解当地茄科蔬菜常见病害种类及发生为害情况,区别茄科蔬菜主要病害的症状特点及病原菌形态,拟定无公害防治方案并实施防治。

二、材料、用具和药品

校内外实训基地,茄科蔬菜病害的蜡叶标本、新鲜标本、盒装标本或瓶装浸渍标本,病原菌玻片标本,照片、挂图、光盘、教学课件,图书资料或茄科蔬菜病害检索表,多媒体教学设备,显微镜、载玻片、盖玻片、挑针等观察病原物的仪器、用具及药品,常用杀菌剂及施用设备等。

三、内容和方法

1. 茄科蔬菜常见病害症状和病原菌形态观察

观察番茄晚疫病、番茄灰霉病、番茄叶霉病、番茄早疫病、茄子黄萎病、茄子褐纹病、辣椒疫病、辣椒炭疽病、番茄青枯病、番茄病毒病、番茄和茄子根结线虫病、番茄脐腐病、番茄裂果病和辣椒日灼病的田间为害特点。注意观察病株、病叶、病果、病根等发病部位的症状特点,以及受害部位是否有病征以及病征的特点。借助仪器观察病原特征并判断病原类型,结合查阅资料诊断病害种类。

2. 茄科蔬菜病害防治

(1)调查当地茄科蔬菜主要病害的发生为害情况及防治技术,找出防治过程中存在的问题。

(2)根据茄科蔬菜主要病害的发生规律,结合当地生产实际,提出有效的防治方法和建议。

(3)选择 2~3 种常用杀菌剂,按照毒土、喷雾、灌根等不同使用方法,正确配制并在适宜时期使用,调查防治效果。

四、作业

1. 描述所观察的茄科蔬菜常见病害的典型症状特点。

2. 绘重要茄科蔬菜病害的病原菌形态图,并注明各部位名称。

3. 拟定几种茄科蔬菜病害综合防治方案。

4. 比较当地茄科蔬菜常用杀菌剂的使用方法和防治效果。

五、思考题

1. 怎样区别番茄早疫病和番茄晚疫病?

2. 为什么低温条件下茄子黄萎病发生重?根据茄子黄萎病的发病规律,分析防治的根本措施是什么?

任务工单6-4 茄科蔬菜常见害虫识别与防治

一、目的要求

了解当地茄科蔬菜常见害虫种类及为害情况,识别茄科蔬菜常见害虫的形态特征及为害特点,拟定茄科蔬菜主要害虫的无公害防治方案并能实施或指导防治。

二、材料、用具和药品

校内外实训基地,农户菜田,茄科蔬菜害虫及其浸渍标本、针插标本、生活史标本,田间受害植株或为害状标本,多媒体教学设备,照片、挂图、光盘及多媒体课件,图书资料或茄科蔬菜害虫检索表,体视显微镜、放大镜、挑针、镊子、载玻片及培养皿,常用杀虫剂、杀螨剂及喷雾器等施用设备等。

三、内容和方法

1. 常见茄科蔬菜害虫形态和为害特征观察

观察马铃薯瓢虫、茄二十八星瓢虫、棉铃虫、烟青虫、茄黄斑螟和茶黄螨各虫态的形态特征、为害部位及为害特点。注意比较棉铃虫和烟青虫、茄二十八星瓢虫和马铃薯瓢虫的各虫态及为害状的区别。借助体视显微镜观察茶黄螨各虫态的形态特征及为害状。

2. 茄科蔬菜主要害虫防治

（1）调查当地茄科蔬菜主要害虫发生为害情况及主要防治措施，分析防治中存在的问题。

（2）选择 2~3 种茄科蔬菜主要害虫，提出符合当地生产实际的综合防治方法。

（3）选用一种药剂，根据使用说明及田块面积，称量并正确配制药液，防治 1~2 种茄科蔬菜害虫并观察防治效果。

（4）根据发生规律，结合当地生产实际，拟定 1~2 种茄科蔬菜害虫的无公害防治方案。

四、作业

1. 绘图比较棉铃虫和烟青虫、茄二十八星瓢虫和马铃薯瓢虫成虫形态的区别。

2. 描述十字花科蔬菜常见害虫的典型形态特征及为害状。

3. 调查当地茄科蔬菜常发生的害虫种类。

五、思考题

1. 辨别茄科蔬菜常见害虫形态特征、为害特点与防治有何关系？

2. 茄科蔬菜食叶、钻蛀及吸汁类害虫防治用药是否相同？

任务三　葫芦科蔬菜病虫害

一、葫芦科蔬菜菌物病害

（一）葫芦科蔬菜菌物病害诊断（表 6.3.1）

表 6.3.1　葫芦科常见菌物病害诊断要点

病害名称	病原	寄主植物及为害部位	为害状
黄瓜霜霉病	古巴假霜霉菌 [*Pseudoperonospora cubensis* （Berk. et Curt.）Rostov]，属假菌界卵菌门假霜霉属	葫芦科蔬菜叶片	病叶初在叶背产生水浸状淡绿色斑点，后在叶面现淡黄色斑点，扩大后形成受叶脉限制、界限明显的多角形黄褐色病斑；潮湿时病斑背面生灰黑色霉层；严重时病斑连接成片，全叶黄褐色，干枯卷缩
瓜类枯萎病	尖镰孢菌（*Fusarium oxysporum* Schlecht.），属真菌界半知菌类镰孢属	葫芦科蔬菜维管束	受害幼苗茎基部变褐，缢缩腐烂，萎蔫猝倒死亡；成株发病初期，叶片中午萎蔫早晚恢复，数日后全株萎蔫枯死；后期茎基部表皮纵裂，节及节间出现黄褐色条斑，有时病部溢出少量琥珀色胶质物；病株根变褐色，无新生须根；病茎维管束褐色；潮湿时，茎基部表面产生白色或粉红色霉层
黄瓜黑星病	瓜枝孢霉（*Cladosporium cucumerinum* Ell. et Arthur），属真菌界半知菌类枝孢属	葫芦科蔬菜叶片、瓜条、茎、叶柄、果柄、卷须等	叶片病斑黄白色、黄褐色或浅黑色，后期星状开裂，周围有黄色边缘；茎、叶柄及果柄病斑椭圆形或不规则形，凹陷，病部溢出橘黄色胶状物，后期疮痂状开裂；感病瓜条初生圆形或椭圆形暗绿色病斑，并溢出乳白色胶状物，渐变为琥珀色，病斑凹陷龟裂，呈疮痂状，瓜条向病斑内侧弯曲；潮湿时病斑表面产生灰黑色霉层

病害名称	病原	寄主植物及为害部位	为害状
黄瓜菌核病	核盘菌[*Sclerotinia sclerotiorum* (Lib.) de Bary]，属真菌界子囊菌门核盘菌属	葫芦科、茄科、伞形花科等64科383种植物的瓜条、茎蔓和叶片	瓜条病斑多从花蒂部开始，初呈水浸状软腐，后整个瓜条腐烂，表面产生白色絮状菌丝体及黑色鼠粪状菌核；受害茎部产生水浸状淡绿色小斑，后病组织变褐腐烂，表面产生白色菌丝，病斑枯黄色，病茎干枯开裂，表面和髓部形成黑色菌核，最后植株枯萎死亡；受害叶片呈水浸状迅速软腐，病部产生白色絮状菌丝
瓜类白粉病	葫芦科白粉菌(*Erysiphe cucurbitacearum* Zheng et Chen)，属真菌界子囊菌门白粉菌属；瓜类单囊壳菌[*Sphaerotheca cucurbitae* (Jacz.) Z. Y. Zhao]，属真菌界子囊菌门单丝壳属	葫芦科植物、向日葵、月季、蒲公英等的叶片、茎和叶柄	两种病菌引起的症状相似；叶片正面或背面、叶柄及幼茎上产生近圆形的白色小粉斑，扩大后连接成边缘不明显的白色粉状霉层，严重时叶片渐变黄萎蔫，干枯卷缩；生长后期或秋季，病斑上出现许多黑褐色小粒点
瓜类疫病	瓜疫霉(*Phytophthora melonis* Katsura)，属假菌界卵菌门疫霉属	葫芦科植物茎、叶、果实，茎基部及嫩茎节发病重	幼苗期生长点及嫩茎最易发病，病斑初为暗绿色水浸状，植株很快萎蔫枯死；成株期茎基部病斑暗绿色水浸状，扩展后呈软腐状，很快缢缩、扭折，病部以上的枝叶青枯状萎蔫死亡；叶片上初生暗绿色水浸状斑点，后扩展成近圆形或不规则形的黄褐色大病斑；潮湿时全叶迅速腐烂，干燥时，病斑中央淡黄褐色，边缘暗绿色，干枯易脆裂；果实病斑皱缩软腐，表面产生稀疏的白色霉层
黄瓜灰霉病	富克尔核盘菌[*Sclerotinia fuckeliana* (de Bary) Fuckel]，属真菌界子囊菌门核盘菌属；无性态为灰葡萄孢(*Botrytis cinerea* Pers. ex Fr.)，属真菌界半知菌类葡萄孢属	茄科、葫芦科、豆科等多种蔬菜的叶、茎、花及果实	受害花瓣及幼瓜脐部水浸状，很快变软、萎缩、腐烂；较大瓜条受害后，病组织变黄、腐烂；叶片上产生边缘明显的淡灰色、圆形或不规则形大病斑；病部密生灰色霉层
黄瓜蔓枯病	甜瓜球腔菌[*Mycosphaerella melonis* (Pass.) Chiu et Walker.]，属真菌界子囊菌门球腔菌属	葫芦科蔬菜茎蔓、叶和瓜条	茎蔓上病斑梭形或椭圆形，暗褐色，常溢出琥珀色胶质物；潮湿时茎节腐烂折断，干燥时病部呈黄褐色干缩，散生小黑点，最后纵裂呈乱麻状；叶缘产生半圆形或"V"字形黄褐色病斑

续表

病害名称	病原	寄主植物及为害部位	为害状
瓜类炭疽病	围小丛壳菌圆形变种 [*Glomerella cingulata* var. *orbicularis* Jenkins W. et. Mc Combs]，属真菌界子囊菌门围小丛壳属；无性态为瓜类炭疽菌[*Colletotrichum orbiculare* (Berk.et Mont.) Arx.]，属真菌界半知菌类炭疽菌属	西瓜、黄瓜、甜瓜和冬瓜等的叶片、茎蔓和瓜条	幼苗发病，子叶边缘现褐色半圆形或圆形病斑；茎基受害变色缢缩，幼苗猝倒；成株期叶、茎、果都可受害，不同瓜类症状稍有差异；黄瓜叶片上病斑褐色圆形，有黄色晕圈，叶片正面产生粉红色小颗粒，后变成黑色；潮湿时，病斑上产生粉红色黏质物；成熟瓜条上病斑初为暗绿色水浸状，扩大后病斑圆形、黄褐色，稍凹陷，受害病瓜弯曲变形

（二）葫芦科蔬菜菌物病害发生规律与防治

1. 黄瓜霜霉病

黄瓜霜霉病诊断与防治

（1）选用抗病品种　黄瓜霜霉病病菌抗药性问题严重，必须要选用抗（耐）霜霉病的黄瓜品种，一般晚熟品种、品质差的品种较抗病。

（2）栽培防治　周年种植黄瓜的地区和北方温室内，孢子囊通过风雨传播，使病害周年发生。北方冬季不能种植黄瓜的地区，初侵染来源可能是南方发病较早地区的孢子囊随季风吹过来的。病菌主要通过气流、雨水传播，从气孔侵入，有多次再侵染。多雨、多雾、昼夜温差大、结露时间长有利于病害流行。地势低洼、通风不良、浇水多、密植、土壤板结、露地与保护地黄瓜相距太近，发病重。

应选排水良好的岗地种植黄瓜，控制浇水，采用地膜覆盖高畦栽培、膜下暗灌浇水、滴灌技术。加强田间通风透光，保护地要控制浇水，加强放风，降低湿度。

（3）生态防治　病菌的孢子囊靠气流和雨水传播，适宜发病温度为16～24 ℃，低于10 ℃或高于28 ℃较难发病。适宜的发病湿度为85%以上，叶片有水膜时易受侵染发病。

保护地可采用生态防治，创造不适合病菌侵染的温、湿度条件。早晨在温度允许的情况下放风排除棚内湿气，上午闭棚使棚内温度由10～13 ℃迅速上升到25～30 ℃，超过33 ℃开小缝放风，使相对湿度逐渐下降至75%左右。下午放风降温排湿，保持棚内温度25 ℃左右，相对湿度低于80%。午夜前棚内温度逐渐下降到15～20 ℃，相对湿度逐渐上升至80%，病菌发生钝化。午夜后到次日早晨棚内温度下降到10～13 ℃，相对湿度可达到90%以上，也不适合病菌侵染。

（4）高温闷棚　前一天先灌小水，于晴天中午密闭大棚，使棚温（温度计与黄瓜生长点平行）升至44～45 ℃，保持2 h，然后放风降温。温度不可低于42 ℃或高于48 ℃，每次处理至少间隔10 d。

议　一　议

为什么高温闷棚防治黄瓜霜霉病温度不能低于42 ℃或高于48 ℃？

（5）药剂熏蒸　保护地可用45%百菌清烟剂熏蒸，用药量2.5～3 kg/hm²，于傍晚将药剂分放几处,由里向外点燃,密闭熏蒸一夜。

(6) 喷药防治　黄瓜定植后,保护地选易发病的棚室,露地选易感病的主栽品种及靠近温室的地块,从黄瓜初花期前 5 d 开始,每 5 d 调查 1 次,根瓜初期后每 3 d 调查 1 次。每棚(室)5 点取样,每点检查 20 株。发现中心病株后,若条件适宜,半个月即可普遍发病。发现中心病株,立即喷药保护。可选用 72.2%霜霉威水剂 400 倍液、25%嘧菌酯悬浮剂 1 500 倍液、58%甲霜灵锰锌可湿性粉剂 600 倍液、47%春雷霉素可湿性粉剂 800 倍液、64%噁霜灵锰锌可湿性粉剂 500 倍液等。

2. 瓜类枯萎病

(1) 轮作　病菌主要以菌丝体、厚垣孢子和菌核在土壤、病残体、种子及粪肥中越冬。种子带菌是病害远距离传播的主要途径。病菌在土壤中可存活 5~6 年,最多可达 10 年以上,厚垣孢子经畜禽消化管后仍可存活。病菌可通过土壤、灌溉水、肥料、昆虫、农具等传播,从根及茎基部的伤口或根毛侵入。应与非瓜类作物实行 3~5 年的轮作。

(2) 选用抗病品种　不同品种间抗病性差异明显,可因地制宜选用抗病品种。

(3) 种子处理及苗床消毒　用 55 ℃ 温水浸种 15 min,冷却后催芽播种;或用 2.5%咯菌腈悬浮种衣剂 10 mL,加 35%精甲霜灵乳化种衣剂 2 mL,兑水 150~200 mL 与 4 kg 种子混拌均匀进行包衣。播前用 1∶100 的敌磺钠或多菌灵药土 1.5 t/hm² 均匀撒入定植沟内进行苗床消毒。

(4) 嫁接防病　可用云南黑籽南瓜或‘南砧 1 号’作砧木嫁接防病。

(5) 加强栽培管理　空气相对湿度 90%以上,温度 24~25 ℃,土温 25~30 ℃,pH 4.5~6 易发病。连作、高温高湿、土质黏重、地温低、土壤过分干旱等条件发病重。应采用高畦和地膜栽培,勿大水漫灌,及时中耕,结瓜期适当追肥,施腐熟有机肥。应及时拔除病株,并用石灰消毒土壤。

(6) 蘸根、沟施、穴施或灌根　可用 70%甲基硫菌灵可湿性粉剂 600 倍液、25%咪鲜胺乳油 800 倍液在定植时蘸根、沟施或穴施,或发病初期灌根。

黄瓜黑星病
的防治

3. 黄瓜黑星病

(1) 检疫与种子消毒　病菌可以分生孢子附着在种子表面或以菌丝体潜伏在种皮内越冬。种子带菌是病害远距离传播的主要途径。未发病地区在引种、调种时,应加强检疫,防止病害随种子传播。为防止种子带菌,可用 55 ℃ 温水浸种 15 min,冷却后催芽播种;或用 75%百菌清可湿性粉剂 500 倍液浸种 30 min,水洗后催芽播种。

(2) 选用抗病品种　黄瓜品种间抗病性有显著差异,可选种较抗病的品种。

(3) 轮作与棚室熏蒸消毒　病菌主要以菌丝体随病残体在土壤中或附着在架材等处越冬。应与非瓜类作物实行 2~3 年轮作。保护地在定植前 10 d 可用硫黄粉熏蒸,对棚室及架材进行消毒。方法是用硫黄粉 2.5 g/m³ 与 2.5 g 锯末混匀点燃后密闭熏蒸一夜。

(4) 栽培、生态防治与高温闷棚　黑星病菌可从气孔、伤口或幼嫩表皮直接侵入。病部产生的分生孢子可通过风雨及农事操作传播进行再侵染。黑星病为低温高湿病害,高温对黑星病菌产生孢子不利,温度 17 ℃ 左右,相对湿度 90%以上,寄主表面有水膜,病害极易流行。因

查　一　查

为害瓜类的病害还有哪些?
如何防治?

星病菌产生孢子不利,温度 17 ℃ 左右,相对湿度 90%以上,寄主表面有水膜,病害极易流行。因

此,保护地低温、寡照、田间郁闭、结露时间长、浇水过量、连作等条件下发病重。可采用栽培防治、生态防治和高温闷棚措施,具体参照黄瓜霜霉病。

（5）药剂熏蒸　保护地发病初期可用百菌清烟剂熏蒸（参考黄瓜霜霉病）。

（6）喷药防治　发病初期摘除病叶、病瓜,及时进行药剂防治。可选用40%氟硅唑乳油8 000倍液、10%苯醚甲环唑水分散粒剂2 000倍液、43%戊唑醇悬浮剂3 000倍液等,隔7~10 d喷药1次,交替用药,连续3~4次。

4. 黄瓜菌核病

（1）轮作、深翻或土壤处理　病菌主要以菌核在土壤中越冬,可存活1~3年,干燥条件可存活4~11年。可与非瓜类作物实行2~3年轮作。收获后可及时深翻20 cm,病田夏季灌水浸泡10 d以上,促进菌核腐烂。保护地在定植前可用40%五氯硝基苯粉剂15 kg/hm²,或40%五氯硝基苯粉剂和50%多菌灵可湿性粉剂各15 kg/hm²,兑细土250 kg拌匀,制成药土撒于土表,随整地耙入土中。

（2）种子处理　病菌可以菌核混杂在种子中越冬。种子消毒参照黄瓜黑星病,或用10%盐水漂种2~3次以清除菌核。

（3）加强栽培管理　温度15~20 ℃,相对湿度高于85%,有利于菌核萌发、菌丝生长和侵入及子囊盘的产生。偏施氮肥、连阴雨天、浇水过多、放风不及时等条件下发病重。采用高畦地膜栽培,滴灌或膜下暗灌法浇水,及时摘除老叶、病叶、病瓜,清除病花,适时放风排湿,合理密植等措施均可降低湿度。

（4）药剂熏蒸消毒　病菌在田间主要通过气流传播,保护地可用45%百菌清烟剂、10%腐霉利烟剂熏蒸消毒,用药量3.0~3.75 kg/hm²,7~10 d防治1次,视病情连用3~4次。

（5）药剂喷雾　发病前或初期应及时喷药防治。可选用50%乙烯菌核利可湿性粉剂1 000倍液、40%菌核净可湿性粉剂500倍液、43%戊唑醇悬浮剂3 000倍液、50%腐霉利可湿性粉剂1 500倍液等,7~10 d喷1次,连续2~3次。也可用50%腐霉利可湿性粉剂50倍液涂抹发病部位。

黄瓜白粉病
诊断与防治

5. 瓜类白粉病

（1）选用抗病品种　一般抗霜霉病的品种也抗白粉病。

（2）加强栽培管理　病菌喜温湿,耐干燥。温度16~24 ℃、高湿有利于病害流行。排水不良、施肥不足、灌水过多、偏施氮肥、通风透光不良等条件下发病重。应加强田间通风透光,降低湿度。加强肥水管理,防止植株徒长和脱肥早衰。

（3）棚室药剂熏蒸　北方病菌以闭囊壳随病残体遗留在田间越冬。南方和北方温室内,病菌主要以菌丝和分生孢子在病株上越冬,病害可周年发生。可对多年种植瓜类的棚室在定植前用硫黄粉熏蒸（参考黄瓜黑星病）。越冬病菌产生子囊孢子或分生孢子引起初侵染,病部产生分生孢子,可通过气流传播进行多次再侵染。棚室发病初期用30%百菌清烟剂2.5~3 kg/hm²熏蒸,或15%三唑酮烟剂11.5~13.5 kg/hm²,熏蒸可有效控制病害的扩展蔓延。

（4）喷药防治　发病初期可选用25%三唑酮可湿性粉剂2 000倍液、10%苯醚甲环唑水分散粒剂2 000倍液、25%嘧菌酯悬浮剂1 500倍液、2%宁南霉素水剂300倍液等喷雾防治,每7~10 d喷1次,视病情连续防治2~3次。

6. 瓜类疫病

（1）选用抗（耐）病品种　品种间抗病性差异明显，可因地制宜选用抗病品种。一般抗疫病的品种，不抗霜霉病和白粉病。

（2）合理轮作　病菌以菌丝体、卵孢子和厚垣孢子在土壤、病残体或未腐熟的肥料中越冬。避免瓜类连作或邻作，与非瓜类作物轮作 3~5 年。

（3）种子处理　种子带菌是病害远距离传播的主要途径。用 25% 甲霜灵可湿性粉剂 600 倍液浸种 30 min，清水中浸 4 h 后催芽播种；或用 1% 甲醛浸种 30 min，洗净后播种。

（4）栽培防病　病菌卵孢子和厚垣孢子在高湿条件下产生游动孢子，通过雨水、灌溉水及土壤耕作等传播，从表皮直接侵入。病部产生孢子囊通过气流和雨水传播，进行多次再侵染。瓜类疫病潜育期短，流行性强，病菌发育适温为 28~30 ℃，雨季来临早、降雨时间长、雨量大则发病重。应采用高畦深沟栽培，适当早播，苗期适当控水促进根系发育，成株期小水勤灌保持土壤湿润。施用腐熟的有机肥。及时整枝绑蔓以利通风降湿。发现早期病株立即拔除，深埋或烧毁，病穴撒施石灰消毒。

（5）药剂熏蒸　参考黄瓜霜霉病。

（6）药剂喷雾或灌根　发现中心病株，摘除病叶，立即喷药防治（药剂参考黄瓜霜霉病），隔 7~10 d 喷 1 次，连续喷 3~4 次。也可用 75% 百菌清可湿性粉剂 600 倍液或 58% 甲霜灵锰锌可湿性粉剂 500 倍液等灌根，每株灌药液 0.25~0.5 kg。

7. 瓜类炭疽病

（1）选用抗病品种

（2）选用无病种子或浸种消毒　无病株采种，或播前进行种子消毒，可参照黄瓜黑星病。

（3）喷药防治　发病前或发病初期用 25% 咪鲜胺乳油 1 000 倍液、25% 嘧菌酯悬浮剂 1 500 倍液、75% 百菌清可湿性粉剂 800 倍液等喷雾。

8. 黄瓜灰霉病

参照番茄灰霉病防治措施。

二、葫芦科蔬菜细菌和病毒病害

黄瓜灰霉病
诊断与防治

（一）葫芦科蔬菜细菌和病毒病害诊断（表 6.3.2）

表 6.3.2　葫芦科常见细菌和病毒病害诊断要点

病害名称	病原	寄主植物及为害部位	为害状
黄瓜细菌性角斑病	丁香假单胞杆菌黄瓜角斑病致病变种［*Pseudomonas syringae* pv. *lachrymans*（Smith et Bryan）Young Dye et Wilkie］，属细菌域普罗特斯门假单胞杆菌属	可为害黄瓜、南瓜、丝瓜、甜瓜、苦瓜、西瓜等葫芦科作物；主要为害叶片，也为害叶柄、卷须，偶尔侵染茎和果实	受害叶片上初形成鲜绿色水浸状小病斑，渐变为淡褐色，扩大后受叶脉限制呈多角形，黄褐色，周围有油浸状晕圈，后期病斑中央易干枯碎裂或穿孔；潮湿时，叶背溢出污白色菌脓，干燥后形成一层粉末状物或白膜；瓜条上病斑初呈水浸状，近圆形，并向表皮下扩展，沿维管束的果肉逐渐变色，病瓜后期呈黄褐色腐烂，有臭味；潮湿时，病部溢出污白色菌脓

病害名称	病原	寄主植物及为害部位	为害状
黄瓜病毒病	瓜类病毒病由多种病毒单独或复合侵染引起全株发病,主要病毒有以下几种: 黄瓜花叶病毒(Cucumber mosaic virus,CMV):能侵染葫芦科、茄科、十字花科、藜科以及杂草等40多科的117种植物;甜瓜花叶病毒(Muskmelon mosaic virus,MMV):只侵染葫芦科植物;西瓜花叶病毒(Watermelon mosaic virus,WMV):只侵染葫芦科、豆科植物;南瓜花叶病毒(Squash mosaic virus,简称SqMV):可侵染葫芦科、豆科、芹菜属植物;甜瓜坏死斑病毒(Melon necrotic spot virus,MNSV):只侵染葫芦科植物		多表现系统花叶,出现深浅绿色相间的斑驳花叶,严重时叶片皱缩,向背面卷曲;瓜条表现深绿与浅绿相间疣状斑块,果面凹凸不平或畸形,茎和节间缩短,簇生小叶;重病株不结瓜,致萎缩枯死
南瓜病毒病			病叶出现黄斑或深浅相间的斑驳花叶,或形成深绿与浅绿色相间带,或叶面凹凸不平,叶脉皱曲变形,新叶和顶部梢叶症状明显;受害严重时节间缩短,生长停止,果实出现褪绿斑或畸形
西葫芦病毒病			黄化皱缩型:叶片变小,深缺刻,叶缘黄化、皱缩;或叶片黄色至淡黄色,叶片变小且深缺刻呈鸡爪状;花叶斑驳型:新叶明脉或呈花叶斑驳,叶片变小,无明显深缺刻,植株矮化,病瓜小而有瘤状突起,病瓜表面出现花斑或凹凸不平的瘤状物,瓜畸形

（二）葫芦科蔬菜细菌和病毒病害发生规律与防治

1. 黄瓜细菌性角斑病

（1）选用抗病品种　选种抗、耐病的品种。

（2）轮作　病菌可随病残体在土壤中越冬,与非瓜类作物实行2年以上轮作可减轻发病。

（3）种子处理　在种子内的病菌可存活2年以上。可用72%硫酸链霉素可溶性粉剂1 000倍液浸1.5 h;用55 ℃温水浸种30 min,或用40%甲醛150倍液浸1.5 h后洗净晾干。

（4）加强栽培管理　低温高湿、地势低洼、密植、偏施氮肥有利于病害发生。露地应采用高畦地膜栽培,保护地适时放风,控制浇水,改善田间通风透光条件。病菌可通过风、雨、水滴、昆虫及农事操作等传播,经气孔、水孔、皮孔等自然孔口或伤口侵入。勿在阴天带露水或潮湿条件下进行整枝、打杈、绑蔓等农事操作。收获后,应及时清除病残体并深翻,减少越冬菌源。

（5）喷药防治　发病初期可及时喷雾防治,药剂参考十字花科、茄科蔬菜细菌病害。

2. 瓜类病毒病

（1）选育和利用抗病或耐病品种。

（2）建立无病留种田或种子消毒　TMV、MMV、SqMV等可以种子带毒。应从无病瓜选留种,并用10%磷酸三钠液浸种20 min,或70 ℃恒温处理72 h,也可55 ℃温水浸种40 min,或60~62 ℃温水浸种10 min,在冷水中浸12~24 h后催芽播种。

（3）培育壮苗,适期定植　提早育苗并采用保温和避蚜措施(参见十字花科蔬菜菜蚜防治),可明显减轻为害。

（4）避免重茬　瓜类不宜混种,瓜田周围最好不种瓜类作物,以免相互传毒。

（5）铲除田边杂草　CMV 等病毒寄主广泛,很多的杂草是病毒越冬寄主,翌春成为初侵染源。定植前、后及时清除杂草,还可减少蚜量。

（6）消灭带毒蚜虫　采取各种措施,早期治蚜。

（7）防治汁液接触传染　TMV 极易通过接触传染,CMV 等农事操作汁液摩擦也可传毒。农事操作时先健株后病株,并用肥皂水洗手消毒。

三、葫芦科蔬菜害虫

（一）葫芦科蔬菜害虫识别(表 6.3.3)

表 6.3.3　葫芦科蔬菜常见害虫识别特征

害虫名称	寄主植物	为害特点	识别特征
黄守瓜(*Aulacophora femoralis chinensis* Weise),属鞘翅目叶甲科	葫芦科、豆科、十字花科、茄科等 19 科 69 种植物	幼虫为害主侧根、茎基部及近地表的幼瓜,致瓜苗枯死,瓜条腐烂;成虫啃食幼苗叶片、嫩茎、花及幼瓜,常引起死苗,为害叶片成环形或半环形缺刻,严重时仅残留叶脉	成虫体长 8~9 mm,长椭圆形,黄、橙黄或橙红色,中、后胸腹面及腹部为黑色,前胸背板中央有 1 波形横沟;幼虫体长约 12 mm,头灰褐色,体淡黄白色,各节有小黑瘤,臀板向后方伸出;蛹为纺锤形,黄白色,头顶、腹部及尾端有粗短的刺
瓜绢螟 [*Diaphania indica* (Saunders)],属鳞翅目螟蛾科	葫芦科、茄科	低龄幼虫在叶背取食叶肉,形成灰白斑;3 龄后吐丝缀叶或嫩梢,在卷叶内为害,将叶片食成缺刻或孔洞,严重时仅留叶脉,也可蛀入茎及果实内为害	成虫体长约 11 mm,头、胸部黑褐色,腹部白色,第 7~8 节黑褐色,腹部末端两侧各有 1 束黄褐色鳞毛丛;翅白色半透明,前翅前缘、外缘及后翅外缘有黑褐色宽带;老熟幼虫体长 23~26 mm,头部、前胸背板淡褐色,胸腹部草绿色,亚背线白色较粗,呈 2 条较宽的纵带,气门黑色;蛹长约 14 mm,深褐色,外被薄茧
温室白粉虱[*Trialeurodes vaporariorum* (Westwood)],属同翅目粉虱科	蔬菜、果树、花卉等 82 科 281 种植物	成虫、若虫群集叶背刺吸汁液,被害叶褪绿变黄、萎蔫,甚至枯死;分泌蜜露致发生煤污病;能传播病毒病	成虫体长 1~1.5 mm,淡黄色,体表和翅面覆白色蜡粉,前翅有 1 长 1 短 2 条翅脉,后翅有 1 条翅脉;卵为椭圆形,有长柄;若虫体扁平,椭圆形,淡黄或黄绿色,半透明,足、触角、尾须退化,体表有蜡质丝状突起
瓜蚜 (*Aphis gossypii* Glover),属同翅目蚜科	棉花、瓜类、茄科、豆科、菊科、十字花科等 74 科 285 种植物	成虫、若虫群集叶背和嫩茎上刺吸汁液,叶片卷曲、皱缩,严重时卷曲成团,生长停滞甚至萎蔫枯死;分泌蜜露能致煤污病发生;可传播病毒病	体小型,有翅或无翅,触角丝状,黄色、黄绿色、深绿色、蓝灰色、蓝黑色等;具腹管 1 对,多黑色圆筒形,表面有瓦纹;尾片为圆锥形
美洲斑潜蝇(*Liriomyza sativae* Blanchard),属双翅目潜蝇科	豆科、茄科、十字花科、葫芦科蔬菜等 21 科 100 多种植物	幼虫潜食叶肉,形成不规则、逐渐加长变宽的蛇形潜道,其中有呈虚线状交替平行排列的黑色粪便;成虫用产卵器在叶片上形成灰白色小点	成虫体长 1.3~2.3 mm,浅灰黑色,背面黑色,侧面和腹面黄色;头黄色,足黄色;1 龄幼虫透明,2~3 龄鲜黄色,老熟幼虫体长约 3 mm;蛹为椭圆形,长1.3~2.3 mm,鲜黄色至暗黄褐色

续表

害虫名称	寄主植物	为害特点	识别特征
瓜亮蓟马(*Thrips flavus* Schrank),属缨翅目蓟马科	葫芦科、茄科、十字花科、菠菜、豆类等蔬菜	成虫、若虫锉吸寄主心叶、嫩芽汁液,致生长点萎缩、变黑、心叶不能展开;受害幼瓜畸形,毛茸变黑,严重时落果;受害成瓜的瓜皮粗糙有斑痕,极少茸毛,或带有褐色波纹,或瓜皮长满锈皮	雌成虫体长 1.0~1.1 mm,雄虫略小;体黄色,头近方形,复眼稍突出,单眼红色,3 只排成三角形;翅细长透明,周缘有许多细长毛;若虫乳白色至淡黄色,复眼红色,1~2 龄无翅芽,行动活泼;3 龄翅芽鞘状,行动迟钝

（二）葫芦科蔬菜害虫发生规律与防治

1. 黄守瓜

（1）消灭越冬虫源　黄守瓜(图 6.3.1)在我国由北向南 1 年发生 1~3 代,以成虫群集在背风向阳的杂草根际、土缝间、落叶下越冬。铲除杂草,清理落叶,铲平土缝可减轻为害。

（2）适时早定植　因地制宜提早育苗移栽,4~5 片真叶期在越冬成虫盛发期前,可减轻成虫为害。

（3）捕杀成虫　越冬成虫寿命长,在北方可达 1 年左右,活动期 5~6 个月,有假死性和趋黄性,喜食瓜类嫩茎、叶及花。可于清晨露水未干成虫活动力差时人工捕捉成虫。

（4）防止成虫产卵　成虫卵多产于潮湿的表土内,相对湿度低于 75%时卵不能孵化。成虫产卵盛期(植株 4~5 片叶以前)采用地膜覆盖栽培,或在幼苗周围撒草木灰、秕糠、麦壳、木屑等物,可减少成虫在瓜苗根部的产卵量。

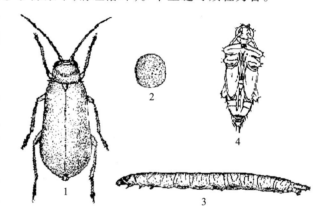

图 6.3.1　黄守瓜
1. 成虫　2. 卵　3. 幼虫　4. 蛹

（5）药剂灌根　幼虫一般在 6~10 cm 深处的土壤中活动,有转株为害习性,老熟幼虫在被害株根际附近作土室化蛹。幼苗初见萎蔫时,可用 1.8%阿维菌素 4 000 倍液或 50%辛硫磷乳油 1 500倍液灌根消灭幼虫。

（6）喷药防治　苗期可选用 50%敌敌畏乳油 1 000 倍液、48%毒死蜱乳油 1 000 倍液、2.5%鱼藤酮乳油 600 倍液、10%氯氰菊酯乳油 3 000 倍液等喷雾防治成虫。

2. 瓜绢螟

（1）清洁田园　瓜绢螟 1 年发生 5~6 代,以老熟幼虫或蛹在寄主枯卷叶内或土里越冬。瓜果收获后,及时清洁田园,清理田中枯藤、落叶,可降低越冬虫口密度。

（2）灯光诱杀成虫　成虫有趋光性,可用灯光诱杀。

（3）摘除幼虫或蛹　幼虫发生期,根据被害状及时摘除有虫的卷叶,可消灭部分幼虫。老熟幼虫多在被害叶作白色薄茧化蛹,可摘除被害叶中的蛹。

（4）药剂防治　幼虫盛发期药剂喷雾,参考黄守瓜的防治药剂。

3. 温室白粉虱

（1）杜绝虫源　在北方温室和露地白粉虱（图6.3.2）每年发生6～11代,冬季在室外不能存活。在冬季温暖地区白粉虱在杂草上越冬,翌年从越冬场所向露地菜田迁移。露地春末夏初数量开始上升,夏季高温多雨时数量下降,秋季迅速达到高峰,并可随菜苗运输远距离传播。应防止从害虫发生地区调入带虫种苗。

温室白粉虱
识别与防治

（2）培育无虫苗　避免在有虫的温室内育苗,育苗房与生产温室分开;育苗前应清除残株落叶及杂草,药剂熏杀残余虫口。

（3）合理布局,加强栽培管理　温室白粉虱卵多散产于叶背,初孵若虫作短距离移动后便营固着生活直至成虫羽化。温室白粉虱偏嗜叶片多毛的茄科和葫芦科蔬菜,叶菜类很少受害。保护地要合理布局,避免茄科、葫芦科等蔬菜混栽。保护地及温室秋冬茬种植白粉虱不喜食的十字花科、百合科等蔬菜,可切断其生活史。生育期间可结合整枝打杈,摘除带虫枝叶,及时处理。

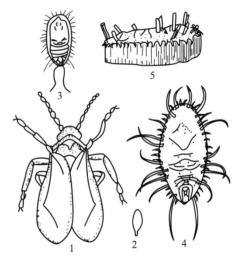

图6.3.2　温室白粉虱
1. 成虫　2. 卵　3. 若虫　4. 蛹的背面观　5. 蛹的侧面观

（4）诱杀成虫　成虫不善飞翔,有趋黄性、向嫩叶群集为害和产卵的习性,可于白粉虱发生初期,用黄板或黄皿诱杀成虫。

（5）生物防治　保护地成虫平均0.5头/株时,可释放丽蚜小蜂"黑蛹"3～5头/株。

（6）阻隔防虫　保护地可覆盖防虫网或在通风口用50～60目纱网阻隔成虫。

（7）喷药防治　为害初期可选用25%噻虫嗪水分散粒剂5 000倍液、5%伏虫隆乳油1 000倍液、2.5%联苯菊酯乳油3 000倍液等喷雾防治。温室白粉虱繁殖力强,发育速度快,世代数多,世代重叠现象明显,卵的抗药性强,必须连续几次用药才能收到好的防治效果。

> **议一议**
> 葫芦科蔬菜害虫世代重叠明显的有哪些?防治时应注意哪些问题?

4. 瓜蚜

瓜蚜防治参考菜蚜类,注意抗蚜威对瓜蚜效果差。

5. 美洲斑潜蝇

（1）严格检疫　美洲斑潜蝇抗药性发展迅速,防治困难,卵、幼虫和蛹可随植株远距离传播,还可传播病毒病。应保护无虫区,严禁从有虫地区调运种苗及带虫蔬菜。

美洲斑潜蝇
识别与防治

（2）种子处理　每100 kg种子可用77%吡虫啉种衣剂200～300 mL,搅拌均匀,晾干后播种。

（3）农业防治措施　可种植多毛的番茄等抗虫品种；蔬菜合理布局，把美洲斑潜蝇喜食的瓜类、茄果类、豆类与其不喜欢取食的苦瓜、芹菜等作物进行套种或轮作；及时清除田间及地边的杂草，摘掉带虫叶片，深埋或烧掉；化蛹高峰期大水漫灌，使蛹窒息死亡；收获后及时清洁田园并深翻，使蛹不能羽化。

（4）土壤处理灭蛹　美洲斑潜蝇老熟幼虫咬破潜道端部的表皮，在叶片表面或在土壤表层化蛹。蔬菜定植前或蛹高峰期，用3%氯唑磷颗粒剂 222.5 kg/hm^2，拌细土 450～750 kg 撒施田间，可杀死落地的蛹。

（5）诱杀成虫　成虫有趋黄、趋光、趋蜜习性，可用黄板、诱蝇盘或诱蝇纸诱杀成虫。

（6）喷药防治　喷药宜在早晨或傍晚，要注意交替用药，最好选择兼具内吸和触杀作用的杀虫剂。可选用1.8%阿维菌素乳油 3 000 倍液、5%定虫隆乳油 2 000 倍液、48%毒死蜱乳油 1 000 倍液、5%氟虫脲乳油 2 000 倍液、75%灭蝇胺可湿性粉剂 3 000 倍液等。美洲斑潜蝇发育周期短，繁殖力强，存活率高，种群数量增长快，世代重叠明显，幼虫隐蔽，耐药性强，需连续几次用药以提高防治效果。

6. 瓜亮蓟马

（1）消灭越冬虫源　瓜亮蓟马 1 年发生 20 余代，多以成虫、少数以若虫潜伏在土块、土缝下或枯枝落叶间越冬。收获后及时清洁田园并深翻，可减少越冬虫源。

（2）农业防治　清除苗床及附近杂草和温室中的残茬落叶，棚室可覆盖防虫网或用纱网阻隔棚室门窗，培育无虫苗；瓜亮蓟马入土化蛹时保持田间表土湿润，可降低化蛹率。夏秋季可适当调整播种期，避开蓟马发生期。

（3）保护天敌　保护瓜亮蓟马的天敌如草蛉、小花蝽、蜘蛛等，可控制瓜亮蓟马的为害。

（4）喷药防治　瓜亮蓟马繁殖快，世代重叠严重，当每株顶梢有瓜亮蓟马 2～3 头时即应喷药防治。瓜亮蓟马初羽化的成虫特别活跃，有喜嫩习性，白天阳光充足时多隐藏于瓜苗的生长点等幼嫩部位及幼瓜的毛茸内，喷药的重点是植株幼嫩部位和果实。可用10%吡虫啉可湿性粉剂 2 000 倍液、1.8%阿维菌素乳油 3 000 倍液、5%氟虫腈悬浮剂 1 500 倍液等喷雾，10～14 d 喷 1 次，连续防治 2～3 次。

任务工单 6-5　葫芦科蔬菜常见病害诊断与防治

一、目的要求

了解当地葫芦科蔬菜常见病害种类及发生、为害情况，区别葫芦科蔬菜主要病害的症状特点及病原形态，拟定葫芦科蔬菜无公害防治方案并实施防治。

二、材料、用具和药品

校内外实训基地，葫芦科蔬菜病害的蜡叶标本、新鲜标本、盒装标本或瓶装浸渍标本，病原菌玻片标本，照片、挂图、光盘、教学课件，图书资料或葫芦科蔬菜病害检索表，多媒体教学设备，显微镜、载玻片、盖玻片、挑针、吸水纸、镜头纸、纱布等观察病原物的仪器、用具及药品，常用杀菌剂、喷雾器及其他施药设备等。

三、内容和方法

1. 葫芦科蔬菜常见病害症状和病原菌形态观察

观察黄瓜霜霉病、瓜类枯萎病、黄瓜黑星病、黄瓜菌核病、瓜类白粉病、瓜类疫病、瓜类炭疽病、黄瓜灰霉病、黄瓜细菌性角斑病和瓜类病毒病的田间症状特点、发病部位及病斑的形状、颜色、表面特征等,注意观察瓜类枯萎病田间病株是否呈萎蔫状,剖检病茎维管束是否变成褐色。仔细观察黄瓜细菌性角斑病田间新鲜病叶背面的污白色菌脓及蜡叶标本叶背的粉末状物或白膜有何不同。制片观察病原物形态特征,对病原类型及病害种类作出诊断。

2. 葫芦科蔬菜病害防治

(1) 调查当地葫芦科蔬菜主要病害的发生为害情况及防治技术,找出防治过程中存在的问题。

(2) 根据葫芦科蔬菜主要病害的发生规律,结合当地生产实际,提出有效的防治方法和建议。

(3) 在棚室育苗或定植前,选择1~2种药剂进行熏蒸消毒,并以未消毒棚室做对照比较发病率。

(4) 选择2~3种常用杀菌剂,按照毒土、喷雾、灌根等不同使用方法,正确配制并在适宜时期使用,调查防治效果。

(5) 采用高温闷棚方法防治黄瓜霜霉病,嫁接法防治黄瓜枯萎病,药剂涂抹法防治黄瓜菌核病。

四、作业

1. 记录当地茄科蔬菜主要病害的发生为害情况及防治措施的调查结果,分析存在的问题并提出解决方法。

2. 描述葫芦科蔬菜常见病害的典型症状特点。

3. 绘重要茄科蔬菜病害病原菌形态图,并注明各部位名称。

4. 调查田间黄瓜霜霉病的发生情况,并在发病初期喷药防治,调查防治效果。

5. 拟定保护地黄瓜病害无公害防治方案。

五、思考题

1. 黄瓜霜霉病和黄瓜细菌性角斑病的症状和防治措施有何异同?

2. 为何高温闷棚防治黄瓜霜霉病时,温度不能低于42 ℃或高于48 ℃?

3. 瓜类疫病与枯萎病均可引起植株萎蔫,二者的主要区别是什么?

任务工单6-6　葫芦科蔬菜常见害虫识别与防治

一、目的要求

了解当地葫芦科蔬菜常见害虫种类及为害情况,识别葫芦科蔬菜常见害虫的形态特征及为害特点,拟定葫芦科蔬菜主要害虫的防治方案并能实施防治。

二、材料、用具和药品

校内外实训基地,农户菜田,葫芦科蔬菜害虫的浸渍标本、针插标本、生活史标本及为害状标本,多媒体教学设备,照片、挂图、光盘及多媒体课件,图书资料或葫芦科蔬菜害虫检索表,体视显微镜、放大镜、挑针、镊子、载玻片及培养皿,常用杀虫剂及施药设备等。

三、内容和方法

1. 葫芦科蔬菜常见害虫形态及为害状观察

观察葫芦科蔬菜常见瓜蚜、温室白粉虱、美洲斑潜蝇、瓜亮蓟马、黄守瓜、瓜绢螟等害虫各虫态的形态特征、寄主植物及为害特点,注意不同害虫为害状的区别。

2. 葫芦科蔬菜主要害虫防治

(1) 调查当地葫芦科蔬菜主要害虫发生为害情况、主要防治措施和成功经验。

（2）选择 2~3 种葫芦科蔬菜主要害虫，提出符合当地生产实际的防治方法。

（3）选择 1~2 种杀虫剂，按使用说明正确配制，采用药剂灌根、喷雾等方法防治葫芦科蔬菜主要害虫，调查防治效果。

（4）选择 2 块保护地，一块覆盖防虫网阻隔，防治美洲斑潜蝇、瓜蚜、温室白粉虱、瓜亮蓟马等害虫，另一块不用，比较两块地害虫的发生情况。

（5）调查当地葫芦科蔬菜害虫的发生种类及防治技术措施，提出改进意见。

四、作业

1. 描述葫芦科蔬菜常见害虫的典型形态特征及为害状。

2. 描述或绘美洲斑潜蝇和黄守瓜在叶片上的为害状。

3. 绘常见葫芦科蔬菜害虫形态特征图。

4. 美洲斑潜蝇和南美斑潜蝇的形态、为害状有何不同？

5. 对当地葫芦科蔬菜防治中存在的问题提出建议。

五、思考题

1. 仔细观察田间受温室白粉虱为害的植株，各虫态在植株上是如何垂直分布的？为什么？

2. 根据美洲斑潜蝇、温室白粉虱、瓜亮蓟马等的发生规律，试分析药剂防治应注意什么问题？

任务四　豆科蔬菜病虫害

一、豆科蔬菜病害

（一）豆科蔬菜病害诊断（表 6.4.1）

表 6.4.1　豆科蔬菜常见病害诊断要点

病害名称	病原	寄主植物及为害部位	为害状
豆类锈病	疣顶单胞锈菌[*Uromyces appendiculatus*（Pers.）Ung]，属真菌界担子菌门单胞锈菌属	豆科植物叶片、叶柄、茎、荚	叶片受害，多在叶背产生黄白色微隆起的小疱斑，扩大后呈黄褐色，表皮破裂后散出大量红褐色粉状物（夏孢子），后期疱斑变为黑褐色，或在病斑周围长出黑褐色冬孢子堆，表皮破裂散出黑褐色粉状物（冬孢子），可使叶片枯黄早落；茎、荚和叶柄症状与叶片相似
菜豆炭疽病	菜豆炭疽菌[*Colletotrichum lindemuthianum*（Sacc. et Magn.）Briosi et Cav.]，属真菌界半知菌类炭疽菌属	豆科蔬菜豆荚、叶片、茎蔓	受害幼苗子叶产生红褐至黑褐色圆形凹陷病斑，后腐烂；幼茎初生锈色小斑点，渐变为细条状，病斑凹陷龟裂；成株叶片多在叶背沿叶脉扩展成三角形或多角形黑褐色小条斑；豆荚初生褐色小点，扩大为圆形或椭圆形，病斑中部黑色凹陷，边缘红褐色隆起，严重时可扩展到种子；潮湿时，病斑上产生粉红色黏质物

续表

病害名称	病原	寄主植物及为害部位	为害状
菜豆角斑病	灰拟棒束孢菌 [*Isariopsis griseola* Sacc.]，属真菌界半知菌类拟棒束孢属	豆科蔬菜叶片	叶片上病斑多角形或不定形，横径 1~4 mm 不等，黄褐色至紫褐色，数个病斑常连成褐色斑块，致叶片局部焦枯；潮湿时叶片背生灰紫色霉层；严重时荚上出现大块霉斑，可使种子霉烂
蚕豆枯萎病(蚕豆萎蔫病)	蚕豆尖镰孢霉菌(*Fusarium ox-ysporum* Schl. f. sp. *fabae* Yu et Fang)和燕麦镰孢蚕豆专化型 [*Fusarium avenaceum* (Fr.) Sacc. f. sp. *fabae* (Yu) Yamamo-to]，均属真菌界半知菌类镰孢属	蚕豆全株	蚕豆开花结荚期叶片自下而上枯萎，叶尖和叶缘变黑焦枯，茎基部变黑，根腐烂，根部维管束变为褐色且蔓延到茎基部，病株易拔起；潮湿时根及茎基部表面有淡红色霉层
蚕豆赤斑病	蚕豆葡萄孢盘菌(*Botryotinia fabae* Lu et T. H. Wu sp. nov.)，属真菌界子囊菌门葡萄孢盘菌属	蚕豆叶片、叶柄、茎、种荚	叶片病斑初为褐色小斑点，逐渐扩大成圆形或椭圆形，中央赤褐色稍凹陷，边缘紫褐色稍隆起；常几个病斑连在一起成不规则形大病斑，严重时叶片干枯、脱落；叶柄和茎部病斑条状，表皮裂，剖检病茎常有黑色椭圆形或肾形菌核；荚产生红褐色小病斑，病菌深入种皮上形成小红斑；潮湿时病部生灰色霉层
豇豆轮纹病	山扁豆生棒孢菌 [*Corynespora cassiicola* (B. et c.) Wei]，属真菌界半知菌类尾孢属	豇豆叶片、茎和种荚	叶片病斑初为红褐色微突起小点，后扩大成直径 4~8 mm、边缘明显的近圆形有同心轮纹的病斑；叶脉发病呈褐色坏死条纹；茎上产生褐色不规则条斑，并向四周扩展，其上部茎叶凋萎死亡；豆荚发病初生红褐色小点，扩大后呈褐色轮纹状；潮湿时，在叶片背面病斑上产生灰色霉状物
豇豆煤霉病	豇豆尾孢(*Cercospora vignae* Rac.)，属真菌界半知菌类尾孢属	豆科作物叶片	叶片两面病斑初为赤褐色小点，后扩大成直径 1~2 cm、近圆形或多角形的褐色病斑，边缘不明显；潮湿时病斑上密生灰黑色霉层，叶片背面显著严重时，病斑相互连片，使叶片早落，仅剩顶部嫩叶

续表

病害名称	病原	寄主植物及为害部位	为害状
豌豆白粉病	豌豆白粉菌（*Erysiphe pisi* DC.），属真菌界子囊菌门白粉菌属	豆科、茄科、葫芦科等13科60多种植物叶片、茎、荚	病叶表面初产生白色小粉斑,后布满白色粉状霉层,叶片卷曲、枯萎脱落;茎、荚染病也产生小粉斑,严重时布满茎荚表面,使茎荚枯黄、干缩;后期病斑上散生小黑粒点
菜豆细菌性疫病	地毯草黄单胞菌菜豆致病变种（*Xanthomonas axonopo-dis* pv. *phaseoli*），有细胞壁的革兰氏阴性细菌、黄单胞杆菌属	为害豆科蔬菜;成株地上各部位均可受害,叶、荚受害最重	多从叶尖或叶缘背面产生暗绿色油浸状小点,扩大后呈不规则形深褐色病斑,周围有黄色晕圈,被害组织逐渐变褐干枯,呈半透明状,质脆易破;严重时叶片枯死或扭曲畸形;豆荚上病斑初为暗绿色水浸状小斑点,扩大后呈近圆形或不规则形的病斑,病斑褐色、凹陷。茎部产生稍凹陷的长条形病斑,红褐色,后开裂;种子发病,种皮皱缩或在脐部产生稍凹陷的黄褐色病斑;潮湿时,病部溢出黄色的菌脓,干燥后形成白色或黄色菌膜

菜豆锈病的识别与诊断

（二）豆科蔬菜病害发生规律与防治

1. 豆类锈病、菜豆炭疽病和菜豆角斑病

（1）选用抗病品种　豆类锈病和菜豆炭疽病病菌存在明显的生理分化现象。一般矮生菜豆品种较蔓生品种抗锈病,蔓生种比矮生种抗炭疽病,生产上可因地制宜选种抗病品种。

（2）合理轮作　南方地区,豆类锈病夏孢子可周年传播为害;北方地区,病菌主要以冬孢子随病残体落在土表或附着在架材上越冬。菜豆炭疽病菌也可随病残体遗留在田间越冬。应与非豆类蔬菜合理轮作,避免连作。春秋茬豆类蔬菜地要注意隔离,减少豆类锈病菌的传播。

（3）种子处理　菜豆炭疽病和角斑病菌主要以菌丝体或分生孢子在种子上越冬,带菌种子是主要初侵染来源。从无病田或无病荚采种,或在播种前进行种子处理,可用45%代森铵水剂500倍液浸种1 h;用40%甲醛200倍稀释液浸种30 min,洗净晾干后播种;也可用种子质量0.3%~0.4%的50%福美双可湿性粉剂拌种。

（4）栽培防治　温度17~27 ℃,相对湿度95%以上,有利于豆类锈病发生。气温17 ℃左右,相对湿度95%以上,有利于菜豆炭疽病发生。多雨、多露、多雾条件易发病。连作、地势低洼、排水不良、种植过密等条件发病重。要适当调整播期,合理密植,排水降湿。保护地注意降低空气相对湿度。生长期及时摘除病叶、病荚,收获后及时清除病残体,集中烧毁或深埋。侵入豆荚的菜豆炭疽病菌,在储运过程中仍能继续扩展为害,造成大量烂荚。要加强储运期管理,防止烂荚。

（5）喷药防治　豆类锈病要在孢子堆未破裂前及时用药。可选用 25%三唑酮可湿性粉剂 2 000 倍液、25%丙环唑乳油 3 000 倍液、12.5%烯唑醇可湿性粉剂 4 000 倍液等喷雾防治。菜豆炭疽病药剂可参考辣椒炭疽病。

2. 蚕豆枯萎病

病菌以菌丝体及分生孢子在种皮或田间病残体上越冬,菌丝体可在土中腐生 3 年,成为田间初侵染源。土壤含水量低、缺肥及酸性土壤等条件发病重。可采取 3 年以上轮作、播种前种子用 56 ℃温水浸种 5 min、加强栽培管理等措施防治。

3. 豇豆轮纹病和豇豆煤霉病

豇豆轮纹病和煤霉病菌以菌丝体或分生孢子随病残体于田间越冬或越夏,豇豆轮纹病也可以菌丝体在种子内或以分生孢子黏附在种子表面越冬或越夏。翌春产生分生孢子,通过风雨传播,进行初侵染和再侵染。高温多湿,栽植过密,通风差及连作低洼地等条件下发病重。应选用抗病品种,合理密植,使田间通风透光,防止湿度过大。发病初期及时摘除病叶并结合豆科蔬菜其他真菌病害喷药防治,收获后及时清除病残体,可减轻病害蔓延。

4. 菜豆细菌性疫病

（1）选用抗病品种　菜豆品种间对细菌性疫病的抗性存在差异,可因地制宜选种抗病品种。一般蔓生品种较矮生品种抗病。

（2）轮作　病菌可随病残体在土壤中越冬,土壤中的病菌随病残体分解腐烂而死亡。与非豆科作物实行 2~3 年以上轮作,可减少初侵染菌量。

（3）拌种或浸种消毒　病菌主要在种子上越冬,种子内的病菌可存活 3~15 年。播种前进行种子处理,可用 45 ℃温水浸种 10~15 min;或用 72%农用链霉素可溶性粉剂 500 倍液浸种 24 h;或用种子质量 0.3%的 50%福美双可湿性粉剂或 95%敌克松原粉拌种。

（4）栽培防治　病害在田间主要通过病部产生菌脓,通过风雨、昆虫、灌溉水、农事操作等传播,经气孔、水孔、伤口侵入,引起叶、荚、茎等部位发病。高温高湿有利于菜豆细菌性疫病的发生和流行。暴风雨、虫害严重、播种过早过密、偏施氮肥、搭架不及时等条件发病重。要适当早播,合理施肥,及时中耕除草,及时绑蔓,雨后注意排水,及时防治害虫,保护地及时通风降湿,收获后及时清除病残体并深翻。

（5）喷药防治　发病初期及时喷雾防治。可参考十字花科蔬菜细菌病害。

二、豆科蔬菜害虫

（一）豆科蔬菜害虫识别（表 6.4.2）

表 6.4.2　豆科蔬菜常见害虫识别特征

害虫名称	寄主植物	为害特点	识别特征
豆野螟（豆荚野螟、豇豆螟）（*Maruca testulalis* Geyer）,属鳞翅目螟蛾科	多种豆科蔬菜	以幼虫蛀食蕾、花、荚,或吐丝缀叶,在卷叶内蚕食叶	成虫体长 12~13 mm,前翅黄褐色,自外缘向内有大、中、小透明斑各 1 个;后翅近外缘有 1 褐色宽带,约为后翅面积的 1/3,其余部分白色透明,透明部分有 3 条淡褐色波状线;前后翅均有紫色闪光。卵扁平椭圆形,淡黄绿色,表面有六角形网状纹。幼虫黄绿色,中、后胸及腹部各节背面有 6 个黑色毛片;蛹体外被有白色薄丝茧

续表

害虫名称	寄主植物	为害特点	识别特征
豆荚螟（*Etiella zinck-enella* Treitschke）属鳞翅目螟蛾科	多种豆科植物	以幼虫钻蛀豆荚，咬食豆粒；荚内充满虫粪	成虫前翅狭长，灰褐色，前缘有 1 条明显的白色纵带，近翅基 1/3 处有 1 条金黄色宽横带；后翅黄白色；初孵幼虫淡黄色，以后为灰绿色至紫红色；4～5 龄幼虫前胸背板近前缘中央有"人"字形黑纹，两侧各有 1 个黑斑，后缘中央有 2 个小黑斑；5 龄时体背紫红色，腹面青绿色；蛹黄褐色，被有白色丝茧
豆天蛾（*Clanis bilin-eata tsingtauica* Mell），属鳞翅目天蛾科	豇豆、大豆、绿豆等	幼虫为害叶片，造成缺刻或孔洞，严重时可将叶片吃光	成虫体大型，黄褐带绿色，头和胸部暗紫色；前翅狭长，基部至顶角有 6 条褐色波状纹，前缘中部有 1 个较大的近半圆形浅色斑，翅顶部有一三角形暗褐色斑；后翅较小为深褐色，翅基和后角附近黄褐色；老熟幼虫体黄绿色，两侧各有 7 条向后方倾斜的淡黄色斜纹，腹部背面观呈倒"八"字形，尾部有 1 个绿色尾角
白条芫菁（*Epicauta gorhami* Marseul），属鞘翅目芫菁科	豆科、茄科蔬菜及甜菜、蕹菜、苋菜等	以成虫群集为害叶片及花瓣	成虫体长 15～18 mm，黑褐色，头部赤褐色，略呈三角形；前胸背板中央和 2 个鞘翅上各有 1 条纵行的黄白色条纹；鞘翅黑色，前胸两侧、鞘翅周缘及腹部各节后缘均丛生灰白色绒毛；1 龄幼虫体深褐色，胸足发达，末端有 3 个爪（三爪蚴）；2～4 龄为蛴螬型，乳黄色；5 龄化为伪蛹，乳白色，体稍弯，胸足不发达乳头状；6 龄蛴螬型，乳白色，多皱褶，胸足短小；蛹长约 15 mm，黄白色，前胸背板侧缘及后缘各生有 9 根较长的刺
朱砂叶螨（*Tetranych-us cinnabarinus* Bois-duval），属蜱螨目叶螨科	茄科、豆科、葫芦科等多种植物	成螨、幼螨及若螨在叶片刺吸汁液；被害叶初生黄白色小斑点，严重时卷缩、枯黄脱落	若螨长 0.21 mm，红色 4 对足；幼螨体半透明，近圆形，3 对足；雌成螨体长 0.48～0.55 mm，卵圆形，体侧有黑褐色斑纹；雄成螨体长约 0.32 mm，菱形，腹末略尖；体色差异较大，一般为红色或锈红色，腹部背面左右各有 1 个暗色斑纹

（二）豆科蔬菜害虫发生规律与防治

1. 豆野螟和豆荚螟

（1）选种抗虫品种　蔓性无限花序的豆类品种，结荚期长的品种一般虫口较多。选早熟丰产，结荚期短的品种，可减轻豆野螟（图 6.4.1）和豆荚螟的为害。

（2）合理轮作　豆野螟在我国由北向南 1 年发生 4～9 代，豆荚螟 1 年发生 2～8 代，主要以老熟幼虫在寄主植物附近土表或浅土层中结茧越冬。与非豆科蔬菜实行 1～2 年轮作，可减轻豆野螟、豆荚螟的为害。

（3）黑光灯诱杀成虫　豆野螟和豆荚螟成虫昼伏夜出,对黑光灯有较强的趋性,可在成虫盛发期用黑光灯诱杀。

（4）清理园地　及时清除田间落蕾、落花和落荚,摘除被害的卷叶和豆荚,可减少虫源。

（5）灌溉灭虫　在秋冬灌水数次,可提高越冬幼虫的死亡率,在夏豆开花结荚期,灌水1~2次,可增加入土幼虫的死亡率。

（6）生物防治　产卵始盛期释放赤眼蜂,或在老熟幼虫入土前,田间湿度大时,喷洒白僵菌粉剂,可减少化蛹的数量,减轻为害。

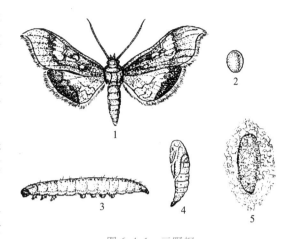

图 6.4.1　豆野螟
1. 成虫　2. 卵　3. 幼虫　4. 蛹　5. 茧

（7）喷药防治　始花期和盛花期各喷1次药,重点喷蕾、花、嫩荚及落地花。可选用25%噻虫嗪水分散粒剂5 000倍液、1.8%阿维菌素乳油4 000倍液、5%定虫隆乳油2 500倍液等。

2. 豆天蛾

（1）选用抗虫品种　选用成熟晚、秆硬、皮厚、抗涝性强的大豆品种,可减轻为害。

（2）轮作或秋翻　1年发生1~2代,以老熟幼虫在9~12 cm深土中越冬,多在豆田及其附近土堆边、田埂等向阳处越冬。合理轮作,避免豆科植物连作。及时秋翻,有条件地区进行冬灌,可压低越冬基数,减轻为害。

（3）黑光灯诱杀成虫　成虫有较强的趋光性,可在田间设置黑光灯诱杀成虫。

（4）生物防治　保护赤眼蜂、寄生蝇、草蛉、肉食瓢虫等豆天蛾的天敌,用含活孢子8^{10}~10^{10}个/g的杀螟杆菌或青虫菌稀释500~700倍液喷雾。

（5）喷药防治　卵多散产于豆叶背面,少数产在叶正面和茎秆上。用90%美曲膦酯1 000倍、50%马拉硫磷乳油1 500倍、2.5溴氰菊酯乳剂5 000倍液等喷药防治。

3. 白条芫菁

（1）农业防治　白条芫菁1年1~2代,以5龄幼虫(伪蛹)在土中越冬。秋季深翻土地,能使越冬的蛹暴露于土表被冻死或被天敌取食,减少次年虫源基数。实行水旱轮作,淹死部分越冬幼虫。

（2）人工捕杀成虫　成虫多在白天活动、群集取食为害。在点片发生时用网捕杀成虫,但应注意成虫勿接触皮肤,防止黄色分泌物触及皮肤引起中毒。

（3）药剂防治　成虫发生期选用80%美曲膦酯可溶性粉剂1 000倍液、2.5%溴氰菊酯乳油3 000倍液、50%马拉硫磷乳油1 000倍液等喷雾防治。

4. 朱砂叶螨

朱砂叶螨1年可发生10~20代,以受精雌成螨在土块缝隙、树皮裂缝及枯枝落叶等处越冬。清洁田园、生物防治和药剂防治措施可参考茶黄螨。

任务五 其他蔬菜病虫害

一、百合科蔬菜病害

(一) 百合科蔬菜病害诊断 (表 6.5.1)

表 6.5.1 百合科蔬菜病害诊断要点

病害名称	病原	寄主植物及为害部位	为害状
葱紫斑病	葱链格孢菌 [*Alternaria porri* (Ell.) Ciferri],属真菌界半知菌类链格孢属	大葱、洋葱、大蒜、韭菜等叶和花梗,贮藏期也为害鳞茎	病斑多从叶尖或花梗中部开始发生,初在叶和花梗上出现水浸状白色小点,稍凹陷,渐扩大形成椭圆形或纺锤形、暗紫色大斑,有明显的同心轮纹,周围有黄色晕圈;潮湿时,病斑上产生黑褐色霉层;多个病斑愈合,可环绕叶或花梗,引起倒伏;鳞茎受害引起软腐,体积收缩,组织变红色或黄色
葱霜霉病	葱霜霉菌 (*Peronospora schleidenii* Ung.),属假菌界卵菌门霜霉属	葱、洋葱、大蒜、韭菜等叶片和花梗,严重时可为害鳞茎	鳞茎带菌引起系统侵染和全株性症状,病株矮化,叶片扭曲畸形,呈淡绿色;潮湿时,叶、茎表面长出白色(大葱)或淡紫色(洋葱)绒霉;生长期受害引起局部侵染,叶片和花梗上产生椭圆形或长条形、边缘不明显的淡黄色病斑,潮湿时产生霉状物;后期病斑扩大,常腐生黑霉,叶、茎易从病部折倒
葱锈病	葱柄锈菌 [*Puccinia allii* (DC.) Rudolphi],属真菌界担子菌门柄锈菌属	葱、洋葱、大蒜、韭菜等叶和花梗	病株表皮上初产生纺锤形至椭圆形橙黄色、隆起的小斑点(夏孢子堆),后表皮纵裂,散出橙黄色粉末;最后在橙黄色病斑上产生褐色的斑点(冬孢子堆),不易破裂;严重时病叶呈黄白色枯死
葱灰霉病	葱鳞葡萄孢菌 (*Botrytis squamosa* Walker),属真菌界半知类葡萄孢属	韭菜、葱、大蒜等叶片及花梗	病斑近圆形或椭圆形,直径 1~3 mm,白色至黄白色,浸润状,边缘分界不明显;严重时病斑连接成片,湿度大时病部表面长满灰色霉层,严重时可使叶片枯死
韭菜灰霉病			由叶尖逐渐向下产生淡灰褐色至白色小点,扩大后呈椭圆形或梭形,并相互愈合成不规则形,直至半叶或全叶焦枯,潮湿时病部产生灰褐色霉层;有时在割茬刀口处往下呈半圆形或"V"字形腐烂并生有灰霉;病叶储运中会完全湿软腐烂

续表

病害名称	病原	寄主植物及为害部位	为害状
韭菜疫病	烟草疫霉［*Phytophthora nicotianae* Breda.］,属假菌界卵菌门疫霉属	韭菜、葱、洋葱、蒜、茄子、番茄等假茎和鳞茎,叶、根、花薹也可受害	叶片多从中下部开始发病,病斑初为暗绿色水渍状,后迅速扩展,当扩大到叶面一半左右时,叶片变黄,软腐下垂。潮湿时,病部产生稀疏的灰白色霉状物;受害假茎呈水渍状浅褐色软腐,叶鞘易剥下;鳞茎受害,根盘部呈水渍状褐色腐败;根部受害,呈褐色腐烂,根毛少,不发新根
大蒜叶枯病	枯叶格孢腔菌［*Pleospora herbarum* (Pers et Fr.) Rabenh］,属真菌界子囊菌门格孢腔菌属	大蒜及大葱、洋葱叶片和花梗	叶片多从叶尖开始发病,初为苍白色小圆点,后扩大为椭圆形或不规则形病斑,灰白至灰褐色,小病斑直径5~6 mm,大的可扩展到全叶,病斑表面产生黑色霉状物,严重时病叶枯死;花梗受害后逐渐变黄枯死,或从病部折断,最后病斑上散生黑色小粒点;严重时不抽薹

（二）百合科蔬菜病害发生规律与防治

1. 葱紫斑病、霜霉病、锈病和灰霉病

（1）种子处理　用0.33%甲醛浸种3 h后,清水洗净;也可用种子质量0.3%的50%多菌灵可湿性粉剂或50%福美双可湿性粉剂拌种。

（2）栽培防治　与非百合科作物轮作2年以上。采用无病种苗,施足基肥,增施磷、钾肥。要及时拔除田间病株,减少再侵染次数。要适时收获,收获后最好在低温条件(0~3 ℃)下贮藏,并把湿度控制在65%以下。收获后及时清除田间病残体,可减少越冬菌量。

（3）喷药防治　发病初期及时喷药防治。可选用80%代森锰锌可湿性粉剂600倍液、75%百菌清可湿性粉剂500倍液、58%甲霜灵锰锌可湿性粉剂500倍液、50%异菌脲1 500倍液等喷雾防治,可有效防治葱紫斑病。葱霜霉病可参考黄瓜霜霉病用药,葱锈病可参考豆类锈病用药,葱灰霉病可参考黄瓜灰霉病用药。

2. 韭菜灰霉病和韭菜疫病

（1）栽培防治　与非葱蒜类蔬菜轮作2~3年;不从病田分苗栽种;及时排涝,防止雨季田间积水;发病田块停止浇水,降低田间湿度。

（2）喷药防治　发病初期及时喷药防治。韭菜疫病可参考黄瓜疫病用药,韭菜灰霉病可参考黄瓜灰霉病用药。

3. 大蒜叶枯病

（1）栽培防治　与非葱、蒜类作物轮作1~2年;合理密植,增施有机肥,提高植株抗病力;雨后及时排水,降低田间湿度;收获后及时清除病残株集中烧毁。

（2）喷药防治　发病初期可选用12%松脂酸铜乳油600倍液、75%百菌清可湿性粉剂600倍液、45%咪鲜胺水剂1 000倍液等喷雾防治。隔7~10 d喷1次,连续喷2~3次。

二、百合科蔬菜害虫

（一）百合科蔬菜害虫识别（表6.5.2）

表 6.5.2　百合科蔬菜常见害虫识别特征

害虫名称	寄主植物	为害特点	识别特征
韭菜迟眼蕈蚊(韭蛆)(*Bradysia odoriphaga* Yang et Zhang),属双翅目眼蕈蚊科	韭菜	幼虫孵化后先为害叶鞘,后蛀入茎内,并向下为害根茎;可引起幼茎腐烂,蛀入鳞茎为害可使叶片枯黄萎蔫,严重时可使整个株丛腐烂死亡	成虫体微小,头小呈黑褐色,复眼发达,在头顶相接成桥状;触角为丝状,有微毛;胸部背面隆起,前翅翅脉褐色;幼虫体细长圆筒形,乳白色,有光泽,无足;蛹长椭圆形,黄白至黄褐色,羽化前变为灰黑色
葱蓟马(*Thrips tabaci* Lindeman),属缨翅目蓟马科	百合科、葫芦科和茄科蔬菜;葱和洋葱受害最重	成虫和若虫吸食植物心叶和嫩芽的汁液,在葱叶上形成许多细密的灰白色长形斑纹,严重时叶尖枯黄,叶片枯萎扭曲	成虫体微小,浅黄至深褐色,复眼紫红色,触角黄褐色,翅狭长透明,翅缘密生长缨毛,翅脉稀少;若虫形似成虫,1、2龄均无翅芽,3龄(前蛹)翅芽达腹部第3节,触角向两侧伸出;4龄(伪蛹)触角伸向头胸部背面

（二）百合科蔬菜害虫发生规律与防治

1. 韭菜迟眼蕈蚊(韭蛆)

（1）栽培防治　韭菜迟眼蕈蚊(图 6.5.1)1年发生多代,露地以老熟幼虫和蛹在韭菜鳞茎内及周围土中越冬,保护地冬季无越冬现象。适时冬灌或春灌,春天韭菜萌发前剔根、紧撮,可消灭部分越冬幼虫。3~4 cm 的土层范围内含水量 15%~24%,最适于卵孵化和成虫羽化,沙壤土发生重,宜选择黏土种植。

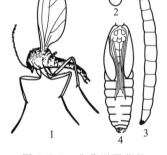

图 6.5.1　韭菜迟眼蕈蚊
1. 成虫　2. 卵　3. 幼虫　4. 蛹

（2）浸根消灭幼虫　定植或分株移栽及温室囤韭时,可用 50%辛硫磷乳油 1 000 倍液浸根防治幼虫。

（3）撒施毒土　在韭菜剔根和紧撮时,可用 5%辛硫磷颗粒剂 30 kg/hm² ,拌细土撒于韭根附近再盖土。

（4）喷药防成虫　成虫善飞,喜在阴湿处活动,可在成虫羽化盛期,上午 9—10 时喷药防治成虫。药剂可选用 10%吡虫啉可湿性粉剂 1 000~1 500 倍液、20%氰戊菊酯乳油 3 000 倍液等。

（5）药剂灌根　韭菜迟眼蕈蚊的卵多成堆产在韭株周围土缝中或土块下,幼虫孵化后先为害韭菜,老熟幼虫在韭根附近土里化蛹。在幼虫为害始盛期,若叶尖发黄变软并逐渐向地面倒伏时,可用 48%毒死蜱乳油 1 000 倍液、40%乐果乳油 800 倍液等灌根。

2. 葱蓟马

（1）加强栽培管理　葱蓟马在华南可周年繁殖,无越冬现象;在北方每年发生 6~10 代,主要以成虫和若虫在未收获的葱、洋葱、大蒜叶鞘内越冬,少数以伪蛹在残株、杂草及土中越冬。早春应清除葱蒜地及周围的杂草和残株落叶,加强肥水管理,干旱时要勤浇水。施腐熟的有机肥,并要深施。秋季及时清除残枝落叶,深翻耙地,可减少虫源。

（2）喷药防治　可选用 40%乐果乳油 1 500 倍液、25%氟虫腈悬浮剂 2 500 倍液、25%噻嗪酮可湿性粉剂 1 500 倍液、48%毒死蜱乳油 1 500 倍液等喷雾防治。

三、芹菜、胡萝卜、莲藕、莴苣、菠菜和姜的病害

(一) 芹菜、胡萝卜、莲藕、莴苣、菠菜和姜的病害诊断(表 6.5.3)

表 6.5.3　芹菜、胡萝卜、莲藕、莴苣、菠菜和姜的常见病害诊断要点

病害名称	病原	寄主植物及为害部位	为害状
芹菜斑枯病	芹菜生壳针孢菌(*Septoria apiicola* Speg.),属真菌界半知菌类壳针孢属	芹菜的根、叶片、茎、叶柄和种子	病叶初产生淡褐色油浸状小斑,后扩大为边缘明显、近圆形或不规则形病斑;大斑型病斑多发生在南方,直径 3~10 mm,中央褐色并散生少量小黑点;小斑型多发生在北方,病斑直径一般不超过 3 mm,黄色或灰白色并着生大量小黑点,边缘红褐色,病斑周围有黄色晕圈;茎和叶柄上病斑长圆形,稍凹陷,褐色,中央散生小黑点
芹菜早疫病	芹菜尾孢菌(*Cercospora apii* Fres.),属真菌界半知菌类尾孢属	芹菜叶片、叶柄及茎	病叶初产生黄绿色水渍状小斑点,后扩大成 4~10 mm 圆形或不规则形病斑,边缘不明显、黄褐色,中央灰褐色,后期病斑连片,使叶片焦枯死亡;受害叶柄及茎上产生水渍状条斑,后变暗褐色稍凹陷,常引起叶柄倒伏;高温多湿时病部产生灰白色霉层
芹菜软腐病	胡萝卜软腐欧文氏杆菌胡萝卜软腐致病型[*Erwinia carotovora* subsp. *carotovora* (Jones) Bergey et al.],属细菌域普罗特斯门欧文氏杆菌属	芹菜叶柄基部或茎	先出现水浸状、淡褐色纺锤形或不规则形的凹陷斑,后呈湿腐状,变黑发臭,仅残留表皮
胡萝卜黑斑病	胡萝卜链格孢[*Alternaria dauci* (Kühn) Groveset Skolko],属真菌界半知菌类链格孢属	胡萝卜叶、茎、叶柄	多从叶尖或叶缘开始发病,产生褐色小斑,有黄色晕圈;扩大后呈不规则形黑褐色、内部淡褐色病斑,布满叶片后叶缘上卷,从下部枯黄;潮湿时,病斑上密生黑霉;茎、花梗上产生长圆形黑褐色稍凹陷病斑,易折断;种子不饱满
莲藕腐败病	尖镰孢莲生专化型(*Fusarium oxysporum* f. sp. *nelumbicola*),属真菌界半知菌类镰孢属	莲藕地下茎和根	初症状不明显,剖检病茎维管束变褐色或紫黑色腐败,地下茎节逐渐变褐,并由种藕向当年新生地下茎节蔓延,严重时地下茎节呈褐色至紫黑色腐败,不能食用;地上部的叶片由叶缘向内变褐干枯或卷曲,甚至整叶枯死;病茎上产生蛛丝状菌丝体和粉红色物质
莴苣霜霉病	莴苣盘梗霉(*Bremia lactucae* Regel.),属假菌界卵菌门盘梗霉属	莴苣属植物叶片	成株发病最重,基部老叶先发病,逐渐向上蔓延;叶面病斑初为淡黄色、近圆形,扩展后受叶脉限制呈多角形;潮湿时叶背病斑处有白色霜状霉层,严重时霉层还可蔓延到叶片正面;后期多个病斑相互融合成大片枯斑,最后全叶变黄枯死

续表

病害名称	病原	寄主植物及为害部位	为害状
菠菜霜霉病	菠菜霜霉［*Peronospora effusa* (Grev. et Desm) Ces.］,属假菌界卵菌门霜霉属	菠菜叶片	初生淡黄绿色小斑,边缘不明显,渐扩大成不规则形,背面生紫灰色霉层;病叶遇旱枯黄,湿度大时腐烂
姜瘟病(细菌性青枯病)	青枯假单胞杆菌(*Pseudomonas solanacearum* Smith),属细菌域普罗特斯门假单胞杆菌属	姜茎基部、根茎、叶	茎基部和地下根茎的上半部先发病;病部初呈水浸状,黄褐色,表面无光泽,稍变软,纵剖茎基部和根茎部,维管束变成褐色,用手挤压可溢出污白色菌脓;后期根茎和茎基部变褐腐烂,并产生污白色具恶臭味的汁液,最后脱水干燥仅剩表皮;植株地上部叶片自下而上萎垂,叶尖及叶脉鲜黄色至黄褐色,严重时叶片反卷,最后全株枯死

（二）芹菜、胡萝卜、莲藕、莴苣、菠菜和姜的病害的发生规律与防治

1. 芹菜斑枯病和芹菜早疫病

（1）选用抗病品种　根据病害发生情况选用抗斑枯病或早疫病品种。

（2）选用无病种子或种子处理　病菌主要以菌丝体潜伏在种皮内越冬,也可在病残体及种根上越冬。应选栽无病母根,采收无病种子。种子内越冬的斑枯病菌只能存活 1 年左右,生产上播种贮藏 2 年以上的陈种子,可减轻发病。新种子用 48 ℃温水浸种 40 min,浸种后立即投入冷水中降温,晾干后播种,可减轻斑枯病及早疫病发生。因温水浸种影响发芽率,应增加播种量10%左右。

（3）栽培防治　重病田实行 2 年以上轮作,施用腐熟有机肥,勿大水漫灌。气温 20~25 ℃,相对湿度 95%以上的冷凉潮湿条件有利于发病。保护地要注意通风排湿,控制温度,缩小昼夜温差,防止叶面结露。要及时摘除田间病叶,收获后及时清除病残体。

（4）熏蒸或喷粉　保护地可用 45%百菌清烟雾剂 3.75 kg/hm² 熏蒸,或 5%百菌清粉尘剂 15 kg/hm² 于傍晚喷粉,用药后密闭棚室。

（5）喷雾防治　苗高 2~3 cm 时及时喷药保护。可选用 10%苯醚甲环唑水分散粒剂 1 500 倍液、70%代森锰锌可湿性粉剂 600 倍液、1∶0.5∶200 波尔多液、40%嘧霉胺悬浮剂 500~700 倍液等。

2. 芹菜软腐病

（1）合理轮作　芹菜软腐病致病菌主要在土壤中越冬。与其他作物轮作 2 年以上可减轻发病,忌与茄科和瓜类等蔬菜轮作。

（2）控制湿度　芹菜软腐病一般在雨水多或生长中后期封垄遮阴、地面潮湿、田间湿度大时易发病。合理密植,雨季注意排水,发病期尽量少浇水或不浇水。

（3）栽培防治　选用抗病品种,用无病土育苗。芹菜软腐病在田间主要通过昆虫、雨水或灌溉水传播蔓延,从伤口侵入,定植、松土或锄草时应避免伤根。发现病株及时拔除,病穴可撒石灰消毒,也可用 5%甲醛消毒病穴土壤或换客土。

（4）喷药防治　发病前或发病初喷药防治,喷药时应注意接近地表的叶柄及茎基部,喷湿所有的茎叶,以开始有水珠下滴,并渗透入根部土壤为宜。药剂可参考十字花科蔬菜软腐病等细菌病害。

3. 胡萝卜黑斑病

（1）种子处理　用种子质量0.3%的50%异菌脲可湿性粉剂、50%福美双可湿性粉剂拌种后播种。

（2）栽培管理　与非寄主作物实行 2 年轮作,增施基肥,适时追肥,及时灌水,提高植株抗病能力,防止植株早衰;发现病株要及时拔除;收获后进行深翻,加速病残体腐解。

（3）喷药防治　发病初期可选用 50% 异菌脲可湿性粉剂 1 500 倍液、10% 苯醚甲环唑可分散粒剂 1 500 倍液、75% 百菌清可湿性粉剂 600 倍液等喷雾防治,隔 7~10 d 喷 1 次,连续防治 2~3 次。

4. 莴苣霜霉病和菠菜霜霉病

（1）栽培管理　与非寄主作物实行 2~3 年轮作,带紫红色或深绿色的品种较抗病,可因地制宜选用。分苗或定植时发现病株要及时淘汰。要合理密植,降低田间湿度。早期应拔除病株,并及时打掉病叶、老叶;收获后及时清除病残体。

（2）喷药防治　参见黄瓜霜霉病。

5. 姜瘟病

（1）选用无病种姜或种姜处理　种姜收获后要晾晒 7~8 d,促进伤口愈合,在 12~15 ℃ 的贮藏窖内贮藏。选无浸斑或表皮不易脱落或掰开后无黑褐圈纹或用手挤压无白色汁液溢出的无病种姜。姜瘟病病菌可在种姜内越冬,用 1∶1∶100 波尔多液浸种 20 min,或用链霉素、新植霉素 500 mg/kg 浸种 48 h 消毒种姜。

（2）轮作　病菌主要随病残体在土壤中越冬,土壤中病菌可存活 2 年以上。种姜带菌是田间的主要初侵染源,也是病害远距离传播的主要途径。宜与豆科或百合科葱属等作物轮作,也可与十字花科、禾本科作物实行 3 年以上轮作,避免与茄科植物轮作。

（3）栽培防治　土壤温度较高湿度较大有利于发病,通过灌水传播是病害流行的重要原因,发病轻重与土壤带菌量及土壤类型关系密切,一般土壤黏重发病重。病菌主要通过雨水、灌溉水、地下害虫传播,经伤口或茎叶侵入。要选地势高燥,排水良好的沙壤土或壤土种植,低洼地最好起垄,勿大水漫灌,勿种植过密,及时防治地下害虫。病菌可在粪肥内越冬,不宜用病残体沤制肥料,施腐熟有机肥。

（4）病穴消毒　土壤中腐烂的根茎是田间再侵染的主要病菌来源。生长期应及时拔除病株,带出田外集中处理,撒石灰粉消毒病穴,或向病穴内灌注 5% 硫酸铜、72% 农用链霉素可溶性粉剂、5% 漂白粉等药液,用药量为 7.5~15 L/hm^2。并将病穴埋好填实,周围筑土埂防止病害蔓延。

（5）药剂灌根　播种后或发病初期,可用 10% 春雷霉素、72% 农用链霉素可溶性粉剂、50% 代森铵水剂 800 倍液等灌根,每株灌药液 0.5 L。

（6）喷雾防治　发病初期可选用 72% 农用链霉素可溶性粉剂 3 000 倍液、50% 氯溴异氰尿酸水溶性粉剂 1 500 倍液等喷雾防治。

任务工单 6-7　豆科和其他蔬菜常见病害诊断与防治

一、目的要求

了解当地常发生豆科和其他科蔬菜病害种类及发生为害情况,区别主要病害的症状特点及病原菌形态,拟定几种重要病害的防治方案并实施防治。

二、材料、用具和药品

校内外实训基地,豆科、百合科、伞形科等蔬菜病害的蜡叶标本、新鲜标本、盒装标本、瓶装浸渍标本及病原菌玻片标本,照片、挂图、光盘、教学课件,图书资料或豆科和其他科蔬菜病害检索表,多媒体教学设备,观察病原物的仪器、用具及药品,常用杀菌剂及其施用设备等。

三、内容和方法

1. 豆科和其他科蔬菜常见病害症状和病原菌形态观察

观察豆类锈病、菜豆炭疽病、菜豆角斑病、豇豆轮纹病、菜豆细菌性疫病、葱紫斑病、葱霜霉病、葱锈病、韭菜疫病、大蒜叶枯病、芹菜斑枯病、芹菜早疫病、胡萝卜黑斑病、莲藕腐败病、莴苣霜霉病、菠菜霜霉病和姜瘟病的田间的危害特点、发病部位及病斑的形状、颜色、表面特征等,制片观察病原物形态特征,对病原类型及病害种类作出诊断。

2. 豆科和其他科蔬菜病害防治

(1)调查当地豆科、百合科、伞形科等蔬菜主要病害的发生为害情况及防治措施。

(2)根据豆科、百合科、伞形科等蔬菜主要病害的发生规律,结合当地生产实际,拟定 1~2 种病害的无公害防治方案。

(3)选一块菜豆、芹菜、姜或葱田,在田间调查菜豆炭疽病、芹菜斑枯病、姜瘟病或葱紫斑病的发生情况,选择 2~3 种当地常用杀菌剂在发病初期喷药防治,并调查防治效果。

四、作业

1. 绘菜豆锈病、芹菜斑枯病、葱紫斑病病原菌形态图,并注明各部位名称。

2. 描述葱紫斑病、韭菜疫病、韭菜灰霉病、豆类锈病、菜豆炭疽病、菜豆细菌性疫病、豇豆煤霉病、芹菜斑枯病、姜瘟病的症状特点。

3. 调查并记录当地防治豆类锈病、菜豆炭疽病、菜豆细菌性疫病、葱紫斑病、芹菜斑枯病、芹菜软腐病、姜瘟病等病害的常用药剂。

五、思考题

当地哪些防治菜豆、葱、芹菜、姜、韭菜病害的措施符合无公害要求?

任务工单 6-8　豆科和其他蔬菜常见害虫识别与防治

一、目的要求

了解当地豆科和其他科蔬菜常见害虫种类及危害情况,识别常见害虫的形态特征及为害特点,拟定主要害虫的防治方案并能实施防治。

二、材料、用具和药品

校内外实训基地,农户菜田,豆科、百合科等蔬菜害虫及为害状标本,多媒体教学设备,照片、挂图、光盘及多媒体课件,图书资料或豆科及其他科蔬菜害虫检索表,体视显微镜、放大镜、挑针、镊子、载玻片及培养皿,常用杀虫剂及施用设备等。

三、内容和方法

1. 豆科和其他科蔬菜常见害虫形态及为害状观察

观察豆野螟、豆荚螟、豆天蛾、白条芫菁、朱砂叶螨、韭菜迟眼蕈蚊和葱蓟马各虫态的形态特征、为害部位及为害特点。借助体视显微镜观察豆野螟、豆荚螟、葱蓟马、韭菜迟眼蕈蚊各虫态的形态特征及为害状。

2. 豆科和其他科蔬菜主要害虫防治

(1)调查当地豆科、伞形科、百合科等蔬菜主要害虫发生为害情况及主要防治措施,分析防治中存在的问题。

（2）选用一种药剂,根据使用说明及田块面积,称量并正确配制药液,喷雾防治 1~2 种豆科和其他蔬菜害虫,观察防治效果。

（3）根据发生规律,结合当地生产实际,拟定并实施豆荚螟、葱蓟马的无公害防治方案。

四、作业

1. 描述豆野螟、豆荚螟、葱蓟马、韭菜迟眼蕈蚊的形态特征。

2. 根据葱蓟马的发生规律,提出防治方案并分析防治成败的原因。

五、思考题

豆野螟和豆荚螟成虫形态有何区别?

项 目 小 结

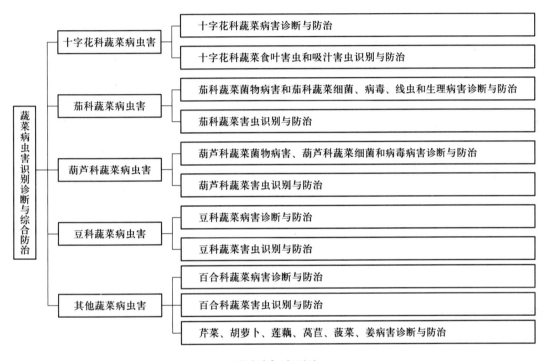

```
                        ┌─ 十字花科蔬菜病害诊断与防治
        ┌─ 十字花科蔬菜病虫害 ─┤
        │               └─ 十字花科蔬菜食叶害虫和吸汁害虫识别与防治
        │
        │               ┌─ 茄科蔬菜菌物病害和茄科蔬菜细菌、病毒、线虫和生理病害诊断与防治
        ├─ 茄科蔬菜病虫害 ──┤
        │               └─ 茄科蔬菜害虫识别与防治
  蔬菜    │
  病虫    │               ┌─ 葫芦科蔬菜菌物病害、葫芦科蔬菜细菌和病毒病害诊断与防治
  害识 ──┼─ 葫芦科蔬菜病虫害 ─┤
  别诊    │               └─ 葫芦科蔬菜害虫识别与防治
  断与    │
  综合    │               ┌─ 豆科蔬菜病害诊断与防治
  防治    ├─ 豆科蔬菜病虫害 ──┤
        │               └─ 豆科蔬菜害虫识别与防治
        │
        │               ┌─ 百合科蔬菜病害诊断与防治
        └─ 其他蔬菜病虫害 ──┼─ 百合科蔬菜害虫识别与防治
                        └─ 芹菜、胡萝卜、莲藕、莴苣、菠菜、姜病害诊断与防治
```

巩固与拓展

1. 十字花科蔬菜霜霉病的主要症状特点是什么? 怎样根据病原菌的侵染来源及发病条件设计综合防治措施?

2. 在田间如何识别十字花科蔬菜菌核病、黑斑病、白斑病、炭疽病、白锈病和黑腐病?

3. 十字花科蔬菜软腐病与其他菌物病害相比,在初侵染来源、传播方式、侵入途径及防治对策方面有哪些不同?

4. 十字花科蔬菜病毒病的主要症状有哪些? 毒原有哪几种? 传播媒介是什么? 怎样防治?

5. 当地生产上防治十字花科蔬菜霜霉病、软腐病和病毒病的有效措施有哪些?

6. 当地十字花科蔬菜害虫的主要种类有哪些? 为害有何特点?

7. 菜粉蝶在当地 1 年发生几代? 以何虫态在何处越冬? 分析该虫在春秋季为害严重的原因,并设计综合防治措施。

8. 小菜蛾在许多地区为什么会频繁暴发、为害严重？如何防治？

9. 当地十字花科蔬菜蚜虫主要有哪些种类？为害特点和寄主植物有何不同？为什么十字花科蔬菜蚜虫在干旱年份或季节发生量更大，为害更加严重？

10. 番茄常发生的叶部菌物病害和果实腐烂病主要有哪几种？怎样诊断？这些病害的初侵染来源、传播途径和发病条件有何异同？怎样防治？

11. 怎样诊断茄子黄萎病？为何低温条件下茄子黄萎病发生重？

12. 番茄和辣椒病毒病的病毒种类有哪些？传播途径是什么？应采取哪些措施控制？

13. 当地生产上对马铃薯瓢虫、茄二十八星瓢虫、棉铃虫和烟青虫采取哪些防治措施？

14. 茶黄螨在不同蔬菜上的为害症状如何？其发生条件与叶螨有何不同？

15. 黄瓜霜霉病在露地和保护地侵染循环及发病条件有何异同？其主要控制措施有哪些？

16. 说明通过生态调节防治保护地黄瓜霜霉病的具体方法。

17. 当地瓜类枯萎病的发生为害情况如何？为防治该病采取了哪些防治措施？哪些措施经济有效？原因是什么？

18. 为什么说保护地蔬菜灰霉病是难以防治的病害？

19. 温室白粉虱的主要习性有哪些？怎样防治温室白粉虱？

20. 为什么美洲斑潜蝇会在我国迅速传播蔓延？应采取哪些措施进行防治？

21. 防治菜豆炭疽病和细菌性疫病的主要措施有哪些？其防治用药有何不同？

22. 怎样识别朱砂叶螨？如何根据其发生规律制定有效的防治措施？

23. 芹菜斑枯病和芹菜早疫病的症状、发生规律有何异同？怎样防治？

24. 为什么蔬菜进入保护地后，一些次要病害会发展成为严重发生的主要病害？与露地相比，防治保护地病虫害有哪些劣势和可利用的优势？

25. 无公害蔬菜生产与病虫害防治有无矛盾？怎样解决？

模块七 落叶果树病虫害识别诊断与综合防治

知识目标

- 列举当地落叶果树常见病虫害种类及其危害。
- 描述当地落叶果树常见病害症状特点和害虫形态特征。
- 了解生产实践中落叶果树主要病虫害防治技术与措施。

能力目标

- 辨认落叶果树主要病虫害种类。
- 根据落叶果树主要病虫害发生规律选择测报方法进行预测预报。
- 评价生产实践中落叶果树主要病虫害防治技术与措施。
- 提出并实施落叶果树主要病虫害综合治理措施。

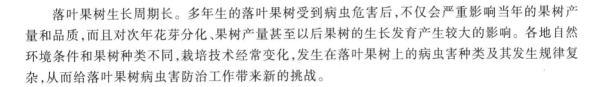

落叶果树生长周期长。多年生的落叶果树受到病虫危害后，不仅会严重影响当年的果树产量和品质，而且对次年花芽分化、果树产量甚至以后果树的生长发育产生较大的影响。各地自然环境条件和果树种类不同，栽培技术经常变化，发生在落叶果树上的病虫害种类及其发生规律复杂，从而给落叶果树病虫害防治工作带来新的挑战。

任务一 苹果病虫害

一、苹果枝干病害

（一）苹果枝干病害诊断（表 7.1.1）

表 7.1.1　苹果常见枝干病害诊断要点

病害名称	病原	寄主植物及为害部位	为害状
苹果树腐烂病(臭皮病、烂皮病、串皮病)	苹果黑腐皮壳菌(*Valsa mali* Miyabe et Yamada),属真菌界子囊菌门黑腐皮壳属	苹果、梨、桃、樱桃、梅等枝干,有时也可为害果实	溃疡型多发生在主干、主枝上,初期病部表面红褐色、水浸状、略隆起,组织松软,湿腐状,有酒糟味,后期失水干缩;枝枯型多发生于弱树或小枝上;果实病斑有轮纹,组织软腐状,具酒味,病部可产生小黑点,潮湿时可溢出橘黄色卷须状孢子角
苹果轮纹病(枝干轮纹病、粗皮病)	梨生囊孢壳(*Physalospora piricola* Nose),属真菌界子囊菌门囊孢壳属	苹果、梨、山楂、桃、李和枣等果树的枝干、果实和叶片	枝干发病以皮孔为中心形成近圆形或不规则形褐色病斑,病斑中心疣状隆起,质地坚硬,边缘开裂,成一环状沟;翌年病、健部裂纹加深,病组织翘起如"马鞍"状,病斑表面产生小黑点,多个疣连成片使树皮粗糙,造成树势衰弱,引起枝干渐枯死;病果形成具有同心轮纹褐色腐烂病斑
苹果树干腐病(胴腐病、胴枯病、黑膏药病)	葡萄座腔菌[*Botryosphaeria dothidea* (Moug. et Fr.) Ces. et de Not.]或贝伦格葡萄座腔菌(*B. berengeriana* de Not.),均属子囊菌门葡萄座腔菌属	苹果、桃、刺槐、杨树、泡桐、柳和榆树等10余种木本植物的枝干和果实	幼树病斑暗褐至黑褐色,呈带状条斑,多发生在嫁接口附近或茎基部,可致全株死亡;大树病斑初期湿润,常溢出茶褐色汁液,后期失水干缩,凹陷开裂,呈黑褐色至灰褐色,条形或不规则形,较坚硬;后期病斑密生突起小黑点,为害小枝表现为枝枯,为害果实形成轮纹腐烂病斑
苹果枝溃疡病(苹果干癌病、梭斑病、芽腐病)	仁果干癌丛赤壳菌(*Nectria galligena* Bres.),属真菌界子囊菌门丛赤壳属	苹果和梨的苗;主要为害1~3年生枝条	病斑梭形,边缘隆起,中央凹陷,病斑四周及中央翘起;潮湿时在裂缝周围产生白色霉状物;后期坏死皮层脱落,露出木质部,四周隆起愈伤组织;病斑每年呈梭形同心环纹状向外扩大一圈,越近中央越凹陷,被害枝干易折断
苹果树干枯病	茎生拟茎点菌(*Phomopsis truncicola* Miura),属半知菌类拟茎点菌属	除苹果外,梨、桃、李、樱桃也可受害	病株在幼树枝干分叉处,形成长2~8 cm椭圆形病斑,多沿边缘纵向裂开下陷,病部老化时,边缘向上卷起,致病皮脱落,病斑环绕新梢一周时,出现枝枯,病斑上产生黑色小粒点
苹果树枝枯病(苹果红癌病、癌肿病)	朱红丛赤壳菌(*Nectria cinnabarina* Tode Fr.),属真菌界子囊菌门丛赤壳属	苹果大树上衰弱的枝梢	病株多在结果枝或衰弱的延长枝前端形成褐色不规则凹陷病斑,病部软,红褐色,病斑上长出橙红色颗粒状物;后期病部树皮脱落,木质部外露,病情严重的枝条枯死
苹果树木腐病	裂褶菌(*Schizophyllum commune* Fr.),属真菌界担子菌门裂褶菌属	苹果、栗等树干或大枝	病部树皮腐朽脱落,木质部露出并变色腐朽。子实体扇形,表面有柔毛,边缘内卷,有多个裂瓣

（二）苹果枝干病害发生规律与防治

苹果树腐烂
病的防治

1. 苹果树腐烂病

（1）壮树防病　腐烂病菌是弱寄生菌，具有潜伏侵染的特点。实行科学施肥、合理灌水、控制结果量和及时防治叶部病虫害等，可增强树势、提高树体抗病力，是防治腐烂病的根本措施。

（2）减少病菌来源　病菌以菌丝体、分生孢子器、子囊壳和孢子角等在病树组织内或病残枝干上越冬。及时清除病、死枝和病斑，并烧毁或深埋以减少果园菌量等这些措施是防治腐烂病的主要环节。

（3）减少病菌侵染机会　腐烂病菌主要通过伤口侵入已经死亡的皮层组织，侵入伤口包括冻伤、修剪伤、机械伤、病虫伤和日灼等，也能经叶痕、果柄痕、果台和皮孔侵入。随时剪除病枯枝、干桩枯橛及病果台、病剪口等，可减少树体被病菌侵染机会。带有死亡组织的伤口易受腐烂病菌侵染，修剪时要尽量减少伤口，对剪、锯口等大的伤口涂煤焦油或油漆进行保护。

（4）消除潜伏侵染的病原物　苹果树腐烂病致病菌夏季先侵染树体表面处于死亡状态的落皮层，形成很小的表层溃疡斑，处于潜伏侵染状态；晚秋冬初向纵深扩展为害，形成秋季发病

想　一　想
苹果腐烂病在一年中为什么出现春、秋两个发病高峰？

高峰；早春病斑扩展加速，形成溃疡型病斑，进入春季发病高峰；树体进入旺盛生长期后，病斑扩展渐趋停止，发病盛期结束。

在苹果树旺盛生长期，用刀将主干、主枝的树皮外层刮去约 1 mm 厚，刮面呈黄绿相间状，可彻底铲除树皮累积的病变组织和侵染点，刺激树体愈伤，形成新皮层，2~3 年内不形成落皮层，促进树体的抗病性；在树体新落皮层形成，尚未出现新的表面溃疡时，刷涂 40%福美胂可湿性粉剂 50~100 倍液或 5%菌毒清水剂 50 倍液，可防止产生表层溃疡斑及晚秋出现新的坏死组织。早春树体萌动前刮除粗翘皮后，全树喷以上 2 种药剂或 3~5°Bé 石硫合剂等，可铲除落皮层上的浅层病菌。

（5）预防冻害及日灼　发生冻害或日灼的果树极易发病。避免后期施肥、灌水，防止晚秋徒长，秋季对主干和中心干进行绑草、培土、树干涂白，有降低树皮温差，减少冻害和日灼的作用。涂白剂配方为生石灰 10 份、硫黄或石硫合剂 1 份、食盐 2 份、动物油 0.2 份、水 40 份混合。

（6）治疗病斑　彻底刮净病部组织（含带菌木质部），在其周围刮去 0.5~1 cm 好皮，刮成梭形、不留死角，不拐急弯，不留毛茬，刮掉的病皮带出果园烧毁。病斑刮除后涂抹药剂消毒。春、夏季各涂药 1 次，可降低复发率。割治法是将病部用刀纵向划 5 mm 宽的痕迹，然后于病部周围健康组织 1 cm 处划痕封锁病菌以防扩展，划痕后涂抹药剂。

病斑刮治或割治后，可涂强渗透性或内吸性药剂处理，如 40%福美胂 50 倍液+2%平平加（煤油或洗衣粉）、托福油膏（甲基硫菌灵 1 份、福美胂 1 份、黄油 2~8 份混匀）、50%腐必清油乳剂 2~5 倍液、10°Bé 石硫合剂、30%福美胂·

议　一　议
针对苹果腐烂病菌的弱寄生性及菌源的广泛性，防治腐烂病应该侧重哪些方面？

腐殖酸钠可湿性粉剂 20~40 倍液等。

（7）桥接或脚接　利用枝条（或萌蘖）作为桥梁接在病疤的上、下部，可使养分和水分得以运输，挽救濒临死亡的重病树，加速恢复树势，延长果树寿命。

2. 苹果轮纹病和干腐病

（1）加强栽培管理　轮纹病和干腐病菌均为弱寄生菌，加强栽培管理，提高树体的生长势是两种病害防治的关键。树体失水过多是干腐病的主要诱因，移栽后的小树因吸水能力弱致枝干干腐病严重，旱季灌水是防治枝干干腐病的根本措施。

苹果轮纹病
的防治

（2）清除初侵染源　两种病菌主要以菌丝体、分生孢子器及子囊果在病、枯枝上越冬，来年可产生孢子，侵染为害枝干和果实。参照苹果树腐烂病及时刮除枝干病瘤和病斑，发芽前喷铲除剂，可减少初侵染的来源。

（3）及时喷药保护树干　越冬的轮纹病和干腐病菌产生孢子后，遇雨水释放，通过风雨传播，经伤口和皮孔侵入。生长期应及时喷 1∶2∶200 波尔多液、70% 代森锰锌可湿性粉剂 700 倍液、70% 甲基硫菌灵可湿性粉剂 1 000 倍液等保护树干（果实）。

3. 苹果其他枝干病害

苹果枝溃疡病、干枯病和枝枯病的病原物寄生性都比较弱，病害发生轻重，主要决定于枝条的生育及营养状况。通过栽培措施促进枝条健壮生长，是防治这类病害的根本途径。这类病原大都在病部越冬，靠风雨传播，经伤口或自然孔口侵入，适时喷洒药剂，彻底剪除病枝，尽量减少树体伤口，往往有较好的防治效果。

二、苹果叶部病害

（一）苹果叶部病害诊断（表 7.1.2）

表 7.1.2　苹果常见叶部病害诊断要点

病害名称	病原	寄主植物及为害部位	为害状
苹果褐斑病	苹果盘二孢［*Marssonina mali*（P. Henn.）Ito］，属真菌界半知菌类盘二孢属	苹果、沙果、海棠和山定子等；为害叶片、果实	叶斑初为褐色斑点，后演变成 3 种类型：同心轮纹型病斑，圆形，暗褐色，后期病斑上生出许多条状小黑点，排列成同心轮纹状，病叶变黄时病斑边缘仍呈绿色；针芒型病斑，小，深褐至黑褐色，呈针芒放射状，后期叶片变黄，病斑周围及背面仍保持绿色；混合型病斑，较大，近圆形或不规则形，其上散生有小黑点，后期病斑中心灰白色，边缘绿色，有时边缘呈针芒状
苹果斑点落叶病	链格孢苹果专化型［*Alternaria alternata*（Fr.）Keissler f. sp. Mali］，属真菌界半知菌类链格孢属	苹果；主要为害叶片，也能为害嫩枝及果实	病叶生褐色至深褐色圆斑点，渐扩大到 5~6 mm，周围有紫褐色晕圈，潮湿时产生黑绿色霉状物，后期易焦枯脱落；徒长枝染病皮孔突起，芽周变黑，凹陷坏死，边缘开裂；幼果感病多表现为黑点型和疮痂型，近成熟果实多为褐变型

续表

病害名称	病原	寄主植物及为害部位	为害状
苹果轮斑病（大星病）	苹果链格孢菌（Alternaria mali Roberts）属真菌界半知菌类链格孢属	苹果；主要为害叶片，也能为害果实	病斑多在叶片边缘，初为褐色小粒点，后扩展为圆形或半圆形，边缘整齐，具明显同心轮纹，湿度大时，病斑背面生黑色霉层，严重时，病斑合并，叶片干枯脱落；果实病斑黑色，病部软化
苹果灰斑病	梨叶点菌（Phyllosticta pirina Sacc.），属真菌界半知菌类叶点菌属	苹果叶片、枝条、嫩梢及果实	叶片病斑初为黄褐色小点，后期扩大为银灰色病斑，圆形或不规则形，边缘清晰，表面有光泽，散生稀疏的黑色小点；果实染病，形成灰褐色或黄褐色、圆形或不整形稍凹陷病斑，中央散生小粒点
苹果圆斑病	孤生叶点菌（Phyllosticta solitaria Ell. et Ev.），属真菌界半知菌类叶点菌属	苹果叶片、枝条及果实	叶片上病斑褐色圆形，边缘清晰，病、健交界处为紫褐色，病斑中有一道紫褐色、圆圈状环纹，病斑中心一般只有一个小黑点；叶柄产生卵圆形褐色病斑；果实产生暗褐色近圆形病斑，散生黑色小粒点
苹果白粉病	白叉丝单囊壳［Podosphaera leucotricha (Ell. et Ev.) Salm]，属真菌界子囊菌门叉丝单囊壳属	苹果、山定子、沙果和海棠的新梢、小叶、芽、花及幼果	春季病芽发出的新梢，表面布满白粉，节间短，叶窄小，后期大多干枯脱落或仅在顶端残留几片病叶，生长期染病叶背略现锈斑，覆一层白粉，后期边缘干枯、变褐，易脱落；受害休眠芽瘦长，鳞片松散，重者秋季枯死；花器受害畸形；幼果多在萼洼处产生白粉，成果初期网状锈斑，后期呈锈皮状
苹果黑星病	苹果黑星菌［Venturia inaequalis (Cooke) Wint]属真菌界子囊菌门黑星菌属	苹果属植物叶、嫩梢、花、果实、果梗	发病叶片初现淡褐色小病斑，逐渐变成黑色，上有黑色霉层；花器染病，花瓣褪色，花梗变黑色，可造成花和幼果脱落；果实病斑黑色圆形，表面有黑色霉层，后期凹陷龟裂，病果畸形
苹果银叶病	紫韧革菌［Chondrostereum purpureum (Fr.) Pouz.]，属真菌界担子菌门软韧革菌属	苹果、梨、桃、李等叶片、枝条、果实	典型银叶病叶面似有一层银灰色薄膜，叶片小而脆，表皮易与叶肉分离；隐型银叶病叶片褪色，产生色泽深浅不同的斑纹；枝干表皮剥离呈"纸皮"状；衰枯病枝干上产生紫色至肉色的瓦状子实体
苹果锈病（赤星病、羊毛疔）	山田胶锈菌（Gymnosporangium yamadai Miyabe），属真菌界担子菌门胶锈菌属	苹果属的叶片、嫩梢和果实，桧柏、圆柏、高塔柏等	受害苹果叶面出现橘黄色斑点，后叶背隆起，长出黄褐色毛状物；果实多在萼片洼处发病，呈黄褐色圆斑，后期变褐，中间长出小黑点，周围出现毛状物。桧柏小枝一侧或环绕枝形成瘿瘤，后破裂露出深褐色、鸡冠状冬孢子角，遇春雨呈橘黄色花瓣状
苹果花叶病	苹果花叶病毒（Apple mosaic virus，ApMV）	苹果、梨、李、山楂等的叶片	病叶散生鲜黄色病斑，有斑驳形、条斑形、环斑形、镶边形；不同类型病斑可在同一病株、病枝、病叶上。发生严重时提早落叶

续表

病害名称	病原	寄主植物及为害部位	为害状
苹果黄叶病	缺铁	苹果叶片	病株春季新梢抽生后开始显现症状,病叶失绿呈黄白色,主脉和支脉仍保持绿色,严重时叶片几乎全变白,叶缘焦枯
苹果小叶病（马鞭枝）	缺锌;修剪不当或枝干病害	苹果新梢和叶片	缺锌引起整园或整株树发病;修剪不当或枝干病害引起局部枝条发病;病枝发芽晚,节间缩短,叶片狭小,脆硬,呈黄绿色或脉间黄绿色,叶缘略上卷;花小,不易坐果,果实变小、畸形

（二）苹果叶部病害发生规律与防治

1. 早期落叶病——苹果斑点落叶病、轮斑病、褐斑病、灰斑病和圆斑病

（1）选用抗病品种　根据病害流行情况可选用抗性强的品种以减轻发病。

比 一 比

苹果早期落叶病症状有哪些异同点?

（2）加强栽培管理　对部分弱寄生菌所致早期落叶病有明显的预防抑制作用。

（3）清除侵染来源　苹果早期落叶病菌主要在落叶上越冬,也可以在被害枝果上越冬,再侵染频繁。休眠期清园和生长期夏剪,可减少病菌侵染来源。

（4）减少病菌侵染机会　早期落叶病菌孢子传播和侵入都需有水。注意排水,合理整形修剪,改善果园通风透光条件,降低空气湿度,可减少病菌侵染机会。

（5）药剂防治　根据具体病害发生与流行规律进行预测预报,指导喷药保护的时间和次数。可选用 1∶2∶200 波尔多液、10%苯醚甲环唑水分散粒剂 2 000 倍液、45%咪鲜胺水乳剂 2 000 倍、70%代森锰锌可湿性粉剂 600 倍液、50%异菌脲可湿性粉剂 1 000 倍液、70%甲基硫菌灵超微可湿粉 1 000 倍液、75%百菌清可湿性粉剂 800 倍液或 10%多抗霉素可湿性粉剂 1 500 倍液等,在初侵染前和雨季喷药。多抗霉素对褐斑病效果极差,波尔多液和甲基硫菌灵对斑点落叶病几乎无效,幼果期喷施波尔多液易发生药害。

苹果褐斑病的防治

苹果斑点落叶病的防治

2. 苹果白粉病

苹果白粉病菌主要以菌丝体在芽鳞内越冬,其中顶芽带菌率最高。休眠期剪除病枝梢,萌芽至开花期复剪,可减少病菌侵染源。苹果树发芽前可喷布 3~5°Bé 石硫合剂或 40%福美胂 100 倍液,铲除病芽内越冬病菌。要加强栽培管理,提高抗病力。在开花前、落花 70%和落花后 10 d 用 25%三唑酮可湿性粉剂 1 500 倍液、50%硫悬浮剂 500 倍液、6%氯苯嘧啶醇可湿性粉剂 1 500 倍液等喷雾。

3. 苹果黑星病

加强检疫工作,严禁带病苗木、接穗和果实从病区传入无病区。发病严重果园应选栽抗病品种。降低越冬菌源和喷药保护参考梨黑星病。

4. 苹果银叶病

加强果园管理;保护树体避免造成伤口,发现伤口及时用药涂抹保护;清除病死枝干及断枝;用硫酸-八羟基喹啉丸进行埋藏治疗。

锈菌的转
主寄生

5. 苹果锈病

发生规律及防治参考梨锈病。

6. 苹果花叶病

苹果花叶病病原为病毒,接穗和砧木带毒是该病主要侵染源,防治关键是培育无病毒母本树,栽无病毒苗木,同时严格选择无病毒接穗、砧木。发现病树应及早清除。

7. 苹果黄叶病和苹果小叶病

增施有机肥料,改良土壤,释放被固定的铁、锌元素,是防治苹果黄叶病和苹果小叶病的根本措施。

补充铁素可在施基肥时掺施螯合铁 Fe-EDTA(乙二胺四乙酸合铁),或将硫酸亚铁与有机肥按 1∶5 的比例混合,每株施 2.5~5 kg;也可在发芽前枝干喷施 0.3%~0.5%的硫酸亚铁溶液或硫酸亚铁∶硫酸铜∶生石灰∶水 = 1∶1∶2.5∶360 混合液;生长期发现黄叶病,应及时喷硫酸亚铁200~300 倍加尿素 300 倍液等。

补充锌素可在施基肥时每株成年树掺施硫酸锌 0.5~1 kg,或苹果萌芽前 10~15 d 喷 1 次 5%硫酸锌溶液。发现果树推迟发芽,应在盛花期后及时喷 0.2%硫酸锌和 0.3%~0.5%尿素混合液。

三、苹果花和果实病害

(一)苹果花和果实病害诊断(表 7.1.3)

表 7.1.3 苹果常见花和果实病害诊断要点

病害名称	病原	寄主植物及为害部位	为害状
苹果花腐病	苹果链核盘菌[*Monilinia mali*(Takahashi)Whetzel],属真菌界子囊菌门链核盘菌属	苹果的花和幼果为主,也可为害叶和嫩枝	叶腐是展叶后形成不规则形红褐色病斑,蔓延到叶基部,使叶萎蔫下垂腐烂;花腐是花丛中叶片腐烂到叶柄基部时,使花梗腐烂,造成花蕾或花朵枯萎下垂;果腐是病菌从柱头侵入,幼果豆粒大时发生褐色病斑,溢出有发酵气味的褐色黏液,致全果迅速腐烂,最后失水变为僵果;枝腐是由病叶、花、果蔓延到新梢上,产生褐色溃疡病斑,使上部枝条枯死
苹果轮纹病(轮纹褐腐病)	同苹果枝干轮纹病	同苹果枝干轮纹病	果实多在成熟期发病,起初以皮孔为中心发生水渍状褐色斑点,病斑扩大,果肉腐烂,表面呈暗红褐色,有清楚的同心轮纹,并溢出茶褐色黏液;失水后干缩成僵果,在表皮下形成黑色小点;侵染枝干,引起粗皮病
苹果树干腐病	同苹果树枝干干腐病	同苹果树枝干干腐病	为害果实形成与苹果轮纹病类似病斑;侵染枝干,引起干腐病

病害名称	病原	寄主植物及为害部位	为害状
苹果炭疽病（苹果苦腐病、晚腐病）	围小丛壳菌［*Glomerella cingulata*（Stonem）Spauld et Schrenk］，属真菌界子囊菌门小丛壳属	苹果、梨、葡萄、樱桃、山楂、核桃、枣和刺槐等果实和枝条	病果果面初生淡褐色小斑点，扩大成深褐色病斑，明显凹陷，果肉呈漏斗状向果心软腐，褐色，有苦味，上生轮纹状排列的黑色小点粒，遇雨或湿度高时溢出红色黏液；数斑融合，全果腐烂，病果失水形成僵果；枝条形成褐色不规则形溃疡斑，后期病部表皮龟裂，致使木质部外露，病斑表面也产生黑色小粒点
苹果褐腐病	果生链核盘菌［*Monilinia fructigena*（Aderh. et Ruhl.）Honey］，属子囊菌亚门核盘菌属	苹果、梨、核果类等果实和小枝	病果果面形成褐色湿润腐烂病斑，以后长出灰褐色绒球状菌丝团，呈轮纹状排列；病果后期失水干缩，成为黑色僵果；枝条形成溃疡
苹果疫腐病	恶疫霉［*Phytophthora cactorum*（Leb. et Cohn.）Schrot.］，属藻物界卵菌门疫霉属	苹果果实、根颈部及叶片	病果形成深浅不匀的褐色斑，果皮果肉分离，果肉褐变或腐烂，病果初呈皮球状，有弹性，后失水干缩或脱落；苗木及大树多在根颈部发病，树皮暗褐色腐烂，质地较硬，局部烂到木质部；叶片形成灰色或暗褐色不规则病斑，湿度大时，全叶腐烂
苹果黑点病	苹果斑点小球壳菌［*Mycosphaerella pomi*（Pass.）Walton et Orton］，属真菌界子囊菌门	苹果、海棠和花红等果实，枝梢和叶片	病果以皮孔为中心形成深褐色、墨绿色病斑（黄色品种）或黑褐色病斑（红色品种）；病斑小似针尖，大的直径5 mm左右，稍凹陷，病斑下果肉有苦味，但不深入果肉内部；受害枝干或叶面产生圆形或近圆形褐色斑点；后期果、枝、叶病斑上长出黑色小粒点
套袋苹果黑点病	粉红聚端孢（*Trictothecum roseum* Link）、点枝顶孢（*Acremonium stictum* Link）等，属真菌界半知菌类	套袋苹果果实	在感病果实表面特别是萼洼处出现大小不等、数量不一的黑色斑点，稍凹陷，有的黑点中具有小白点；病斑只发生在果实表皮，无苦味，不引起果肉溃烂，贮藏期不扩展蔓延
苹果霉心病（心腐病、烂心病）	由交链孢菌、单端孢菌、壳蠕孢菌、镰刀菌和拟茎点菌等多种弱寄生菌混合侵染引起	苹果果实	发病初期，病果外观常正常，心室有褐色不连续点状或条状小斑，后融合成褐色斑块，逐渐向外扩展霉烂；果心变褐，心室出现红、绿、黑、白各色霉状物，严重时果面可见不规则形湿腐斑块，后全果腐烂，果肉味苦
苹果蝇粪病	仁果细盾霉［*Leptothyrium pomi*（Mont. et Fr.）Sacc.］，属真菌界半知菌类	苹果果皮外部	病果果面出现数个小黑点组成的斑块，黑点光亮而稍隆起，小黑点间有无色菌丝，形似蝇粪便；难以擦去，不易自行脱落

续表

病害名称	病原	寄主植物及为害部位	为害状
苹果煤污病（水锈）	仁果黏壳孢［*Gloeodes pomigena*（Schw.）Colby］属真菌门半知菌类	苹果果皮外部	病果果面产生棕褐色或深褐色污斑，边缘不明显，似煤斑，菌丝层很薄用手易擦去，常沿雨水下流方向发病
苹果缩果病	缺硼	苹果果实、枝梢和叶片	果实病部组织褐变，木栓化，表面凹凸不平，症状表现为锈斑型、干斑型和木栓型3种类型；严重时枝梢和叶片出现枯梢和丛生现象
苹果苦痘病（苦陷病）	缺钙	苹果果实	病果果面产生褐色圆斑，大小不等，稍凹陷，有时周围有紫色晕圈；病皮下浅层果肉变褐，坏死，呈海绵状，有苦味
苹果痘斑病	缺钙	苹果果实	外观与苦痘病相似，但苦痘病皮下果肉先变褐，本病果皮先变褐，果肉病斑变褐较小且浅
苹果水心病	缺钙	苹果果实	果实内部组织的细胞间隙充满细胞液而呈水渍状，果肉质地较坚硬且呈半透明状，味稍甜，略带酒味
苹果虎皮病（褐烫病）	偏施氮肥、采收过早、贮藏温度偏高、通风不良	苹果果实	果实贮藏后期果面出现不规则微凹陷的变褐斑块，表皮易撕离，皮下果肉细胞变褐坏死，果肉松散发绵，略带酒味
苹果绿皱果病	苹果绿皱果病毒（Apple green crinkle virus,AGCV）	苹果全株	果面出现水渍状略凹陷的病斑，以后果面凹凸不平，果皮木栓化，铁锈色，果实凹陷部位果肉维管束绿色，弯曲变形
苹果锈果病	苹果锈果类病毒（Apple scar skin viroid,ASSVD）	苹果、海棠、沙果和梨全株	锈果病分3种类型：锈果型在果顶部发生5条向果肩延伸的铁锈色木栓化条斑，有时锈斑开裂，病果发育受阻；花脸型果实着色后出现红色和黄绿色斑块，果面不平；锈果花脸复合型果面既有锈斑，又有花脸；在国光等品种上，叶片向背反卷呈弧形或圆圈状

（二）苹果花和果实病害发生规律与防治

1. 苹果花腐病

（1）清除菌源　苹果花腐病菌在落地僵果内越冬，彻底清除果园内落地病果，发病初期摘除病叶、病花和病果，可以减少菌源；春季果园可深翻15 cm以上，把病僵果翻于地下，防止产生子囊盘；重病园或山地园于春季子囊盘发生初期地面喷施五氯酚钠1 000倍液、石灰粉25 kg/667 m²或3~5°Bé石硫合剂以铲除菌源。

（2）药剂防治　苹果展叶期低温多雨易引起叶腐和花腐的大发生。通常在果树萌芽期、初花期、盛花期末喷 2~3 次药剂。可选用 70%甲基硫菌灵可湿性粉剂 800~1 000 倍液、70%代森锰锌可湿性粉剂 400~600 倍液、0.4°Bé 石硫合剂等。

2. 苹果烂果病——苹果轮纹病、干腐病、炭疽病、褐腐病、疫腐病

（1）选用抗病品种　在苹果烂果病为害严重地区，应逐步更换抗病品种。

（2）加强栽培管理　高湿利于发病，排除积水，降低湿度，合理整形修剪，树冠通风透光等栽培管理措施，可有效地控制病害。

（3）清除菌源来源　苹果烂果病菌多以菌丝体、分生孢子器和子囊壳在病僵果、病枝越冬，也能在其他寄主上越冬。苹果疫腐病菌以卵孢子、厚垣孢子及菌丝随病组织在土壤中越冬。结合冬季修剪搞好清园工作，发芽前全树喷铲除剂，可以减少初侵染来源。生长季节要及时摘除初期病果，防止病菌重复侵染。此外，苹果周围不要栽培刺槐等其他寄主植物，以防轮纹病和炭疽病菌传到果树上。

苹果炭疽病
的防治

（4）喷药保护果实　苹果烂果病菌可通过气流、雨水、昆虫等传播，经各种伤口、皮孔对果面进行多次侵染。苹果烂果病病菌一般从幼果期（5—7月）开始侵染果实，果实生长前期为侵染盛期，以后呈潜伏状态，在秋季果实近成熟期（8—9月）形成烂果病状。

防治苹果烂果病的关键是从落花后 10 d 左右开始到果实膨大结束时为止。一般于现蕾期、初花期、谢花期及花后 10 d 各喷 1 次药剂；褐腐病是在近成熟期才侵染发病的，防治的关键是在果实着色成熟期。高温高湿多雨是病害发生和流行的主要条件，应根据雨量、雨日情况确定喷药保护的时间与次数。用药剂种类和浓度可参考早期落叶病防治。

苹果疫腐病果实在整个生育期均可染病，可喷洒 72%霜脲氰可湿性粉剂 1 500 倍液、70%代森锰锌可湿性粉剂 500 倍液或85%三乙膦酸铝可湿性粉剂 700 倍液等。枝干根颈部疫腐病参照梨疫腐病防治。

> **想　一　想**
> 苹果烂果病发病高峰多在果实近成熟期，为什么化学防治要在落花后进行？

（5）套袋保护果实　选择通透性和疏水性好的优质果袋，从幼果期开始进行果实套袋保护，套袋前喷杀菌剂，喷后立即套袋，以预防感染病菌。

（6）控制贮藏期烂果　苹果近成熟期至贮藏期为侵染性烂果病的发病盛期，采收后严格剔除病伤果，采用内吸性、低残留的杀菌剂，低温或气调贮藏具有较好的防治效果。减少果实伤口对发生在贮藏运输期间、主要经伤口侵入的青霉病作用较大。

3. 苹果黑点病和套袋苹果黑点病

（1）清除菌源　苹果黑点病菌和引起套袋苹果黑点病的多种病菌在落叶或病果中越冬。应及时清除病残体，捡拾落果，集中深埋或烧毁。

（2）提高树体抗病能力　加强栽培管理措施参照苹果烂果病。

（3）适时喷药　苹果落花 10 d 后开始染病，谢花后应及时喷施3%多抗霉素可湿性粉剂 800 倍液、70%甲基硫菌灵超微可湿性粉剂 1 000 倍液、70%代森锰锌可湿性粉剂 800 倍液等杀菌剂。

（4）科学套袋　选择透气性好的优质果袋，在果面无水时进行套袋。

4. 苹果霉心病

（1）种植抗病品种 果实萼心闭、萼筒短、萼筒与心室不相通的苹果品种抗病,可因地制宜地种植抗病苹果品种。

（2）清除菌源 引起苹果霉心病的多种病菌在树体上以及土壤等处的僵果或其他坏死组织上存活,病菌的孢子还可以潜藏在芽的鳞片间越冬。生长季节随时清除病果,秋末冬初彻底清除病果、僵果和病枯枝,集中烧毁。在苹果萌芽前,喷 3~5°Bé 石硫合剂等铲除树体上越冬的病菌。

（3）栽培防治 降雨早而多,空气潮湿,果园地势低洼、郁闭,通风不良等均利于发病。应合理修剪,改善树冠内的通风透光条件;合理灌溉,注意排涝,以降低果园空气湿度。

（4）药剂防治 花期到果实生长期病菌可不断侵染,其中,花期至幼果期为病菌重点侵染时期。病菌具有潜伏侵染的特点,多数在中后期发病。开花前、终花期和坐果期各喷 1 次杀菌剂,药剂参照套袋苹果黑点病。

5. 苹果蝇粪病和苹果煤污病

两种病菌均可在苹果芽、果台及枝条上越冬,在果实生长后期,糖分较多时发病,降雨较多年份和地势低洼积水、杂草丛生、树冠郁闭、通风不良的果园发病较重。合理修剪,促使树体通风透光,及时排水和中耕除草,降低湿度可减轻病害。发病重的果园,可在果实生长的中、后期,结合其他叶、果病害防治喷洒1∶2∶200波尔多液等杀菌剂。

6. 苹果生理性果实病害

（1）苹果缩果病 由缺硼引起。瘠薄山地和河滩砂地土壤中的硼易流失,碱性土壤中硼易被钙固定,钾素过多以及早春遇干旱均可引起缺硼。应合理施肥,增施有机肥料;结合施基肥,每棵果树每 3~5 年施硼砂 50~500 g;碱性土壤在开花前、开花期和开花后各喷 1 次 0.3%硼砂水溶液。

（2）苹果苦痘病、痘斑病和水心病 由缺钙引起,铵盐、高氮和高钾会减少钙的吸收,适量的硼可以促进钙的吸收。加强肥水管理,合理修剪,可减轻为害。增施磷肥,避免偏施和晚施氮肥,可减轻水心病为害。补钙可喷施 0.3%~0.5%硝酸钙或氯化钙液,防治痘斑病和苦痘病可分别在落花后 30 d 至采果前 20 d 左右,每隔 20 d 喷洒 1 次,共喷 3~4 次。苹果入库前用 2%~8%的氯化钙或硝酸钙溶液浸果;采用低温或气调贮藏。

（3）苹果虎皮病 主要是果实采收过早,运输及贮藏前期呼吸作用过旺引起的。应加强栽培管理,避免果实延迟成熟的栽培和气候条件;适当提高采收成熟度,利用气调贮藏,加强库内通风换气。用每张含有 1.5~2 mg 二苯胺或 2 mg 乙氧基喹的包果纸包果,或用 1.5%~2.0%二苯胺、0.25%~0.35%乙氧基喹溶液浸果,均可有效防病。

7. 苹果绿皱果病

苹果绿皱果病毒主要通过嫁接、修剪工具、病株接触等方式传染扩散。及时清除病株,防止在发病或带毒果园中采集接穗,培育无病毒苗木、建立无病毒果园,是防治的有效措施。

8. 苹果锈果病

苹果锈果病类病毒以嫁接传染为主,由砧木、接穗和苗木传播,全株带病。防治应选用无毒接穗及砧木,发现病苗、病树,应立即连根刨除,注意嫁接、修剪工具的消毒。病害只在果实及少数苹果品种的幼苗表现症状,梨树可带病毒而始终不现症状,因此要避免苹果与梨树混栽。

四、苹果蛀果、吸果害虫

（一）苹果蛀果、吸果害虫识别（表 7.1.4）

表 7.1.4 苹果常见蛀果、吸果害虫识别特征

害虫名称	寄主植物	为害特点	识别特征
桃小食心虫（桃蛀果蛾）（Carposina niponensis Walsihngham），属鳞翅目蛀果蛾科	苹果、梨、山楂、枣、花红、海棠、槟子、桃、李、杏等	幼虫蛀果后不久流出泪珠状胶质点，干枯成白色蜡质膜，蛀入孔愈合成小黑点，周围凹陷，常带青绿色；果实前期受害形成凹凸不平的畸形果，果内虫道纵横，并充满虫粪，脱果孔圆形	成虫灰白或灰褐色，长 5～8 mm，前翅近前缘处有 1 蓝灰色三角形大斑，基部中央部分具有 7 簇黄褐色的斜立鳞片；卵近桶形，深红色，顶部环生 2～3 圈白色"Y"形刺；幼虫初黄白色，老熟后桃红色，体长 13～16 mm；夏茧为纺锤形，长 7～10 mm，质地疏松较薄；冬茧为扁球形，直径 5～6 mm，质地致密较厚
苹小食心虫（苹果小蛀蛾、东北小食心虫）（Grapholitha inopinata Heinrich），属鳞翅目小卷蛾科	主要为害苹果、梨	幼虫多从果实胴部蛀入，在皮下浅层为害，形成"青疔"或"干疤"	成虫体长 4.5～5 mm，暗褐色具紫色光泽，前翅前缘有白色短斜纹 7～9 个；幼虫体长 6～9 mm，淡红色，头部、前胸背板黄褐色，虫体胴部 3～8 节背面各有 2 条桃红色横纹，腹部背面各节具前粗后细桃红色横纹 2 条
白小食心虫（苹白小卷蛾、桃白小卷蛾）（Spilonota albicana Motsch），属鳞翅目卷蛾科	苹果、梨、杏、李、桃、樱桃、山楂等	低龄幼虫咬食幼芽、嫩叶，并吐丝把叶片缀连成卷；后期幼虫从萼洼或梗洼处蛀入果实、在皮下局部为害；蛀食大果类不深入果心，蛀孔外堆积虫粪，用丝连接不易脱落	成虫体长 6～7 mm，体灰白色，前翅前缘有 8 组不明显的白色短斜纹，近顶角处有 4 或 5 条黑色棒纹，后缘近臀角处有 1 暗紫色斑；老熟幼虫长 10～12 mm，淡褐色，头部、前胸背板、臀板及胸足黑褐色
苹果蠹蛾（Laspeyresia pomonella Linnaenus），属鳞翅目小卷叶蛾科	苹果、沙果、梨、桃、杏等	幼虫蛀食果内种子，有时果面仅留一小点伤疤，多数果面虫孔累累；蛀孔外部有褐色虫粪排出，以丝连成串，挂在蛀果之下	成虫体长约 8 mm，灰褐色具紫色光泽，雌蛾色淡，雄蛾色深，前翅臀角有深褐色椭圆形斑纹，斑纹中有 3 条青铜色条斑，翅基部褐色，褐色部分外缘突出略呈三角形，其中有色较深的斜行波状纹；成熟幼虫体长 14～18 mm，头黄褐色，体呈红色
棉铃虫（棉铃实夜蛾、钻心虫）（Heliothis armigera Hübner），属鳞翅目夜蛾科	农作物、蔬菜和果树等 20 多科 200 余种植物	1、2 龄幼虫取食嫩叶和嫩梢，造成孔洞和缺刻，3 龄时头胸部钻入果实内蛀食，后半部在果实外；虫粪多附着在果面上	成虫体长 15～17 mm，灰褐色，前翅具褐色环纹及肾形纹，肾形纹前方的前缘脉上有 2 褐横纹，肾形纹外侧有暗褐色宽横带；幼虫体色有绿、黄、淡红等，气门白色，2 根前胸侧毛边线与前胸气门下端相切或相交

续表

害虫名称	寄主植物	为害特点	识别特征
吸果夜蛾类（鸟嘴壶夜蛾、嘴壶夜蛾、平嘴壶夜蛾、枯叶夜蛾等），均属鳞翅目夜蛾科	苹果、梨、桃、李、葡萄等皮薄、味甜、多汁的果实	成虫夜间以口器吸食果实的汁液；果实被害部位汁液被吸只剩纤维，呈海绵状，用手指按压有松软感，以后变色凹陷，易腐烂脱落；多数种类的幼虫不为害果树	鸟嘴壶夜蛾（*Oraesia excavate* Bitler）成虫体长约2 mm，头部赤橙色，前翅紫褐色，外缘中部圆形突起，后缘中部内凹较深；嘴壶夜蛾（*Oraesia emiarginata* Fabricius）成虫体长约18 mm，头部红褐色，前翅棕褐色顶角突出，外缘中部突成角状；平嘴壶夜蛾（*Calyptra lata* Butler）成虫体长约25 mm，前翅灰褐色带有棕色纹；枯叶夜蛾（*Adris tyrannus* Guen'ee）成虫体长约41 mm，体深棕色

（二）苹果蛀果、吸果害虫发生规律与防治

1. 桃小食心虫、苹小食心虫和白小食心虫

（1）消灭越冬幼虫　桃小食心虫1年发生1~2代，以老熟幼虫在树下土里做冬茧越冬，越冬幼虫出土与土壤温、湿度关系密切，每年发生时期不一致。准确的预测预报对防治该虫特别重要。在上年桃小食心虫为害严重园选5~10株树，整平地面，清除杂物，沿树干周围0.5 m摆放一圈瓦块或砖块，5月初起每3 d调查1次，发现出土幼虫时1 d调查1次，幼虫出土量突然增加时，即进行地面药剂防治。苹果落花后半月选5株间隔50 m以上树，距地面1.5 m树荫处悬挂性诱捕器。

诱捕器可用大碗或罐头瓶，盛满0.1%洗衣粉水，诱芯用铁丝横穿距水面高度1.5~2.0 cm。每日检查1次，并及时补充水分，诱到蛾后，即进行地面药剂防治。用50%辛硫磷乳油或25%辛硫磷微胶囊剂3~7 kg/hm^2，兑水300倍树下地面喷雾，或配药土（药∶水∶细土比例为1∶5∶30）撒施地面。

桃小食心虫
的防治

议　一　议

预测预报对指导桃小食心虫的防治有何重要意义？

苹小食心虫1年1~2代，以老熟幼虫在树皮缝隙、吊枝绳、剪锯口等处结茧越冬；白小食心虫1年2代，在辽宁以老熟幼虫在地面做茧越冬，在山东以小幼虫在树体上做茧越冬。可在秋季树干及主枝处绑麻袋片或束草诱集越冬幼虫，集中消灭，也可在晚秋与早春彻底刮除老树翘皮及树缝里的越冬幼虫。

（2）诱杀成虫　桃小食心虫、苹小食心虫成虫具有趋化性，可用糖醋液诱蛾器进行诱杀。

（3）树上喷药杀卵和初孵幼虫　喷药时期应在成虫产卵期和幼虫孵化期，一般在成虫发生盛期后3~5 d。桃小食心虫从性外激素诱捕器诱到成虫时开始，在苹果园调查卵果率，每个果园随机调查500~1 000个果，每3 d调查1次，当卵果率达到防治指标时即进行树上药剂防治。杀卵和初孵幼虫的药剂有

糖醋液的配
制与使用

1.8%阿维菌素乳油2 000倍液、48%毒死蜱乳油2 000倍液、50%杀螟硫磷乳油1 000倍液、10%氯氰菊酯乳油3 000倍液、25%灭幼脲3号胶悬剂1 000倍液等，一般喷药2~3次，视虫口密度而定。

（4）摘除虫果　　在幼虫蛀果为害期间（幼虫脱果前）摘除虫果。

（5）套袋保护　　在成虫产卵前对果实套袋保护。

2. 苹果蠹蛾

苹果蠹蛾 1 年发生 1~3 代，以老熟幼虫在树干裂缝处或地上隐蔽物内以及土中结茧化蛹，也可以幼虫或蛹随果实、包装材料等进行远距离传播。必须严格执行检疫制度。具体防治方法参考食心虫类。

3. 棉铃虫

棉铃虫食性杂、寄主广，防治措施除果园内不种植棉花、番茄等易诱其产卵的农作物外，成虫期可用高压汞灯、黑光灯或杨树枝把诱杀，孵化盛期至 2 龄幼虫尚未蛀入果内时，可用 1.8%阿维菌素乳油 3 000 倍液混 25%灭幼脲悬浮剂 1 000 倍液、2.5%多曲古霉素悬浮剂 1 000 倍液、5%氟铃脲乳油 1 000 倍液等喷雾防治。

4. 吸果夜蛾类

果实成熟期套袋保护；用黑光灯、糖醋液诱杀成虫；清除果园附近野生寄主，防治幼虫。

五、苹果卷叶、缀叶害虫

（一）苹果卷叶、缀叶害虫识别（表7.1.5）

表 7.1.5　苹果常见卷叶、缀叶蛾识别特征

害虫名称	为害特点	识别特征
苹果小卷叶蛾（棉褐带卷叶蛾、卷叶虫、舔皮虫）[Adox-ophyes orana（Fischer von Röslerstamm）]，属鳞翅目卷叶蛾科	幼虫吐丝缀连叶片，潜居其中食害，新叶受害重，常将叶片缀贴果实上，幼虫匿于其间啃食果皮及果肉，果面呈不规则形凹疤	成虫体长 6~8 mm，前翅黄褐色，具 3 条暗褐色的弯曲横带，中央的斜带在近后缘处膨大或分叉，似斜置的"h"状；卵呈扁平椭圆形，数十成鱼鳞状排列；老熟幼虫体长 13~18 mm，细长翠绿色，头较小，头部及前胸背板淡黄白色，腹末臀栉6~8根，蛹黄褐色
顶梢卷叶蛾（芽白小卷蛾、拟白卷叶蛾）（Spilonota echriaspis Meyrick），属鳞翅目卷叶蛾科	幼虫卷叶为害顶梢嫩叶和嫩芽，常将数张嫩叶缠缀在一起呈疙瘩状	成虫体长 6~8 mm，银灰褐色，后缘近臀角处有近似三角形的暗色斑，两翅合拢时 2 个三角形斑纹合为菱形，外缘内侧前缘至臀角间有 5~6 个黑褐色平行短纹；老熟幼虫体长 8~10 mm，体粗短污白，头部、前胸背板和胸足黑色
黄斑卷叶蛾（桃黄斑卷叶虫）（Acleris fimbriana Thnuberg），属鳞翅目卷叶蛾科	幼虫偏嗜桃树，苹果及桃混植园发生多；初孵幼虫入芽内或在花芽基部蛀食，展叶时吐丝卷叶，可咬食果皮	成虫体长 7~9 mm，夏型成虫前翅金黄色，散生银白色鳞片，眼红色，冬型成虫前翅暗褐色，散生黑色鳞片，眼黑色；老熟幼虫体长约 22 mm，黄绿色，头部、前胸背板及胸足黑褐色
苹褐卷叶蛾（褐带卷叶蛾、柳曲角卷叶蛾）（Pandemis heparana Deni & Schiffermuller），属鳞翅目卷叶蛾科	同苹果小卷叶蛾，但果面虫疤大多是不规则的大片状，比苹果小卷叶蛾为害的虫疤小，坑洼状	成虫体长 8~11 mm，黄褐或暗褐色，前翅基部有 1 个暗褐色斑纹，中部有 1 条自前缘伸向后缘的浓褐色宽横带，上窄下宽，横带内缘中部凸出，外缘弯曲；卵数十粒排成鱼鳞状卵块；幼虫呈灰绿色，后缘两侧常有 1 黑斑

续表

害虫名称	为害特点	识别特征
苹果大卷叶蛾（黄色卷蛾）（*Choristoneura ongicellana* Walsingham），属鳞翅目卷叶蛾科	同苹果小卷叶蛾	成虫体长 10~13 mm，黄色或暗褐色，有暗褐色网状纹，雄虫前翅基部前缘有 1 条剑状的前缘褶，后缘内侧有 1 明显的黑点；老熟幼虫体长 23~25 mm，深绿稍带灰白色
苹果巢蛾（苹果黑点巢蛾）（*Yponomeuta padella* Linnaeus），属鳞翅目巢蛾科	初龄幼虫取食花器现孔洞或缺刻，取食嫩叶仅留叶脉；长大后吐丝张网将许多叶片缀在一起，群居网内为害	成虫体长 9~10 mm，全体有丝质银色闪光，触角为丝状，黑白相间，中胸背板有 5 个黑点，前翅有 30~40 个小黑点，近前缘排成 1 列，后缘 2 列，其余分散在翅端；卵 30~40 粒排列成块呈鱼鳞状；老熟幼虫体长 18 mm 左右，灰黑色，其中胸至第 9 腹节背毛与亚背毛间有大块黑斑
黑星麦蛾（黑星卷叶芽蛾、苹果黑星麦蛾）（*Telphusa chloroderces* Meyrick），属鳞翅目麦蛾科	多在新梢端部缀叶成巢，内有白色细长的丝道，并混有虫粪；幼虫吃去被缀叶的叶肉，留下表皮	成虫体长 5~6 mm，灰褐色，前翅端部 1/4 处有 1 个突出成弧形的淡黄横带，其外侧至外缘间为黑褐色，翅中部有两个黑色斑点；幼虫体长 10~15 mm，头褐色，前胸背板黑褐色，体背面有 6 条淡紫褐色纵带与 7 条乳黄色纵带相间
苹果雕蛾（苹果雕翅蛾）（*Anthophila pariana* Clerck），鳞翅目雕蛾科	幼虫多将叶片向上纵卷呈饺子状，或将 2~3 片嫩叶缀连一起成卷叶团，于内取食，将叶片食成纱网状或缺刻，粪便黏附于丝上	成虫体长 5~6 mm，触角丝状有黑白相间环纹，前翅黄褐色，具 4 条暗褐色横线，内横线外侧有 1 条白灰色边，中横线略宽，后半部叉状，两翅相合呈菱形横斑状；老熟幼虫体长 9~11 mm，体黄绿色，其中胸至腹部第 8 节各节背面有黑色毛瘤 6 个

苹小卷叶蛾
的防治

（二）苹果卷叶、缀叶害虫发生规律与防治

1. 苹果卷叶蛾类——苹果小卷叶蛾、顶梢卷叶蛾、黄斑卷叶蛾、苹褐卷叶蛾和苹大卷叶蛾

（1）消灭越冬虫态 苹果小卷叶蛾 1 年发生 3~4 代，苹褐卷叶蛾和苹大卷叶蛾 1 年发生 2~3 代，均以低龄幼虫在粗翘皮、剪锯口、伤口等缝隙处结白色茧越冬。顶梢卷叶蛾 1 年发生 2~3 代，以幼虫在梢顶端卷苞内或梢端部侧芽处结茧越冬。果树休眠期应彻底刮除树体粗皮、翘皮、剪锯口周围死皮，剪除被害梢干叶团，集中烧毁；越冬幼虫出蛰前可用 80% 敌敌畏 200 倍液封闭剪锯口、枝杈及其他越冬场所，以消灭越冬幼虫。

黄斑卷叶蛾 1 年发生 3~4 代，以冬型成虫在杂草、落叶间越冬，秋季苹果树全部落叶后应及时清除果园落叶、杂草，以消灭其中越冬成虫。

（2）药剂防治出蛰越冬幼虫 以幼虫越冬的卷叶虫，在苹果花芽萌动后陆续出蛰为害，花序分离期为出蛰盛期，前后延续 20 多天。越冬幼虫出蛰盛期是喷药防治的第 1 个最佳时期，由于

查 — 查

当地果树发生的卷叶蛾有几种？为害特点有何异同？

越冬幼虫出蛰期极不整齐,给防治带来困难。预测幼虫出蛰期应在苹果花芽萌动初期选5~10株树,标定50~100个越冬虫茧,每1~2 d逐茧观察,出蛰达60%时为越冬幼虫出蛰盛期。喷雾常用的药剂有2.5%溴氰菊酯乳剂3 000倍液、25%灭幼脲悬浮剂1 500倍液、48%毒死蜱乳油2 000倍液、24%虫酰肼悬浮剂2 000倍液和50%杀螟硫磷1 000倍液等,也可用苏云金杆菌、杀螟杆菌、白僵菌、苹小卷叶蛾颗粒体病毒(APGV)等微生物农药防治幼虫。

（3）药剂防治1代卵和幼虫　卷叶蛾幼虫的始盛期是药剂防治1代卵和幼虫的关键时期,因药剂对卵和刚孵化幼虫的杀伤力大,且幼虫尚未为害果实。苹果小卷叶蛾第1代卵和幼

议　一　议

苹果卷叶蛾防治措施的依据有哪些?

虫发生期比较整齐,也是全年药剂防治的第2个最佳时期。确定苹果小卷叶蛾1代卵和幼虫的防治时期,应在花序分离后20 d进行,在果园随机摘取被害"虫苞"20~30个,观察记录化蛹和空蛹情况;也可用糖醋液、性诱剂诱集成虫,每天早晨检查诱蛾量。当成虫羽化达50%时为高峰期,即为药剂防治1代卵和幼虫的适期。

（4）人工捕杀幼虫　春季结合疏花疏果,摘除虫苞集中销毁。

（5）诱杀成虫　卷叶蛾成虫昼伏夜出,有趋光性(顶梢卷叶蛾和苹褐卷叶蛾趋光性弱),并喜食糖醋液。可在各代成虫发生期,利用黑光灯、糖醋液和性诱剂诱杀成虫。

（6）利用赤眼蜂寄生卷叶蛾卵　各代卷叶虫成虫发生期,可隔株或隔行放蜂,每代放蜂3~4次,间隔5 d,每次放蜂约4.5×10^5头/hm²。

2. 苹果缀叶蛾类

（1）苹果巢蛾　1年1代,以初孵幼虫在枝条上的卵鞘下越冬,翌年苹果花芽放开或花序分离时出鞘为害。防治措施有清除虫巢,集中烧毁;结合修剪,剪除枝上卵块;苹果花芽分离或落花后7~10 d,进行药剂防治。

（2）黑星麦蛾　1年3~4代,以蛹在落叶、杂草等处越冬。人工防治措施有清扫果园中落叶、铲除杂草消灭越冬蛹,生长季摘除卷叶,消灭其中幼虫,第1代幼虫为害初期进行药剂防治。药剂参考苹果小卷叶蛾。

（3）苹果雕蛾　1年3~4代,以蛹或成虫于杂草、枯枝落叶、树皮缝隙、干基部土缝中越冬。果树落叶后至成虫羽化或活动前,应清理烧掉园内及附近的杂草、枯枝落叶,消灭其中越冬蛹或成虫。幼虫对药剂较为敏感,常用杀虫剂均有较好的防治效果。

六、苹果潜叶害虫

1. 苹果潜叶害虫识别(表7.1.6)

表7.1.6　苹果常见潜叶害虫识别特征

害虫名称	寄主植物	为害特点	识别特征
金纹细蛾(苹果细蛾)(*Lithocolletis ringoniella* Matsumura),属鳞翅目细蛾科	苹果、海棠、梨、桃、李、樱桃、山楂等	幼虫潜食叶肉,受害叶正面现黄豆粒大的网眼状虫疤,其中有黑色虫粪,叶背面表皮鼓起皱缩,叶形不正,严重时叶片枯焦早落	成虫体长约2.5 mm,金黄色,头顶有银白色鳞毛,前翅狭长,翅端前缘及后缘各有3条白色和褐色相间的放射状条纹,后翅尖细,有长缘毛;老熟幼虫体长约6 mm,扁纺锤形,黄色,有腹足3对;蛹为黄褐色

续表

害虫名称	寄主植物	为害特点	识别特征
旋纹潜叶蛾（苹果潜叶蛾）(*Leucoptera scitella* Zeller)，属翅目潜叶蛾科	苹果、梨、沙果、海棠、山楂等	幼虫做螺旋状潜食叶肉，粪便排于隧道中，叶面显现同心轮纹状被害斑，叶片不皱缩，严重时造成早期落叶	成虫体长约 3 mm，前翅银白色，近端部 2/5 处呈橘黄色，前缘及翅端共有 7 条呈放射状褐纹；老龄幼虫体长约 5 mm，扁纺锤形，污白色，头部褐色
银纹潜叶蛾(*Lyonetia prunifoliella* Hubn)，属鳞翅目潜叶蛾科	苹果和海棠	幼虫在新梢叶片上潜食叶肉，留有线状虫道，由细变粗，最后在叶缘形成枯黄色虫斑，背面有黑褐色细粒状虫粪，被害叶仅剩上下表皮	成虫体长 3~4 mm，银白色，夏型前翅端部有橙黄色斑纹，围绕此斑纹有数条放射状灰黑色纹，翅端有 1 小黑点；冬型前翅前缘有黑色锯齿状大粗斑；幼虫体长约 5 mm，淡绿色

2. 苹果潜叶害虫发生规律与防治

（1）消灭越冬虫源　金纹细蛾以蛹在落叶中越冬，旋纹潜叶蛾以蛹于白色丝茧内在主枝、主干缝隙处越冬，也有少数在落叶、土块、果萼等处越冬。银纹潜叶蛾以冬型成虫在杂草、落叶及石缝处越冬。秋冬季清扫果园落叶，刮除枝干上的越冬蛹和冬型成虫，可减少越冬虫口基数。

（2）保护和利用天敌　潜叶蛾发生后期寄生蜂寄生率很高。要改善果园生态环境，保护和增殖天敌，可将部分落叶保存细纱网中，将潜叶蛾成虫封闭网内，让天敌羽化后飞出。

想 一 想

为什么要特别重视潜叶蛾类的前期防治？

（3）幼虫潜叶前药剂防治　金纹细蛾 1 年发生 4~6 代、银纹潜叶蛾 1 年发生 5 代，旋纹潜叶蛾 1 年发生 3~5 代。成虫产卵于幼嫩叶片背面，幼虫孵化后潜叶取食，一旦潜入叶片，药剂防治效果很差，因此必须在成虫发生盛期进行喷药防治。药剂参考苹果卷叶蛾类。

七、苹果蚕食叶片蛾类害虫

苹果常见蚕食叶片蛾类害虫以幼虫取食叶片，常咬成缺刻、孔洞或仅留叶脉，甚至全吃光。这类害虫种类较多，分布广泛，食性很杂，能为害多种果树和园林树木。

1. 苹果蚕食叶片蛾类害虫识别（表 7.1.7）

表 7.1.7　苹果常见蚕食叶片蛾类害虫识别特征

类别	常见种类	识别特征及为害特点
枯叶蛾科	天幕毛虫（黄褐天幕毛虫、天幕枯叶蛾、顶针虫、春黏虫）(*Malacosoma neustria testacea* Motschulsky)	雌蛾体长约 20 mm，黄褐色，触角为栉齿状，前翅中部有 1 条镶有米黄色细边的赤褐色宽横带；雄蛾体长约 16 mm，淡黄色，触角为羽毛状，前翅中央有 2 条深褐色的细横线；卵灰白色，数百粒卵黏结成块，环绕小枝成"顶针状"；老熟幼虫体长 50~55 mm，头蓝黑色，两侧各有 1 个大黑圆斑，体侧有蓝灰、黄和黑色横带，体背面有黄、黑、白色的纵条纹；幼虫在枝间结大型丝幕，群栖丝幕中取食

类别	常见种类	识别特征及为害特点
枯叶蛾科	苹果枯叶蛾(苹毛虫、杏枯叶蛾)(*Odonestis pruni* Linnaeus)	成虫体长 23~30 mm,赤褐色,前翅外缘略呈锯齿状,翅面有 3 条黑褐色横线,内、外横线呈弧形,两线间有 1 明显的白斑点,亚缘线呈细波纹状;老熟幼虫体长 50~60 mm,青灰色或茶褐色,体扁平,腹部第 1 节两侧各生 1 束黑色长毛,第 2 节背面有 1 黑蓝色横列毛丛,腹部第 8 节背面有 1 个瘤状突起
毒蛾科	舞毒蛾(秋千毛虫、苹果毒蛾、柿毛虫)(*Lymantria dispar* Linnaeus)	雄成虫体长约 20 mm,前翅茶褐色,有 4、5 条波状横带,外缘呈深色带状,中室中央有 1 黑点;雌成虫体长约 25 mm,前翅灰白色,每 2 条脉纹间有 1 个黑褐色斑点,腹末有黄褐色毛丛;卵块上覆盖很厚的黄褐色绒毛;老熟幼虫体长 50~70 mm,头黄褐色有八字形黑色纹,前胸至腹部第 2 节的毛瘤为蓝色,腹部第 3~9 节的 7 对毛瘤为红色
	盗毒蛾(黄尾毒蛾、桑毛虫、金毛虫)(*Porthesia similis* Fueszly)	成虫体长雌 18~20 mm、雄 14~16 mm,前、后翅白色,腹末有金黄色毛。前翅后缘有 2 个褐色斑,前缘黑褐色;幼虫体长 25~40 mm,黑褐色,背线红色,亚背线白色呈点线状,第 1 节背面两侧各有 1 个向前突出的红色大毛瘤,其余各节背瘤黑色
灯蛾科	美国白蛾(秋幕毛虫、秋毛虫、秋幕蛾)(*Hlyphantria cunea* Drury)	成虫白色,体长 12~15 mm;雄虫触角为双栉齿状,前翅散生褐色斑点;雌虫触角为锯齿状,前翅纯白色;老熟幼虫体长 28~35 mm,头黑,具光泽,体黄绿色至灰黑色,体背毛疣黑色,体侧毛疣多为橙黄色,毛疣上着生有白色的长毛丛
舟蛾科	苹掌舟蛾(舟形毛虫、苹果天社蛾、举尾毛虫、秋黏虫)(*Phalera flavescens* Bremeret et Grey)	成虫体长 22~25 mm,前翅淡黄白色,基部有 1 个、外缘有 6 个大小不等的椭圆形斑,中间有 3、4 条淡黄色不清晰的波浪形纹;老熟幼虫体长约 50 mm,初黄褐色,后变紫红色,老熟时紫黑色;幼虫静止时,首尾翘起
夜蛾科	苹果剑纹夜蛾(桃剑纹夜蛾)(*Acronicta incretata* Hampson)	成虫体长 18~22 mm,前翅银灰色,3 个黑色剑状纹明显,分支如剑,外缘有黑点成列;老熟幼虫体长约 40 mm,腹部第 1 节背面为 1 突起的黑毛丛,体背中央有 1 条橙黄色纵带,两侧每节有 1 对黑色毛瘤,毛瘤下方绛红色
	梨剑纹夜蛾(梨叶夜蛾、酸模剑纹夜蛾)(*Acronicta rumicis* Linnaeus)	成虫体长约 14 mm,灰棕色,前翅暗棕色间有白色斑纹,翅上有多条黑色波曲线纹,环形纹有黑边,外线和亚端线为白色曲折宽线,外缘有 1 列三角形黑斑;老熟幼虫体长约 30 mm,灰黑色,体背有 1 列黑斑,中央有红色斑点,各节亚背线处有橘黄色斜短纹
蓑蛾科	大蓑蛾(大袋蛾、大背袋虫、避债蛾)(*Clania variegata* Snellen)	雌成虫体长约 26 mm,纺锤形,无翅,头黄褐色,胸、腹部黄白色,腹部末节有 1 节状褐色毛环;雄成虫体长 15~20 mm,有翅,暗褐色,前翅近外缘一侧有 3~5 个半透明的斑纹;老熟雌幼虫体肥大长约 30 mm,黑色,腹足及尾足退化;雄幼虫体躯小长约 20 mm,黄色;虫囊为纺锤形,外附有较大的碎叶片

类别	常见种类	识别特征及为害特点
刺蛾科	黄刺蛾（痒辣子、白刺毛）（*Cnidocampa flavescens* Walker）	成虫体长 13~16 mm，前翅内半部黄色，外半部黄褐色；幼虫体长 18~25 mm，黄绿色，体背有 1 哑铃形褐色大斑，末节背面有 4 个褐色小斑，体中部两侧各有两条蓝色纵纹；茧为石灰质，坚硬，有数条白色与褐色相间的纵条斑
	褐边绿刺蛾（青刺蛾）（*Latoia consocia* Walker）	成虫体长 16~18 mm，头、胸及前翅青绿色，前翅基角褐色，外缘黄褐色，其上散布暗紫色鳞片，外缘线暗褐色，呈弧状，后翅和腹部灰黄色；幼虫体长 24~27 mm，初黄色后变黄绿色，背线淡蓝色，腹末有 4 个黑绒状刺突
	褐刺蛾（桑褐刺蛾、红绿刺蛾）（*Setora postornata* Hampson）	成虫体长 17~20 mm，褐色至深褐色，前翅前缘离翅基 2/3 处向臀角和基角各伸出 1 条深色弧线，前翅臀角附近有 1 个近三角形棕色斑；幼虫体长 23~35 mm，黄绿色，背线蓝色，每节有 4 个黑点，亚背线枝刺有红色、黄色两种类型；茧灰褐色，椭圆形
	扁刺蛾（*Thosea sinensis* Walker）	成虫体长 15~18 mm，灰褐色，前翅从前缘到后缘有 1 条褐色线，线内有浅色宽带；幼虫体长 22~26 mm，翠绿色，体扁平，背线浅白色，第 4 节背面两侧各有 1 个红点

2. 苹果蚕食叶片蛾类害虫发生规律与防治

苹果蚕食叶片蛾类在多年使用化学农药的老果区很常见，一般不需进行单独防治，在防治主要害虫时即可兼治。在施用药剂较少的新果区和一些管理粗放的果园，常给生产造成一定的损失。

（1）消灭越冬虫态　结合冬剪，清除在枝条越冬的天幕毛虫卵块、苹果枯叶蛾幼虫、大蓑蛾的蓑囊和黄刺蛾的茧；春季翻树盘，消灭在土中越冬的苹掌舟蛾、苹果剑纹夜蛾、梨剑纹夜蛾蛹和褐边绿刺蛾、褐刺蛾、扁刺蛾茧；束草诱杀盗毒蛾越冬幼虫；冬春季搜杀以卵在石块缝隙或树干背面洼裂处越冬的舞毒蛾卵块。

（2）人工捕杀群集幼虫　初孵幼虫群聚未散开时及时摘除有虫叶以集中消灭天幕毛虫、盗毒蛾、美国白蛾、苹掌舟蛾和刺蛾类等。

（3）诱杀成虫　可利用天幕毛虫、苹果枯叶蛾、舞毒蛾和刺蛾类成虫的趋光性，在果园设置黑光灯诱杀成虫。

（4）保护利用寄生蜂等天敌昆虫。

（5）幼虫发生期药剂防治　发生严重时，在幼虫低龄盛发期喷洒药剂。药剂参考苹果卷叶蛾类。

黄刺蛾的发生规律与防治方法

八、苹果金龟甲类害虫

1. 苹果金龟甲类害虫识别（表 7.1.8）

表 7.1.8　苹果常见取食花、叶、果金龟甲类害虫识别特征

害虫名称	为害特点	识别特征
黑绒金龟(东方金龟甲、大绒马挂、瞎撞子)(*Maladera orientalis* Motsch)	早春成虫群集为害嫩芽、嫩叶和花朵,自叶缘吃成不规则缺刻状,常将芽、叶食光,严重为害刚定植的幼树	成虫体长 8~9 mm,卵圆形,黑褐色,全体密被黑色绒毛,前胸背板密布刻点,翅鞘上有数条隆起线,鞘翅侧缘列生褐色刺毛
苹毛丽金龟(*Proagopertha lucidula* Faldermann)	成虫食害花蕾、花芽、嫩叶等,成虫先为害幼芽和嫩叶,果树花期取食花蕾、花瓣和雌、雄蕊	成虫体长约 12 mm,除小盾片和鞘翅外,体均密被黄白色绒毛,鞘翅棕黄色,从鞘翅上可透视后翅折叠成"V"字形
小青花金龟(小青潜花、银点花金龟、小青金龟子)(*Oxycetonia jucunda* Faldermann)	成虫将花蕾咬成孔洞,将花瓣咬成缺刻或食尽,有时将花蕊吃光,还取食嫩叶	成虫体长约 12 mm,体墨绿色,头部黑色,前胸背板和翅鞘上密生黄色绒毛,无光泽,翅鞘上有黄白色斑纹
铜绿丽金龟(铜绿金龟子、青金龟子、淡绿金龟子)(*Anomala corpulenta* Motschulsky)	成虫取食叶片,造成叶片残缺不全,常呈不规则网状	成虫体长约 20 mm,椭圆形,体背面为铜绿色,有金属光泽,额及前胸前板两侧边绿黄色,鞘翅铜绿色,上有 3 条不明显的隆起线
白星花金龟(白斑花金龟、白斑金龟甲)(*Postosia brevitarsis* Leiwis)	成虫主要为害近成熟或有伤口的果实,将果实吃成空洞或食去大部分果肉,只剩果皮,还为害嫩叶和芽	成虫体长 18~24 mm,暗紫铜色,体背面较扁平,前胸背板和鞘翅有不规则的白斑十多个

2. 苹果金龟甲类害虫发生规律与防治

取食苹果芽、花、叶的金龟甲寄主广泛,均 1 年发生 1 代,黑绒金龟、苹毛丽金龟和小青花金龟以成虫在土壤中越冬,铜绿丽金龟和白星花金龟以幼虫在土中越冬。

(1)破坏幼虫(蛴螬)生存条件　山地、与农作物间作或草荒地果园,冬春翻树盘,铲除杂草,将沟、渠、路旁杂草一并铲除,破坏幼虫生存条件,可压低果树成虫数量。

(2)振落捕杀成虫　金龟甲成虫均具有假死性,在成虫为害期间,特别是花期于早晚振树,将其振落后集中杀死。

(3)诱杀成虫　铜绿丽金龟、黑绒金龟有趋光性,可用黑光灯诱杀。白星花金龟、小青花金龟有趋化性,可用糖醋液诱杀。

(4)树上喷药毒杀成虫　可在金龟子常发生园,于果树花前或成虫发生期喷洒 20%甲氰菊酯乳油 2 000 倍液、2.5%三氟氯氰菊酯 3 000 倍液或 48%毒死蜱乳油 1 000 倍液等。

九、苹果吸汁害虫

(一)苹果吸汁害虫识别(表 7.1.9)

表 7.1.9 苹果常见吸汁害虫识别特征

害虫名称	为害特点	识别特征
苹果瘤蚜（苹果卷叶蚜）（*Myzus malisuctus* Mats.），属同翅目蚜科	发生期较早，常为害局部新梢，被害叶由两侧向背面纵卷皱缩，瘤蚜在卷叶内为害，叶表见不到虫体，被害叶渐干枯；幼果被害果面现不整齐凹陷红色斑痕	若蚜为淡绿色，有翅胎生雌蚜腹部暗绿色，背面腹管以前各节有黑色横带，头、胸部暗褐色，具明显的额瘤；无翅胎生雌蚜体暗绿色，头部淡黑色，复眼红色，具明显的额瘤，胸、腹部背面均具黑色横带
绣线菊蚜（苹果黄蚜）（*Aphis citricola* Van der Goot），属同翅目蚜科	发生期稍晚，全树新梢均可受害，被害叶由尖端向背面横卷或横卷不明显，叶表可见大量虫体	若蚜为鲜黄色，有翅胎生雌蚜腹部黄绿色或绿色，两侧有黑斑，有明显的乳头状突起，头部、胸部、口器、腹管、尾片均为黑色；无翅胎生雌蚜体黄绿色，头部、复眼、口器、腹管、尾片均为黑色，体两侧有明显的乳状突起
苹果绵蚜（赤蚜、白毛虫）（*Eriosoma lanigerum* Hausmann），属同翅目绵蚜科	为害近地面较大根及根蘖苗、枝干嫩皮和愈伤组织的皮层，出现瘤状突起；枝条腋芽被害出现一串小瘤，叶柄被害变黑，致叶片脱落；果实多在萼洼处受害，导致发育不良	体长 1.8~2.2 mm，椭圆形，腹部膨大，暗红褐色。腹部背面被以白色的绵状物，群集时如挂绵绒
康氏粉蚧（桑粉蚧、梨粉蚧）（*Pseudococcus comstocki* Kuwana），属同翅目粉蚧科	嫩枝和根部受害常肿胀且易纵裂而枯死；幼果受害多成畸形果，果实受害在萼、梗洼处形成小黑点，且多覆有白色蜡粉	雌成虫体长 3~5 mm，扁椭圆形，粉红色，被白色蜡质层，体缘具 17 对白色蜡质丝；雄成虫体长约 1 mm，紫褐色；卵为浅橙黄色，数十粒聚在一起，外覆以白色蜡粉
梨圆蚧（梨枝圆盾蚧）（*Quadraspidiotus perniciosus* Comstock），属同翅目蚧科	枝条被害呈红色圆斑，严重时皮层爆裂，甚至枯死；果实受害出现一圈红晕，严重时果面龟裂，红色果实出现许多小斑点	雌成虫体被近圆形稍隆起介壳，直径约 1.7 mm，灰白至灰褐色，具同心轮纹；雄成虫有 1 对翅，体长约 0.6 mm，头、胸部橘红色，腹部橙黄色
草履蚧（草履硕蚧、草鞋蚧壳虫、柿草履蚧）（*Drosicha corpulenta*，Kuwana），属同翅目硕蚧科	为害造成树势衰弱，枝条细弱，早期落叶，降低产量；密度大时树皮缝内布满虫体，似棉絮状物填满树缝	雌成虫体长 7.8~10 mm，宽 4.0~5.5 mm，黄褐至红褐色，体背有皱褶，扁平椭圆形似草鞋状，被白色蜡粉；雄成虫体紫色，长 5~6 mm，翅展约 10 mm，翅紫黑色，半透明，翅脉 2 条，后翅小，仅有三角形翅茎

续表

害虫名称	为害特点	识别特征
大青叶蝉（大绿叶蝉、大绿浮尘子）（*Tettigoniella viridis* Linne），属同翅目叶蝉科	成虫、若虫刺吸植株汁液，并能传播病毒病；成虫产卵时用产卵器刺破枝条表皮成月牙状翘起，产卵于枝干皮层中，导致枝条失水，常引起冬、春抽条和幼树枯死	成虫体长8~12 mm，头部黄褐色，头顶有2个黑点，前翅绿色，端部灰白色，后翅黑色；卵为长椭圆形，稍弯曲，长径约1.6 mm，略弯曲，黄白色，7~12粒排列成月牙形

绣线菊蚜防治

（二）苹果吸汁害虫发生规律与防治

1. 苹果瘤蚜和绣线菊蚜

两种蚜虫均以成、若蚜群集叶背面及新梢刺吸汁液，苹果瘤蚜还可为害果实，同时还会传播花叶病。寄主植物除苹果、梨、山楂、桃等果树外，绣线菊蚜还可为害绣线菊等多种植物。

（1）消灭越冬卵　两种蚜虫1年均发生10余代，进入10月份产生有翅性蚜，交尾后产卵，可以卵在芽旁和芽腋处越冬，少数在芽鳞或短果枝的皱痕处越冬。果树发芽前，可喷布5%的柴油乳剂，消灭越冬卵。

（2）药剂灭蚜　苹果萌芽期，越冬卵开始孵化，初孵若虫先集中在芽露绿部位取食为害，展叶后即到小叶上为害，自春至秋季均孤雌生殖。喷药防治重点是两种蚜虫的越冬卵孵化期，即苹果萌芽至展叶期或未卷叶之前，此时虫态整齐且不耐药。果树生长期发生严重时，应适当增加喷药次数。常用药剂有10%吡虫啉可湿粉剂3 000液、3%啶虫脒乳油2 000倍液、50%抗蚜威可湿粉剂1 000倍液、1.8%阿维菌素3 000倍液、10%氯噻啉可湿性粉剂4 000倍液等，要求细致周到，枝、叶、芽全面着药。

（3）剪除受害枝梢　结合夏剪剪除蚜虫多的枝条，集中销毁。

（4）树干涂药治蚜　错过防治良机，叶片已开始卷曲时，可用毛刷沿主干或受害部位下部主枝涂一宽度约为主干或主枝半径的药环，药剂可用内吸性杀虫剂如10%吡虫啉30倍液或3%啶虫脒乳油10倍液等，涂药后用厚纸或塑料布包扎。树干粗糙大树须刮掉其上的粗皮，露出白色嫩皮。

（5）保护利用天敌　一般苹果蚜虫5、6月份为害最重，7、8月份蚜量迅速下降。环境条件和天敌能有效地控制蚜虫。蚜虫的天敌有瓢虫、草蛉、食蚜蝇、蚜茧蜂、蚜小蜂、蚜霉菌等，在化学防治时要注意保护。

2. 苹果棉蚜

（1）防止扩散蔓延　苹果棉蚜可随接穗、苗木、果实及其包装物做远距离传播，应做好检疫工作，使之不再蔓延。

（2）休眠期防治　苹果棉蚜以1~2龄若蚜在果树枝干裂缝、伤疤、剪锯口、1年生枝芽侧以及根茎基部和树根处越冬。休眠期刮除苹果树粗翘皮、剪掉病枝并烧毁，可降低越冬基数。越冬虫群未分散前用48%毒死蜱乳油加细土调成1∶40的药泥堵塞树洞、树缝，填平伤疤和剪锯口，可以杀死部分越冬的苹果棉蚜。

（3）发生期防治　苹果棉蚜1年发生12~21代，越冬若蚜在春季气温达9 ℃左右时开始活动,11 ℃以上时扩散为害,秋季气温下降,之后进入越冬期。苹果棉蚜发生初期(一般在苹果树发芽开花前)和秋季部分叶片脱落后,是树上喷药防治的适期。用药参考苹果蚜虫防治。

(4)其他防治措施　在苹果树开花前扒开土壤,露出根颈部和根颈部周围 50 cm 处的侧根,用 50%辛硫磷乳油 1 000 倍液或 48%毒死蜱乳油 1 000~1 500 倍液灌根。每株灌药液 5~10 kg 后覆土,可杀死根部棉蚜。

树干涂药、保护和利用自然天敌参考苹果瘤蚜和绣线菊蚜。

3.　康氏粉蚧、梨圆蚧和草履蚧

(1)控制传播　康氏粉蚧和梨圆蚧都可随接穗和苗木远距离传播,因此在新建园和高接换头时,要确保苗木和接穗无虫后再调运,控制其传播蔓延。

(2)休眠期防治　康氏粉蚧各种虫态均可越冬,但以卵在树上老翘皮和裂缝处越冬为主;梨圆蚧以 1、2 龄若虫和少数受精雌虫在枝干上越冬。休眠期刮除苹果树粗翘皮、剪掉虫枝并烧毁,早春芽萌动期喷 5°Bé 石硫合剂、5%柴油乳剂 1 000 倍液或 100 倍洗衣粉液等,能杀死在树体越冬的梨圆蚧和康氏粉蚧。

(3)阻止草履蚧初龄若虫上树　草履蚧主要以卵在卵囊内于寄主树干周围土缝内和砖石块下或 10~12 cm 土层中越冬。翌年 2 月越冬卵在土中开始孵化,暂栖居卵囊内,寄主萌动、树液流动后陆续出土上树。根据该虫早春上树的习性,可在草履蚧卵开始孵化至上树前设置阻隔环阻挡草履蚧上树,可在主干基部缠透明胶带或塑料薄膜环(不能在树皮与薄膜间留下通道)、涂抹数次适量废机油或黏性持续时间达 80~120 d 的废机油加羊毛脂 (5∶1),隔离环 10~15 cm 宽,进行阻隔防治。

(4)发生期防治　康氏粉蚧在苹果上 1 年发生 3 代,第 1 代为害枝干,第 2、3 代以为害果实为主,药剂防治的关键是在果实套袋前,用药种类和浓度参考苹果蚜虫防治。

梨圆蚧在苹果上 1 年发生 3 代,若虫孵化后分散转移期至分泌蜡粉形成介壳前是药剂防治的关键时期。预测梨圆蚧若虫孵化期的简易方法:5 月中下旬发现成虫已大量产卵时,随即剪取密布梨圆蚧雌虫介壳的枝条或树皮,稍阴干后放入玻璃试管中,管口用棉塞塞紧,将玻璃管吊挂在树冠内阳光不能直射处,每天观察,发现管壁上有若虫爬行时,即为若虫孵化初期。发生严重果园应在 5~6 d 后喷第 1 次药,此时卵孵化率约 50%,过 5~6 d 喷第 2 次药,此时卵孵化率在 90%以上。草履蚧 1 年发生 1 代,翌年 2 月越冬卵在土中开始孵化,孵化后的若虫仍停留在卵囊内,寄主萌动、树液流动后陆续出土上树。

草履蚧若虫分散转移期虫体无蜡粉和介壳,抗药力最弱,发现已有上树的草履蚧若虫时即应及时进行药剂防治。

对介壳虫有效的药剂有 40%速扑杀乳油 4 000 倍液、48%毒死蜱乳油 1 000 倍液、10%吡虫啉可湿粉剂 2 000 液、2.5%高效氯氟氰菊酯乳油 2 000 倍液和 50%辛硫磷乳油 1 000 倍液等。

(5)其他防治措施　套袋时扎紧果袋口可防止康氏粉蚧若虫爬入袋内为害。树干涂药对介壳虫效果较好,注意保护和利用蚧类天敌资源。

4.　大青叶蝉

(1)诱集害虫集中防治　大青叶蝉在北方 1 年发生 3 代,第 1、2 代在农作物和蔬菜上为害,第 3 代成虫从 10 月中旬开始迁移到果树产卵,并以卵越冬。在果园中尽量避免种植其他作物并清除杂草,可减少大青叶蝉发生量。可在距果园 50~100 m 处种植其喜食作物,或在大面积果园行间种植少量矮秆喜食作物,可诱虫群集,集中药杀。

（2）灯光诱杀成虫　利用成虫有较强的趋光性以进行诱杀。

（3）药剂防治　第3代成虫向果树转移前,对果树、间作物、诱集作物、杂草同时喷药。药剂种类浓度参考苹果蚜虫。

（4）阻止成虫产卵　成虫产卵前,在幼树枝干上涂刷涂白剂。

十、苹果枝干害虫

（一）苹果枝干害虫识别（表7.1.10）

表 7.1.10　苹果常见枝干害虫识别特征

害虫名称	为害特点	识别特征
苹果透翅蛾（苹果小透羽、旋皮虫）（*Conopia hector* Butler）,属鳞翅目透翅蛾科	幼虫在树干枝杈处和伤口附近蛀入皮层下,食害韧皮部,蛀成不规则的隧道,受害处常有红褐色粪屑及黏液流出	成虫体长约 15 mm,全体蓝黑色,有光泽,翅大部分透明,翅脉和翅缘黑色;雌蛾腹末有 2 簇黄色毛丝;雄蛾尾部呈扇状;老龄幼虫长 20~25 mm,头黄褐色,胴部乳白色略带黄褐色,背线淡红色
苹果小吉丁（串皮干、旋皮干）（*Agrilus mali* Matsumura）,属鞘翅目吉丁虫科	幼虫为害皮层,隧道内有褐色虫粪堵塞,皮层枯死、变黑、凹陷	成虫体长 6~10 mm,紫铜色有光泽,头短而宽,鞘翅后端尖削,体似楔状;幼虫体长 16~22 mm,乳白色,扁平,前胸膨大呈横椭圆形,中、后胸特小,腹板第 7 节最宽,胸、腹足退化
梨潜皮蛾（苹果潜皮蛾、串皮虫）（*Acrocercops astaurota* Meyrick）,属鳞翅目细蛾科	幼虫在枝条及果实表皮下蛀食,初期现弯曲线状虫道,后期虫道加宽、连片,枯死的表皮似纸片状翘起或剥离	成虫体长 4~5 mm,体银白色,前翅狭长,有 7 条镶黑边的褐色斜带,翅的缘毛较长;老熟幼虫体长 7~9 mm,略扁,黄白色,身体前后宽度相似,有胸足,无腹足
桑天牛（粒肩天牛、桑干黑天牛）（*Apripona germari* Hope）,鞘翅目天牛科	成虫于大枝或主干啃刮"U"形槽,产卵于底部;初孵幼虫先向上蛀食约 10 mm,后沿木质部向下蛀食,蛀道直,无虫粪,每隔约 10 cm 向外咬 1 排粪孔,孔外和地面上有红褐色锯屑状虫粪	成虫体长 36~48 mm,黑褐色,密被黄褐色短毛,前胸背板有横隆起纹,两侧各有 1 侧向刺突,鞘翅基部有许多黑色有光泽的瘤状突起;老熟幼虫体长约 70 mm,乳白色,圆筒形,前胸背板密生黄褐色刚毛和赤褐色点粒,并有凹陷的"小"字形纹
星天牛（白星天牛、铁炮虫）（*Anoplophora chinensis* Forster）,属鞘翅目天牛科	成虫于 1 m 以下主干到根部咬破树皮呈"T"或"L"形产卵槽,产 1 粒卵于两线交接处;幼虫于皮下蛀食数月后向下蛀入木质部,并向外蛀 1 通气排粪孔,外皮因粪便挤胀破裂,粪便木屑状	成虫体长 26~37 mm,漆黑色具光泽,前胸背板中央有 3 个瘤突,侧刺突粗壮,鞘翅基部密布颗粒,鞘翅散许多白点;雄虫触角长于体,雌虫稍过体长;老熟幼虫体长 45~67 mm,淡黄白色,头黄褐色,前胸背板前方左右各具 1 黄褐色飞鸟形斑纹,后方有 1 黄褐色凸字形大斑略隆起

害虫名称	为害特点	识别特征
苹果枝天牛（顶斑筒天牛、日本筒天牛）（*Linda fraterna* Chevrolat），属鞘翅目天牛科	孵化幼虫先向上蛀食嫩梢茎髓部，后向下蛀髓为害，在枝条上每隔一定距离咬 1 排粪孔，粪便细粒状，枝内空筒状，上部叶片枯黄	成虫体长约 17 mm，圆筒形，橙黄色，鞘翅和足均为黑色，体背部生黄色绒毛；幼虫体长约 30 mm，头部褐色，有倒"八"字形沟纹
蒙古木蠹蛾（芳香木蠹蛾东方亚种、杨木蠹蛾）（*Cossus cossus orientalis* Gaede），属鳞翅目木蠹蛾科	小幼虫在韧皮部为害，大幼虫蛀入木质部深处，蛀道不规则，树皮外有排粪孔，孔口外有虫粪堆积，有时幼虫在根颈土下环食一圈，全树枯死	成虫体长 32 mm 左右，灰褐色，触角为单栉齿状，前胸后缘有黄色毛丛，中胸有黄白相间的毛丛，后胸 1 黑横带，前翅前缘 8 条短黑纹，由前缘 2/3 伸向臀角的 1 条外横线和 1 条亚缘线较明显，两线在臀角处相交；老熟幼虫体长 70 mm 左右，头扁平黑色，前胸背面有倒"凸"字形黑斑，中间有白纹 1 条，胸、腹部背面紫红色，腹面桃红色
柳干木蠹蛾（榆木蠹蛾、柳乌蠹蛾、大褐木蠹蛾）（*Holcocerus vicarius* Walker），属鳞翅目木蠹蛾科	幼虫在根颈、根及枝干的皮层和木质部内蛀食，形成不规则的隧道	雌蛾体长 25~40 mm，灰褐色，雄蛾略小，触角线状，中胸背板前缘及后半部白色，小盾片褐色，其前缘 1 黑色横带，前翅密布黑褐色短波纹状；老熟幼虫体长 63~94 mm，头黑色，胸、腹背面鲜红色，前胸背板褐色，有 1 浅色"W"形斑痕，斑痕前方有 1 长方形浅色斑纹，后胸背板有 2 个圆形斑纹
柳蝙蝠蛾（东方蝙蝠蛾）（*Phassus excrescens* Butler），属鳞翅目蝙蝠蛾科	幼虫蛀食枝干前，先吐丝成网，隐蔽于网下再开始蛀食，咬掉木屑和虫粪常黏于蛀孔附近丝网上，形成木屑包。蛀道口常呈凹陷环形	成虫体长 35~44 mm，粉褐色至茶褐色，前翅中央有 1 个深色近三角形斑纹，外有 2 条宽的褐色斜带，前、中足发达；老熟幼虫体长 44~60 mm，圆筒形，各节有黄褐色瘤突

（二）苹果枝干害虫发生规律与防治

1. 苹果潜皮害虫——苹果透翅蛾、苹果小吉丁和梨潜皮蛾

苹果潜皮害虫为害多种落叶果树，在皮层及韧皮部、形成层和木质部浅层蛀食为害。

（1）加强检疫　从苹果小吉丁和梨潜皮蛾发生区调运苗木和接穗时，应严格检查，妥善处理，防止带虫苗木和接穗传入新区。

（2）消灭越冬幼虫　苹果透翅蛾 1 年发生 1 代，以 3~4 龄幼虫在树皮下的虫道中越冬。苹果小吉丁 1 年多发生 1 代，在东北、华北北部 3 年发生 2 代，以幼虫（个别以蛹）在蛀道内越冬。梨潜皮蛾在辽宁、河北每年 1 代，在黄河故道、江苏、浙江每年发生 2 代，以 3~4 龄幼虫在枝条表皮下虫道内过冬。结合冬季管理，刮除粗皮、翘皮和虫道，可消灭越冬幼虫。

（3）涂药杀幼虫　苹果透翅蛾在 9 月间、苹果小吉丁在春季发芽前或秋季落叶期时，幼虫蛀入不深，可在被害表皮处涂 80%敌敌畏乳油 10 倍液或 80%敌敌畏乳油 1 份+19 份煤油配制成的

溶液,杀死皮下幼虫。

（4）成虫期防治　成虫羽化出穴初期、盛期,喷布 80% 敌敌畏乳油 1 500 倍液、50% 杀螟硫磷乳油 1 500 倍液或 5% 高效氯氰菊酯乳油 1 000 倍液等,对初孵幼虫、卵及成虫均有明显的效果。

2. 苹果蛀干害虫——桑天牛、星天牛、苹果枝天牛、蒙古木蠹蛾和柳干木蠹蛾

苹果蛀干害虫食性都很杂,除为害苹果、梨、山楂、桃、杏等果树外,还为害多种树木。苹果蛀干害虫的行动比较隐蔽,不易发现,待发现有明显木屑及虫粪时,防治已晚。在幼虫还未蛀入木质部之前防治,才能收到预期的效果。

（1）越冬期防治　星天牛和苹果枝天牛 1 年发生 1 代,蒙古木蠹蛾和柳干木蠹蛾 2 年 1 代,柳蝙蝠蛾在辽宁多 1 年 1 代,少数 2 年 1 代;桑天牛在北方 2～3 年 1 代,均可以幼虫在被害树干或枝条中越冬。结合冬季修剪,将有虫枝条剪去,可消灭越冬害虫。刮除粗老翘皮,破坏成虫产卵的场所。

（2）防治成虫

① 诱杀成虫:利用桑天牛、木蠹蛾成虫有趋光性的特点,在果园内安装黑光灯诱杀成虫。

② 人工捕杀成虫:在成虫羽化后尚未产卵前,利用成虫不善飞翔、行动慢、假死性等习性特点进行人工捕杀,可减轻成虫产卵为害。

③ 药剂防治成虫及初孵幼虫:天牛成虫产卵前需取食嫩叶和嫩枝皮层作补充营养,在成虫及其产卵期对树冠喷 50% 杀螟硫磷乳油 1 000 倍液、10% 吡虫啉可湿粉剂 2 000 液、50% 敌敌畏 1 000 倍液、5% 高效氯氰菊酯乳油 1 000 倍液等,隔 12～15 d 喷 1 次,连喷 2 次,除可毒杀成虫外,还可杀死尚未蛀入干内的初孵幼虫。

④ 枝干涂白阻止成虫产卵:对于喜产卵在主干和大枝条上的星天牛和木蠹蛾等在成虫羽化产卵前,于主干和主枝基均匀涂白,可阻止成虫产卵,杀死虫卵和初孵幼虫。白涂剂配方参考苹果树腐烂病。

（3）人工杀卵　桑天牛在北方 2～3 年完成 1 代,以幼虫在树干隧道中越冬。幼虫经过 2 个冬天在隧道内化蛹,在第 3 年 7 月间羽化为成虫,7—8 月间为产卵期。星天牛北方 2 年 1 代,均以幼虫于隧道内越冬,翌春在隧道内化蛹,5—6 月为羽化盛期,5—8 月为产卵期,6 月最盛。检查天牛易产卵的部位,对产卵于主干或大枝翘皮裂缝、干枝分杈处的天牛,发现产卵痕时用利器割除卵块,也可用木槌或石块敲打杀死卵块。

（4）防治幼虫　在幼虫发生为害初期,及时剪除受害嫩枝、枯死枝,可防止幼虫转入粗大枝干为害。对苹果枝天牛和木蠹蛾防治效果明显。发现树干或枝干上有流胶,树冠下有虫粪、木屑等,可用铁丝插入虫道中钩杀幼虫。

对已蛀入木质部的大龄幼虫,可用棉球蘸取 80% 敌敌畏乳油或 10% 吡虫啉可湿性粉剂 50 倍液后塞入蛀道内,或用注射器将药液注入虫孔内,或将 56% 的磷化铝片、樟脑丸等塞入虫孔内,再用黏泥将蛀口或排气孔封严,毒杀幼虫。

（5）保护和利用天敌　寄生蜂、寄生蝇、蜥蜴、燕、啄木鸟、白僵菌和病原线虫等对蛀干害虫有一定的自然控制力,应注意保护和利用。

十一、苹果害螨

（一）苹果害螨识别（表 7.1.11，图 7.1.1）

苹果害螨属于蛛形纲蜱螨目叶螨科，主要寄主有苹果、梨、山楂、桃、李、杏等，均以成螨、幼螨和若螨刺吸果树嫩芽、叶片汁液为害，大发生年份也为害果实，造成产量和品质大幅度下降。

表 7.1.11　苹果 5 种害螨识别特征

中文名	体形	体色	背刚毛	为害特点
山楂叶螨（山楂红蜘蛛）（Tetranychus viennensis Zacher）	椭圆形，体背隆起，背面两侧有黑色斑纹	越冬型鲜红色，夏型深红色	细长，不生在毛瘤上	常集中在叶背为害，吐丝结网，受害叶初期出现褪绿斑点，后期扩大成褪绿斑块，严重时整叶枯黄，枯焦脱落
二斑叶螨（白蜘蛛、二点叶螨）（Tetranychus urticae Koch）	椭圆形，体背面两侧各有 1 个正反"E"黑斑	夏型淡黄色或黄绿色，冬型橘红色	细长，不生在毛瘤上	多在叶背活动，受害叶主脉两侧现苍白色斑点，严重时叶片成灰白色及至暗褐色以至焦枯早落，有吐丝结网集合栖息性，有时结网可将全叶覆盖
李始叶螨（黄蜘蛛）（Eotetranychus pruni Oudemans）	长椭圆形，两侧各有 3～4 块不明显灰褐斑	黄绿色	细长，不生在毛瘤上	多在叶背面为害，吐丝结网，叶片受害后出现失绿斑点，严重时变黄、枯焦脱落
苹果全爪螨（苹果红蜘蛛）（Panonychus ulmi Koch）	半卵圆形，体背隆起	红褐色，取食后呈褐红色	粗长，生在黄白色毛瘤上	成螨多在叶面、幼螨多在叶背活动，受害叶片出现褪绿斑点，一般不吐丝结网，密度大时常吐丝下垂转移为害，一般不提早落叶，严重时干枯落叶
果苔螨（苜蓿红蜘蛛）（Bryobia rubrioculus Scheuten）	椭圆形，体扁平	体红褐色，取食后呈深绿色	扁平，叶片状	多在叶面为害，不结网，花芽受害后枯黄变色，严重时枯死，叶片受害出现失绿斑点，严重时变得苍白，但不脱落，幼果受害后干硬

（二）苹果害螨类发生规律与防治

苹果害螨年发生代数多，繁殖能力强，易对化学农药产生抗药性，必须采取综合治理措施，才能取得显著效果。

1. 杀灭越冬螨

山楂叶螨、二斑叶螨和李始叶螨均以雌成螨在寄主枝干树皮裂缝内、根际周围的土缝隙中及落叶、杂草下群集潜越冬。害螨越冬前在根颈处覆草，在越冬雌成螨出蛰前，刮除树干上的老翘皮，并将覆草及根颈周围杂草收集烧毁，可大大降低越冬雌成螨基数。苹果全爪螨和果苔螨以卵在寄主枝条、短果枝叶痕和果台等处越冬，可在果树萌芽前喷 3～5°Bé

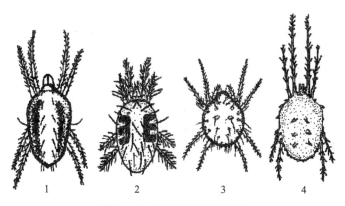

图 7.1.1　4 种叶螨形态区别
1. 山楂叶螨　2. 二斑叶螨　3. 苹果全爪螨　4. 果苔螨

石硫合剂或 5% 柴油乳剂杀越冬卵。

2. 生长期药剂防治

山楂叶螨的
防治

山楂叶螨、二斑叶螨和李始叶螨越冬雌成螨出蛰的时期,延续时间与当年春季气温和果园地势有密切关系,整个出蛰期长达 40 d 左右。在越冬雌成螨绝大多数出蛰上树,尚未严重为害且没有产下第 1 代卵时,是当年药剂防治的关键时期。

当越冬雌成螨开始出蛰时,按 5 点式取样法选上年发生严重的 5 株树,每株树在树冠内膛和主枝中段随机标定 10 个顶芽,每 3 d 查 1 次,统计芽上的螨数。越冬雌成螨出蛰数量逐日增多,同时气温也逐日上升的情况下,出蛰数量突然减少时,即预报出蛰高峰期并立即进行药剂防治。也可根据物候期预测,当苹果芽萌动时,越冬的雌成螨开始出蛰上树,晚熟品种苹果展叶至花序分离期是出蛰盛期,盛花初期时出蛰结束,一般可在苹果开花前至初花期用 0.2~0.5°Bé 石硫合剂进行防治。

苹果盛花期前后为越冬雌成螨产卵盛期,第 1 代卵发生相当整齐,第 1 代幼螨和若螨发生也较为整齐。因此,在'国光'品种落花后 7~10 d,第 1 代卵基本孵化完毕,第 1 代雌性成螨没有出现时,是药剂防治的又一个关键时期。苹果金爪螨的防治关键时期是越冬卵孵化盛期,即花前 1 周左右,和第 1 代卵孵化盛期,即落花后 1 周用 0.1~0.3°Bé 石硫合剂进行防治。

第 2 代以后世代重叠,且随着气温升高,发育速度加快,到 7—8 月常猖獗为害。从落花后到 7 月中旬,当叶螨达到平均 3~5 头/叶,7 月中旬后平均 7~8 头/叶时,天气炎热干旱,天敌数量又少时,应立即开展药剂防治,可选用 1.8% 阿维菌素乳油 3 000 倍液、10% 浏阳霉素乳油 1 000 倍液、20% 双甲脒乳油 1 500 倍液、20% 单甲脒+哒螨灵悬浮剂 1 000 倍液、20% 四螨嗪悬浮剂 2 000 倍液、73% 炔螨特乳油 2 000 倍液等喷雾。

3. 保护和利用天敌

果园种草,为天敌提供补充食料和栖息场所。化学防治要尽量避开主要天敌的大量发生期或选用对天敌安全的药剂。

任务工单 7-1　苹果常见病害诊断与防治

一、目的要求

了解当地苹果常见病害及其发生为害情况,区别苹果主要病害的症状特点及病原菌形态,设计苹果病害无公害防治方法。

二、材料、用具和药品

学校实训基地、农业企业或农村专业户苹果园,多媒体教学设备,苹果病害标本,观察病原物的器具与药品,常用杀菌剂及其施用设备等。

三、内容和方法

1. 苹果常见病害症状和病原菌形态观察

观察苹果树腐烂病、干腐病、轮纹病、斑点落叶病、褐斑病、锈病、白粉病、苹果花腐病、轮纹烂果病、炭疽病、霉心病、褐腐病、黑星病和套袋苹果黑点病的分布特点、发病部位、症状表现(病部形状、质地、颜色、表面特征等)和病原特征,辨别并判断病原类型及病害种类。

2. 苹果重要病害预测

根据越冬菌量、气象条件、栽培条件和当地主要苹果品种生长发育状况,分析并预测 1~2 种重要苹果病害的发生趋势。

3. 苹果主要病害防治

(1) 调查了解当地苹果主要病害的发生为害情况及其防治技术和成功经验。

(2) 根据苹果主要病害的发生规律,结合当地生产实际,提出 2~3 种苹果病害防治的建议和方法。

(3) 配制并使用 2~3 种常用杀菌剂防治当地苹果主要病害,调查防治效果。

四、作业

1. 记录所观察苹果枝干、叶部、花和果实病害典型症状表现和为害情况。
2. 绘常见苹果病害的病原菌形态图,并注明各部位名称。
3. 预测重要苹果病害的发生趋势并说明依据。
4. 评价当地苹果主要病害的防治措施。
5. 提出苹果主要病害无公害防治建议和方法。
6. 记录苹果常用杀菌剂的配制、使用方法和防治效果。

五、思考题

1. 怎样区分苹果枝干腐烂病、干腐病、轮纹病症状? 如何区分苹果果实轮纹病、炭疽病和褐腐病症状?
2. 为什么说壮树防病是防治苹果树腐烂病的根本措施?
3. 苹果近成熟期至贮藏期侵染性烂果病严重发生的可能原因有哪些?

任务工单 7-2　苹果常见害虫识别与防治

一、目的要求

了解当地苹果常见害虫及其发生为害情况,识别苹果主要害虫的形态特征及为害特点,熟悉苹果重要害虫预测方法,设计苹果害虫无公害防治方法。

二、材料、用具和药品

学校实训基地、农业企业或农村专业户苹果园,多媒体教学设备,苹果害虫及其为害状标本,放大镜、挑针、镊子及培养皿,常用杀虫剂及其施用设备等。

三、内容和方法

1. 苹果常见害虫形态和为害特征观察

观察桃小食心虫、苹果小卷叶蛾、金纹细蛾、天幕毛虫、美国白蛾、苹掌舟蛾、大蓑蛾、苹毛丽金龟、铜绿丽金龟、白星花金龟、苹果瘤蚜、绣线菊蚜、苹果棉蚜、康氏粉蚧、梨圆蚧、大青叶蝉、山楂叶螨、二斑叶螨、苹果透翅蛾、苹果小吉丁、桑天牛、星天牛、苹果枝天牛和蒙古木蠹蛾等成虫大小、翅的颜色及斑纹形状,幼虫体色、体形等特征,为害部位与为害特点。

2. 苹果害虫预测

选择 1~2 种苹果主要害虫,利用性诱剂、(糖、酒、醋)诱蛾器或虫情测报灯进行预测。

3. 苹果主要害虫防治

(1)调查了解当地苹果主要害虫发生为害情况及其防治措施和成功经验。

(2)选择 2~3 种苹果主要害虫,提出符合当地生产实际的防治建议和方法。

(3)配制并使用 2~3 种常用杀虫剂防治当地苹果主要害虫,调查防治效果。

四、作业

1. 记录所观察苹果常见害虫的形态特征、为害部位与为害特点。

2. 绘常见苹果害虫形态特征简图。

3. 记录苹果害虫预测的方法与结果。

4. 评价当地苹果主要害虫的防治措施。

5. 提出苹果主要害虫无公害防治建议和方法。

6. 记录苹果常用杀虫剂的配制、使用方法和防治效果。

五、思考题

1. 怎样根据形态特征和为害特点区分苹果常见食心虫、卷叶虫和蚜虫的种类?

2. 怎样根据幼虫形态特征识别苹果常见蚕食叶片蛾的种类?

3. 苹果蛀果害虫和卷叶虫严重发生的可能原因有哪些?

任务二　梨树病虫害

一、梨树叶部病害

(一)梨树叶部病害诊断(表 7.2.1)

表 7.2.1 梨树常见叶部病害诊断要点

病害名称	病原	寄主植物及为害部位	为害状
梨黑星病（梨疮痂病、雾病、黑霉病、乌码）	梨黑星菌（*Venturia nashicola* Tanaka et Yamamoto），属真菌界子囊菌门黑星菌属	梨的叶片、叶柄、果实、果梗和新梢等	越冬芽被侵染，梨芽鳞片松散有黑霉，翌年萌发形成病芽梢；叶片染病初在叶背主、支脉间现淡黄色斑，后病斑沿主脉边缘长出黑霉，严重时叶背布满黑霉，并造成大量落叶；幼果染病在果面产生淡黄色圆斑，不久产生黑霉，后病部凹陷，组织硬化、龟裂，致果实畸形；大果受害，病疤黑色，表面硬化、粗糙；受害叶柄和果梗病斑长条形、凹陷，常引起落叶和落果；新梢受害病斑开裂、疮痂状
梨锈病（梨赤星病、羊胡子）	梨胶锈菌（*Gymnosporangium haraeanum* Syd.），属真菌界担子菌门胶锈菌属	在梨、山楂、棠梨和贴梗海棠的叶片、新梢和幼果；桧柏、欧洲刺柏和龙柏等	梨病叶叶面先出现近圆形橙黄色有光泽病斑，后逐渐扩大为近圆形橙黄色病斑，外围有一层黄绿色的晕圈，潮湿时溢出淡黄色黏液，病组织渐变肥厚，正面凹陷，背面隆起，在隆起部长出灰黄色的毛状物，病斑变黑枯死，可引起早期落叶；幼果、新梢、果梗受害症状与叶片相似；转主寄主桧柏染病，初在针叶、叶腋或小枝上出现淡黄色斑点，后稍隆起形成瘿瘤，破裂后露出深褐色、鸡冠状冬孢子角，遇春雨呈橘黄色花瓣状
梨黑斑病	菊池链格孢（*Alternaria kikuchiano* Tanaka），属真菌界半知菌类链格孢属	梨的叶片、果实及新梢	病叶上病斑圆形，中央灰白色，边缘黑褐色，有时微现轮纹，潮湿时病斑表面产生黑霉；果实上病斑圆形，略凹陷，表面生黑霉（图 7.2.1）；新梢病斑早期黑色，以后干枯凹陷，淡褐色，龟裂翘起
梨褐斑病（斑枯病、白星病）	梨褐斑小球壳菌[*Mycosphaerella sentino* (Fr.) Schrot.]，属真菌界子囊菌门球腔菌目	梨的叶片	病叶形成圆或近圆形病斑，中间灰白色，其上密生黑色粒点，周围淡褐色至深褐色，最外层为紫褐色至黑色，多个病斑愈合成不规则形，导致早期落叶
梨叶疫病（叶烧病、叶腐病）	桃梨叶里盘[*Fabraea maculata* (Lév.) Atk.]，属真菌界子囊菌门	梨的叶片和果实	受害幼叶两面初生略带红色至紫色小点状斑，直径 1~3 mm，边缘清晰，扩大后变为黑褐色，有的形成褪绿晕圈，严重的病斑融合成圆形大斑，致病叶坏死或变黄脱落；果实病斑初与叶片相似，后随果实长大，病斑凹陷或果实干裂
梨轮斑病（大星病）	苹果链格孢（*Alternaria mali* Roberts），属真菌界半知菌类链格孢属	梨的叶片、果实和枝条	病叶始现针尖大小黑点，后扩展为暗褐至暗黑色近圆形病斑，具明显轮纹，潮湿时病斑背面生黑色霉层，严重时病斑连片引致叶片早落；新梢病斑黑褐色，长椭圆形，稍凹陷；病果形成圆形、黑色凹陷斑，可引起果实早落

续表

病害名称	病原	寄主植物及为害部位	为害状
梨白粉病	梨球针壳菌［*Phyllactinia pyri*（Cast）Homma］，属真菌界子囊菌门球针壳属	梨、桑、板栗、核桃、柿子等的叶片和嫩梢	叶片受害背面产生圆形或不规则形的白粉斑，逐渐扩大直至全叶背布满白色粉状物，后期白粉斑上形成很多黄褐色小粒点，后变为黑色，病叶卷曲，严重时造成早期落叶；病梢生长停滞、扭曲、枯死
梨黄叶病（梨白叶病）	缺铁	梨的叶片	病害多始于新梢顶部嫩叶，叶脉绿色而叶脉间失绿变黄色，严重时叶片呈黄白色，叶缘变褐焦枯，致叶脱落或顶芽枯死

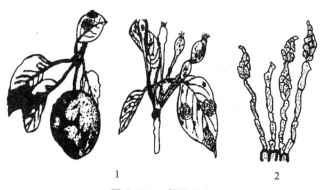

图 7.2.1　梨黑斑病
1. 病状　2. 分生孢子梗及分生孢子

（二）梨树叶部病害发生规律与防治

1. 梨黑星病

（1）清除越冬病菌　在病芽鳞片内、病枝梢上越冬的分生孢子或菌丝体，成为病害的主要初侵染来源。病菌分生孢子及未成熟的假囊壳也可在落叶上越冬。冬季清除残枝落叶，剪除病枝、病芽并集中烧毁或深埋，可减少越冬病菌。梨芽萌动初期，对树体及地面喷尿素、硫酸铵 10～15 倍液或 0.1%～0.2% 代森铵溶液，可铲除越冬病菌。

梨黑星病的
防治

（2）加强果园管理　梨树生长衰弱，易被病菌侵染。增施有机肥，可增强树势，提高抗病力。疏除徒长枝和过密枝，增强树冠通风透光性，可减轻病害。

（3）生长期及时摘除病源　第 2 年病芽梢产生的分生孢子和病叶产生的子囊孢子侵染新梢，出现发病中心后所产生的分生孢子，通过风雨传播，引起多次再侵染。发病初期摘除病梢、病花丛，生长期及时摘除病叶及病果并集中处理，可减少再侵染病菌数量。

（4）喷药保护　药剂防治的关键时期为病梢初现期、落花后 30～45 d 的幼叶幼果期和采收前 30～45 d 的成果期。梨黑星病菌借雨水传播，降雨是侵染为害的必要条件，具体喷药时间应根据病情和降雨情况确定。药剂一般用 1∶2∶200 波尔多液、10% 苯醚甲环唑水分散粒剂 3 000 倍液、40%氟硅唑乳油 8 000 倍液、12.5%烯唑醇可湿性粉剂 2 500 倍液、50%甲基硫菌灵可湿性粉剂 800 倍液等。

2. 梨锈病

（1）清除菌源 病菌以菌丝体在桧柏发病部位越冬，翌春形成冬孢子角，冬孢子角在雨后吸水膨胀，冬孢子萌发产生担孢子；担孢子随风雨传播，引起梨树叶片和果实发病。梨锈病担孢子传播范围一般在 1.5~5 km，梨园周围 5 km 内禁止栽植桧柏和龙柏等转主寄主，以保证梨树不发病。无法清除转主寄主时，可在春雨前剪除桧柏上冬孢子角，也可选用 2~3°Bé 石硫合剂、1∶2∶160 的波尔多液、30%碱式硫酸铜胶悬剂 300~500 倍液、0.3%五氯酚钠混合 1°Bé 石硫合剂等在桧柏，喷雾以减少初侵菌源。

梨锈病的防治

议 一 议

梨锈病具有转主寄生特点，怎样协调林、果矛盾，将锈病的危害减少到经济损失允许水平之下？

（2）喷药保护 梨树叶片和果实发病先后产生性孢子和锈孢子，锈孢子只能侵害转主寄主桧柏的嫩叶和新梢，并在桧柏上越夏、越冬，翌春形成冬孢子角，因而无再侵染。梨树自展叶开始 20 d 内（展叶至幼果期）最易感病，超过 25 d，叶片一般不再受感染。故应在梨树萌芽至展叶的 25 d 内进行喷药保护，一般在梨萌芽期喷第 1 次药，以后每隔 10 d 左右喷 1 次，酌情喷 1~3 次。药剂有 10%苯醚甲环唑水分散粒剂 3 000 倍液、40%氟硅唑乳油 8 000 倍液、15%三唑酮乳剂 2 000 倍液、25%丙环唑乳油 3 000 倍液等。

3. 梨叶斑类——梨黑斑病、褐斑病、叶疫病和轮斑病

梨叶斑类病害都是在叶片上形成圆形或近圆形病斑，多个病斑愈合成为不规则形，严重时能造成落叶。除黑斑病、褐斑病遍及各梨区和梨树品种以外，叶疫病、轮斑病等其他种类都是在不同地区和品种上零星发生。此类病害发生规律和防治上基本一致。

梨黑斑病
的防治

（1）清除菌源 梨叶斑病类病菌以分生孢子器或子囊壳、菌丝体在病叶、病枝及病果上越冬，翌春在越冬病组织上产生分生孢子或子囊孢子，经风雨传播，引起初次侵染。休眠期彻底清除果园内的落叶、落果，剪除有病枝梢，梨树发芽前喷施 3~5°Bé 石硫合剂，可以减少菌源。

（2）增强植株抗病能力 地势低洼、肥料不足、树势衰弱、管理粗放等可加重该病的发生。注意低洼地排水、增施肥料、合理修剪、清除杂草，可以促使树势生长健壮，提高抗病力。

（3）喷药保护 病斑上形成的孢子从梨树展叶到果实采收可发生多次再侵染，但以雨季发病最重。嫩叶易感，叶龄 1 个月以上的叶片不易受侵染。一般从幼叶期开始出现病斑时喷第 1 次药，以后每隔 15~20 d 喷 1 次药以保护幼叶和幼果。常用药剂有 1∶2∶（160~200）波尔多液、10%多抗霉素可湿性粉剂 1 000 倍液、50%异菌脲可湿性粉剂 1 000~1 500 倍液、50%甲基硫菌灵可湿性粉剂 800 倍液、70%代森锰锌可湿性粉剂 1 000 倍液等。

（4）果实套袋 保护果实不被黑斑病菌侵染。

（5）品种合理布局 品种间对黑斑病抗病性差异明显，西洋梨、日本梨、酥梨、雪花梨等最易

感病,鸭梨很少发病。

4. 梨白粉病和梨黄叶病

发病规律与防治分别参照苹果白粉病和苹果黄叶病。

二、梨树果实病害

1. 梨树果实病害诊断(表 7.2.2)

表 7.2.2　梨树常见果实病害诊断要点

病害名称	病原	寄主植物及为害部位	为害状
梨轮纹病(烂果病、瘤皮病、粗皮病)	梨生囊孢壳(*Physalospora piricola* Nose),属真菌界子囊菌门囊孢壳属	梨、苹果、山楂、桃等的果实、枝干和叶片	果实多在成熟期发病,起初以皮孔为中心发生水渍状褐色斑点,病斑扩大,果肉腐烂,表面呈暗红褐色,有清楚的同心轮纹,并溢出茶褐色黏液;失水后干缩成僵果,在表皮下形成黑色小点;侵染枝干,引起粗皮病
梨炭疽病	围小丛壳菌[*Glomerella cingulata*(Stonem) Spauld et Schrenk],属真菌界子囊菌门小丛壳属	梨、苹果、葡萄、山楂、枣和刺槐等的果实和枝条	果实发病初期,果面出现淡褐色水渍状的小圆斑,后病斑扩大,色泽加深,软腐下陷;病斑具明显的同心轮纹,上生轮纹状排列的黑色小点粒,遇雨或湿度高时溢出粉红色黏液;病部腐烂呈圆锥形烂入果肉,有苦味;枝条病斑由小斑发展成椭圆形或长条形凹陷深褐色病斑
梨黑斑病	菊池链格孢(*Alternaria kikuchiano* Tanaka),属真菌界半知菌类链格孢属	梨的果实、叶片及新梢	果实上病斑圆形,略凹陷,表面生黑霉,严重时会造成果实龟裂,引发大量落果;叶片病斑圆形,中央灰白边缘黑褐色;新梢病斑早期黑色,以后干枯凹陷,淡褐色,龟裂翘起
梨褐腐病(梨菌核病)	仁果链核盘菌[*Monilinia fructigena*(Aderh. et Ruhl.)Honey],属子囊菌核盘菌属	梨、苹果、核类等的果实、小枝	近成熟期和贮藏期,受害果实表面出现褐色湿润腐烂病斑,表面簇生灰白色绵球状物,呈轮纹状排列;病果后期失水干缩,成为黑色僵果;枝条形成溃疡
梨疫腐病	恶疫霉[*Phytophthora cactorum*(Leb. et Cohn.)Schrot.],属藻物界卵菌门疫霉属	梨的果实、根颈、叶片	果实染病产生不规则形、边缘不明显、颜色深浅不一的褐色病斑,病斑迅速扩大,软腐,高湿度下现白色絮状菌丝层;受害根颈部皮层变褐腐烂,叶片生暗褐色不规则形病斑,湿度大时叶变黑、软腐
梨红粉病(红腐病)	粉红单端孢[*Trichothecium roseum*(Bull.)Link],属真菌界半知菌类	梨的果实	果实发病初期病斑近圆形,产生黑色或黑褐色凹陷斑,直径 1~10 mm,扩展可达数厘米,果实变褐软化,很快引起果腐;果皮破裂时上生粉红色霉层,后致整个果实腐烂
梨煤污病	仁果黏壳孢[*Gloeodes pomigena*(Schw.)Colby],属真菌门半知菌类	梨、苹果等的果实、枝条、叶片	病果上产生黑灰色不规则病斑,表面附着黑灰色霉状物,其上生小黑点,个别菌丝侵入到果皮下层;新梢上也产生黑灰色煤状物;病斑一般用手不易擦掉
梨缩果病	缺硼	梨的果实	病果表面呈现深绿色的略凹陷斑块,皮层及皮层下浅病部果肉棉絮状褐色坏死;病斑大小不一,形状各异

2. 梨树果实病害发生规律与防治

梨常见真菌性果实病害轮纹病、炭疽病、黑斑病、褐腐病、疫腐病、红粉病和煤污病等发病规律与苹果果实相关病害近似,防治可参照苹果侵染性果实病害,梨缩果病防治参照苹果缩果病。

三、梨树枝干病害

（一）梨树枝干病害诊断（表7.2.3）

表 7.2.3 梨树常见枝干病害诊断要点

病害名称	病原	寄主植物及为害部位	为害状
梨树腐烂病（臭皮病）	梨黑腐皮壳菌［*Valsa ambiens*（Pers. ex Fr.）Fr.］,属真菌界子囊菌门黑腐皮壳属	梨的枝干,有时也可为害果实	溃疡型:多发生在主干、主枝上,初期病部稍隆起,水浸状,长椭圆形,组织松软,有的溢出红褐色汁液,有酒糟味,多不达木质部,后期失水干缩,病、健交界处龟裂;枝枯型:多发生在弱树或小枝上,病斑红褐色,不规则形,环绕一周,造成全枝枯死;病部产生小黑点,潮湿时溢出黄色卷须状孢子角
梨轮纹病（粗皮病）	梨生囊孢壳（*Physalospora piricola* Nose）,属真菌界子囊菌门囊孢壳属	梨、苹果、山楂、桃等的枝干、果实和叶片	受害枝干以皮孔为中心产生椭圆形略带红色的褐斑,中心突起,质地较硬,边缘龟裂,与健部形成一道环沟状裂缝;病组织上翘,呈马鞍状;若多个病斑连在一起,表皮粗糙,促使树体早衰,甚至枝干枯死;果实发病呈暗红褐色至浅褐色,具同心轮纹腐烂病斑
梨树干腐病	茶藨子葡萄座腔菌［*Botryosphaeria ribis*（Tode.）Grossenb. et Dugg.］,属真菌界子囊菌门葡萄座腔菌属	梨等多种木本植物	枝干病斑深褐色,病部较浅,病斑呈条带状,纵向扩展较快;后期病斑干缩、凹陷,边缘裂开,病斑上形成密布的黑色小点,潮湿时溢出茶褐色汁液;侵染果实,造成腐烂,症状同轮纹病
梨树干枯病（胴枯病）	福士拟茎点霉（*Phomopsis fukushii* Tanaka et Endo）,属半知菌类拟茎点霉属	梨枝干	主要为害老龄、衰弱、受冻伤的梨树和苗木,病部椭圆形,黑褐色,边缘红褐色,质地较硬;病部失水后干缩下陷,病、健交界处龟裂,病斑表面出现许多黑色细小粒点,当降雨时间长时会从中涌出乳白色的丝状孢子角
洋梨干枯病	含糊间座壳［*Diaporthe ambigua*（Sacc.）Nitsch］,属真菌界子囊菌门间座壳属	洋梨的枝干、果实	染病枝梢初生红褐色至黑褐色溃疡斑,后扩大、干枯、凹陷变黑,表面密生稍隆起的小黑点,表面粗糙,病、健交界处裂开,枝条枯死;老树溃疡斑可随树皮脱落;果实染病变褐后腐烂
梨树枝枯病	朱红丛赤壳菌（*Nectria cinnabarina* Tode Fr.）,属真菌界子囊菌门	梨树大树上衰弱的枝梢	多在衰弱的延长枝前端或结果枝上产生稍凹陷、不规则的褐色病斑,病部生出黑色小粒点,后期病皮龟裂脱落,严重的露出木质或枯死
梨疫腐病	恶疫霉［*Phytophthora cactorum*（Leb. et Cohn.）Schrot.］,属藻物界卵菌门疫霉属	梨树的枝干、果实	根颈部染病皮层变褐腐烂,逐渐变干凹陷,严重时整株死亡;叶片多从叶缘或中部发病,产生暗褐色不规则形病斑,湿度大时叶变黑、软腐;果实染病产生不规则形、水浸状、无边缘、颜色深浅不一的果斑,高湿度下现白色絮状菌丝层

（二）梨树枝干病害发生规律与防治

1. 梨树常见枝干病害——梨树腐烂病、轮纹病、干腐病、干枯病和枝枯病

梨常见枝干病害发病规律与苹果枝干相关病害近似,防治可参照苹果枝干病害。

2. 梨树疫腐病

（1）减少菌源　病原菌以卵孢子、厚垣孢子或菌丝体随病残组织在土壤内越冬。冬春季应及时清除田间病株残体、枯枝落叶,集中烧毁或深埋。地面病菌借雨水飞溅传播侵染果实和叶片发病,应随时摘除树上的病果和病叶,集中深埋并清除地面落果。

（2）阻止病原菌传播与侵染　疫腐病的发生与湿度关系密切,果园小气候湿度大或雨水多的年份发病重。土壤积水时,果树根颈部有伤口,病菌会侵入皮层,造成根颈部腐烂。果园应及时排水防涝,合理修剪,中耕除草,降低果园湿度。适当提高结果部位或地面覆盖草、薄膜,可防止土壤中病菌侵染果实。

（3）根颈部发病治疗　根颈部发病的植株,于春季扒土晾晒,刮除腐烂变色的部分,用 40% 福美胂可湿性粉剂 50 倍液或 3~5°Bé 石硫合剂消毒伤口,或用 72% 霜脲·锰锌可湿性粉剂或 50% 乙膦铝·锰锌可湿性粉剂 400 倍液涂抹病部并浇灌根颈部。

（4）喷药保护果实和叶片　重点喷药保护树冠下部的果实和叶片,常用药剂有 1∶2∶200 波尔多液、72% 霜脲氰可湿性粉剂 1 500 倍液、70% 代森锰锌可湿性粉剂 500 倍液或 85% 三乙膦酸铝可湿性粉剂 700 倍液等。

四、梨树果实害虫

（一）梨树果实害虫识别（表 7.2.4）

表 7.2.4　梨树常见果实害虫识别特征

害虫名称	寄主植物	为害特点	识别特征
梨大食心虫（梨云翅斑螟、梨斑螟、吊死鬼）（Nephopteryx pirivorella Matsumura）,属鳞翅目螟蛾科	梨花芽、花序和幼果	越冬幼虫从花芽基部蛀入,被害芽鳞片松散开裂;幼虫转芽为害,鳞片被虫丝缀连不易脱落;被害花序凋萎;幼果被害虫果干缩变黑脱落,果柄被虫丝缠在果台上	成虫体长 10~15 mm,暗灰褐色,前翅具有紫色光泽,内、外横线灰白色,两边紫褐色,形围有黑边;幼虫体长 17~20 mm,全身紫褐色或绿褐色,前胸背板黑色
梨小食心虫（东方蛀果蛾、桃折心虫）（Grapholitha molesta Busck）,属鳞翅目小卷叶蛾科	梨、桃、苹果、李、杏和山楂等的果实、嫩梢	幼虫多从果实蒂、梗洼处蛀入,早期被害果蛀孔外有虫粪排出,高湿时蛀孔周围常变黑腐烂,扩大成黑斑;为害嫩梢髓部,蛀孔处有虫粪排出,被害梢易萎蔫干枯	成虫体长 5~6 mm,体灰褐色无光泽,前翅前缘有 10 组白色斜纹,外缘有 10 个小黑斑,翅中央有 1 个白色小斑;幼虫体长 10~13 mm,桃红色,头部黄褐色,前胸背板呈黄白色,腹部末端有深褐色臀栉 4~7 根
梨黄粉蚜（膏药顶）（Aphunostigma jakusiensis Kishida）,属同翅目根瘤蚜科	梨属果树的果实、枝条及枝干嫩皮	若虫、成蚜群集梨蒂洼处为害呈黄粉状,被害果面稍凹陷,变黄,后变硬、变黑,龟裂成黑疤;枝干、嫩皮上有黄色蚜虫	干母、普通型、性母均为雌性,形态相似,体呈倒卵圆形,长 0.7~0.8 mm,鲜黄色,足短小,无腹管;雌虫体长约 0.5 mm;雄虫长约 0.35 mm 左右,长椭圆形,鲜黄色;若虫似成虫,体较小,淡黄色

续表

害虫名称	寄主植物	为害特点	识别特征
梨实蜂（梨实叶蜂、梨实锯蜂、蜇梨蜂、白钻眼）（*Hoplocampa pyricola* Rohwer），膜翅目叶蜂科	梨的花萼、幼果	成虫在花萼上产卵，被害花萼出现1个稍鼓起小黑点；落花后，花萼筒有1黑色虫道。受害幼果有1黑色大虫孔，致果变黑早期脱落	雌成虫体长约4.5 mm，黑褐色具金属光泽，翅淡黄色，透明；雄成虫体长约3.5 mm，为黄色，足为黑色，先端为黄色；老熟幼虫体长8～10 mm，淡黄色，头部橙黄色，尾端背面有1褐色斑纹
梨象甲（朝鲜梨象甲、梨实象甲、梨虎、梨狗子）（*Rhymchites foveipennis* Fairmaire），属鞘翅目象甲科	梨、苹果、山楂、杏、桃等多种果树	成虫啃食嫩枝、花丛、果梗、果面，使果面形成条状伤痕；产卵前咬伤果柄基部，将卵产于在果实上咬的小孔内，用碎屑及虫粪封口似1小黑点；卵孵化后在幼果内蛀食，虫果萎缩易脱落	成虫体长12～14 mm，红紫色有金属光泽，头管较长；雌虫头管直，触角着生于头管中部；雄虫头管端向下弯曲，触角着生于头管端部1/3处；老熟幼虫体长约12 mm，乳白色，体表多皱纹，头小缩入前胸，腹部背面各节有1横纹，横纹后有1列短毛
梨蝽（*Urochela luteovaria* Distant），属半翅目蝽科	梨、苹果、桃、李、枣、山楂、樱桃等多种果树及林木植物	成虫、若虫群集吸食梨幼芽、新叶、花蕾、新梢和果实；果实被害处木栓化，变硬下陷，果面凹凸不平，成畸形疙瘩梨；被害嫩梢和叶片逐渐干枯死亡	成虫体长12～15 mm，灰褐色，前胸背板近前缘处有1黑色"八"字纹，腹部两侧有黄、黑相间的斑露出翅外
茶翅蝽（*Halyomorpha picus* Fabr.），属半翅目蝽科			成虫体长12～16 mm，淡黄褐至茶褐略带紫红色，前胸背板前缘横列4个黄褐色小点，小盾片基部横列5个小黄点
麻皮蝽（*Erthesina fullo* Thunberg），属半翅目蝽科			成虫体长20～25 mm，体黑褐密布黑色刻点及不规则黄斑，头部前端至小盾片有1条黄色细中纵线，前胸背板前缘及前侧缘具黄色窄边

（二）梨树果实害虫发生规律与防治

1. 梨大食心虫

（1）消灭越冬幼虫　梨大食心虫1年发生1～3代，以1～2龄幼虫在梨芽内（主要是花芽）结白色小茧越冬。结合冬剪，剪掉所有鳞片包被不紧的越冬虫芽；鳞片脱落期轻敲梨枝，鳞片振而不落的为被害芽，应及时掰除，集中销毁。

梨大食心虫
的防治

（2）及时摘除被蛀花序和虫果　春梨花芽露绿时，越冬幼虫开始出蛰，转移到另一健芽上为害，每头幼虫可为害2～3个芽，这个时期称转芽期。当梨果长到拇指大小时，幼虫转移到果实上为害，1个幼虫可为害1～4个果，这个时期叫转果期。在花期和幼果期发现被蛀花序和虫果应及时摘除，由于幼虫转果时间不整齐，应连续摘虫果2～3次，并在成虫羽化以前完成。

（3）越冬幼虫转芽期、转果期、卵及幼虫孵化初期药剂防治　是否进行药剂防治，应根据越冬幼虫密度而定。在早春越冬幼虫出蛰前，每园按不同品种用对角线取样法选取5点，每点1～2株，共调查5～10株，每株按不同方位随机调查100～200个花芽，统计出有虫芽率。当梨树大年果多、有虫芽率 3% 以上时,应考虑进行药剂防治。当梨树小年果少、有虫芽率 1% 以下时,一般不用药剂防治,但应进行人工防治。

越冬幼虫转芽期和转果期是药剂防治的有利时机。幼虫转芽期各梨区不同,1~2 代区出蛰转芽期较集中,约半个月,2~3 代区转芽不集中,可达 2 个月之久。越冬幼虫转芽期调查应在鸭梨花芽抽节或鳞片间露出 1~2 道白绿色裂缝时进行,选择上年梨大食心虫发生较多的地块,随机调查 3~5 株树,采用固定或随机取芽调查法,每 2 d 调查 1 次,每次检查 30~100 个虫芽,记录越冬幼虫出蛰数量,发现出蛰后每天定时检查 1 次。当越冬幼虫出蛰率达到 3%,同时气温明显回升时,应立即进行药剂防治。可施用 2.5% 高效氯氟氰菊酯乳油 1 500 倍液、40.7% 毒死蜱乳油 1 000~2 000 倍液、5% 氟虫脲乳油 1 000~2 000 倍液、50% 杀螟硫磷乳剂 1 000 倍液等。在出蛰转芽集中的地区喷 1 次即可;在出蛰转芽期不集中地区,可连续喷 2 次,间隔 7 d,交替用药。

(4)诱杀成虫　成虫昼伏夜出活动,对黑光灯有趋性。可利用梨大食心虫性诱剂、黑光灯诱杀成虫并可作测报依据。

(5)保护天敌　天敌有黄眶离缘姬蜂、瘤姬蜂、离缝姬蜂等,对梨大食心虫的抑制作用很大,特别是控制后期的为害。在天敌繁殖季节,尽量不用或少用剧毒农药。摘下的虫果寄生蜂较多时,应将虫果保存,放在挖好的坑中,上盖纱罩,待寄生蜂羽化飞出后,再将梨大食心虫成虫消灭。

2. 梨小食心虫

(1)合理建园　梨小食心虫 1 年发生 3~6 代,春、夏季节主要为害桃、梨、李、苹果等嫩梢,8—9 月间转害苹果和梨的果实,在桃、李、杏、梨、苹果等混栽的果园发生为害较重。要尽量

议 一 议
为什么梨小食心虫为害近年有加重趋势?解决的办法有哪些?

避免与桃、杏混栽或近距离栽植,杜绝害虫在寄主间相互转移。

(2)消灭越冬幼虫　梨小食心虫以老熟幼虫在枝皮缝隙和主干根颈周围的土中结茧越冬。可在秋季树干及主枝处绑麻袋片或束草诱集越冬幼虫,集中消灭。也可于晚秋与早春彻底刮除老树翘皮及树缝里的越冬幼虫。

(3)诱杀成虫　梨小食心虫成虫有趋光性和趋化性,结合预测预报,可用黑光灯、糖醋液和性诱剂诱杀成虫。

(4)摘除虫梢　梨小食心虫的 1 头幼虫在春、夏季节可蛀害 3~4 个新梢,被害嫩梢叶片逐渐凋萎下垂,最后枯死。发现新梢被害时应及时剪除,深埋处理,将幼虫消灭在转梢为害前。

(5)喷药保护新梢和果实　梨小食心虫有转主为害习性,一般 1、2 代主要为害桃、李、杏的新梢,前期虫口密度大时,应及时施药护梢。3、4 代为害梨、桃、苹果的果实,应在成虫产卵期和幼虫孵化期施药保果。选择上年梨小食心虫为害严重的果园作为调查地点,于成虫羽化前挂梨小性诱剂诱捕器或糖醋液诱蛾器诱集并记录成虫数量,用期距法推测各代成虫产卵和卵孵化盛发期,必要时调查田间卵果率以确定树上喷药时期。药剂参照苹果食心虫类。

(6)套袋保护　在成虫产卵前套袋保护果实。

3. 梨黄粉蚜

（1）消灭越冬卵　梨黄粉蚜1年发生6~10代，以卵在枝干的裂缝翘皮或枝干上的残附物内越冬，春季梨树开花期卵孵化，初孵幼虫多在原越冬场所嫩皮层下吸汁、生长和繁殖。黄粉蚜无翅，移动范围小，冬季细致刮掉树干老皮、翘皮，不仅可以大量消灭越冬卵，还可减少生长季节黄粉蚜的栖息地点。早春发芽前喷3~5°Bé石硫合剂、45%晶体石硫合剂300倍液、95%机油乳剂400~600倍液等，可杀死越冬卵。

（2）喷药保果　幼果膨大时，梨黄粉蚜转移到萼洼和果面上为害。成虫活动力较差，多喜在背阴处栖息吸食，套袋果更易遭受为害。应在梨果受害初期或梨果套袋前喷药，重点是果实的萼洼处。药剂参照苹果蚜虫。

4. 梨实蜂

（1）消灭越冬幼虫　梨实蜂1年发生1代，以老熟幼虫在树冠下土内结茧越冬，次年3—4月间开始化蛹，杏树盛花期开始羽化为成虫。秋季深翻树盘土壤，可消灭一部分越冬幼虫，成虫出土前，地面撒毒土或喷药防治，方法与农药参照苹果桃小食心虫地下防治法。

（2）人工捕杀成虫　羽化较早的成虫先群集在杏、李、樱桃上取食花蜜，但不产卵，梨树含苞待放时再转移到梨花上为害。可利用成虫假死性，在杏、李、樱桃盛花期开始和梨花含苞待放时到梨树下，于清晨和傍晚在树冠下铺一块塑料布，振动树干，将落于塑料布上的成虫集中消灭。

（3）药剂防治　成虫羽化期比较整齐，10 d左右。梨花含苞待放时，是成虫由杏花、李花转移至梨花上为害的高峰期，是药剂防治的最佳时期，如成虫密度大，在梨落花后再喷1次。药剂可选用杀螟硫磷、毒死蜱、氯氰菊酯和辛硫磷等。

（4）摘除卵花　产于花萼组织中的卵经5~6 d孵化。初孵幼虫先于萼筒内取食，被害萼筒颜色变深，极易发现，萼筒脱落前，幼虫则蛀入果内为害。有转果为害的习性，1头幼虫可为害1~4个幼果。在为害不重的梨园中，在谢花后3~5 d内，摘除幼果的花萼，既可消除幼虫，又能使梨果正常发育。

5. 梨象甲

（1）毒杀出土成虫　梨象甲1年发生1代或2年发生1代。发生1代的以成虫在土中6 cm左右的深处做土室越冬。2年发生1代的以幼虫在土中越冬，第2年以成虫在土中越冬，成虫在梨树开花时开始出土，梨果拇指大小时出土较多。成虫出土与降雨关系密切，每当遇到大雨或透雨之后，便有大量成虫出土。在上年梨象甲发生严重的地块，可在成虫大量出土前用25%辛硫磷胶囊剂100倍液或5%辛硫磷粉剂3 kg/667 m²地面喷药。

（2）人工捕杀成虫　成虫在中午前后活跃，早晚和夜间多停在树冠顶端新梢、枝丫处不动，有假死性。可在成虫发生期，特别是降雨后，于早晚气温低时振树捕杀，每5~7 d捕杀1次。

（3）树上喷药防治成虫　成虫在花期出土后，先吃嫩芽、嫩叶和花丛，以后转果啃食。在成虫尚未产卵前，平均每株有成虫3~5头时，树上喷80%敌敌畏乳油1 000倍液、48%毒死蜱乳油1 500倍液、10%氯氰菊酯乳油1 500倍液等。成虫寿命长，产卵期长达2个月左右，每隔15 d左右喷1次，一般不少于3次。

（4）及时捡拾落果　幼虫孵化后蛀食果肉和种子，虫果极易落地。虫果落地后，幼虫在果实内继续为害，经19~30 d脱果入土。6月以后树下发生落地果时，要及时捡净，每隔5~6 d捡1

次,集中处理,消灭果中幼虫。

6. 梨蝽、茶翅蝽和麻皮蝽

（1）消灭越冬虫态 梨蝽1年发生1代,以2龄幼虫在树裂缝中越冬,冬春季刮树皮、消灭越冬若虫。茶翅蝽和麻皮蝽在我国北部果区1年发生1代,以成虫在墙缝、石缝、草堆、空房、树洞等场所越冬。秋季成虫越冬时和春季越冬成虫出蛰时,可在越冬场所人工捕杀成虫。

（2）人工捕杀 梨蝽成、若虫在高温下有群集习性,夏季天热时,常群集在树干阴面和树杈处静伏,傍晚后又分散到树梢上为害。可在夏季中午前后,检查枝干阴面,消灭群集的成虫和若虫。茶翅蝽和麻皮蝽发生期不整齐,药剂防治比较困难,冬前成虫越冬时及春季越冬成虫出蛰期,在房屋门窗缝、屋檐下捕捉成虫,在产卵期间,收集卵块和初孵若虫,可收到良好的效果。

（3）药剂防治 梨蝽于早春越冬若虫开始活动,尚未分散前或夏季高温成虫、若虫群集时。茶翅蝽和麻皮蝽在梨树谢花后5~10 d(在成虫潜藏处喷药防治越冬成虫),或茶翅蝽为害最重的6月中旬至8月上旬,是药剂防治的关键期。常用药剂有50%杀螟硫磷乳油1 000倍液、10%氯氰菊酯乳油1 500倍液、10%吡虫啉可湿性粉剂4 000倍液等。

五、梨树芽、花、叶害虫

(一)梨树芽、花、叶害虫的识别(表7.2.5)

表 7.2.5　梨树常见芽、花、叶害虫识别特征

害虫名称	寄主植物	为害特点	识别特征
梨二叉蚜(梨蚜、卷叶蚜)(*Toxoptera piricola* Matsumura),属同翅目蚜科	狗尾草、梨	成虫、若虫群集于芽、叶、嫩梢和茎上吸食汁液;受害叶片伸展不平,由两侧向正面纵卷成筒状,褪绿	无翅胎生雌蚜体长约2 mm,绿或黄褐色,常被有白色蜡粉,腹部背面各节两侧具有1对白粉状斑,构成2纵行;有翅胎生雌蚜体较小,灰绿色,前翅中脉二分叉
梨木虱(中国梨木虱、梨虱子)(*Psylla chinensis* Yang et Li),属同翅目木虱科	梨树	以成虫、若虫刺吸芽、叶、嫩梢汁液,分泌黏液,诱发煤污病等,严重时,全叶变成黑褐色,引起早期落叶	冬型成虫体长约3 mm,黑褐色;夏型成虫体略小,黄绿色;若虫初孵化黄色,3龄以后翅芽增大(图7.2.2)
梨网蝽(梨花网蝽、梨军配虫)(*Stephanitis nashi* Esaki et Takeya),属半翅目网蝽科	梨、苹果、樱桃、桃、李、杏、枣等	成虫、若虫在叶背吸食汁液,被害叶正面形成苍白点,背面有褐色斑点状虫粪及分泌物,使整个叶背呈锈黄色,严重时被害叶早落	成虫体长约3.5 mm,暗褐色,扁平,头小,前胸背板与前翅均半透明,具褐色网纹;若虫白色渐变为暗褐色,无翅,前胸、中胸、腹部3~8节两侧有数个锥状刺突
梨星毛虫(梨叶斑蛾、饺子虫)(*Illiberis pruni* Dyar),属鳞翅目斑蛾科	梨、苹果、李、杏、桃等多种果树林木	越冬幼虫出蛰先蛀害花芽、花蕾,梨树展叶后先吐丝将新叶叶缘两边缀连起来,形成饺子状的叶包,然后潜入其中啃食叶肉,被害叶变黄、枯焦脱落	成虫体长9~12 mm,黑褐色,翅半透明,翅脉明显,上生许多短毛,头胸部具黑褐色绒毛;小幼虫淡紫褐色,老熟幼虫体长17~22 mm,肥胖近纺锤形,淡黄白色

害虫名称	寄主植物	为害特点	识别特征
梨瘿蚊(梨芽蛆、梨红沙虫)(*Contarinia pyrivora* Riley),属双翅目瘿蚊科	梨叶片	嫩叶尖或叶缘先受害,被害叶沿主脉正向纵卷成双筒形,随幼虫生长,卷圈数增加,叶肉组织增厚、变硬、发脆,直至变黑枯萎、脱落	雄虫体长约 1.2 mm,雌虫体长约1.4 mm,前翅椭圆形,基部收缩,强光下闪紫铜色光彩,翅脉简单,仅有纵向两根;幼虫长约3.2 mm,低龄幼虫为乳白色,老熟幼虫深红色
梨肿叶瘿螨(梨潜叶壁虱、梨叶肿病、梨叶疹病)(*Epetiemerus pirifoliae*),属蛛形纲蜱螨目瘿螨科	梨、苹果	被害叶初期多在主脉两侧和叶片的中部出现谷粒大小的淡绿色疱疹,后逐渐扩大变为红色、褐色、黑色	成虫体长约 250 μm,圆筒形,多为白、灰白色,或稍带红色,具足2对生于体前端;若虫与成虫相似,身体较小
梨叶锈瘿螨(梨锈壁虱、梨上瘿螨)(*Epitrimerus pyri* Nalepa),属蛛形纲蜱螨目瘿螨科	梨、杜梨、巴梨	受害叶背呈铁锈状,叶面失绿,叶片硬脆,边缘向背面反卷,严重时全叶成筒形,叶面肿起,色变白或红褐色;枯梢呈灰色,后逐渐变黑;果实受害,表面呈轮状锈斑	成虫体长不超过 0.2 mm,黄乳白色,圆锥形,尾端有 1 吸盘,可以固着在叶面上,体直立左右摇摆,体节很多,体侧似锯齿状;若虫乳白色略带黄,半透明,似胡萝卜状

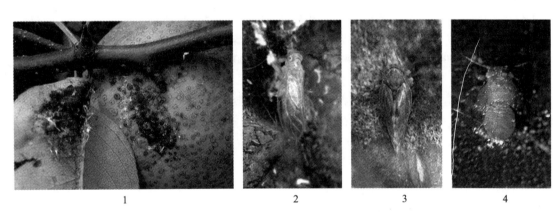

| 1 | 2 | 3 | 4 |

图 7.2.2　中国梨木虱
1. 梨木虱为害状　2. 夏型成虫　3. 冬型成虫　4. 若虫

（二）梨树芽、花、叶害虫发生规律与防治

1. 梨二叉蚜

梨二叉蚜 1 年发生 10~20 代,以卵在芽腋或小枝的粗皮裂缝中越冬。春季为害花序和幼叶,以后产生有翅蚜虫,飞到其他寄主上为害;落叶前,有翅蚜虫陆续迁回到梨树上,再产生有性蚜,交尾、产卵越冬。在发生数量不太大时,早期摘除被害叶,清除果园内外狗尾草,集中处理,以消灭蚜虫。春季在蚜虫为害尚未卷叶之前(即梨芽萌动后至开花前)可及时喷 10%吡虫啉 4 000 倍液、2.5%高效氯氟氰菊酯乳油 2 000 倍液等。

2. 梨木虱

（1）消灭越冬成虫　梨木虱1年发生3~7代，以冬型成虫在梨树翘皮缝、杂草等处越冬。秋后清扫果园、灌冻水，冬季刮老翘皮，可消灭越冬虫源。

（2）药剂防治越冬成虫　梨木虱耐寒性较强，越冬成虫出蛰期较早。出蛰后先集中到新梢上取食为害，交尾产卵。越冬成虫出蛰盛期在梨初花吐白期，正是第1代卵出现的初期，此时叶片尚未形成，成虫暴露在枝条上，是药剂防治的有利时期。选择既杀成虫又杀卵的药剂，如90%灭多威可溶性粉剂3 000倍液、4.5%高效氯氰菊酯乳油2 000倍液、1.8%阿维菌素乳油2 000~3 000倍液等，可以控制出蛰成虫基数。

梨木虱的防治

（3）药剂防治第1代若虫　梨树发芽前，卵大都产在芽痕处，展叶后，大多产在叶缘锯齿间，卵期10 d左右。第1代若虫发生比较集中，有利于集中消灭，是药剂防治的又一个关键

想 一 想
为什么药剂防治梨木虱的关键时期在花前和花后？

期，在梨树落花达90%左右时，可选用1.8%阿维菌素乳油2 000倍液、90%灭多威可溶性粉剂3 000倍液、10%吡虫啉可湿性粉剂3 000倍液等。

3. 梨网蝽

（1）消灭越冬成虫　梨网蝽1年发生3~6代，以成虫在落叶中、杂草中、枝干翘皮内、树干根际土缝内及果园四周灌木丛中越冬。秋季树干绑草把诱集成虫，彻底清除树下落叶、杂草，刮除老树皮，以消灭越冬成虫。

（2）药剂防治越冬成虫　梨树花序伸出期越冬成虫开始出蛰，飞到寄主上取食为害。越冬成虫出蛰期是药剂防治的关键时期。如出蛰上树时数量较多，可用48%毒死蜱乳油1 000倍液、3%啶虫脒乳油3 000倍液、10%吡虫啉可湿性粉剂2 000倍液等喷雾。树干根基部喷药也能消灭大部分成虫。

（3）药剂防治第1代若虫　成虫产卵于叶背面，常数粒至数十粒相邻产于主脉两侧的叶肉内。第1代卵期18 d左右，初孵若虫有群集为害习性，2龄后逐渐扩大活动范围。第1代若虫盛发期是药剂防治的又一个关键时期，所用药剂同上。生长季节发生严重，可交替使用上述药剂连续防治，彻底消灭。

4. 梨瘿蚊

（1）消灭越冬幼虫　梨瘿蚊1年发生3~4代，以老熟幼虫在树干翘皮裂缝内或树冠下表土层中越冬。初冬霜冻前将树冠下表土深翻10~15 cm，芽萌动前喷布5°Bé石硫合剂消灭越冬幼虫。

（2）地面药剂防治　越冬代成虫羽化出土，产卵于嫩叶上，卵孵化为幼虫吸取梨叶汁液，经13 d左右老熟，又脱叶入土化蛹。老熟幼虫需要有降水才能脱叶入土或爬到树皮裂缝中。在越冬代成虫羽化出土前和第2、3代老熟幼虫脱叶高峰期，树冠下地面喷施50%辛硫磷300倍液或48%毒死蜱乳油800倍液，可毒杀幼虫和成虫。

（3）树冠药剂防治　在第1、2代成虫产卵盛期进行树冠喷药，用80%敌敌畏乳油1 000倍液、4.5%高效氯氰菊酯乳油1 500倍、40%毒死蜱乳油1 000倍液等。

5. 梨星毛虫

（1）消灭越冬幼虫　梨星毛虫 1 年发生 1~2 代，以 2~3 龄幼虫在树干粗、翘皮、根颈部等缝隙中做白色薄茧越冬。越冬前绑草把诱杀幼虫。冬、春季节刮除枝干上粗翘皮、刮下碎皮残物集中烧毁，以消灭越冬幼虫。

（2）药剂防治　梨花芽膨大期，越冬幼虫开始出蛰，花芽露白至花序分离期为出蛰盛期。越冬幼虫出蛰期及第 1 代幼虫孵化期（越冬代成虫发生期后 10 d 左右），是喷药防治的有利时机。药剂可参考苹果卷叶蛾类。

（3）人工防治　夏季及时摘除虫包叶中的幼虫或蛹。老熟幼虫 、成虫均有假死性，可在发生季节清晨气温低时振落捕捉。

6. 梨肿叶瘿螨和梨叶锈瘿螨

梨肿叶瘿螨和梨叶锈瘿螨均 1 年发生多代，前者以成螨于芽鳞片下、后者以成螨于芽鳞下或枝条裂缝中越冬。在梨花芽膨大时喷洒 5°Bé 石硫合剂或含油量 3% 的柴油乳剂，展叶期喷杀螨剂，有较好的防治效果。

六、梨树枝干害虫发生规律与防治

（一）梨树枝干害虫识别（表 7.2.6）

表 7.2.6　梨树常见枝干害虫识别特征

害虫名称	寄主植物	为害特点	识别特征
金缘吉丁虫（褐绿吉丁、梨吉丁虫、串皮虫）（*Lampra limbata* Gebler），属鞘翅目吉丁虫科	主要为害梨，还为害苹果、杏、桃、山楂等多种果树	幼虫蛀食韧皮部，被害组织颜色变深，被害处外观变黑，蛀食的隧道内充满褐色虫粪和木屑，后期常成纵裂伤痕以至干枯死亡	成虫体长 13~18 mm，纺锤状，翠绿色，具金色金属光泽，鞘翅密布蓝黑色刻点，其前胸背板有 5 条蓝色纵纹，前胸背板和鞘翅两侧缘呈金黄色；老熟幼虫体长 18~35 mm，体扁平，由乳白色渐变黄白色，前胸背板中央有"人"字形凹纹，腹中央有 1 纵列凹纹，各腹节两侧各具 1 弧形凹纹
梨茎蜂（梨梢茎蜂、梨茎锯蜂、折梢虫）（*Janus piri* Okamoto et Muramatsu），属膜翅目茎蜂科	梨、沙果、棠梨、梨、杜梨、苹果等果树的新梢	成虫产卵时用锯状产卵器将嫩梢 4~5 片叶锯伤，再将伤口下方 3~4 片叶切去，仅留叶柄，新梢被锯后萎缩下垂，干枯脱落；幼虫在残留小枝内蛀食	成虫体长 9~10 mm，体黑色有光泽，前胸背板两侧后角、中胸侧板及后胸背板后端黄色，翅透明，足黄色；老熟幼虫体长 11~12 mm，白色，头淡褐色，胸腹部黄白色，头胸部向下弯，尾端向上翘
梨瘿华蛾（梨瘤蛾、梨枝瘿蛾、糖葫芦、梨疙瘩）（*Sinitinea pyrigalla* Yang），属鳞翅目华蛾科	梨的枝梢	幼虫蛀入枝梢为害，被害处形成小瘤，连年为害，新旧木瘤连接成串，在没有形成木瘤前，蛀孔附近总有 1 片叶枯黄	成虫体长 5~8 mm，灰黄色至灰褐色，具银色光泽；老熟幼虫体长 7~8 mm，头部红褐色，胴部肥大，全体布黄白色细毛

续表

害虫名称	寄主植物	为害特点	识别特征
梨眼天牛（梨绿天牛、琉璃天牛）(Bac-chisa fortunei Thomson)，属鞘翅目天牛科	梨、苹果、桃、杏、李、山楂、梅、海棠、石榴等	成虫咬食叶背的主脉、中脉基部的侧脉、叶柄、叶缘和嫩枝表皮；卵产在2、3年生枝条的伤痕皮层下；幼虫蛀食枝条木质部，被害枝外部有烟丝状木屑、粪便，被害枝多为3、4年生	成虫体长8~11 mm，身体密被细长竖毛，头和前胸背板橙黄色，鞘翅蓝绿色或蓝紫色，具金属光泽；老熟幼虫体长18~21 mm，长筒形，黄色，前胸大，前胸背板方形，前胸盾骨化，呈梯形

（二）梨树枝干害虫发生规律与防治

1. 金缘吉丁虫

金缘吉丁虫每年发生代数因地而异，1年发生1代、2年1代或3年1代。以大小不同龄期的幼虫于被害枝、干皮层下或木质部处越冬，成虫具假死性。防治可在春季发芽前或秋季落叶期于被害表皮处涂药杀幼虫、成虫羽化前锯掉并销毁被害枯枝死树、成虫发生期喷洒药剂，可参考苹果小吉丁虫的防治方法。另外，还可利用成虫的假死习性，早晨进行人工捕杀。7—8月间幼虫被害处凹陷变黑，人工挖出幼虫或涂刷药液于树皮虫道上，以杀死低龄幼虫。

2. 梨茎蜂

（1）消灭越冬幼虫和蛹　梨茎蜂1年发生1代，以幼虫及蛹在被害枝内越冬。结合冬剪，剪除虫枝，不能剪除的被害枝，可用铁丝戳入被害枝内，杀死幼虫或蛹。

（2）捕捉成虫并消灭虫卵　梨盛花期后1周开始折梢产卵，5 d后达到产卵高峰期。卵产于残留的枝梢端部，每一段梢只产1粒卵，每1雌成虫能为害20~30个嫩梢。利用成虫群栖性和停息在树冠下部新梢叶背的习性，可在早春梨树新梢抽发时，于早晚或阴天捕捉成虫。成虫产卵结束后，可及时剪除被害梢，以消灭虫卵，剪除部位应在断口下方1.0~1.5 cm处。

（3）药剂防治成虫　成虫发生高峰期，新梢长至5~6 cm时，喷布80%敌敌畏乳油1 000倍液、5%高效氯氰菊酯乳油1 000倍液、10%吡虫啉可湿粉剂2 000倍液等。喷药时间以中午前后最好，在2 d内突击喷完。

3. 梨瘤蛾

梨瘤蛾1年发生1代，以蛹在被害瘤内越冬。翌年梨芽萌动时成虫开始羽化，花芽开绽前为羽化盛期。羽化后的成虫早晨静伏于小枝上，傍晚比较活跃，产卵于粗皮、芽和木瘤缝内。新梢长出后卵开始孵化，初孵幼虫蛀入新抽生的幼嫩枝梢为害，被害部逐渐膨大成木瘤，幼虫在瘤内蛀食。9月中下旬幼虫老熟时，从瘤中向外咬一孔羽化，然后化蛹越冬。

成虫羽化前应结合冬剪，彻底剪除1年生的瘿瘤枝。在成虫发生盛期，如果成虫发生量大，喷药防治也有很好的效果。

4. 梨眼天牛

（1）捕杀成虫　梨眼天牛2年完成1代，以不同年的幼虫于被害枝隧道内越冬。老熟幼虫在髓部化蛹，化蛹前幼虫由木质部向外啃食一圆孔，待成虫羽化后咬破表皮，穿孔而出。成虫喜白天活动，多潜伏在枝杆或叶背，取食叶片、叶柄、叶脉、叶缘和嫩枝的皮以补充营养。可利用成虫不善飞行、易捕捉的特点人工捕杀。

（2）毒杀成虫　成虫有啃食叶片作为补充营养的习性，可在成虫羽化期喷洒 50%敌敌畏乳油或 50%杀螟硫磷乳油 1 000 倍液毒杀。

（3）涂药杀灭虫卵　成虫寿命 10～30 d，产卵多选择直径为 15～25 mm 粗的枝条，或以 2～3 年生枝条为主，产卵部位多于枝条背光的光滑处，产卵前先将树皮咬成伤痕，然后在伤痕中间皮下的木质部与韧皮部之间产 1 粒卵，外表留小圆孔，极易识别。成虫卵期 10～15 d。可在枝条产卵伤疤处涂药杀灭虫卵，方法是用煤油 10 份+50%敌敌畏乳油 1 份配制煤油乳剂，以毛笔在枝条产卵伤痕处涂药。

（4）捕杀幼虫　初孵幼虫先于韧皮部为害嫩皮，2 龄后开始蛀入木质部，深达髓部。幼虫常有出蛀道啃食皮层的习性，由蛀孔不断排出烟丝状粪屑，并黏于蛀孔外不易脱落。随虫体增大排粪孔（蛀孔）不断扩大，烟丝状粪屑也变粗加长，幼虫一生蛀食隧道长达 6～9 cm。越冬或化蛹前常用粪屑封闭排粪孔和虫体前方的部分蛀道。可利用幼虫清晨向外排粪的习性，在早晨或傍晚，对有新鲜虫粪的坑道口，掏除木屑捕杀幼虫。

（5）其他防治措施　药剂防治初孵幼虫、钩杀小幼虫、药剂熏杀大龄幼虫、保护和利用天敌等可参照桃红颈天牛的防治方法。

任务工单 7-3　梨树常见病害诊断与防治

一、目的要求

了解当地梨树常见病害及其发生为害情况，区别梨树主要病害的症状特点及病原菌形态，设计梨树病害无公害防治方法。

二、材料、用具和药品

学校实训基地、农业企业或农村专业户梨树园，多媒体教学设备，梨树病害标本，观察病原物的器具与药品，常用杀菌剂及其施用设备等。

三、内容和方法

1. 梨树常见病害症状和病原菌形态观察

观察梨黑星病、梨锈病、黑斑病、褐斑病、白粉病、炭疽病、疫腐病、轮纹病、腐烂病、干腐病、干枯病、枝枯病等病害的分布特点、发病部位、症状表现（病部形状、质地、颜色、表面特征等）和病原特征，辨别并判断病原类型及病害种类。

2. 梨树重要病害预测

根据越冬菌量、气象条件、栽培条件和当地主要梨树品种生长发育状况，分析并预测 1～2 种重要梨树病害的发生趋势。

3. 梨树主要病害防治

（1）调查了解当地梨树主要病害的发生为害情况及其防治技术和成功经验。

（2）根据梨树主要病害的发生规律，结合当地生产实际，提出 2～3 种梨树病害防治的建议和方法。

（3）配制并使用 2～3 种常用杀菌剂防治当地梨树主要病害，调查防治效果。

四、作业

1. 描述为害梨果实的轮纹病、梨黑星病、霉心病、炭疽病、褐腐病等病害的症状特点。

2. 绘梨黑星病、黑斑病、锈病的病菌形态图,并注明各部位名称。

3. 预测重要梨树病害的发生趋势并说明依据。

4. 评价当地梨树主要病害的防治措施。

5. 提出梨树主要病害无公害防治建议和方法。

6. 记录梨树常用杀菌剂的配制、使用方法和防治效果。

五、思考题

如何区别梨黑星病症状与梨木虱为害后对梨叶片的污染?

任务工单 7-4　梨树常见害虫识别与防治

一、目的要求

了解当地梨树常见害虫及其发生为害情况,识别梨树主要害虫的形态特征及为害特点,熟悉梨树重要害虫预测方法,设计梨树害虫无公害防治方法。

二、材料、用具和药品

学校实训基地、农业企业或农村专业户梨园,多媒体教学设备,梨树害虫及其为害状标本,放大镜、挑针、镊子及培养皿,常用杀虫剂及其施用设备等。

三、内容和方法

1. 梨树常见害虫的形态和危害特征观察

观察梨大食心虫、梨小食心虫、梨黄粉蚜、梨二叉蚜、梨木虱、梨网蝽、梨星毛虫、金缘吉丁虫、梨茎蜂、梨瘤蛾和梨眼天牛的成虫大小、翅的颜色及斑纹形状,幼虫体色、体形等特征,为害部位与被害特点。梨象甲、梨实蜂的成虫、幼虫的形态特征,区别梨果的为害状。

2. 梨树害虫预测

选择 1~2 种梨树主要害虫,利用性诱剂、(糖、酒、醋)诱蛾器或虫情测报灯进行预测。

3. 梨树主要害虫防治

(1)调查了解当地梨树主要害虫发生为害情况及其防治措施和成功经验。

(2)选择 2~3 种梨树主要害虫,提出符合当地生产实际的防治建议和方法。

(3)配制并使用 2~3 种常用杀虫剂防治当地梨树主要害虫,调查防治效果。

四、作业

1. 记录所观察梨树常见害虫的形态特征和为害特点。

2. 绘梨大食心虫、梨小食心虫、梨蝽象和梨象甲的形态特征简图。

3. 记录梨树害虫预测的方法与结果。

4. 评价当地梨树主要害虫的防治措施。

5. 提出梨树主要害虫无公害防治建议和方法。

6. 记录梨树常用杀虫剂的配制、使用方法和防治效果。

五、思考题

1. 怎样区分梨二叉蚜、绣线菊蚜和黄粉蚜的形态及为害状?

2. 梨木虱和梨黄粉蚜严重发生的可能原因有哪些?

任务三　葡萄病虫害

一、葡萄叶部、枝蔓病害

（一）葡萄叶部、枝蔓病害诊断（表7.3.1）

表 7.3.1　葡萄常见叶部、枝蔓病害诊断要点

病害名称	病原	寄主植物及为害部位	为害状
葡萄霜霉病	葡萄生单轴霉菌[*Plasmopara viticola*（Berk. et Curtis.）Berl et de Toni]，属真菌界卵菌门单轴霉属	葡萄叶片、果穗、枝蔓	叶片受害，叶面初现水浸状小斑点，扩大后为黄褐色、多角形病斑；潮湿时病斑背面产生白色霉状物；病梢停止生长，扭曲，甚至枯死；幼果感病，最初果面变灰绿色，果面满布白色霉层，后期病果呈褐色并干枯脱落
葡萄锈病	葡萄锈菌（*Phakopsora ampelopsidis* Diet. et Syd）属真菌界担子菌门层锈菌属	葡萄、枣树等叶片	病叶叶面出现小黄点，叶背产生橙黄色疱斑，疱斑破裂散出橙黄色粉状物，严重时橙黄色粉状物布满整个叶片，致叶片干枯、早落
葡萄褐斑病（斑点病）	葡萄假尾孢[*Pseudocercospora vitis*（Lév.）Speg.]，属真菌界半知菌类假尾孢属	葡萄叶片	大褐斑病病斑褐色，近圆形或不规则形，中部呈黑褐色，边缘褐色，病、健交界明显，直径可达 3～10 mm；叶斑背生灰色或深褐色霉层
	座束梗尾孢[*Cercospora roesleri*（Catt.）Sacc.]，属真菌界半知菌类尾孢属		小褐斑病病斑深褐色，近圆形或不规则形，直径 2～3 mm，大小一致；病斑边缘深褐色，中部颜色稍浅，后期病斑背面长出黑色霉状物
葡萄白粉病	葡萄白粉病菌（*Oidium tuckeri*）属真菌界半知菌类粉孢属	葡萄叶片、嫩梢、果穗、幼果	病部有白色粉状物，当粉斑蔓延到整个叶片时，粉状物下有黑褐色网状纹，病叶变褐焦枯，病果停止生长呈畸形，味酸
葡萄蔓枯病（蔓割病）	葡萄壳棱孢菌（*Fusicoccum viticolum* Red.），属真菌界半知菌类壳棱孢菌属真菌	葡萄枝蔓	枝蔓发病初呈水渍状红褐色斑，后变暗褐色，病斑组织坏死，稍凹陷，后呈梭形，皮部纵裂翘起，皮下散生黑色颗粒，病蔓干裂而死亡
葡萄扇叶病	葡萄扇叶病毒（Grapevine fan leaf virus，GFLV），属线虫传多面体病毒属	葡萄叶片	扇叶形病叶皱缩畸形，叶缘深裂，叶脉不对称，叶缘锯齿锐呈不规则状；病叶呈扇叶状，有时有浅绿色斑点；黄化叶型为黄绿相间的花斑叶不变形，但有时也呈扇叶状；镶脉形叶片沿叶脉形成淡绿色或色带状斑纹，叶片不变形

（二）葡萄叶部、枝蔓病害发生规律与防治

1. 葡萄霜霉病

（1）选用抗病品种　病害发生与品种间的抗病性有明显差异，美洲种葡萄、圆叶葡萄、沙地葡萄等较抗病。利用抗病砧木可影响接穗的抗病性，嫁接时应尽可能选用美洲系列的品种。

葡萄霜霉病
的防治

（2）栽培防治　病菌主要以卵孢子和菌丝体在病组织内或随病残体遗落土壤中越冬，翌春卵孢子萌发产生孢子囊，再由孢子囊产生游动孢子，借风雨传播，从气孔侵入致病。病部形成的孢子囊产生游动孢子可多次再侵染。多雨、多雾的潮湿天气有利于本病发生，果园地势低洼、排水不良、土质黏重或枝蔓徒长荫蔽等条件下发病较重。应及时摘心、绑蔓和中耕除草，冬季修剪清除病残枝。

（3）避雨栽培　在降雨频繁地区搭建塑料拱棚，避免雨水直接落到葡萄植株上，可降低果园湿度，阻止病菌传播、侵染和繁殖，控制霜霉病的发生和加重。

波尔多液的
配制与使用
注意事项

（4）药剂防治　葡萄展叶后至果实着色前，在病菌侵染前喷药防治。可选用1∶1∶240波尔多液、69%烯酰吗啉可湿性粉剂2 000倍液、72.2%霜霉威水剂500倍液、40%三乙膦酸铝可湿性粉剂300倍液等。

2. 葡萄锈病、白粉病和褐斑病

（1）减少越冬菌源　葡萄锈病菌在寒冷地区以冬孢子越冬，葡萄褐斑病菌以菌丝

比 一 比
葡萄霜霉病和白粉病症状有
何异同？

体和分生孢子在落叶上越冬，葡萄白粉病菌以菌丝体在枝蔓的被害组织或芽鳞中越冬，在生长季节适宜条件下均可进行多次再侵染。发病初期适当清除老叶、病叶，秋末冬初结合修剪，彻底清除病叶，发芽前喷3~5°Bé石硫合剂，可以减少病源。

（2）加强葡萄园管理　高温高湿，植株长势差，易发病。加强肥水管理，降低田间湿度，可增强植株抵抗力。

（3）药剂防治　葡萄锈病和葡萄白粉病发病初期喷洒0.2~0.3°Bé石硫合剂、20%三唑酮乳油1 500~2 000倍液、25%丙环唑乳油1 000倍液等；葡萄褐斑病在发病初期喷0.5%石灰半量式波尔多液、70%代森锰锌可湿性粉剂600~800倍液等。每隔15~20 d喷1次，连续喷2~3次。

3. 葡萄蔓枯病

（1）加强栽培管理　病菌主要在病蔓上越冬，多雨或湿度大、植株衰弱、冻害严重时发病重。应剪除病蔓，减少田间病源；增施有机肥，雨后及时排水，降低湿度，注意防冻。

（2）避免伤口　病菌多从伤口侵入，要避免机械伤和虫伤，以减少病菌侵入机会。

（3）刮除病斑　检查枝蔓发现病部后，及时刮除病部，并用5°Bé石硫合剂或硫酸铜100倍液消毒。

（4）喷药防治　结合防治葡萄其他病害，发芽前喷1次5°Bé石硫合剂。葡萄生长期可选用1∶0.7∶200倍式波尔多液、14%络氨铜水剂350倍液等喷布枝蔓。

4. 葡萄扇叶病

（1）避免繁殖材料传播　病毒存留在活寄主体内，可随苗木、枝条远距离传播。新建葡萄园

必须从无病毒果园引进繁殖材料,或采用茎尖脱毒的方法获得无病毒苗木。

(2)土壤消毒　葡萄扇叶病毒主要由土壤中的剑线虫传毒,线虫在病株根部短时间取食即获毒。可用5%灭线磷颗粒剂120~180 kg/hm² 或98%棉隆微粒剂75~150 kg/hm²,对细土沟施后覆土,杀死土壤中的传毒线虫。

二、葡萄果实病害

(一)葡萄果实病害诊断(表7.3.2)

表7.3.2　葡萄常见果实病害诊断要点

病害名称	病原	寄主植物及为害部位	为害状
葡萄白腐病	白腐盾壳霉菌[*Coniothyrium diplodiella*(Speg.)Sacc.],属真菌界半知菌类盾壳霉属	葡萄果穗、果粒、枝蔓和叶片	果梗或穗轴染病初呈水浸状、浅褐色的不规则病斑,逐渐向果粒蔓延;果粒基部先呈浅褐色水浸状腐烂,后全粒变褐腐烂,表面密生灰白色小颗粒;枝蔓病斑初呈水浸状,淡红色,边缘深褐色,后期变深褐色凹陷,表皮密生灰白色小粒点;病树皮呈丝状纵裂与木质部分离;病叶多在叶尖或叶缘产生淡褐色水浸状病斑,后期表面生灰白色小粒点,病斑多干枯破裂
葡萄炭疽病(晚腐病)	围小丛壳菌[*Glomerella cingulata*(Stonem)Spauld. et Schrenk],属真菌界子囊菌门小丛壳属	葡萄、苹果、梨等的花、果、叶片	花穗染病,自上而下穗轴、小花、小花梗出现淡褐色湿腐状不定形斑,甚至整个花穗变黑褐色腐烂;果实被害初呈针头大水浸状赤褐色斑点,后逐渐扩大并凹陷,表面长出呈轮纹状排列的小黑点;潮湿时病部表面出现粉红色黏质物;病果粒软腐,失水干枯成僵果;叶片染病,多始自叶缘处形成暗褐色病斑
葡萄黑痘病(疮痂病、鸟眼病)	葡萄痂圆孢菌(*Sphaceloma ampelinum* de Bary),属真菌界半知菌类痂圆孢属	葡萄果实、枝蔓、叶片	幼果受害病斑中央凹陷,呈灰白色,边缘褐色至深褐色,形似鸟眼状;叶片受害,初呈针头大圆形褐色斑点,扩大后中央呈灰褐色,边缘色深,常形成穿孔;新梢、卷须、叶柄受害,病斑呈暗褐色、圆形或不规则凹陷,后期中央稍淡,边缘深褐色,病部常龟裂
葡萄房枯病(轴枯病)	葡萄大茎点菌(*Macrophoma faocida*),属真菌界半知菌类大茎点菌属	葡萄、苹果、梨等的果实、叶片	小果梗病斑褐色,晕圈褐色;穗轴或果粒生不规则褐斑,病果粒暗紫色或黑色,干缩成僵果不脱落;叶斑中央灰白色边缘褐色,分生孢子器黑色
葡萄苦腐病	葡萄煤色黑盘孢菌[*Melanoconium fuligineum*(Schr. et Viala)Cavara],属真菌界半知菌类黑盘孢属真菌	葡萄枝蔓、叶片、果实	先是新梢基部第1、2节表皮颜色变浅,扩展后叶柄基部逐渐失水皱缩;果实感病病粒软腐,果面上密生小颗粒点,果肉味苦

续表

病害名称	病原	寄主植物及为害部位	为害状
葡萄灰霉病	灰葡萄孢菌(*Botrytis cinerea* Pers.),属真菌界半知菌类葡萄孢属	葡萄等多种园艺植物的花、果、新梢和叶片	花穗、幼果感病产生淡褐色、水浸状病斑,后变暗褐色软腐;潮湿时病部长出灰色霉状物;果实感病出现褐色凹陷病斑,扩展后果实腐烂并长出灰色霉层,后期病部长出黑色块状菌核

（二）葡萄果实病害发生规律与防治

1. 葡萄白腐病

（1）清除病源　病菌主要以分生孢子器、菌丝体随病残体在地面和土壤中越冬,翌年春季产生分生孢子,靠雨水传播,通过伤口侵入,生长季节可多次再侵染。葡萄生长季节及时剪除病果病蔓;冬季修剪后,将病残体和枯枝落叶深埋或烧毁,可以减少翌年的初侵染源。

葡萄白腐病
的防治

（2）加强果园管理　夏季高温多雨,果园通风透光不良、土质黏重、排水不良,易造成病害流行。果实进入着色期和成熟期后,近地面果实容易发病。提高结果部位,50 cm以下不留果穗,可减少病菌侵染的机会。及时摘心、绑蔓和中耕除草。合理施肥,注意果园排水,降低田间小气候的湿度,可抑制病害的发生和流行。

（3）地面撒药　重病园于发病前地面撒药灭菌。可用50%福美双可湿性粉剂1份、硫黄粉1份、碳酸钙2份,15~30 kg/hm²,混合药拌砂土375 kg,撒施果园土表。

（4）药剂喷雾防治　一般6月中、下旬开始发病,7月至8月为盛发期。发病初期开始喷药,可选用50%福美双可湿性粉剂600~800倍液、75%百菌清可湿性粉剂600倍液或50%异菌脲可湿性粉剂1 000~1 500倍液等。

2. 葡萄炭疽病、黑痘病、房枯病和苦腐病

（1）清除菌源　葡萄炭疽病菌主要以菌丝体在枝蔓、叶痕等处或随病残体在土壤中越冬,葡萄黑痘病菌主要以菌丝体在病蔓、病梢及病果、病叶、叶痕等处越冬,葡萄房枯病和苦腐病

想 一 想
葡萄白腐病、炭疽病和黑痘病发生在葡萄发育期的哪些阶段?

菌以子囊壳和分生孢子器在病果或病叶上越冬,翌年产生孢子,借风雨、昆虫传播致病,可再侵染。应结合冬季清园,剪除病梢,摘除僵果,刮除主蔓上翘裂的枯皮,扫除病落叶、病穗,集中烧毁。

（2）加强果园管理　高温多雨、通风透光不良、土质黏重、排水不良、施氮过多、枝蔓徒长的果园,病害易流行。加强管理参照葡萄白腐病防治。

（3）药剂防治　可在春季萌动前,喷3~5°Bé 石硫合剂+0.5% 五氯酚钠铲除病菌。葡萄谢花后到第1次幼果膨大期喷药保护,可选用80%代森锰锌600倍液、1:0.7:200波尔多液、70%代森锰锌可湿性粉剂500倍液或50%甲基硫菌灵可湿性粉剂1 000倍液等。

3. 葡萄灰霉病

秋冬季彻底清除病残体,葡萄花期摘除病花穗,降低果园湿度,药剂防治参考番茄灰霉病。

三、葡萄害虫

(一)葡萄害虫识别(表7.3.3)

表 7.3.3　葡萄常见害虫识别特征

害虫名称	寄主植物	为害特点	识别特征
葡萄天蛾(葡萄车天蛾)(*Ampelophaga rubiginosa* Bremer et Grey),属鳞翅目天蛾科	葡萄、野生葡萄、猕猴桃等	幼虫取食叶片,严重时可将叶片全部吃光	成虫体长 38~42 mm,茶褐色,体背中央有 1 条白色背线,其前翅各有 4~5 条茶褐色弧形横线,中横线较宽呈带状,外横线较细,两翅展平后这些横线各在同一环圈上,形似车轮,后翅肩角黑褐色;幼虫体青绿色或灰绿色,体背各节有八字纹,体侧有 7 条斜线。第 8 腹节背面具 1 锥状尾角
葡萄虎蛾(葡萄虎夜蛾、葡萄虎斑蛾)(*Seudyra subflava* Moore),属鳞翅目虎蛾科	葡萄、野生葡萄、常春藤、爬山虎等	幼虫将叶片吃成缺刻或孔洞,严重时可将叶片吃光,仅残留叶柄及叶片基部主脉	成虫体长 18~20 mm,头胸及前翅紫褐色,体翅上密生黑色鳞片,前翅中央有肾形纹和好环形纹各 1 个,后翅橙黄色,外缘黑色,臀角有 1 橘黄色斑,中室有 1 黑点;幼虫体长约 40 mm,头部黄色有黑点。胸、腹背面淡绿色,每节有大小黑色斑点,疏生白色长毛
葡萄十星叶甲(葡萄金花虫、十星瓢萤叶甲)(*Oides decempunctata* Billberg),属鞘翅目叶甲科	葡萄、野生葡萄	以成虫及幼虫啮食葡萄叶片或幼芽,造成叶片穿孔、残缺	成虫体长 12 mm,黄褐色,椭圆形,头小,大半缩入前胸内,鞘翅宽大,上布细密刻点,每个翅鞘上各有圆形黑色斑点 5 个;幼虫略扁平,近梭形,土黄色,胸部背面有褐色突起 2 行,每行 4 个,胸足 3 对,黄色
葡萄透翅蛾(*Paranthrene regale* Butler),属鳞翅目透翅蛾科	葡萄、野生葡萄	幼虫蛀食枝蔓,被害茎上有蛀孔,并堆有虫粪;枝蔓易被折断枯死	成虫体长约 20 mm,体蓝黑色,头部、颈部及后胸两侧均为黄色,头部颜面白色,前翅红褐色,前缘、外缘和翅脉黑色,后翅透明,腹部有 3 条黄色横带,以第 4 节的一条最宽;老熟幼虫体长 38 mm,圆筒形,头部红褐色,体淡黄白色,前胸背板有倒"八"字形纹
葡萄虎天牛(葡萄虎斑天牛、葡萄枝天牛)(*Xylotrechus pyrrhoderus* Bates),属鞘翅目天牛科	葡萄	幼虫蛀食枝蔓,受害部分膨大,新梢被害凋萎断蔓	成虫体长 16~28 mm,体黑色,前胸红褐色,略呈球形,翅鞘黑色,两翅鞘合并时,基部有"X"形黄色斑纹,近翅末端又有 1 条黄色横纹;老熟幼虫体淡黄白色,前胸背板淡褐色,头小无足
葡萄二星叶蝉(葡萄斑叶蝉、葡萄小叶蝉)(*Erythroneura Apicalis* Nawa),属同翅目叶蝉科	葡萄、苹果、桃、李等	成虫、若虫在叶背刺吸为害,叶片正面产生苍白色失绿斑,叶背面产生淡黄褐色枯斑	成虫体长约 3.5 mm,淡乳白色,后期体色淡黄褐色,头顶有 2 个明显的圆形黑斑,前胸背有褐色纵纹,前缘有圆形黑点 3 个、小盾片前缘两侧有 1 个三角形黑斑,前翅黄白色半透明,有淡褐色条纹;若虫体色淡黄

续表

害虫名称	寄主植物	为害特点	识别特征
葡萄粉蚧（*Pseudococcus maritimus* Ehrhom），属同翅目粉蚧科	葡萄、柑橘、番石榴、枣、柿等	雌成虫和若虫刺吸为害，被害果粒畸形、果蒂膨大，果梗、穗轴表面粗糙不平，分泌黏质物易引起煤烟病	雌成虫体长约 5 mm，椭圆形，淡紫色，体披白色蜡粉，体缘有 17 对蜡刺，前端蜡刺短，向后渐长，以腹部末端的一对最长；雄成虫体长 1~1.2 mm，灰黄色，翅透明
葡萄扁平盔蜡蚧（扁平球坚蚧、远东盔蚧）（*Parthenolecanium corni* Bouche），属同翅目坚蚧科	葡萄、桃、李、苹果、梨等	成虫、若虫刺吸枝叶、茎蔓和果实的汁液，常分泌黏液，附着在茎蔓或果实上，引发煤烟病	雌成虫体长 3.5~6 mm，红褐色、椭圆形。体背中央有 4 列纵排断续的凹陷，体背近边缘处有呈放射状的双筒腺 15~19 个；若虫有柔软的灰黄色光面介壳
葡萄短须螨（葡萄红蜘蛛）（*Brevipalpus* sp.），属蛛形纲真螨目细须螨科	葡萄、猕猴桃、柑橘、月季等	叶片受害先呈淡黄色，后变红、枯焦；叶柄、穗轴和新梢受害呈黑褐色，质脆易折；受害果面呈铁锈色，表皮粗糙龟裂	雌成螨体长约 0.32 mm，扁卵圆形，赭褐色，背面体壁有网状花纹，足短粗多皱；幼螨体鲜红色，有足 3 对；若螨体扁平，有足 4 对，体淡红色或暗灰色；卵为椭圆形，鲜红色，有光泽（图 7.3.1）
葡萄缺节瘿螨（葡萄潜叶壁虱、葡萄锈壁虱）（*Erio-phyes vitis* Pagenstecher），属蛛形纲真螨目	葡萄	叶片被害叶背形成毛毡状物，初灰白色，渐变成黑褐色，严重时，病叶皱缩、变硬，凹凸不平	成螨体似胡萝卜形，乳白色，半透明，体长 0.1~0.3 mm，有许多环纹，近头部有 2 对足，腹部细长，尾部两侧各生 1 根细长刚毛（图 7.3.2）

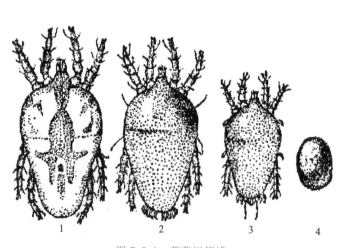

图 7.3.1　葡萄短须螨
1. 成螨　2. 若螨　3. 幼螨　4. 卵

图 7.3.2　葡萄缺节瘿螨

（二）葡萄害虫发生规律与防治

1. 葡萄天蛾和葡萄虎蛾

（1）消灭越冬蛹　葡萄天蛾1年发生1~2代,葡萄虎蛾1年2代,以蛹于土中越冬。可结合葡萄冬季埋土和春季出土深埋或挖除越冬蛹。

（2）捕捉幼虫　结合夏剪、整枝等工作捕捉幼虫。

（3）灯光诱蛾　葡萄天蛾成虫有趋光性,可利用黑光灯诱杀。

（4）喷药防治　在低龄幼虫期选用80%敌敌畏乳油1 000倍液、2.5%溴氰菊酯乳油2 000倍液等喷雾。

2. 葡萄十星叶甲

（1）消灭越冬卵　葡萄十星叶甲长江以北1年生1代,江西、四川1年2代,均以卵在根际附近的土中或落叶下越冬,南方有以成虫在各种缝隙中越冬者。秋末及时清除葡萄园枯枝落叶和杂草,可以消灭越冬卵。

（2）捕杀成、幼虫　幼虫早、晚在叶面上取食,白天隐蔽;成虫白天活动,成虫、幼虫均有假死性,可振落捕杀。

（3）喷药防治　在成虫和幼虫发生期,喷80%敌敌畏乳油1 000倍液、5%氯氰菊酯乳油3 000倍液等。

想 — 想
怎样防止葡萄透翅蛾蛀茎为害?

3. 葡萄透翅蛾和葡萄虎天牛

（1）消灭越冬幼虫　葡萄透翅蛾和葡萄虎天牛1年发生1代,以幼虫在被害枝蔓内越冬。可结合冬季修剪,剪除被害枯蔓,消灭越冬幼虫。

（2）防治枝蔓内为害幼虫　枝蔓被害处常膨大如瘤,葡萄透翅蛾蛀孔外还堆有大量虫粪。发现有蛀孔时,可用80%敌敌畏乳油500倍液注入孔内,然后用黄泥堵塞,或用蘸80%敌敌畏乳油100倍液的棉球将蛀孔堵死,熏杀蛀孔内幼虫。在葡萄生长季节,应随时剪除虫枝。

（3）药剂防治　在成虫发生期和幼虫孵化期,可及时喷90%美曲膦酯800倍液、50%杀螟硫磷乳油1 000倍液、20%杀灭菊酯3 000倍液、2.5%溴氰菊酯2 000倍液等杀死成虫和初孵幼虫。

4. 葡萄二星叶蝉

（1）消灭越冬成虫　葡萄二星叶蝉1年发生2~3代,以成虫在杂草、枯枝落叶或土块下越冬。秋冬清除落叶、杂草,可消灭越冬成虫。

（2）药剂防治　在第1代若虫发生期喷洒50%叶蝉散乳油500倍液、25%扑虱灵可湿性粉剂2 000~3 000倍液、10%吡虫啉可湿性粉剂4 000倍液药等。

5. 葡萄粉蚧和葡萄扁平盔蜡蚧

（1）清除越冬虫源　葡萄粉蚧以卵在棉絮状囊中于枝蔓近地面隐蔽处越冬,葡萄扁平盔蜡蚧以若虫在枝蔓的翘皮下、干枝裂、剪锯口处越冬。可刮除老皮或喷5°Bé石硫合剂,清除越冬卵和若虫。

（2）药剂防治　在第1代若虫孵化盛期喷药。可选用0.3°Bé石硫合剂,50%敌敌畏乳油1 000倍液,30%蜡蚧灵乳油1 000~1 500倍液、40%杀扑磷乳油1 000~1 200倍液等。

6. 葡萄短须螨和葡萄缺节瘿螨

（1）消灭越冬成螨　葡萄短须螨 1 年发生 5~10 代。主要以成螨在树根颈部、枝蔓翘皮下或裂缝中越冬。剥除枝蔓上老粗皮烧毁,可消灭在粗皮内越冬的成螨。葡萄缺节瘿螨以成螨在芽鳞或被害叶内越冬。冬春应彻底清扫果园,收集被害叶片深埋。在早春葡萄芽萌动时,喷 3~5°Bé 石硫合剂,可杀死潜伏在芽内的瘿螨。

（2）苗木处理　两种螨类均可通过苗木、插条传播。定植前先将插条或苗木放入 30~40 ℃热水中浸 5~7 min,后移入 50 ℃热水中浸 5~7 min,也可用3°Bé 石硫合剂浸 3~5 min,杀死苗木上的害螨。

（3）做好清园工作　在葡萄生长初期,发现有葡萄缺节瘿螨被害叶片时,应立即摘掉烧毁,以免继续蔓延。

（4）药剂防治　在历年发生严重的果园,发芽后喷 0.3~0.5°Bé 石硫合剂+0.3%洗衣粉的混合液,进行淋洗式喷雾。葡萄生长季节,喷 0.2~0.3°Bé 石硫合剂、5%噻螨酮乳油 1 500 倍液、15%哒螨灵乳油 2 000 倍液、1.8%阿维菌素乳油 3 000 倍液等。

任务工单 7-5　葡萄常见病害诊断与防治

一、目的要求

了解当地葡萄常见病害及其发生为害情况,区别葡萄主要病害的症状特点及病原菌形态,设计葡萄病害无公害防治方法。

二、材料、用具和药品

学校实训基地、农业企业或农村专业户葡萄园,多媒体教学设备,葡萄病害标本,观察病原物的用具和药品,常用杀菌剂及其施用设备等。

三、内容和方法

1. 葡萄常见病害症状和病原菌形态观察

观察葡萄霜霉病、葡萄锈病、葡萄白粉病、葡萄褐斑病葡萄蔓枯病、葡萄扇叶病、葡萄白腐病、葡萄炭疽病、葡萄黑痘病、葡萄房枯病和葡萄黑腐病的分布特点、发病部位、症状表现(病部形状、质地、颜色、表面特征等)和病原特征,辨别并判断病原类型及病害种类。

2. 葡萄重要病害预测

根据气象条件和栽培条件和当地主要葡萄品种生长发育状况,分析并预测 1~2 种重要葡萄病害的发生趋势。

3. 葡萄主要病害防治

（1）调查了解当地葡萄主要病害的发生为害情况及其防治技术和成功经验。

（2）根据葡萄主要病害的发生规律,结合当地生产实际,提出 2~3 种葡萄病害防治的建议和方法。

（3）配制并使用 2~3 种常用杀菌剂防治当地葡萄主要病害,调查防治效果。

四、作业

1. 记录所观察葡萄枝干、叶部、花和果实病害典型症状表现和为害情况。

2. 绘常见葡萄病害的病原菌形态图,并注明各部位名称。

3. 预测重要葡萄病害的发生趋势并说明依据。

4. 评价当地葡萄主要病害的防治措施。

5. 提出葡萄主要病害无公害防治建议和方法。

6. 记录葡萄常用杀菌剂的配制、使用方法和防治效果。

五、思考题

1. 如何区别葡萄霜霉病与白粉病的症状?

2. 葡萄白腐病、黑痘病和炭疽病发病条件如何? 在果梗、果粒和穗轴上的症状有何区别? 怎样防治?

任务工单7-6 葡萄常见害虫识别与防治

一、目的要求

了解当地葡萄常见害虫及其发生为害情况,识别葡萄主要害虫的形态特征及为害特点,熟悉葡萄重要害虫预测方法,设计葡萄害虫无公害防治方法。

二、材料、用具和药品

学校实训基地、农业企业或农村专业户葡萄园,多媒体教学设备,葡萄害虫及其为害状标本,放大镜、挑针、镊子及培养皿,常用杀虫剂及其施用设备等。

三、内容和方法

1. 葡萄常见害虫形态和为害特征观察

观察葡萄天蛾、葡萄虎蛾、葡萄十星叶甲、葡萄透翅蛾、葡萄虎天牛、葡萄二星叶蝉、葡萄粉蚧、葡萄扁平盔蜡蚧、葡萄短须螨和葡萄缺节瘿螨的成虫大小、翅的颜色及斑纹形状,幼虫体色、体形等特征,为害部位与为害特点。

2. 葡萄害虫预测

选择1~2种葡萄主要害虫,利用性诱剂、(糖、酒、醋)诱虫器或诱虫灯进行虫情预测。

3. 葡萄主要害虫防治

(1) 调查了解当地葡萄主要害虫发生为害情况及其防治措施和成功经验。

(2) 选择2~3种葡萄主要害虫,提出符合当地生产实际的防治建议和方法。

(3) 配制并使用2~3种常用杀虫剂防治当地葡萄主要害虫,调查防治效果。

四、作业

1. 记录所观察葡萄常见害虫的形态特征、为害部位与为害特点。

2. 绘制常见葡萄害虫形态特征简图。

3. 记录葡萄害虫预测的方法与结果。

4. 评价当地葡萄主要害虫的防治措施。

5. 提出葡萄主要害虫无公害防治建议和方法。

6. 记录葡萄常用杀虫剂的配制、使用方法和防治效果。

五、思考题

1. 如何区别葡萄透翅蛾和葡萄虎天牛的为害状?

2. 怎样辨别葡萄短须螨和葡萄缺节瘿螨的主要形态特征和为害状?

任务四 桃、李、杏和樱桃病虫害

一、桃、李、杏和樱桃叶部病害

（一）桃、李、杏和樱桃叶部病害诊断（表 7.4.1）

表 7.4.1 桃、李、杏和樱桃常见叶部病害诊断要点

病害名称	病原	寄主植物及为害部位	为害状
细菌性穿孔病（李树上又称黑斑病）	野油菜黄单胞菌桃李致病型［Xanthomonas campestris pv. pruni （Smith） Dye.］，属细菌域原核生物界普罗特斯门黄单胞菌属	桃、李、杏、樱桃、梅等的叶片、枝梢及果实	叶片染病初生水浸状小点，后扩大成圆形或不规则形、紫褐色或黑褐色、直径 2 mm 左右病斑，周围水浸状有黄绿色晕环，后干枯形成穿孔，病叶早落；春季溃疡斑多发生在 2 年生枝条上，新叶出现时形成暗褐色小疱疹，后可扩展 1~10 cm 长，可造成枯梢；夏季溃疡斑发生在当年嫩枝上，以皮孔为中心形成褐色或紫黑色、圆形或椭圆形的凹陷病斑，边缘水浸状；果实受害产生暗紫色，圆形略凹陷的病斑，边缘水渍状，后期病斑龟裂；潮湿时叶、枝、果病部溢出黄白色菌脓
霉斑穿孔病	嗜果刀孢［Clasterosporium carpophilum （Lev） Aderh］，属真菌界半知菌类刀孢属	桃的叶片、枝梢和果实	叶片受害后出现直径 2~6 mm、褐色、圆形或不定形病斑，具红晕，被害幼叶大多焦枯，不形成穿孔，潮湿时病斑背面长出灰黑色霉层，后期病斑脱落穿孔；枝梢受害以芽为中心形成长椭圆形病斑，边缘紫褐色，并发生裂纹和流胶；果实受害出现褐色、边缘红色、中间略凹陷的病斑
褐斑穿孔病	核果假尾孢［Seudocercospora circumscissa （Sacc. Liu. & Guo.］，属真菌界半知菌类假尾孢属	桃的叶片、新梢和果实	叶片病斑圆形或近圆形，褐色，边缘红褐色略带环纹，大小 1~4 mm；后期病斑上长出灰褐色霉层，中部干枯脱落，形成穿孔，穿孔的边缘整齐，常有一圈坏死组织；新梢和果实上的病斑与叶斑相似
桃缩叶病	畸形外囊菌［Taphrina deformans （Berk.） Tulasme］，属真菌界子囊菌门外囊菌属	桃、油桃、巴丹杏的叶、花、嫩梢和幼果	病叶变厚肿胀，皱缩扭曲，质地变脆，淡黄色至红褐色，后期病部表面生灰白色粉状物，最后变褐、枯焦脱落；新梢受害病部肥肿，呈灰绿色或黄色，节间缩短，叶片簇生，严重时枯死；花及幼果受害，花瓣肥大变长，大多脱落；病果畸形，表面龟裂，容易早落

续表

病害名称	病原	寄主植物及为害部位	为害状
桃灰霉病	灰葡萄孢菌[*Botrytis cinerea* Pers. ex Fr.],属真菌界半知菌类葡萄孢属	设施栽培的桃树、李树的叶、花、幼果和嫩梢	托叶最易感病,变褐坏死;病叶多在蜜腺形成褐色不规则形病斑,扩展到 3 mm 左右时叶片脱落;花器发病脱落附着幼果上,引起幼果病部变软腐烂,极易脱落;病花附着在嫩梢上形成长椭圆形褐色病斑;湿度大时,败落的花瓣、病叶、病果和病梢产生淡灰色霉层
桃、李白粉病	叉丝单囊壳菌(*Podosphera tridactyla* Wallr. de Bary),属真菌界子囊门叉丝单囊壳属	桃、李、杏、樱桃等的叶片、新梢和果实	幼叶被害,叶面不平,呈波状;被害叶片两面产生不定形粉斑并可相互愈合成片,秋季在粉斑上形成黑色小粒点;新梢被害老化前出现白色粉斑;果实被害先出现白色粉斑,后形成浅褐色病斑,稍凹陷,硬化
李红点病（李叶肿病）	李疔座霉[*Polystigma rubrum* (Pers.) DC.],属真菌界子囊门疔座霉属	主要为害李的叶片,果实也可受害	叶片染病初生橙黄色近圆形病斑,微隆起,病、健交界明显,病叶增厚,颜色加深,病部密生暗红色小粒点,秋末病叶深红色,叶片卷曲,叶面下陷,叶背突起,产生黑色小粒点;果实染病产生橙红色圆斑,稍隆起,无明显边缘,最后病部变为红褐色,其上散生许多深红色小粒点

桃细菌性穿孔病的防治

（二）桃、李、杏和樱桃叶部病害发生规律与防治

1. 穿孔病类——细菌性穿孔病、霉斑穿孔病和褐斑穿孔病

（1）消灭越冬菌源　细菌性穿孔病、霉斑穿孔病和褐斑穿孔病的病菌均能在病枝上越冬,褐斑穿孔病还能在落

查一查
当地核果类叶片穿孔病的种类有哪些?怎样简易区别它们?

叶中越冬。休眠期彻底剪除病枯枝,清扫树下落叶,并在春季发芽前喷 1 次 3~5°Bé 石硫合剂,可大量减少越冬菌源。

（2）加强果园管理　温暖、多雨、多雾露有利于病害发生,郁闭、排水不良、偏施氮肥、树势衰弱的果园发病重。注意排水,合理修剪,增强通透性,降低湿度,增施有机肥,可使果树生长健壮,提高抗病力。避免核果类果树混栽。

（3）喷药保护　翌春细菌性穿孔病菌从越冬的病组织中溢出,霉斑穿孔病和褐斑穿孔病越冬病菌产生分生孢子,借风雨传播,由气孔、皮孔等处侵入,侵染叶片及枝梢和果实。以后病部产生的病菌进行多次再侵染,一般发病高峰期出现在雨水多的时期。发病期间,对细菌性穿孔病适时喷洒 72%农用链霉素或新植霉素可溶性粉剂 3 500 倍液、45%代森铵水剂 700 倍,霉斑穿孔病与褐斑穿孔病喷洒 70%代森锰锌可湿性粉剂 500 倍液、70%甲基硫菌灵 1 500 倍液、75%百菌清可湿性粉剂 800 倍液等。

2. 桃缩叶病

（1）药剂防治　病菌以子囊孢子和厚壁芽孢子在桃芽鳞片上、鳞片缝隙里或枝干病皮中越冬，翌年春桃树萌芽时，越冬孢子萌发，直接从表皮或从气孔侵入正在伸展的嫩叶，进行初

想 一 想
为什么桃缩叶病在春季潮湿冷凉地区发生严重？

侵染，一般不发生再侵染。春季桃芽膨大和展叶期，由于叶片幼嫩易被感染，如遇 10~16 ℃ 冷凉潮湿的阴雨天气，往往促使该病流行。低温高湿的气候条件有利于病害的发生，气温超过 24 ℃，不利于病菌的生长。

早春及时喷药是防治的关键措施，在桃树花芽刚露红但尚未展开时，可喷 2~3°Bé 石硫合剂或 1 : 1 : 100 波尔多液，消灭树上越冬病菌。也可喷 45% 晶体石硫合剂 100 倍液、70% 代森锰锌可湿性粉剂 500 倍液、70% 甲基硫菌灵可湿性粉剂 1 000 倍液等。喷药要周到细致，桃树发芽后，一般不需要再喷药。

（2）摘除病叶　发病初期及早摘除病叶，剪除病梢、病果，集中处理，可减少当年的越冬菌源。

3. 桃、李灰霉病

（1）清除越冬菌源　病菌以菌核在土壤中或以菌丝、分生孢子在病残体上越冬，在温室升温前，彻底清除落叶，深翻树盘，以减少初侵染源。对树冠和地面喷 5°Bé 石硫合剂加 0.5% 五氯酚钠，以清除菌源。

（2）控制湿度　温室桃树花期，空气湿度大时，菌核萌发散出子囊孢子和病残体上产生的分生孢子成为初侵染源，随气流及雨水传播，侵染花器幼叶。初侵染发生后，又会产生大量的分生孢子，进行多次的再侵染。温室内空气湿度大是发病的重要条件。合理浇水、合理密植、及时修剪、地面覆膜等可降低湿度，控制病害的发生。

（3）清除残花、病叶和病果　幼果和嫩梢发病多是残花附着所致，及早摘除落在幼果和嫩梢上的残花，可以阻断灰霉病菌对果、梢的侵染，清除病叶和病果可减少侵染源。

（4）药剂防治　设施栽培利用设施封闭性，用 10% 腐霉利烟剂或 10% 百菌清烟剂，每次 250 g/667 m² 灭菌，也可在日光温室桃灰霉病发生初期喷洒 50% 腐霉利可湿性粉剂 1 000 倍液、40% 嘧霉胺悬浮剂 500~700 倍液、2% 武夷菌素水剂 150~200 倍液等。

4. 桃、李白粉病

病菌于秋末形成黑色闭囊壳越冬，翌春放出子囊孢子进行初侵染，形成分生孢子后进一步扩散蔓延。一般在温暖、干旱的气候条件下严重发生。落叶后至发芽前应彻底清除果园落叶，减少菌源。发病期喷药参考苹果白粉病防治。

5. 李子红点病

病菌以子囊壳在病叶上越冬，翌春开花末期，产生子囊孢子随风雨传播，分生孢子在侵染中不起作用。多雨年份或雨季发病重。由于此病菌没有再侵染，彻底清除病叶、病果是行之有效的防病方法；可在李树开花末期及叶芽萌发时喷 1 : 2 : 200 波尔多液或 50% 代森锰锌可湿性粉剂 800 倍液、70% 甲基硫菌灵可湿性粉剂 800 倍液等杀菌剂。

二、桃、李、杏和樱桃果实病害

（一）桃、李、杏和樱桃果实病害诊断（表7.4.2）

表 7.4.2 桃、李、杏和樱桃常见果实病害诊断要点

病害名称	病原	寄主植物及为害部位	为害状
桃黑星病（疮痂病、黑点病、黑痣病）	嗜果枝孢菌［Cladosporium carpophilum（Thum.）Oud.］，属真菌界半知菌类芽枝霉属	桃、杏、李、樱桃、梅等的果实、叶片和枝梢	膨大期受害果实肩部出现 1~2 mm 淡黄色小点，后期生长黑色霉状物并连接成片，只限于表层，果实增大常龟裂；嫩枝病斑呈椭圆形浅褐色，后期黑褐色微突起，常流胶，仅限于表层；受害叶背面出现不规则淡褐色病斑，较小，后期穿孔，严重时落叶
桃炭疽病	悦色盘长孢菌（Gloeosporium laeticolor Berk.），属真菌界半知菌类盘圆孢属	桃的果实、新梢、叶片	幼果染病果面暗褐色，发育停止萎缩成僵果残留枝上；果实膨大后染病病斑圆形、凹陷、红褐色，表现同心环状皱缩，病果脱落或干缩成僵果；新梢染病呈长椭圆形褐色凹陷病斑；病果、新梢病斑湿度大时表面产生橘红色小粒点；病梢多侧向弯曲，叶片萎蔫下垂，两侧向正面纵卷成筒状，严重时病枝枯死；病叶叶缘、叶尖出现褐色不规则病斑
桃、李、杏、樱桃褐腐病（菌核病、果腐病）	核果链核盘菌（Monilinia laxa Honey），属真菌界子囊菌门核盘菌属	桃、李、杏、梅、樱桃及苹果、梨的果实、花、叶和枝梢	从幼果到成熟果都能受害，近成熟受害重；果实发病在果面产生褐色圆形小斑，几天内会扩及全果，果肉变褐、软腐，病斑表面生出灰褐色霉丛，成同心轮纹状；病果腐烂后失水干缩成褐色僵果；病花迅速腐烂，表面生灰色霉状物。嫩叶染病多从叶缘生暗褐色水渍状病斑，渐扩展，全叶枯萎；枝条染病产生边缘紫褐色，中央灰褐色，稍下陷的长圆形溃疡斑
桃实腐病（腐败病）	扁桃拟茎点菌（Phomopsis amygdalina Canonaco），属真菌界半知菌类拟茎点属	桃的果实及枝干	病斑多在果实顶尖或缝合线处，边缘褐色，果肉腐烂达果心，后期病斑失水干缩，中央较周围隆起似龟甲状，污白色，边缘灰黑色；病果常形成僵果，其上密生黑色小粒点；侵染枝干，致枝干枯死或流胶
杏疔病（杏膨叶病、红肿病、叶枯病、杏黄病）	杏疔座霉（Polystigma deformans Syd.），属真菌界子囊菌门疔座霉属	杏新梢、叶片、花和果实	新梢染病生长缓慢，节间短粗叶片簇生状；叶柄短、粗，沿叶脉向叶肉扩展，最后全叶变黄增厚、革质化，正反两面散生许多小红点，后期从小红点中涌出淡黄色孢子角；病叶后期逐渐干枯，变成黑褐色，质脆易碎，卷曲折合呈畸形，叶背面散生小黑点，干缩在枝条上经久不落；花染病多不易开放，花萼、花瓣不易脱落；果实受害，生长停滞，产生淡黄色病斑，其上生红褐色小粒点，后期干缩脱落或挂在枝上
李袋果病（囊果病）	李外囊菌［Taphrina pruni（Fuck.）Tul.］，属真菌界子囊菌门外囊菌属	李、樱桃李、山樱桃等	果实被害初期呈青白色，袋状渐变狭长，逐渐肥大，中空如囊，浅黄色至红色，表面生出白色粉末，随即失水皱缩成灰色至暗褐色或黑色而脱落；枝梢染病呈灰色，略膨胀、组织松软；叶片染病在展叶期开始变成黄色或红色，叶面皱缩不平，似桃缩叶病；病枝、病叶表面着生白色粉状物

（二）桃、李、杏和樱桃果实病害发生规律与防治

1. 桃黑星病

（1）减少侵染来源　桃黑星病以菌丝体或分生孢子在树体枝条的顶芽或腋芽等的鳞片处越冬，也可在病残体上越冬。可结合修剪剪除病枝梢，早春芽萌初期喷洒 5°Bé 石硫合剂混合 0.3% 五氯酚钠，消灭越冬病菌。

（2）加强栽培管理　新梢幼果期低温多雨有利于病害发生，多雨潮湿年份或地区，管理粗放、地势低湿、土壤黏重、枝叶茂盛、树势衰弱的果园发病较重。注意果园排水，降低田间湿度，及时夏剪，使树冠通风透光，以减轻发病。落花后 3~4 周后套袋，以防止病菌侵染。

（3）药剂防治　病菌越冬后产生新的分生孢子，通过风雨传播，初次侵染新梢和幼果。然后在新病斑上产生孢子，引起多次再侵染。药剂防治重点是保护幼果，可使用 70% 甲基硫菌灵可湿性粉剂 800 倍液、70% 代森锰锌可湿性粉剂 500 倍液、10% 苯醚甲环唑水分散粒剂 3 000 倍液、40% 氟硅唑乳油 6 000 倍液等农药进行防治。

2. 桃炭疽病、褐腐病和实腐病

（1）减少侵染来源　桃炭疽病、桃褐腐病病菌以菌丝在病枝上或僵果中越冬；桃实腐病以分生孢子器在僵果或落果中越冬。可结合修剪清除病枝梢及僵果，生长期及时摘除初期病果，减少初侵染和再侵染的来源。发芽前喷洒 5°Bé 石硫合剂混合 0.3% 五氯酚钠，可消灭越冬病菌。

（2）加强栽培管理　果实成熟期温暖多湿的环境有利于桃烂果病类的发生，桃树开花及幼果期低温多雨有利于炭疽病发病，果实生长后期，蛀果害虫严重且湿度过大，桃褐腐病常流行成灾。管理粗放、通风不良、土壤黏重、树势衰弱或枝叶茂盛而郁闭的果园也易发病。注意降低果园湿度，防止枝叶过密，适当增施磷、钾肥，促使桃树生长健壮，以提高抗病力。果实套袋，防止病菌侵染。及时防治虫害可减轻桃褐腐病的发生。

（3）药剂防治　桃烂果病菌越冬后产生的病原孢子均通过风雨传播，初次侵染新梢和幼果。然后在新病斑上产生孢子，引起再次侵染，在整个生育期均可侵染为害。炭疽病菌侵染果实有潜伏侵染现象，侵入后在幼果期不发病，到果实着色时才陆续出现症状。桃炭疽病药剂防治重点是保护幼果，桃褐腐病从落花后 10 d、桃实腐病从发病初期开始喷药。药剂参考桃黑星病。

3. 杏疔病

病菌以子囊壳在病叶内越冬，春季从子囊壳中弹射出子囊孢子随气流传播到幼芽上，条件适宜时萌发侵入，随新叶生长在组织中蔓延；分生孢子在侵染中不起作用。子囊孢子在 1 年中只侵染 1 次，无再侵染。发芽前彻底剪除病梢、病芽、病叶，清除地面病叶、病果，集中处理，可收到良好的防治效果。在杏树展叶期喷喷 1~2 次 70% 甲基硫菌灵可湿性粉剂 700 倍液、70% 代森锰锌可湿性粉剂 700 倍液等药剂防治即可。

4. 李袋果病发生规律与防治参考桃缩叶病。

三、桃、李、杏和樱桃枝干病害

（一）桃、李、杏和樱桃枝干病害诊断（表 7.4.3）

表 7.4.3 桃、李、杏、樱桃常见枝干病害诊断要点

病害名称	病原	寄主植物及为害部位	为害状
桃树腐烂病（干枯病）	核果黑腐皮壳菌［*Valsa leucostoma*（Pers.）Fr.］，属真菌界子囊菌门腐皮壳属	桃树枝干	初期病部皮层略带紫红色并出现流胶，后皮层变为褐色枯死，有酒糟味，表面产生黑色小点，潮湿时从中涌出黄褐色丝状孢子角；树势强病斑可自愈，树势弱病斑向两端扩展，致枝干枯死；病枝新梢生长不良，叶色变黄，老叶蜷缩枯焦，后随病部发展而枯死
桃树木腐病	彩绒革盖菌（*Coriolus versicolor* Quel）；裂褶菌（*Schizphylhls commne* Fr.）；暗黄层孔菌［*Fomes fulvus*（scop.）Gill.］，属真菌界担子菌门	桃、杏、李等枝干心材	病株枝干心材木质腐朽，白色疏松，质软而脆，触之易碎；病部表面长出灰色的病菌子实体，多由锯口长出，少数从伤口或虫口长出，致使树势衰弱，叶色变黄或早落
桃树非侵染性流胶病（生理性流胶病）	霜害、冻害、病虫害、雹害及机械伤害造成伤口；修剪过度、结果过多、土壤黏重及酸性过大、地面积水过多等引起树体生理失调	主要为害桃、李、杏、樱桃的枝干，也可为害果实	染病初期枝干病部稍肿胀，后分泌出半透明、柔软的树胶，雨后流胶重，树胶流出后变红褐色，呈胶冻状；病部皮层及木质部渐变褐腐朽，致树势衰弱，叶片变黄、变小，严重时枝干或全株枯死；果实发病从病部分泌黄色胶质，病部硬化，严重时龟裂
桃树侵染性流胶病（疣皮病、瘤皮病）	茶藨子葡萄座腔菌（*Botryosphaeria ribis* Tode Gross. et Dugg.），属子囊菌亚门腔菌纲格孢腔菌目	主要为害桃、李、杏、樱桃的枝干，也可为害果实	当年生新梢上产生瘤状突起但不流胶，翌年瘤皮开裂溢出胶状液，下陷形成圆形或不规则形病斑，其上散生小黑点；多年生枝受害产生水泡状隆起，并有树胶流出，受害处变褐坏死，严重时枝条枯死；桃果感病发生褐色腐烂，其上密生小粒点，潮湿时流出白色胶状物

（二）桃、李、杏和樱桃枝干病害发生规律与防治

1. 桃树腐烂病

桃树腐烂病发生规律与防治参考苹果树腐烂病。

2. 桃树木腐病

（1）清除菌源　病菌以菌丝体在病部越冬，对枯死树、濒死树应及早铲除烧毁。病树发现子实体后，应随时检查，刮除子实体，清除腐朽木质，用煤焦油消毒保护，以消石灰与水混合呈糊状堵塞树洞。

（2）保护树体减少伤口　病菌在被害部产生子实体，形成担孢子，借风雨传播，通过锯口或虫伤等伤口侵入。锯口可用 1% 硫酸铜消毒伤口，再涂波尔多液或煤焦油等保护，促使伤口愈

合,以减少病菌侵染的机会;

（3）加强果园管理　老树、病虫弱树及管理不善的桃园常发病严重。高龄树及长势衰弱的桃树,增施肥料,可促使树势生长健壮,提高抗病力。

3. 桃树非侵染性流胶病

加强桃园管理,增施有机肥,控制树体负载量,以增强树势,提高抗病力;低洼积水地注意排水,酸碱土壤应适当施用石灰或过磷酸钙,改良土壤;合理修剪,及早防治桃树上的害虫,减少枝干伤口;冬春季树干涂白,预防冻害和日灼伤。

4. 桃树侵染性流胶病

（1）清除初侵染源　病菌以菌丝体和分生孢子器在被害枝条里越冬,可在早春发芽前将流胶部位病组织刮除,伤口涂45%晶体石硫合剂30倍液或5°Bé石硫合剂,然后涂白铅油或煤焦油保护。

（2）药剂保护　越冬病菌翌年春弹射出分生孢子,通过风、雨传播。雨天从病部溢出大量病菌,顺枝干流下或溅附到新梢上,从皮孔、伤口及侧芽侵入,进行初侵染,一般在直立生长的枝干基部以上部位受害严重,侧生的枝干向地表的一面重于向上的部位;枝干分枝处易积水的地方受害重,新梢不受害。药剂防治可用50%甲基硫菌灵超微可湿性粉剂1 000倍液、50%异菌脲可湿性粉剂1 500倍液或50%腐霉利可湿性粉剂2 000倍液等。

（3）加强果园管理　参照非侵染性流胶病。

树干涂白剂
的配制与使用

桃流胶病
的防治

四、桃、李、杏和樱桃叶部吸汁害虫

（一）桃、李、杏和樱桃叶部吸汁害虫识别（表7.4.4）

桃、李、杏和樱桃叶部常见吸汁害虫群集枝梢和嫩叶背面吸汁为害,影响花芽形成及桃果产量。其排泄物能诱发煤污病,影响植株的生长发育。蚜虫还是多种病毒病的媒介昆虫。

表7.4.4　桃、李、杏和樱桃常见叶部吸汁害虫的识别特征

名称	形态特征			寄主植物	为害特点
	若蚜	有翅胎生雌蚜	无翅胎生雌蚜		
桃蚜（桃赤蚜、烟蚜、菜蚜）（*Myzus persicae* Sulzer）	与无翅雌蚜相似;长椭圆形淡黄绿色等	头、胸、腹管和尾片均为黑色;额瘤明显;腹部绿色、黄绿色、红褐色或褐色。触角第3节具次生感觉孔10～15个,第4节无,第5、6节各具1枚;腹管细长,圆筒形,端部黑色;尾片圆锥形	头、胸部黑色;足胫节基部为淡黄色,其余为黑褐色;腹部绿色、黄绿色或红褐色,背面有1个黑斑,腹管细长,尾片同有翅蚜	已知300余种,桃、李、杏、十字花科与茄科的蔬菜、烟草、棉、薯类、甜菜等	使叶呈不规则卷曲,干枯

续表

名称	形态特征			寄主植物	为害特点
	若蚜	有翅胎生雌蚜	无翅胎生雌蚜		
桃粉蚜(桃大尾蚜、桃粉绿蚜)(*Hyalopterus arundinis* Fabricius)	绿色,椭圆形,被少量白粉	头胸部黑色,腹部黄绿色,体被白蜡粉;额瘤不明显;腹管短小,尾片较小,若虫与无翅成虫相似	体长椭圆形、淡绿色,体表覆白蜡粉;额瘤不明显;腹管短小,尾片圆锥形,长而大,两侧有3对长毛	桃、李、杏、梨、樱桃、梅及禾本科植物	被害叶失绿并向叶背对合纵卷,卷叶内积有白色蜡粉,严重时叶片早落,嫩梢干枯
桃瘤蚜(桃瘤头蚜)(*Tuberocephalus momonis* Matsumura)	淡绿色,头部和腹管深绿色	体淡黄褐色;额瘤显著,腹管筒状,中部膨大,具黑色覆瓦状纹,尾小	头部黑色,体淡黄褐色;额瘤明显;腹管短小,有瓦片状纹	桃、李、杏、梅、樱桃、梨和艾蒿及禾本科植物	被害叶向背面纵卷,卷曲部分组织肥厚,凹凸不平,初呈淡绿色,后变红色
桃一点叶蝉(桃小绿叶蝉、桃浮尘子、叶跳虫)(*Erythroneura sudra* Distan)	体长2mm多,深绿色,复眼紫黑色,翅芽绿色	成虫体长3.1~3.3 mm,淡黄色、黄绿色或暗绿色,头部两复眼间的头顶与额交界处有1圆形黑斑,黑斑外围有白色晕圈,翅淡绿色半透明		桃、李、杏、苹果、樱桃等多种植物	以成虫、若虫群集叶片吸汁为害,致叶片白点斑失绿,终致全叶苍白,易早落

（二）桃、李、杏和樱桃叶部吸汁害虫发生规律与防治

1. 桃蚜、桃粉蚜和桃瘤蚜

（1）消灭越冬虫源　桃树3种蚜虫1年发生10余代至20余代,均以卵在桃树等核果类果树枝梢芽腋、树皮和小枝杈等处越冬。可结合冬剪,除去有虫卵的枝条,减少虫源。越冬卵量较多时,可于桃蚜萌动前喷含油量5%的柴油乳剂杀灭越冬卵。

（2）药剂防治　果树芽萌动时蚜虫越冬卵开始孵化,若虫为害嫩芽,展叶后群集叶片背面为害,营孤雌胎生繁殖数代后,5月下旬开始产生有翅蚜,陆续迁飞转移到烟草、蔬菜上为害,10月产生有翅蚜又迁飞回桃树等核果类果树上并产生有性蚜,交尾产卵越冬。在越冬卵全部孵化后和卷叶之前喷药,或喷洒内吸性强的药剂,以提高防治效果。秋季蚜虫迁返桃树后产卵前喷药,减少越冬数量。药剂种类与浓度参考苹果蚜虫防治。

（3）树干涂药　蚜虫为害叶片开始卷曲时,特别是叶面喷雾防治效果差的桃瘤蚜,防治效果较好。具体参考苹果蚜虫防治树干涂药法。

（4）剪除被害枝条　为害期的桃树蚜虫迁移活动性不大,及时发现并剪除受害枝梢烧掉是防治桃树蚜虫的重要措施。

（5）保护利用天敌　桃树蚜虫的天敌较多,如瓢虫、草蛉、食蚜蝇、寄生蜂等应注意保护。

2. 桃一点叶蝉

（1）减少越冬虫源　1年发生4~6代，以成虫在落叶、杂草堆中，树皮隙缝及常绿树杉、柏等丛中越冬，秋后彻底清除落叶和杂草，集中烧毁，以减少虫源。

（2）药剂防治　桃树现蕾时，越冬成虫从越冬场所迁飞到桃树嫩叶上刺吸为害。秋凉后，成虫潜伏越冬。越冬成虫迁入期、第1、2代若虫孵化盛期是药剂防治的关键时期。药剂种类与浓度参考苹果蚜虫防治。

五、桃、李、杏和樱桃食叶害虫

（一）桃、李、杏和樱桃食叶害虫识别（表7.4.5）

表7.4.5　桃、李、杏、樱桃常见食叶害虫识别特征

害虫名称	寄主植物	为害特点	识别特征
桃潜叶蛾（吊丝虫）（*Lyonetia clerkella* L.），属鳞翅目潜叶蛾科	桃、杏、李、樱桃、苹果、梨等	幼虫在叶表皮下取食叶肉，在叶内蛀成弯曲小隧道，使叶片失去营养而干枯脱落	成虫体长3~4 mm；夏型成虫银白色，有光泽，前翅狭长，白色，近端部有1个长卵圆形边缘褐色的黄色斑，斑外侧有4对斜形的褐色纹翅尖端有1黑斑，后翅披针形，灰黑色；冬型成虫前翅前缘基半部有黑色波状斑纹，其他同夏型；幼虫体长约6 mm，胸部淡绿色，体稍扁；茧白色，两侧有长丝黏于叶片上
桃天蛾（桃六点天蛾、桃雀蛾、枣天蛾、枣豆虫）（*Marumba gaschkewitschi* Bremer et Grey），属鳞翅目天蛾科	主要为害桃和枣，还有杏、李、樱桃等多种植物	桃天蛾主要为害桃、枣、李、樱桃等的叶片，大发生时可将叶片吃光，造成绝产	成虫体长36~46 mm，黄褐色，头及胸部背面中央有深色纵纹，前翅有3条较宽的深褐色纹带，近臀角处有紫黑色斑，后翅粉红色，臀角有紫黑色斑2个；老熟幼虫体长约80 mm，黄绿色，身体密生黄白色颗粒，两侧各有1条白线，胸部侧面有1条、腹侧有7条黄色斜纹，尾角粗长，生于第8腹节背面
桃斑蛾（杏星毛虫、红褐杏毛虫、梅黑透羽）（*Illiberis nigra* Leech），属鳞翅目斑蛾科	桃、李、杏、梅、樱桃、山楂、梨、柿等果树	以幼虫为害桃树的芽、花和嫩叶，食叶呈现缺刻和孔洞，严重的将叶片吃光	成虫体长8~10 mm，蓝黑色有光泽，密生短绒，翅半透明，布黑色鳞毛，翅脉、翅缘黑色，雄触角为羽毛状，雌短为锯齿状；老熟幼虫体长15~18 mm，背面暗紫色，腹面深红色，腹部各节具横列毛瘤6个，中间4个大，毛瘤中间生很多褐色短毛，周生黄白长毛；茧白色，外常附泥土、虫粪等
杏白带麦蛾（*Recurvaria syrictis* Meyrich），属鳞翅目麦蛾科	杏、苹果、李、桃、樱桃、槟沙果等多种植物	幼虫吐丝缀叶，食害叶片呈不规则斑痕或仅残留表皮与叶脉，虫粪留于被害处边缘	成虫体长约4 mm，头与胸的背面银白色，腹部灰色，前翅灰黑色，披针形，散生银白色鳞片，后缘从翅基到端部具1银白色带，约为翅的2/5，带前缘呈曲线状，静止时，成虫体背形成倒葫芦状白斑；老熟幼虫体长约5 mm，黄褐色，中胸到腹末各体节基部约1/2为暗红或淡紫红色，端部黄白色

桃潜叶蛾
的防治

想　一　想
为什么桃潜叶蛾特别重视前期
防治？

（二）桃、李、杏和樱桃食叶害虫发生规律与防治

1. 桃潜叶蛾

（1）消灭越冬成虫　桃潜叶蛾在北方1年发生5~7代，以冬型成虫在果园中的落叶下、杂草中或石缝里潜藏越冬。冬季结合清园，扫除落叶烧毁，可消灭越冬成虫。

（2）诱杀成虫　运用性诱剂诱杀雄性成虫，预报害虫消长情况，指导害虫的防治。

（3）喷药防治　越冬成虫在桃芽萌发后开始出蛰，在桃树展叶后开始产卵。幼虫孵化后即蛀入叶肉潜食。在越冬代和第1代雄成虫出现高峰后的3~7 d内喷药，在桃树谢花后7~10 d喷药防治，可使用25%灭幼脲悬浮剂1 500倍液、20%杀铃脲悬浮剂6 000倍液、1.8%阿维菌素乳油3 000倍液、2.5%高效氯氟氰菊酯乳油2 000倍液等。

2. 桃天蛾

（1）消灭越冬蛹　桃天蛾1年发生1~3代，以蛹在土中越冬。老熟幼虫多于树冠下疏松的土内化蛹，以4~7 cm深处较多。秋季在树冠周围翻耕，可挖出土室灭蛹。

（2）诱杀成虫　成虫昼伏夜出，有趋光性，可用灯光诱杀成虫。

（3）人工捕捉幼虫

（4）喷药防治　幼虫发生期喷洒25%灭幼脲3号悬浮剂1 500倍液、2.5%高效氯氟氰菊酯乳油2 000倍液等。

3. 桃斑蛾

（1）消灭越冬幼虫　桃斑蛾1年发生1代，以初龄幼虫在老树皮裂缝内、树枝分叉处及贴枝叶下结茧越冬。发现有结茧的枝叶及时剪除，清理病残枝及落叶，果树休眠期间用80%敌敌畏乳油200倍液封闭剪锯口和树皮裂缝，树干涂白，可减少越冬虫源。

（2）捕杀下树幼虫　越冬幼虫在树体萌动时开始出蛰，先后蛀食幼芽、花及嫩叶，3龄后白天潜伏到树干基部附近的土、石块及枯草落叶下、树皮缝中，傍晚又陆续爬上树为害，少数幼虫吐丝缀连3、4个叶片藏在里边，傍晚出来为害。可在树干基部铺瓦片、碎砖等诱集下树幼虫集中捕杀。也可在树干周围地面喷洒25%辛硫磷微胶囊剂300倍液毒杀幼虫。

（3）捕杀成虫　成虫羽化后即行交尾，交尾后第2天雌成虫产卵，成虫飞翔力弱。可利用成虫飞翔力不强、交配时间长的特点，组织人力进行捕杀。

（4）药剂防治　在越冬幼虫开始活动期及当年幼虫孵化盛期，喷洒50%杀螟硫磷乳剂1 000倍液、90%美曲膦酯800倍液、4.5%高效氯氰菊酯乳油2 500倍液等。

（5）保护和利用天敌　桃斑蛾天敌主要有金光小寄蝇、方室茧蜂、梨星毛虫黑卵蜂、潜蛾姬小蜂等，对害虫有一定抑制作用。

4. 杏白带麦蛾

（1）休眠期防治　杏白带麦蛾1年发生2~3代，以蛹于树皮隙缝、树杈粗翘皮、剪锯口或树洞等处越冬。休眠期清扫园内及附近落叶和杂草，可消灭越冬蛹。

（2）捕杀幼虫　翌春越冬蛹羽化，成虫多夜间活动，卵产于叶片上。幼虫一生可转害4~5个叶片，性活泼，受扰后迅速逃避或吐丝下垂。老熟后于贴叶下、剪锯口或树皮缝隙中作茧化蛹。可于幼虫为害期，人工摘除被害虫苞，消灭其中幼虫。

（3）药剂防治　春季幼虫为害初期,喷施常规杀虫剂。

六、桃、李、杏和樱桃果实害虫

（一）桃、李、杏和樱桃果实害虫识别（表 7.4.6）

表 7.4.6　桃、李、杏和樱桃常见蛀果害虫识别特征

害虫名称	寄主植物	为害特点	识别特征
桃蛀螟（桃蛀心虫、桃蠹）（Dichocrocis punctiferalis Guenee）,属鳞翅目螟蛾科	桃及多种果树的果实,及玉米、高粱等作物	果实被害,虫孔外常有粗粒虫粪,果实易于腐烂脱落	成虫体长约 12 mm,橙黄色,体、翅表面具许多黑斑似豹纹;幼虫体长约 22 mm,有淡褐、浅灰、浅灰蓝、暗红等色,腹面多为淡绿色,其各体节有明显的黑褐色毛瘤
李小食心虫（李小蠹蛾）（Grapholitha funebrana Treitscheke）,属鳞翅目卷蛾科	李、杏、桃、樱桃	幼虫蛀果前常吐丝结网,于网下蛀入果内,排出少许粪便,被蛀果流胶;第 1 代幼虫多直接蛀入果仁,可转果为害 2~3 个果,被害果脱落;第 2 代幼虫蛀食 1 个果实,受害果不脱落;第 3 代幼虫多由果梗基部蛀入,被害果表面无明显症状,但提前成熟和脱落	成虫体长 4.5~7.0 mm,体背灰褐色,腹面灰白色,前翅狭长烟灰色,没有明显斑纹,前缘有 18 组不很明显的白色钩状纹,近顶角和外缘,白点排成较整齐的横纹,近外缘隐约可见 1 月形铅灰色斑纹,其内侧有 6~7 个暗色短斑,缘毛灰褐色;老熟幼虫体长约 12 mm,桃红色,腹面色浅,头、前胸盾黄褐色,臀板淡黄褐色或桃红色,上有 20 多个深褐色小斑点
李实蜂（李叶蜂）（Hoplocampa sp.）,属膜翅目叶蜂科	李树果实	卵产于花萼组织内,幼虫孵化先取食花萼,落花后蛀入幼果食害核仁;被害幼果 10 mm 左右时内充满虫粪,停止生长	雌成虫体长 4~6 mm,雄虫略小,体黑色,头部密生微毛,翅膜质,透明,棕黄色,翅脉雌虫黑色、雄虫棕色;老熟幼虫体长 9~10 mm,黄白色,具胸足 3 对,腹足 7 对
杏仁蜂（杏核蜂）（Eurytoma samsonoui Wass.）,属膜翅目广肩小蜂科	杏树	幼虫在杏核内蛀食杏仁,致果实萎缩、发黄,在近果柄部产生干瘪凹陷的黑斑;受害果实脱落或形成僵果,挂在树上	成虫体黑色,头及胸部有网状刻纹;雌成虫体长约 6 mm,腹部橘红色,有光泽;雄成虫略小,腹部黑色,细腰状;老熟幼虫体长 7~12 mm,乳黄色,纺锤形,稍弯曲,头褐色,无足
杏象甲（杏虎、杏虎象、杏象鼻虫）（Rhynchites falderm Anni）,属鞘翅目卷象科	杏、李、桃、樱桃等	成虫取食花蕾形成空洞,食害子房引起大量落花,取食叶片出现孔洞,为害幼果将喙管伸入果内取食果肉,卵产于果内,幼虫孵化直接蛀入杏核取食,引起落果	成虫体长 4.9~6.8 mm,椭圆形,红色有金属光泽,并有绿色反光,喙端部、触角和足端部深红色,有时呈现蓝紫色光泽,头部密布大小不等的刻点和长短不齐的茸毛;幼虫乳白色,略向腹面弯曲

（二）桃、李、杏和樱桃果实害虫发生规律与防治

1. 桃蛀螟

（1）消灭越冬幼虫　桃蛀螟 1 年 1~5 代,以老熟幼虫于树皮缝隙、玉米、高粱、向日葵、蓖麻等残株内结茧越冬。冬季应及时处理玉米、

议 — 议

什么时期防治桃蛀螟效果好?为什么要重点防治 1 代幼虫?

高粱、向日葵、蓖麻等寄主植物的残体,消灭越冬幼虫。

(2)诱杀成虫　成虫夜间活动,有较强趋光性,可利用黑光灯诱杀。

(3)树上喷药杀卵和初孵幼虫　各代产卵盛期喷杀虫剂,药剂种类与浓度参考苹果食心虫类。

(4)套袋保护　在越冬代成虫产卵盛期前及时套袋保护。

2. 李小食心虫

(1)树盘盖土消灭越冬幼虫　北方1年发生1~4代,以老熟幼虫在树干周围土中、草根附近及土块下或树干老翘皮缝隙内结茧越冬。李树花芽萌动时破茧上移至地表1 cm处结茧化蛹。在越冬代成虫羽化前,在树干周围培土8~10 cm厚,压实,可防止越冬幼虫出土作茧、化蛹。成虫完成羽化后结合除草,将土撤去。

(2)诱杀成虫　利用李小食心虫的趋光性、趋化性,可在园内挂黑光灯或糖醋液盆捕杀成虫。

(3)药剂防治　利用李小食心虫性诱剂预测预报,在各代成虫盛期和产卵盛期及第1代老熟幼虫入土期,喷洒对卵和初孵幼虫有效的药剂,如48%毒死蜱乳油2 000倍液、50%杀螟硫磷乳油1 000倍液、10%氯氰菊酯乳油3 000倍液等。

3. 李实蜂

(1)消灭越冬虫源　李实蜂1年发生1代,以老熟幼虫在树冠下的土壤中结茧越冬,于李树萌芽时化蛹,开花期成虫羽化出土,产卵孵化为害幼果。幼虫期25~31 d,老熟后坠落地面,或随被害落果坠地,再脱果入土,结茧越冬。早春翻树盘深埋幼虫,树盘覆盖地膜,成虫出土始期(开花前)或幼虫脱果入土始期(落花后20 d左右)树冠下喷洒25%辛硫磷微胶囊剂或48%毒死蜱乳油200~300倍液,可阻杀幼虫或出土成虫。

(2)喷药防治成虫与初孵幼虫　李树花蕾露白待放期为成虫出土始期,开花期为出土盛期。开花始盛期、盛末期分别是药剂防治羽化成虫及防止成虫产卵、杀灭幼虫及防止幼虫蛀果的两个关键时期。药剂可用10%氯氰菊酯乳油3 000倍液、80%敌敌畏乳剂1 000倍液等。

4. 杏仁蜂

(1)消灭越冬幼虫　杏仁蜂1年1代,以老熟幼虫在被害杏核内越夏、越冬,杏树落花时开始羽化成虫,杏果指头大时成虫大量出现。在杏果采收后至成虫羽化前,彻底清除被害果,集中销毁。也可结合果园耕翻,将杏核或虫果埋入15 cm深土中,防止成虫羽化出土。越冬幼虫消灭较彻底,一般后期无须应用药剂防治。

(2)药剂防治　成虫羽化期喷洒10%氯氰菊酯乳油2 000~3 000倍液、80%敌敌畏乳油1 500倍液或1.8%的阿维菌素乳油3 000倍液等,每周喷1次,共喷2次。

5. 杏象甲

(1)人工捕杀　1年发生1代,以成虫树下土壤中越冬。第2年杏树开花时到树上咬食嫩芽和花蕾,成虫有假死性,受惊后落地。5月中下旬在幼果上产卵并将果柄咬伤。幼虫孵化后在果内蛀食,造成落果。老熟幼虫从落果中爬出入土化蛹,秋末羽化成虫越冬。利用成虫的假死习性,可在成虫为害期于早晨摇树振落捕杀。在害果脱落期,应及时摘除树上的产卵果、及时捡拾落地虫果,集中处理,消灭幼虫。

(2)药剂防治　害虫发生量大时,在落花后一星期至雌成虫产卵期间,向树上喷洒10%氯氰菊酯乳油 2 000~3 000 倍液、90%美曲膦酯 1 000 倍液、4.5%高效氯氰菊酯乳油 2 000 倍液等 1~2 次。

七、桃、李、杏和樱桃蛀干害虫

桃树枝干常见钻蛀性害虫主要有桃红颈天牛、蒙古木蠹蛾、金缘吉丁虫和柳蝙蝠蛾，以及在枝干上产卵为害的大青叶蝉等。蒙古木蠹蛾、柳蝙蝠蛾和大青叶蝉见苹果枝干害虫部分，金缘吉丁虫见梨树枝干害虫部分。

1. 桃红颈天牛识别

桃红颈天牛（*Aromia bungii* Fald.）又称铁炮虫，属鞘翅目天牛科，主要为害桃、苹果、梨、樱桃、杏、李、柳等多种果树及林木植物。树干木质部被蛀食成不规则隧道，轻则影响树液输导，致树势衰弱；重则树干被蛀空，致植株死亡，蛀孔外常排有大量红褐色虫粪及木屑，堆积于树干地际部而较易发现。

桃红颈天牛成虫体长 28~37 mm，体亮黑色。前胸背板棕红色（部分亮黑色），背面有 4 个光滑疣突，具角状侧枝刺。鞘翅表面光滑，基部较前胸宽，后端较狭（彩版 17.3）。雄虫身体比雌虫小，前胸腹面密布刻点，触角超过虫体 5 节；雌虫前胸腹面有许多横皱，触角超过虫体 2 节。卵淡绿色，状如芝麻粒，长 6~7 mm。老熟幼虫长约 50 mm，乳白色，前胸较宽广，前胸背板前半部横列 4 个黄褐色斑块，背面的 2 个各呈横长方形，前缘中央有凹缺，胸足 3 对不发达。蛹黄白色，长约 36 mm。根据其发生规律可采取以下防治措施。

2. 桃红颈天牛发生规律与防治

（1）捕（诱）杀成虫　桃红颈天牛 2~3 年发生 1 代；以幼龄幼虫（第 1 年）和老熟幼虫（第 2 年）越冬。成虫自南至依次于北 5—8 月间出现，成虫出现期比较整齐，在一个果园一般不超过十余天，成虫多于雨后晴天 10~15 时在树干和枝条活动、栖息。外出活动 2~3 d 后开始交尾产卵。利用成虫午间在枝干静息的习性，在成虫出现期的白天、最好在雨后晴天捕杀。也可利用成虫对糖醋有趋性，用糖 2 份、醋 1 份，或用糖∶醋∶酒为 1∶0.5∶1.5、美曲膦酯（或其他杀虫剂）0.3 份、水 8~10 份配成诱杀液，装于盆罐中，挂在离地 1 m 高处诱杀成虫。

（2）树干涂白阻止成虫产卵　成虫卵多产于距地面 1.2 m 内的主干、主枝的树皮缝隙中，近地面 35 cm 以内树干产卵最多。老树皮粗糙缝多时产卵多树体被害重，幼树及光皮品种被害轻。在成虫产卵前，在树干主枝上涂刷白涂剂，阻止成虫产卵。白涂剂配方为生石灰 10 份、硫黄或石硫合剂渣 1 份、食盐 2 份、动物油 0.2 份、水 40 份混合而成。

（3）药剂防治初孵幼虫　成虫产卵期 1 周左右，每雌产卵量平均 170 粒，卵期 7~9 d。在成虫产卵盛期或幼虫孵化期，用 50%杀螟硫磷乳油 1 000 倍液、10%吡虫啉可湿粉剂 2 000 液、50%敌敌畏 1 000 倍液、5%高效氯氰菊酯乳油 1 000 倍液等喷树干和主枝，隔 12~15 d 喷 1 次，连喷 2 次，杀死初孵幼虫。

（4）钩杀小幼虫　初孵幼虫向下蛀食韧皮部，秋末在被害皮层下越冬。幼虫孵化后检查枝干，发现排粪孔可用铁丝钩杀幼虫，或用接枝刀在幼虫为害部位顺树干划 2~3 道杀死幼虫。也可用 80%敌敌畏乳油 15~20 倍液涂抹排粪孔。

（5）药剂熏杀大龄幼虫　次年春季在被害皮层下越冬的幼虫继续向下蛀食至木质部为

害,由上向下蛀食成弯曲的隧道,隔一定距离向外蛀 1 通气排粪孔;蛀道可至主干土面下 8~10 cm处,常在树干的蛀孔外及地面上堆积大量红褐色粪屑。幼虫老熟后于蛀道内作蛹室化蛹,蛹室在蛀道末端,化蛹前先做羽化孔,但孔外韧皮部仍保持完好。对已蛀入木质部的大龄幼虫,可用80%敌敌畏乳油或10%吡虫啉可湿性粉剂30倍液,每孔 5 mL(注射或用浸药的棉球),或将56%的磷化铝片剂分成 6~8 小粒,每粒塞入 1 虫孔中,再用黏泥将蛀口或排气孔封严,熏杀幼虫。

(6)保护和利用天敌　寄生蜂、寄生蝇、鸟类和白僵菌等对桃红颈天牛有一定的自然控制力,应注意保护和利用。

八、桃、李、杏和樱桃蚧类害虫

1. 桃、李、杏和樱桃蚧类害虫识别(表 7.4.7)

为害桃、李、杏和樱桃的蚧类主要有同翅目蚧总科的朝鲜球坚蚧、桃球蜡蚧、东方盔蚧和桑白蚧等,以成虫和若虫群集在枝条上刺吸汁液为害,枝条被介壳和分泌的蜡质等覆盖,被害枝条发育不良,树体衰弱,影响果品产量和品质,重者整枝或整株枯死。有些种类还是传播果树病毒病的重要媒介。

表 7.4.7　桃、李、杏和樱桃常见蚧类害虫识别特征

害虫名称	寄主植物	雌成虫	雄成虫	若虫
朝鲜球坚蚧(杏球坚蚧、桃球坚蚧)(*Didesmococcus koreanus* Borchs.),属蚧科	桃、杏、李、樱桃、山楂、苹果、梨等	体近半球形,后端垂直,前、侧面下部凹入,高约 3.5 mm,横径约4.5 mm;初期介壳软黄褐色,后期硬化红褐色至黑褐色,表面有薄层蜡粉;尾端略突出并有 1 纵裂缝,背中线两侧各具 1 纵列不甚规则的小凹点	体长 1.5~2 mm,头胸赤褐、腹部淡黄褐色;前翅发达白色半透明,后翅特化为平衡棒;性刺基部两侧各具 1 条白色长蜡丝;尾端性刺针状;介壳(蛹外壳)灰白色,长椭圆形,两侧有 2 条纵斑纹,末端钳状,钳形背上方各有 1 黑褐色斑点,前端有 2 个黑褐色小斑	初孵若虫体椭圆形,长 0.5 mm,红褐色,体表披白色蜡粉,腹末端有白色尾毛 1 对;虫体位置固定后,体色渐深并渐形成介壳;越冬后雄虫狭长,体背臀板前缘有 2 个黄白色斑纹,左右相连,雌虫变长椭圆形,无黄斑
桃球蜡蚧(日本球坚蚧、皱球蚧)(*Eulecanium kuwanai* Kanda),属蜡蚧科	桃、杏、李、樱桃、山楂、苹果、梨等果树和洋槐等林木	介壳近半球形或馒头形,直径约 6 mm,高约 5 mm;体背密布一层白色蜡粉,体壁初期黄褐色,中后期黑褐色或枣红色;背中央两侧有 2 纵行较大的凹下刻点,每行 5~6 个	虫体淡橘红色,长约 2 mm,头部黑色,中胸盾片漆黑色;前翅近卵圆形,白色,后翅退化,窄而小;腹末端着生淡紫色性刺,其基部两侧各有 1 条白色蜡毛;介壳为长扁圆形,由蜡质层和蜡毛构成,表面呈毛毡状;后半部表面无折缝	初孵若虫为长椭圆形,扁平,橘红色,背中线暗灰色;体周缘有若干细横皱纹,表面覆蜡层,呈现龟裂并附有少量白色蜡丝;雄性若虫褐色,体背覆蜡层较厚,不呈龟裂,附有大量蜡丝呈毛毡状

续表

害虫名称	寄主植物	雌成虫	雄成虫	若虫
东方盔蚧(扁平球坚蚧、水木坚蚧、褐盔蜡蚧、刺槐蚧)(*Parthenolecanium corni* Bouchè),属蜡蚧科	桃、杏、葡萄、苹果、梨、山楂、核桃、刺槐、国槐等	体背部稍隆起呈头盔状,黄褐色或红褐色,长6~6.3 mm,宽4.5~5.3 mm,背面中央有4条纵列断续凹陷,形成5条隆脊,周缘具排列规则的横列皱褶,臀裂明显	体长1.2~2.5 mm,红褐色,翅黄色呈网状透明,腹末具2根长白蜡丝	1初龄呈扁椭圆形,长径0.3 mm,淡黄色,体背中央具1条灰白纵线,具1对白长尾毛;2龄为扁椭圆形,长2 mm,外有极薄蜡层;越冬期体缘锥形刺毛达108条;3龄若虫黄褐色,形似雌成虫
桑白蚧(桃白蚧、桑盾蚧)(*Pseudaulacaspis pentagona* Targioni),属盾蚧科	桃、桑、李、杏、樱桃、苹果、梨等果树及林木和花卉	体呈宽卵圆形,扁平,长约1 mm,橙黄至橘红色,无翅;介壳近圆形,略隆起,有轮纹,直径2~2.5 mm,白色或灰白色,壳点黄褐色,偏生一方	体略呈长纺锤形,体长0.7 mm,橙至橘红色,具1对前翅;介壳为长扁圆形,两侧缘平行,长约1.5 mm,白色,背面有3条纵脊,壳点橘黄色,居端	初孵若虫淡黄褐色,扁椭圆形,长约0.6 mm,腹末具2根尾毛;第1次蜕皮覆于介壳上,偏于一边称为壳点

2. 桃、李、杏和樱桃蚧类害虫发生规律与防治

(1)控制传播　绝大多数蚧类只以若虫或受精雌成虫在枝条及树干上越冬,远距离传播主要靠苗木、接穗携带完成,一旦发生,难以根除,所以因此在新建园和高接换头时,要确保苗木和接穗无虫后再调运,以防蚧虫传播蔓延。

(2)休眠期防治　朝鲜球坚蚧、桃球蜡蚧、东方盔蚧1年发生1代,以2龄若虫在枝条上越冬;桑白蚧在北方1年发生2~3代,以受精雌成虫在枝条上越冬。冬季剪除介壳虫密度大的枝条,用较硬的刷子刷除点片发生且较严重的枝干介壳虫(生长期也可采用),喷洒3~5°Bé 石硫合剂、95%机油乳剂400~600倍液、5重柴油乳剂或3.5%煤焦油乳剂200倍液等,可减少虫口基数。

(3)生长期防治　朝鲜球坚蚧、桃球蜡蚧和东方盔蚧越冬2龄若虫在寄主萌芽时开始为害。雌虫体渐膨大,雄虫羽化,进行交配。一般5月中旬雌虫开始产卵,5月下旬至6月上旬为孵化盛期。初孵若虫孵化后即从壳下爬出,分散到枝、叶背固着为害,落叶前若虫迁至枝条处固着越冬。若虫孵化后固定前的活动期,对药剂极为敏感,若虫一旦固定,很快分泌蜡质保护虫体,药剂防治效果显著下降。因此若虫孵化盛期是药剂防治的关键时期。若虫孵化期的简易预测法:在卵孵化前,每3 d随机掰下数十个雌虫介壳,用放大镜检查,发现有卵孵化时,改为每隔1 d调查1次,每次调查50~100个介壳,当80%的介壳中的卵开始孵化时,这时卵孵化率约50%,可立即喷药,5 d后再喷1次。发生不甚严重,可在100%的介壳开始孵化时喷药。

桑白蚧越冬雌成虫在果树发芽时开始吸食汁液,虫体随之膨大,以后产卵于母体介壳内。卵孵化小若虫由母体介壳下爬出到枝条或果实上取食,完成2~3代后越冬。桃树谢花后3~4周(5月中、下旬)是第1代若虫发生期,也是桑白蚧全年防治的关键时期。

常用防治蚧类的药剂有40%速扑杀乳油4 000倍液、25%噻嗪酮可湿性粉剂1 500倍液、40%杀扑磷乳油2 000倍液、8%毒死蜱乳油1 000倍液、10%吡虫啉可湿粉剂2 000液和2.5%高效氯氟氰菊酯乳油2 000倍液等。

(4)保护利用天敌 我国蚧类的天敌资源主要有黑缘红瓢虫、寄生蜂、草蛉等,应加以保护利用,少用或避免使用广谱性农药。在介壳虫孵化盛期喷药,可达到既保护天敌,又消灭蚧虫的目的,充分发挥天敌对介壳虫的自然控制作用。

任务工单7-7 桃、李、杏和樱桃常见病害诊断与防治

一、目的要求

了解当地桃、李、杏和樱桃常见病害及其发生为害情况,区别桃、李、杏和樱桃主要病害的症状特点及病原菌形态,设计桃、李、杏和樱桃病害无公害防治方法。

二、材料、用具和药品

学校实训基地、农业企业或农村专业户桃、李、杏和樱桃园,多媒体教学设备,桃、李、杏和樱桃病害标本,观察病原物的器具与药品,常用杀菌剂及其施用设备等。

三、内容和方法

1. 桃、李、杏和樱桃常见病害症状和病原菌形态观察

观察桃、李、杏和樱桃细菌性穿孔病、霉斑穿孔病和褐斑穿孔病,桃缩叶病、白粉病、黑星病、炭疽病、褐腐病和实腐病,桃树腐烂病、木腐病和流胶病,桃(李)灰霉病、杏疔病的分布特点、发病部位、症状表现(病部形状、质地、颜色、表面特征等)和病原特征,辨别并判断病原类型及病害种类。

2. 桃、李、杏和樱桃重要病害预测

根据越冬菌量、气象条件、栽培条件和当地主要桃、李、杏和樱桃品种生长发育状况,分析并预测1~2种重要桃、李、杏和樱桃病害的发生趋势。

3. 桃、李、杏和樱桃主要病害防治

(1)调查了解当地桃、李、杏和樱桃主要病害的发生为害情况及其防治技术和成功经验。

(2)根据桃、李、杏和樱桃主要病害的发生规律,结合当地生产实际,提出2~3种桃、李、杏和樱桃病害防治的建议和方法。

(3)配制并使用2~3种常用杀菌剂防治当地桃、李、杏和樱桃主要病害,调查防治效果。

四、作业

1. 记录所观察桃、李、杏和樱桃病害的典型症状表现和为害情况。

2. 绘常见桃、李、杏和樱桃病害的病原菌形态图,并注明各部位名称。

3. 预测重要桃、李、杏和樱桃病害的发生趋势并说明依据。

4. 评价当地桃、李、杏和樱桃主要病害的防治措施。

5. 提出桃、李、杏和樱桃主要病害无公害防治建议和方法。

6. 记录桃、李、杏和樱桃常用杀菌剂的配制、使用方法和防治效果。

五、思考题

如何诊断桃、李、杏和樱桃穿孔病是细菌性穿孔病或是霉斑穿孔病和褐斑穿孔病？

任务工单 7-8　　桃、李、杏和樱桃常见害虫识别与防治

一、目的要求

了解当地桃、李、杏和樱桃常见害虫及其发生为害情况，识别桃、李、杏和樱桃主要害虫的形态特征及为害特点，熟悉桃、李、杏和樱桃重要害虫预测方法，设计桃、李、杏和樱桃害虫无公害防治方法。

二、材料、用具和药品

学校实训基地、农业企业或农村专业户桃、李、杏和樱桃园，多媒体教学设备，桃、李、杏和樱桃害虫及其为害状标本，放大镜、挑针、镊子及培养皿，常用杀虫剂及其施用设备等。

三、内容和方法

1. 桃、李、杏和樱桃常见害虫形态和为害特征观察

观察桃蚜、桃粉蚜、桃瘤蚜、桃一点叶蝉、桃潜叶蛾、桃天蛾、桃蛀螟、李小食心虫、李实蜂、杏仁蜂、杏象甲、桃红颈天牛、朝鲜球坚蚧、桃球蜡蚧、东方盔蚧和桑白蚧等成虫大小、翅的颜色及斑纹形状，幼虫体色、体形等特征，为害部位与为害特点。

2. 桃、李、杏和樱桃害虫预测

选择 1~2 种桃、李、杏和樱桃主要害虫，利用性诱剂、（糖、酒、醋）诱蛾器或虫情测报灯进行预测。

3. 桃、李、杏和樱桃主要害虫防治

（1）调查了解当地桃、李、杏和樱桃主要害虫发生为害情况、防治措施和成功经验。

（2）选择 2~3 种桃、李、杏和樱桃主要害虫，提出符合当地生产实际的防治建议和方法。

（3）配制并使用 2~3 种常用杀虫剂防治当地桃、李、杏和樱桃主要害虫，调查防治效果。

四、作业

1. 记录所观察桃、李、杏和樱桃常见害虫的形态特征、为害部位与为害特点。

2. 绘常见桃、李、杏和樱桃害虫形态特征简图。

3. 记录桃、李、杏和樱桃害虫预测的方法与结果。

4. 评价当地桃、李、杏和樱桃主要害虫的防治措施。

5. 提出桃、李、杏和樱桃主要害虫无公害防治建议和方法。

6. 记录桃、李、杏和樱桃常用杀虫剂的配制、使用方法和防治效果。

五、思考题

怎样根据形态特征和为害特点区分朝鲜球坚蚧、桃球蜡蚧、东方盔蚧和桑白蚧？

任务五　柿、枣、栗和核桃病虫害

一、柿树病害

（一）柿树病害诊断（表7.5.1）

表 7.5.1　柿树常见病害诊断要点

病害名称	病原	寄主植物及为害部位	为害状
柿角斑病	柿假尾孢（*Cercospora kaki* Ell. et Ev.），属真菌界半知菌类假尾孢属	柿、君迁子的叶片和果蒂	叶片受害初现不规则的黄绿色晕斑，后形成深褐色、边缘黑色的多角形病斑（图7.5.1）；病斑发生在蒂的四角，褐色至深褐色；叶片、柿蒂病斑可产生黑色小粒点
柿圆斑病	柿叶球腔菌（*Mycosphaerella nawae* Hiura et Ikata），属真菌界子囊菌门球腔菌属	柿树的叶片和果蒂	病叶初期产生圆形小斑点，后期病斑转为深褐色，中心色浅，外围有黑色边缘；病斑背面出现黑色小粒点；严重时病叶变红脱落
柿黑星病	柿黑星孢（*Fusicladium kaki* Hori et Yoshino），属真菌界子囊菌门黑星菌属	柿树的叶片、枝梢和果实	叶斑近圆形，中部褐色，边缘黑色，有黄色晕圈；病叶背面生黑色霉状物；果实病斑圆形、黑色；枝梢病斑梭形、黑色
柿叶枯病	*Plestalozzia diospyri* Syd.，属真菌界半知菌类盘多毛孢属	柿树的叶片	叶斑近圆形或不规则形，扩大后为多角形，灰色或灰褐色，边缘深褐色，有轮纹，病斑产生黑色小粒点
柿白粉病	*Phyllactinia kakicola* Sawada，属真菌界子囊菌门球针壳属	柿树的叶片、枝梢、果实	病斑叶片出现典型的白粉状斑，主要在叶背，后期白粉中产生初黄色后变为黑色闭囊壳小粒点
柿炭疽病	围小丛壳［*Glomerella cingulata*（Stonem.）Spauld. et Schrenk］，属真菌界子囊菌门小丛壳属	柿的果实和新梢，有时也侵染叶片	果实受害生黑褐色圆斑，稍凹陷，周缘现水渍状晕环；嫩梢发病，绕茎扩展，终致嫩梢变黑褐色枯死；潮湿时果、梢患部生散生或轮状排列小黑点或粉红色小点

（二）柿树病害发生规律与防治

1. 柿角斑病、圆斑病、黑星病、叶枯病和白粉病

（1）清除菌源　　以上病害均以菌丝体、分生孢子或子实体（子囊果、分生孢子盘）在病叶、病蒂（果）或病梢上越冬，除柿圆斑病菌外均可进行多次再侵染。清除落叶和病残体，可减少初侵染源。

（2）加强栽培管理　　雨季早、雨日多、温度高，树势衰弱、树冠郁闭、通风透光不良是病害发生流行的主要条件。增施基肥，合理灌水，科学修剪，可增强树势，提高树体抗病力。

（3）及时喷药预防　　在发病初期喷洒1∶2∶300波尔多液、70%代森锰锌可湿性粉剂500倍液、50%甲基硫菌灵可湿性粉剂800倍液等。柿白粉病发病初期可喷25%三唑酮可湿性粉剂

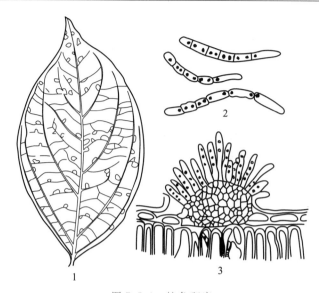

图 7.5.1　柿角斑病

1. 病叶　2. 分生孢子　3. 分生孢子座

1 000 倍液等。

2. 柿炭疽病

（1）选用丰产抗病品种　因地制宜选用抗病品种。

（2）清除侵染源　病菌主要以菌丝体在枝梢病斑中越冬，也可在病果、叶痕和冬芽中越冬。可在休眠期和生长期清除病枯枝、病果、落叶，集中深埋或烧毁；早春发芽前喷 4～5°Bé 石硫合剂或 45% 晶体石硫合剂 30 倍液。

（3）加强栽培管理　管理粗放、树势较弱、果园通风透光不良等条件易发病。应多施有机肥，剪除病残枝及茂密枝，调节通风透光。

（4）药剂防治　病菌整个生长期可不断侵染果实，在开花后、幼果和果实膨大期喷药，选用 1∶1∶200 波尔多液、70% 代森锰锌可湿性粉剂 500 倍液、50% 咪鲜胺可湿性粉剂 1 000 倍液、25% 嘧菌酯悬浮剂 1 500 倍液等喷雾。

二、柿树害虫

（一）柿树害虫识别（表 7.5.2）

表 7.5.2　柿树常见害虫识别特征

害虫名称	寄主植物	为害特点	识别特征
柿蒂虫（柿举肢蛾、柿实蛾）（*Stathmopo-da massinissa Mey-rick*），属鳞翅目举肢蛾科	柿树、黑枣	幼虫蛀果多从果梗或果蒂基部蛀入，造成柿果早期发红、变软、脱落	雌成虫体长 7 mm 左右，雄略小，体翅紫褐色，头、胸部中央和腹末端为黄褐色，前翅近顶角有 1 条斜向外缘的黄色带状纹，后足长，静止时向后上方伸举；老熟幼虫体长约 10 mm，头部黄褐色，中后胸前面有"×"形皱纹

续表

害虫名称	寄主植物	为害特点	识别特征
柿斑叶蝉(血斑小叶蝉)[*Erythroneura mori* (Matsumara)],属同翅目叶蝉科	柿、桃、柑橘、葡萄等	成虫、若虫聚集在叶背刺吸汁液,叶面呈现许多小白点	成虫体长 2~2.5 mm,浅黄色,头、胸各生 2 条血红色纵向斑纹,前翅半透明,有红色斑纹,后翅略带黄色,透明无斑纹;末龄若虫浅绿色,有分散的暗绿色条纹
柿星尺蠖(柿星尺蛾、大斑尺蠖)(*Pecnia giraffata* Guenée),属鳞翅目尺蛾科	柿、黑枣、核桃、苹果、梨等	幼虫食叶成缺刻和孔洞,严重时食光全叶	成虫体长约 25 mm,头及前胸背黄色,胸背有 4 个黑斑,翅面散生大小黑褐色斑点,腹部每节背面两侧各有 1 长方形黑斑;幼虫体长 47~63 mm,头黄褐色,后胸和腹部第 1 节膨大,背面两侧有黑色眼状纹 1 对
柿粉蚧(柿绵蚧)(*Phenacoccus pergandei* Cockrell),属同翅目粉蚧科	柿、苹果、梨、枇杷等	雌成虫、若虫吸食叶片、枝梢的汁液,排泄蜜露诱发煤污病	雌虫体长约 2.9 mm,扁椭圆形紫红褐色,体表被白色蜡粉,体边缘有圆锥状蜡突多达 18 对;产卵前虫体后端分泌出白色絮状,形状似袋
柿绒蚧(柿绵蚧)(*Eriococcus kaki* Kuwana),属同翅目绵蚧科	柿、梧桐、桑、黑枣	以成虫和若虫刺吸为害,受害嫩枝有黑斑,叶片皱缩,果实凹陷变黑	雌虫为椭圆形,紫红色,腹部边缘分泌有白色弯曲的蜡毛状物,成熟时体背分泌出绒状白色蜡囊;雄蛹壳椭圆形,长约 1 mm,扁平、由白色绵状物构成,体末有横裂缝将介壳分成上下两层

(二)柿树害虫发生规律与防治

1. 柿蒂虫

(1)消灭越冬虫源 1 年 2 代,以老熟幼虫在树皮裂缝或树干基部附近土壤中结茧越冬。可在幼虫开始越冬时在树上绑草环诱集幼虫,清园时烧掉;冬季刮除枝干上的老粗皮;越冬代成虫羽化出土前在根颈附近堆 25 cm 高土堆,或在树冠下地面喷施药剂或撒施毒土,阻止越冬代成虫出土(参考苹果桃小食心虫)。

(2)清除虫果 在幼虫害果期,及时摘除并销毁虫果。

(3)灯光诱杀 成虫有趋光性,可在成虫羽化期用黑先灯诱杀成虫。

(4)树上喷药杀卵和初孵幼虫 成虫发生盛期和幼虫孵化初期喷药,选用 48%毒死蜱乳油 2 000 倍液、2.5%氯氟氰菊酯乳油 2 500 倍液、25%灭幼脲胶悬剂 1 000 倍液等。

2. 柿斑叶蝉

1 年发生 3 代,以卵在当年生枝条皮层内越冬。若虫为害严重时,可喷布辛硫磷、敌敌畏等杀虫剂。

3. 柿星尺蠖

(1)杀灭越冬蛹 1 年发生 2 代,以蛹土中或石缝内越冬。可结合春秋翻地,消灭土中越冬蛹。

(2)诱杀成虫捕杀幼虫 成虫昼伏夜出,具趋光性,成虫期可灯光诱杀成虫。幼虫具假死性,可敲树振虫捕杀幼虫。

（3）药剂防治幼虫　幼虫的食量随虫龄增长而增加。应在幼虫低龄期喷药防治,药剂参照柿蒂虫。也可喷洒含孢子 $5^6 \sim 10^7$ 个/mL 的青虫菌、杀螟杆菌等稀释液。

4. 柿粉蚧和柿绒蚧

（1）消灭越冬若虫　柿粉蚧 1 年发生 1 代,以 3 龄若虫在枝条上和树干皮缝中群集结茧越冬。柿绒蚧 1 年发生 2~4 代,以若虫在枝条、树干的皮层裂缝及树上的干柿蒂上越冬。越冬期应刮树皮,剪除虫枝,落叶后或发芽前喷 3~5°Bé 石硫合剂或 5% 柴油乳剂。

（2）药剂防治初孵化若虫　越冬若虫在柿树萌芽时出蛰到嫩枝、幼叶上吸食汁液。雄虫经 2 次脱皮变为蛹,雌虫不断吸食发育变为成虫。成虫羽化、交尾后,雌成虫体背面形成白色卵囊。卵孵化盛期选用 25% 嘧啶磷乳油 1 000 倍液、40% 杀扑磷乳油 1 500 倍液、25% 噻嗪酮可湿性粉剂 1 500 倍液等喷雾。

（3）保护利用天敌　保护和利用肉食瓢虫、草蛉和寄生蜂等天敌。

三、枣树病害

（一）枣树病害诊断（表 7.5.3）

表 7.5.3　枣树常见病害诊断要点

病害名称	病原	寄主植物及为害部位	为害状
枣疯病（丛枝病）	*Phytoplasma*,属原核生物界软壁菌门植原体属	枣树全株	病树枝条上的不定芽或腋芽萌发并长成丛生的短疯枝,枝条多而小,直立,叶变小发黄,秋季干枯不易脱落
枣锈病	枣层锈菌（*Phakopsora zizyphi-vulgaris*）,属真菌界担子菌门层锈菌属真菌	枣树的叶片	病叶叶背生黄褐色夏孢子堆,破裂后散出黄褐色粉状夏孢子;叶面花叶状,无光泽,干枯早落
枣炭疽病	围小丛壳［*Glomerella cingulata* (Stonem.) Spauld. et Schrenk］,属真菌界子囊菌门小丛壳属	枣树的果实、叶、枝	果实受害生黑褐色病斑,略凹陷,潮湿时斑面密生黑色分生孢子盘,溢出橙红色孢子黏液

（二）枣树病害的发生规律与防治

1. 枣疯病

（1）培育无病苗木　病菌主要通过嫁接、分根传播。在无病园中选用健树采接穗或分根繁育,用 50 ℃ 温水处理插条 10~20 min,可使病枝脱毒;茎尖培养可有效地培育无病苗。

想 一 想
防治枣疯病的有效途径是什么?为什么?

（2）控制传毒媒介　病菌亦可通过汁液接触及叶蝉等刺吸式口器昆虫传染,修剪及嫁接工具等作业也可能传染。及时防治传毒昆虫,病、健树应分别修剪。

　　（3）根除毒源　发现病株及时连根铲除,彻底销毁或烧毁。

　　（4）加强栽培管理　管理粗放、树势较弱的果园发病较严重。应增施有机肥,增强树势,提高抗病性。

　　（5）药物防治　在枣树萌动初期根部滴注四环素或土霉素。

　　2. 枣锈病

　　（1）清除初侵染源　病菌主要以夏孢子在病落叶中越冬。芽前应清除落叶集中烧毁。

　　（2）药剂防治　病害可进行多次再侵染,多雨潮湿是发病主要条件,在发病初期喷药可用1∶1∶160波尔多液、12%腈菌唑乳油2 000倍液、25%三唑酮可湿性粉剂1 500倍液等间隔10~15 d,连续喷2~3次。

　　3. 枣炭疽病

　　病菌以菌丝体在枣吊、枣股、枣头和僵果中越冬。选用抗病品种、清除侵染源、加强栽培管理和药剂防治等措施参照柿炭疽病。

四、枣树害虫

　　（一）枣树害虫识别（表7.5.4）

表7.5.4　枣树常见害虫识别特征

害虫名称	寄主植物	为害特点	识别特征
枣尺蠖（枣步曲）（*Suera jujuba* Chu）,属鳞翅目尺蛾科	枣树、苹果树、梨树、桃树、桑等	幼虫食害枣芽、嫩叶,可将枣叶、花蕾全部吃光	雄成虫体长10~15 mm,灰褐色,触角橙褐色羽状,前翅内、外线黑褐色波状,后翅灰色,外线黑色波状;前后翅中室端有灰黑色斑1个;雌成虫暗灰色,无翅,触角丝状;幼虫腹部灰绿色,有多条黑色纵线及灰黑色花纹
枣黏虫（枣卷叶虫）（*Ancylis satiuve* Liu）,属鳞翅目小卷叶蛾科	枣树	幼虫吐丝缠缀并食害嫩叶、花序,蛀食幼果	成虫体长6~7 mm,前翅黄褐色、长方形、顶角突出、尖锐且略向下弯曲,前缘有黑褐色斜纹十多条,翅中部有黑色纵纹2条,后翅深灰色,缘毛较长;老熟幼虫头红褐色,胸、腹部黄色、黄绿色或绿色,前胸背板红褐色,腹部末节背面有"山"字形红褐色斑纹
枣瘿蚊（卷叶蛆、枣叶蛆）（*Contarinia* sp.）,属双翅目瘿蚊科	枣树	幼虫吸食枣叶致叶肉增厚,叶纵卷成筒状,呈紫红色,质硬脆,变黑枯萎	成虫体似蚊;雌成虫体长1.4~2 mm,头、胸灰黄色,胸背隆起,黑褐色;雄成虫体长1.1~1.3 mm,灰黄色;幼虫乳白色,有明显体节,无足蛆状
枣龟蜡蚧（日本龟蜡蚧）（*Ceroplastes japonicus* Green）,属同翅目蜡蚧科	枣、柿、苹果、梨等多种果树及林木	成虫、若虫刺吸树液,其排泄物常导致霉菌寄生,受害树衰弱甚至死亡	雌成虫体椭圆形,体长2~4 mm,紫红色;蜡质介壳白色扁椭圆形,背面隆起有龟形纹;雄虫介壳长椭圆形,周缘具有芒状向外辐射的蜡质刺突

（二）枣树害虫发生规律与防治

1. 枣尺蠖

（1）阻止雌蛾上树产卵　枣尺蠖1年发生1代，个别地区2年1代，以蛹在枣树根际周围土壤内越冬。无翅雌蛾爬行上树和有翅雄蛾交尾产卵。于越冬代成虫出土前，在树干基部绑塑料薄膜带涂黏虫药带（黄油∶机油∶菊酯类药剂 = 10∶5∶1，充分混合），可阻隔雌虫上树产卵；或距树干基部堆筑30 cm高圆锥形土堆，阻止越冬代成虫羽化出土。

（2）捕杀幼虫　利用1、2龄幼虫的假死性，可振落幼虫及时消灭。

（3）药剂防治幼虫　幼虫低龄期喷25%灭幼脲悬浮剂2 000倍液、2.5%溴氰菊酯乳油4 000~6 000倍液、含孢子5^6~10^7个/mL的青虫菌、杀螟杆菌等稀释液。

2. 枣黏虫

（1）消灭越冬蛹　1年3~5代，以蛹在枣树主干树皮裂缝及根际表土内越冬。可在越冬幼虫未化蛹前，在树干上绑草把诱集幼虫化蛹后集中烧毁；冬春季刮除树上翘皮并集中烧毁；深翻树盘，消灭越冬蛹。

（2）诱杀成虫　成虫趋光性强，对性诱剂敏感，可利用黑光灯、性诱剂进行诱杀。

（3）药剂防治低龄幼虫　用黑光灯或性诱剂诱捕器预测成虫或幼虫发生盛期，在各代幼虫发生盛期进行药剂防治。药剂参考枣尺蠖。

3. 枣瘿蚊

（1）消灭越冬虫源　枣瘿蚊在华北1年发生5~7代，幼虫老熟后从受害卷叶内脱出在土内结茧越冬，翌年枣树发芽后，在土中作茧化蛹。可在幼虫脱叶入土或成虫羽化出土前，在树干周围1 m范围的地面上撒2.5%美曲膦酯粉剂，或地面喷洒50%辛硫磷乳油500倍液，喷后浅耙。

（2）药剂防治　幼虫期喷洒90%美曲膦酯1 000倍液、25%喹硫磷乳油1 500倍液、75%灭蝇胺可湿性粉剂5 000倍液等。

4. 枣龟蜡蚧

枣龟蜡蚧1年发生1代，以受精雌成虫固着在小枝条上越冬。防治参考桃、李、杏和樱桃蚧类防治。

五、栗树病害

（一）栗树病害诊断（表7.5.5）

表 7.5.5　栗树常见病害诊断要点

病害名称	病原	寄主植物及为害部位	为害状
栗锈病	栗膨痂锈菌（*Pucciniastrum castaneae* Diet.），属真菌界担子菌门柄锈菌属	栗树叶片	夏孢子堆和冬孢子堆在被害叶背长出，夏孢子堆为黄色或黄褐色疱状斑，破裂后露出黄褐色粉状夏孢子；冬孢子堆为褐色腊质斑，表皮不破裂；病叶早落

续表

病害名称	病原	寄主植物及为害部位	为害状
栗白粉病	榛球针壳菌［*Phyllactinia corylea*（Pers.）Karst.］，属真菌界子囊菌门球针壳属	板栗、麻栎、锥栗、核桃的叶片、嫩梢	被害叶初生不规则褪绿斑，上生白色粉状物，后期产生黑色小粒点；受害部位变黄枯焦，幼叶扭曲，幼苗死亡
栗炭疽病	围小丛壳菌［*Glomerella cingulata*（Stonem.）Spauld. et Schrenk］，属真菌界子囊菌门小丛壳属	板栗的果实、叶片、枝条	被害栗苞上生褐色至黑褐色病斑，栗果从顶端变黑，栗仁外表圆形或近圆形黑色病斑，内部呈褐色干腐；后期病斑散生黑色小粒点，潮湿时，溢出橘红色孢子团
栗疫病（干枯病、胴枯病、腐烂病）	寄生内座壳菌［*Endothia parasitica*（Murr.）Anderson et Anderson］，属真菌界子囊菌门内座壳属真菌	板栗的枝干和幼树的根茎	初在树皮上出现红褐色病斑，病部组织松软稍隆起，后干缩凹陷，产生橙黄至黑色瘤状小粒点；潮湿时从粒点中涌出丝状孢子角；干燥后病皮龟裂粗糙，严重时枝或全树枯死（图7.5.2）

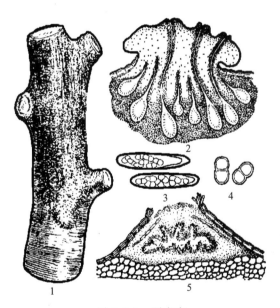

图 7.5.2　栗疫病
1. 病干　2. 子囊壳及子座　3. 子囊　4. 子囊孢子　5. 分生孢子器

（二）栗树病害发生规律与防治

1. 栗锈病

病菌以夏孢子在病落叶上越冬。清除初侵染源,萌芽期、抽梢展叶期喷药参考枣锈病。

2. 栗白粉病

（1）清除病源　病菌以闭囊壳在病叶或病梢上越冬。可清除病叶、病枝,集中烧毁。

（2）药剂防治　病原孢子借风雨和雨水传播,可再侵染。发病初期可喷 0.2~0.3°Bé 石硫合剂、25%三唑酮可湿性粉剂、12.5%烯唑醇可湿性粉剂 2 000 倍液等。

3. 栗炭疽病

病菌在病落果、病枝干上越冬,翌年春夏借风雨传播。日灼、虫害、机械损伤有利于病菌侵入。防治措施参考柿炭疽病。

4. 栗疫病

（1）加强检疫　防止病菌通过带病苗木远距离的传播,必须从病区调入苗木时,在定植前用 1∶3∶200 波尔多液浸苗消毒,或喷洒 3~5°Bé 石硫合剂等。

（2）防止病菌侵入　病菌只能从寄主伤口侵入,日灼、虫害、机械损伤有利于病菌侵入。冬、夏季枝干涂白,预防冻害和日灼,及时防治蛀干害虫。

（3）及时刮除病斑　发现病斑,及时刮除。具体方法参考苹果树腐烂病。

六、栗树害虫

（一）栗树害虫识别（表 7.5.6）

表 7.5.6　栗树常见害虫识别特征

害虫名称	寄主植物	为害特点	识别特征
栗实象甲(板栗象鼻虫、栗蛆)(*Curculio davidi* Fairmaire),属鞘翅目象甲科	栗属植物和榛、栎等	幼虫为害栗果实形成坑道,内部充满虫粪;成虫食害嫩枝、嫩叶和幼果	成虫体长 7~9 mm,雄虫略小,体黑褐色被有白色鳞毛,鞘翅黑色,上有刻点组成纵沟 10 条,前缘近肩角处具 1 白色横纹,翅鞘中部有 1 白色横带(图 7.5.3);幼虫体长 8~12 mm,弯曲呈"C"形,头黄褐色,体乳白至淡黄色,多横皱
栗实蛾(实卷叶蛾)(*Laspeyresia splendana* Hübner),属鳞翅目小卷叶蛾科	栗、栎、核桃、榛等	小幼虫在栗蓬内蛀食,后蛀入坚果;被害果外堆有白色或褐色颗粒状虫粪	成虫体长 7~8 mm,体银灰色,前翅前缘有向外斜伸的白色短纹,后缘中部有 4 条斜向顶角的波状白纹;幼虫为圆筒形,胸腹部暗褐色至暗绿色,各节毛瘤色深,上生细毛
栗大蚜(栗大黑蚜)(*Lachnus tropicalis* Van der Goot),属同翅目大蚜科	栗、栎类	以成若蚜群聚在新梢、嫩叶及叶背面刺吸汁液为害	无翅胎生雌蚜体长 3~5 mm,体黑色有光泽,腹部肥大;有翅蚜体长 3~4 mm,体黑色;若虫体形近似成虫,但体小,黄褐色

续表

害虫名称	寄主植物	为害特点	识别特征
栗瘿蜂（栗瘤蜂）（*Dryo-cosmus kuriphilus* Yasumat-su），属膜翅目瘿蜂科	板栗、茅栗、锥栗	春芽被害后形成樱红色间带黄绿色瘤状虫瘿，不抽新梢不结实，枝条常枯死	成虫体长 2.5～3 mm，黑色有光泽，翅膜质透明，翅脉褐色，后翅无色；老熟幼虫体长 2.5～3.0 mm，两端较细，向腹面弯曲，无足，乳白色或黄白色，头缩入前胸
栗透翅蛾（赤腰透翅蛾）（*Sesia molybdoceps* Hamp-son），属鳞翅目透翅蛾科	板栗、山核桃、麻栎、栓皮栎	幼虫在枝干皮层内取食，被害处树皮爆裂，略粗肿，有粪便外露，造成枝条环状剥皮	成虫体长 15～21 mm，雌虫比雄虫略大，中胸背面橘黄色，腹部第 1、4、5 节背面均有橘黄色横带，2、3 节赤紫色，末节全部枯黄色，形似黄蜂，翅透明，翅脉及缘毛紫褐色；幼虫乳白色，头部栗褐色，前胸背板淡褐色，有褐色倒"八"字纹

（二）栗树害虫发生规律与防治

1. 栗实象甲

（1）选用抗虫品种　选用大型、苞刺密而长，苞壳厚、质地硬的品种受害轻。

（2）消灭越冬幼虫　栗实象甲 1 年～2 年发生 1 代，以老熟幼虫在土中做室越冬。及时采收，清除残果，秋、春季翻耕土壤，可减少脱果越冬幼虫。

（3）诱杀幼虫　将栗果集中堆放于水泥板或晒场上，周围设埂诱杀脱果幼虫。

（4）地面施药消灭出土成虫　雌花谢花时为蛹盛期和成虫始见期，地面喷施 5% 辛硫磷粉剂 150 kg/hm² 或 50% 辛硫磷乳油 1 000 倍液，随即浅松土，可杀死出土成虫。

（5）药剂防治成虫　谢花后至栗总苞迅速膨大期为成虫盛发期，成虫产卵前需取食嫩芽和嫩叶等补充营养，可喷施 2.5% 氯氟氰菊酯乳油、48% 毒死蜱乳油 2 000 倍液、80% 敌敌畏乳油等，每 10 d 左右 1 次，连续喷 2～3 次。

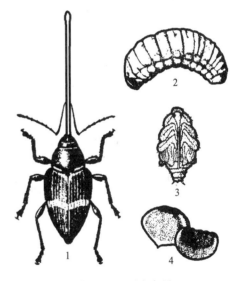

图 7.5.3　栗实象甲
1. 成虫　2. 幼虫　3. 蛹　4. 栗实被害状

（6）熏杀栗果内幼虫　溴甲烷 56 g/m³ 密封熏蒸 10 h，可杀死栗果内幼虫。

2. 栗实蛾

1 年发生 1 代，以老熟幼虫在枯枝落叶层及杂草下结茧越冬。应摘除被害栗苞及捡拾落地栗苞，清除栗园枯枝落叶，集中烧毁。成虫发生期、幼虫孵化至蛀果前对栗蓬喷 50% 杀螟硫磷乳油 1 000 倍液、20% 氰戊菊酯乳油 2 000 倍液、5% 氟虫腈悬浮剂 1 000 倍液等。

3. 栗大蚜

1 年发生十余代,以卵在枝干芽腋及裂缝中越冬。冬春季节应刮除树皮或刷除越冬卵,或用废柴油涂抹越冬卵。树干涂药、保护天敌、喷药防治等措施及药剂参考苹果蚜虫防治。

4. 栗瘿蜂

(1) 消灭越冬幼虫　栗瘿蜂 1 年发生 1 代,以幼虫在芽内越冬,有虫部位随枝条发育渐形成虫瘿。在新虫瘿形成期,应及时剪除虫枝。

(2) 保护利用天敌　应注意保护和利用中华绿色长尾小蜂等天敌。

(3) 成虫发生期喷药　在虫瘿形成初期及成虫羽化期进行。可对树冠喷 50% 杀螟硫磷乳油 1 000 倍液、10% 吡虫啉可湿性粉剂 3 000 倍液、80% 敌敌畏乳油 1 500 倍液等。

5. 栗透翅蛾

(1) 刮除幼虫　1 年发生 1 代,以幼虫在树皮缝内越冬。翌年春季大部分幼虫在韧皮部为害,少数蛀入木质部。被害处形成肿瘤状突起,皮层裂开。发现树干上有幼虫为害时,应及时用刀刮除皮内幼虫。

(2) 药剂防治　成虫卵多产于主干翘皮裂缝中,幼虫多在离地面 40 cm 以上的主干或主枝上为害。成虫产卵盛期和幼虫孵化期在树干上涂抹 80% 敌敌畏乳油 50 倍液,或用 500 mL 煤油与 80% 的敌敌畏乳油 50 mL 配成混合液,在幼虫为害处涂抹。在成虫羽化期喷 48% 毒死蜱乳油、10% 吡虫啉可湿性粉剂、80% 敌敌畏乳油等 1 500 倍液。

七、核桃病害

(一) 核桃病害诊断(表 7.5.7)

表 7.5.7　核桃常见病害诊断要点

病害名称	病原	寄主植物及为害部位	为害状
核桃褐斑病(白星病)	胡桃盘二孢菌[*Marssonina juglandis* (Lib.) Magn.],属真菌界半知菌类盘二孢属	核桃叶片、嫩梢和果实	叶片染病生近圆形或不规则形病斑,边缘暗绿色至紫褐色,中央灰褐色;果实病斑凹陷,扩展后果实变黑腐烂
核桃黑斑病(黑腐病、细菌性叶斑病)	野油菜黄单孢菌核桃黑斑致病型[*Xanthomonas campestris* pv. *juglandis* (Pierce) Dye],属细菌域原核生物界普罗特斯门黄单孢杆菌属	核桃果实、枝梢和叶片	幼果受害表面生暗褐色小点,扩大后整个果实连同果仁变黑,腐烂脱落,后期受害果肉腐烂,但不扩展到核仁,也不脱落;枝梢染病形成长梭形或不规则形的溃疡斑;嫩叶受害产生黑褐色水渍状斑,成叶病斑黑褐色,后期病斑连片,发黑变脆,中心呈灰色或穿孔
核桃枝枯病	胡桃黑盘孢(*Melanconium oblangum* Berk.),属真菌界半知菌类黑盘孢属	核桃枝干	侵害嫩枝和主干,皮层生暗灰褐色或红褐色斑,上生大量黑色小粒点;病枝叶片脱落、枝枯

病害名称	病原	寄主植物及为害部位	为害状
核桃溃疡病	茶藨子葡萄座腔菌[*Botryosphaeria dothidea*（Moug. ex Fr.）Ces. et de Not.]，属真菌界子囊菌门葡萄座腔菌属	核桃苗木和大树枝干及果实，杨树	病部初呈黑褐色圆形病斑，后扩大成梭形或长条形；病斑呈水浸状或水泡斑，泡内液体淡褐色，流出后遇空气变黑褐色，后期病部干缩下陷，中部开裂；果实受害形成褐色的近圆形病斑，严重时致果实干缩、腐烂、早落。枝干果实病部表面散生许多小黑点
核桃腐烂病（烂皮病、黑水病）	胡桃壳囊孢[*Cytospora juglandis*（DC.）Sacc.]，属真菌界半知菌类壳囊孢属	核桃枝干	染病枝条皮层失绿，与木质部间有水泡且分离，病斑可从剪锯口向下蔓延形成枯梢；幼树染病枝干病斑近梭形，暗灰色水渍状稍肿起，按压有泡沫状液体流出，皮层变褐有酒糟味，病皮失水下陷；各部病斑散生许多小黑点，湿度大时涌出橘红色胶质孢子角

（二）核桃病害发生规律与防治

1. 核桃褐斑病

病菌以菌丝体、分生孢子在病叶和病梢上越冬，可再侵染。清除菌源、喷药预防措施参照柿角斑病等。

2. 核桃黑斑病

病菌在溃疡斑中越冬，花期及展叶期易染病，核桃举肢蛾为害造成的伤口易遭该菌侵染，夏季多雨发病重。及时防治核桃害虫，核桃展叶及落花后喷 1∶（0.5~1）∶200 波尔多液、72% 农用链霉素可溶性粉剂 4 000 倍液、77% 氢氧化铜可湿性粉剂 600 倍液等。

3. 核桃枝枯病、溃疡病和腐烂病

病菌以菌丝体、子座及分生孢子器或分生孢子盘在枝干病部越冬，防治措施参考栗疫病。

八、核桃害虫

（一）核桃害虫识别（表 7.5.8）

表 7.5.8　核桃常见害虫识别特征

害虫名称	寄主植物	为害特点	识别特征
核桃举肢蛾（核桃黑）（*Atrijuglans hetaohei* Yang），属鳞翅目举肢蛾科	核桃	幼虫在果皮内潜食，虫道内充满虫粪；果皮变黑，下陷干缩，全果被蛀空成黑核桃	雌成虫体长 4~7 mm，雄体较小，黑褐色，翅狭长，翅缘毛长于翅宽，前端 1/3 处有椭圆形白斑，2/3 处有月牙形或近三角形白斑，后足特长，停息时后足举起竖于翅侧；幼虫老熟体长 7~9 mm，头深褐色，体淡黄白色，每节均有白色刚毛（图 7.5.4）

续表

害虫名称	寄主植物	为害特点	识别特征
核桃缀叶螟(木橑黏虫)(*Locastra muscosalis* Walker),属鳞翅目螟蛾科	核桃、木橑等	初孵幼虫群集结网缠绕叶片,咬食叶片仅剩表皮或叶脉成网状;老幼虫各自缀叶为害	成虫体长 14~20 mm,体黄褐色,前翅色深,有黑褐色内横线及曲折的外横线,横线两侧各有黑褐色斑点 1 个,外缘翅脉间各有黑褐色小斑点 1;幼虫体长 20~30 mm,背中线杏黄色较宽,亚背线、气门上线黑色,体侧各节生黄白色斑
云斑天牛(白条天牛、核桃天牛)(*Batocera horsfieldi* Hope),属鞘翅目天牛科	核桃、栗、苹果、梨、杨、柳、桑、栎等树木	成虫啃食新枝嫩皮;幼虫多在主干近地面的皮层和木质部内蛀食;被害部位皮层开裂,从虫孔排出大量粪屑	成虫体长 57~97 mm,黑褐色,前胸背板中央有白色肾形斑 1 对,小盾片白色,鞘翅基部密布黑色瘤状突起,鞘翅上有不规则白色云状斑;老熟幼虫体长 74~100 mm,淡黄白色,前胸背板近方形,中、后部具暗褐色颗粒状突起,背板两侧白色,上具橙黄色半月形斑 1 个

（二）核桃害虫发生规律与防治

1. 核桃举肢蛾

核桃举肢蛾 1 年发生 1~2 代,以幼虫在土壤内结茧越冬,成虫昼伏夜出,略具趋光性。可采取清洁田园、诱杀成虫、清除虫果、树上喷药杀卵和初孵幼虫等防治措施参照柿蒂虫防治。

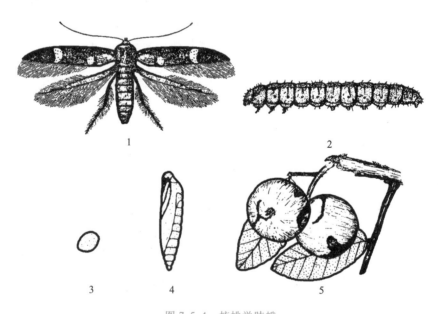

图 7.5.4　核桃举肢蛾

1. 成虫　2. 幼虫　3. 卵　4. 蛹　5. 被害果实

2. 核桃缀叶螟

（1）消灭幼虫　核桃缀叶螟1年发生1代，以老熟幼虫在树冠下土壤内结茧越冬。早春和晚秋可挖茧消灭越冬幼虫。生长期发现虫苞应及时摘除并销毁。

（2）幼虫发生期喷药防治　在幼虫为害初期喷50%杀螟硫磷乳油2 000倍液、50%辛硫磷乳油2 000~3 000倍液等。

3. 云斑天牛

（1）捕杀成虫　云斑天牛2~3年完成1代，以成虫或幼虫在树干蛀道内越冬。翌年成虫出现后啃食嫩皮和叶片补充营养，30~40 d后交尾产卵，可利用成虫假死性和趋光性在盛发期捕杀和诱杀。

（2）消灭虫卵或初孵幼虫　成虫产卵前先在树皮上咬成指头大小的圆形或椭圆形刻槽后产卵。初孵幼虫将皮层蛀成三角形蛀道，木屑和粪便从蛀孔排出，致使树皮膨胀纵裂，流出褐色树液。应检查树干基部，发现产卵刻槽或流树液处，杀死虫卵或初孵幼虫。

（3）树干涂白、药剂熏杀树干内幼虫参照桃红颈天牛。

任务工单7-9　柿、枣、栗和核桃常见病害诊断与防治

一、目的要求

了解当地柿、枣、栗和核桃常见病害及其发生为害情况，区别柿、枣、栗和核桃主要病害的症状特点及病原菌形态，设计柿、枣、栗和核桃病害无公害防治方法。

二、材料、用具和药品

学校实训基地、农业企业或农村专业户柿、枣、栗和核桃园，多媒体教学设备，柿、枣、栗和核桃病害标本，观察病原物的器具与药品，常用杀菌剂及其施用设备等。

三、内容和方法

1. 柿、枣、栗和核桃常见病害症状和病原菌形态观察

观察柿角斑病、圆斑病、黑星病、白粉病和炭疽病，枣疯病、枣锈病、枣炭疽病和枣树腐烂病，栗锈病、白粉病、炭疽病和疫病，核桃褐斑病、炭疽病、黑斑病和腐烂病的分布特点、发病部位、症状表现（病部形状、质地、颜色、表面特征等）和病原特征，辨别并判断病原类型及病害种类。

2. 柿、枣、栗和核桃重要病害预测

根据气象条件和栽培条件和当地主要柿、枣、栗和核桃品种生长发育状况，分析并预测1~2种重要柿、枣、栗和核桃病害的发生趋势。

3. 柿、枣、栗和核桃主要病害防治

（1）调查了解当地柿、枣、栗和核桃主要病害的发生为害情况及其防治技术和成功经验。

（2）根据柿、枣、栗和核桃主要病害的发生规律，结合当地生产实际，提出2~3种柿、枣、栗和核桃病害防治的建议和方法。

（3）配制并使用2~3种常用杀菌剂防治当地柿、枣、栗和核桃主要病害，调查防治效果。

四、作业

1. 记录所观察柿、枣、栗和核桃枝干、叶部、花和果实病害典型症状表现和为害情况。

2. 绘常见柿、枣、栗和核桃病害的病原菌形态图,并注明各部位名称。

3. 预测重要柿、枣、栗和核桃病害的发生趋势并说明依据。

4. 评价当地柿、枣、栗和核桃主要病害的防治措施。

5. 提出柿、枣、栗和核桃主要病害无公害防治建议和方法。

6. 记录柿、枣、栗和核桃常用杀菌剂的配制、使用方法和防治效果。

五、思考题

柿、枣、栗和核桃炭疽病症状与防治措施有何异同?

任务工单 7-10　柿、枣、栗和核桃常见害虫识别与防治

一、目的要求

了解当地柿、枣、栗和核桃常见害虫及其发生为害情况,识别柿、枣、栗和核桃主要害虫的形态特征及为害特点,熟悉柿、枣、栗和核桃重要害虫预测方法,设计柿、枣、栗和核桃害虫无公害防治方法。

二、材料、用具和药品

学校实训基地、农业企业或农村专业户柿、枣、栗和核桃园,多媒体教学设备,柿、枣、栗和核桃害虫及其为害状标本,放大镜、挑针、镊子及培养皿,常用杀虫剂及其施用设备等。

三、内容和方法

1. 柿、枣、栗和核桃常见害虫形态和为害特征观察

观察柿蒂虫、柿斑叶蝉、柿星尺蠖、柿粉蚧和柿绒蚧,枣尺蠖、枣黏虫、枣瘿蚊和枣龟蜡蚧,栗实象甲、栗实蛾、栗大蚜、栗瘿蜂、栗透翅蛾、核桃举肢蛾、核桃缀叶螟和云斑天牛的成虫大小、翅的颜色及斑纹形状,幼虫体色、体形等特征,并观察总结为害特点。

2. 柿、枣、栗和核桃害虫预测

选择 1~2 种柿、枣、栗和核桃主要害虫,进行越冬蛹量检查,发生期的调查(果园查卵),预测害虫喷药的关键时期。

3. 柿、枣、栗和核桃主要害虫防治

(1)调查了解当地柿、枣、栗和核桃主要害虫发生为害情况及其防治措施和成功经验。

(2)选择 2~3 种柿、枣、栗和核桃主要害虫,提出符合当地生产实际的防治建议和方法。

(3)配制并使用 2~3 种常用杀虫剂防治当地柿、枣、栗和核桃主要害虫,调查防治效果。

四、作业

1. 记录所观察柿、枣、栗和核桃常见害虫的形态特征、为害部位与为害特点。

2. 绘常见柿、枣、栗和核桃害虫形态特征简图。

3. 评价当地柿、枣、栗和核桃主要害虫的防治措施。

4. 提出柿、枣、栗和核桃主要害虫无公害防治建议和方法。

5. 记录柿、枣、栗和核桃常用杀虫剂的配制、使用方法和防治效果。

五、思考题

柿、枣、栗和核桃果实害虫为害各有何特点?

任务六　草莓、山楂和猕猴桃病虫害

一、草莓菌物及原核生物病害

（一）草莓菌物及原核生物病害诊断（表7.6.1）

表7.6.1　草莓常见菌物及原核生物病害诊断要点

病名	病原	为害部位	为害状
草莓灰霉病	富克尔核盘菌［*Sclerotinia fuckeliana* de Bary Fuckel］，属真菌界子囊菌门核盘菌属；无性态为灰葡萄孢菌（*Botrytis cinerea* Pers.），属半知菌类葡萄孢属	果实、花瓣、萼片、果梗、叶及叶柄	果实发病常在近成熟期，初期受害部分产生油浸状浅褐色小斑点，后扩大到整个果实，果变软，表面密生灰色霉状物；未成熟果实上产生淡褐色干枯病斑，后呈干腐状；花、叶、茎受害后，病部褐色油渍状，严重时腐烂；湿度高时各发病部位会产生白色絮状菌丝
草莓叶枯病（紫斑病、焦斑病）	凤梨草莓褐斑病菌［*Marssonina potentillae*（Desmazieres）Magn］，有性阶段为［*Diplocarpon earliana*（Ellet EV.）Wolf］，属真菌界子囊菌门双壳菌属	叶、叶柄、果梗和花萼	叶片染病初期出现暗紫褐色无光泽小斑点，继而扩展成不规则的病斑，病斑边缘和中心色泽变化不大；1个叶片产生多个病斑，有沿叶脉分布的倾向，后期全叶黄褐至暗褐色，直至枯死，枯死部分长出黑色小粒点；叶柄或果梗发病产生黑褐色稍凹陷的病斑，变脆易折断
草莓V型褐斑病（假轮斑病）	草莓日规壳菌［*Gnomonia ftucticola*（Arnaud）Fall］属真菌界子囊菌门日规壳属	叶、果柄、花和果实	老叶发病初期为紫褐色小斑，逐渐扩大成褐色不规则形病斑，周围常呈暗绿或黄绿色；嫩叶病斑常从叶顶开始，沿中央主脉向叶基作"V"字形或"U"字形迅速发展，病斑褐色，边缘浓褐色，后期病斑内密生黑褐色小粒；花萼和花柄染病变褐死亡；浆果受害引起干性褐腐
草莓褐斑病（褐色轮斑病）	昏暗树斑霉［*Dendrophoma obscurans*（Ell. et Ev.）Anderson］，属真菌界半知菌类树疱霉属	叶、叶柄、花梗和萼片	染病叶片初生紫褐色小斑点，后扩展为大小不等的圆形至椭圆形或不定形斑，病斑中部褪为黄褐色至灰白色，边缘紫褐色，斑面轮纹明显或不明显，其上密生小黑点；叶柄和匍匐茎发病形成紫红色，长椭圆形，微凹陷病斑，周围为红色，继续扩展全叶黄褐色枯死
草莓黑斑病	细交链孢菌［*Alternaria altemata*（Fries）Keisser］，属真菌界半知菌类链格孢属	叶、叶柄、茎和浆果	病叶叶面上产生直径5~8 mm的黑色不定形病斑，中央灰褐色，略呈轮纹状，常有黄色晕圈，有蛛网状霉层；染病叶柄及匍匐茎上呈褐色小凹斑，病部缢缩干枯易折断；果实病斑黑色，有灰黑色烟灰状霉层

续表

病名	病原	为害部位	为害状
草莓炭疽病	草莓炭疽菌（*Colletotrichum fragariae* Brooks），属真菌界半知菌类毛盘孢属	匍匐茎及叶，花和果实也可发生	局部病斑在长匍茎和叶柄上发生，纺锤形或椭圆形，直径 3~7 mm，黑色微有凹陷，湿度大时，病斑上形成粉红色霉层；萎蔫型病株初期 1~2 片展开幼叶失水下垂，几天后全株枯死，枯死株切面自外向内发生褐变，但维管束不变色
草莓蛇眼病（白斑病、叶斑病）	草莓蛇眼小球壳菌［*Mycosphaerella fragariae*（Tulasne）Lindau］，属真菌界子囊菌门腔菌属	叶、叶柄、果梗、嫩茎和种子	染病叶片上形成暗紫色小斑点，扩大后形成 2~5 mm 的近圆形或椭圆形病斑，边缘紫红褐色，中央灰白色，略有细轮，使整个病斑呈蛇眼状，病斑上不形成小黑粒；病斑多时常融合成大型斑，引起叶片褐枯；浆果上的种子被害，种子同周围果肉变成黑色
草莓芽枯病（立枯病、烂心病）	丝核薄膜革菌（*Pellicularia filamentosa*），属真菌界担子菌门薄膜革菌属；无性世代（*Rhizoctonia solani* Kühn），属半知菌门丝核菌属	花蕾、芽、幼叶、果梗和根茎	感病后的芽、花蕾及新抽幼叶逐渐枯萎，呈灰褐色；芽枯部位常有霉状物产生，且多有蛛网状白色或淡黄色丝络形成；展开叶较小，叶柄和托叶带红色，然后从茎叶基部开始变褐
草莓白粉病	羽衣草单囊壳［*Sphaerotheca macularis*（Wallr. et Fr）Jacz. f. sp. *fragarice* Peries］，属真菌界子囊菌门单囊壳属	叶、果实、果梗	叶片受害初期呈现暗色病斑，继而在叶背产生白色粉状物，随病情加重，叶缘向上卷起呈汤匙状，后期呈红褐色病斑，叶缘萎缩、焦枯；花蕾，花瓣受害呈紫红色，不能开花或不能完全开花；幼果受害不膨大，后期果面覆白色粉状物
草莓黄萎病	黑白轮枝菌（*Verticillium alboatrum* Reinke et Berthold）和大丽花轮枝菌（*Verticillium dahliae* Klrmahn），属真菌界半知菌类轮枝孢属	全株	发病初期叶柄现黑褐色条形长斑，植株逐渐矮化，老叶叶缘和叶脉变成黄褐色萎蔫，新嫩叶片无生气，变成灰绿色或淡褐色下垂，从下部叶片开始黄枯状萎蔫至整株枯死；叶柄、果梗和根茎横切面可见维管束变褐，有时植株的一侧发病，另一侧健康
草莓疫霉果腐病（革腐病）	恶疫霉（*Phytophthora cactorum*），属假菌界卵菌门疫霉属	果实	青果被害生淡褐色水烫状斑，并迅速扩大至全果，果实变为黑褐色，后干枯、硬化，似皮革；熟果病部稍褪色失去光泽，白腐软化，呈水浸状，似开水烫过，发出臭味

续表

病名	病原	为害部位	为害状
草莓红中柱根腐病（红心根腐病、褐心病）	草莓疫霉（*Phytophthora fragariae* Hickman），属假菌界卵菌门疫霉属	根	急性萎凋型：久雨初晴后突现凋萎、青枯状；慢性萎缩型：老叶叶缘变紫红色或紫褐色，渐全株萎蔫或枯死；幼根变成褐色或黑褐色腐烂，中柱变成红褐色腐朽，可扩展到根颈；定植后新生不定根表皮坏死，形成1~5 cm长红褐色至黑褐色梭形长斑，严重时病根褐变，全株枯死
草莓青枯病（茎枯病）	青枯假单胞杆菌（*Pseudomonas solanacearum* E. F. Smith），属原核生物薄壁菌门假单胞菌属	幼苗	染病初期下位叶1~2片叶柄变为紫红色凋萎，叶柄下垂如烫伤状，夜间可恢复，反复数天后整株枯死，保持绿色；根茎部导管变成褐色，挤压有乳白色液渗出

（二）草莓菌物及原核生物病害发生规律与防治

1. 草莓灰霉病

（1）种植抗病品种　选用优质丰产、抗病性强的品种。

（2）减少菌源　灰霉病菌以菌丝、菌核在病残体和病株上越冬，病菌孢子借风雨传播，有再侵染。经常摘除染病的花、叶、果等，冬春季清除病残体，可减少越冬菌源。

（3）创造不利于发病的环境条件　低温高湿、连续阴雨、灌排水不良、氮肥过多、密度过大、生长过于繁茂等条件利于灰霉病发生与流行。应合理密植、注意排水，控制氮肥用量，防止植株旺长和园内湿度过大；采用地膜或秸秆覆盖地面，避免果实直接接触潮湿土壤。

（4）药剂防治　药剂防治的最佳时期是草莓1级花序20%~30%开花，2级花序刚开花时。有效药剂有50%腐霉利可湿性粉剂1 000倍液、40%嘧霉胺悬浮剂1 000倍液、50%乙烯菌核利

议 一 议
防治草莓灰霉病的关键措施是什么？与哪些因素有关？

可湿性粉剂1 500倍液等，7~10 d喷1次，连续喷3~4次。设施栽培湿度大时，可采用烟雾法或粉尘法，如10%腐霉利烟剂，每次3~3.75 kg/hm² 或45%百菌清粉尘剂，每次15 kg/hm²。

2. 草莓叶枯病、V型褐斑病、褐斑病、黑斑病、炭疽病、蛇眼病和芽枯病

（1）选用抗病品种　在保证产量、质量的前提下，尽量选择抗病的品种，特别是抗性较大的病害品种。

（2）减少侵染来源　病菌以菌丝体、子囊壳、分生孢子器、分生孢子、卵孢子或菌核在病残体上或土壤中越冬。冬春季及时清除并销毁腐枝、烂叶、病果及杂草，生长季及时拔除病株，摘除病老残叶及染病果实销毁，可减少菌源。

（3）无病地育苗与轮作倒茬　草莓黑斑病、芽枯病等病菌可在土壤中存活多年，带菌土壤是病害侵染的主要来源，在病田育苗、采苗或在重茬定植发病均重。应选无病地育苗，并实行3~4年以上的轮作。

（4）栽种无病的健壮苗　多数草莓病害可通过带病种苗进行传播。避免用病田病土育苗，定植前汰除病种苗，摘除病叶，并用70%甲基硫菌灵500倍液浸苗20 min，待药液晾干后栽植。

（5）创造不利于发病的环境条件　同草莓灰霉病。

（6）药剂防治 病害多借风雨传播,可进行多次再侵染。可选用 1∶1∶200 波尔多液、80% 代森锰锌可湿性粉剂 600 倍液、50% 异菌脲可湿性粉剂 1 000 倍液、10% 多抗霉素可湿性粉剂 600 倍液等,在发病初期喷雾,一般每 7~10 d 喷 1 次,连续 2~3 次。

3. 草莓白粉病

草莓白粉病菌以菌丝体在受侵染的组织内越冬,通过气流传播,条件适合可不断进行再侵染,使病情加重。凡植株栽种过密、施氮肥过多,病害发生较严重。要注意排水,植株过密时及时分株,经常摘除病叶、老叶。发病初期及时喷 25% 腈菌唑乳油 3 000 倍液、10% 苯醚甲环唑水分散粒剂 3 000 倍液等防治。

4. 草莓黄萎病

（1）采用抗病品种

（2）清除病残体与实行轮作 草莓黄萎病菌以菌丝体、厚垣孢子或拟菌核随病残体在土壤中越冬,一般可存活 6~8 年,带菌土壤是病害侵染的主要来源。土壤通透性差、过干过湿、多年连作、氮肥过多或有线虫为害的地块易导致黄萎病的严重发生。应及时清除病残体,避免连作重茬。

（3）利用氯化苦或太阳能消毒土壤 消毒土壤可解决草莓土传性病害与温室、大棚搬迁及露地轮作倒茬不方便的矛盾。氯化苦土壤消毒在每茬作物结束后进行,方法是用氯化苦 13.5~20 L/667 m²,穴施或沟施。也可放入氯化苦胶囊 2~3 粒,封闭注射口。然后用塑料薄膜覆盖 30 d 后揭膜,翻土或自然晾晒。夏季高温覆膜 10~15 d 也可揭膜。氯化苦土壤消毒对多种土传病害、虫、草害、土壤线虫等有很好的防治作用。

太阳能消毒是在草莓采收后,将地里的草莓植株全部挖除干净,施入大量有机肥,深翻土壤灌足水,在炎热高温季节地面用透明塑料薄膜覆盖 20~30 d,利用太阳能使地温上升到 50 ℃左右,起到土壤消毒作用。

（4）药剂浸根或灌根 病菌自根部侵入,可在移栽时选用 70% 甲基硫菌灵 500 倍液或 70% 代森锰锌可湿性粉剂 400 倍液,浸根或栽后灌根。

5. 草莓疫霉果腐病和红中柱根腐病

草莓疫霉果腐病和红中柱根腐病菌以卵孢子在病果、病根等病残物中或土壤中越冬,可借病苗、病土、农具等传播。地势低洼、土壤黏重、偏施氮肥的地块发病重;遇低温和阴雨多湿天气发病重。选用抗病品种、轮作倒茬、土壤消毒等防治措施参照草莓黄萎病。疫霉果腐病在发病初期起喷药 2~3 次,红中柱根腐病需挖除病株后浇灌药液,可选择 58% 甲霜灵锰锌可湿性粉剂 600 倍液、72% 霜霉威水剂 800 倍液、64% 噁霜灵锰锌可湿性粉剂 500 倍等。

6. 草莓青枯病

草莓青枯病菌在草莓植株上或随病残体在土壤中越冬,可在土壤中存活多年,通过土壤、雨水和灌溉水或农事操作传播,常从根部伤口侵入。要避免与草莓连作及与茄科作物轮作,提倡营养钵育苗,减少根系伤害,施用草木灰,调节土壤 pH。可于发病初期喷洒或浇灌 72% 农用硫酸链霉素可溶性粉剂 4 000 倍液、14% 络氨铜水剂 350 倍液、50% 琥胶肥酸铜可湿性粉剂 500 倍液等,隔 10 d 左右 1 次,连续防治 2~3 次。

二、草莓病毒病害

1. 草莓病毒病害诊断（表 7.6.2）

表 7.6.2　草莓常见病毒病害诊断要点

病名	病原	为害状
草莓 轻型黄边病毒 （SMYEV）	Strawberry mild yellow edge virus	单独侵染栽培种草莓时，无明显症状，仅致病株轻微矮化；与其他病毒复合侵染，引起黄化或叶缘失绿，植株生长和产量严重减少；与斑驳病毒、皱缩病毒复合侵染时，形成综合型黄化症，叶片黄边、皱缩、扭曲，幼叶褪绿，老叶变红枯死；严重时全株枯死
草莓斑驳病毒 （SMoV）	Strawberry mottle virus	单独侵染栽培草莓时不表现明显症状，但病株长势衰退，果实品质下降；与其他病毒混合侵染，减产幅度大
草莓皱缩病毒 （SCrV）	Strawberry crinkle virus	叶片畸形，叶上产生褪绿斑，沿叶脉出现不规则状褪绿及坏死斑，叶脉褪绿呈透明状，幼叶生长不对称，扭曲皱缩，小叶黄化，叶柄缩短，植株矮化；强毒株系单独侵染严重降低长势和产量，植株矮化，弱病株单独侵染，使匍匐茎的数量减少，繁殖力下降，果实变小；与其他病毒复合侵染，产量大幅度下降甚至绝产
草莓镶脉病毒 （SVBV）	Strawberry vein banding virus	单独侵染栽培种草莓时无明显症状，但对草莓生长和结果有影响；与斑驳病毒或轻型黄边病毒复合侵染后，病株叶片皱缩、扭曲、植株极度矮化

2. 草莓病毒病害发生规律与防治

（1）培育和栽培无病毒种苗　目前尚无"治"草莓病毒病的有效方法，采用热处理与茎尖培养结合法，培育并栽植获得的脱毒种苗，是防治草莓病毒病的基础。

（2）发现病株及时拔除

（3）消灭传播媒介　草莓病毒病主要通过蚜虫传播，也可通过嫁接传染，注意整个生育期消灭蚜虫是防治草莓病毒病的有效措施。

（4）隔离种植或定期换种　隔离种植或定期换种是防治草莓病毒病的根本对策。

（5）加强田间管理　提高抗病能力。

三、草莓害虫

1. 草莓害虫识别（表 7.6.3）

表 7.6.3　草莓常见害虫识别特征

害虫种类	为害特点	名称与识别特征
蚜虫	成虫、若虫群聚花序、嫩叶和幼蕾上刺吸汁液，造成嫩叶皱缩卷曲，果实畸形，蜜露污染叶片；是草莓病毒病的重要传播媒介	桃蚜（桃赤蚜、烟蚜）（*Myzus persicae* Sulzer），属同翅目蚜科；有翅雌蚜体长约 2 mm，头胸部黑色，腹部黄绿色、绿色或赤褐色，背面有 1 个黑斑，腹管细长，尾片圆锥形；无翅雌蚜身体特征同有翅雌蚜
		棉蚜（瓜蚜、草棉蚜虫）（*Aphis gossypii* Glover），属同翅目蚜科；有翅雌蚜体长 1.2~1.9 mm，浅绿、深绿或黄色，前胸背板黑色，腹管长圆筒状，尾片乳头状；无翅胎生雌蚜春秋两季蓝黑色、深绿色或棕色，夏季黄色或黄绿色，其余同有翅雌蚜

害虫种类	为害特点	名称与识别特征
斜纹夜蛾	幼虫群集取食花果和嫩叶,花果被害,叶片出现缺刻,严重时仅留下光秃的叶柄	斜纹夜蛾(*Prodenia liturd* Fabricius),属鳞翅目夜蛾科;成虫体长 22 ~ 25 mm,体黑色、翅白色、翅脉黑色,头、胸部及各足、腹节被灰白色或黄白色鳞毛;雌虫前翅外缘除臀脉外各翅脉末端均有 1 个三角形黑斑;老熟幼虫体长 40~45 mm,体背面有 3 条黑色纵条纹,其间有 2 条黄褐色纵带,头、胸部、臀板黑色
白粉虱	成虫、若虫吸食汁液,使叶片变黄、萎蔫,甚至植株枯死,分泌蜜露引起霉菌感染	白粉虱(温室白粉虱)(*Trialeurodes vaporariorum* Westwood),属同翅目粉虱科;成虫体淡黄色,长 1~1.5 mm,体表和翅面覆盖白色蜡粉;若虫体扁平,椭圆形,淡黄或黄绿色,半透明,足、触角、尾须退化,体表有长短不一的蜡质丝状突起
叶螨	以成螨、若螨幼螨在叶、花、幼果上为害,在叶背面吸食汁液,被害部位出现灰白色小斑点,逐渐致整叶充满碎白色花纹,严重时叶片黄化卷曲或呈锈色干枯,植株生长受抑制,植株萎缩矮化,严重影响产量	二斑叶螨(白蜘蛛、二点叶螨)(*Tetrnychus urticae* Koch),属蜱螨目叶螨科;夏型成螨黄绿色,体背两侧有黑色斑;越冬型色斑消失,橙黄或橘红,后半体背面表皮纹突呈半月形,高小于宽
		朱砂叶螨(棉红蜘蛛、红叶螨)(*Tetranychus cinnabarinus* Boisduval),属蜱螨目叶螨科;雌成螨呈梨形,红褐色、锈红色,越冬雌成螨呈橘红色,体两侧各有黑褐色长斑 1 块,从头、胸末端起延伸至腹部后端,有时分隔为前后两部分,后半体背面表皮纹突呈三角形,高大于宽
		截形叶螨(截头叶螨)(*Tetranychus truncatus* Ehara),属蜱螨目叶螨科;雌成螨体椭圆形,深红色,体侧具黑斑

2. 草莓害虫发生规律与防治

草莓蚜虫、斜纹夜蛾和白粉虱防治参考蔬菜病虫害,叶螨防治参考苹果叶螨。

四、山楂病害

(一) 山楂病害诊断(表 7.6.4)

表 7.6.4　山楂常见病害诊断要点

病名	病原	寄主植物及为害部位	为害状
山楂斑枯病(叶斑病)	*Pestalotiopsis* sp.,属真菌界半知菌类拟盘多毛孢属	山楂叶片	叶片受害表面有褐色不规则形病斑,后期病斑上散生小黑点,即为病原菌的分生孢子盘;严重时数个病斑连接,呈不规则形大斑,致使叶片焦枯早落
山楂白粉病(弯脖子、花脸)	蔷薇科叉丝单囊壳[*Podosphaera oxyacanthe* (DC.) de Bary],属真菌界子囊菌亚门叉丝单囊壳属	山楂叶片、新梢及果实	病叶初期产生白色粉状斑,病斑表面长出病菌闭囊壳,表现为黑色小粒点;新梢染病初期产生红色病斑,后期病部布满白粉,新梢节间缩短,生长衰弱,其上叶片扭曲纵卷,严重的枯死;受害幼果果面覆盖一层白色粉状物,病部硬化、龟裂,导致畸形,果实近成熟期受害,产生红褐色病斑,果面粗糙

病名	病原	寄主植物及为害部位	为害状
山楂花腐病	约翰逊草核盘菌[*Monilinia johansonii*(Ell. et Ev)Honey],属真菌界子囊菌亚门核盘菌属	山楂花、叶片、新梢和幼果	受害嫩叶初现褐色斑点或短线条状小斑,后扩展成红褐至棕褐色大斑,潮湿时上生灰白色霉状物,病叶即焦枯脱落;新梢病斑由褐色变为红褐色,逐渐凋枯死亡;受害幼果上初现褐色小斑点,后色变暗褐腐烂,表面有黏液,酒糟味,病果脱落;花期病菌从柱头侵入,使花腐烂(图7.6.1)
山楂枯梢病	葡萄生小隐孢壳[*Cryptosporella viticola*(Redd.)Shear.],属真菌界子囊菌门隐孢壳属	主要为害山楂果桩	染病初期果桩变黑,干枯,缢缩,病、健交界处明显;后期病部表皮下出现黑色粒状突起物,即病原菌分生孢子器和分生孢子座;表皮纵向开裂;春季病斑向下蔓延,严重时新梢枯死;叶片萎蔫,干枯死亡不易脱落
山楂腐烂病(山楂烂皮病)	黑腐皮壳菌(*Valsa* sp.),属真菌界子囊菌门黑腐皮壳属	山楂枝干	溃疡型病斑初期红褐色,水渍状略隆起,不规则形,后期颜色加深,病皮易剥离;枝枯型多发生在弱树枝和果台上,不规则形,严重时病部以上枝条逐渐枯死;后期在病斑上产生小黑点,潮湿时小黑点(分生孢子器)涌出橙红色卷须状孢子角

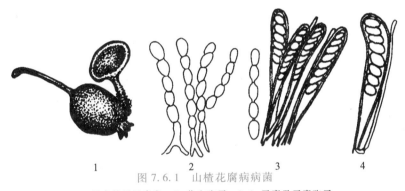

图 7.6.1 山楂花腐病病菌

1. 被害状及子囊盘 2. 分生孢子 3,4. 子囊及子囊孢子

(二)山楂病害发生规律与防治

1. 山楂斑枯病

在多雨的地区和年份发生严重,可导致大量早期落叶。防治措施包括加强栽培管理,增强树势,提高树体抗病力;科学修剪,剪除病残枝及茂密枝,调节通风透光;将落叶、病叶集中处理;发病时喷70%甲基硫菌灵可湿性粉剂1 000倍液等。

2. 山楂白粉病

(1)加强果园管理 栽植过密、偏施氮肥、管理粗放、树弱时病害发生重。应合理密植,疏除过密枝和纤细枝,增施有机肥,增强树势,提高树体抗病力。

(2)减少病源 病菌以闭囊壳在落地病叶、病果上越冬。结合修剪,清理果园,将病残体集中深埋或烧毁;发芽前喷5°Bé石硫合剂或45%晶体石硫合剂30倍液,可减少初侵染。

(3)药剂防治 越冬的闭囊壳翌年春季条件适宜时产生子囊孢子,先侵染根蘖,产生大量分生孢子,主要借风雨传播,可引起多次再侵染。幼果坐果后,为发病盛期,秋末停止发生。春季温暖干旱、夏季有雨凉爽的年份病害易流行。在落花后和幼果期喷洒 0.3°Bé 石硫合剂、45% 晶体石硫合剂 300 倍液、70% 甲基硫菌灵超微可湿性粉剂 1 000 倍液、12.5% 烯唑醇 2 000 倍液等。

3. 山楂花腐病

（1）清除菌源　病菌以菌核在落于地面的病僵果中越冬，次年山楂展叶期，在潮湿处的僵果上产生子囊盘，并释放子囊孢子。在晚秋、早春彻底清除树上、树下病果，深翻土壤，可减少初侵来源。深翻困难的果园，可于山楂展叶前于果园地面施药，撒石灰粉 375～450 kg/hm²，或硫黄粉 3 份：石灰粉 7 份混合 45 kg/hm²，抑制子囊盘的产生。

（2）树上喷药　子囊盘释放的子囊孢子借风力传播，初侵染幼叶，形成叶腐、梢腐。病叶产生的分生孢子借风传播，进行再侵染。分生孢子在花期由花的柱头侵入，潜育期 13～15 d，形成果腐。通常展叶后多雨，叶腐较重；开花期多雨，易引起花腐。在山楂展叶期，间隔 3～4 d，连喷 0.4°Bé 石硫合剂 2～3 次；或喷施 15% 三唑酮可湿性粉剂 1 000 倍液、70% 甲基硫菌灵可湿性粉剂 700 倍液 2 次。在山楂开花盛期，喷 70% 甲基硫菌灵可湿性粉剂 1 000 倍液等预防果腐。

4. 山楂枝干病害

山楂枯梢病和腐烂病的病菌主要以菌丝体或分生孢子器病残体上越冬。病菌的寄生能力弱，在老龄树、弱树、结果过量、修剪不当及管理粗放的果园发病重。加强栽培管理、预防冻害、消除菌源、休眠期喷铲除剂、治疗病斑等防治措施参考苹果树腐烂病。

五、山楂害虫

（一）山楂害虫识别（表 7.6.5）

山楂常见害虫桃小食心虫、白小食心虫、天幕毛虫、舟形毛虫、大青叶蝉和山楂叶螨等。识别与防治参考苹果害虫。

（二）山楂害虫发生规律与防治

1. 山楂粉蝶

（1）剪除虫巢　1 年发生 1 代，以 2～3 龄幼虫群集在树梢虫巢里越冬，一般每巢十余头。在山楂树落叶后至早春发芽前，可结合冬剪剪除枝梢上的越冬虫巢，集中消灭越冬幼虫。

（2）捕杀幼虫　利用幼虫假死习性，进行振树捕杀。

表 7.6.5　山楂常见害虫识别特征

害虫名称	寄主植物	为害特点	识别特征
山楂粉蝶（山楂绢粉蝶、苹果粉蝶）（*Aporia crataegi* L.），属鳞翅目粉蝶科	山楂、苹果、梨、李、杏等多种果树	幼虫群集在枝梢上吐丝拉网咬食芽、叶、花，5 龄后分散为害，严重时可造成秃枝光树	成虫体长 22～25 mm，体黑色，翅白色，翅脉黑色，头、胸部及各足腹节被灰白色或黄白色鳞毛；雌虫前翅外缘除臀脉外各翅脉末端均有 1 个三角形黑斑；老熟幼虫体长 40～45 mm，体背面有 3 条黑色纵条纹，其间有 2 条黄褐色纵带，头胸部、臀板黑色
小木蠹蛾（山楂蠹虫、小褐木蠹蛾、小线角木蠹蛾）（*Holcocerus insulsris* Staudiger），属鳞翅目木蠹蛾科	山楂、苹果、梨、桃、杏、柿、樱桃、国槐、榆、丁香等	幼虫常数十至数百头群集在木质部蛀道内为害，蛀道相通，蛀孔外面有用丝连接球形虫粪（天牛粪为分散锯木屑状）	成虫体长 17～24 mm，体灰褐色，翅面上密布许多黑色短线纹；幼虫体长 35 mm；体背鲜红色，腹部节间乳黄色，前胸背板有斜"B"形深色斑；老熟幼虫体长 36～42 mm，扁圆筒形，体背鲜红色，腹部节间乳黄色，前胸背板黄褐色，其上有斜"B"字形黑褐色斑

（3）药剂防治　春季果树发芽后，越冬幼虫出巢，先食害芽、花，而后吐丝连缀叶片成网巢为害。幼虫老熟后在枝干、叶片及附近杂草、石块等处化蛹。成虫发生在5月底至6月上旬，6月中旬幼虫孵化，幼虫为害至8月初，以幼虫在虫巢中越冬。在越冬幼虫出蛰期（果树萌芽期）及幼虫孵化盛期是药剂防治的关键时期，可用50%辛硫磷1 500倍液、2.5%溴氰菊酯乳油3 000倍液等对山楂树喷雾。

2. 山楂木蠹蛾

（1）及时清除被害树皮和枝干　山楂木蠹蛾2年发生1代（跨3个年度），以幼虫在枝干蛀道内越冬。越冬幼虫3月开始活动为害。5月下旬至8月上旬为化蛹期。世代不整齐，不同虫龄或虫态同时存在，给防治工作带来难度。秋季将藏在树皮内的幼虫刮去，锯除或剪除被害的死树、死枝，并清出果园烧毁，以减少越冬幼虫。

（2）诱杀成虫　成虫有趋光性。6—9月为成虫发生期，可用灯光或性诱剂诱杀成虫。

（3）药剂防治初孵幼虫　成虫将卵产在树皮裂缝或各种伤疤处，卵呈块状，粒数不等。初孵幼虫有群集性，经2次蜕皮后进入木材为害。应在初孵幼虫尚未蛀入枝干为害前毒杀。

（4）药剂熏杀大龄幼虫　一棵树上常有数头至数十头幼虫聚集为害。幼虫将蛀屑及粪便排出树体外，极易识别。可采用内吸药液注射、熏蒸药片堵孔、毒扦插孔等方法。

保护和利用天敌、防治初孵幼虫和熏杀大龄幼虫使用药剂与方法参考桃红颈天牛。

六、猕猴桃病害

（一）猕猴桃病害诊断（表7.6.6）

（二）猕猴桃病害发生规律与防治

1. 猕猴桃溃疡病和细菌性花腐病

（1）选用抗病品种，培养无病苗木　猕猴桃品种（系）之间抗病性差异较大。应选用高产抗病优良品种，在无病区注意培育无病苗木。

表7.6.6　猕猴桃常见病害诊断要点

病名	病原	寄主植物及为害部位	为害状
猕猴桃溃疡病	丁香假单胞菌猕猴桃致病变种（*Pseudomonas syringae* pv. *Actinidiae Takikawa* et al.），属细菌域原核生物界普罗特斯门假单胞菌属	猕猴桃的枝蔓、叶片和花	枝条发病初病斑呈水渍状，后病斑扩大，颜色加深，皮层分离，用手压呈松软状，后期病部皮层开裂，流出青白色至红褐色黏液，受害茎蔓上部枝叶萎蔫死亡；叶片上散生2～3 mm不规则的褐色至暗褐色病斑，外有较宽黄色晕圈，湿度大时扩大形成多角形水渍状大斑，病叶向内卷曲，易脱落；花蕾受害同细菌性花腐病
猕猴桃细菌性花腐病	绿黄假单胞菌（*Pseudomonas viridiflava*）、丁香假单胞菌（*P. syringae* pv. *Syringae*），属细菌域原核生物界普罗特斯门假单胞菌属	猕猴桃的花蕾、花瓣、幼果	感病初期花蕾、萼片呈现褐色凹陷斑，后花瓣变为橘黄色，开放时呈褐色腐烂，很快脱落；染病花瓣落到幼果上，病菌引起幼果变褐萎缩，易脱落；受害叶先变褐色，扩大后腐烂

病名	病原	寄主植物及为害部位	为害状
猕猴桃黑斑病（黑霉病、黑星病、污霉病）	球腔菌（*Leptosphaeria* sp.），属真菌界子囊菌门球腔菌属	猕猴桃的叶片、果实和枝蔓	病叶叶背初生灰色绒状小霉斑，后扩大成为暗灰色或黑色霉斑，病部叶面呈黄褐色、不规则形坏死斑，病叶早落；病果果面初生灰色绒状小霉斑，后扩大成为灰色或黑色绒霉斑，绒霉层渐脱落，呈近圆形、凹陷病斑，病果早落或采后腐烂；枝蔓染病出现黄褐色或红褐色水渍状病斑，梭形或椭圆形，扩大后纵裂呈溃疡状，其上生灰色绒霉层或黑色小点
猕猴桃褐斑病	猕猴桃小球壳菌（*Mycosphaerella actinidia* Sacc.），属真菌界子囊菌门小球壳菌属	猕猴桃的叶片	感病初期在叶缘出现水渍状污绿色小斑，后沿叶缘向内扩展，形成中央褐色至浅褐色、周缘深褐色不规则形病斑，其上生许多黑色小粒点；高湿时病斑由褐变黑，引起霉烂；高温时被害叶片卷曲，易破裂，后期干枯脱落

（2）防止病害远距离传播　远距离传播主要通过苗木、接穗等栽植材料和果实，幼苗期较成林期易感染。禁止从病区调运和引进苗木、接穗和插条，对已调入的苗木，可用硫酸铜链霉素液或春雷霉素液处理。

（3）加强栽培管理　溃疡病多从衰弱枝蔓的皮孔、芽基、叶痕、枝条分叉处开始发病，越冬休眠期树体遭受冻害，农事操作和修剪时机械损伤多，低温高湿溃疡病发生重。细菌性花腐病发病情况与花期降雨量呈正相关。栽植密度大、地势低洼、过量施肥、生长过旺、树冠郁闭的果园发病重。培育健壮树体，合理施肥，控制产量，提高抗病力。改善排水和通风透光条件，降低湿度以减轻发病程度。

（4）减少侵染菌源　病菌主要在病枝蔓上越冬，也可随病残体在土壤中越冬。春季病原从病部溢出，借风雨、昆虫、农具和农事操作进行传播，由植株的气孔、水孔、皮孔、伤口等侵入，3~5 d后出现症状并产生菌脓进行再侵染。可结合修剪清除病枝蔓和病叶，摘除病蕾病花，集中烧毁。落叶后和春季发芽前喷施铲除性杀菌剂，如3~5°Bé石硫合剂，以铲除潜伏病菌。

（5）生长期药剂防治　立春后至萌芽前喷0.3~0.5°Bé石硫合剂、1:1:100波尔多液等预防发病；病害在伤流期至落花期出现发病高峰期，遇低温高湿暴风雨或阴雨高湿，病害易流行，萌芽后至谢花期用72%农用链霉素可溶性粉剂3 000倍液或2%春雷霉素可湿性粉剂400倍液，每隔7~10 d交替喷雾1次；也可用50%琥胶肥酸铜可湿性粉剂20倍液、72%链霉素可溶性粉剂3 g/L涂枝蔓病斑。

2. 猕猴桃黑斑病和褐斑病

（1）减少侵染菌源　猕猴桃黑斑病和褐斑病病菌以分生孢子器、菌丝体和子囊壳在病残落叶上越冬。冬季剪除病枝蔓，扫除枯枝、落叶、落果，将果园表土翻埋约10 cm，萌芽前喷3~5°Bé石硫合剂，发病初期及时剪除发病中心病枝蔓，可减少初侵染和再侵染源。

（2）生长期喷药防治　翌年猕猴桃萌发展叶后，越冬病菌产生分生孢子和子囊孢子，随风雨传播，可再侵染。抽梢现蕾期开始为害叶片，开花前后各喷1次药，初侵染病斑显著减少。7—8月为褐斑病盛发期，间隔半月喷2~3次，能控制褐斑病再侵染。6月上旬至9月为黑斑病发病高峰期，5

月上旬至 7 月下旬,每隔 10~15 d 喷药 1 次,连续喷 4~5 次。可选用 80%代森锰锌可湿性粉剂、50%甲基硫菌灵可湿性粉剂 600 倍液、10%苯醚甲环唑水分散粒剂 3 000 倍液等进行树冠喷雾。

(3)加强栽培管理 连阴雨天气有利于病害的发生和蔓延,树势衰弱、偏施氮肥、地势低洼、通风透光不良的果园发病重。栽培防治措施参考猕猴桃溃疡病。

七、猕猴桃害虫

(一)猕猴桃害虫识别(表 7.6.7)

猕猴桃害虫种类较多,主要有为害枝蔓及叶片的透翅蛾、柳蝙蛾和蚧虫类,为害果实及叶片的吸果夜蛾类、蟓象类、金龟甲类和叶蝉类等,识别与防治参考相关章节。

表 7.6.7 猕猴桃常见害虫识别特征

害虫名称	寄主植物	为害特点	识别特征
隆背花薪甲(猕猴桃东方薪甲、小薪甲)[*Gortinicara gibbosa* (Herbst)],属鞘翅目薪甲科	猕猴桃、枣、苹果、梨、桃和部分蔬菜及玉米、棉花等作物	成虫和幼虫喜群集在果柄周围、萼洼、两果或果叶接触处等隐蔽部位活动,受害果面形成浅的针眼状虫孔,果实受害部位皮层细胞木栓化,呈疮痂状,果肉坚硬、无味	成虫体长 1~2 mm,褐色,触角呈棒状,有翅;老熟幼虫体长 5~6 mm,宽约 1 mm,黄褐色,腹部 13 节,每 1 腹节侧面有 2 根刚毛,最末 1 节有 4 根刚毛
斑衣蜡蝉(椿鸡、椿皮蜡蝉)(*Lycorma delicatula* White),属同翅目蜡蝉科	猕猴桃、葡萄、臭椿、苦楝、苹果、海棠、山楂、桃、杏、李等	成虫、若虫刺吸枝、叶汁液,使叶片和枝蔓出现许多小孔,导致叶片破裂和枝条干枯;排泄物常致煤污病发生,削弱树势	成虫体长 14~20 mm,灰褐色,体上附有白蜡粉;前翅革质,基部 2/3 淡灰褐色,散生 20 余个黑点,端部 1/3 黑色,脉纹色淡;后翅基部 1/3 红色,上有 6~10 个黑褐斑点,中间白色半透明,端部黑色

(二)猕猴桃害虫发生规律与防治

1. 隆背花薪甲

(1)减少越冬卵量 1 年发生 2 代,以卵在枝蔓皮缝、落叶、杂草中越冬。冬季应彻底清园,刮翅皮集中烧毁,消灭越冬卵。

(2)尽量不留双连果 相邻紧贴的双果被害率高,单果被害率较少。在疏花、疏果时,注意果与果距离,尽量不留双连果。

(3)药剂防治成虫 猕猴桃开花时孵化,6 月份进入为害高峰期,虫量较少时,一般不造成为害,数量大时可造成果面成疮痂状。7 月份后出现的成虫对猕猴桃为害较轻。5 月下旬开始选择代表性果园,随机选择 5 株树,每株树按东南西北中 5 个方位,共调查 100 个果实,3 d 调查 1 次,当相邻果缝隙处虫量平均 1 头以上时立即开展防治。选用 48%毒死蜱乳油 1 000 倍液、50%辛硫磷乳油 1 000 倍等全面均匀喷雾防治,注意猕猴桃相邻两果间一定要喷到。严重发生年份,间隔 10~15 d 喷 1 次,连喷 2 次。

2. 斑衣蜡蝉

(1)减少越冬卵量 1 年发生 1 代,以卵块于枝干上越冬。可在冬季和春季卵块孵化前,刮除或压碎枝干上的卵块。

（2）果园附近忌种喜食寄主　成虫、若虫均有群集性，喜食葡萄、臭椿和苦楝。果园附近忌种臭椿和苦楝等寄主植物，以减少虫源。

（3）为害期药剂防治　越冬卵孵化后，若虫喜群集嫩茎和叶背为害，脱皮4次羽化为成虫。成虫寿命达4个月，为害至冬前陆续死亡。初龄若虫群集为害期和成虫未交尾前是药剂防治有利时机，常用药剂有10%吡虫啉可湿性粉剂2 000倍液、3%啶虫脒乳油1 500倍液、10%氯氰菊酯乳油2 000倍液等，进行喷雾。

任务工单7-11　草莓、山楂和猕猴桃常见病害诊断与防治

一、目的要求

了解当地草莓、山楂和猕猴桃常见病害及发生为害情况，区别草莓、山楂和猕猴桃主要病害的症状特点及病原菌形态，设计草莓、山楂和猕猴桃病害无公害防治方法。

二、材料、用具和药品

学校实训基地、农业企业或农村专业户草莓、山楂和猕猴桃园，多媒体教学设备，草莓、山楂和猕猴桃病害标本，观察病原物的器具和药品，常用杀菌剂及其施用设备等。

三、内容和方法

1. 草莓、山楂和猕猴桃常见病害症状和病原菌形态观察

观察草莓灰霉病、叶枯病、V型褐斑病、褐斑病、黑斑病、炭疽病、蛇眼病、芽枯病、白粉病、黄萎病、疫霉果腐病、红中柱根腐病、青枯病和草莓病毒病，山楂斑枯病、白粉病、花腐病枯梢病和腐烂病，猕猴桃溃疡病、细菌性花腐病、黑斑病和褐斑病的分布特点、发病部位、症状表现（病部形状、质地、颜色、表面特征等）和病原特征，辨别并判断病原类型及病害种类。

2. 草莓、山楂和猕猴桃重要病害预测

根据越冬菌量、气象条件、栽培条件和当地主要草莓、山楂和猕猴桃品种的生长发育状况，分析并预测1~2种重要草莓、山楂和猕猴桃病害的发生趋势。

3. 草莓、山楂和猕猴桃主要病害防治

（1）调查了解当地草莓、山楂和猕猴桃主要病害的发生为害情况及其防治技术和成功经验。

（2）根据草莓、山楂和猕猴桃主要病害的发生规律，结合当地生产实际，提出2~3种草莓、山楂和猕猴桃病害防治的建议和方法。

（3）配制并使用2~3种常用杀菌剂防治当地草莓、山楂和猕猴桃主要病害，调查防治效果。

四、作业

1. 记录所观察草莓、山楂和猕猴桃枝干、叶部、花和果实病害典型症状表现和为害情况。

2. 绘草莓褐斑病、山楂花腐病病原菌形态图，并注明各部位名称。

3. 预测重要草莓、山楂和猕猴桃病害的发生趋势并说明依据。

4. 评价当地草莓、山楂和猕猴桃主要病害的防治措施。

5. 提出草莓、山楂和猕猴桃主要病害无公害防治建议和方法。

6. 记录草莓、山楂和猕猴桃常用杀菌剂的配制、使用方法和防治效果。

五、思考题

怎样准确鉴定草莓叶斑病害种类？

任务工单 7-12　草莓、山楂和猕猴桃常见害虫识别与防治

一、目的要求

了解当地草莓、山楂和猕猴桃常见害虫及发生为害情况,识别草莓、山楂和猕猴桃主要害虫的形态特征及为害特点,熟悉草莓、山楂和猕猴桃重要害虫的预测方法,设计草莓、山楂和猕猴桃害虫无公害防治方法。

二、材料、用具和药品

学校实训基地、农业企业或农村专业户草莓、山楂和猕猴桃园,多媒体教学设备,草莓、山楂和猕猴桃害虫及其为害状标本,放大镜、挑针、镊子及培养皿,常用杀虫剂及其施用设备等。

三、内容和方法

1. 草莓、山楂和猕猴桃常见害虫形态和为害特征观察

观察草莓蚜虫、草莓叶螨、山楂粉蝶、山楂木蠹蛾、隆背花薪甲和斑衣蜡蝉等成虫大小、翅的颜色及斑纹形状,幼虫体色、体形等特征,为害部位与为害特点。

2. 草莓、山楂和猕猴桃主要害虫防治

(1)调查了解当地草莓、山楂和猕猴桃主要害虫发生为害情况及其防治措施和成功经验。

(2)选择 2~3 种草莓、山楂和猕猴桃主要害虫,提出符合当地生产实际的防治建议和方法。

(3)配制并使用 2~3 种常用杀虫剂防治当地草莓、山楂和猕猴桃主要害虫,调查防治效果。

四、作业

1. 记录所观察草莓、山楂和猕猴桃常见害虫的形态特征、为害部位与为害特点。
2. 绘山楂粉蝶及为害山楂的食心虫(任选 1 种)成、卵、幼虫形态图。
3. 评价当地草莓、山楂和猕猴桃主要害虫的防治措施。
4. 提出草莓、山楂和猕猴桃主要害虫无公害防治建议和方法。

五、思考题

1. 设施、露地中草莓病虫害发生有何异同? 防治有何异同?
2. 怎样区别山楂食心虫的种类?

项目小结

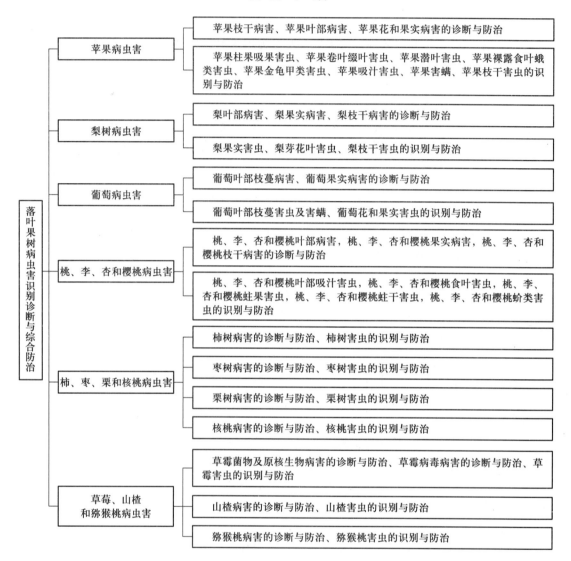

巩固与拓展

1. 怎样根据症状特点识别落叶果树枝干腐烂病、轮纹病和干腐病？为什么说"壮树防病"是防治这些枝干病害发生的根本措施？

2. 落叶果树枝干腐烂病、轮纹病和干腐病侵染循环有何特点？如何开展综合防治工作？

3. 试根据苹果树腐烂病的发病周期设计综合防治措施。

4. 当地引起果树早期落叶的叶部病害主要有哪几种？发生与流行的原因是什么？采取哪些防治措施可以控制果树早期落叶？

5. 引起当地果树烂果的果实病害主要有哪几种？侵染循环特点是什么？主要防治措施有哪些？

6. 加强栽培管理和清除侵染来源的措施对果树的哪些病害有防治作用？为什么？

7. 当地果树食心虫种类主要有哪些？主要为害哪些果树？为害果实时的为害状有何区别？

8. 怎样预测桃小食心虫越冬幼虫的出土时期？怎样根据桃小食心虫的主要习性和发生规律进行地面和树上防治？

9. 梨大食心虫的防治措施有哪些？如何确定是否进行药剂防治？如何确定药剂防治的有利时机？

10. 根据梨小食心虫的主要习性和发生规律，制订其综合防治方案。

11. 为害苹果、梨、桃的常见卷叶害虫有哪些种类？怎样防治？

12. 落叶果树常发生的潜叶蛾有哪几种？如何区别其为害状？

13. 针对当地苹果、梨、桃和葡萄常见蛾类和金龟甲类食叶害虫的种类、生活史及习性，说明如何开展防治工作。

14. 苹果与梨锈病发生规律有何特点？如何防治？

15. 当地为害苹果、梨、桃的常见蚜虫各有哪几种？1年发生几代？以何虫态在何处越冬？为害状有何不同？田间蚜虫主要天敌有哪些？

16. 果树介壳虫的为害和繁殖有何特点？为什么较难防治？什么时期是药剂防治适期？如何预测？

17. 葡萄霜霉病症状有何特点？发病与环境条件有何关系？综合防治方案应包括哪些内容？

18. 如何识别葡萄白腐病、黑痘病、炭疽病的果实症状？感染这些病害主要在哪个时期？发生流行条件是什么？防治的关键在什么阶段？药剂防治应该选择哪些种类？

19. 葡萄短须螨和葡萄缺节瘿螨如何区别？为害特点有何不同？怎样防治？

20. 常见为害苹果、梨、桃、葡萄的天牛、吉丁虫、透翅蛾和木蠹蛾各有哪几种？形态特征与为害特点有何区别？针对不同蛀干害虫的习性和发生规律设计蛀干害虫的综合治理措施。

21. 常见为害苹果、梨、桃、葡萄的害螨有哪几种？田间如何区别其种类？活动为害各有什么特点？影响果树害螨猖獗发生为害的环境因素有哪些？怎样防治？

22. 如何诊断桃和李细菌性穿孔病或真菌性穿孔病？

23. 如何控制山区粗放管理、高大分散的枣树、柿树、核桃树等的食叶性害虫的为害？

24. 树干涂白、束草诱杀可以防治哪些害虫？为什么？

25. 清洁田园对防治哪些果树病虫害有效？

26. 如何利用生物多样性控制果园害虫？

模块八　常绿果树病虫害识别诊断与综合防治

(黄宏英原图)

知识目标

- 列举当地常绿果树常见病虫害种类及为害。
- 描述当地常绿果树常见病害症状特点和害虫形态特征。
- 了解生产实践中常绿果树主要病虫害防治技术与措施。

能力目标

- 辨认常绿果树主要病虫害种类。
- 根据常绿果树主要病虫害发生规律,选择测报方法进行预测预报。
- 评价生产实践中常绿果树主要病虫害防治技术与措施。
- 提出常绿果树主要病虫害综合治理措施。

任务一　柑橘病虫害

一、柑橘枝干病害

（一）柑橘枝干病害诊断(表 8.1.1)

表 8.1.1 柑橘常见枝干病害诊断特征

病害名称	病原	寄主植物及为害部位	为害状
柑橘脚腐病（裙腐病）	寄生疫霉菌(*Phytophthora parasitica* Dastur)和褐腐疫霉菌[*P. citrophthora* (R. et E. Smith) Leno]，属假菌界卵菌门疫霉属	柑橘、甜橙、柠檬等的根颈部	被害植株根颈部初呈不规则水渍状褐色病斑，树皮腐烂，有酒糟味；可引起主侧根甚至须根腐烂
柑橘树脂病（流胶病）	柑橘间座壳菌[*Diaporthe citri* (Faw.) Wolf]，属真菌界子囊菌门间座壳属；无性态为半知菌类拟茎点霉属(*Phomopsis citri* Fawcett)	甜橙、柑橘的枝干、叶片和果实	流胶型：病部皮层组织松软，灰褐色，渗出褐色胶，干燥时病部干枯下陷，皮层开裂，木质部外露；干枯型：病部皮层红褐色，干枯下陷，微有裂缝
柑橘膏药病	柑橘白隔担耳菌(*Septobasidium albidum* Pat.)和卷担菌(*Helicobasidium* sp.)，属真菌界担子菌门隔担耳属和卷担菌属	柑橘、荔枝、龙眼、芒果、核果类等枝干	被害枝干紧贴圆形或不规则形白色或褐色菌丝组织；后期菌丝组织龟裂，易剥离
柑橘溃疡病 [柑橘溃疡病的防治]	地毯草黄单胞杆菌柑橘致病变种[*Xanthomonas axonopodis* pv. *citri* (Hasse) Vauterin]，属细菌域普罗特斯门黄单胞杆菌属	甜橙、柚类、柠檬的枝梢、叶片和果实	枝梢的病斑与叶相似，但火山口开裂更为明显，木栓化程度更高，坚硬粗糙
柑橘疮痂病	柑橘痂圆孢菌(*Sphaceloma fawcetti* Jenkins)，属真菌界半知菌类痂圆孢属	柑橘、柚、柠檬等的枝梢、叶片和果实	嫩梢病斑症状与叶片相似，但病斑突起症状不明显
柑橘炭疽病 [柑橘炭疽病的防治]	胶孢炭疽菌[*Colletotrichum gloeosporioides*(Penz.) et Sacc.]，属真菌界半知菌炭疽菌属	柑橘、甜橙、柚、柠檬等的枝梢、叶片和果实	枝梢发病自顶梢向下枯死；病斑初为褐色，后转灰色；枝梢上的叶片全部脱落

（二）柑橘枝干病害发生规律与防治

1. 柑橘脚腐病

（1）选用抗病砧木　选用枳壳、枸头橙、酸
橙作砧木，适当提高嫁接部位。刮治病斑后，可
在主干基部靠接 3~4 株抗病砧木。

议 — 议

怎样预报柑橘脚腐病的
发生？

（2）加强栽培管理　病菌借雨水飞溅传
播。土质黏重、地势低洼、地下水位高、排水不良的橘园发病严重。定植时勿过深、过密，嫁接口
露出土面。改良土壤，防止积水。防治天牛、吉丁虫等蛀干害虫的为害，中耕除草时要防止伤害
根颈部和主根。

（3）及时刮除及处理病部　对发病初期的病株，可用利刀刮除病部及边缘 0.5~1 cm 宽的
无病组织后，涂抹 843 康复剂原液、72.2%霜霉威水剂、25%甲霜灵可湿性粉剂等，待刮伤口干后
用薄膜包扎填回新土，每株淋灌 30%噁霉灵水剂 500~1 000 倍液 3~5 kg。

2. 柑橘树脂病

（1）加强栽培管理　病菌主要以菌丝体和分生孢子器在树干病部及枯枝上越冬，寄生性较
弱，树势衰落，受冻害或损伤时易受病菌侵染。要增施有机肥，改良土壤，合理修剪，树干涂白，防
治病虫害；冬季清园，剪除病枝病叶，集中烧毁以减少初侵染来源。

（2）药剂防治　分生孢子借风雨和昆虫等传播。春梢萌发期、谢花后及幼果期喷 0.5%~
0.8%石灰等量式波尔多液。春季刮除病组织后暴露 1~2 d，涂 1∶1∶10 波尔多液浆。

3. 柑橘膏药病

（1）清除初侵染源　病菌在寄主枝干上越冬，借气流和介壳虫传播，在寄主枝干表皮侵入为
害，以介壳虫排泄的"蜜露"为营养而繁殖。高温多雨，荫蔽潮湿，介壳虫多，发病严重。应剪除
病枝，用药剂防治介壳虫。

（2）治疗病斑　在病部涂抹 1%等量式波尔多液，50%咪鲜胺锰络合物可湿性粉剂 50~100
倍液，70%甲基硫菌灵可湿性粉剂+75%百菌清（1∶1）50~100 倍液等防治。

二、柑橘叶部病害

（一）柑橘叶部病害诊断（表 8.1.2，图 8.1.1）

表 8.1.2　柑橘常见叶部病害诊断特征

病害名称	病原	寄主植物及为害部位	为害状
柑橘黄龙病（黄梢病）	亚洲韧皮杆菌（*Candidatus liberobacter* asiaticum），属细菌域普罗特斯门韧皮部杆菌属	柑橘、甜橙的叶、花和果	病梢叶质变硬而脆，叶片的叶肉变黄叶脉仍保持绿色，叶脉肿大，局部木栓化开裂或全叶均匀黄化；病树开花早而多，花小而畸形；果小皮厚，无光泽或畸形，着色不均，形成"红鼻子"果

续表

病害名称	病原	寄主植物及为害部位	为害状
柑橘溃疡病	地毯草黄单胞杆菌柑橘致病变种 [Xanthomonas axonopodis pv. citri (Hasse) Vauterin],属细菌域普罗特斯细菌门黄单胞杆菌属	甜橙、柚、柠檬等的叶片、果实和枝梢	叶片病斑初为针头大、黄色、油渍状,后扩大成为近圆形病斑,在叶片正反面隆起呈火山口状开裂,灰褐色;病斑边缘油渍状,周围有黄色晕环;枝梢病斑与叶上相似
柑橘疮痂病	柑橘痂圆孢菌(Sphaceloma fawcettii Jenkins),属真菌界半知菌类痂圆孢属	柑橘、柚、柠檬等的叶片、果实和枝梢	受害叶片初现油渍状小点,后逐渐扩大,蜡黄色至黄褐色,直径0.3～2.0 mm,木栓化,表面粗糙;叶片病斑周围组织呈圆锥状向背面突起,正面凹陷,严重时叶片畸形扭曲;果实受害散生黄褐色瘤状突起
柑橘炭疽病	胶孢炭疽菌[Colletotrichum gloeosporioides (Penz.) et Sacc.],属真菌界半知菌炭疽菌属	柑橘、甜橙、柚、柠檬等的叶片、枝梢和果实	慢性型病斑多发生在边缘或叶尖,近圆形或不规则形,浅灰褐色,边缘褐色,表面密生同心轮纹状的黑色小粒点;急性型病斑初为淡青色或暗褐色小斑,后迅速扩展为水渍状、边缘界限不清晰的斑块,潮湿时病斑产生粉红色带黏性的小液点
柑橘脂点黄斑病(脂斑病)	柑橘球腔菌(Mycosphaerella citri Whiteside),属真菌界子囊菌门球腔菌属	柑橘、甜橙的叶片、果实	受害叶面初生针头大小半透明、褪绿小点,后成大小不一的黄斑,上生浅褐色的疱疹状小粒点;老病斑褐色至黑褐色
柑橘煤烟病	柑橘煤烟病菌(Meliola spp.),属真菌界子囊菌门小煤炱属	柑橘、龙眼、荔枝的叶片、果实和枝条	受害叶片表面生黑色片状菌丝层,很像叶片上黏附着一层煤烟

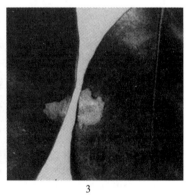

1 2 3

图 8.1.1 柑橘叶部病害

1. 柑橘溃疡病病叶 2. 柑橘疮痂病病叶 3. 柑橘炭疽病病叶

(黄宏英原图)

（二）柑橘叶部病害发生规律与防治

1. 柑橘黄龙病

（1）严格检疫　禁止新区和无病区从病区引进苗木和接穗。

（2）培育无病苗木　在无病区建苗圃,选用的砧木种子和接穗应消毒后使用。砧木种子洗净后置 50~52 ℃ 水中预热 5 min,取出立即投入 55~60 ℃ 的水中浸泡 50 min,并经常搅动,使种子受热均匀;接穗浸入 44 ℃ 水中预热 5 min,然后移至 47 ℃ 水中浸泡 8~10 min,取出用湿布包好,24 h 后重复处理 1 次,重复处理共 3 次。也可用茎尖嫁接脱毒方法繁殖苗木。

（3）治虫防病　及时防治传病媒介柑橘木虱。

（4）挖除病树　发现病株及时挖除,挖除病株后的空穴,可在次年春用石灰消毒后补种大苗。

2. 柑橘煤烟病

（1）栽培控病　病菌以菌丝体和子实体在病部越冬,借昆虫、风雨传播。荫蔽潮湿园圃有利于发病,应适当疏剪,改善通风透光条件,以减少发病。

（2）防虫治病　病菌多以蚜虫、粉虱和蚧类等害虫排泄的"蜜露"为养料,在寄主表面繁殖蔓延。应防治蚜虫、粉虱、蚧类等害虫。

（3）药剂防治　发病初期用 50% 咪鲜胺锰络合物可湿性粉剂 1 500 倍液、1∶1∶200 式波尔多液、10% 苯醚甲环唑水分散粒剂 2 500 倍液等喷雾。

3. 柑橘其他叶部病害

（1）加强栽培管理　病菌主要以菌丝体和分生孢子,柑橘溃疡病以病原细菌在病枝、病果、病叶上越冬。柑橘疮痂病、炭疽病和脂点黄斑病经风雨、昆虫传播,从伤口和气孔侵入,可

想 一 想
为什么雨水成为柑橘溃疡病病菌传播的主要媒介?

再侵染。冬春可结合修剪,剪除病枝叶,收集地面枝叶并烧毁,并随即树上树下喷药预防。加强肥水管理,促抽梢整齐,缩短幼嫩期,可减少病菌侵染机会。

（2）苗木检疫　柑橘溃疡病是国内检疫对象,从外地引进苗木和接穗,必须进行检疫。引进的接穗和苗木,用 72% 农用链霉素可溶性粉剂 1 000 倍液+1% 乙醇浸 30~60 min 或 40% 三唑酮·多菌灵可湿性粉剂 800 倍液浸 30 min。

（3）药剂防治　高温高湿、组织幼嫩时易感病。可选用 30% 氧氯化铜悬浮剂 600 倍液、50% 咪鲜胺锰络合物可湿性粉剂 1 000 倍液、43% 代森锰锌悬浮剂 1 000 倍液等喷雾保护嫩梢叶及幼果。

三、柑橘花和果实病害

（一）柑橘花和果实病害诊断(表 8.1.3)

表 8.1.3　柑橘常见花和果实病害诊断特征

病害名称	病原	寄主植物及为害部位	为害状
柑橘炭疽病	胶孢炭疽菌［*Colletotrichum gloeosporioides*（Penz.）et Sacc.］,属真菌界半知菌炭疽菌属	柑橘、甜橙、柚、柠檬等的花、果、叶片、枝梢	病花呈褐色腐烂;病果多从果蒂附近出现褐色斑,病、健交界明显,病斑凹陷,潮湿时果实腐烂;储运期间带病果实可大量腐烂(图 8.1.2)
柑橘黑星病(黑斑病)	柑橘茎点菌（*Phoma citricarpa* Mcalp）,属真菌界半知菌类茎点菌属	橘类、柠檬、沙田柚等的果实	黑星型:果上初生褐色小点,后成黑褐色圆形斑,中央略凹陷,边缘稍隆起,上生黑色小粒点;黑斑型:采果后储运期果面生近圆形或不规则大斑,稍下陷,上生小黑粒,病果僵缩黑腐
柑橘树脂病(蒂腐病)	柑橘间座壳菌［*Diaporthe citri*（Faw.）Wolf］,属真菌界子囊菌门间座壳属;无性态为半知菌类拟茎点菌属（*Phomopsis citri* Fawcett）	甜橙、柑橘的果实、枝干、叶片	幼果病部表面散生黑褐色硬质小粒点,粗糙如砂皮;采后储运期环绕蒂部出现水渍状斑,边缘波纹状,果心腐烂
柑橘黑腐病(黑心病)	柑橘链格孢（*Alternaria citri* Ell.et Pierce）,属真菌界半知菌类链格孢属	柑橘、甜橙、柠檬等的贮藏期果实	病果外表无可见症状,果心和果肉黑褐色腐烂,果心空隙处长墨绿色绒状霉,或病果近蒂部生褐色至黑褐色近圆形病斑,稍凹陷,果心及果肉黑褐色腐烂
柑橘青霉病和绿霉病	柑橘青霉病意大利青霉（*Penicilium italicum* Wehmer）和绿霉病指状青霉（*P. digitatum* Sacc.）,属真菌界半知菌类青霉属	柑橘、甜橙、柠檬等的贮藏期果实	初期都产生水渍状软腐病斑,表面中央形成白色霉状物,后青霉病果长出青色霉层,外围白色霉带较窄,病部边缘较整齐;绿霉病果长出绿色霉层,外围白色菌丝环较宽,病部边缘不整齐(图 8.1.3)

（二）柑橘花和果病害发生规律与防治

1. 柑橘炭疽病、黑星病和树脂病

（1）加强栽培管理　增施有机肥,改良土壤,树干涂白,防治病虫害,避免造成伤口;合理修剪,冬季清园,剪除病枝病叶集中烧毁,以减少果园病菌来源。

（2）药剂防治　病菌孢子通过风雨和昆虫传播。高温多湿发病重。可在春梢萌发期、谢花后及幼果期喷药。可用 0.5%~0.8%石灰等量式波尔多液、70%甲基硫菌灵可湿性粉剂 1 000 倍液、25%腈苯唑悬浮剂 1 000 倍液等。

（3）适时采收　果实适当早采,尽量防止果实受伤。果实处理并结合使用防腐剂,可防止和减轻果实蒂腐。

2. 柑橘黑腐病、青霉病和绿霉病

（1）防止果实受伤　柑橘黑腐病、青霉病和绿霉病只能从伤口侵入为害,在果实采收、贮藏运输过程中,伤口多发病重,应注意减少各种机械损伤。

图 8.1.2　柑橘炭疽病

（黄宏英原图）

图 8.1.3　柑橘绿霉病

（黄宏英原图）

（2）喷药防治　主要以分生孢子附着于枝、叶、果组织中越冬或腐生于各种有机物上,靠气流传播,亦可通过病、健果接触传染,可多次再侵染。采果前 7~10 d 可对树冠喷 25% 咪鲜胺乳油加 70% 甲基硫菌灵可湿性粉剂（9∶1）1 500 倍液。

（3）果实处理　果实采收后,可用 70% 抑霉唑可湿性粉剂 1 000 倍液,25% 咪鲜胺锰络合物可湿性粉剂 1 500 倍液,浸果 1~2 min,晾干后用聚氯乙烯薄膜单果包装贮藏。

（4）贮藏库处理　库房消毒,每立方米库房用 10~12 g 硫黄粉熏蒸 24 h,待药气散发后,关窗贮藏。

四、柑橘花和果实害虫

（一）柑橘花和果实害虫诊断（表 8.1.4,图 8.1.4,图 8.1.5）

表 8.1.4　柑橘常见花和果实害虫诊断特征

害虫名称	寄主植物	为害特点	识别特征
柑橘锈壁虱（柑橘锈螨）（*Phyllocoptruta oleivora* Ashmead）,属真螨目瘿螨科	柑橘、甜橙、柚等	成螨和若螨群集叶、果和嫩枝上吸食汁液;果实现赤褐色斑点,渐扩展后整个果面呈黑褐色,果皮粗糙无光泽	成螨体长 0.1~0.2 mm,前端宽大,后端尖削,橙黄色;具 2 对颚须和 2 对足;腹部有许多环纹,尾端有 1 对刚毛;若螨淡黄色,腹部无明显环纹,具足 2 对
拟小黄卷叶蛾（柑橘褐带卷蛾）（*Adoxophyes cyrtosema* Meyrick）,属鳞翅目卷蛾科	柑橘、荔枝、龙眼、板栗、枇杷等	幼虫蛀食幼果和近成熟果实,蛀害花蕾,卷叶食害嫩叶	成虫体黄色,头部有黄褐色鳞毛;前翅黄色,有褐色基斑、中带和端纹;后翅淡黄色,基角及外缘附近白色;幼虫体黄绿色,体长一般为 11~18 mm,前胸背板淡黄色

续表

害虫名称	寄主植物	为害特点	识别特征
柑橘花蕾蛆（柑橘蕾瘿蚊）（*Contarinia citri* Barnes），属双翅目瘿蚊科	柑橘	幼虫为害花器，花蕾缩短膨大，花瓣上多有绿点，不能开花、授粉	雌成虫体长 1.5~2 mm，雄虫体略小，灰黄或黄褐色，翅半圆形，翅脉简单；老熟幼虫为长纺锤形，初期乳白色逐变浅黄色，后期为橙红色
柑橘小实蝇（果蛆）（*Bactrocera dorsalis* Hendel），属双翅目实蝇科	柑橘、番石榴、芒果、杨桃、桃、李等	成虫产卵于果实内，产卵孔流出汁液形成乳状突起，幼虫在果内蛀食，常未熟先落	成虫体长 7~8 mm，深黑色，胸背大多黑色，两侧黄色纵纹与黄色小盾片相连成"U"字形，腹部背面中央黑色纵纹，仅限于第 3~5 节上；幼虫体长 10 mm，黄白色，前端尖细，后端钝圆
柑橘大实蝇（黄果蝇、柑蛆）（*Tetradacus citri* Chen），属双翅目实蝇科	柑橘、甜橙、柚类	成虫产卵于果实内，幼虫取食果肉和种子；被害果未熟先黄，黄中带红	成虫体形较大，长 12~13 mm，黄褐色，腹背较细长，背面中央黑色纵纹直贯第 5 节；幼虫体肥大，长 15~19 mm，前端细小，后端粗大，乳白色，口钩黑色

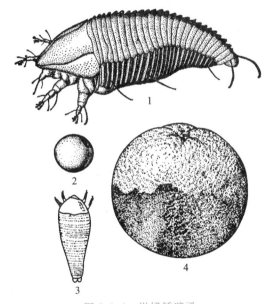

图 8.1.4　柑橘锈壁虱
1. 成虫　2. 卵　3. 若虫　4. 果实被害状

图 8.1.5　柑橘花蕾蛆为害状
（黄宏英原图）

（二）柑橘花和果实害虫发生规律与防治

1. 柑橘锈壁虱

（1）消灭越冬虫源　1 年发生 18~30 代，成螨在夏秋梢的腋芽鳞片间、叶片、嫩叶枝条和病虫为害的卷叶内越冬，在广东、广西桂南地区无越冬期。结合整枝修剪，剪除过密枝条和病虫卷叶,使树冠通风透光并减少越冬虫源。

（2）改善生态条件　高温、干旱时柑橘锈壁虱常猖獗成灾,橘园种植覆盖植物,旱季适当灌溉,保持园内荫湿的生态环境,可减轻锈螨发生为害。

（3）保护利用天敌　注意施用选择性药剂和合理用药,保护天敌。

（4）药剂防治　管理粗放、生长势差的衰弱树上发生早而多。在4—7月锈螨转移到春梢叶片和果实上为害时,当20%叶片有螨或每叶每果平均每视野有2~3头时应立即喷药防治。可选用10%浏阳霉素乳油1 500倍液、2.5%华光霉素可湿性粉剂500倍液、15%哒螨灵乳油1 500倍液等。

2. 拟小黄卷叶蛾

（1）减少越冬虫源　1年发生5~9代,世代重叠。冬季清园,可减少越冬虫源。

（2）诱杀成虫　成虫有趋化性和趋光性,用糖、酒、醋液按1∶2∶1诱杀或灯光诱杀。

（3）防止幼虫转果为害　摘除卵块,捕捉幼虫,清除受害果和落果,防止幼虫转果为害或迁至落叶上化蛹。

（4）药剂防治　用50%辛硫磷乳油1 500倍液喷树冠下地面或配成毒土撒施1~2次或5%辛硫磷颗粒剂每666.7 m² 用1~2 kg配成毒土撒施。在谢花后和幼果期或夏、秋梢抽发期喷2.5%高效氯氟氰菊酯乳油、25%灭幼脲3号胶悬剂等。

3. 柑橘花蕾蛆

（1）地面施药　1年发生1~2代,以幼虫在土中结茧越冬。越冬幼虫始蛹后8 d即为成虫开始羽化出土时期,可在地面施药毒杀出土成虫（参照拟小黄卷叶蛾）。

（2）树冠喷药　花蕾开始露白时成虫到花蕾上产卵。柑橘现蕾期用2.5%溴氰菊酯乳油2 000倍液、10%氯氰菊酯乳油3 000倍液喷雾,5~7 d后再喷1次。

4. 柑橘小实蝇和柑橘大实蝇

柑橘小实蝇1年发生3~5代,无明显的越冬;柑橘大实蝇1年发生1代,以蛹在土中越冬。两种实蝇幼虫老熟后即脱果入土化蛹。可在成虫羽化前深翻使之不能羽化出土、成虫羽化期地面施药（参照拟小黄卷叶蛾）、成虫羽化后用糖醋液或用性诱剂诱杀成虫、成虫产卵前喷75%灭蝇胺可湿性粉剂5 000倍液或80%敌敌畏乳油1 500倍液、随时摘虫果和拾落地果集中处理等防治措施。

五、柑橘叶部害虫

（一）柑橘叶部害虫识别（表8.1.5,图8.1.6至图8.1.8）

（二）柑橘叶部害虫发生规律与防治

1. 柑橘全爪螨

（1）消灭越冬虫态　1年发生12~20代,世代重叠。主要以成螨及卵在僵叶、叶背及枝条缝隙内越冬,部分地区越冬现象不明显。结合冬季剪除潜叶蛾为害的僵叶,以减少越冬虫源。

表 8.1.5　柑橘常见叶部害虫识别特征

害虫名称	寄主植物	为害特点	识别特征
柑橘全爪螨（柑橘红蜘蛛、瘤皮红蜘蛛）（ Panonychus citric Gregor），属螨目叶螨科	柑橘类、甜橙、柚类、柠檬等	成、若螨吸食柑橘叶片、嫩茎及果实汁液；被害叶片现灰白色斑点	雌成螨体长约 0.4 mm,近椭圆形,暗红色,背部有瘤状突起；雄成螨较雌螨小,鲜红色,腹部后端较尖;幼螨足 3 对,初孵时淡红或黄绿色;若螨体略小,有足 4 对
柑橘潜叶蛾（橘潜叶蛾）（ Phyllocnistis citrella Stainton），属鳞翅目潜蛾科	柑橘类、甜橙、柚类、柠檬等	幼虫在嫩茎、嫩叶表皮下潜食,形成银白色弯曲隧道;受害叶卷缩硬化,易脱落	成虫体长约 2 mm,体及前翅银白色,前翅披针形,翅基有 2 条褐色纵纹,翅中央有 2 条褐纹成"Y"形,翅顶角有 1 个黑色圆斑；老熟幼虫体纺锤形,胸腹部每节背面有 4 个凹孔,腹部末端尖细,具 1 对细长尾状物
橘蚜（ Toxoptera citricidus Kirkaldy），属同翅目蚜科	柑橘类、甜橙、柚类、柠檬、桃、梨、柿等	成虫、若虫群集在嫩枝上吸食汁液；嫩叶受害出现凸凹不规则的皱缩,易引起煤烟病	无翅胎生雄蚜体长约 1.3 mm,漆黑色,复眼红褐色,腹管呈管状,尾片乳突状;有翅胎生雌蚜,对翅无色透明,前翅分 3 叉,翅痣淡黄褐色；若虫体褐色,复眼红黑色
矢尖蚧（箭头蚧）（ Unaspis yanonensis Kuwana），属同翅目盾蚧科	柑橘类、甜橙、柚类、柠檬、桃、李等	雌成虫和若虫固定在叶、枝及果实上吸取汁液；被害叶卷缩、萎蔫；被害果面现黄绿色斑点	雌虫介壳长 2~3.5 mm,细长,紫褐色,边缘灰白色；前端尖,后端宽,中央有 1 纵脊;雄虫介壳长 1.3~1.6 mm,长形,两侧平行,粉白色,背面有 3 条纵隆起线;雌成虫体长约 2.5 mm,长形,橙色,前胸分节明显,第 2、3 腹节边缘显著突出
柑橘木虱（ Diaphorina citri Kuwayama），属同翅目木虱科	柑橘类、甜橙、柚类、柠檬等	成虫、若虫在嫩梢、幼叶、新芽上吸食；嫩梢幼芽干枯萎缩,新叶畸形扭曲；可引起煤烟病,传播柑橘黄龙病	成虫体长约 2.4 mm,青灰色,头顶尖突如剪刀状,翅半透明,杂有灰黑色不规则斑点；卵近梨形,黄色,顶端尖削,底部有短柄插入植物组织内;若虫黄色略带绿色,体上有黑色块状斑；3 龄后体色变黄、褐色相杂

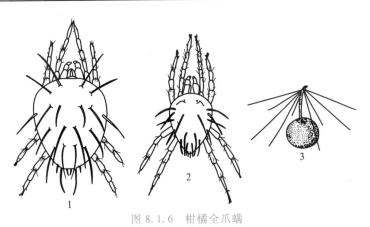

图 8.1.6　柑橘全爪螨
1. 雌成螨　2. 雄成螨　3. 卵

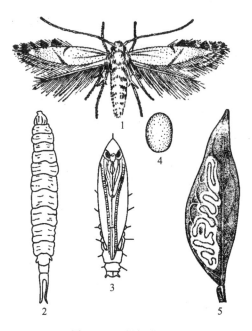

图 8.1.7　柑橘潜叶蛾

1. 成虫　2. 幼虫

3. 蛹　4. 卵　5. 被害状

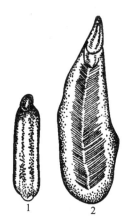

图 8.1.8　矢尖蚧

1. 雄虫介壳　2. 雌虫介壳

（2）保护利用天敌　搞好间、套作和生草栽培，以利于捕食螨的昆虫生存、栖居。挑治中心虫株，选用选择性药剂，避免盲目全园喷药，以利保护天敌。

（3）药剂防治　花前用 0.5～0.8 波美度石硫合剂、5% 丙炔螨特乳油 4 000 倍液。花后可用 5% 氟虫脲乳油 800 倍液、50% 苯丁锡可湿性粉剂 2 500 倍液、1.8% 阿维菌素乳油 5 000 倍液等。

2. 柑橘潜叶蛾

（1）适时抹芽控梢　在南方各省 1 年发生 10～15 代，大多以蛹、少数以老熟幼虫在被害叶缘卷褶内越冬（华南无明显休眠期）。春梢抽发期幼虫开始为害，夏、秋梢抽发盛期为害严重。应摘除过早或过晚抽发不齐的嫩梢，减少柑橘潜叶蛾食源，降低虫口密度。配合肥水控制，使夏、秋梢抽发整齐，有利于集中喷药保梢。放梢时间应根据当地气候、柑橘品种和树龄确定，以避开害虫盛发期。

（2）药剂防治　在抹芽放梢的果园，放梢后 5～7 d 喷第 1 次药，隔 7～10 d 喷 1 次，连喷 2～3 次；未抹芽放梢的果园芽长 5 mm 或抽梢率达 20% 以上时喷药，药剂选用 20% 除虫脲悬浮剂 2 000 倍液、2.5% 氯氟氰菊酯乳油 2 500 倍液等。

3. 橘蚜

（1）保护利用天敌　注意喷药时尽量不杀伤天敌。

（2）药剂防治　橘蚜 1 年发生 20 代左右，以卵在枝上越冬。有芽新梢达 25% 时开始喷药。可选用 2.5% 溴氰菊酯乳油 2 500 倍液、50% 抗蚜威乳油 1 500 倍液、10% 吡虫啉可湿性粉剂 3 000 倍液等喷雾。

4. 矢尖蚧

（1）保护和利用天敌

（2）清除越冬虫源　华南地区1年发生3~4代，多以雌成虫越冬，少数以若虫在叶背及嫩枝上越冬。应在冬季剪除有虫枝条。

柑橘矢尖蚧
的防治

（3）药剂防治　在各代初孵若虫期喷药，以第1代若虫防治为关键。可选用25%噻嗪酮可湿性粉剂1 000倍液、40%毒死蜱乳油1 000倍液、松脂合剂夏秋用20倍液（冬季用10倍液）或94%机油乳剂50倍液等。

5. 柑橘木虱

（1）减少虫源　加强管理，使枝梢抽发整齐，摘除零星枝梢，铲除柑橘木虱产卵繁殖场所。及时砍除失去结果能力的弱树，可减少柑橘木虱虫源。

（2）喷药保梢　秋、春梢期受害较重，梢期检查果园，发现木虱成虫，选用10%吡虫啉可湿性粉剂4 000倍液、5.7%氟氯氰菊酯乳油2 500倍液、25%噻虫嗪水分散性粒剂6 000倍液等及时防治。

六、柑橘枝干害虫

（一）柑橘枝干害虫识别（表8.1.6）

表8.1.6　柑橘常见枝干害虫识别特征

害虫名称	寄主植物	为害特点	识别特征
星天牛（*Anoplophora chinensis* Förster），属鞘翅目天牛科	柑橘、柚、龙眼、荔枝、枇杷等多种树木	幼虫蛀食成年树主干基部和主根，在皮下蛀食，钻木质部（图8.1.9）	成虫体长19~39 mm，漆黑色，有光泽，前胸两侧各有1短刺突，鞘翅上有大小白斑，触角长于体；幼虫扁圆筒形，前胸背板前方有2个黄褐色飞鸟形纹，后半部有1块黄褐色"凸"字形大斑
褐天牛（橘褐天牛）（*Nadezhdiella cantori* Hope），属鞘翅目天牛科	柑橘、甜橙、柚、柠檬、枇杷等	幼虫为害树干和主枝，常有粪屑自树干垂落	成虫体黑褐色，披灰黄色短绒毛，前胸背面呈密而不规则的脑状皱褶；幼虫前胸背板有横列分成棕色的4段宽带纹，中央两侧较长，两侧较短
橘绿天牛（光盾绿天牛）（*Chelidonium argentatum* Dalman），属鞘翅目天牛科	柑橘、甜橙、柚、柠檬、菠萝蜜等	幼虫于枝条木质部内蛀食，先向上蛀梢头枯死便向下蛀，隔一段距离向外蛀1排粪孔，排出粪屑	成虫体墨绿色，体长24~27 mm，有金属光泽，小盾片平滑，足和触角紫蓝色；幼虫淡黄色，前胸前方有2块褐色硬皮板，其前缘有1个凹入，左右两侧亦各有1小块硬板
吹绵蚧（*Icerya purchase* Maskell），属同翅目硕蚧科	柑橘、柿、葡萄、黄皮、枇杷等	若虫和雌成虫群集枝、芽、叶上吸食汁液，排泄蜜露诱致煤污病发生	雌成虫椭圆形，体长5~7 mm，暗红色，背面生黑短毛被白蜡粉向上隆起（图8.1.10）；雄虫体长约3 mm，橘红色，胸背具黑斑，前翅紫黑色，后翅退化；若虫体椭圆形，体背覆有浅黄色蜡粉

续表

害虫名称	寄主植物	为害特点	识别特征
柑橘绵蚧(橘绿绵蚧)(*Pulvinaria eitricola* Kuwana),属同翅目绵蚧科	柑橘类、荔枝、龙眼、香蕉、枇杷等	成虫、若虫在枝梢及叶背刺吸为害,叶片呈黄绿色斑点;严重时枝、叶枯黄,易致煤污病发生	雌成虫体长约 4 mm,椭圆形,背面隆起暗绿色,背中线有纵行褐色带纹;雌成虫产卵期分泌白色绵状卵囊,并被柔软的白色蜡茸;卵囊背面有明显的 3 条纵脊
黑点蚧(黑片盾蚧、黑星蚧)(*Parlatoria zizyphus* Lucas),属同翅目盾蚧科	柑橘、番石榴、龙眼、枇杷等	雌成虫和若虫刺吸枝干、叶和果实的汁液	雌虫介壳长椭圆形,黑色,背面具 2 条纵脊,后缘有灰白色薄蜡片,壳点椭圆漆黑;雌成虫倒卵形,淡紫红色,前胸两侧有耳状突起;雄虫介壳狭长,长约 1 mm,灰白色,壳点椭圆形漆黑

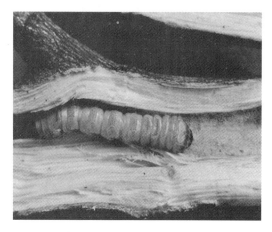

图 8.1.9　星天牛幼虫蛀干为害
(黄宏英原图)

图 8.1.10　吹绵蚧雌成虫
(黄宏英原图)

（二）柑橘枝干害虫发生规律与防治

1. 星天牛、褐天牛和橘绿天牛

（1）减少虫源　星天牛和橘绿天牛 1 年发生 1 代。以幼虫在蛀道内越冬。褐天牛 2 年完成 1 代,有成虫和幼虫同时在树干隧道内越冬。可在 6—7 月橘绿天牛幼虫盛发期间,剪除被害枝梢,避免幼虫蛀入大枝为害。及早砍伐虫口密度大、失去结果能力的衰退树,消灭其中幼虫。

（2）捕杀成虫　根据各种天牛羽化活动时间和习性,及时捕杀成虫。

（3）刮除虫卵及初孵幼虫　根据各种天牛产卵部位及低龄幼虫为害状进行检查,发现后即用利刀削刮,剔除虫卵和在皮下为害的幼虫。

（4）钩杀或药剂毒杀幼虫　发现树体有新鲜木屑状虫粪排出,可用铁丝刺杀或钩杀幼虫。蛀入木质部较深的幼虫,可用棉球浸湿 80% 在敌敌畏 5～15 倍液,自虫孔塞入虫道内,或用注射器将药液注入蛀道,用湿土封堵虫孔,毒死幼虫。

（5）树干喷药　在星天牛成虫羽化期、褐天牛和橘绿天牛成虫产卵期及幼虫初孵期于树冠或枝干喷药,或在枝干上涂抹药剂。药剂可选用 2.5% 溴氰菊酯乳油 2 000 倍液、50% 杀螟松乳油或 80% 敌敌畏乳油 1 500 倍液、5% 氟虫腈悬浮剂 6 000 倍液等。

2. 吹绵蚧、柑橘绵蚧和黑点蚧

（1）防止传播　调运柑橘苗木时发现介壳虫类，用溴甲烷 40~60 mL/m^3 熏 3 h。

（2）生物防治　注意保护和利用蚧类天敌。

（3）剪除有虫枝条　蚧类卵孵化前剪除有虫枝条，带出果园后处理。

（4）药剂防治　抓住各代初孵若虫期喷药，以抓好第 1 代若虫防治为关键。农药种类选用参见矢尖蚧。

任务工单 8-1　柑橘常见病害诊断与防治

一、目的要求

了解当地柑橘常见病害及发生为害情况，区别柑橘主要病害的症状特点及病原菌形态，设计柑橘病害无公害防治方法。

二、材料、用具和药品

学校实训基地、农业企业或农村专业户柑橘园，多媒体教学设备，柑橘病害标本，观察病原物的器具与药品，常用杀菌剂及其施用设备等。

三、内容和方法

1. 柑橘常见病害症状和病原菌形态观察

观察脚腐病、树脂病、膏药病、黄龙病、煤烟病、溃疡病、疮痂病、炭疽病、黑星病、树脂病、黑腐病、青霉病、绿霉病、根结线虫病，以及根线虫病的分布特点、发病部位、症状表现（病部形状、质地、颜色、表面特征等）和病原特征，辨别并判断病原类型及病害种类。

2. 柑橘重要病害预测

根据气象条件、栽培条件和当地主要柑橘品种生长发育状况，分析并预测 1~2 种重要柑橘病害的发生趋势。

3. 柑橘主要病害防治

（1）调查当地柑橘主要病害的发生为害情况及其防治技术和经验。

（2）根据柑橘主要病害的发生规律，结合当地生产实际，提出 2~3 种柑橘病害防治的建议和方法。

（3）配制并使用 2~3 种常用杀菌剂防治当地柑橘主要病害，调查防治效果。

四、作业

1. 记录所观察柑橘枝干、叶部、花和果实病害典型症状表现和为害情况。

2. 绘常见柑橘病害的病原菌形态图，并注明各部位名称。

3. 预测重要柑橘病害的发生趋势并说明依据。

4. 评价当地柑橘主要病害的防治措施。

5. 提出柑橘主要病害无公害防治建议和方法。

6. 记录柑橘常用杀菌剂的配制、使用方法和防治效果。

五、思考题

1. 柑橘黄龙病叶、果症状各有何特点？与缺素症有何区别？

2. 如何区别柑橘溃疡病、柑橘疮痂病、柑橘炭疽病症状？

任务工单 8-2　柑橘常见害虫、害螨识别与防治

一、目的要求

了解当地柑橘常见害虫及其发生为害情况,识别柑橘主要害虫的形态特征及为害特点,熟悉柑橘重要害虫预测方法,设计柑橘害虫无公害防治方法。

二、材料、用具和药品

学校实训基地、农业企业或农村专业户柑橘园,多媒体教学设备,柑橘害虫及其为害状标本,放大镜、挑针、镊子及培养皿,常用杀虫剂及其施用设备等。

三、内容和方法

1. 柑橘常见害虫形态和为害特征观察

观察柑橘常见花、果害虫和害螨(柑橘花蕾蛆、柑橘实蝇类、柑橘卷叶蛾类、柑橘锈壁虱等)、叶部害虫及害螨(柑橘潜叶蛾、柑橘木虱、柑橘蚜虫类、柑橘蚧类、柑橘全爪螨等)、枝干害虫(天牛类、蚧类等)的成虫大小、翅的颜色及斑纹形状,幼虫体色、体形等特征,害虫为害部位与为害特点。

2. 柑橘害虫预测

选择 1~2 种柑橘主要害虫,进行越冬蛹量检查,发生期的调查(果园查卵),预测害虫喷药的关键时期。

3. 柑橘主要害虫防治

(1)调查了解当地柑橘主要害虫发生为害情况及其防治措施和经验。

(2)选择 2~3 种柑橘主要害虫,提出符合当地生产实际的防治建议和方法。

(3)配制并使用 2~3 种常用杀虫剂防治当地柑橘主要害虫,调查防治效果。

四、作业

1. 记录所观察柑橘常见害虫的形态特征、为害部位与为害特点。

2. 绘制常见柑橘害虫形态特征简图。

3. 记录柑橘害虫预测的方法与结果。

4. 评价当地柑橘主要害虫的防治措施。

5. 提出柑橘主要害虫无公害防治建议和方法。

6. 记录柑橘常用杀虫剂的配制、使用方法和防治效果。

五、思考题

1. 柑橘蚜虫与柑橘木虱形态上有何不同? 为害状有何区别?

2. 受花蕾蛆为害的柑橘花蕾与正常花蕾有何不同?

任务二　香蕉、芒果和菠萝病虫害

一、香蕉病害

(一)香蕉病害诊断(表 8.2.1)

表 8.2.1　香蕉常见病害诊断特征

病害名称	病原	寄主植物及为害部位	为害状
香蕉枯萎（黄萎病、镰刀菌枯萎病）	尖镰孢菌古巴专化型[*Fusarium oxysporum* f. sp. *cubense* (E. F. Smith) Suyder et Hansen]，属真菌界半知菌类镰孢属	粉蕉、西贡蕉、香蕉的维管束	受害成株近结果期症状明显，病株叶片变黄，叶柄基部软折，叶片凋萎倒垂，严重时全株叶片倒垂枯死；维管束呈褐色条纹
香蕉束顶病（蕉公病、萎缩病）	香蕉束顶病毒（Banana bunchy top virus，BBTV）	芭蕉属植物的茎、叶	病株矮缩，嫩叶狭小；叶片硬直并成束生长，叶色浓绿、硬脆；叶柄和假茎出现深绿色条纹；病株分蘖多，一般不开花抽蕾，现蕾期感病，果形小，味淡
香蕉花叶心腐病（花叶病）	黄瓜花叶病毒香蕉株系（Cucumber mosaic virus banana strain，CMVBS）	香蕉、大蕉、葫芦科、茄科等全株	受害嫩叶黄化或黄斑驳，心叶及假茎内产生黑褐色至黑色水渍状病部，随后坏死呈黑褐色腐烂
香蕉黑星病（黑痣病、黑斑病、雀斑病）	香蕉大茎点菌[*Macrophomamusae* (Cooke) Berl et Vogl]，属真菌界半知菌类大茎点菌属	芭蕉科植物的叶片、幼果	感病叶片出现突起、针头大小的黑点，质地硬，后病叶褪绿变黄或凋萎、枯死；受害幼果表皮粗糙，散生或密集黑褐色小粒，外有暗绿色黄晕圈
香蕉叶斑病（褐缘灰斑病、灰纹病、煤纹病）	香蕉假尾孢属[*Pseudocercospora musae* (Zimm.) Deighton]；香蕉暗双孢霉菌[*Cordana musae* (Zimm.) V. Hohn]；香蕉小窦氏霉[*Deightoniella torulosa* (Syd.) M. B. Ellis]，属真菌界半知菌类	香蕉叶片	褐缘灰斑病：病斑是与叶脉平行的褐色条纹，呈纺锤形，以后中心灰色，着生灰色霉状物，边缘黑褐色；灰纹病：病斑椭圆形，中部灰褐色，边缘褐色，有不明显的环纹，外有黄晕，背生灰褐色霉状物；煤纹病：病斑多发生于叶边缘，多呈椭圆形，褐色，有明显轮纹，背生暗褐色霉状物
香蕉炭疽病	香蕉炭疽菌[*Colletotrichum musae* (Brek. et Curt.) Arx]，属真菌界半知菌类炭疽菌属	香蕉、苹果、柑橘的果实、花、叶	成熟果面上出现淡褐色小圆斑，以后扩展为不规则形稍下陷的斑块，上生带橙红色黏质的小点，后病斑果皮及果肉变褐腐烂

（二）香蕉病害发生规律与防治

1. 香蕉枯萎病

（1）实行检疫　香蕉枯萎病是植物检疫对象。严禁病区蕉苗调往外地。必须从外地调入苗木时，要隔离种植观察 2 年。

（2）培育无毒苗　无病区应使用无病自育苗或组培苗。

（3）加强栽培管理　增施有机肥和钾肥，增加根际有益微生物种群，以提高植株抗病力。

（4）清除病株、消毒病土　及时挖除病株,同时挖走病穴泥土,病穴撒施石灰或土壤喷洒2%甲醛。

（5）轮作　香蕉枯萎病菌是土壤习居菌,可在土壤中存活多年。合理轮作,发病严重的蕉园应轮作水稻或甘蔗2年以上。

香蕉束顶病
的防治

2. 香蕉束顶病

（1）选种无病蕉苗　病菌主要通过病株及蕉芽感染;在新区和无病区,则是带病蕉苗(吸芽)和香蕉交脉蚜传播。病区要选用无病、健壮的蕉苗;新蕉区不要到病区引进种苗。

（2）病株处理　发现病株立即挖除,并把地下部的球茎挖干净,集中销毁。可用10~15 mL草甘膦原液在植株距地面15 cm处向假茎基部注射,杀死其地下茎的生长点,约15 d后全株枯萎死亡。

（3）喷药杀虫　铲除蕉园附近蚜虫寄生的杂草,并在每年开春清园时,喷药毒杀蚜虫。

3. 香蕉花叶心腐病

病株吸芽是蕉株初次发病的主要病原,传播媒介主要是棉蚜和玉米蚜。可采取选用无病苗;清除香蕉园附近的杂草,避免在园内及其附近种植瓜、豆类植物;及时喷药杀蚜;及时毁挖病株等防治措施,具体参照香蕉束顶病防治。

4. 香蕉黑星病

（1）减少初侵染源　病菌以菌丝体和分生孢子在有病的蕉树上越冬。应经常清园,剪除并烧毁病叶及残体。

（2）套袋护果　高温高湿条件下,苞片脱落后的幼果易感病。采用果实袋套,可减少病菌侵染。

（3）喷药保护叶片和果实　在叶片发病初期、香蕉果房第1、2苞片脱落时、摘花断蕾整房时喷药,选用70%甲基硫菌灵可湿性粉剂1 000倍液、75%百菌清可湿性粉剂800倍液、50%咪鲜胺可湿性粉剂1 000~1 500倍液等。

5. 香蕉叶斑病

（1）清除菌源　病菌主要在感病部位上越冬。借风雨传播,可再侵染。应及时剪除基部叶片、清除枯枝落叶并烧毁。

（2）喷药保护　发病初期喷25%丙环唑乳油1 000倍液、45%噻菌灵悬浮剂500倍液等。

6. 香蕉炭疽病

（1）清除菌源　病菌以菌丝体或厚壁孢子在土壤或病组织中越冬。可结合冬春修剪清园,收集病残物烧毁。

（2）喷药保护　病菌借雨水溅射、气流或昆虫传播,伤口侵入,高温高湿发病严重。香蕉断蕾后、新梢叶抽出时喷施50%咪鲜胺锰络合物可湿性粉剂1 500倍液、80%炭疽福美800倍液、50%复方硫菌灵超微可湿性粉剂800倍液等。

二、香蕉害虫

（一）香蕉害虫识别(表8.2.2)

表 8.2.2　香蕉常见害虫识别特征

害虫名称	为害特点	识别特征
香蕉弄蝶(香蕉卷叶虫、焦苞虫)(*Erionota torus* Evans),属鳞翅目弄蝶科	幼虫吐丝卷叶成为叶苞,食害蕉叶	成虫体黑褐色或茶褐色,前翅中部有 3 个黄色斑纹;卵为扁圆形,灰绿色或浅红色,表面有放射状线纹;幼虫体表披白色蜡粉,头大而黑,胴部第 1、2 节细小如颈,中段较粗,各体节具横纹;蛹黄白色,披有白色蜡粉(图 8.2.1)
香蕉交脉蚜(*Pentalonia nigronervosa* Coqueral),属同翅目蚜科	成蚜、若蚜群集于嫩梢、幼叶为害;可传播香蕉束顶病毒病	无翅孤雌蚜体长 0.78~1.6 mm,卵圆形,红褐色至黑色;有翅孤雌蚜体长 1.7~1.8 mm,头、胸黑色,腹部红褐色至黑色,前翅深褐色,翅径分脉与中脉形成 1 个四边形的闭室
香蕉网蝽(*Stephanitis typica* Distant),属半翅目网蝽科	成虫、若虫在叶背吸汁为害,叶背呈褐色小点,叶正面呈花白色斑点	成虫体长 2.1~2.4 mm,黑褐色,前翅膜质,透明,具网纹,后翅狭长,仅达腹末,无网纹;若虫头部黑褐色,复眼紫红色,前胸背板盖及头部,两侧缘稍突出
香蕉黑象甲(*Cosmoplites sordidus* Germar),属鞘翅目象甲科	成虫取食叶片和假茎,幼虫蛀食假茎接近地面的茎部	成虫体黑褐色,有光泽,头额部延伸呈管状,略向下弯;幼虫乳白色,肥大,弯曲无足,体多横皱
香蕉双带象甲(*Odoiporus longicollis* Oliver),属鞘翅目象甲科	初孵幼虫先在外层叶鞘蛀害。后向中心较嫩的组织内取食	成虫与香蕉象甲成虫相似,但体略长大,背面红褐色,前胸背板有 2 条黑色纵带;足的第 3 跗节扩展如扇形(图 8.2.2)

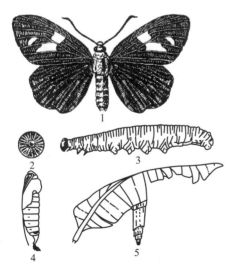

图 8.2.1　香蕉弄蝶
1. 成虫　2. 卵　3. 幼虫
4. 蛹　5. 被害状

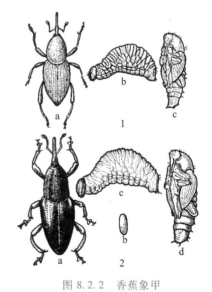

图 8.2.2　香蕉象甲
1. 香蕉黑象甲(a. 成虫　b. 幼虫　c. 蛹)
2. 香蕉双带象甲(a. 成虫　b. 卵　c. 幼虫　d. 蛹)

（二）香蕉害虫发生规律与防治

1. 香蕉弄蝶

（1）人工捕杀　华南地区 1 年发生 4~6
代，幼虫老熟后，在虫苞内化蛹。摘除虫苞，冬
季和春暖前收集残叶并烧毁，杀死其中幼虫和
蛹，以减少虫源。或用捕虫网在清晨或黄昏捕
杀成虫。

议 一 议

防治香蕉弄蝶、为什么要在
幼虫低龄期喷药？

（2）药剂防治　幼虫低龄期喷药防治，用 90% 美曲膦酯 800 倍液喷雾，在药液中加入 0.1%
洗衣粉，以提高防治效果；或用 10% 氯氰菊酯乳油 2 500 倍液、2.5% 溴氰菊酯乳油 2 000 倍液。

2. 香蕉交脉蚜

香蕉交脉蚜全年均可发生，多寄生于蕉株下部，以心叶基部为多，也常聚集在嫩叶荫蔽处为
害，干旱季节发生严重。在蕉蚜初发期或春暖期喷 50% 抗蚜威可湿性粉剂 3 000 倍液、20% 丁硫
克百威乳油 1 500 倍液。

3. 香蕉网蝽

全年均可发生，常群集中、下部背面，多为害老叶。降雨少、天气干旱的年份为害严重。割除
并烧毁受害叶片；在低龄若虫期及时喷药，可选用 80% 敌敌畏乳油或 50% 辛硫磷乳油 1 500 倍
液、2.5% 溴氰菊酯乳油 2 500 倍液等。

4. 香蕉黑象甲和香蕉双带象甲

（1）蕉苗检疫　防止香蕉象甲随同吸芽苗传播。

（2）清除田园　两种象甲在华南 1 年发生 4~5 代，世代重叠，各虫态均可越冬，但以幼虫为
主。要及时清除收获后的残株，消灭茎内的象甲。冬末春初将割除有虫叶鞘，集中烧毁。在产卵
前后，剥除假茎外层枯烂部分，防止成虫产卵为害。

（3）人工捕杀　成虫白天常隐藏在叶鞘内侧或腐烂的叶鞘中，具假死性。可在春暖期去掉
假茎外层，捕捉成虫。

（4）药剂防治　在越冬代幼虫的幼龄期和 1 代低龄幼虫的高峰期防治。可用 3% 丁硫克百
威颗粒剂穴施，每株 20~40 g，或在蕉身上端叶柄内灌注或淋喷 80% 敌敌畏乳油 1 000 倍液、48%
毒死蜱乳油 1 000 倍液等。

三、芒果病害

（一）芒果病害诊断（表 8.2.3）

表 8.2.3　芒果常见病害诊断特征

病害名称	病原	寄主植物及为害部位	为害状
芒果炭疽病	胶孢炭疽菌 [*Clletotrichum gloeosporioidrs* (Penz.) Sacc.]，属真菌界半知菌类炭疽菌属	芒果、龙眼、荔枝、柑橘等花、果、叶和嫩梢	花受害后凋萎枯死；幼果感病皱缩变黑、脱落；果实近成熟时发病，病斑凹陷有裂痕，潮湿时上生粉红色后转为黑色小粒点；成熟期果皮形成粗糙小斑和污斑，多个小斑融合形成大的枯死斑；重病叶皱缩、扭曲

续表

病害名称	病原	寄主植物及为害部位	为害状
芒果白粉病	芒果粉孢霉（*Oidium mangiferae* Berth.），属真菌界半知菌亚门粉孢属	芒果等嫩梢、叶、花穗、幼果	嫩叶感病卷缩扭曲，病部出现分散的白色霉粉状小斑，后融合成大块斑并布满白色霉粉层，霉层下病组织变褐色；花穗受害变黑、枯萎；后期病部生黑色小点
芒果疮痂病	芒果痂圆孢菌（*Sphaceloma mangiferae*），属真菌界半知菌类痂圆孢属	芒果的枝条，叶片和幼果	受害新梢灰色，病斑常相连接，皮层粗糙开裂，重者环绕枝梢致枯死；嫩叶病部产生木栓化略隆起的疮痂斑，常变形扭曲，中央灰白色，其上生小黑粒；幼果病斑灰色至褐色，果皮粗糙、木栓化、开裂
芒果蒂腐病（褐色蒂腐病、黑腐病）	拟茎点菌［*Phomopsis mangiferae* Ahmad］、小穴壳菌［*Dothiorella dominica*］、球二孢菌（*Botryodiplodia theobromae*），均属真菌界半知菌类	芒果的果实、苗木	病果多在近蒂部出现湿腐状褐色至暗褐色病斑，病部果皮皱缩，有汁液外流；或斑面具轮纹；或果皮开裂；病斑迅速扩展，终至全果大部分变深褐色至紫褐色，内部果肉软化腐烂、流汁；潮湿时斑面现小黑粒
芒果流胶病（芒果树脂病）	芒果拟茎点菌（*Phomopsis mangiferae* Ahmad），属真菌界半知菌类拟茎点菌属	芒果、柑橘等枝干、花及幼果	叶片、枝干及果实病斑溃疡状，中部下陷，粗糙，流出白色后为褐色的树胶，病重时皮层、韧皮部及木质部变黑坏死；花梗受害发生纵裂缝；受害幼果果皮及果肉腐烂，渗出黏稠的汁液
芒果煤烟病	芒果煤烟病（*Capnodium mangiferae*，*Meliola mangiferae*），属真菌界子囊菌亚门煤炱属、小煤炱属	芒果、茶、山茶等叶片、果实	叶片和果面出现黑色霉层，叶片、果面被霉层所覆盖
芒果细菌性角斑病（细菌性黑斑病）	油菜黄单胞菌芒果致病变种［*Xanthomonas campestriz* pv. *mangiferaeindicae*（Patel et al.）Dyo.］，属原核生物界薄壁菌门黄单胞菌属	芒果的叶片、枝条、幼果	叶片病斑初呈水渍状斑，后扩展为褐色至黑色的多角形病斑，周围有黄晕；嫩茎感病后期褪绿，裂缝流胶形成黑斑；幼果染病现不规则暗绿色水渍状斑，潮湿时病部有菌脓溢出

（二）芒果病害发生规律与防治

1. 芒果炭疽病

（1）选用抗病品种　注意选用抗病力强的优良品种。

（2）冬季清园　病菌主要以分生孢子在病部越冬，通过风雨传播，进行初侵染和再侵染。清除病枝、病叶和病果集中烧毁，可减少病菌侵染来源。

（3）保护新梢　幼嫩组织较易感病，在新梢萌芽期和抽梢时各喷药1次；保护果实应在盛蕾期、始花期和幼果期各喷 1 次药,幼果喷药后套袋防止果实感病。可选用 25% 咪鲜胺乳油 800 倍液、75% 百菌清可湿性粉剂+70% 甲基硫菌灵可湿性粉剂(1∶1)1 000 倍液等。

(4)采果后处理　贮藏运输前用 25% 咪鲜胺乳油 800 倍液浸泡 10 min,晾干后包装待储运。

芒果白粉病
的防治

2. 芒果白粉病

(1)冬季清园　病菌以菌丝体在老叶片及枝条上越冬。要剪除病梢病叶,清除园内杂草和枯枝落叶。

(2)药剂防治　在新梢期、盛蕾期、始花期和幼果期各喷药 1 次。可选用 50% 硫悬浮剂 300 倍液、20% 三唑酮乳油 1 500 倍液、25% 腈菌唑乳油 5 000 倍液等。

3. 芒果疮痂病

病菌产生的孢子通过风雨或昆虫传播,可再侵染。应结合修剪,清除病枝叶集中烧毁;在抽梢期及果实膨大期交替喷洒 70% 代森锰锌可湿性粉剂 700 倍液、75% 百菌清可湿性粉剂 900 倍液、30% 氧氯化铜+70% 甲基硫菌灵(1∶1)1 000 倍液或 40% 多硫胶悬浮剂 600 倍液等。

4. 芒果蒂腐病

(1)清洁田园　以菌丝体及分生孢子器在病株和病残体上越冬。应及时清除枯枝病叶及地面上的枯枝、落果并烧毁。

(2)药剂防治　芒果蒂腐病是田间侵染、采后发病的病害,喷药防治应在新梢期、花穗期及幼果期。有效药剂有 1∶1∶160 波尔多液、70% 甲基硫菌灵可湿性粉剂 800 倍液和 75% 百菌清可湿性粉剂 600 倍液等。

(3)采后处理　采后果实防腐处理,用药参考炭疽病的防治。

5. 芒果流胶病

高温高湿和荫蔽的环境条件有利于本病发生流行,受天牛为害植株发病较重。要加强栽培管理,剪除病枝,清理果园,减少伤口。刮除茎部病斑,或在病枝条病部下 20~30 cm 处剪除,用波尔多液或 5% 菌毒清水剂 30~50 倍液或 30% 氧氯化铜原液涂抹伤口,定期喷洒 10% 苯醚甲环唑水分散剂 2 500 倍液。

6. 芒果煤烟病

防治参照柑橘煤烟病。

7. 芒果细菌性黑斑病

(1)清除病残体　初侵染源来自带病种苗及田间越冬的病残体。发病季节注意剪除病枝、病叶,收果后剪除病枝叶并烧毁。

(2)喷药防治　传播媒介主要是台风暴雨,在台风暴雨前后喷药,用 20% 噻枯唑可湿性粉剂 500 倍液、10% 农用链霉素可湿性粉剂 1 500 倍液等。

四、芒果害虫

(一)芒果害虫识别(表 8.2.4)

表 8.2.4　芒果常见害虫识别特征

害虫名称	为害特点	识别特征
芒果横线尾夜蛾（芒果尾夜蛾）（*Chlumetia transversa* Walker），属鳞翅目夜蛾科	幼虫为害嫩梢、嫩叶和花穗；被害梢生长衰弱或枯死，花蕾被害致枯蕾、脱落	成虫体黑褐色，胸、腹交接处有 1 条白条"∧"形纹，前翅茶褐色，有许多横线，后翅灰褐色，近臀角处有 1 条白色短纹，外缘黑色；老熟幼虫胸腹部青色带紫红色，各体节有浅绿色斑块（图 8.2.3）
芒果扁喙叶蝉（芒果片角叶蝉、芒果短头叶蝉）（*Idioscopus incertus* Baker），属同翅目叶蝉科	成虫和若虫吸食嫩梢、嫩叶、花穗和幼果汁液，嫩梢、花梗枯萎；嫩叶扭曲萎缩。易诱致煤烟病发生	成虫体长盾形，较宽短，头短而宽，前翅绿褐色、革质、具斑纹，后足胫节有两列细刺、善跳；卵长椭圆形，初为无色透明，渐变土黄色；老熟若虫黄绿色似成虫，具翅芽（图 8.2.4）
芒果切叶象甲（*Doporaus marginatus*），属鞘翅目象甲科	成虫取食嫩叶上表皮和叶肉，致叶片枯死	成虫体长 4~5 mm，头和前胸橘黄色，鞘翅黄白色，周缘黑色，肩部及端部黑色带较宽，腹末 1~2 节露出鞘翅之外；幼虫体长 5~6.5 mm，腹部无足，体节多具皱纹，腹部各节两侧各具 1 对肉刺
芒果果实象甲（*Sternochetus olivieri* Faust），属鞘翅目象甲科	幼虫蛀食果仁和果肉	成虫体长 7~7.3 mm，黑褐色，喙较粗短，微弯，常藏于腹面，触角膝状，第 1 节最长，端部 3 节膨大，鞘翅部有 1 个较为宽的黄褐色带状斑，鞘翅的斜带较宽，小盾片圆形，黄白色
芒果果肉象甲（*Sternochetus frigidus* Fabricius），属鞘翅目象甲科	幼虫蛀食果肉，果内充满虫粪	成虫体长 5.5~6 mm，深褐色，喙微弯呈赤褐色，常嵌入前胸腹板的纵沟中，鞘翅的前端淡褐色斜带狭窄，从肩部伸达第 3 节间处，密布橘黄色条规则的纵沟，小盾片圆形，体表长白色细毛
芒果果核象甲（*Curculio* sp.），属鞘翅目象甲科	幼虫蛀害果核，致幼果脱落	成虫体长 6~7 mm，体棕褐色；喙光滑，长 3~4 mm，呈枣红色；雄虫喙长短于体长；雌虫喙长近于体长；鞘翅近端部 1/3 处有由灰白色鳞片组成的对称带状斑纹各 1 条；小盾片细小，似针头状小白点
芒果叶瘿蚊（*Erosomyia mangiferae* Felt.），属双翅目瘿蚊科	幼虫潜食叶肉，形成近圆形、边缘呈角状突起的褐色小斑，中央具 1 白点	成虫体长 1~1.2 mm，草黄色；幼虫蛆形，黄色，末龄幼虫长约 2 mm
脊胸天牛（芒果天牛）（*Rhytidodera bowringii* White），属鞘翅目天牛科	幼虫由上向下蛀食枝干，使枝条干枯，易风折，重则整株死亡	成虫体长 23.6~35.4 mm，栗色至栗黑色，前胸前端窄于后端，背板两侧圆，前后端具横脊，中区有纵脊 19 条，翅面粗糙，密布刻点，由灰白短毛和金黄色毛组成长条斑纹，排列呈断续的 5 条纵行；幼虫淡黄白色，圆筒形，前缘有断续条纹

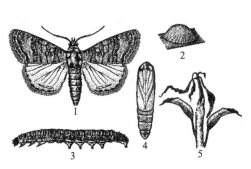

图 8.2.3　芒果横线尾夜蛾
1. 成虫　2. 卵　3. 幼虫
4. 蛹　5. 被害嫩梢

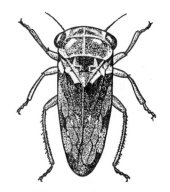

图 8.2.4　芒果扁喙
叶蝉成虫

（二）芒果害虫发生规律与防治

1. 芒果横线尾夜蛾

（1）消灭虫蛹　老熟幼虫在芒果树枝干缝隙、残桩腐木及树头周围疏松的表土中化蛹。树干涂刷 3∶10 的石灰水，清除果园的枯枝、朽木，刮除粗皮，以造成不利于化蛹的环境。在树干上捆扎稻草，诱使幼虫在其上化蛹，集中烧毁。

（2）药剂防治　初孵幼虫一般先蛀食嫩叶的主脉或叶柄，3 龄后钻入嫩梢或花穗为害。在幼虫低龄期或嫩梢 3~5 cm，花蕾未开放前，用 80% 敌敌畏乳油 + 40% 乐果乳油 2 000 倍液、2.5% 溴氰菊酯乳油、10% 氯氰菊酯乳油或氰戊菊酯乳油 3 000 倍液等喷雾防治。

2. 芒果扁喙叶蝉

（1）选用抗虫品种　一般早中熟品种受害比迟熟品种严重。

（2）品种合理布局　嫩梢期是成虫产卵和若虫发生期，芒果园嫩梢发育不整齐，有利于芒果扁喙叶蝉的发生。要避免物候期不一的品种或品系在同一园内混种导致嫩梢发育不整齐。

（3）药剂防治　芒果扁喙叶蝉在华南 1 年发生 8~13 代，世代重叠，春、夏、秋梢均可受害。盛蕾期、幼果期及秋梢期的若虫盛发期是药剂防治适期。可选用 50% 异丙威乳油 1 000 倍液、20% 速灭威可湿性粉剂 8 000 倍液、10% 顺式氯氰菊酯乳油 3 000 倍液等喷雾。

3. 芒果切叶象甲

（1）消灭虫卵　芒果切叶象甲以幼虫在土壤中越冬，春季化蛹后羽化出土，成虫取食嫩叶并在其上产卵，随后咬断叶片，卵随叶片落地，幼虫孵出后潜食叶肉。要及时收集被咬断落地的芒果嫩叶并晒干烧毁，消灭虫卵和幼虫。

（2）药剂防治　芒果梢长 3~5 cm 至叶色转绿前喷药，用乐果与美曲膦酯混合液（1∶1∶1 000）、2.5% 溴氰菊酯乳油 4 000 倍液喷洒树冠。

4. 芒果果实象甲、果肉象甲和果核象甲

（1）加强检疫　芒果果肉象甲是进口植物检疫对象，芒果果核象甲是国内检疫对象。在引进或调出种子、苗木或无性繁殖材料时，应实行检疫。

（2）消灭越冬虫源　3 种象甲均 1 年发生 1 代，芒果果肉象甲冬季低温时成虫藏于枝叶、树皮隙缝和孔洞中，芒果果核象甲以成虫在土中越冬。冬季整枝修剪，清除枯枝落叶，涂白堵塞树干缝隙、孔洞,清除园内杂草和翻耕土地,拾捡果核、落果、烂果。

（3）药剂防治　在谢花后 30~45 d 内,用 2.5%溴氰菊酯乳油 4 000 倍液、20%氰戊菊酯乳油 3 000 倍液喷雾,防止蛀果。

5. 芒果叶瘿蚊

在广西南宁 1 年发生 15 代。以幼虫入土 3~5 cm 化蛹越冬。翌年 4 月羽化出土交尾,产卵于嫩叶上,幼虫咬破嫩叶表皮潜入叶肉取食。加强栽培管理,注意树冠修剪,以保持园内树冠充分通风透光。冬前及时清园,适当松土,以铲除瘿蚊滋生、繁殖或化蛹的场所。新梢嫩叶抽出时喷药杀虫,药剂选用参见香蕉网蝽。

6. 脊胸天牛

（1）人工捕捉成虫　5—6 月成虫盛发期人工捕捉。

（2）钩杀幼虫　被害枝条上每隔一定距离有一个呼吸排粪孔,虫粪混着黑色黏稠液体由排粪孔排出,特征明显。从 7 月起,发现虫枝即从最下方排粪孔下 15 cm 处剪锯除虫害枝。也可在幼虫为害期,用铁丝捅刺、钩杀幼虫。

（3）毒杀幼虫　用 80%敌敌畏乳油 5~10 倍液注射虫孔内,或将半片磷化铝用镊子注入蛀孔内,并立即用黄泥封口。

五、菠萝病害

（一）菠萝病害诊断（表 8.2.5）

表 8.2.5　菠萝常见病害诊断特征

病害名称	病原	寄主植物及为害部位	为害状
菠萝黑腐病（软腐病、果心病）	奇异根串株霉菌［Thielauiopsis paradoxa（De Seynes）Scorch］,属真菌界半知菌类串珠霉属	菠萝、香蕉、芒果等果实、幼苗	被害果面出现水渍状斑,扩大后成黑色大斑块;果肉变黑腐烂并有发酵臭味;幼苗受害引起苗腐,叶片由外向内逐渐枯黄;侵害嫩叶基部引起心腐
菠萝苗疫霉心腐病	烟草疫霉菌（Phytophthora nicotianae Breda de Haan）,属假菌界卵菌门疫霉属	菠萝心叶	被害叶色暗,病斑浅褐色,水浸状,病、健交界处深褐色,呈波浪形带;茎、叶幼嫩部分受害,心部软腐,病组织上分布白色霉层
菠萝拟盘多毛孢叶斑病	菠萝拟盘多毛孢菌（Pestalotiopsis spp.）,属真菌界半知菌类拟盘多毛孢属	菠萝、枇杷等果树叶片	病斑长圆形,中央淡褐色,微凹陷,斑边深褐色;表皮下埋生黑色分生孢子盘或外露

（二）菠萝病害发生规律与防治

1. 菠萝黑腐病

（1）避免伤口侵入　病菌借雨水溅射、气流或昆虫传播,从伤口侵入。忌在雨天收果,收获、运输及贮藏期间,避免造成机械伤。种苗须阴干 2~3 d,失去一部分水分,切口产生木栓组

议　一　议

哪些原因能引起菠萝黑腐病发生?

织后定植。

（2）加强栽培管理　果园排灌不良，易引致苗腐；雨天除冠芽，病菌易从伤口侵入；摘除冠芽过迟，伤口大难愈合，果实受害机会多。冬季低温霜冻的植株与果实也易发病。

（3）药剂防治　用50%多菌灵可湿性粉剂、45%噻菌灵胶悬剂1 000倍液喷或涂抹降雨或打顶除芽后形成的伤口，防止病菌侵染。

2. 菠萝苗疫霉心腐病

（1）避免植株创伤　病菌主要从菠萝根颈处幼嫩部或伤口侵入，借雨水溅射和流水传播。中耕除草时，应避免损伤叶片基部。

（2）清除病残　发现病苗及时挖除，并在病穴撒石灰消毒。

（3）药剂防治　发病初期喷洒72%霜脲锰锌可湿性粉剂600倍液、69%烯酰吗啉·锰锌可湿性粉剂800倍液。

3. 菠萝拟盘多毛孢叶斑病

病菌主要在感病部位上越冬，借风雨传播，可再侵染。加强栽培管理，及时剪除基部叶片，清除枯枝落叶并烧毁。发病初期及时喷药，用药参照香蕉叶斑病。

六、菠萝害虫

（一）菠萝害虫识别（表8.2.6）

表8.2.6　菠萝常见害虫识别特征

害虫名称	寄主植物	为害特点	识别特征
菠萝粉蚧（凤梨粉蚧）（*Dysmicoccus brevipes* White），属同翅目粉蚧科	菠萝	以若虫和雌成虫吸食汁液；易诱致煤烟病	雌成虫为扁圆形，体多为桃红色，体表覆盖白色蜡粉，虫体周边有17对蜡丝；雄虫体微小，黄褐色，腹端有蜡丝1对。卵椭圆形，相聚成块，上混杂以白色絮状蜡质物（图8.2.5）
独角犀（独角仙、吱喳虫）（*Xylotrupes gideon* Linne），属鞘翅目金龟子科	菠萝、荔枝、龙眼、桃等	成虫群集咬食菠萝果实	成虫体长30～45 mm；雄虫头部额顶有1粗大角状突起物，上翘，向后弯，末端分叉，前胸背板上有长角状突起；雌虫头胸部无角状突起物；幼虫圆筒形，常弯曲，黄白色，全体有横皱，密生短细毛

（二）菠萝害虫发生规律与防治

1. 菠萝粉蚧

（1）选择无虫种苗　菠萝粉蚧远距离传播主要靠种苗。应选择无虫种苗，防止粉蚧通过苗木、果实传入新种植区。

（2）种苗处理　定植前可用80%敌敌畏乳油1 000倍液或40%乐果乳油600～800倍喷湿种苗基部和叶片，喷后盖薄膜，密闭24 h，熏杀种苗内害虫，或10%吡虫啉可湿性粉剂1 000～1 500倍液浸苗基部10 min。

（3）药剂喷洒和灌心　夏季用松脂合剂20倍液，冬季用10倍液或40%乐果乳油600～800倍液淋株苑。

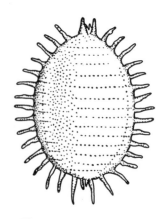

图8.2.5　菠萝粉蚧雌虫

2. 独角犀

（1）消灭幼虫和蛹　独角犀在广西1年发生1代，以幼虫在堆肥或有机质多的土壤中越冬。用肥时发现幼虫和蛹，应及时消灭。

（2）捕杀成虫　成虫初在土壤中栖息，晚上爬出地面活动，常群集咬食菠萝果实。根据该虫习性，可在成虫羽化盛期人工捕捉。

任务工单8-3　香蕉、芒果和菠萝常见病害诊断与防治

一、目的要求

了解当地香蕉、芒果和菠萝常见病害及其发生为害情况，区别香蕉、芒果和菠萝主要病害的症状特点及病原菌形态，设计香蕉、芒果和菠萝病害无公害防治方法。

二、材料、用具和药品

学校实训基地、农业企业或农村专业户香蕉、芒果和菠萝园，多媒体教学设备，香蕉、芒果和菠萝病害标本，观察病原物的器具与药品，常用杀菌剂及其施用设备等。

三、内容和方法

1. 香蕉、芒果和菠萝常见病害症状和病原菌形态观察

观察香蕉枯萎病、束顶病、花叶心腐病、黑星病、叶斑病和炭疽病，芒果炭疽病、白粉病、疮痂病、蒂腐病、流胶病、煤烟病和细菌性黑斑病，菠萝黑腐病、苗疫霉心腐病和拟盘多毛孢叶斑病的分布特点、发病部位、症状表现（病部形状、质地、颜色、表面特征等）和病原特征，辨别并判断病原类型及病害种类。

2. 香蕉、芒果和菠萝重要病害预测

根据气象条件、栽培条件和当地主要香蕉、芒果和菠萝品种生长发育状况，分析并预测1~2种重要香蕉、芒果和菠萝病害的发生趋势。

3. 香蕉、芒果和菠萝主要病害防治

（1）调查了解当地香蕉、芒果和菠萝主要病害的发生为害情况及其防治技术和经验。

（2）根据香蕉、芒果和菠萝主要病害的发生规律，结合当地生产实际，提出2~3种香蕉、芒果和菠萝病害防治的建议和方法。

（3）配制并使用2~3种常用杀菌剂防治当地香蕉、芒果和菠萝主要病害，调查防治效果。

四、作业

1. 记录所观察香蕉、芒果和菠萝枝干、叶部、花和果实病害典型症状表现和为害情况。
2. 绘常见香蕉、芒果和菠萝病害的病原菌形态图，并注明各部位名称。
3. 预测重要香蕉、芒果和菠萝病害的发生趋势并说明依据。
4. 评价当地香蕉、芒果和菠萝主要病害的防治措施。
5. 提出香蕉、芒果和菠萝主要病害无公害防治建议和方法。
6. 记录香蕉、芒果和菠萝常用杀菌剂的配制、使用方法和防治效果。

五、思考题

怎样区别香蕉束顶病与花叶心腐病、香蕉灰纹病与褐缘灰斑病、芒果炭疽病与蒂腐病的症状？

任务工单 8-4　香蕉、芒果和菠萝常见害虫识别与防治

一、目的要求

了解当地香蕉、芒果和菠萝常见害虫及其发生为害情况,识别香蕉、芒果和菠萝主要害虫的形态特征及为害特点,熟悉香蕉、芒果和菠萝重要害虫预测方法,设计香蕉、芒果和菠萝害虫无公害防治方法。

二、材料、用具和药品

学校实训基地、农业企业或农村专业户香蕉、芒果和菠萝园,多媒体教学设备,香蕉、芒果和菠萝害虫及其为害状标本,放大镜、挑针、镊子及培养皿,常用杀虫剂及其施用设备等。

三、内容和方法

1. 香蕉、芒果和菠萝常见害虫形态和为害特征观察

观察香蕉弄蝶、香蕉交脉蚜、香蕉网蝽、香蕉黑象甲、香蕉双带象甲、芒果横线尾夜蛾、芒果扁喙叶蝉、芒果切叶象甲、芒果果实象甲、芒果果核象甲、芒果叶瘿蚊、脊胸天牛、菠萝粉蚧、独角犀的成虫大小、翅的颜色及斑纹形状,幼虫体色、体形等特征,为害部位与为害特点。

2. 香蕉、芒果和菠萝害虫预测

选择 1~2 种香蕉、芒果和菠萝主要害虫,结合梢期、花蕾期、幼果期进行发生期的调查,预测害虫喷药的关键时期。

3. 香蕉、芒果和菠萝主要害虫防治

(1) 调查了解当地香蕉、芒果和菠萝主要害虫发生为害情况及其防治措施和经验。

(2) 选择 2~3 种香蕉、芒果和菠萝主要害虫,提出符合当地生产实际的防治建议和方法。

(3) 配制并使用 2~3 种常用杀虫剂防治当地香蕉、芒果和菠萝主要害虫,调查防治效果。

四、作业

1. 记录所观察香蕉、芒果和菠萝常见害虫的形态特征、为害部位与为害特点。

2. 绘常见香蕉、芒果和菠萝害虫形态特征简图。

3. 记录香蕉、芒果和菠萝害虫预测的方法与结果。

4. 评价当地香蕉、芒果和菠萝主要害虫的防治措施。

5. 提出香蕉、芒果和菠萝主要害虫无公害防治建议和方法。

6. 记录香蕉、芒果和菠萝常用杀虫剂的配制、使用方法和防治效果。

五、思考题

1. 香蕉黑象甲和香蕉双带象甲的成虫形态特征、幼虫为害部位有何不同?

2. 如何区别香蕉交脉蚜和香蕉网蝽形态及为害状?

任务三　荔枝、龙眼和枇杷病虫害

一、荔枝、龙眼病害

(一) 荔枝、龙眼病害诊断(表 8.3.1)

表 8.3.1　荔枝、龙眼常见病害诊断特征

病害名称	病原	寄主植物及为害部位	为害状
荔枝、龙眼鬼帚病（丛枝病）	龙眼鬼帚病毒（Longan witches broom virus，LWBV）	龙眼、荔枝的嫩梢、花穗	感病嫩叶狭小，淡绿色，叶缘卷曲，不能展开，呈线状扭曲；成长叶片卷曲皱缩。感病严重时新梢丛生，节间短缩，病叶脱落后呈扫帚状。发病花穗丛生、簇状，花畸形（图 8.3.1）
荔枝霜疫霉病（荔枝霜霉病）	荔枝霜疫霉菌（Peronophythora litchii Chen ex Ko et al.），属假菌界卵菌门霜疫霉属	荔枝、番木瓜花穗和近成熟果实	花穗受害初淡黄色，渐变褐腐烂；幼果受害变褐干枯脱落，成熟果受害从果蒂开始出现褐色不规则病斑，扩展后全果变黑，果肉腐烂，有酒味和酸味；后期病斑表面生白色霜霉状物（图 8.3.2）
荔枝、龙眼酸腐病	荔枝、龙眼白地霉酸腐菌（Geotrichum candidum Link.）和节卵孢菌（Oospora sp.），属真菌界半知菌门地霉属和卵孢菌属	荔枝、龙眼果实	多自果蒂或虫伤口处出现褐色至暗褐色近圆形至不定形病斑，逐渐全果变褐腐烂，果肉腐败酸臭，果面长满白色霉层
荔枝、龙眼炭疽病	荔枝、龙眼胶孢炭疽病（Colletotrichum gloeosporioides Penz.），属真菌界半知菌门炭疽菌属	荔枝、龙眼等花穗、果实、叶和枝梢	花穗染病变褐干枯；果实病斑褐色，近圆形或不规则形，湿度大时出现粉红色针头大液点；叶片病斑多始自叶尖或叶缘，灰褐色，斑面云纹明显
荔枝、龙眼叶斑病	盘多毛孢（Pestalozzia sp.）、叶点菌（Phyllosticta dimocarpi）、壳二孢（Ascochyta longan），均属真菌界半知菌门	荔枝、龙眼的叶片	灰斑病：病斑初期赤褐色，后呈灰白色，叶片两面散生黑色粒点；灰枯病：病斑灰白色，有明显褐色边缘，上生黑色小粒点，叶背灰褐色，有时病斑周围有黄色圈；褐斑病：叶面病斑中央灰白色，边缘褐色，叶背病斑淡褐色，其上生小黑粒

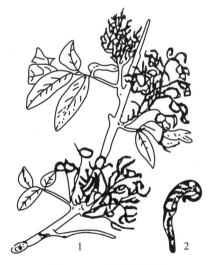

图 8.3.1　龙眼鬼帚病
1. 病枝　2. 病叶

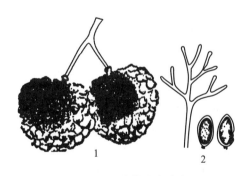

图 8.3.2　荔枝霜疫霉病
1. 病果　2. 病原菌

（二）荔枝、龙眼病害发生规律与防治

1. 荔枝、龙眼鬼帚病

（1）严格检疫　龙眼种子、接穗和花粉均可带毒，在调运种苗、接穗时，要严格检查，防止病害传入无病区或新果园。

（2）培育无病苗木　用品质优良的无病母本树种子或接穗育苗。

（3）加强栽培管理　注意适时施肥，促使树体健壮，提高抗病力。发现植株发病，要及早砍除烧毁。

（4）治虫防病　荔枝蝽和龙眼角颊木虱是病害扩展、蔓延的自然传播介体。及时防治传毒害虫，可减少病毒传播机会。

2. 荔枝霜疫霉病

（1）减少初侵染源　采果后将地面落叶、落果集中烧毁，然后全园喷 0.3~0.5 波美度石硫合剂或 90% 三乙膦酸铝可溶性粉剂 600 倍液。

（2）降低果园湿度　采果后剪除荫枝、枯枝、病虫枝，使树冠通风透光。

（3）药剂防治　3—4 月间阴雨连绵有利于该病的发生与流行，春梢期和花蕾期各喷 1 次药，坐果后从幼果期开始，每隔 15 d 喷 1 次，连喷 3~4 次。果园一般于花蕾期、幼果期和果实成熟前 15~20 d 喷药。药剂可用 90% 三乙膦酸铝可溶性粉剂 500 倍液、50% 甲霜灵可湿性粉剂 1 000 倍液、70% 氢氧化铜悬浮剂 800 倍液等。

资 料 卡

荔枝开花时常遇低温阴雨，湿度大，易感染霜疫霉病。长花穗上吸附的水分多，不易干燥，会加重病害的发生。在花穗长度 15~20 cm 时进行短截，主花穗短截 1/2，侧花穗短截 1/3，减少花量和花穗积水，能有效减轻荔枝霜疫霉病的发生。

3. 荔枝、龙眼酸腐病

（1）果实成熟前防虫、杀虫　果实伤口多有利发病。果实近成熟期，要注意防治荔枝蝽及果蒂蛀虫，采收时尽量避免果实损伤，储运前剔除病果，以防接触传染。

（2）药剂保护果实　病菌为土壤习居菌，分生孢子靠气流或雨水溅射传播。采果前 15 d 喷 25% 咪鲜胺乳油 600 倍液。果实采后用 25% 咪鲜胺乳油 600 倍液或 75% 抑霉唑 700 倍液浸果。

4. 荔枝、龙眼炭疽病

（1）清除越冬菌源　病菌在病部或随病残体越冬，冬春季进行清园减少病原菌。

（2）加强栽培管理　管理粗放、偏施氮肥或土壤浅薄易诱发本病。加强管理，可提高植株抗病性。

（3）喷药保护　病菌借风雨或昆虫传播，从伤口侵入。高温多湿连续降雨有利于病害发生。近成熟果实易感病。防治害虫，避免产生伤口。幼树梢期喷药，结果树于花穗期、幼果期和果实近成熟期喷药。选用 1∶1∶200 倍波尔多液、75% 百菌清可湿性粉剂 1 000 倍液、25% 腈菌唑悬浮剂 1 000 倍液等,每 7~10 d 喷 1 次,连喷 2~3 次。

5. 荔枝、龙眼叶斑病

(1)清洁田园　病菌以分生孢子器(盘)、分生孢子或菌丝体在病叶上或落叶上越冬。清除枯枝落叶并烧毁或深埋,以减少菌源。

(2)药剂防治　发病初期喷 0.5%波尔多液、70%代森锰锌可湿性粉剂 600 倍液、25%腈菌唑乳油 6 000 倍液等,连续喷药 2~3 次,每次间隔 10~15 d。

二、荔枝、龙眼花和果实害虫

(一)荔枝、龙眼花和果实害虫识别(表 8.3.2)

表 8.3.2　荔枝、龙眼常见花和果实害虫识别特征

害虫名称	寄主植物	为害特点	识别特征
荔枝蝽(臭屁虫)(*Tessaratoma papillsa* Drury),属半翅目蝽科	荔枝、龙眼	成虫和若虫刺吸嫩梢、花穗、幼果汁液;被害处变褐色,导致花、果脱落和叶片枯萎;可传播荔枝、龙眼鬼帚病	雌成虫体盾形,棕黄褐色,头短,三角形,前翅革质部分黄色具光泽;雄成虫体较雌成虫小,黄褐色,腹面被白色蜡粉;卵圆球形,淡绿色,常 14 粒聚成卵块;末龄若虫体长 18~20 mm,近长方形、橙红色,具翅芽,近羽化时被白色蜡粉(图 8.3.3)
荔枝、龙眼蒂蛀虫(*Conopomorpha sinensis* Bradly),属鳞翅目细蛾科	荔枝、龙眼	幼虫蛀食为害,引致落果和造成"粪果",嫩梢及花穗干枯,新叶中脉变褐、破裂	成虫体长 4~5 mm,灰黑色,前翅有两条弯曲的白纹,静止时,前翅并拢象背,白纹相接呈"爻"字纹;幼虫乳白色,扁圆筒形,蛹纺锤形,蛹体头部有尖锐突起(图 8.3.4)
荔枝、龙眼小灰蝶(*Deudorix epijarbas* Moore),属鳞翅目灰蝶科	荔枝、龙眼	以幼虫蛀食幼果果核	雄虫体长 12 mm,前后翅红色,外缘处黑褐色;雌虫前后翅灰褐色,后翅后缘灰白色,后翅臀角处有 1 黑色蒂状突起或尾状突;幼虫体长 16 mm,头小,缩入胸部,后胸及腹部第 1、2、6 节背面灰黑色
黑点褐卷叶蛾(荔枝异形小卷蛾)(*Cryptophledia ombrodelta* Lower),属鳞翅目小卷蛾科	荔枝、杨桃、阿勃勒、合欢等	初孵幼虫咬食果皮,2 龄后蛀入果核;蛀入孔常附有虫粪及丝状物,还可蛀食新梢	成虫体长 6.5~7.5 mm,深褐色,前翅黑褐色;雌虫前翅后缘臀角上方有 1 个黑斑,黑点外围镶有灰白色边带;雄虫前翅后缘深褐色纵带;幼虫头部及前胸背板褐色;老熟幼虫腹部背面粉红色
褐带长卷叶蛾(柑橘长卷蛾)(*Homona caffearia* Nietner),属鳞翅目卷叶蛾科	荔枝、龙眼、柑橘、枇杷、银杏等	以幼虫咬食花、果,蛀食幼果	雌成虫体长 8~10 mm,雄虫体较小;前翅暗褐色,翅基部有黑褐色斑纹,前缘中央的深褐色宽带斜向伸至后缘中部,顶角黑褐色,雄蛾前翅肩部边上卷折明显;幼虫体长 20~23 mm,体黄绿色,头部与前胸背板黑褐色
拟小黄卷叶蛾(柑橘褐带卷蛾)(*Adorophyes cyrtosema* Meyrick),属鳞翅目卷叶蛾科	荔枝、龙眼、柑橘及豆科、菊科等	以幼虫吐丝卷叶为害,虫苞比褐带长卷叶蛾小,并取食花穗和蛀食幼果	成虫体长 6~8 mm,体、翅黄色至黄褐色;前翅有褐色条斑,前翅前缘 2/3 处有直达臀角的斜纹,翅顶内侧有 1 浓黑的三角形斑块;幼虫体黄绿色,除 1 龄头部黑色外,其余各龄头部为黄色

续表

害虫名称	寄主植物	为害特点	识别特征
圆角卷叶蛾(*Eboda celleri-gera* Meyrick),属鳞翅目卷叶蛾科	荔枝、龙眼	幼虫为害叶表皮残留红褐色枯斑,吐丝将小穗梗或小叶缀成"虫苞"并潜入其中取食	成虫体长5~6 mm,前翅顶角圆形,翅色明显分成2段,前翅外缘有6~7个金黄色小斑;幼虫头及胸部黄绿色,老熟幼虫胸部背中线两侧各有1条红色纵带

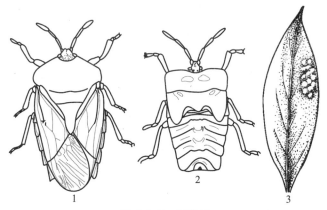

图 8.3.3　荔枝蝽
1. 成虫　2. 若虫　3. 卵

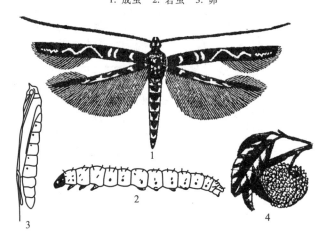

图 8.3.4　荔枝蒂蛀虫
1. 成虫　2. 幼虫　3. 蛹　4. 被害状

（二）荔枝、龙眼花和果实害虫发生规律与防治

1. 荔枝蝽

（1）人工捕杀　荔枝蝽1年发生1代,以成虫在茂密叶丛的叶背或树洞、石隙等处越冬。当温度在10 ℃以下时,多不活动,突然振动树枝,即行坠落。可在冬季摇动树枝,使成虫坠地集中捕杀。在4—5月成虫产卵盛期可摘除卵块。

荔枝蝽的防治

（2）药剂防治　春季气温达 16 ℃ 左右时,越冬成虫开始在树梢、花穗上取食、交配、产卵。5 月上旬前,大部分若虫处于 3 龄以下,是药剂防治适期。可选用 2.5% 溴氰菊酯乳油 3 000 倍液、52.25% 毒死蜱+氯氰菊酯乳油 1 500 倍液喷雾。

（3）生物防治　早春荔枝蝽产卵时释放平腹小蜂,每隔 10 d 放 1 次,共放 3 次,放蜂量根据荔枝蝽种群数量、植株大小而定。

2. 荔枝、龙眼蒂蛀虫

（1）控梢栽培　荔枝、龙眼蒂蛀虫 1 年发生 6~12 代,以幼虫在荔枝冬梢和早熟品种花穗近顶端越冬。应在果实采收前后,施足肥料,放秋梢,控制冬梢,减少越冬虫源。

（2）清除落叶落果　成虫卵散产于果蒂附近或嫩叶的叶腋间,孵化后幼虫蛀食果蒂基部造成幼果脱落。幼虫为害嫩梢在叶背附近尖端的主脉蛀入,引起枯梢落叶。幼虫老熟后,从蛀

比一比
荔枝、龙眼蒂蛀虫蛀害嫩梢、叶与蛀果有何不同?

孔爬出,吐丝下垂或爬到下层老叶或杂草上,吐丝结茧化蛹。5—7月应及时扫除落果落叶,铲除杂草烧毁,冬季剪除被害叶片。

（3）药剂防治　在夏、秋梢期卵量明显上升时,第 2 次生理落果高峰后成虫羽化盛期(羽化率为 40%~80%),采果前 40 d 左右卵果率达 1% 以上时,即应进行喷药防治。或当果实膨大和果皮开始转色期结合虫情进行喷药,隔 7 d 喷 1 次,连喷 2 次;采果前 12~15 d 喷 1 次。药剂种类:25% 杀虫双水剂 500 倍液、25% 溴氰菊酯 4 000 倍液、2.5% 氯氟氰菊酯乳油 2 500 倍液等。

3. 荔枝、龙眼小灰蝶

（1）及时摘除虫果、穗　荔枝、龙眼小灰蝶在华南 1 年发生 3~4 代,以幼虫在树干表皮裂缝或洞穴内越冬。1 代幼虫主要为害荔枝幼果,2、3 代转害龙眼果实。幼虫由果实中部或肩部蛀入,蛀食果核,夜出转果为害,被害果不脱落。发现被害花穗、幼果及时摘除,可减低虫口数量。

（2）药剂防治　在荔枝早熟品种第 2 次生理落果高峰后和龙眼幼果果肉开始形成至果肉包满果核前酌情喷药 1~2 次;成虫羽化前在树干裂缝处喷药,羽化始盛期喷树冠。可选用 25% 杀虫双水剂 400 倍液、80% 敌敌畏乳油 1 000 倍液、10% 顺式氯氰菊酯乳油 5 000 倍液等。

4. 黑点褐卷叶蛾、褐带长卷叶蛾、拟小黄卷叶蛾和圆角卷叶蛾

（1）黑点褐卷叶蛾、褐带长卷叶蛾、拟小黄卷叶蛾和圆角卷叶蛾多以幼虫在卷叶内或附近杂草中越冬。冬季修剪病虫害枝叶,扫除枯枝落叶,铲除园内杂草,可减少越冬虫口基数。

（2）人工捕杀　发现有卷叶虫苞、花穗和幼果为害及卵块时加以捕杀。落地果中有幼虫存在,应及时集中销毁。

（3）诱杀成虫　卷叶蛾成虫有趋光性和趋化性,在成虫发生期,用黑光灯或糖醋液诱杀。

（4）药剂防治　虫口密度较大的果园,在各代幼虫初孵至盛孵期及时喷药。花蕾期选用低毒药剂如 5% 氟铃脲乳油 1 500 倍液、1.8% 阿维菌素乳油 4 500 倍液。开花前、新梢期和幼果期可选用 80% 敌敌畏 1 000 倍液、20% 氰戊菊酯乳油 2 500 倍液、25% 灭幼脲胶悬剂 1 500 倍液喷杀。

三、荔枝、龙眼叶部害虫

（一）荔枝、龙眼叶部害虫识别(表 8.3.3)

表 8.3.3 荔枝、龙眼常见叶部害虫识别特征

害虫名称	寄主植物	为害特点	识别特征
荔枝瘿螨（荔枝瘤壁虱）（*Acerialitchi* Keifer），属蛛形纲蜱螨目瘿螨科	荔枝、龙眼	成螨和若螨刺吸嫩芽、幼叶、花穗和幼果，被害部产生毛毡状绒毛；被害叶片扭曲、畸形，幼果畸形	成螨体长约 0.2 mm，蠕虫状，狭长，淡黄色至橙黄色；腹面有足 2 对，腹部密生环纹，腹端有长尾毛 1 对；若螨体灰白色，腹部环纹不明显，尾端尖细
荔枝叶瘿蚊（*Dasineura* sp.），属双翅目瘿蚊科	荔枝、龙眼	幼虫钻入嫩叶，初期呈水渍状点痕，后向叶面、叶背突起形成瘤状虫瘿；受害叶片扭曲，部分穿孔干枯脱落	成虫体长 1~2 mm，触角为念珠状，各节环生刚毛；前翅灰黑色半透明，腹部暗红色；雄虫触角为哑铃状，各节除环生刚毛还长有环纹丝；幼虫透明无色，老熟时呈红色，前胸腹面有黄褐色"Y"形骨片
红带网纹蓟马（红带滑胸针蓟马）（*Selenothrips rubrocintus* Giard），属缨翅目皮蓟马科	荔枝、龙眼、芒果、柿、桃、板栗等	成虫、若虫锉吸新梢嫩叶汁液，产卵点表皮隆起并覆盖有黑褐色胶质膜块或黄褐色粉粒状物，严重时梢叶变褐、焦枯	成虫体长 1.1~1.3 mm，体黑色，有光泽；翅暗灰色，多缨毛；初孵若虫无色透明，老熟后体橙红色；第 1 腹节后缘和第 2 腹节背面鲜红色，形成 1 条明显红带，腹端黑褐色，有 6 条黑色刺毛
茶黄蓟马（茶黄硬蓟马、茶叶蓟马）（*Scirtothrips dorsalis* Hood），属缨翅目蓟马科	荔枝、芒果、葡萄、茶、花生等	成虫、若虫多在嫩叶叶背锉吸汁液，叶缘卷曲呈波纹状，叶片变狭或纵卷皱缩，叶脉淡黄绿色，叶片无光泽、变厚、变脆、易脱落	雌成虫体长 0.9 mm，体橙黄色；前翅橙黄色，近基部具 1 小浅黄色区；腹部背片第 2~8 节具暗前脊；腹片第 4~7 节前缘具深色横线；若虫浅黄色，形似成虫，无翅
龙眼角颊木虱（龙眼木虱）（*Cornegenapsylla sinica* Yang et Li），同翅木虱科	龙眼	成虫在嫩梢、芽、嫩叶和花穗吸汁为害；若虫固定叶背吸食，受害部位凹陷并向叶正面突起，呈"钉状"虫瘿，叶片变小、畸形、早落	成虫体型小，翅透明，狭小；前翅有明显的略呈 K 字形黑褐色条斑，后翅透明，无斑；若虫淡黄色，周缘有蜡丝，复眼鲜红色，3 龄若虫翅芽显露，4 龄若虫前后翅芽重叠，体背显现褐色斑纹，体四周有蜡丝
龙眼长跗萤叶甲（红头长跗萤叶甲）（*Monolepta occifuvis* Gressitt et Kimoto），属鞘翅目叶甲科	龙眼、荔枝、芒果、扁桃等	成虫咬食新梢嫩枝，致使新梢不能抽发，结果母枝不能形成花穗	雌虫体长 7.7~8.1 mm，雄虫体略小；鞘翅灰黄白色，肩角、前缘后半和外缘为黑色，翅上密布不规则的小刻点和短毛；前胸横宽，橙黄色，周缘上卷，后胸背黑褐色，腹部的第 1~3 节背面黑褐色，其余为橙黄色；幼虫体长 11~13 mm，乳白色，头小，黄褐色

续表

害虫名称	寄主植物	为害特点	识别特征
垫囊绿绵蜡蚧（*Chloropulrinayia psidii* Maskell），属同翅目蜡蚧科	荔枝、龙眼、柑橘、枇杷、番石榴等	雌成虫、若虫取食嫩梢、叶片、花穗和果实的汁液，引起落花落果；分泌蜜露易诱发煤烟病	雌成虫为椭圆形，背面中央稍隆起，暗绿黄色，体背被一层软薄的蜡质物；成熟雌虫在腹端分泌白色蜡质绵状卵囊；若虫为椭圆形、略扁平，淡绿黄色
堆蜡粉蚧（*Nipaecoccus vastator* Maskell），属同翅目粉蚧科	荔枝、龙眼、柑橘、番石榴、黄皮、葡萄等	若虫和成虫寄生于嫩梢、果蒂、果柄、叶面和小枝上，使树梢萎枯和落果，并诱发煤烟病	雌成虫体椭圆形，暗紫色，体背被白色蜡粉物，每体节上的蜡粉有 4 点较增厚，成 4 堆横列，体周缘蜡丝粗短，体末 1 对蜡丝较粗长；雄成虫体紫褐色，前翅 1 对，腹末有白色蜡质长尾刺 1 对；若虫紫色

（二）荔枝、龙眼叶部害虫发生规律与防治

1. 荔枝瘿螨

（1）防止瘿螨随苗木传播　调运苗木时发现被害叶片应及时剪除烧毁，再喷 0.2~0.3°Bé 石硫合剂。

（2）消灭过冬瘿螨　荔枝瘿螨在华南 1 年发生 16 代以上，世代重叠，在受害处过冬。剪除受害枝叶，除去瘿螨为害枝及过密枝，可显著减少虫源。

（3）药剂防治　嫩梢、花穗、幼果期和抽新梢期高温而干旱，瘿螨发生严重。在瘿螨为害初期，即绒毛白色时，对叶背均匀喷雾，药剂选用 73%炔螨特乳油 2 000~3 000 倍液、20%哒螨酮乳油 2 000 倍液等。

2. 荔枝叶瘿蚊

（1）苗木检疫　严格检查苗木，将有虫瘿叶片摘除烧毁，以防止随苗木传播。

（2）消灭越冬幼虫　荔枝叶瘿蚊 1 年发生 7 代，以幼虫在受害叶上越冬。树冠的下层、内膛、苗木、幼树受害较重。应在采果后和冬季剪除病虫枝叶和内膛荫枝，并集中园内枯枝落叶烧毁。

（3）药剂防治　在 2 月下旬至 3 月初越冬幼虫入土前以及 3 月下旬至 4 月初成虫出土时，每 667 m² 用 2.5%溴氰菊酯乳油 1 500~2 250 mL 拌 20 kg 细沙土，均匀撒在树冠下并浅耘园土。在新梢期用 25%杀虫双水剂 500 倍液、40%水胺硫磷乳油 1 000 倍液、2.5%溴氰菊酯 3 000 倍液等喷洒树冠。

3. 红带网纹蓟马和茶黄蓟马

红带网纹蓟马 1 年发生约 11 代，茶黄蓟马 1 年发生多代，两种蓟马成虫盛发期与抽梢期吻合时，为害较重。可选用 80%敌敌畏乳油、40.7%毒死蜱乳油 1 000 倍液、20%氰戊菊酯 3 000 倍液、20%异丙威乳油 2 000 倍液等在若虫盛发期喷药 1~2 次，发生严重的果园在成虫盛发期喷药 1 次。

4. 龙眼角颊木虱

（1）控梢防虫　在广东 1 年发生 7 代，在广西 1 年发生 7 代以上，在福建 1 年发生 3~5 代，以若虫在被害叶背的钉状孔内越冬。成虫产卵于嫩芽、幼叶或嫩枝上，嫩叶背和嫩梢梗上卵量最多。通过肥水管理,促使龙眼抽梢整齐一致,幼龄树零星抽发的嫩梢应人工及时摘除。

（2）药剂防治　龙眼嫩梢抽发期为角颊木虱成虫和卵的高峰期,可选用 25%噻嗪酮可湿性粉剂 1 000 倍液、80%敌敌畏乳油 1 000 倍液、2.5%溴氰菊酯乳油 3 000 倍液等喷雾防治。

5. 龙眼长跗萤叶甲

（1）农业防治　龙眼长跗萤叶甲在广西南宁 1 年发生 1~3 代,世代重叠,以幼虫在树冠土表下或以成虫在龙眼树冠中越冬。幼虫、蛹在龙眼树盘土层中生活,可在幼虫和蛹盛期,松翻树盘土壤,恶化其生活条件,以减少虫源。

（2）药剂防治　发生为害较重的果园,在冬期和各次新梢期,适期用药 1~2 次。可选用 80%敌敌畏乳油 800 倍液、1.8%阿维菌素乳油 3 000 倍液、52%毒死蜱·氯氰菊酯乳油 2 000 倍液等。

6. 垫囊绿绵蜡蚧和堆蜡粉蚧

（1）清除有虫枝叶　垫囊绿绵蜡蚧 1 年发生 3~4 代,以若虫和雌成虫群集叶背,秋梢和早冬梢顶芽上越冬。堆蜡粉蚧 1 年发生 5~6 代,以若虫和成蚧在树干、树枝裂缝等凹陷处越冬。要结合修剪清除有蚧的枝叶。

（2）化学防治　选用 25%噻嗪酮可湿性粉剂 2 000 倍液,20%氰戊菊酯乳油 3 000 倍液,40%杀扑磷乳油 1 500 倍液、松脂合剂 25 倍液等,于各代初孵若虫期喷药。

四、荔枝、龙眼枝干害虫

（一）荔枝、龙眼枝干害虫识别（表 8.3.4）

表 8.3.4　荔枝、龙眼常见枝干害虫识别特征

害虫名称	寄主植物	为害特点	识别特征
荔枝拟木蠹蛾（*Arbela dea* Swinhoe）,属鳞翅目拟木蠹蛾科	荔枝、龙眼、石榴、梨等	成虫、幼虫吐丝将虫粪、枝干皮屑缀成隧道掩盖虫体,匿居其中啃食树皮	雌蛾体长 10~14 mm,体灰白色,前翅密布灰褐色横向斑纹,中室和臀区中部各有 1 条黑色斑纹;雄蛾黑色,前翅有许多黑褐色的横向斑纹;老熟幼虫体长 26~34 mm;蛹黑褐色,头顶两侧各具 1 个略呈分叉的粗大突起
相思拟木蠹蛾（*A. baibarana* Matsumura）,属鳞翅目拟木蠹蛾科	荔枝、龙眼、柑橘、相思树等	幼虫钻蛀枝干成坑道,常吐丝缀连虫粪和树皮屑形成隧道,沿隧道啃食前端的树皮	雌蛾体长 7~12 mm,体和翅灰白色,翅中有 1 个黑斑,黑斑外方有 6 个褐斑,前缘具 11 个褐斑,外缘及后缘各 5~6 个灰褐色斑,后翅灰色;雄蛾黑褐色
茶材小蠹（茶枝小蠹）（*Xyleborus fornicatus* Eichhoff）,属鞘翅目小蠹科	荔枝、龙眼、茶树、樟树等	成虫、幼虫蛀害小枝条,蛀孔圆形,直径约 2 mm,孔口有细碎木屑排出	雌成虫体长约 2.5 mm,黑色,圆柱形,头部延伸成短喙状,翅面的刻点及茸毛排列成纵列;雄虫体长约 1.3 mm,黄褐色,鞘翅表面粗糙,刻点和茸毛紊乱;幼虫体长约 2.5 mm,乳白色,肥大有皱纹

续表

害虫名称	寄主植物	为害特点	识别特征
荔枝龟背天牛（*Aristobia testudo* Voet），属鞘翅目天牛科	荔枝、龙眼、李、葡萄等	成虫环食树枝皮层，造成枝梢干枯；幼虫钻蛀枝干，形成长蛀道	成虫体长 20~35 mm，体、头黑色，翅鞘具有橙黄色斑块；幼虫体长约 60 mm，长筒形，乳白色，前胸背板黄褐色，后半部呈黑褐色"山"字纹稍隆起
白蛾蜡蝉（紫络蛾蜡蝉、白鸡）（*Lawana imitata* Melichar），同翅目蛾蜡蝉科	龙眼、荔枝、柑橘、芒果、番石榴等	成虫、若虫在枝条、嫩梢、花穗和果梗上吸食汁液；被害处有白色棉絮状蜡质分泌物，可诱发煤烟病	成虫体长 19~20.4 mm，粉绿色或白色，体被白蜡粉，前翅浅绿色或白色，顶角近直角，臀角向后呈锐角尖出，外缘平直；若虫体白色，体长 7~8 mm，白色稍扁平，被白色蜡粉，翅芽末端平截，腹末有成束粗长蜡丝
龙眼亥麦蛾（*Hypitima longanae* Yang et Chen），属鳞翅目麦蛾科	龙眼	幼虫多从顶梢约 1 cm 处蛀入，为害嫩茎髓部并往下蛀食；被害部形成隧道	成虫体长 5.5~5.8 mm，头被黄褐色鳞毛，腹面有斜伸的鳞毛呈锯齿状，前后翅狭长，前翅基半部灰黑色，端半部灰棕褐色，上散布黑色小点鳞斑；幼虫体长 7~9 mm，头部红褐色，前胸背片黑色有光泽，中线灰白色，中胸以后各体节背面为淡紫红或淡红黄色

（二）荔枝、龙眼枝干害虫发生规律与防治

1. 荔枝拟木蠹蛾和相思拟木蠹蛾

（1）消灭越冬幼虫和蛹　两种木蠹蛾 1 年发生 1 次，荔枝拟木蠹蛾于 3—4 月化蛹，4—5 月成虫羽化；相思拟木蠹蛾在 4—5 月化蛹，4—6 月成虫羽化。羽化时蛹体前半部露出坑道。可用铁丝插入坑道钩杀幼虫和蛹。刮除坑道外的掩盖物，涂刷 80% 敌敌畏乳油 10 倍液。

（2）熏杀幼虫　发现幼虫坑道，用 2.5% 溴氰菊酯 2 500 倍液或 40% 乐果乳油 400 倍液，于傍晚在隧道处喷湿树干毒杀幼虫；拨开隧道粪屑，用注射器注入或棉球蘸 80% 敌敌畏乳油 10~20 倍液塞入坑道，熏杀幼虫。

2. 茶材小蠹

茶材小蠹在广东 1 年发生 6 代，在广西 1 年发生 6 代以上。主要以成虫在枝条蛀道越冬。发现受害枝条应随即剪除，以减少虫源。该虫世代重叠，越冬虫态较为整齐，抓住越冬成虫出现期以药剂喷杀。用药种类参见荔枝拟木蠹蛾。

3. 荔枝龟背天牛

（1）毒杀幼虫　荔枝龟背天牛 1 年 1 代，以幼虫和蛹在荔枝枝干蛀道内越冬。6—8 月出现成虫，9 月为幼虫孵化盛期，从树皮下蛀食进入木质部。可用 80% 敌敌畏乳油 50 倍液灌注蛀孔内，用黏土封住道口，毒杀蛀道内幼虫。

（2）捕杀成虫　7 月成虫羽化盛期、产卵前，可利用其假死性振落捕杀。

4. 白蛾蜡蝉

（1）消灭越冬虫源　白蛾蜡蝉在华南1年发生2代，以成虫在茂密枝叶丛或枝条分叉处越冬。结合修剪，剪除过密枝条和有虫枝叶及枯叶，以减少虫源。

（2）捕杀成虫与刮除卵块　白蛾蜡蝉越冬成虫产卵于嫩梢和叶柄组织中。在成虫羽化高峰期至产卵前，可人工网捕成虫或产卵后人工刮除卵块。

（3）药剂防治成虫和低龄若虫　在成虫羽化盛期和若虫低龄期喷药，可选用90%美曲膦酯800倍液+0.2%洗衣粉、2.5%溴氰菊酯乳油2 000倍液、48%毒死蜱乳油1 500倍液等。

5. 龙眼亥麦蛾

（1）剪除被害枝梢　龙眼亥麦蛾1年发生5~6代，以老熟幼虫在枝梢隧道内越冬，世代重叠。应及时剪除被害枝条，并集中烧毁或深埋。

（2）药剂防治　在春梢或花穗抽发初期喷药防治，每隔7 d喷1次。药剂种类参见荔枝蒂蛀虫和小灰蝶。

五、枇杷病害

（一）枇杷病害诊断（表8.3.5）

表 8.3.5　枇杷常见病害诊断特征

病害名称	病原	寄主植物及为害部位	为害状
枇杷斑点病	枇杷叶点霉（*Phyllosticta eriobotryae* Thuem），属真菌界半知菌门叶点霉属	枇杷叶片	病斑沿叶缘发生时则呈半圆形，中央灰褐色，边缘褐色；后期病斑散生黑色小点，有时排列成轮纹状
枇杷角斑病	枇杷尾孢菌［*Cercospora eriobotryae*（Enjoji）Sawada］，属真菌界半知菌门	枇杷叶片	病斑多角形，赤褐色，周围有黄色晕环；后期病斑中央长出黑色小粒点，常多数病斑愈合成不规则形的大病斑
枇杷灰斑病	枇杷灰斑病菌（*Pestalozzia funerea* Desm），属真菌界半知菌门盘多毛孢属	枇杷叶片、果实	叶片病斑边缘为较狭窄的黑褐色环带，中央灰白色至灰黄色；病果初生圆形紫褐色病斑，后凹陷；叶、果病斑上散生黑色小点
枇杷炭疽病	枇杷胶孢炭疽菌（*Colletotrichum gloeosporioides* Penz.）、刺盘孢菌（*C. acutatum* Simmonds）、长圆盘孢菌（*Gloeosporium fructigenum* Berk），属真菌界半知菌门炭疽菌属	枇杷、柑橘、荔枝、龙眼的果实、叶片	果实病斑暗褐色、湿腐状、稍凹陷，稍具轮纹，上生粉红色黏质小点，致使果腐或干缩成僵果；叶斑近圆形，灰褐色，具轮纹，斑面亦现粉红色小点或小黑点

（二）枇杷病害发生规律与防治

1. 枇杷叶斑病——枇杷斑点病、角斑病和灰斑病

（1）清除侵染来源　枇杷叶斑病菌以分生孢子盘、菌丝体和分生孢子等在病叶上越冬。果实收获后和冬季清园时，收集病残体烧毁，以减少菌源。

（2）改善环境条件，提高抗病力　温暖多雨、荫蔽、通透性差的果园易发病。要加强栽培管理，结合修剪改善果园通透性。

（3）药剂防治　新梢抽发期及幼果期开始喷药。可选用65%代森锰锌可湿性粉剂600倍液、70%甲基硫菌灵可湿性粉剂+75%百菌清可湿性粉剂（1∶1）800倍液、50%咪鲜胺可湿性粉剂900倍液等。

2. 枇杷炭疽病

（1）清除菌源　病菌以菌丝体在病部越冬，翌春产生分生孢子通过风雨和昆虫传播，侵害果实，在果实成熟期病害一般有加重趋势。可结合冬季修剪，剪除僵果，发病初期加强检查，及时摘除病果，集中处理或深埋。

（2）防治果实害虫　被害虫咬伤的果实，易遭炭疽病菌侵染，应及时防治果实害虫

（3）药剂防治　于果实着色前1个月喷药防治，药剂参照香蕉炭疽病。

六、枇杷害虫

（一）枇杷害虫识别（表8.3.6）

表8.3.6　枇杷常见害虫识别特征

害虫名称	寄主植物	为害特点	识别特征
枇杷灰蝶（枇杷蕾蝶、龙眼灰蝶）（*Rapala* sp.），属鳞翅目灰蝶科	枇杷、龙眼	幼虫为害花穗、花蕾、幼果	成虫体长约12 mm，灰紫褐色，翅正面斜观呈紫蓝色，后翅臀角有1个黑褐色圆斑和1个长尾突；幼虫长约20 mm，淡黄绿色，第1腹节、末后2节和背中线色较暗，瘤突淡黄褐色，其上刺毛暗褐色，体侧各节有斜纹
枇杷黄毛虫（枇杷瘤蛾）（*Melanographia flexilneata* Hampson），属鳞翅目灯蛾科	枇杷、梨、李等	幼虫食害嫩芽、嫩茎和叶片，严重时叶片残剩叶脉	成虫体长9~10 mm，体灰白色，前翅银灰色，内外线黑色，外缘毛灰色，有7个横列黑色锯齿形斑；老熟幼虫体长22~23 mm，头、体背黄色，腹面草绿色，中、后胸及腹部各节背面每节生有3对毛瘤
枇杷赤瘤筒天牛（枇杷红天牛）（*Linda nigroscutata ampliata* Pu），属鞘翅目天牛科	枇杷、桃等	成虫咬食春梢嫩茎树皮半圈至一圈，产卵于皮层下；幼虫蛀食枝梢髓部	雄成虫体长17~18 mm；雌成虫体长18~20 mm，体红黑色，具短绒毛，鞘翅红色，前半部黑色，具纵行深刻点排列成行；幼虫橙黄色，体长28~32 mm，前胸节两端半部中线两侧生大褐斑，后半部为赤褐色痣状颗粒组成的"W"纹形斑

（二）枇杷害虫发生规律与防治

1. 枇杷灰蝶

枇杷灰蝶幼虫于11月至翌年2月为害枇杷花穗、蛀食花蕾，5月以后蛀害龙眼花穗。疏花、疏果时，可疏去受害花蕾、幼果；在花蕾至幼果期喷药。药剂参照荔枝、龙眼小灰蝶。

2. 枇杷黄毛虫

（1）人工捕捉幼虫 枇杷黄毛虫1年发生3~5代，以蛹在树枝或老叶背面越冬。幼虫具有群集为害习性，可在小幼虫群居为害期人工摘除虫叶，集中杀死。

（2）灯光诱杀成虫 成虫趋光性强，盛发期约在7月，设置灯光诱杀成虫。

（3）药剂防治 于幼虫初孵期喷药保梢，药剂参照荔枝、龙眼小灰蝶。

3. 枇杷赤瘤筒天牛

（1）消灭越冬幼虫 枇杷赤瘤筒天牛1年发生1代，以幼虫1~2年生枝条内越冬。结合冬季修剪，剪除被害枝，以集中消灭越冬幼虫。

（2）人工捕杀 成虫6月中旬产卵蛀害夏梢前，可利用其假死性及时人工捕杀。

（3）药剂防治 选用80%敌敌畏乳油1 000倍液、2.5%溴氰菊酯乳油2 500倍液、5%氟虫腈悬浮剂6 000倍液等喷药毒杀产卵的成虫。

任务工单8-5 荔枝、龙眼和枇杷常见病害诊断与防治

一、目的要求

了解当地荔枝、龙眼和枇杷常见病害及其发生为害情况，区别荔枝、龙眼和枇杷主要病害的症状特点及病原菌形态，设计荔枝、龙眼和枇杷病害无公害防治方法。

二、材料、用具和药品

学校实训基地、农业企业或农村专业户荔枝、龙眼、枇杷园，多媒体教学设备，荔枝、龙眼和枇杷病害标本，观察病原物的器具与药品，常用杀菌剂及其施用设备等。

三、内容和方法

1. 荔枝、龙眼和枇杷常见病害症状和病原菌形态观察

观察荔枝、龙眼鬼帚病、酸腐病、炭疽病、叶斑病、煤烟病和荔枝霜疫霉病，枇杷斑点病、角斑病、灰斑病、炭疽病的分布特点、发病部位、症状表现（病部形状、质地、颜色、表面特征等）和病原特征，辨别并判断病原类型及病害种类。

2. 荔枝、龙眼和枇杷重要病害预测

根据气象条件、栽培条件和当地主要荔枝、龙眼和枇杷品种生长发育状况，分析并预测1~2种重要荔枝、龙眼和枇杷病害的发生趋势。

3. 荔枝、龙眼和枇杷主要病害防治

（1）调查了解当地荔枝、龙眼和枇杷主要病害的发生为害情况及其防治技术和经验。

（2）根据荔枝、龙眼和枇杷主要病害的发生规律，结合当地生产实际，提出2~3种荔枝、龙眼、枇杷病害防治的建议和方法。

（3）配制并使用2~3种常用杀菌剂防治当地荔枝、龙眼和枇杷主要病害，调查防治效果。

四、作业

1. 记录所观察荔枝、龙眼和枇杷枝干、叶部、花和果实病害典型症状表现和为害情况。

2. 绘制常见荔枝、龙眼和枇杷病害的病原菌形态图，并注明各部位名称。

3. 预测重要荔枝、龙眼和枇杷病害的发生趋势并说明依据。

4. 评价当地荔枝、龙眼和枇杷主要病害的防治措施。

5. 提出荔枝、龙眼和枇杷主要病害无公害防治建议和方法。

6. 记录荔枝、龙眼和枇杷常用杀菌剂的配制、使用方法和防治效果。

五、思考题

1. 龙眼鬼帚病症状有何特点？如何控制其传播途径？

2. 怎样区别枇杷叶斑病与枇杷炭疽病的症状？

任务工单8-6 荔枝、龙眼和枇杷常见害虫识别与防治

一、目的要求

了解当地荔枝、龙眼和枇杷常见害虫及其发生为害情况,识别荔枝、龙眼和枇杷主要害虫的形态特征及为害特点,熟悉荔枝、龙眼和枇杷重要害虫预测方法,设计荔枝、龙眼和枇杷害虫无公害防治方法。

二、材料、用具和药品

学校实训基地、农业企业或农村专业户荔枝、龙眼和枇杷园,多媒体教学设备,荔枝、龙眼和枇杷害虫及其为害状标本,放大镜、挑针、镊子及培养皿,常用杀虫剂及其施用设备等。

三、内容和方法

1. 荔枝、龙眼和枇杷常见害虫形态和为害特征观察

观察荔枝、龙眼蒂蛀虫、小灰蝶,荔枝蝽、黑点褐卷叶蛾、褐带长卷叶蛾、拟小黄卷叶蛾、圆角卷叶蛾、荔枝瘿螨、荔枝叶瘿蚊、红带网纹蓟马、茶黄蓟马、龙眼角颊木虱、龙眼长跗萤叶甲、垫囊绿绵蜡蚧、堆蜡粉蚧、荔枝拟木蠹蛾、相思拟木蠹蛾、茶材小蠹、荔枝龟背天牛、白蛾蜡蝉、枇杷灰蝶、枇杷黄毛虫和枇杷赤瘤筒天牛的成虫大小、翅的颜色及斑纹形状,幼虫体色、体形等特征,为害部位与为害特点。

2. 荔枝、龙眼和枇杷害虫预测

选择1~2种荔枝、龙眼和枇杷主要害虫,结合梢期、花蕾期、幼果期进行发生期的调查,预测害虫喷药的关键时期。

3. 荔枝、龙眼和枇杷主要害虫防治

(1) 调查了解当地荔枝、龙眼和枇杷主要害虫发生为害情况及其防治措施和经验。

(2) 选择2~3种荔枝、龙眼和枇杷主要害虫,提出符合当地生产实际的防治建议和方法。

(3) 配制并使用2~3种常用杀虫剂防治当地荔枝、龙眼和枇杷主要害虫,调查防治效果。

四、作业

1. 记录所观察荔枝、龙眼和枇杷常见害虫的形态特征、为害部位与为害特点。

2. 绘制常见荔枝、龙眼和枇杷害虫形态特征简图。

3. 记录荔枝、龙眼和枇杷害虫预测的方法与结果。

4. 评价当地荔枝、龙眼和枇杷主要害虫的防治措施。

5. 提出荔枝、龙眼和枇杷主要害虫无公害防治建议和方法。

6. 记录荔枝、龙眼和枇杷常用杀虫剂的配制、使用方法和防治效果。

五、思考题

1. 荔枝、龙眼蒂蛀虫与小灰蝶的为害特点有何不同？

2. 枇杷黄毛虫与舟形毛虫的形态及为害状有何异同？

项 目 小 结

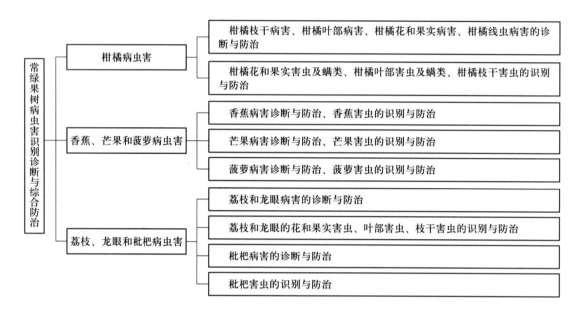

巩固与拓展

1. 柑橘黄龙病症状有何特点？怎样防治？

2. 柑橘溃疡病与疮痂病的症状、病原、发病规律及防治方法有何异同？

3. 为害柑橘果实的病害主要有哪些种类？症状特点如何？怎样防治？

4. 为害柑橘果实的害虫主要有哪些种类？为害时期、特点及防治措施有何异同？

5. 柑橘全爪螨的发生有哪些特点？怎样防治？

6. 为什么说抹芽控梢是防治柑橘潜叶蛾的根本措施？何时防治为宜？

7. 柑橘蚜虫和柑橘木虱的为害有何特点？如何进行防治？

8. 为害柑橘的蚧类害虫主要有哪几种？哪些天敌昆虫对柑橘蚧类害虫有控制作用？怎样对蚧类害虫进行综合治理？

9. 为害柑橘树的蛀干害虫主要有哪些类群？怎样进行综合治理？药剂防治的关键时期是什么？

10. 试述香蕉枯萎病的发病条件和防治方法。

11. 香蕉束顶病和花叶心腐病的症状各有何特点？发病条件和防治方法有何异同？

12. 芒果炭疽病与白粉病的流行条件是什么？防治的关键时期是什么？如何选择农药种类？

13. 识别芒果横线尾夜蛾的要点是什么？如何根据其生活习性加以防治？

14. 菠萝黑腐病与菠萝苗疫霉心腐病的症状特点和发病条件有何异同？

15. 如何防治菠萝粉蚧？

16. 荔枝霜疫霉病的发病条件是什么？怎样防治？

17. 荔枝、龙眼炭疽病有何症状特点？怎样防治？

18. 荔枝和龙眼的蒂蛀虫与小灰蝶的为害特点、发生时期及防治措施有何异同？

19. 荔枝和龙眼的卷叶蛾有哪几类？为害特点有何异同？如何防治？

20. 荔枝和龙眼的木蠹蛾类与天牛类的为害状有何区别？

模块九 花卉与草坪病虫害识别诊断与综合防治

知识目标

- 了解草本、藤灌类和木本花卉及草坪病虫害种类及其为害。
- 说明花卉及草坪主要病害发生与流行的原因并指出其主要因素。
- 解释花卉及草坪主要害虫发生与环境的关系。

能力目标

- 诊断并描述花卉及草坪主要病害。
- 识别花卉及草坪主要害虫形态特征及为害状。
- 根据花卉及草坪主要病虫的越冬场所、传播方式、发生与环境的关系设计综合防治方案。
- 按照有害生物综合治理要求选择花卉及草坪病虫害的防治策略与措施。

花卉与草坪给人们带来舒适宁静的空间和惬意优美的环境。花卉与草坪在生长发育过程中可发生多种病虫害,导致花卉与草坪长势减弱,失去观赏价值甚至死亡。正确识别、诊断并防治花卉与草坪病虫害,对提高花卉管理与草坪养护水平,降低养护成本,提高观赏效果,改善城乡生态环境将发挥更大作用。

任务一 草本花卉病虫害

一、草本花卉叶部病害

（一）草本花卉叶部病害诊断（表 9.1.1）

表 9.1.1 草本花卉常见叶部病害诊断特征

病害名称	病原	寄主植物及为害部位	为害状
瓜叶菊白粉病	二孢白粉菌（Erysiphe cichoracearum DC.），属真菌界子囊菌门白粉菌属	瓜叶菊及瓜类植物的叶片、叶柄、花芽及花蕾	发病初期叶片正面出现小白粉斑，后渐扩大成近圆形粉斑，严重时连成片，叶片逐渐变黄；后期白粉层变为灰色并出现黑色小颗粒（图 9.1.1）；苗期发病易造成植株生长不良，花芽枯死，蕾而不花，花小、畸形
凤仙花褐斑病	福士尾孢［Cercospora fukushiana（Matsuura）Yamamota］，属真菌界半知菌类尾孢属	凤仙花的叶片	病斑初为浅黄褐色小点，后扩展成近圆形病斑，中央淡褐色，边缘深褐色，有不明显的轮纹；严重时病斑连片，叶片枯黄，植株死亡；湿度大时病斑表面长出淡黑色霉状物
仙客来灰霉病	灰葡萄孢（Botrytis cinerea Pers et Fr.），属真菌界半知菌类葡萄孢属	几乎所有草本和部分木本花卉的叶片、叶柄、花梗、花瓣等	受害叶片病斑初呈暗绿色水渍状，后逐渐扩大呈褐色，严重时，叶片萎蔫下垂，干枯脱落；叶柄和花梗受害呈水渍状腐烂下垂；花瓣受害呈水渍状褪色斑，逐渐凋谢，黑褐色腐烂；块茎受害呈软腐或干腐；潮湿时发病部位易产生灰色霉层
兰花炭疽病	兰炭疽菌（Colletotrichum orchidearum Allesch），属真菌界半知菌类炭疽属	多种兰花叶片，也可为害果实	发病初期叶片出现黄褐色小斑点，逐渐扩大为暗褐色圆形或椭圆形，叶尖叶缘处病斑为不规则形或近半圆形；后期病斑由褐色变为黑色，中央组织变为灰褐色，有时具不规则轮纹，病斑上产生许多轮纹状排列的小黑点（图 9.1.2）
唐菖蒲花叶病	黄瓜花叶病毒（CMV）和菜豆金黄色叶病毒（BYMV）	多种草本和木本花卉的叶片，也侵染花器等	发病初期叶片出现褪绿角斑和圆斑，后多呈褐色三角形，病叶黄化、扭曲，植株矮化；种球退化，变小变褐，植株矮化、花穗短小或抽不出花穗；新叶症状初夏特别明显，盛夏隐症；粉红色花品系花瓣变碎锦状，叶片斑驳或线纹

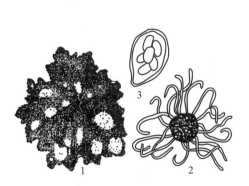

图 9.1.1 瓜叶菊白粉病
1. 症状 2. 闭囊壳 3. 子囊及子囊孢子

图 9.1.2 兰花炭疽病
1. 症状 2. 分生孢子盘及分生孢子

（二）草本花卉叶部病害发生规律与防治

1. 瓜叶菊白粉病

（1）清除侵染来源　病原菌以菌丝体在病芽上或以闭囊壳在病叶上越冬。秋季彻底清除枯枝落叶，集中处理，可减少初侵染来源。瓜叶菊病株残体上的病菌，是花坛和温室内病害的传播中心，发现病芽、病叶和病梢应及时摘除，控制侵染菌源扩散。

（2）药剂防治　发病初期喷洒25%三唑酮可湿性粉2 000～2 500倍液、80%代森锌可湿性粉剂500～600倍液或25%嘧菌酯悬浮剂1 500倍液等。

资　料　卡

据全国园林植物病害普查资料，我国花卉病害共有2 722种，其中白粉病就有155种，约占总数的5.8%。除针叶树、鳞球茎花卉以及角质层和蜡质层厚的观赏植物外，其他植物普遍发生白粉病。不同属的白粉病与植物有对应的关系，闭囊壳上丝状附属丝的白粉菌属和单丝壳属主要侵染草本植物，闭囊壳上有附属丝特化的钩丝壳属、叉丝壳属、叉丝单囊壳属、球针壳属主要侵染木本植物。

2. 凤仙花褐斑病

（1）清除侵染来源　病菌以菌丝体和分生孢子器在病残体上越冬，也可以菌丝体附着于种子上越冬。在秋末将病叶、病株集中销毁，不从患病植株上采种，以减少侵染来源。

（2）加强养护管理　适当密植，合理施肥，以增强植株的抗病力。

（3）药剂防治　发病初期选用50%代森锰锌可湿性粉剂或50%多菌灵可湿性粉剂500～600倍液等喷雾。

3. 仙客来灰霉病

（1）控制湿度　温室栽培经常通风排湿，及时排水，降低湿度。

想　一　想
防治灰霉病的关键措施是什么？

（2）药剂防治　发病初期用50%腐霉利可湿性粉剂1 000倍液、40%嘧霉胺悬浮剂1 000倍液、50%异菌脲可湿性粉剂1 000～1 500倍液等喷雾。湿度高时，可以选用30%百菌清烟剂或10%腐霉利烟剂250～300 g/667 m² 于傍晚时闭棚熏蒸。

4. 兰花炭疽病

（1）减少侵染源　病原菌以菌丝体或分生孢子盘在病残体、假鳞茎上越冬，应注意清除假鳞茎上的病叶残茬。

（2）栽培技术防治　高温高湿、株距过密、通风不良、土壤积水、田间湿度过大等有利于发病。应加强栽培管理，控制环境湿度；夏季遮阴栽培，减少发病。

（3）药剂防治　病斑初现时喷70%甲基硫菌灵可湿性粉剂800倍液、（0.5～1）∶1∶200波尔多液、75%百菌清可湿性粉剂600倍液、45%咪鲜胺水乳剂2 000倍液等。

5. 唐菖蒲花叶病

（1）采用无病种球 病毒可在种球内越冬，种球调运是远距离传播的重要途径，也是主要初侵染源。应采用小球繁殖、组培脱毒等技术建立无病种球基地，统一供种。

（2）防止农事操作传播 病毒从微伤口侵入，可通过农事操作传播。应先操作健株后操作病株，避免农事操作传播病毒。

（3）减少侵染来源 病毒可在病残体及反枝苋、荠菜、刺儿菜等杂草宿根内越冬。应及时铲除田间、地边杂草，发现病株及时销毁。

（4）防治蚜虫 病毒可在蚜虫体内越冬通过蚜虫传播，成为次年初侵染源。生长季节可用50%抗蚜威可湿性粉剂4 000倍液、10%吡虫啉可湿性粉剂1 500倍液、3%啶虫脒乳油2 000～2 500倍液等喷雾防治蚜虫。生长早期，可用银灰色膜覆盖驱逐蚜虫。温室和保护地生产采用40～60目防虫网阻止蚜虫进入，还可用黄板诱蚜。

资 料 卡

植物病毒侵染观赏植物，若能使其叶片、花朵等部位的观赏性增加，人们就会加以保护利用，将其开发为新的品种。由病毒侵染增加观赏性的植物种类较多，如碎色郁金香、金心黄杨、金边黄杨、彩叶美人蕉和金边瑞香等。

二、草本花卉根茎部病害

（一）草本花卉根茎部病害诊断（表9.1.2）

表 9.1.2 草本花卉常见根茎部病害诊断特征

病害名称	病原	寄主植物及为害部位	为害状
百合疫病（百合脚腐病）	恶疫霉（*Phytophthora cactorum*）和烟草疫霉（*P. nicotianae*），属假菌界卵菌门疫霉属	多种草本及部分木本花卉的叶片、茎、鳞茎及根等	叶片发病初呈水渍状，后枯萎；茎基部组织初现淡黄色水渍状腐烂，后皮层、髓部变褐坏死，维管束组织软腐，叶片变黄、枯萎，鳞茎及根部变褐坏死；茎上病斑暗褐色，条状凹陷；感病花器枯萎、凋谢，长出白色霉状物
唐菖蒲青霉病	唐菖蒲青霉（*Penicillium gladioli* Mach），属真菌界半知菌类青霉属	唐菖蒲等球根花卉的球茎	球茎病斑初呈褐色下陷，周围黑色，病、健分界明显，潮湿时病斑上长出青色的霉层；病菌一般先侵染紧贴球茎的外皮，然后向上下扩展；病球茎呈木栓质腐烂，严重时，球茎腐烂
鸢尾细菌性软腐病	胡萝卜软腐欧氏杆菌胡萝卜致病变种［*Erwinia carotovora* pv. *carotovora* (Jones) Bergey］，属细菌域普罗特斯门欧文氏杆菌属	鸢尾、马蹄莲等多种草本花卉的叶片、球茎或根状茎	感病初期叶片前端出现水渍状条纹，逐渐黄化、干枯，后期根颈部位发生水渍状病斑，球茎组织发生糊状腐烂；球茎腐烂初为灰白色，后呈灰褐色，有时留下完整的外皮；腐败的球茎或根状茎伴有恶臭气味（图9.1.3）

续表

病害名称	病原	寄主植物及为害部位	为害状
美人蕉青枯病	青枯假单胞杆菌（*Pseudo-monas solanacearum*），属细菌域普罗特斯门假单胞杆菌属	美人蕉及茄科植物，为害植株的茎和根系	病株叶片失水变黄，萎蔫下垂，后茎基或茎秆出现黑色条斑，绕茎 1 周后整株枯死；坏死的根或茎横切，几分钟后切面上有乳白色或黄褐色细菌黏液溢出；茎纵切，可见条状黑褐色斑带
香石竹枯萎病	香石竹尖镰孢（*Fusavium oxysporum* f. sp. dianthi Sny et Hans），属真菌界半知菌类镰刀菌属	多种草本及木本花卉，主要为害茎的维管束	病株下部枝叶首先变色、萎蔫，并迅速向上蔓延，叶色变淡，最终苍白枯萎；植株一侧受侵染，则表现为一侧枝叶枯萎；幼株受侵染导致迅速死亡；根部受侵染后迅速向茎部蔓延，最终植株枯萎死亡；病茎纵切，可见到暗褐色条纹；病茎横切，可见到暗褐色环纹

（二）草本花卉根茎部病害发生规律与防治

1. 百合疫病

（1）减少病源　病菌以厚垣孢子或卵孢子随病残体在土壤中越冬。避免连作；生长期要及时剪除病叶，及早清除病株。

（2）加强栽培管理　天气潮湿或多雨适宜发病。地势低注，管理粗放的花圃或温室发生严重。应采用高垄或高畦栽培，合理施肥灌水，施用腐熟有机肥，注意通风透气，雨后及时排水，保持适当温、湿度。

（3）药剂防治　发病初期喷洒 25%甲霜灵可湿性粉剂、72%霜脲氰锰锌可湿性粉剂或 72%霜脲氰可湿性粉剂 800 倍液、40%三乙膦酸铝可湿性粉剂 300 倍液等喷雾防治，每隔 7~10 d 喷 1 次，连续喷 2~3 次，采花前 3 d 停药。

2. 唐菖蒲青霉病

唐菖蒲收获和运输时尽量减少种球受伤；种植前用 2%的高锰酸钾溶液浸泡 1 h；生长过程中随时拔除病株。

图 9.1.3　细菌性软腐病
1. 症状　2. 病原细菌

3. 鸢尾细菌性软腐病和美人蕉青枯病

（1）选用无病繁殖材料　病原细菌可在植株残体上越冬。要及时剪除病叶或拔除病株销毁，选用健康无病繁殖材料。

（2）轮作与土壤消毒　病菌还可在土壤中越冬。应实行轮作，病害严重的土壤可用 0.5%~1%甲醛 10 g/m² 进行消毒后再种植。

（3）减少植株损伤　病菌主要从伤口侵入。注意喷洒杀虫剂防治鸢尾钻心虫，减轻病害的发生。美人蕉青枯病流行期，不中耕除草，以免损伤植株。

（4）药剂防治　鸢尾细菌性软腐病在发病前或初期，每月喷洒 1 次 72%农用链霉素可溶性粉剂 1 000 倍液或 70%琥胶肥酸铜可湿性粉剂 800 倍液控制病害蔓延。发现美人蕉青枯病株立即拔除,挖去病土并在四周淋洒 25% 福美双·甲霜灵 500 倍液、90% 土霉素或农用硫酸链霉素 3 000 倍液或硫黄粉剂等。在病区台风过后应及时淋洒上述药剂 1 次。

4. 香石竹枯萎病

（1）选用无病繁殖材料　病原菌在病株残体存活,繁殖材料是病害传播的重要来源。应建立无病母本区,或从健康无病母株上采取插条供繁殖用。

（2）减少菌源　发现病株及时拔除并销毁,以减少病菌在土壤中的积累。

（3）土壤消毒　用 50% 克菌丹或 50% 多菌灵 500 倍液于种植前浇灌土壤,或 70% 敌磺钠 500 倍液、3% 硫酸亚铁处理土壤。

三、草本花卉害虫

（一）草本花卉害虫识别（表 9.1.3）

表 9.1.3　草本花卉常见害虫识别特征

害虫名称	寄主植物	为害特点	识别特征
桃蚜（*Myzus persicae* Sulzer）,属同翅目蚜科	300 多种观赏植物和果树、蔬菜等	群集于寄主嫩梢、花蕾、花朵和叶背吸取汁液,使叶片皱缩,并诱发煤污病	有翅胎生雌蚜额瘤明显,腹部绿色、黄绿色、红褐色或褐色,触角第 3 节具次生感觉孔 10~15 个,第 4 节无,腹管细长圆筒形,端部黑色;无翅胎生雌蚜腹部绿色、黄绿色或红褐色,背面有 1 个黑斑,腹管细长,尾片同有翅蚜
棉蚜（*Aphis gossypii* Glover）,属同翅目蚜科	近 300 种寄主植物		无翅雌蚜夏季黄绿色,春秋季棕黑色,体被蜡粉,腹管圆筒形,基部较宽;有翅雌蚜体黄色、浅绿色或深绿色,腹部两侧有 3~4 对黑斑,腹管上有覆瓦状纹,尾片圆锥形,近中部收缩;卵椭圆形,漆黑色,有光泽;无翅若蚜无尾片;有翅若蚜体两侧有翅芽,体被蜡粉（图 9.1.4）
菊姬长管蚜（*Macrosiphoniella sanborni* Gillette）,属同翅目蚜科	菊花、万寿菊、非洲菊等菊科植物	为害嫩茎、嫩叶、花梗和花蕾,造成嫩叶变小,向下卷曲,生长点萎缩,花蕾变小易脱落	雌蚜深红褐色,长 2.0~2.5 mm,触角、腹管和尾片暗褐色,触角第 3~4 节有次生感觉圈;腹管圆筒形,末端渐细,表面呈网眼状;尾片圆锥形,表面有齿状颗粒,有尾片毛 11~15 根;若蚜赤褐色
短额负蝗（*Atractomorpha sinensis* Bolivar）,属直翅目负蝗科	多种草本花卉	初孵若虫啃食叶肉,留下表皮,2 龄后可将叶片咬成缺刻	雌成虫体长约 32 mm,体淡绿到灰褐色,有淡黄色瘤状突起,头尖,颜面隆起狭长,中间有纵沟,触角丝状;卵长椭圆形,黄褐至深黄色;若虫形似成虫,有翅芽

害虫名称	寄主植物	为害特点	识别特征
大丽花螟蛾(*Ostrinia furnacallis* Guenee),属鳞翅目螟蛾科	大丽花、菊花	幼虫钻蛀茎部为害大丽花、菊花	成虫长 13～15 mm,黄褐色,雌蛾体粗壮,前翅鲜黄,具 2 条明显波纹,后翅灰白或灰褐色,具 2 条不明显的波纹(图 9.1.5);卵扁椭圆形,卵块呈鱼鳞状排列;老熟幼虫体长约20 mm,头红褐色,体背面呈淡红褐色,具暗色纵条纹 3 条;蛹为纺锤形,赤褐色,腹末钩状臀棘 6 根(图 9.1.5)
美洲斑潜蝇(*Liriomyza sativae* Blanchard),属双翅目潜蝇科	多种草花及部分木本花卉	幼虫潜食叶片形成不规则的弯曲蛀道,幼虫排泄的黑色虫粪交替排在蛀道两侧	成虫体长 1.3～2.3 mm,浅灰黑色,胸背板亮黑色,体腹面黄色,雌虫比雄虫大;幼虫蛆状,初无色,后变为浅橙黄色至橙黄色,长约 3 mm;蛹为椭圆形,橙黄色,腹面稍扁平
莲窄摇蚊(*Stenochironomus nelumbus*),属双翅目摇蚊科	荷花、花莲、藕莲、碗莲、子莲等	幼虫为害莲的浮叶形成线形潜道,并向前扩大为不规则的紫褐色斑,虫斑四周腐烂	成虫体长 3～4.5 mm,翠绿色,头小,中胸发达,背板前部隆起呈驼背状,后部两侧各有 1 个梭形黑褐色条斑;幼虫体长 10～11 mm,黄或淡黄绿色,头部褐色,中、后胸宽大,腹部圆筒形,分节明显;蛹翠绿色

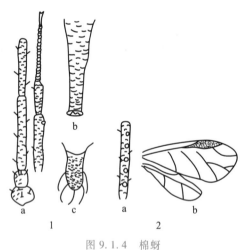

图 9.1.4　棉蚜

1. 无翅胎生雌蚜(a. 触角　b. 腹管　c. 尾片)

2. 有翅胎生雌蚜(a. 第 3 节触角　b. 前、后翅)

图 9.1.5　大丽花螟蛾

1. 雄成虫　2. 雌成虫

（二）草本花卉常见害虫发生规律与防治

1. 桃蚜、棉蚜和菊姬长管蚜

（1）消灭越冬虫卵或雌蚜　桃蚜 1 年发生 10～30 代,以卵在桃树枝梢、芽腋等裂缝和小枝处越冬,或以无翅胎生雌蚜在十字花科植物上越冬。棉蚜 1 年发生 20 余代,以卵在木槿、石榴等枝条上越冬。菊姬长管蚜 1 年发生 10~20 代,以无翅胎生雌蚜集中在留种株菊花叶腋处、芽旁或菊苴上越冬,在温暖地区不发生有性蚜,寒冷地区冬季在温室中越冬。可在早春刮除木本花卉老树皮及剪除受害枝条,消灭越冬卵或越冬雌蚜。

(2)生态控制　平均温度 20 ℃、相对湿度 65%~70% 时,蚜虫完成 1 代,约为 10 d。要注意通风透光,控制温、湿度,改善小气候条件,使之不利于蚜虫繁殖与为害。

(3)人工防治　盆栽花卉零星发生蚜虫时,可用毛笔蘸水同方向轻刷,避免刷伤嫩梢、嫩叶。

(4)驱避或诱杀迁飞蚜虫　初夏季节桃蚜产生有翅蚜,迁飞到蜀葵和十字花科植物上为害,晚秋又产生有翅蚜迁移到桃等越冬寄主上,产生雌雄两性蚜,交尾产卵越冬。棉蚜 4—5 月间产生有翅蚜,从木槿等越冬寄主飞到菊花、扶桑、茉莉、瓜叶菊或棉花等夏季寄主上为害,深秋产生有翅蚜,从夏寄主迁移到越冬寄主上,产生有性无翅雌蚜和有翅雄蚜,交配产卵。可在观赏植物苗期或生长早期,用银灰膜驱避蚜虫;或在有翅蚜迁飞高峰期,用黄色黏虫板,可诱杀大量有翅蚜。

(5)阻隔防治　温室和保护地可用 40~60 目防虫网覆盖,阻止蚜虫迁入为害。

(6)发生期药剂防治　桃蚜、棉蚜翌春开始孵化为害,先群集在芽上,后转移到花和叶上为害,初夏季节繁殖最快。菊姬长管蚜初春即开始活动繁殖,4—5 月为繁殖盛期,5—6 月为有翅蚜盛发期,6 月下旬至 7 月下旬田间的虫口密度较低,8 月初开始回升,9 月中旬到 10 月下旬虫口密度出现第 2 个峰值。蚜虫为害严重时,用 3% 啶虫脒乳油 2 000~2 500 倍液、10% 吡虫啉可湿性粉剂 2 000 倍液或 40% 乐果乳油 1 000 倍液等喷雾。

(7)保护和利用天敌　注意保护和利用瓢虫、草蛉、食蚜蝇、蚜茧蜂、蚜小蜂和蚜霉菌等蚜虫的天敌。

2. 短额负蝗

(1)消灭越冬卵　1 年发生 1~2 代,以卵在土中越冬,深 2.5 cm 左右。发生严重地区,春、秋季铲除田埂、地边 5 cm 以上的土壤及杂草,使卵块暴露后晒干或冻死,也可重新加厚地埂,增加盖土厚度,使孵化后的蝗蝻不能出土。

(2)药剂防治成虫、若虫　成虫和若虫善跳跃,上午 11 时前和下午 3—5 时取食最强烈,其他时间多在作物或杂草中躲藏。若虫共 5 龄,抓住初孵蝗蝻集中为害双子叶杂草且扩散能力极弱时,喷洒美曲膦酯·马拉硫磷粉剂 1.5~2 kg/667 m^2,也可用 20% 氰戊菊酯乳油 4 000 倍液喷雾。

(3)生物防治　注意保护并利用麻雀、青蛙、大寄生蝇等蝗虫的天敌。

3. 大丽花螟蛾

(1)消灭越冬幼虫　1 年发生 2~3 代,以幼虫在大丽花茎秆或粮食作物秸秆内越冬。冬季剪除被害梢及被害植株集中烧毁,消灭越冬幼虫,可减少下年的虫源。

(2)药剂防治幼虫　越冬幼虫 5 月下旬化蛹,5 月底羽化为成虫,在花芽及叶基部产卵。6 月上、中旬幼虫孵化,从花芽和叶柄基部钻入茎内为害,钻入孔附近呈黑色,孔外黏有黑色虫粪。第 2、3 代幼虫分别在 7 月下旬和 8 月下旬发生。幼虫孵化期,喷 40.7% 毒死蜱乳油 1 500 倍液或 40% 乙酰甲胺磷油 800 倍液;留种地用 2.5% 溴氰菊酯乳油 1 000 倍液或 30% 乙酰甲胺磷乳油 2 000 倍液喷雾。

4. 美洲斑潜蝇

防治参照葫芦科蔬菜美洲斑潜蝇。

5. 莲窄摇蚊

（1）农业防治　莲窄摇蚊以幼虫在湖底泥内越冬。缸栽土壤勿用莲塘泥，已受害的缸栽荷花应彻底换土。

（2）人工防治　幼虫孵化后由浮叶背面侵入潜食，应及时处理受害荷叶。

（3）药剂防治　受害缸栽荷花，喷施 90%美曲膦酯 1 000 倍液；池栽荷花喷施 25%异丙威500 倍液；缸栽荷花换土时用 90%美曲膦酯 2 000 倍液处理。

任务工单 9-1　草本花卉病虫害识别

一、目的要求

了解草本、球根（宿）根和水生花卉病虫害及其发生为害情况，诊断草本、球根（宿）根和水生花卉主要病害，识别草本、球根（宿）根和水生花卉主要害虫。

二、材料和用具

草本花卉、球根花卉、宿根花卉和水生花卉病虫害的新鲜标本、盒装标本、玻片标本及挂图；显微镜、体视显微镜、投影仪、多媒体教学设备等；放大镜、镊子、刀片、挑针、培养皿、滴瓶、载玻片、盖玻片和蒸馏水等。

三、内容和方法

1. 一二年生草本花卉病虫害症状与病原、害虫及为害状识别

（1）挑取瓜叶菊白粉病、月季白粉病和紫薇白粉病病斑上的白粉及小黑点，镜检分生孢子、闭囊壳及附属丝形态。用挑针轻压盖玻片，观察子囊及子囊孢子。

（2）切片或挑针挑取凤仙花褐斑病病斑上的黑色小颗粒，观察形态特征。

（3）挑取灰霉病病部的灰色霉层，镜检分生孢子及分生孢子梗的形态结构。

（4）观察不同蚜虫的为害状特征，观察蚜虫体色、蜡粉、口针、触角、尾片、腹管、翅等的形态构造。

2. 球根花卉病虫害症状与病原、害虫及为害状识别

（1）观察百合疫病症状特点、病原菌的菌丝及游动孢子囊形态。

（2）观察仙客来根结线虫病症状特点，用刀片剖开病部，用挑针挑取线虫镜检线虫的形态特征。

（3）观察球根花卉干腐、软腐、青霉等症状特点及病原菌的分生孢子梗及分生孢子的形态特征，注意软腐病的腐烂部位是否有特殊的臭味或酸味。

（4）观察大丽花螟蛾成虫的体长、前后翅斑纹、触角形状；幼虫的体长、背线形态等特征，对照挂图或被害植株识别为害状。

3. 宿根花卉病虫害症状与病原、害虫及为害状识别

（1）观察兰花炭疽病病斑中央是否有同心轮纹状排列的小黑点，切片或挑取小黑点镜检分生孢子盘、分生孢子梗及分生孢子的形态特征。

（2）观察香石竹枯萎病症状特点，镜检分生孢子梗及分生孢子的形态特征。

（3）观察美洲斑潜蝇为害状的隧道特点、成虫及幼虫的形态特征。

4. 水生花卉害虫及为害状识别

观察莲窄摇蚊及短额负蝗成虫及幼虫的形态特征与生活史标本。

四、作业

1. 绘制白粉病、灰霉病、根结线虫及兰花炭疽病症状图。
2. 绘制蚜虫、大丽花螟蛾、莲窄摇蚊、美洲斑潜蝇的形态图。
3. 列表比较所观察的草本花卉病虫害的特征。

草本花卉病虫害特征

害虫或病害名称	害虫或病原菌形态特征	为害状或症状特点

五、思考题

1. 白粉病和灰霉病的症状有什么异同？
2. 大丽花螟蛾和斑潜蝇为害各有什么特点？
3. 哪些草本花卉病虫害的症状和为害状容易混淆？

任务二　藤灌类花卉病虫害

一、藤灌类花卉病害

（一）藤灌类花卉病害诊断（表 9.2.1）

表 9.2.1　藤灌类花卉常见病害诊断特征

病害名称	病原	寄主植物及为害部位	为害状
玫瑰锈病	玫瑰多胞锈菌（*Phrangmidium rosaerugprugosae* Kasai），属真菌界担子菌门多胞锈菌属	蔷薇属植物的芽、叶片、叶柄、花、果和嫩枝等部位	玫瑰新芽初放时，病芽上布满鲜黄色粉堆；叶片发病初期叶面出现淡黄色粉状物，叶背生有黄色稍隆起的小斑点，初生于表皮下，成熟后突破表皮散出橘红色粉末，秋末叶背出现黑褐色粉状物；受害叶早期脱落，嫩枝受害处略肿大
月季黑斑病	蔷薇盘二孢菌（*Marssonina rosae* Lind），属真菌界半知菌类盘二孢属	月季、玫瑰、蔷薇等叶片、嫩梢和花蕾	叶片发病初期叶面出现褐色小斑点，逐渐扩展成为圆形至近圆形、边缘呈放射状的黑色病斑；后期病斑中央灰白色，其上着生许多黑色小颗粒，病斑相连时叶片变黄、脱落，黄化叶片的病斑处产生绿岛；嫩梢上的病斑为紫褐色长椭圆形，后变为黑色，病斑稍隆起

续表

病害名称	病原	寄主植物及为害部位	为害状
月季枝枯病	伏克盾壳菌（Coniothyrium fucklii Sacc.），属真菌界半知菌类盾壳霉属	月季、玫瑰、蔷薇等蔷薇科植物枝干	发病部位出现苍白、黄色或红色的小点，后扩大为椭圆形至不规则形病斑，中央浅褐色或灰白色，边缘清晰呈紫色；后期病斑下陷，表皮纵向开裂，病斑上着生许多黑色小颗粒；病斑常环绕茎部，引起枝条变褐枯死
海棠锈病	山田胶锈菌（Gymnosporangium yamadai Miyabe）和梨胶锈病菌（G. haraeanum Syd.），属真菌界担子菌门胶锈菌属	海棠、梨、苹果、桧柏的叶片、叶柄和嫩枝	海棠叶片发病初期叶面出现黄绿色小斑点，后扩大为橙黄色病斑，病斑出现针尖大小黑色小粒点；后期叶背长出黄色须状物，病斑变成黑褐色，严重时叶片枯黄脱落，小枝干枯，甚至整株死亡；秋冬季转寄主桧柏的针叶或小枝产生淡黄色稍肿大的病瘿，并形成直径 3~5 cm 的病瘿瘤或圆锥形角状物（图 9.2.1）
牡丹红斑病	芍药枝孢霉（Cladosporium paeoniae Pass），属真菌界半知菌类枝孢霉属	牡丹、芍药等叶片、叶柄、叶脉、萼片、绿色茎	新叶发病初期叶背出现绿色小点，逐渐扩大为直径 5~12 mm 的椭圆形至不规则形褐色大斑，中央浅黄褐色，边缘暗紫褐色，具有同心轮纹；湿度大时病部背面出现暗绿色霉层；叶片边缘的病斑可使叶片扭曲，多个病斑相连使整个叶片成焦枯状
茉莉白绢病	齐整小核菌（Sclerotium rolfsii Sacc.），属真菌界半知菌类小核菌属	茉莉等多种花木根颈、根部	病株根颈部变褐腐烂，植株根部和根颈部产生白色绢丝状薄膜，多呈辐射状，菌丝可以蔓延到根颈附近土壤，严重时土壤中充满白色菌丝，并形成菌核；菌核油菜籽状，初为白色，后逐渐变为黄褐色至深褐色；皮层腐烂后引起叶片枯萎脱落，严重时全株死亡；潮湿条件下，菌丝可蔓延到下部叶片，使叶片出现水渍状斑（图 9.2.2）

图 9.2.1　海棠锈病

1. 冬孢子角　2. 冬孢子萌发及担子和担孢子
3. 发病海棠叶片症状（叶背）　4. 性孢子器　5. 锈孢子器

图 9.2.2　茉莉白绢病

1. 症状　2. 病菌菌核放大
3. 担子层　4. 担子及担孢子

续表

害虫名称	寄主植物	为害特点	识别特征
朱砂叶螨(Tetranychus cinnabarinus Boisduval),属蛛形纲叶螨科	金银花、大丽花、万寿菊、蜀葵、海棠、石榴、一串红、碧桃和锦葵等	刺吸叶片、嫩梢及花;初期叶正面出现黄白色斑点,以后斑点增多,叶片出现红褐色斑块;严重时叶片脱落	雌成螨体长0.5 mm左右,体卵圆形,朱红或锈红色,体侧有黑褐色斑纹
二斑叶螨(二点叶螨)(T . urticae Koch),属蛛形纲叶螨科			雌成螨卵圆形,黄色或黄绿色,体背两侧各有1个横"山"形深色斑块
山楂叶螨(T.viennensis Zacher),属蛛形纲叶螨科			雌成螨椭圆形,红色,体背前方略隆起,有刚毛6排共26根

（二）藤灌类花卉害虫发生规律与防治

1. 月季长管蚜和绣线菊蚜

（1）消灭越冬蚜虫　月季长管蚜1年发生10~20代,以成蚜和若蚜在花茎残茬的芽腋间越冬。绣线菊蚜以卵在枝条的芽缝或皮缝内越冬。秋后剪除10 cm以上茎烧毁,以消灭越冬蚜虫。

（2）生物防治　春季月季萌发后,越冬成蚜在新梢嫩叶上繁殖并为害,有时花蕾及叶背面可布满蚜虫。要尽量选用生物农药,注意保护利用异色瓢虫、草蛉、食蚜蝇等捕食性天敌。

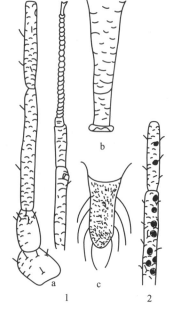

图9.2.3　绣线菊蚜
1.无翅胎生雌蚜(a.触角　b.腹管　c.尾片)
2.有翅胎生雌蚜的触角(第3~4节)

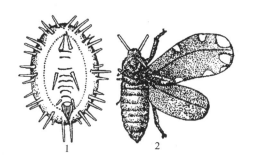

图9.2.4　黑刺粉虱
1.蛹壳　2.成虫

（二）藤灌类花卉病害发生规律与防治

1. 玫瑰锈病

选栽抗病品种,加强养护,降低湿度,注意通风透光或增施钾肥和镁肥,提高植株的抗病力;及时摘除病芽集中烧毁,消灭侵染源;发病时喷25%三唑酮可湿性粉剂1 500倍液、75%百菌清湿性粉剂800倍液等。

2. 月季黑斑病

（1）选用抗病品种　月季栽培品种抗病性差异明显,应选用抗病性能好的优良品种。

（2）及时清除枯枝落叶　露地栽培条件下,病原菌以菌丝体在芽鳞、叶痕、枯枝落叶上越冬,翌春产生分生孢子进行初侵染。秋季应彻底清除枯枝落叶,集中销毁。温室栽培中的病原菌以分生孢子和菌丝体在病部越冬,应结合修剪清除病枝。

月季黑斑
病防治

（3）加强栽培管理　栽培密度及盆花摆放密度大、通风不良、偏施氮肥、生长不良或刚移栽的植株有利于发病。控制栽植密度,生长期合理施肥,可增强植株抗病能力。

（4）控制环境湿度　分生孢子由雨水、灌溉水的喷溅传播,从表皮直接侵入,有多次再侵染。发病与降雨早晚,降雨次数,降雨量密切相关,一般在降雨2周后出现症状。高温、高湿以及喷灌、浇灌等方式浇水则病害加重。应采取滴灌措施,上午浇水,切忌大水滴飞溅式喷灌。

（5）药剂防治　老叶较抗病,新叶较感病,展叶6~14 d的叶片最感病。休眠期喷洒1%硫酸铜、200倍五氯酚钠或3°Bé石硫合剂,杀死越冬菌源。发病期可用75%百菌清可湿性粉剂500~700倍液、70%甲基硫菌灵可湿性粉剂500~700倍液、65%代森锌可湿性粉剂500倍液等喷雾。注意交替用药。

3. 月季枝枯病

（1）及时修剪病枝并销毁　病菌以菌丝和分生孢子器在枝条的病组织内越冬,成为初侵染来源。要及时修剪病枝并销毁,减少初侵染菌量。

（2）减少并保护伤口　病菌借风雨和浇灌水滴的飞溅传播,通过休眠芽或伤口侵入寄主,修剪、嫁接以及枝条摩擦、昆虫为害等造成的伤口是病菌侵入的主要途径。晴天修剪利于伤口愈合。伤口可用1%硫酸铜消毒,再涂波尔多浆保护。

海棠锈病
的防治

（3）发病初期药剂防治　选用50%多菌灵可湿性粉剂800倍液、70%甲基硫菌灵可湿性粉剂1 000倍液喷洒。

4. 海棠锈病

（1）避免海棠和桧柏等转主寄主混栽或近植　病菌在桧柏等转主寄主上越冬,翌春遇雨冬孢子萌发产生担孢子,借风雨传播侵染海棠。在园林规划设计时,尽量避免海棠、苹果、梨等仁果类阔叶树与桧属、柏属的针叶树相互混交栽植。一般要求两类植物相距5 km以上。若不可避免时,应选择抗病品种种植,且将桧柏类植物种植在下风口,海棠等种植在逆风口,尽量减轻发病。

（2）减少初侵染来源　如果海棠已经与桧柏等转主寄主混栽或近植,应于春雨前及时剪除桧柏等转主寄主上的瘿瘤,用2~3°Bé石硫合剂喷洒桧柏等转主寄主,以减少初次侵染源。春季当桧柏类上的菌瘿开裂前,雨量达 4~10 mm 时,向桧柏类植物喷 1∶2∶200 波尔多液、64%噁霜灵锰锌可湿性粉剂 300 倍液等,抑制冬孢子萌发。

资　料　卡

　　转主寄生是指病原菌必须在 2 种不同寄主上寄生才能完成生活史的现象。锈菌的完整生活史最多可以产生 5 种类型的孢子:性孢子、锈孢子、夏孢子、冬孢子和担孢子,夏孢子是再侵染菌态。山田胶锈菌和梨胶锈病菌都是转主寄生的真菌,且都没有夏孢子,故只有初侵染,没有再侵染。

　　(3)春季喷药保护海棠　翌年春季 3—4 月遇雨冬孢子萌发产生担孢子,随风传播到海棠上,担孢子萌发后直接侵入寄主。可在海棠刚萌芽时喷洒 25%三唑酮可湿性粉剂 1 500 倍液、70%甲基硫菌灵可湿性粉剂 1 000 倍液、75%百菌清可湿性粉剂 600 倍液等药剂。

　　(4)秋季喷药阻止病菌转移　秋季 8—9 月,锈孢子成熟后随风传播到桧柏上,侵入嫩梢越冬。可在锈孢子成熟时,向海棠上喷 65%代森锌可湿性粉剂 500 倍液或 25%三唑酮可湿性粉剂 1 500 倍液,阻止锈孢子转主寄生。

5. 牡丹红斑病

　　(1)减少初侵染来源　病菌以菌丝在病组织上及地面枯枝上越冬。整枝时应清除病枝,盆土表面挖去 10 cm 左右,重新换土。

　　(2)药剂防治　早春植株萌动前喷 3~5°Bé 石硫合剂,发病初期及时摘除病叶、喷洒 70%甲基硫菌灵可湿性粉剂 800 倍液、75%百菌清可湿性粉剂 600 倍液、50%多菌灵·硫黄悬浮剂 800 倍液等,每 7 d 喷 1 次,连喷 2~3 次。

6. 茉莉白绢病(图 9.2.2)

　　(1)合理轮作　病原菌以菌核或菌丝体在土壤中、病株残体、杂草上越冬,菌核在土壤中可存活 4 年以上,但不耐水浸。水旱轮作效果较好。

　　(2)及时拔除并烧毁病株　病菌以菌丝在土壤中蔓延,远距离传播主要靠流水、植株和病土等。早期发现病株应及时拔除并烧毁或深埋,病穴灌洒 50%代森铵可湿性粉剂 500 倍液或撒施石灰粉消毒土壤。

　　(3)药剂防治　发病初期灌浇 50%福美双可湿性粉剂或 50%代森铵可湿性粉剂 800 倍液,7~10 d 喷 1 次。也可用生物防治,把培养好的哈茨木霉(Trichoderma harzianum)混合到灭过菌的麸皮上施入土壤。

查 一 查

茉莉白绢病防治技术有哪些最新研究进展?

二、藤灌类花卉害虫

(一)藤灌类花卉害虫识别(表 9.2.2)

表 9.2.2　藤灌类花卉常见害虫识别特征

害虫名称	寄主植物	为害特点	识别特征
月季长管蚜(Macrosiphum rosivorum Zhang.),属同翅目蚜科	蔷薇科植物	若蚜、成蚜群集于新梢、嫩叶和花蕾上为害,嫩叶和花蕾生长停滞,并诱发煤污病	无翅孤雌蚜体长约 4.2 mm,头部黄色至浅部草绿色,背面及腹部腹面有明显瓦纹起,并明显地向外突出呈"W"形,具 6 节触管黑色,长圆筒形,端部有网纹,其余为瓦锥形,表面有小圆突起构成的横纹;有翅约 3.5 mm,体稍带绿色,中胸土黄色,第宽的横带斑
绣线菊蚜(Aphis citricola van der Goot),属同翅目蚜科	绣线菊、樱花、麻叶绣球、榆叶梅、白兰、海棠等	多群集于幼叶、嫩枝及芽等部位;被害叶向背面卷曲	雌蚜体长约 1.7 mm,体金黄色、黄色至黄与尾片黑色,足与触角淡黄色至灰黑色,形,有瓦纹,基部较宽,尾片长圆锥形,有毛9~13 根(图 9.2.3)
黑刺粉虱(Aleurocanthus spiniferus Quaintance),属同翅目粉虱科	月季、蔷薇、山茶、樟树、米兰、柑橘等	幼虫群集于叶背吸食汁液,造成叶面发黄,并排泄蜜露诱发煤污病	成虫体长 1.0~1.3 mm,身体黄色,被白色眼红色,翅紫褐色,前翅有 7 个不规则的白共 3 龄,初孵幼虫黄色,扁平椭圆形,后渐变体周围有白色蜡圈;老熟幼虫深黑色,体对刺毛,周围白色蜡圈明显(图 9.2.4)
烟粉虱(Bemisia tabaci Gennadius),属同翅目粉虱科	大戟科、锦葵科、葫芦科等 10 科 50 多种植物	幼虫在叶背刺吸汁液,出现褪绿斑,同时排出蜜露引起煤污病	成虫体长约 1 mm,体色嫩黄,翅及虫体密被粉;1 龄若虫体扁平,长椭圆形,黄绿色,可行;2 龄后足退化,固定生活;4 龄若虫为"伪表有长短不一的蜡丝
蔷薇叶蜂(Arge pagana Panzer),属膜翅目叶蜂科	月季、玫瑰、蔷薇、黄刺玫等	以幼虫咬食寄主叶片,可将叶片吃光,仅留叶脉;雌虫产卵于枝梢,使枝梢枯死	成虫体长约 7.5 mm,翅展约 17 mm;雌虫头色带有光泽,腹部橙黄色,触角黑色、鞭状,翅半透明,头、胸、足全部黑色(图 9.2.5);幼虫18~20 mm,初孵幼虫略带淡绿色,头部淡黄色时黄褐色,具胸足 3 对,腹足 6 对;茧为椭圆形色;蛹乳白色
棉卷叶野螟(Sylepta derogata Fabricius),属鳞翅目螟蛾科	蜀葵、大叶秋葵、大红花、吊灯花、木芙蓉、木槿等	幼虫常将叶片卷成圆筒状虫苞,匿居其中取食叶片	成虫体长 8~14 mm,翅展 22~30 mm,黄白色光,胸背有 12 个黑褐色小点,腹部的尾部有 1横纹,前后翅均有黑褐色波浪状纹,翅中央接缘处有似"OR"形的褐色斑纹;老熟幼虫体25 mm,由青绿色变为桃红色(图 9.2.6)
杜鹃冠网蝽(拟梨冠网蝽)(Stephanitis pyeioides scott),属半翅目网蝽科	杜鹃、海棠、樱花、梨、桃、梅花等	成虫、若虫群集叶背刺吸液汁,叶片正面形成苍白斑,背面出现锈黄色	成虫体长约 3.5 mm,暗褐色,扁平,触角丝状,背板隆起,向后延伸如扁板状,两侧向外突出片状,前翅近方形,胸背及翅均布有黑褐色网状纹,半透明,后翅透明;若虫共 5 龄,3 龄以后出现芽,腹部两侧有很多突起(图 9.2.7)

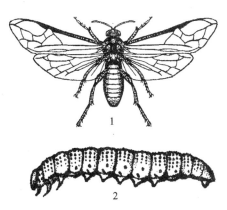

图 9.2.5 蔷薇叶蜂
1. 成虫 2. 幼虫

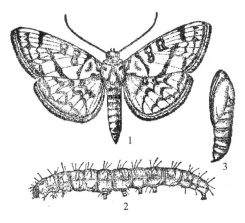

图 9.2.6 棉卷叶野螟
1. 成虫 2. 幼虫 3. 蛹

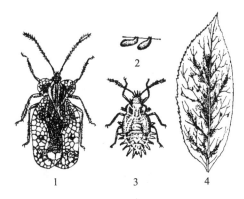

图 9.2.7 杜鹃冠网蝽及为害状
1. 成虫 2. 卵 3. 若虫 4. 为害状

（3）药剂防治 在气温 20 ℃左右,干旱少雨有利于其发生与繁殖。夏季高温和连续阴雨,虫口密度下降。发生量大时可喷洒 20%氰戊菊酯乳油 2 500 倍液、50%抗蚜威可湿性粉剂 3 000 倍液、10%吡虫啉可湿性粉剂 3 000 倍液等。

比 一 比

月季长管蚜与其他类蚜虫的防治有哪些异同？

2. 黑刺粉虱

（1）加强养护管理 适当修剪、疏枝、清除杂草、合理施肥,改善通风透光条件,可减轻为害程度。

（2）药剂防治 1 年发生 4 代,以 3 龄老熟幼虫在叶背处越冬,翌春化蛹,4 月上中旬开始羽化为成虫,第 1 代幼虫始见于 4 月中旬至 6 月中旬。低龄幼虫盛发期(重点防治第 1 代幼虫)喷 20%氰戊菊酯乳油、10%吡虫啉可湿性粉剂 2 500 倍液、0.26%苦参碱水剂 1 000～1 500 倍液等。

（3）保护利用天敌　注意保护、利用丽蚜小蜂、刺粉虱黑蜂、中华草蛉、黄色跳小蜂和红点唇瓢虫等天敌。

3. 蔷薇叶蜂

（1）消灭越冬蛹　蔷薇叶蜂1年发生2代，以老熟幼虫在土中作茧化蛹越冬。可结合冬耕，消灭越冬蛹。

（2）人工摘除幼虫群集的叶片　越冬蛹4—5月羽化为成虫，以产卵管在月季新梢上刺成纵向裂口，产卵于其中，卵孵化后新梢破裂变黑倒折。初孵幼虫数十头群集为害，啃食叶片与嫩枝。在养护中，应将集中为害的幼虫摘除烧毁。

（3）药剂防治　6月为第1代幼虫为害盛期，8月中、下旬为第2代幼虫为害盛期。幼虫为害期喷施10%氯氰菊酯乳油2 500倍液、2.5%三氟氯氰菊酯乳油4 000倍液、50%杀螟硫磷乳油1 000倍液等防治。

4. 棉卷叶野螟

（1）消灭越冬幼虫　1年发生3~6代，以老熟幼虫在落叶、树洞或缝隙处越冬。清扫枯枝落叶并烧毁，可消灭部分越冬幼虫。

（2）人工摘除虫苞　4月下旬至5月中旬成虫羽化产卵，5月可见幼虫为害，小面积发生时人工摘除虫苞。

（3）药剂防治　7月上旬为发生高峰期。在幼虫低龄期喷施90%美曲膦酯500~800倍液、50%辛硫磷或杀螟松乳油1 000倍液、10%氯氰菊酯乳油3 000倍液等。

（4）保护利用天敌　注意保护利用螳螂、蜘蛛、草蛉、小花蝽、螟蛉绒茧蜂、广黑点瘤姬蜂和玉米螟大腿小蜂等天敌。

5. 杜鹃冠网蝽

（1）消灭越冬成虫　1年发生4~5代，10月下旬开始越冬。以成虫在枯枝落叶、枝干皮缝中以及杂草、石缝中越冬。冬季清除寄主附近的杂草、枯枝落叶，埋入土中或烧毁，可消灭其中的越冬成虫。

（2）药剂防治　4月下旬越冬成虫开始产卵，5月下旬孵化为若虫，第1代成虫于6月中旬大量出现，7—8月为害最重，可喷洒10%氯氰菊酯乳油3 000倍液、2.5%溴氰菊酯乳油3 000倍液、10%吡虫啉可湿性粉剂2 500倍液等。

6. 朱砂叶螨、二斑叶螨、山楂叶螨

（1）清除枯枝落叶　朱砂叶螨、二斑叶螨1年发生10~20代，山楂叶螨1年发生6~10代，多以受精雌成螨在土缝、树皮裂缝等处越冬。清除枯枝、落叶、杂草等，可以破坏越冬场所和虫源地。

查 一 查

杜鹃冠网蝽与梨冠网蝽是同一种害虫吗？二者间有何区别？

（2）早春消灭越冬雌成螨　春季叶螨开始为害与繁殖，早春花灌木发芽前，喷3~5°Bé石硫合剂，消灭越冬雌成螨。

（3）药剂防治　7—8月高温干旱少雨时，繁殖迅速，为害猖獗，易暴发成灾，出现大量落叶。平均每叶片2~3头螨时喷施5%唑螨酯乳油4 000倍液、20%哒螨酮净乳油2 000倍液、10%浏阳霉素乳油2 000倍液等。

（4）生物防治 在叶螨为害期人工释放钝绥螨,同时注意保护利用植绥螨、草蛉、六点蓟马、粉蛉和花蝽等天敌。

任务三 乔木类花卉病虫害

一、乔木类花卉病害

（一）乔木类花卉病害诊断(表9.3.1)

表 9.3.1 乔木类花卉常见病害诊断特征

病害名称	病原	寄主植物及为害部位	为害状
桂花枯斑病	木樨生叶点霉(*Phyllosticta osmanthicola* Train.),属真菌界半知菌类叶点霉属	木樨科植物的叶片	病斑多发生在叶尖或叶缘,初为褪绿淡褐色小点,后扩展为圆形或不规则形褐色大斑,边缘深褐色,稍突起;病斑上散生许多黑色小点粒;有时病部卷曲脆裂(图9.3.1)
紫薇白粉病	南方小钩丝壳菌[*Uncinuliella australiana* (MoAlp.) Zheng & Chen],属真菌界子囊菌门小钩丝壳属	紫薇叶片、嫩枝、花朵、嫩果	叶片发病初期出现白色小粉斑,后扩大为圆形粉斑,严重时造成叶片扭曲变形、枯黄、提早脱落或干枯死亡;后期白粉层上出现由白渐黄、后变黑色的小颗粒;嫩梢感病扭曲变形,上覆白粉;花受侵染后表面被覆白粉层,花穗畸形
樱花穿孔病	核果尾孢(*Cercospora circumscissa* Sacc.),属真菌界半知菌类尾孢属	樱花叶片	感病叶片初现针尖状褐色小点,后扩大成1~4 mm 圆形至近圆形褐色斑,略带同心轮纹,中间褐色,边缘紫色或红褐色,病斑上出现灰褐色绒状小点;后期病斑周围产生离层,病叶两面有褐色霉状物出现,病斑中部干枯脱落,形成穿孔破烂斑;叶片病斑多时提早脱落(图9.3.2)
丁香疫病	丁香假单胞杆菌(*Pseudomonas syringae* Van Hall.),属细菌域普罗特斯门假单胞属	丁香的叶片、花序、花芽及幼嫩枝	病株常从下部叶开始,叶面散生近圆形水渍状斑点,后变为黑色,很快死亡;嫩枝发病先在上部节间产生褐色斑点,后迅速发展,形成黑色条纹斑,引起枯梢;花芽受害产生黑褐色斑点;叶斑有4种类型:第1种为褐色褪绿小斑,四周有黄色晕圈,后病斑中央灰白色;第2种边缘有放射状线纹病斑;第3种为同心纹花斑,中央灰白色,周围有波状线纹;第4种为褐色枯焦,叶片干枯皱缩挂于枝条上,嫩叶感病后变黑枯死
广玉兰褐斑病	玉兰壳二孢(*Ascochyta magnoliae* Thum.),属真菌界半知菌类壳二孢属	广玉兰、含笑、黄兰等叶片	病叶表面最初出现淡褐色或黄色小点,扩大为圆形或不规则形病斑,直径5~12 mm,边缘深褐色,中央为灰白色,其上着生许多黑色小点;病斑间可相互融合成不定形大型坏死斑

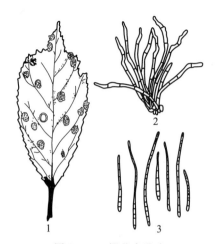

图 9.3.1 桂花枯斑病
1. 症状　2. 分生孢子器及分生孢子

图 9.3.2 樱花穿孔病
1. 症状　2. 分生孢子梗　3. 分生孢子

（二）乔木类花卉病害发生规律与防治

1. 桂花枯斑病

（1）消灭越冬菌源　以菌丝和分生孢子器在病叶上越冬。冬季结合修剪时,清除病叶,并集中烧毁。

紫薇白粉
病防治

（2）调控环境条件　越冬病菌春季产生分生孢子,经风雨传播侵染植株;高温、高湿,通风不良,植株生长衰弱时发病较重。注意调控环境温、湿度条件,通风透光,增强植株生长势,可减轻病害的发生和为害。

（3）药剂防治　发病初期喷洒 50%多菌灵可湿性粉剂 800~1 000 倍液、70%甲基硫菌灵可湿性粉剂 500~800 倍液进行防治。

2. 紫薇白粉病

（1）减少初侵染来源　病菌以菌丝体在病芽或以闭囊壳在病叶上及病枝梢上越冬,秋季彻底清除枯枝落叶,生长季节及时摘除病芽、病叶和病梢,集中处理,以减少初侵染来源。

（2）药剂防治　粉孢子由气流传播,生长季节有多次再侵染。发病时喷洒 25%三唑酮可湿性粉剂 3 000 倍液、50%苯菌灵或 70%甲基硫菌灵可湿性粉剂 1 000 倍液等。

3. 樱花穿孔病

（1）减少侵染源　病菌在病枝梢和病落叶中越冬。秋季清除病落叶并烧毁,结合修剪剪除病枝,可减少来年侵染源。

（2）增强树体抗病力　通风不良、植株密集、树势衰弱、夏季干旱导致树势弱等有利于病害发生。创造良好的通风透光条件,不将樱花栽在风口区,多施磷、钾肥,干旱时及时浇水,可增强抗病能力。

（3）药剂防治　病菌子囊孢子在春季成熟,气温适宜便借风雨传播。6月开始发病,8—9月为发病高峰期。发病期喷洒 65%代森锌可湿性粉剂 600 倍液或 50%多菌灵可湿性粉剂 1 000 倍液。

4. 丁香疫病

（1）加强检疫　病原细菌在感病的枝条、叶片上越冬,引种时对苗木进行消毒处理。

（2）种植抗病品种 幼苗和大苗易感病，紫花丁香和白花丁香抗病，朝鲜丁香较感病。

（3）加强栽培管理 温暖、潮湿、通风不良或圃地积水、植株生长衰弱，有利于病害发生。要避免栽植过密，土壤排水要良好，少施氮肥，多施有机肥，发现疫病发生应在晴天及时剪去病枝并烧毁。

（4）药剂防治 病菌借助风雨传播，从自然孔口及伤口侵入植物组织，春季或雨季丁香抽出新梢时症状明显。可在发病前或发病初期喷 1∶1∶120 倍波尔多液或 80% 代森锌可湿性粉剂600 倍液，或在丁香株丛下每株施 100 g 硫黄粉。

二、乔木类花卉害虫

（一）乔木类花卉害虫识别（表 9.3.2）

表 9.3.2 乔木类花卉常见害虫识别特征

类别	害虫名称	寄主植物	为害特点	识别特征
钻蛀类	六星吉丁虫（Chrysobothris succedanea Saunders），属鞘翅目吉丁虫科	合欢、梅、樱花、桃、海棠等	成虫咬食叶片，幼虫蛀食枝干皮层，被害处有黑褐色流胶	成虫体长 10~13 mm，茶褐色，纺锤形，有金属光泽，鞘翅上有 3 个等距离排列的金绿色圆斑；幼虫体长约 30 mm，体扁平白色，头小，胸部第 1 节特别膨大，中央有黄褐色"人"形纹
	咖啡木蠹蛾（Zeuzera coffeae Nietner），属鳞翅目木蠹蛾科	石榴、月季、樱花、山茶、木槿和紫荆等	幼虫钻蛀枝条或茎为害木质部，隔一定距离向外咬 1 排粪孔	成虫体长 11~36 mm，体灰白色，具青蓝色斑点，中胸背板两侧有 3 对青蓝色圆斑和 8 个近圆形青蓝色斑点，腹部被白色细毛；老熟幼虫体长约 30 mm，头橘红色，体淡赤黄色，前胸背板黑色，较硬（图 9.3.3）
	星天牛（Anoplophora chinensis Forster），属鞘翅目天牛科	无花果、樱花、合欢、海棠和紫薇等	幼虫蛀食树干，钻成虫道并排出木屑状粪便于虫道外	成虫体翅黑色，有光泽，鞘翅上有白斑约 20 个，前胸背板两侧具尖锐粗大的侧刺突（彩版 14.14）；老熟幼虫淡黄白色，前胸背板前方左右各有 1 块黄褐色飞鸟形斑纹，后方有 1 块黄褐色"凸"字形大斑纹
	桑天牛（Apriona germari Hope），属鞘翅目天牛科	海棠、梨、无花果、紫薇等	幼虫钻蛀茎，成虫啃食 1 年生枝条皮层	成虫体翅黑色，翅面密布黄褐色短毛，前胸背板有横皱纹，翅端部有刺状突出，基部密生颗粒状小黑点，幼虫体长 45~60 mm，圆筒形，乳白色，前胸发达（图 9.3.4）
食叶类	褐刺蛾（Setora postornata Hampson），属鳞翅目刺蛾科	月季、樱花、紫荆、碧桃、栀子、紫薇、海棠和蜡梅等	低龄幼虫啃食叶片呈网眼状，长大后食成缺刻和孔洞，严重时只残留植物主脉和叶柄	褐刺蛾成虫体暗褐色，体长约 18 mm，前翅褐色，中部有 2 条"八"字形斜纹；幼虫体长约 25 mm，黄绿色，背线蓝色，两旁有红黄色枝刺；茧灰白色，表面有褐色点纹，卵圆形（图 9.3.5）
	褐边绿刺蛾（Latoia consocia Walker），属鳞翅目刺蛾科			成虫青绿色，前翅基部褐色，外缘淡棕色；幼虫体绿色，有 1 条蓝色背线，腹末有 4 丛蓝黑色刺毛，背面有 2 排黄枝刺；茧为圆筒形，表面有棕色毛

类别	害虫名称	寄主植物	为害特点	识别特征
食叶类	扁刺蛾(*Thosea sinensis* Walker),属鳞翅目刺蛾科			成虫体褐色,前翅暗灰色,翅中部有 1 条褐色条纹,条纹内有浅色宽带,内侧稍上方有 1 个黑点;幼虫体翠绿色,扁平,各节有 4 个刺突,体侧各有 1 列红点;茧暗褐色,近球形
	黄刺蛾(*Cnidocampa flavescens* Walker),属鳞翅目刺蛾科			成虫体黄色,前翅黄褐色,有 2 条斜线在翅尖汇合;幼虫头黄褐色,体黄绿色,体背有哑铃形褐色大斑,每节背侧各有 1 对枝刺;茧呈卵形,灰白色,表面有宽大的黑褐色纵条纹
	大蓑蛾(大袋蛾)(*Clania variegata* Snellen),属鳞翅目袋蛾科	蜡梅、山茶、樱花、榆等	幼虫取食树叶、嫩枝皮及幼果	雌成虫粗壮,无翅无足,终生在袋囊内生活,体长 22~23 mm;雄虫翅展 35~44 mm,体长约 18 mm,黑褐色,触角双栉齿状,胸部有 5 条深纵纹;幼虫共 5 龄,3 龄起雌雄明显异型(图 9.3.6)
刺吸类	紫薇绒蚧(*Eriococcus legerstroemiae* Kuwana),属同翅目绒蚧科	紫薇、石榴等	若虫为和雌成虫聚集在枝干、芽腋处吸食汁液,并能诱发煤污病	雌成虫无翅,长 2~3 mm,扁平,椭圆形,暗紫红色,老熟时虫体外包裹白色绒质介壳;雄成虫有翅,体长约 0.3 mm,翅展约 1.0 mm,紫红色;若虫椭圆形,紫红色,虫体周缘有刺突
	红蜡蚧(*Ceroplastes rubens* Maskell),属同翅目蜡蚧科	栀子、女贞、枸骨、大叶黄杨等 100 多种观赏植物	成虫、若虫密集在植物枝干和叶片上吮吸汁液,并能诱发煤污病	雌成虫无翅,椭圆形,背面有较厚的暗红色蜡壳,顶部凹陷,老熟时有 4 条白色蜡带,体鼓起,呈亮红色;雄成虫体长约 1 mm,暗红色,翅 1 对,白色半透明;若虫暗红色,初孵若虫为扁平椭圆形,腹端有 2 长毛,2 龄若虫为稍突起椭圆形,体表被白色蜡质,3 龄若虫蜡质增厚(图 9.3.7)
	草履蚧(*Drosicha corpulenta* Kawana),属同翅目珠蚧科	玉兰、女贞、珊瑚树、罗汉松和枫杨等	若虫和雌成虫聚集芽腋、嫩梢、叶片和枝干上吮吸汁液为害	雌成虫无翅,体长约 10 mm,黄褐色,体腹背有横皱与纵沟,扁平椭圆形似草鞋状,全身微覆白色蜡粉;雄成虫翅淡紫黑色,善飞翔;若虫赤褐色,体形与雌成虫相似,但较小(图 9.3.8)
	大青叶蝉(*Tettigella virids* Linne),属同翅目叶蝉科	豆科、十字花科、蔷薇科、杨柳科等植物	成虫、若虫刺吸植株的汁液,并能传播病毒病;成虫划破树皮产卵,伤口成半月形伤口	成虫体长 8~12 mm,青绿色,头三角形,黄色,前翅绿色,端部半透明,后翅烟黑色,半透明,腹背黑色,足橙黄色;若虫共 5 龄,比成虫小,有翅芽,腹部背面有 4 条褐色纵纹,初为乳白色,后渐变为黄绿色

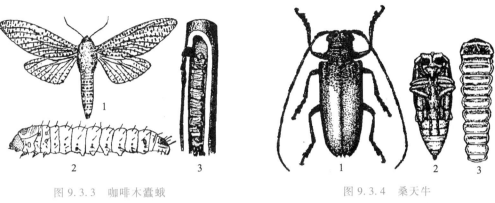

图 9.3.3　咖啡木蠹蛾
1. 成虫　2. 幼虫　3. 为害状

图 9.3.4　桑天牛
1. 成虫　2. 蛹　3. 幼虫

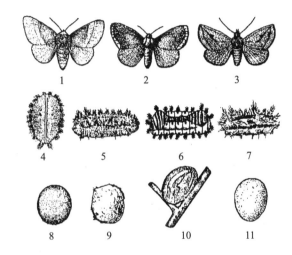

图 9.3.5　4 种刺蛾形态特征图
1. 扁刺蛾成虫　2. 褐边绿刺蛾成虫　3. 黄刺蛾成虫　4. 扁刺蛾幼虫　5. 褐边绿刺蛾幼虫
6. 黄刺蛾幼虫　7. 褐刺蛾幼虫　8. 扁刺蛾茧　9. 褐边绿刺蛾茧　10. 黄刺蛾茧　11. 褐刺蛾茧

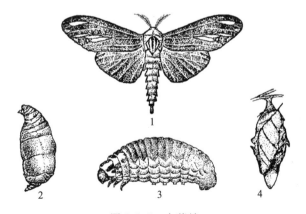

图 9.3.6　大蓑蛾
1. 雄成虫　2. 雌成虫　3. 幼虫　4. 袋囊

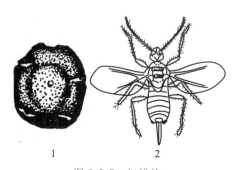

图 9.3.7　红蜡蚧
1. 雌成虫　2. 雄成虫

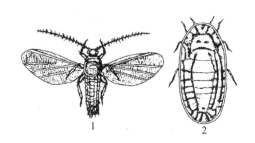

图 9.3.8　草履蚧
1. 雄成虫　2. 雌成虫

（二）乔木类花卉害虫发生规律与防治

1. 钻蛀类害虫（六星吉丁虫、咖啡木蠹蛾、星天牛和桑天牛）

（1）加强养护管理　注重养护管理,使树木生长旺盛,保持树干光滑,减少害虫产卵。及时清除枯枝、死树或被害枝条,集中烧毁,以消灭幼虫,避免蛀入大枝为害。

（2）人工钩杀或药剂毒杀幼虫　幼虫尚未蛀入木质部或仅在木质部表层为害或蛀道不深时,可用细铁丝穿刺钩杀幼虫。吉丁虫可在冬春季节将伤口处的老皮刮去,再用刀将皮层下的幼虫挖除。发现树干有新鲜粪屑时,用小刀挑开皮层捕杀天牛幼虫,同时在产卵部位立即刻槽刮卵。咖啡木蠹蛾幼虫尚未侵入枝干为害前,喷施 50%杀螟硫磷乳油 1 000 倍液,在幼虫侵入皮层或边材表层期间用 40%乐果乳油加柴油喷洒。对已侵入木质部的幼虫,可用棉球蘸二硫化碳或50%敌敌畏乳油 10 倍液塞入或注入孔道内,用泥封口,熏杀幼虫。

（3）树干涂白预防产卵　成虫羽化前,将树干距地面以上 1 m 范围内,刷白涂剂预防产卵。

（4）捕杀成虫　在吉丁虫成虫为害期摇动树体,使成虫假死落地,进行人工捕杀;咖啡木蠹蛾成虫羽化期,用黑光灯或频振式杀虫灯诱杀;在清晨有新鲜伤口的枝条上寻找天牛成虫并人工捕杀。

（5）药剂防治　成虫羽化盛期喷 5%氟虫腈悬浮剂 1 000 倍液、5%吡虫啉乳油 1 500 倍液,或用 2.5%溴氰菊酯乳油 2 000 倍液、80%敌敌畏乳油 500 倍液注射入蛀孔内或浸药棉塞孔,或用 2.5%溴氰菊酯乳油做成毒签插入蛀孔内毒杀幼虫,或用 52%磷化铝片剂塞孔熏蒸。

资 料 卡

除自身钻蛀为害观赏植物外,有些天牛还可传播病害。1982 年,在南京中山陵景区首次发现由松褐天牛携带传播的松材线虫,病害迅速蔓延,后扩展到南方 7 省市,发生面积近 $8×10^4$ hm²。因松材线虫病死亡松树达 2 500 多万株,已经严重威胁到黄山、西湖等风景名胜区以及我国中部和南部的大面积树林。

2. 食叶类害虫（褐刺蛾、褐边绿刺蛾、扁刺蛾、黄刺蛾和大蓑蛾）

（1）消灭越冬虫态　冬季结合修剪,清除树枝上的越冬茧,或利用入土结茧习性,组织人力在树干周围挖刺蛾茧。要随时摘除大袋蛾的袋囊,集中烧毁。

园林植物食
叶害虫种类

（2）生物防治　选用苏云金杆菌杀虫剂在潮湿条件下喷雾。同时,注意保护利用寄生蜂类刺蛾天敌昆虫、伞裙追寄蝇和袋蛾瘤姬蜂等袋蛾天敌昆虫。

（3）灯光诱杀成虫　食叶类害虫成虫有趋光性。羽化盛期,可设置黑光灯或频振式杀虫灯诱杀成虫。

（4）药剂防治　幼虫发生期用40.7%毒死蜱乳剂、40%乙酰甲胺磷乳油、90%美曲膦酯1 000倍液或20%高效氯氰菊酯乳油3 000倍液等喷雾防治。

3. 刺吸类害虫（紫薇绒蚧、大青叶蝉、草履蚧和红蜡蚧）

（1）清除越冬场所　草履蚧1年1代,以卵和初孵若虫在观赏植物根际附近的土缝、裂隙、砖石堆中越冬。大青叶蝉1年发生3代,以卵在花木、果树枝条的皮层内及杂草茎内越冬。人工清除草履蚧越冬场所或剪除有叶蝉卵的枝条及被害枝条,冬春季及时清除杂草。

（2）加强养护管理　剪除被介壳虫为害的枝条,烧毁,保持通风透光。对茎、干较粗,皮层不易受伤的花木,在冬季可涂刷白涂剂。介壳虫发生量小时,可用软刷蘸水轻刷。

（3）灯光诱杀　大青叶蝉成虫趋光性强,可在成虫发生初期设置黑光灯诱杀。

（4）药剂防治　发现已有上树的草履蚧若虫时应即进行药剂防治。介壳虫初孵若虫期,可用5%高渗高效氯氰菊酯乳油或20%氰戊菊酯乳油2 000倍液、40%杀扑磷乳油2 500倍液、30号机油乳剂30~80倍液等喷施防治。

大青叶蝉成虫、若虫发生期,可喷洒2.5%溴氰菊酯乳油或10%吡虫啉可湿性粉剂2 000倍液、50%异丙威乳油1 500倍液、3%啶虫脒乳油3 000倍液等。

（5）保护天敌　注意保护利用红环瓢虫、跳小蜂等天敌昆虫。

任务工单9-2　木本花卉病虫害识别

一、目的要求

了解木本花卉病虫害及其发生为害情况,诊断木本花卉主要病害,识别木本花卉主要害虫。

二、材料和用具

木本花卉病虫害的新鲜标本、盒装标本、玻片标本及挂图,显微镜、体视显微镜、投影仪、多媒体教学设备等,扩大镜、镊子、刀片、挑针、培养皿、滴瓶、载玻片、盖玻片和蒸馏水等。

三、内容和方法

1. 木本花卉病害症状与病原识别

（1）观察海棠锈病叶片正反面的症状特点及在海棠转移寄主桧柏上的为害状、冬孢子角形态及大小,挑取锈黄色粉末制玻片,镜检病原菌形态。

（2）观察月季黑斑病叶片上症状特点,注意是否有绿岛及放射状特征。切片或挑取病斑上黑色小颗粒镜检。

（3）观察月季枝枯病枝条的症状特点,挑取病斑上黑色小颗粒镜检。

（4）观察桂花枯斑病叶片的症状特点,挑取病斑上黑色小颗粒镜检。

（5）观察茉莉白绢病发病部位、症状特点、菌核大小及形态特征。

（6）观察紫薇白粉病发病部位的症状特点,挑取白色粉末镜检。

（7）观察樱花穿孔病的症状特点。

（8）观察丁香疫病的 4 种典型症状。

（9）观察广玉兰褐斑病叶片的症状特点，挑取病斑上黑色小颗粒镜检。

（10）观察玫瑰锈病叶片正反面的症状特点，挑取病斑上粉末镜检。

2. 木本花卉害虫及为害状识别

（1）观察梨冠网蝽成虫及若虫的形态和为害状。

（2）观察紫薇绒蚧成虫及若虫的形态和为害状。

（3）观察烟粉虱成虫、若虫、伪蛹的形态和为害状。

（4）观察朱砂叶螨、二斑叶螨、山楂叶螨的形态特征。

（5）观察星天牛、桑天牛、红颈天牛的成虫、幼虫及蛹的形态特征，注意比较 3 种天牛的形态特征及为害状的区别。

（6）观察褐刺蛾、褐边绿刺蛾、扁刺蛾、黄刺蛾的成虫、幼虫、茧及蛹的形态特征，注意 4 种刺蛾的形态特征及为害状的区别。

（7）观察六星吉丁虫、合欢吉丁虫、大叶黄杨窄吉丁虫的成虫、幼虫及蛹的形态特征，注意 3 种吉丁虫的形态特征及为害状的区别。

（8）观察红蜡蚧雌成虫和雄成虫的形态特征及雌成虫和若虫为害状。

（9）观察白蜡蚧雌成虫和雄成虫的形态特征及雌成虫和若虫在女贞叶片及枝条上的为害状。

四、作业

1. 绘制月季黑斑病、桂花枯斑病、紫薇白粉病、茉莉白绢病症状图及海棠锈病病原菌形态图。

2. 绘制刺蛾、六星吉丁虫、烟粉虱、梨冠网蝽成虫及幼虫形态图。

3. 列表比较所观察的木本花卉病虫害特征。

木本花卉病虫害特征

病害或害虫名称	病原菌或害虫形态特征	症状特点或为害状

五、思考题

1. 怎样区别朱砂叶螨、二斑叶螨、山楂叶螨？

2. 哪些木本花卉病虫害的症状及为害状相似？

任务四　草坪病虫害

一、草坪病害

（一）草坪病害诊断（表 9.4.1）

表 9.4.1　草坪常见病害诊断特征

病害名称	病原	寄主植物及为害部位	为害状
草坪褐斑病	立枯丝核菌(*Rhizoctonia solani* Kühn),属真菌界半知菌类丝核菌属	高羊茅等多种草坪草叶片及茎秆	被害叶片初呈水浸状,颜色深暗,最后萎蔫、干枯,呈浅褐色;发病草坪出现中央绿色、边缘黄色、大小不等的"蛙眼状"枯草圈;湿度大时枯草圈的外缘出现由病菌菌丝形成的"烟圈";枯草斑直径可达 30 cm
草坪腐霉枯萎病	腐霉菌(*Pythium* spp.),属假菌界卵菌门腐霉属	冷季型草坪草叶片及全株	成株受害,多自叶尖向下或自叶鞘基部向上呈水渍状枯萎,草坪呈直径 2~5 cm 圆形枯斑,多个病斑可很快连接;清晨有露水时,病叶呈水渍状,变软黏滑,湿度大时,腐烂叶片成簇伏在地上,出现一层白色绒毛;种子萌发和出土中被侵染则出现芽腐、苗腐和幼苗猝倒,幼根近尖端部分呈褐色湿腐
草坪镰刀菌枯萎病	镰孢菌(*Fusarium* spp.),属真菌界半知菌类镰刀菌属	早熟禾、羊茅、翦股颖等多种禾草草坪叶片及全株	成株叶片受害初为水渍状暗绿色枯萎斑,后变为红褐色至褐色,病斑多从叶尖向下或从叶鞘基部向上变褐枯黄;潮湿时根颈和茎基部叶鞘与茎间生有白色至淡红色菌丝体和分生孢子团;草坪发病初期呈淡绿色小斑,后枯黄,高温干旱形成直径 2~30 cm 不规则形枯斑;3 年以上早熟禾草坪受害枯草斑直径可达 1 m,边缘多为红褐色,中央草坪生长正常,四周枯死;幼苗出土前后被侵染,种子和根腐烂变褐色,严重时造成烂芽和苗枯
草坪白绢病	齐整小菌核(*Scletrotium rolfsii* Sacc.),属真菌界半知菌类小菌核属	马蹄金、白三叶等多种阔叶类草坪草叶片及全株	发病草坪开始产生直径约 20 cm、圆形、半圆形黄色枯草斑,后发展成中央绿色、有红褐色环带的枯死斑;高温、高湿条件下枯草斑迅速扩大,直径可达 1 m 以上,边缘枯死,植株及土表有白色菌丝、白色至褐色菌核;发病植株可出现苗枯、根腐、茎基腐等症状
草坪锈病	冠锈菌(*Puccinia coronata* Corda),属真菌界担子菌门柄锈菌属	早熟禾、黑麦草、结缕草等叶片、叶鞘或茎秆	感病部位产生黄色至铁锈色夏孢子堆和黑色冬孢子堆,远看呈黄色;初期,病部形成黄褐色菌落,散出铁锈状物质,造成叶片叶绿素被破坏,叶片变黄枯死,在草坪上呈点状分布,很快向四周蔓延,为害严重时草坪成片枯黄

资 料 卡

草坪草褐斑病在北京地区冷季型草坪发生普遍程度达 80% 以上,草坪草镰刀菌枯萎病发生普遍率达 50% 以上,不仅造成草坪植株死亡,还造成草坪大面积斑秃,破坏草坪景观;夏季高温、高湿时,能在一夜之间毁坏大面积的草坪,是高尔夫草坪的重要病害。

（二）草坪病害发生规律与防治

1. 平整土地，改良土壤

建植草坪前平整土地，设置排水设施。注意改良黏重土壤或含沙量高的土壤，调整土壤pH 7~7.5，可减轻马蹄金草坪草白绢病的为害。

2. 选用不同草种或品种混合建植草坪

注意种植抗、耐病品种，可以采用草地早熟禾与羊茅、黑麦草等混播。对草坪草镰刀菌枯萎病抗病性顺序由高到低为：翦股颖＞草地早熟禾＞羊茅，病草坪补种黑麦草或草地早熟禾抗病品种，高尔夫球场可改种翦股颖草坪。

3. 合理修剪，改善草坪通风透光条件

及时修剪，减少灌溉次数，控制灌水量，降低田间湿度。高温季节勿过多过频剪草，剪草不要过低，及时清除枯草层和病残体，以减少菌源量。在高温潮湿、叶面有露水、有明显菌丝时，不要修剪草坪，以免病菌传播。过密草坪要适当打孔疏草，以保持通风透光。结缕草锈病最好在夏孢子形成后释放前修剪去掉发病叶片，修剪的残叶要及时收集清除。

4. 科学施肥灌水

春季或夏季施用氮肥过多、修剪高度过低、枯草层太厚、温度过高、草坪密度大、灌水不当、排水不畅、地表低洼积水等均有利于病害发生。避免漫灌或在夜间和傍晚灌水。要重施秋肥，轻施春肥，增施磷、钾肥和有机肥，避免施用过量氮肥。

5. 药剂拌种或处理土壤

病菌以菌核或病残体上的菌丝越冬，带病菌土壤、种子和病残体是主要初侵染来源。在草坪建植前用甲基立枯磷、噁霜灵锰锌、三唑酮等杀菌剂进行药剂拌种或土壤处理可以控制草坪褐斑病。建植草坪时用40%三乙膦酸铝可湿性粉剂、64%噁霜灵锰锌可湿性粉剂、70%代森锰锌可湿性粉剂、70%甲基硫菌灵可湿性粉剂等，按种子质量的0.2%~0.3%进行药剂拌种或种子包衣，可以防治草坪草镰刀菌枯萎病。马蹄金草坪白绢病用70%五氯硝基苯可湿性粉剂拌种。结缕草草坪播种时可用三唑类药剂拌种防治锈病。

6. 发病初期适时药剂防治

（1）草坪褐斑病 当气温上升至30 ℃左右，夜间20 ℃以上，并且空气湿度很高时，病菌开始侵染寄主叶片等部位，夏季遇高温、多雨、天气潮湿，在冷季型草坪上可迅速出现大面积枯死斑块。可用70%代森锰锌、75%百菌清或70%甲基硫菌灵可湿性粉剂、3%井冈霉素水剂等600倍喷雾、灌根或泼浇。

（2）草坪腐霉枯萎病 当白天最高气温在30 ℃以上，夜间最低气温20 ℃以上，大气相对湿度高于90%，且持续14 h以上时，腐霉枯萎病就会大发生。草坪腐霉枯萎病和草镰刀菌枯萎病可用70%甲基硫菌灵、25%甲霜灵、64%噁霜灵锰锌等喷洒。

（3）马蹄金草坪白绢病 当土壤潮湿、气温升到20 ℃以上时，菌核萌发产生菌丝体，并侵染寄主，干旱之后阴雨连绵可使白绢病流行。可用70%甲基硫菌灵可湿性粉剂600倍液、45%代森铵水剂1 000倍液喷雾，或用50%异菌脲可湿性粉剂1 000倍、64%噁霜灵锰锌可湿性粉剂500倍等喷雾、灌根或泼浇。

（4）草坪草锈病 3月下旬开始发病，4—6月和秋末冬初较重。夏末秋初是防治锈病最关键的时期，三唑类杀菌剂是防治锈病的有效药剂，可用25%三唑酮可湿性粉剂1 500倍液、

12.5%烯唑醇可湿性粉剂 2 000 倍液喷雾防治。

二、草坪害虫

(一) 草坪害虫识别(表 9.4.2)

表 9.4.2　草坪常见害虫识别特征

害虫名称	寄主植物	为害特点	识别特征
草地螟(*Loxostege sticticalis* Linnaeus),属鳞翅目螟蛾科	草坪、蔬菜、粮食作物等多种植物	初孵幼虫取食叶肉,残留表皮;3 龄后可将叶片吃成缺刻、孔洞,仅留叶脉,使叶片呈网状	成虫体长 8~12 mm,静止时全体呈三角形,前翅灰褐色,中央稍近前缘有 1 块淡黄色斑,沿外缘有淡黄色条纹,后翅灰褐色,沿外缘有 2 条平行波状纹;老熟幼虫体长约 20 mm,头黑色有白斑,腹部黄绿色,有明显纵行暗条纹,周身有毛疣
淡剑夜蛾(*Sidemia depravata* Butler),属鳞翅目夜蛾科	草地早熟禾、高羊茅、黑麦草等禾本科冷季型草坪	1~2 龄幼虫只取食嫩叶叶肉;3 龄后取食叶片造成缺刻,并啃食嫩茎;5~6 龄食量大增,严重时会造成草坪整片死亡	成虫体长 10~13 mm,前翅灰褐色,有斜纹 1 条;幼虫 1~3 龄深绿色,4 龄后变灰褐色,有假死性;老熟幼虫为圆筒形,头椭圆形,有黑色"八"字纹,背中线粉色,亚背线白色,气门浅褐色

(二) 草坪害虫发生规律与防治

1. 草地螟

(1) 捕杀成虫　草地螟 1 年发生 2~4 代,以老熟幼虫在土表内结茧越冬。越冬代成虫 5 月中旬至 6 月中旬盛发,6 月中旬至 7 月中旬幼虫为害草坪,7 月中下旬出现成虫。成虫具群集性,常在黄昏后出现,微风时,成虫大量迁飞。成虫发生期每 5~7 d 拉网捕杀 1 次。

(2) 药剂防治幼虫　低龄幼虫集中于嫩叶上,结网潜藏,取食叶肉,残留表皮,3 龄后食量大增,可使叶片仅存叶脉。低龄幼虫期用 20%氰戊菊酯乳油 2 000 倍液、90%美曲膦酯 1 000 倍液、50%辛硫磷乳油 1 000 倍液、25%鱼藤酮乳油 800 倍液等喷雾,或 2.5%美曲膦酯粉剂 22.5~30 kg/hm² 喷粉,也可用含活孢子 10^9 个/g 的杀螟杆菌菌粉或青虫菌菌粉 2 500 倍液于幼虫低龄期喷雾。

2. 淡剑夜蛾

(1) 消灭越冬蛹或幼虫　淡剑夜蛾 1 年发生 4 代,以老熟幼虫在草坪、杂草等处土壤中越冬。冬季翻耕可消灭越冬蛹或幼虫。

(2) 摘除卵块或初孵幼虫　夏季摘除卵块或群集初孵幼虫销毁,结合修剪剪除卵块,集中处理。

(3) 灯光诱杀成虫　成虫昼伏夜出,趋光性强,可设置专用灯诱杀成虫。

(4) 药剂防治幼虫　4 月份可见少量卵,7—9 月幼虫大发生,7 月中下旬至 8 月为害最重,5—10 月均可为害。幼虫日夜均取食,以夜间为主,咬断草根茎部,造成草坪成片枯死,具有暴发性和迁移性。初孵幼虫叶背取食时,用 2.5%溴氰菊酯乳油 2 000~3 000 倍液、40%乙酰甲胺磷乳油 1 500 倍液、20%氰戊菊酯乳油 2 500~3 500 倍液等进行喷雾防治,也可选用苏云金杆菌或灭幼脲防治幼虫。

任务工单 9-3　草坪病虫害识别

一、目的要求

了解草坪病虫害及其发生为害情况,诊断草坪主要病害,识别草坪主要害虫。

二、材料和用具

草坪病虫害标本、照片、挂图、多媒体课件等,显微镜、放大镜、镊子、挑针、培养皿、载玻片、盖玻片、滴瓶和清水等。

三、内容和方法

1. 草坪病害症状和病原形态观察

(1) 观察草坪褐斑病在冷季型草坪上引起的单株及草坪整体受害状,单株叶片及叶鞘上病斑的形状、大小、颜色。草坪整体形成枯草圈的大小及形状,注意枯草斑中央能否恢复生长。是否呈绿岛"蛙眼状"? 观察菌核及病原菌形态。

(2) 观察草坪腐霉枯萎病的症状及两种病原菌的形态。

(3) 观察马蹄金草坪白绢病的症状及病原菌的形态和菌核的大小及形态。

(4) 观察草坪锈病、草坪币斑病及草坪白粉病的症状特点及病原菌的形态特征。

2. 草坪害虫的形态及为害状观察

(1) 观察斜纹夜蛾、银纹夜蛾及淡剑夜蛾的成虫、幼虫的形态特征和为害状,注意比较 3 类夜蛾成虫和幼虫形态上的异同。

(2) 观察草地螟成虫和幼虫的形态特征及为害特征。

四、作业

1. 将草坪害虫观察结果填入下表:

草坪害虫观察结果记录表

害虫名称	为害虫态	为害部位及为害状	主要形态特征

2. 绘制草坪褐斑病病原菌及其对草坪整体的为害状图。

五、思考题

1. 草坪病虫害主要发生在什么时期,为什么?

2. 暖季型草坪和冷季型草坪的病虫害发生有哪些异同?

项目小结

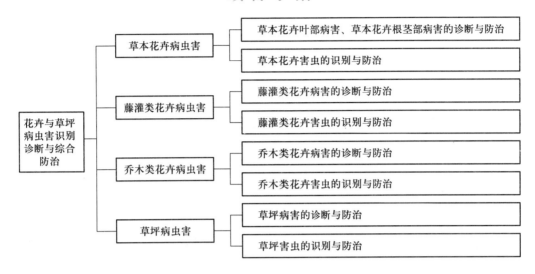

花卉与草坪病虫害识别诊断与综合防治

- 草本花卉病虫害
  - 草本花卉叶部病害、草本花卉根茎部病害的诊断与防治
  - 草本花卉害虫的识别与防治
- 藤灌类花卉病虫害
  - 藤灌类花卉病害的诊断与防治
  - 藤灌类花卉害虫的识别与防治
- 乔木类花卉病虫害
  - 乔木类花卉病害的诊断与防治
  - 乔木类花卉害虫的识别与防治
- 草坪病虫害
  - 草坪病害的诊断与防治
  - 草坪害虫的识别与防治

巩固与拓展

1. 草本花卉叶部病害主要有哪些种类,为害如何,怎样防治?

2. 与观赏植物菌物病害相比,病毒病防治上有什么不同? 以唐菖蒲花叶病为例,说明如何防治植物病毒病。

3. 鸢尾细菌性软腐病的发生特点有哪些,如何防治?

4. 草本花卉害虫主要有哪些种类,怎样防治?

5. 海棠锈病在海棠和柏树上各产生什么症状,怎样防治?

6. 藤灌类花卉的主要病害有哪些,如何才能有效控制?

7. 为害藤灌类花卉的主要害虫有哪些种类,在防治上有什么共同点?

8. 棉卷叶野螟的防治方法有哪些?

9. 如何识别和防治3种花卉叶螨?

10. 木本花卉病害主要有哪些种类,为害如何,怎样防治?

11. 木本花卉钻蛀性害虫主要有哪些,怎样防治才能取得理想的效果?

12. 本地区常见刺蛾种类有哪些,形态特征和为害特点如何,怎样防治?

13. 为什么蚧类害虫较难防治,什么时期是防治蚧类害虫的最佳时期?

14. 草坪褐斑病的症状特点是什么,有哪些防治措施?

15. 哪种病害会在一夜之间毁坏草坪? 试述其病原、病害症状和发病规律。

16. 为害草坪的常见夜蛾有哪些,怎样根据其形态特征区别?

参 考 文 献

[1] 蔡平,祝树德.园林植物昆虫学[M].北京:中国农业出版社,2003.

[2] 曹若彬,张志铭,冷怀琼,等.果树病理学[M].3版.北京:中国农业出版社,2001.

[3] 陈远吉,刘庆军.景观植物病虫害防治技术[M].北京:化学工业出版社,2013.

[4] 樊东.普通昆虫学及实验[M].北京:化学工业出版社,2012.

[5] 方中达.植病研究法[M].3版.北京:中国农业出版社,1998.

[6] 高德三,杨瑞生.害虫防治学[M].北京:中国农业大学出版社,2008.

[7] 韩召军.植物保护学通论[M].2版.北京:高等教育出版社,2012.

[8] 韩召军,杜相革,徐志宏.园艺昆虫学[M].北京:中国农业出版社,2001.

[9] 侯建文,朱叶芹.园艺植物保护学[M].北京:中国农业出版社,2009.

[10] 黑龙江省佳木斯农业学校.蔬菜病虫害防治[M].北京:中国农业出版社,2001.

[11] 华夏西瓜甜瓜育种家联谊会.西瓜甜瓜南瓜病虫害防治[M].北京:金盾出版社,2000.

[12] 黄宏英.植物保护技术[M].北京:中国农业出版社,2001.

[13] 胡作栋,杜勇军.园林植物保护[M].北京:航空工业出版社,2013.

[14] 梁帝允,邵振润.农药科学安全使用培训指南[M].北京:中国农业科学技术出版社,2011.

[15] 康克功.园艺植物保护技术[M].重庆:重庆大学出版社,2013.

[16] 劳动和社会保障部教材办公室.果树工[M].北京:中国劳动社会保障出版社,2002.

[17] 李怀芳,刘凤权,郭小密.园艺植物病理学[M].北京:中国农业大学出版社,2001.

[18] 李水祥,辛国奇,刘凤鱼.园林植物虫害发生与防治[M].北京:中国农业大学出版社,2013.

[19] 刘大群,董金皋.植物病理学导论[M].北京:科学出版社,2007.

[20] 刘玉升,郭建英,万方浩,等.果树害虫生物防治[M].北京:金盾出版社,2000.

[21] 马占鸿.植病流行学[M].北京:科学出版社,2010.

[22] 慕立义.植物化学保护研究方法[M].北京:中国农业出版社,1994.

[23] 邱立友,王明道.微生物学[M].北京:化学工业出版社,2012.

[24] 邱强.中国果树病虫原色图鉴[M].郑州:河南科学技术出版社,2004.

[25] 任欣正.植物病原细菌的分类和鉴定[M].北京:中国农业出版社,2000.

[26] 师光禄,王有年,刘永杰,等.果树害虫及综合防治[M].北京:中国林业出版社,2013.

[27] 司国志.园林植物保护[M].北京:中国轻工业出版社,2014.

[28] 王国平.中国果树病毒病原色图谱[M].北京:金盾出版社,2001.

[29] 王国平,冯明祥.大棚果树病虫害防治[M].北京:金盾出版社,2001.

[30] 王连荣.园艺植物病理学[M].北京:中国农业出版社,2000.

[31] 王金生.植物病原细菌学[M].北京:中国农业出版社,2000.

[32] 王琦,杜相革.北方果树病虫害防治手册[M].北京:中国农业出版社,2000.

[33] 王淑荣,桑娟萍.林业有害生物控制技术[M].咸阳:西北农林科技大学出版社,2013.

[34] 王险峰.进口农药应用手册[M].北京:中国农业出版社,2000.

[35] 王善龙.园林植物病虫害防治[M].北京:中国农业出版社,2001.

[36] 魏鸿钧,张治良,王荫长.中国地下害虫[M].上海:上海科学技术出版社,1989.

[37] 魏景超.真菌鉴定手册[M].上海:上海科学技术出版社,1979.

[38] 谢联辉.普通植物病理学[M].2版.北京:科学出版社,2013.

[39] 许再福.普通昆虫学[M].北京:科学出版社,2009.

[40] 叶钟音.现代农药应用技术全书[M].北京:中国农业出版社,2002.

[41] 于毅,王少敏.果园新农药300种[M].北京:中国农业出版社,2003.

[42] 张国安,赵惠燕.昆虫生态学与害虫预测预报[M].北京:科学出版社,2012.

[43] 张随榜.园林植物保护[M].北京:中国农业出版社,2001.

[44] 中国农业技术推广服务中心.无公害果品生产技术手册[M].北京:中国农业出版社,2003.

[45] 中国农业科学院果树所,中国农业科学院柑橘所.中国果树病虫志[M].2版.北京:中国农业出版社,1994.

[46] 宗兆锋,康振生.植物病理学原理[M].北京:中国农业出版社,2002.

[47] 马国胜.园林植物保护技术[M].2版.苏州:苏州大学出版社,2015.